国際標準に基づく

エネルギーサービス構築の必須知識
―電気事業者・需要家のための―

電気学会・スマートグリッドに関する
電気事業者・需要家間サービス基盤技術調査専門委員会 編

Ohmsha

本書を発行するにあたって，内容に誤りのないようできる限りの注意を払いましたが，本書の内容を適用した結果生じたこと，また，適用できなかった結果について，著者，出版社とも一切の責任を負いませんのでご了承ください．

本書は，「著作権法」によって，著作権等の権利が保護されている著作物です．
本書の全部または一部につき，無断で次に示す〔　〕内のような使い方をされると，著作権等の権利侵害となる場合があります．また，代行業者等の第三者によるスキャンやデジタル化は，たとえ個人や家庭内での利用であっても著作権法上認められておりませんので，ご注意ください．
　　　　〔転載，複写機等による複写複製，電子的装置への入力等〕
学校・企業・団体等において，上記のような使い方をされる場合には特にご注意ください．
お問合せは下記へお願いします．
〒101-8460　東京都千代田区神田錦町 3-1　TEL.03-3233-0641
　　株式会社オーム社書籍編集局（著作権担当）

はじめに

　スマートグリッドとは，「従来からの集中型電源と送電系統との一体運用に加え，情報通信技術の活用により，太陽光発電，風力発電などの分散型電源や需要家の情報を統合・活用し，高効率，高品質，高信頼度の電力供給システムの実現を目指すもの」と定義されている（一般社団法人日本電機工業会）．

　このスマートグリッドは，そもそも欧米で提唱されたものである．特に，米国において2000年夏のカリフォルニアにおける電力危機に端を発し，オバマ政権下で広範な研究が行われ，急速に発展してきた技術である．その後，現在に至るまで，世界的にスマートグリッドに関する標準化，実証試験が進行している．

　日本では2011年の東日本大震災に伴う原子力発電をはじめとする大規模電源の停止により，東日本で計画停電を余儀なくされるなどの問題が顕在化し，その解決策としてスマートグリッドに関する技術の必要性が急速に高まった．

　また，2015年11月にパリで開催されたCOP21（国連気候変動枠組条約第21回締約国会議）において，日本は2030年に2013年対比26％もの大幅な温室効果ガスの排出削減を宣言した．この会議ではエネルギー消費の電化推進と電気の低炭素化が謳われている．

　さらに2016年4月から始まった国内の電力の全面自由化に対応し，競争原理が導入され，経済性と環境性の両立を図るべく各種の制度検討が行われた．特に，電力需給調整のためのデマンドレスポンス（DR：Demand Response）は今後の重要な課題として各種の公的な補助事業が実施され，引き続き2017年度にはネガワット市場を形成することが政策として決定されている．

　こうした状況のなか，電気学会では2010年10月に，「需要設備向けスマートグリッド実用化調査専門委員会」を組織し，国内外の政策，標準化動向，実証試験結果などを需要家の視点から調査研究を行い，スマートグリッドの在り方を検討してきた．

　スマートグリッドは電力の安定供給および環境保全という全地球的課題に対応するための技術であるが，関係する多くの事業者に，新たなビジネスチャンスを提供するものでもある．しかし，この技術に興味を持つ研究者，開発設計者にとっては余りに裾野が広く，また，欧米が先行する技術であるため，国際標準の理解はハードルが高いことも事実である．

　本書では，電気学会の上記委員会活動の成果をもとに，スマートグリッドに関する国際標準および関連技術の解説と，国内実証試験に国際標準の適用を検討したフィージビリティスタディの結果を例に，その使用方法を説明した．これにより，本書はスマートグリッドに関する技術修得を目指す技術者に，スマートグリッドを理解し，使いこなすための道標となることを指向している．

　スマートグリッドの国際標準は，電力の供給，需要の連携を実現するため，スマートグリッドに関係するステークホルダの有する設備，システムおよびサービスなどを論理的に表現し，ステークホルダ間の授受情報を分析，整理する情報モデル化技術を基本としている．この論理的な考え方は日本人に苦手なものである．

　しかし，これら国際標準はシステムの構築段階では，関係設備，システムなどのモデル化の上

で，これらの間の通信サービスと，そこで必要となるセキュリティなどをインターネットなど，オープンな汎用技術の組合せで実現することを規定している．これら汎用技術の組合せによるシステム構築は，日本人の正に得意とするところである．不得意である論理的表現手法を理解，克服さえすれば，システムの実現は従来のシステム構築技術と同一である．本書はこうしたシステム構築の考え方と関係技術を広範に網羅している．

また，本書では国内外のスマートグリッドを取り巻く状況を総合的に俯瞰し，日本版スマートグリッドを構築するための基本的技術情報を整理，提供するとともに，スマートグリッドに関する製品，サービスの海外展開のため，国際標準に準拠しつつ，日本の強みを押出すことを可能とする考え方の提供を目指している．

本書は主に需要家施設にスマートグリッドから各種サービスを提供するための技術を解説している．需要家施設は住宅や業務用ビルなどの民生用施設と工場などの産業用施設に大別され，さらに民生用施設は住宅部門と非住宅部門に大別される．本書は，この民生用施設の中で主にオフィスビルや病院，デパートなどの非住宅部門の施設に重点をおいているが，住宅部門に関する技術も紹介している．もちろん，これら一連の技術は他の分野への拡張も可能なものである．

本書の主な記載内容は以下の6項目である．
（1）スマートグリッドに関する国際標準および技術情報（3章，4章，5章，6章，7章）
　・米国国立標準技術研究所（NIST：National Institute of Standards and Technology）の国際標準および技術情報
　・欧州スマートグリッド調整グループ（SG–CG：Smart Grid Coordination Group）の国際標準および技術情報
　・国際電気標準会議（IEC：International Electrotechnical Commission）第57専門委員会（TC57 WG21：Techinical Committee57 Working Group21）の国際標準および技術情報
（2）東日本大震災以降重要な電力供給のレジリエンス化（2章，3章，7章）
　・東北スマートコミュニティ事業における分散型電源の活用例
　・バーチャルパワープラント（VPP：Virtual Power Plant）に関する海外の分散型電源活用による系統運用サービスとユースケース
　・デマンドレスポンス（DR：Demand Response）
（3）エネルギー供給の電化の推進と電気の低炭素化（2章，3章，9章）
　・付加価値の高いエネルギーとしての電化推進
　・電気エネルギーのサステナブル化，省エネルギー化，低炭素化の推進
　・ZEB（Net Zero Energy Building），ZEH（Net Zero Energy House）の普及
（4）電力の自由化（2章，3章，5章，7章，8章，9章）
　・電力取引の自由化
　・デマンドサイドのエネルギー管理技術開発
　・送配電網と需要家とのインタフェース
（5）新たなビジネス（2章，3章，4章）

・エネルギーサービスプロバイダ（ESP：Energy Service Provider）
　　・電力アグリゲータ
　　・各種実証事業の成果
　　・日本としてのユースケースの抽出とそれに基づく要求仕様の作成
（6）情報通信技術（ICT）とパワーテクノロジーの融合（4章，5章，6章，10章）
　　・ICT活用によるシステム連携
　　・ICT技術に基づく制御のオープン化，標準化の必要性
　　・セキュリティ問題の解決

　本書は以上のような事項に関して，スマートグリッドに興味を持ち研究しようとしている技術者や，この分野で活躍している技術者にとって，すぐに利用可能な知識を網羅的かつ簡潔に纏めた良書であると自負している．
　最後に本書は多数の専門分野の方々によって執筆されたものであり，ここに関係各位に感謝を申し述べるものである．
　2016年12月
　　　電気学会産業応用部門スマートファシリティ技術委員会
　　　　　スマートグリッドに関する電気事業者・需要家間サービス基盤技術調査専門委員会
　　　　　　　　　　　　　　　　　　　　　　　委員長　　柳原　隆司
　　　　　　　　　　　　　　　　　　　　　　　幹　事　　小林　延久

スマートグリッドに関する電気事業者・需要家間サービス基盤技術調査専門委員会

委　員　長	柳　原	隆　司	（東京電機大学）
幹　　　事	小　林	延　久	（日立製作所）
	豊　田	武　二	（豊田SI技術士事務所）
委　　　員	安　達	俊　朗	（東芝）
	石　井	英　雄	（早稲田大学）
	石　田	文　章	（関西電力）
	市　川	紀　充	（工学院大学）
	伊　藤	弘	（アズビル）
	今　井	毅	（三菱電機）
	大　賀	英　治	（富士電機）
	勝　部	安　彦	（東京電力エナジーパートナー）
	加　藤	裕　康	（日立製作所）
	久　保	亮　吾	（慶應義塾大学）
	小　柳	文　子	（成蹊大学）
	近　藤	芳　展	（NTTアドバンステクノロジ）
	周	意　誠	（富士通）
	杉　原	裕　征	（関電工）
	曽根高	則　義	（早稲田大学）
	田　中	立　二	（東芝）
	丹	康　雄	（北陸先端科学技術大学院大学）
	富　水	律　人	（NTTコミュニケーションズ）
	中　川	善　継	（東京都立産業技術研究センター）
	中　村	政　治	（中村科技研）
	西　川	誠	（パナソニック）
	西　村	和　則	（広島工業大学）
	蜷　川	忠　三	（岐阜大学）
	東　浦	育　正	（NECエンジニアリング）
	平　嶋	倫　明	（明電舎）
	藤　原	孝　行	（東京都環境科学研究所）
	山　口	順　之	（東京理科大学）
	横　山	健　児	（NTTファシリティーズ）
	若　狭	裕	（横河電機）
オブザーバ	馬　場	彩　子	（経済産業省）

［五十音順］

執 筆 者 一 覧

1章
　柳原　隆司（東京電機大学）[主査]
　石井　英雄（早稲田大学）[主査]
2章
　山口　順之（東京理科大学）[主査]
　新井　裕（明電舎）
　大江　隆二（中国電力）
　後藤田　信広（日立製作所）
　中野　忠幸（電力中央研究所）
　平嶋　倫明（明電舎）
3章
　大賀　英治（富士電機）[主査]
　新井　裕（明電舎）
　大江　隆二（中国電力）
　緒方　隆雄（東京ガス）
　小坂　忠義（日立製作所）
　後藤田　信広（日立製作所）
　斎藤　俊哉（富士電機）
　田中　立二（東芝）
　中村　正雄（富士電機）
　平嶋　倫明（明電舎）
　松村　洋（関西電力）
　丸山　高弘（三菱電機）
4章
　小林　延久（日立製作所）[主査]
　魚住　光成（三菱電機）
　近藤　芳展（NTTアドバンステクノロジ）
　佐藤　好邦（富士電機）
　杉原　裕征（関電工）
　富水　律人（NTTコミュニケーションズ）
　藤江　義啓（日本アイ・ビー・エム）
5章
　田中　立二（東芝）[主査]
　新井　裕（明電舎）
　勝部　安彦（東京電力エナジーパートナー）
　金子　洋介（三菱電機）
　京屋　貴則（三菱電機）

　小坂　忠義（日立製作所）
　小林　延久（日立製作所）
　園田　俊浩（富士通研究所）
　高山　雅行（日本アイ・ビー・エム）
　堀口　浩（富士電機）
6章
　小林　延久（日立製作所）[主査]
　緒方　隆雄（東京ガス）
　金子　雄（東芝）
　小坂　忠義（日立製作所）
　佐藤　好邦（富士電機）
　中川　善継（東京都立産業技術研究センター）
　藤江　義啓（日本アイ・ビー・エム）
7章
　石井　英雄（早稲田大学）[主査]
8章
　豊田　武二（豊田SI技術士事務所）[主査]
　市川　紀充（工学院大学）
　伊藤　弘（アズビル）
　島立　敦（東芝）
　杉原　裕征（関電工）
　西村　和則（広島工業大学）
　蜷川　忠三（岐阜大学）
　村井　雅彦（東芝）
9章
　丹　康雄（北陸先端科学技術大学院大学）[主査]
10章
　水野　修（工学院大学）[主査]
　久保　亮吾（慶應義塾大学）
　甲斐　賢（日立製作所）
　小林　延久（日立製作所）
　佐藤　好邦（富士電機）
　芹澤　善積（電力中央研究所）
　野間　節（アズビル）
　藤江　義啓（日本アイ・ビー・エム）
　横山　健児（NTTファシリティーズ）
　吉松　健三（CSSC）

[五十音順]

目　　次

1章　電気エネルギーサービスのパラダイム転換

1・1　エネルギー政策と東日本大震災 …………………………………………………… 1
1・2　電力システム改革 …………………………………………………………………… 2
1・3　大規模集中型システムから分散型システムとの協調と需要のスマート化へ …… 3
1・4　デマンドレスポンスとネガワット取引 …………………………………………… 4
　　1・4・1　実施方法によるデマンドレスポンスの類型 …………………………… 4
　　1・4・2　買い手によるネガワット取引の類型と指針の策定 …………………… 5
1・5　太陽光発電の連系拡大への対応 …………………………………………………… 6
1・6　電気エネルギーシステムのパラダイム転換と分散型エネルギー資源の統合 …… 7
1・7　電気事業者と需要家を結ぶ通信規格の概要 ……………………………………… 9
参考文献 ………………………………………………………………………………………… 11

2章　需給協調サービスと情報連携の必然性

2・1　系統安定化に需要家が寄与するためのインフラストラクチャ ………………… 13
　　2・1・1　電力取引の類型化 ………………………………………………………… 15
　　2・1・2　市場参加者間の情報連携 ………………………………………………… 17
　　2・1・3　アンシラリーサービスの市場調達 ……………………………………… 19
2・2　電力需給の協調サービス …………………………………………………………… 21
　　2・2・1　デマンドレスポンスの動向 ……………………………………………… 21
　　2・2・2　Flexibility の動向 ………………………………………………………… 24
2・3　電力需給情報の連携サービスに関する標準の体系 ……………………………… 32
　　2・3・1　電力需給情報の標準化活動の相互関係 ………………………………… 32
　　2・3・2　各標準の概要 ……………………………………………………………… 33
参考文献 ………………………………………………………………………………………… 48

3章　国内エネルギーサービスの適用例・枠組みと国際標準化対応

3・1　ユースケース概要 …………………………………………………………………… 51
　　3・1・1　ユースケースの目的 ……………………………………………………… 51
　　3・1・2　ユースケースとは ………………………………………………………… 52
　　3・1・3　ユースケーステンプレート ……………………………………………… 53
　　3・1・4　ユースケースを集めているところ ……………………………………… 55
3・2　海外のユースケース事例 …………………………………………………………… 55
　　3・2・1　EIS アライアンスユースケースの概要 ………………………………… 55

- 3・2・2　EIS アライアンスのユースケースの類型化 ································· 57
- 3・3　国内実証サイトのユースケース事例 ·· 60
  - 3・3・1　国内 4 実証のユースケース ··· 60
  - 3・3・2　東北実証プロジェクトのユースケース ································· 68
  - 3・3・3　国内 4 実証ユースケースの整理 ·· 73
- 3・4　ユースケースのモデル化 ·· 76
  - 3・4・1　日本国内ニーズに基づくユースケースの IEC 提案 ············· 76
  - 3・4・2　電気事業者主導 DR モデル（Model 1） ································ 78
  - 3・4・3　ビルエネルギー管理モデル（Model 2） ································ 81
  - 3・4・4　地域ビル群エネルギー管理モデル（Model 3） ···················· 84
  - 3・4・5　電気事業者主導 DR モデル（Model 4） ································ 87
- 3・5　ユースケースの国際標準化対応 ··· 95
  - 3・5・1　IEC への日本からの提案状況 ·· 95
  - 3・5・2　IEC における新たなユースケース取り纏めの動き ············· 95
- 3・6　今後の展望と課題 ··· 96
  - 3・6・1　我が国の事情を踏まえた需要家サービスの課題 ·················· 96
  - 3・6・2　IEC 国際標準化提案に向けた今後の課題 ······························ 98
- 参考文献 ·· 99

4 章　システム標準化のための道具立て
—システム概念参照モデルと情報モデル—

- 4・1　システム概念参照モデルとは ··· 101
  - 4・1・1　スマートグリッドにおけるシステムモデルの必要性 ········ 102
  - 4・1・2　システム概念参照モデルの国際標準化状況 ······················· 104
  - 4・1・3　米国におけるシステム概念参照モデルの規格と使用ガイドライン ··· 107
  - 4・1・4　欧州におけるシステム概念参照モデルの規格と使用ガイドライン ··· 117
- 4・2　情報モデルとは ··· 125
  - 4・2・1　スマートグリッドシステムの構造と情報モデルの必要性 ··· 126
  - 4・2・2　情報モデルの国際標準化状況 ·· 133
  - 4・2・3　日本のエネルギーサービスを実現するための情報モデル ··· 138
- 4・3　今後のシステム，ネットワーク技術動向への対応 ···················· 146
  - 4・3・1　情報モデル実装の現状 ··· 146
  - 4・3・2　システム，ネットワーク技術全般に関する今後の方向性 ··· 148
  - 4・3・3　今後の情報モデルインタフェースについて ······················· 152
- 4・4　日本のエネルギーサービスと情報モデルによる相互運用性の在り方 ··· 153
- 参考文献 ·· 155

5章　需要家のサービス実現に必要な相互運用性と情報モデル

5・1　需要家の情報モデル国際標準 ……………………………………………………… *157*
　5・1・1　需要家の施設とエネルギー管理のための情報モデル ……………………… *157*
　5・1・2　FSGIM の全体クラス構成 ……………………………………………………… *161*
　5・1・3　FSGIM の機能とクラス構成—施設内部の状態と制御 …………………… *162*
　5・1・4　FSGIM の機能とクラス構成—施設外へのインタフェース ……………… *170*
　5・1・5　FSGIM の実装と課題—通信プロトコルへの展開（Conformance Block）……… *173*
5・2　FSGIM によるエネルギー管理設定例 …………………………………………… *174*
　5・2・1　デマンドレスポンスの発動と実行 …………………………………………… *175*
　5・2・2　エネルギールータ（Energy Router） ………………………………………… *179*
　5・2・3　集計（Aggregation） …………………………………………………………… *182*
　5・2・4　時系列データ（Sequence） …………………………………………………… *187*
　5・2・5　負荷の需要抑制（Curtailable Load Control） ……………………………… *189*
5・3　FSGIM の日本のエネルギーサービスへの適用 ………………………………… *194*
　5・3・1　地域エネルギー管理への適用事例—地域・建物・設備 ………………… *194*
　5・3・2　東北スマートコミュニティ事業を対象とするフィージビリティスタディ ……… *197*
　5・3・3　ネガワット型デマンドレスポンス（Negawatt 型 DR） …………………… *200*
5・4　日本からの情報モデルの国際標準 FSGIM への提案 …………………………… *203*
参考文献 ……………………………………………………………………………………… *206*

6章　サービス実現に必要な電気事業者ドメインの情報モデルの国際標準と使用ガイドライン

6・1　電気事業者ドメインの情報モデル—国際標準 ………………………………… *209*
　6・1・1　IEC TC57 における電気事業者ドメインのサービスと関連施設の情報モデル …… *209*
　6・1・2　電気事業者ドメインの情報モデル国際規格群の構成と対象アプリケーション …… *214*
　6・1・3　IEC TC57 の情報モデルの機能とクラス構成 ………………………………… *219*
　6・1・4　IEC-CIM 規格の実装と課題 …………………………………………………… *229*
　6・1・5　IEC-CIM 規格によるエネルギーサービス …………………………………… *234*
6・2　国際標準情報モデルの日本のエネルギーサービスへの適用例—東北スマート
　　　コミュニティ事業への国際標準の適用検討（フィージビリティスタディ）— …… *237*
　6・2・1　東北スマートコミュニティ事業の概要 ……………………………………… *238*
　6・2・2　システム概念参照モデルとドメイン間の情報の授受 …………………… *238*
　6・2・3　ユースケース事例と既存 IEC-CIM の対応付けと考慮点 ………………… *239*
　6・2・4　FSGIM による東北スマートコミュニティ事業の需要家システム表記 …… *244*
6・3　日本からの情報モデルの国際標準への提案 …………………………………… *245*
　6・3・1　日本から IEC TC57 への提案 ………………………………………………… *245*
　6・3・2　国内ユースケースを実現する CIM のプロファイルの検討事例 ………… *248*

6・3・3　既存規格と本ユースケースを実現する情報モデルとのギャップ分析 ……………… 253
　参考文献 ……………………………………………………………………………………………… 254

7章　電気事業者と需要家間のサービスインタフェース

7・1　日本国内のデマンドレスポンスの背景 …………………………………………………… 257
7・2　日本国内でのデマンドレスポンスの検討 …………………………………………………… 258
　　　7・2・1　デマンドレスポンスの技術と標準化の検討体制 ………………………………… 258
　　　7・2・2　デマンドレスポンスのための授受情報の標準化と OpenADR ……………………… 259
　　　7・2・3　デマンドレスポンスのユースケースの設定 ……………………………………… 260
7・3　OpenADR 規格 ……………………………………………………………………………… 261
　　　7・3・1　OpenADR 規格の体系 ………………………………………………………… 261
　　　7・3・2　OpenADR 2.0 の通信仕様の規定 ………………………………………………… 262
　　　7・3・3　OpenADR 2.0 が対象とするサービス …………………………………………… 264
　　　7・3・4　OpenADR 2.0a と OpenADR 2.0b の違いと要件 ……………………………… 265
　　　7・3・5　OpenADR 2.0 の通信サービスの交換シーケンスとペイロード ………………… 265
7・4　国内の自動デマンドレスポンス標準化 …………………………………………………… 277
　　　7・4・1　「デマンドレスポンス・インターフェース仕様書」の策定 ……………………… 277
　　　7・4・2　「デマンドレスポンス・インターフェース仕様書」の概要と位置付け …………… 278
　　　7・4・3　日本版 ADR 実証事業と関連研究 ……………………………………………… 279
7・5　OpenADR の今後の展望 …………………………………………………………………… 281
参考文献 ………………………………………………………………………………………………… 283

8章　需要家エネルギー管理と需要抑制サービス

8・1　需給家ドメインの概要 ……………………………………………………………………… 285
　　　8・1・1　BEMS と需要家ドメインモデルの構成 ………………………………………… 285
　　　8・1・2　需要家ドメイン内サービスインタフェース ……………………………………… 289
　　　8・1・3　BEMS の国際規格動向 …………………………………………………………… 290
　　　8・1・4　スマートグリッドへの ASHRAE の活動状況 ………………………………… 292
8・2　BACnet の機能とファシリティ制御 ……………………………………………………… 294
　　　8・2・1　BACnet の概要 ……………………………………………………………………… 294
　　　8・2・2　BACnet のスマートグリッドにおける役割と有効性 ………………………… 296
　　　8・2・3　FSGIM コンポーネントと BEMS の関係 ……………………………………… 298
　　　8・2・4　BEMS における DR の発動と実行のプロセス ………………………………… 300
　　　8・2・5　BEMS の BACnet による負荷制御 ……………………………………………… 303
8・3　BEMS のスマートグリッド対応機能 ……………………………………………………… 306
　　　8・3・1　BEMS のオープン化動向とスマートグリッド ………………………………… 306
　　　8・3・2　BEMS のエネルギー管理機能 …………………………………………………… 309
　　　8・3・3　BEMS のスマートグリッド対応機能 …………………………………………… 310

8・3・4　BEMSを取り巻くスマートグリッド関連標準 …………………… 311
8・4　需要家の電力削減モデル ……………………………………………… 312
　8・4・1　中小需要家の電力削減 ……………………………………… 313
　8・4・2　デマンド手動削減による効果検証 ………………………… 315
　8・4・3　AMIインタフェースを用いたデマンド管理 ……………… 316
8・5　クラウド活用サービスと需要家協調型スマートグリッド ………… 319
　8・5・1　クラウドサービスとアグリゲータの概要 ………………… 319
　8・5・2　クラウドサービスとデマンドレスポンス管理支援 ……… 320
　8・5・3　YSCPにおけるデマンドレスポンスの概要 ……………… 323
8・6　IEEE 1888のスマートグリッドへの適用 ………………………… 328
　8・6・1　IEEE 1888規格とは ………………………………………… 328
　8・6・2　Fast ADR制御システム …………………………………… 329
　8・6・3　IEEE 1888規格を用いたFast ADR制御 ………………… 330
　8・6・4　IEEE 1888規格によるOpenADR制御 …………………… 332
　8・6・5　IEEE 1888規格TRAP通信手順による即応性の確保 …… 334
　8・6・6　IEEE 1888通信スマートグリッドへの適用 ……………… 335
8・7　今後の課題と展望 …………………………………………………… 335
参考文献 ……………………………………………………………………… 336

9章　家庭向けエネルギー管理システム

9・1　家庭向けエネルギー管理システムの特殊性 ………………………… 339
9・2　家庭向けエネルギー管理システムの導入意義 ……………………… 341
　9・2・1　HEMSのコスト計算 ………………………………………… 341
　9・2・2　HEMSの目的 ………………………………………………… 342
　9・2・3　ユーザ視点から見たHEMSの導入意義 …………………… 343
9・3　家庭向けエネルギー管理システムの構成 …………………………… 347
　9・3・1　HEMSの物理配置，機能配置 ……………………………… 347
　9・3・2　ネットワークの構成 ………………………………………… 350
9・4　ECHONET規格 ……………………………………………………… 351
　9・4・1　ECHONET規格の基本モデル ……………………………… 351
　9・4・2　ECHONETとECHONET Lite ……………………………… 355
　9・4・3　ECHONET機器オブジェクト ……………………………… 357
　9・4・4　その他のECHONETオブジェクト ………………………… 361
　9・4・5　ECHONET Liteの伝送メディア …………………………… 362
　9・4・6　ECHONET Liteの規格文書 ………………………………… 363
　9・4・7　ECHONET Liteの現状と今後 ……………………………… 364
9・5　今後の課題と展望 …………………………………………………… 367
　9・5・1　ECHONET以外の規格との連携 …………………………… 367

9・5・2　統合ホームネットワークシステム ……………………………………… *372*
　　9・5・3　セキュリティ，安全性，プライバシー ………………………………… *373*
　参考文献 ……………………………………………………………………………………… *376*

10章　サービス実現に必要なセキュリティの知識

10・1　セキュリティとは ………………………………………………………………… *377*
　　10・1・1　スマートグリッドにおけるセキュリティの必要性 …………………… *377*
　　10・1・2　サービス実現に必要なセキュリティマネジメント …………………… *379*
　　10・1・3　セキュリティに関する国際標準化動向と各国の動き ………………… *380*
　　10・1・4　日本のエネルギーサービスの実現のためのセキュリティ要件 ……… *382*
10・2　セキュリティに関する国際標準と使用ガイドライン ……………………… *383*
　　10・2・1　セキュリティに関する国際標準の概要 ………………………………… *383*
　　10・2・2　セキュリティに関する国際標準の規定 ………………………………… *396*
　　10・2・3　リスクの想定に基づくセキュリティ要件の設定 ……………………… *415*
　　10・2・4　事例にそったセキュリティ要件の抽出手順 …………………………… *421*
10・3　日本の実状に合わせたセキュリティ関係規格の適用事例 ………………… *424*
　　10・3・1　システム構成図と通信ネットワークインタフェース ………………… *425*
　　10・3・2　論理インタフェースとセキュリティカテゴリ ………………………… *427*
　　10・3・3　セキュリティ要件の国内実証サイトによる検証 ……………………… *431*
10・4　今後のコンピュータシステム技術，ネットワーク技術動向への対応 …… *436*
　　10・4・1　クラウド技術と電気エネルギーサービスのセキュリティ …………… *436*
　　10・4・2　IoT/M2M技術と電気エネルギーサービスのセキュリティ ………… *438*
　　10・4・3　ネットワーク技術と電気エネルギーサービスのセキュリティ ……… *440*
10・5　日本の電気エネルギーサービスの社会的セキュリティ対策の在り方 …… *442*
　　10・5・1　セキュリティ確保の背景と基本的な考え方 …………………………… *443*
　　10・5・2　電気エネルギーサービスの社会的セキュリティ対策 ………………… *443*
　　10・5・3　情報モデルへのセキュリティ要件定義 ………………………………… *444*
　参考文献 ……………………………………………………………………………………… *445*

おわりに ………………………………………………………………………………………… *449*
索　引 …………………………………………………………………………………………… *451*

略語一覧

略　号	対応英語	日本語
ACSE	Association Control Service Element	アソシエーション制御サービス要素
ADE	Automated Data Exchange	自動データ交換
ADR	Automated Demand Response	自動デマンドレスポンス
AE	Application Entity	アプリケーションエンティティ
AGC	Automatic Generation Control	自動発電機制御
AMI	Advanced Metering Infrastructure	先進メータリング基盤
AMQP	Advanced Message Queuing Protocol	メッセージ指向通信プロトコル
APP	Application	アプリケーション
ASAP-SG	Advanced Security Acceleration Project for the Smart Grid	スマートグリッドセキュリティ加速化プロジェクト
ASHRAE	American Society of Heating, Refrigerating and Air-Conditioning Engineers	米国暖房冷凍空調学会
BA	Balancing Authority	需給バランス調整機関
BACnet	A Data Communication Protocol for Building Automation and Control Networks	バックネット
BACS	Building Automation and Control System	ビル自動制御システム
BAS	Building Automation System	ビル管理システム
BBF	Broad Band Forum	ブロードバンドフォーラム
BCI	BatiBUS Club International	BatiBUS 策定機関
BCP	Business Continuity Plan	事業継続計画
BCS	BES Cyber System	BES サイバーシステム
BDEW	Bundesverband der Energie-und Wasserwirtschaft	ドイツ連邦水道・エネルギー連合会
BEMS	Building Energy Management System	ビルエネルギー管理システム
BES	Bulk Electric System	大規模電力システム
BIL	Building Information Model	ビルディングインフォメーションモデル
BVLL	BACnet Virtual Link Layer	バックネット仮想リンク層
CAISO	California ISO	カリフォルニア ISO
CCP	Capacity Commitment Program	コミット型リベート
CD	Committee Draft	委員会原案
CDM	Canonical Data Model	規範的情報モデル
CEM	Customer Energy Management System	需要家エネルギー管理システム
CEMS	Community Energy Management System	地域エネルギーマネジメントシステム
CEN	Comité Européen de Normalisation	欧州標準化委員会
CENELEC	Comité Européen de Normalisation Electrotechnique	欧州電気標準化委員会
CEP	Community Energy Saving Service Provider	地域省エネルギーサービス事業者
CES	Community Energy Supplier Owning Renewable Sources	地域再生可能エネルギー由来電力供給事業者
CFM	Cubic Feet/Minute	立方フィート/分
CIM	Common Information Model	共通情報モデル
CIP	Critical Infrastructure Protection	クリティカルインフラストラクチャプロテクション
CIS	Component Interface Specification	コンポーネントインタフェース仕様
CoAP	Constrained Application Protocol	アプリケーション対応プロトコル
CORBA	Common Object Request Broker Architecture	コモンオブジェクトリクエストブローカアーキテクチャ
CoS	Catalog of Standards	標準規格一覧
CPP	Critical Peak Price	ピーク別料金
CRR	Congesstion Revenue Right	混雑収入権
CSE	Common Service Entity	共通サービスエンティティ
CSMS	Cyber Security Management System	サイバーセキュリティ管理システム

略語一覧

略号	対応英語	日本語
CSP	Curtailment Service Provider	負荷削減サービス提供者
CSSC	Control System Security Center	制御システムセキュリティセンタ
CSWG	Cybersecurity Working Group	サイバーセキュリティワーキンググループ
CT	Communication Technology	通信技術
CWMP	CPE WAN Management Protocol	CPE WAN によるリモートプロシージャコール
DALI	Digital Addressable Lighting Interface	ディジタル方式照明制御インタフェース
DCIM	CIM Extensions for Distribution	送配電システム向け共通情報モデル拡張
DCOM	Microsoft's Distributed Common Object Modeling	マイクロソフト提案分散共通オブジェクトモデリング手法
DDoS	Distributed Denial of Service Attack	分散 DoS 攻撃
DEM	District Energy Management System	地域電力制御システム
DER	Distributed Energy Resources	分散型電源
DLMS/COSEM	Device Language Message Specification/Companion Specification for Energy Metering	デバイス言語メッセージ仕様・エネルギー計測関連仕様
DMS	Distribution Management System	配電管理システム
DM–WG	Data Modeling WG	情報モデルワーキング
DMZ	Demilitarized Zone	非武装地帯
DR	Demand Response	デマンドレスポンス
DRAS	Demand Response Automation Server	デマンドレスポンス管理サーバ
DRP	Demand Response Providers	デマンドレスポンスプロバイダ
DR–TF	Demand Response Task Force	デマンドレスポンスタスクフォース
DSM	Demand Side Management	負荷管理
DSO	Distribution System Operator	配電系統運用者
D–SPEM	District Service Provider Energy Management System	地域サービスプロバイダエネルギー管理システム
DTLS	Datagram Transport Layer Security	データグラムトランスポートレイヤセキュリティ
EACMS	Electronic Access Control or Monitoring Systems	電子的アクセス制御・監視システム
EC	European Commission	欧州委員会
ECHONET	Energy Conservation and HOme care NET	エコーネット
EDI	Electronic Data Interchange	電子データ交換
EDM	Energy Data Management System	電力データ制御システム
EDSA	Embedded Device Security Assurance	組込み機器セキュリティ保証
EHSA	European Home Systems Association	欧州家電システム協会
EI	Energy Interoperation Technical Committee, Energy Interoperation	米国エネルギー相互運用技術協会，エネルギー相互運用性
EIBA	European Installation Bus Association	欧州家電機器オープンネットワーク標準
EIS	Energy Information Standards	米国エネルギー情報標準団体
EJB	Enterprise Java Beans	エンタープライズジャババビーンズ
ELSI	Ethical, Legal, and Social Issues	倫理的・法的・社会的課題
EM	Energy Manager	エネルギー管理者，エネルギーマネージャ
EMIX	Energy Market Information Exchange	エネルギー市場交換情報モデルおよびその標準
EMS	Energy Management System	エネルギー管理システム
ENISA	European Network and Information Security Agency	欧州ネットワーク情報セキュリティ庁
EPRI	The Electric Power Research Institute	米国電力研究所
ERAB	Energy Resource Aggregation Business	エネルギーリソースアグリゲーションビジネス
ESCO	Energy Service Company	エネルギーサービス会社
ESI	Energy Service Interface	エネルギーサービスインタフェース
ESI EM	Energy Service Interface EM	エネルギーサービスインタフェースエネルギーマネージャ
ESPI	Energy Service Provider Interface	エネルギーサービスプロバイダインタフェース
ETS	Engineering Tool Software	エンジニアリングツール用ソフトウェア
ETSI	European Telecommunications Standards Institute	欧州電気通信標準化機構

略語一覧

略　号	対応英語	日本語
EU	European Union	欧州連合
EUI	Energy Usage Information Model	エネルギー使用情報モデルおよびその標準
EV	Electric Vehicle	電気自動車
FA	Factory Automation	工場自動制御
Fast ADR	Fast Automated Demand Response	高速デマンドレスポンス
FERC	Federal Energy Regulatory Commission	連邦エネルギー規制委員会
FIAP	Facility Information Access Protocol	施設情報アクセスプロトコル
FIT	Feed in Tariff	固定価格買取制度
FMB	Field Message Bus	フィールドメッセージバス
FR	Foundational Requirements	基礎的要求事項
FSGIM	Fasility Smart Grid Information Model	スマートグリッド施設情報モデル
G–CEM	Groups of Building EMS	ビル群（街区）エネルギー管理システム
GUI	Graphical User Interface	グラフィカルユーザインタフェース
GUTP	Green University of Tokyo Project	東大グリーン ICT プロジェクト
GW	Gateway	通信ゲートウェイ
HA	Home Automation	ホームオートメーション
HBS	Home Bus System	ホームバスシステム
HEMS	Home Energy Management System	ホームエネルギー管理システム
HMI	Human Machine Interface	ヒューマンマシンインタフェース
HTTP	Hypertext Transfer Protocol	ハイパーテキストトランスファプロトコル
HVAC	Heating, Ventilation, and Air Conditioning	暖房，冷房，空調
I/O	Input and Output	入出力
IACS	Industrial Automation and Control Systems	産業用自動制御システム
IAP	Interoperability Architectural Perspective	アーキテクチャ相互運用性視点
ICT	Information Communication Technology	情報通信技術
IDS/IPS	Intrusion Detection System/Intrusion Prevention System	不正侵入検知・防御システム
IEC	International Electrotechnical Commission	国際電気標準会議
IED	Intelligent Electronic Device	インテリジェント電子装置
IEEE	Institute of Electrical and Electronics Engineers	米国電気電子学会
IETF	Internet Engineering Task Force	インターネット技術タスクフォース
IHD	In Home Display	家庭内表示器
IoT	Internet of Things	モノのインターネット
IP	Internet Protocol	インターネットプロトコル
IPSec	Security Architecture for Internet Protocol	アイピーセック，インターネット通信プロトコルのためのセキュリティ構造
IRC	ISO/RTO Council	ISO/RTO 評議会
IS	International Standard	国際標準
ISA	International Society of Automation	国際計測制御学会
ISMS	Information Security Managament System	情報セキュリティマネジメントシステム
ISO	Independent System Operator	独立系統運用者
ISO	International Organization for Standardization	国際標準化機構
IT–WG	Information Technology WG	情報技術ワーキンググループ
JESC	Japan Electrotechnical Standards and Codes Committee	日本電気技術規格委員会
JMS	Java Message Service	Java メッセージサービス
JSCA	Japan Smart Community Alliance	日本スマートコミュニティ・アライアンス
KDC	Key Distribution Center	鍵配布センタ
LAN	Local Area Network	ローカルエリアネットワーク
LCO	Load Control Object	負荷制御オブジェクト

xvii

略語一覧

略号	対応英語	日本語
LI	Logical Interface	論理インタフェース
L-PTR	Limited Peak Time Rebate	従量型リベート
M2M	Machine-to-Machine	機械間通信
MDM	Meter Data Management System	メータデータ管理システム
MEMS	Mansion Energy Management System	マンションエネルギー管理システム
MMS	Manufacturing Message Specification	製造メッセージ仕様
MQTT	Message Queue Telemetry Transport	メッセージキュープロトコル
NAESB	North American Energy Standards Board	北米エネルギー規格委員会
NEMA	National Electrical Manufacturers Association	米国電機工業会
NERC	National American Electric Reliability Corporation	北米電力信頼度協議会
NFV	Network Functions Virtualization	ネットワーク機能仮想化技術
NIST	National Institute of Standards and Technology	米国国立標準技術研究所
NRECA	National Rural Electric Cooperative Association	米国農業電力協同組合
NSE	Network Service Entity	ネットワークサービスエンティティ
NWI	New Work Item	新規作業項目
OA	Office Automation	オフィスオートメーション
OASIS	Organization for the Advancement of Structured Information Standards	先進構造化情報標準化機構
OMG	Object Management Group	オブジェクトマネジメントグループ
ONF	Open Networking Foundation	オープンネットワーク基盤
OWL	Web Ontology Language	インターネット上のオントロジー利用データ交換用記述言語
PACS	Physical Access Control Systems	物理的アクセス制御システム
PAN	Personal Area Network	パーソナルエリアネットワーク
PAP	Priority Action Plans	優先行動計画
PAS	Publicly Available Standard	利用可能な標準
PCA	Protected Cyber Assets	保護サイバー資産
PDCA	Plan Do Check Act Cycle	計画・実行・評価・改善サイクル
PDP	Peak Day Pricing	ピーク日料金
PDU	Protocol Data Unit	符号化データユニット
PEV	Plug in Electric Vehicle	プラグイン電気自動車
PHV	Plug-in Hybrid Vehicle	プラグインハイブリッド自動車
PJM	Pennsylvania-New Jersey-Maryland	ペンシルベニア・ニュージャージー・メリーランド独立系統運用機関
PLC	Power Line Communication	電力線搬送技術
PMV	Predicted Mean Vote	温熱環境評価指数，予測温冷感申告
PTR	Peak Time Rebate	ピーク時リベート
PV	Solar Photovoltaics	太陽光発電
QoS	Quality of Service	サービス品質
RBAC	Role-Based Access Control	ロールベースアクセス制御
RDF	Resource Description Framework	資源記述フレームワーク
REST	Representation Sate Transfer	SOAP/WSDLベースのシステム間データ交換手段
RIL	Risk Impact Level	リスクインパクトレベル
RPC	Remote Procedure Call	リモートプロシージャコール
RTO	Regional Transmission Organization	地域送電機関
RTP	Real Time Pricing	リアルタイム料金
RTU	Remote Terminal Unit	遠方端末装置
SBC	Smarter Building Consortium	省エネビル推進協議会
SCADA	Supervisory Control and Data Acquisition	監視制御システム
SD	Smart Device	スマートデバイス

略 語 一 覧

略 号	対応英語	日本語
SDN	Software Defined Networking	ソフトウェア定義ネットワーク技術
SDO	Standards Development Organization	標準開発組織
SEP	Smart Energy Profile	セップ
SG CP	Smart Grid Connection Point	スマートグリッド接続点
SGAM	Smart Grid Architecture Model	スマートグリッドアーキテクチャモデル
SG–CG	Smart Grid Coordination Group	スマートグリッド調整グループ
SG–DPC	Smart Grid Data Protection Classes	スマートグリッドデータ保護クラス
SGIP	Smart Grid Interoperability Panel	スマートグリッド相互運用性検討パネル
SGIRM	Smart Grid Interoperability Reference Model	スマートグリッド相互運用性参照モデル
SGIS	Smart Grid Information Security	スマートグリッド情報セキュリティ
SGIS–SL	SGIS–Security Levels	SGIS セキュリティレベル
SGTCC	Smart Grid Testing and Certification Committee	スマートグリッド試験・認定委員会
SG–WG	Smart Grid WG	スマートグリッドワーキンググループ
SLA	Service Level Agreement	サービス品質保証契約
SNMP	Simple Network Management Protocol	シンプルネットワークマネジメントプロトコル
SNTP	Simple Network Time Protocol	簡易ネットワーク時刻プロトコル
SOAP	Simple Object Access Protocol	簡易オブジェクトアクセス手順
SSA	System Security Assurance	システムセキュリティ認証
SSPC	Standing Standard Project Committee	常設標準化委員会
SV	Security Viewer	セキュリティビューア
SyC Smart Energy	Systems Committee Smart Energy	IEC システム委員会
TC	Technical Committee	技術委員会
TLC	Traffic Light Concept	交通信号コンセプト
TLS	Transport Layer Security	トランスポートレイヤセキュリティ
TOU	Time of Use	時間帯別料金
TR	Technical Report	技術報告
TS	Technical Specification	技術仕様書
TSO	Transmission System Operator	送電系統運用者
TTC	Telecommunication Technology Committee	情報通信技術委員会
UGCCNet	Ubiquitous Green Community Control Network	ユビキタスグリーンコミュニティ制御ネットワーク
UML	Unified Modeling Language	統一モデリング言語
UMM	UN/CEFACT Modelling Methodology	電子商取引業務プロセス開発方法
UN/CEFACT	United Nations Centre for Trade Facilitation and Electronic Business	貿易円滑化，電子ビジネスのための国連機関
UTC	Coordinated Universal Time	協定世界時
VEN	Virtual End Node	バーチャルエンドノード
VFD	Variable–Frequency Drive Fan	可変周波数ファン
VLAN	Virtual Local Area Network	仮想ローカルエリアネットワーク
VM	Virtual Machine	仮想マシン
VNF	Virtualized Network Functions	仮想ネットワーク機能
VPN	Virtual Private Network	仮想専用網
VPP	Virtual Power Plant	仮想発電所
VRF	Violation Risk Factor	違反時のリスクの大きさ
VSL	Violation Severity Level	違反の深刻さ
VTN	Virtual Top Node	バーチャルトップノード
W3C	World Wide Web Consortium	ワールドワイドウェブコンソーシアム
WAN	Wide Area Network	ワイドエリアネットワーク
WDRCP	Wholesale Demand Response Communication Protocol	卸電力 DR 通信プロトコル

略語一覧

略　号	対応英語	日本語
WG	Working Group	ワーキンググループ
Wi-SUN	Wireless Smart Utility Networks	検針用狭域無線システム
WoT	Web of Things	モノの Web
WSCalender PIM	WSCalendar Platform Independent Model	カレンダー・スケジュール情報およびその標準
WXXM	Weather Information Exchange Model	気象情報交換モデルおよびその標準
XML	Extensible Markup Language	拡張可能なマークアップ言語
XMPP	Extensible Messaging and Presence Protocol	拡張可能なメッセージ/表示通信プロトコル
XSD	XML Schema Definition	XML スキーマ定義言語
YSCP	Yokohama Smart City Project	横浜スマートシティプロジェクト
6LoWPAN	IPv6 over Low power Wireless Personal Area Networks	ローパワーワイヤレスパーソナルエリアネットワーク上の IPv6 プロトコル

1章
電気エネルギーサービスのパラダイム転換

　本書は，スマートグリッドの概念に沿い，従前の電気エネルギーの供給というだけでなく，エネルギーに関する様々なサービスのための情報も含め，電力事業者と需要家の連携による多様なエネルギーサービスの提供が可能な電気エネルギーシステムの実現を目指している．そこで不可欠となる情報通信技術を国際標準に準拠して活用するため，関連規格やその実装例などを解説することが本書の目的である．
　本章では，これらを考察するうえでの基本となる東日本大震災を契機とする電気エネルギーシステムに関する我が国の政策の方向性について，その"パラダイム転換"というべき様々な変化，課題について述べる．

1・1　エネルギー政策と東日本大震災

　スマートグリッドという言葉が社会で広く取り上げられるようになったのは，2008年後半の米国オバマ大統領の演説に端を発していると思われる．この時代では，地球環境問題が世界的な課題であり，「低炭素化」をキーワードに政策が展開されていた．我が国においても，2050年までに温暖化ガス排出量を半減する「クールアース50」が唱えられ，その実現に向けて経済産業省資源エネルギー庁は「Cool Earth—エネルギー革新技術計画」を取り纏め，重点的に取り組むべき21のエネルギー革新技術を提示した（**図1・1**）[1]．この中には，電力需要側の技術として，電気自動車，省エネ住宅・ビル，高効率照明，家庭用燃料電池，超高効率ヒートポンプ，高性能電力貯蔵，HEMS/BEMS/地域レベルEMSが取り上げられ，現在まで脈々と技術開発が取り組まれてきている．スマートグリッドは，これら需要側のエネルギー技術の個々の性能向上だけでなく，情報通信技術を用いて，電力供給側と需要側を結び，再生可能エネルギーの活用を含め電気エネルギーシステム全体として低炭素化を目指すものである．さらに，これに加え，新たな価値を生み出し，需要家に対する様々なエネルギーサービスが展開される世界を目指すものである．特に，電力需要側の革新に重点が置かれていることから，我が国ではスマートコミュニティの実現に向け大規模な実証事業も行われ[2]，また，電力需要側のスマート化や多様なサービス展開の鍵となるスマートメータ導入の取組みが展開された[3]．
　こうした状況のなか，2011年3月11日に東日本大震災が起きた．東北地方と関東地方は地震と津波による甚大な社会的被害を受けたが，電気エネルギーシステムにも大きなダメージがあっ

図1・1 「Cool Earth—エネルギー革新技術計画」に取り上げられた21の技術[1]

た．福島第一原子力発電所の事故，震災直後から数週間にわたって実施された関東地方の計画停電の経験は，高品質を誇ってきた我が国の電力システムの弱点を露呈した．これにより，低炭素は引き続き重要であることに変わりはないものの，大災害においても堅牢な電気エネルギーシステムの構築が必要であるとの認識が広まった．

このため，国のエネルギー政策に，電気エネルギーシステムに大きなパラダイムの転換がなされることとなった．本書が対象とする電力供給側と需要側を結ぶサービスに関係が深いものに絞ると，電力システム改革，大規模集中型システムから分散型システムとの協調への移行と需要家サイドのスマート化，固定価格買取制度導入による再生可能エネルギーの導入拡大などが挙げられる．以下それぞれの概要について述べる．

1・2 電力システム改革

我が国の電気エネルギー供給は，地域ごとに，発電，送配電，小売が垂直統合された電力会社（一般電気事業者）によって，主要な電力消費地から離れた地点にある大規模電源から送配電ネットワークを通じて消費者に向けて一方向に行われてきた．この形態は規模の経済の観点からも効率的であると考えられてきた．

しかしながら，東日本大震災直後，影響がほとんどなかった西日本では電力の供給力に余裕があったにも関わらず関東地方の停電を救えなかったことは関係者に大きな衝撃を与え，電気エネルギーシステムの在り方を再検討する契機となった．その結果，各電力会社の供給エリアの間で電力融通を行う機能の拡大や需要家が電力を購入する事業者を自由に選択できるようにする観点から，既存の一般電気事業者を発電，送配電，小売の各事業に機能分離し，電力の発電，小売については全

面自由化を導入することが決定された[4]．

送配電事業者は，電力を流通する電力系統のオペレータとしてあらゆる発電事業者，小売事業者に対して公平・中立であることが求められ，独自に確保する調整力を使って，電力の総発電量と総需要量をいかなる時間断面においてもバランスさせる役割を持つ．発電事業者と小売事業者は，それぞれ電力の発電計画，販売計画について30分ごとの計画値の提出が求められ，実績と比較して差が生じたときには送配電事業者が差分を調整する．差分を生じさせた発電，小売事業者は送配電事業者にインバランス料金を支払う（計画値同時同量）こととなった．

1・3 大規模集中型システムから分散型システムとの協調と需要のスマート化へ

東日本大震災後の電力不足の経験から，環境に優しい再生可能エネルギー活用拡大への期待と相まって，大規模電源から必要な電力全てを一方向に供給するこれまでのシステムの見直しが始まっている．街，ビル・工場，家庭など様々な単位で発電やエネルギーの利用をコントロールし，電力の需要と供給のバランスを保つスマートな分散型システムの取組みが我が国のエネルギー政策として目指すべき一つの方向性として示された（図1・2）[5]．

このようなビジョンのもと，これまでは電気事業者が所与のものとして扱ってきた電力消費量（デマンド）を電力供給の裕度によってコントロールする"需要のスマート化"，すなわち，デマンドレスポンス（需要反応）の導入を進めるべきであるとの議論が展開された[6]．前述の電力システム改革では，送配電事業者が需給調整を行う手段として，また，小売り事業者が計画値同時同量を

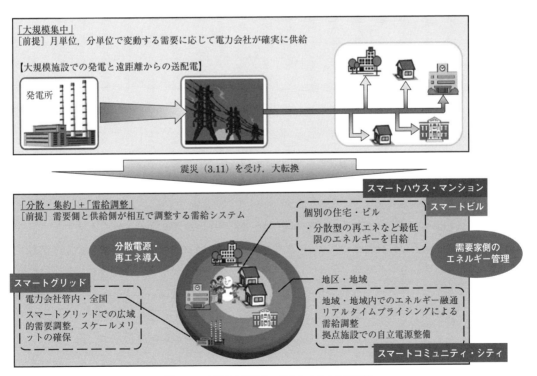

図1・2 東日本大震災後の電力システムの転換[5]

達成しインバランス料金の支払いを回避する手段として，発電の出力制御だけでなく，電力の消費量制御も組み合わせて活用することを想定した制度設計の議論が開始されており[7]，関連の実証事業も行われてきている．

1・4 デマンドレスポンスとネガワット取引

デマンドレスポンスは，今世紀初頭にカリフォルニア州で起きた電力危機を契機に米国で立ち上がり，実践されてきたものである．デマンドレスポンスとは，電力を共有する事業者が需要家に対して電力消費量削減の要請を行い，契約や一定のインセンティブ提供のもと需要家がこれに応える（需要削減）仕組みを指す．

我が国では実はこれまでにも，これに相当する取組みがあった．その一つは，一般電気事業者が大口需要家との相対契約で実施してきた需給調整契約である．これは需給逼迫時の需要抑制を行うことを条件に料金の割引を行うものである．もう一つは時間帯別料金（TOU：Time of Use）メニューである．我が国の一般電気事業者は昼夜間の電力需要格差が大きいことが長年の経営課題であったため，利用率の低い夜間に電気料金を割引き，一方，利用率の高い日中の電気料金を高くするメニューを提供してきた．あわせて，蓄熱式空調や電気式温水器，電気自動車など，蓄エネルギーが可能な機器の開発や普及に努めてきた．これにより，需要家がこれらの機器を夜間に使用することで電気料金低減のメリットが得られるような仕組みを構築してきた．

しかし，東日本大震災後の関東地方の電力不足を契機として，需給逼迫時などに執行できる，より機動的に効果を期待する本格的デマンドレスポンスの検討が始まった．

● 1・4・1 実施方法によるデマンドレスポンスの類型 . . . .

デマンドレスポンスは単なる節電とは異なり，電力を供給する電気事業者と電力を消費する需要家間の経済的取引として行われるものである．大別すると，電気料金型とインセンティブ型の2つの方式がある（図1・3[8]）．

料金型は料金メニューなどであらかじめデマンドレスポンス発動の条件などを定めておき，小売事業者が需要家の電力消費量を下げたい時間帯に電気料金を高くすることにより，当該時間帯の消費量削減を促すものである．この方法は比較的簡便であり，需要家が多数でも適用できる反面，どれだけ需要の削減が見込めるかは時々の需要家の反応に全面的に依存するため，効果が不確定であるというデメリットがある．

一方，インセンティブ型はあらかじめ需要家との契約によって需要削減量を定めておき，送配電事業者や小売事業者の依頼に応じて，需要家が節電した場合に対価が支払われる仕組みである．電力消費削減分（ネガワットと称する）を発電と等価とみなし，電気事業者と需要家の間で取引する形態であることから，ネガワット取引とも呼ばれる．この方法は効果の確実性が高いことが期待できる反面，需要家ごとに契約や効果の算定を行う必要があるため比較的手間がかかり，小口需要家に適用することが難しいと考えられる．後者の場合，複数の需要家を束ねる役割を担うアグリゲータと呼ばれる仲介事業者が関与するスキームが現実的であると考えられる．厳密ではないが，産業用・業務用の需要家にはインセンティブ型（ネガワット取引）を適用し，一般家庭には料金型を適

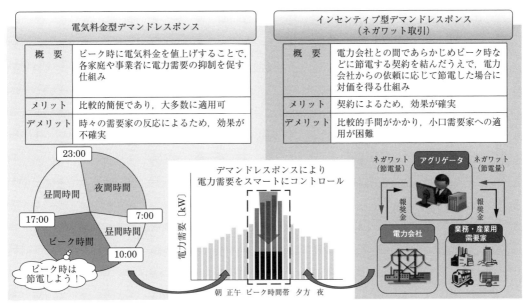

図 1・3 デマンドレスポンスの類型[8]

用するのが一つの標準的な考え方と思われる．

●1・4・2 買い手によるネガワット取引の類型と指針の策定

前節で述べた料金型デマンドレスポンスは電気事業に関する現行のルールの範囲でも問題なく実行可能であり，一部の小売事業者はすでにメニューを提供している．一方，ネガワット取引は電力システム改革の制度設計の中でルールの策定や環境整備が必要な面があり，現在議論が進められているところである[7]．

この中で，ネガワットの調達者（買い手）の違いでネガワット取引を類型1と類型2に分類して検討が進められている．類型1は小売事業者が同時同量達成のために調達するもの，類型2は送配電事業者（系統運用者）が需給調整のために需要削減量を調達するものと定義されている．前者はさらに，小売事業者が自らの需要家によって生み出された需要削減量を調達するもの（類型1①）と，他の小売事業者の需要家によって生み出された需要削減量を調達するもの（類型1②）に分類される（図1・4）[7]．類型1②は小売事業者が計画値同時同量達成の責務を負っている状況下で，別の小売事業者がデマンドレスポンスの実施により，需要家の電力消費量を意図的にずらすことになる可能性もあるので，しかるべきルール化が必要となる．

ネガワット取引は需要家の電力消費削減の効果を定量的に決定するために，これに参加する需要家が何も対応しなかったならどれだけ電力を消費したかを過去の電力消費実績などに基づく何らかの手段によって推定することが必要となる．この推定された電力消費量をベースラインと呼ぶ（図1・5）．ベースラインを決定するのは容易なことではない．このため，電力消費量削減の測定方法なども含め，ネガワット取引において問題となりうる事項について，関係者が参考にすべき基本原則（指針）「ネガワット取引に関するガイドライン」を資源エネルギー庁が公表している[9]．本ガイドラインは今後も必要に応じて改定されていく予定である．

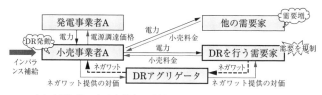

(a) 類型1①:小売事業者が自社需要家からネガワットを調達

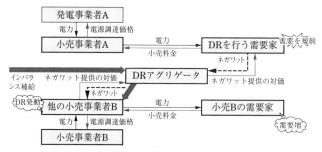

(b) 類型1②:小売事業者が他社需要家からネガワットを調達

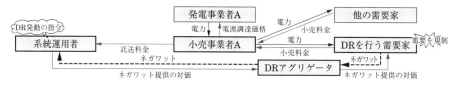

(c) 類型2:系統運用者によるネガワット調達

図1・4　ネガワット取引の類型[7]

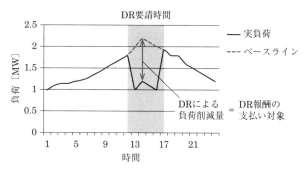

図1・5　ネガワット取引におけるベースライン

1・5　太陽光発電の連系拡大への対応

　前節に述べたデマンドレスポンスと並び，近年の電気エネルギーシステムの潮流を考察するうえで欠くことのできないものに，太陽光発電の急激な大量導入がある．この促進剤となったのは震災後の2012年7月に政府が新たに導入した固定価格買取制度（FIT：Feed in Tariff）である[10]．これは発電コストで電気事業者の大規模電源に劣る再生可能エネルギーの経済性を人為的に向上させることで普及に弾みをつける政策であり，発電電力を電力会社が買取る単価を保証するものである．FITはドイツやスペインなど多くの国で導入実績がある一般的な制度である．再生可能エネル

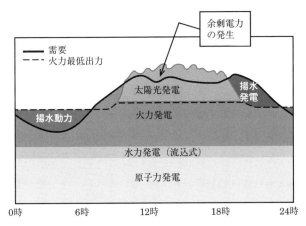

図 1・6　太陽光発電大量導入による余剰電力の発生技術[12]

ギーの買取価格は種別に応じて設定されている．一般家庭も含めて，比較的短時間での導入が可能で今後の普及拡大が期待される太陽光発電については，導入者に非常に有利な価格設定がなされた[1]．

この政策により，目論見通り太陽光発電の導入が急速に進展したが，その想定外のスピードに制度開始から2年もたたぬ間に大きな問題に直面することとなった．太陽光発電の導入者は，まず，政府から設備設置の認定を受け，しかる後に電力会社の送配電部門に系統連系の認定を受ける必要がある．ところが，一部電力会社において太陽光発電の系統への連系量が限界に達してしまい，政府の設置認定を受けていても系統連系を停止せざるを得なくなったのである．

この理由は次のような事情による．太陽光発電や風力発電は発電電力量が天候に依存して決まり，従来の発電所のように出力を変化させることができない．前述のように，電力系統において，トータルの発電量（供給）と電力の消費量（需要）は常にバランスしていなければならないのであるが，太陽光発電が一定以上電力系統に連系されると，ゴールデンウイークなどの電力消費量が少ないときに発電量が過剰になってしまう可能性が生じる（**図 1・6**）[11],[12]．こうして需給バランスがとれなくなると，電力系統の周波数が許容値を超えて上昇してしまい，電力の供給ができなくなる．

この事象を受けて，資源エネルギー庁は2014年12月「再生可能エネルギーの最大限導入に向けた固定価格買取制度の運用見直し等について」を公表した．これにより今後新たに系統連系する太陽光発電設備は外部からの通信によって出力を制御できる機能を具備することが要件付けられることとなった[13]．このため，太陽光発電の余剰電力が見込まれる場合には，送配電事業者は太陽光発電に指令を送り，出力を制限することで需給バランスを維持できることになる[11],[12]．

1・6　電気エネルギーシステムのパラダイム転換と分散型エネルギー資源の統合

電力の消費の制御，太陽光発電の出力制御は，送配電事業者が需給バランスを確保するための新しい手段であり，これまでに経験したことがないものである．両者とも送配電事業者自身が保有する設備ではなく，また，規模のレンジが大きく，かつ小規模のものほど莫大な数がある．こうした

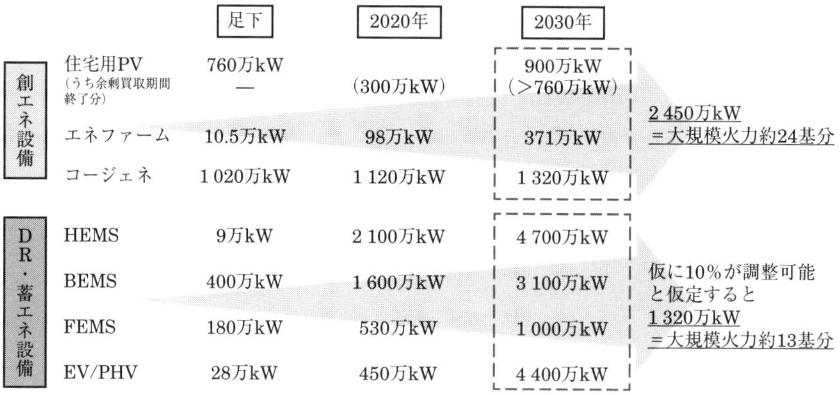

		足下	2020年	2030年	
創エネ設備	住宅用PV（うち余剰買取期間終了分）	760万kW ―	(300万kW)	900万kW (>760万kW)	2 450万kW＝大規模火力約24基分
	エネファーム	10.5万kW	98万kW	371万kW	
	コージェネ	1 020万kW	1 120万kW	1 320万kW	
DR・蓄エネ設備	HEMS	9万kW	2 100万kW	4 700万kW	仮に10％が調整可能と仮定すると1 320万kW＝大規模火力約13基分
	BEMS	400万kW	1 600万kW	3 100万kW	
	FEMS	180万kW	530万kW	1 000万kW	
	EV/PHV	28万kW	450万kW	4 400万kW	

（注）DRについては，あくまでアグリゲーションビジネスのポテンシャルとして試算したもの．

図1・7　分散型エネルギー資源の拡大[18]

特徴は，電力消費，太陽光発電だけでなく，需要家側に導入が拡大している自家用発電，燃料電池などの分散型発電システムや蓄電池，電気自動車・プラグインハイブリッド車などの蓄電機器全般にも当てはまる．

経済産業省は，2015年7月に「長期エネルギー需給見通し」を公表し，2030年に向けての電源構成目標，電力需要総量目標，これらを実現するための施策を示した[14]．これはエネルギー自給率の向上，電力コストの低減，温室効果ガス排出量削減を同時に達成していくため，再生可能エネルギーの活用を一層進めつつ，抜本的な省エネルギーを実現していくことを柱としている．このため，エネルギー管理システム（EMS：Energy Management System）による需要側のスマート化，次世代自動車・コージェネレーションの普及拡大など，需要側のエネルギー利用効率向上と様々な分散型エネルギー資源の導入が見込まれることとなる（図1・7[15]）．これは，震災後のエネルギービジョンをさらに推し進めるものであり，これら分散型エネルギー資源を合算すると，2030年には大規模な火力発電機数十基分に相当する規模になる[15]．

現在進められている電力システム改革では，順次，時間前市場，リアルタイム市場などの電力取引市場を2020年までに順次整備していくこととなっている．今後の電気エネルギーシステムは，これまでは各需要家内でしか活用されてこなかった需要家側の電源を束ねて相互に協調させることで，市場取引や相対取引を通じて，調整力として活用していく世界への進展が鍵となっている．この結果は，市場メカニズムを通じて電力コストの引き下げや系統安定化，再生可能エネルギーの最大限の活用，需要側エネルギー機器の投資対効果向上などにつながるものと期待される．

こうした潮流を再度概観すると，今まさに長い歴史を持つ電気エネルギーシステムは大きなパラダイム転換のさなかにあるといえよう．電気事業は，これまでは作り手（発電），送り手（送配電），売り手（小売）が一体であったが，これらが分離され，作り手と売り手が完全に自由化された状況でそれぞれの利益を最適化する体制に移行される．電気の流れは電源から送配電系統を通じ需要家に向かう一方向から，需要家も自ら電気を作り送配電系統に送り出す双方向が基本になる．また，需要側には分散型エネルギー資源を最適に運用するための司令塔となる各種のエネルギー管理システムが設置され，熱も含めたエネルギーコスト最小化，温暖化ガス排出量最小化，災害時の事業継続性など，需要家それぞれの効用を最大化するように機器の制御が行われる．これまでは電力需要

は所与のものとして必要な発電設備を用意して電力を供給していたが，今後は電力需要もエネルギー資源とみなされ，制御されるものに変わっていく．しかし，これらの運用は必ずしも電力系統にとって最適なものではなく，需要家メリット最大化と折り合いをつけるための新しい仕組みが必要となる[15]．

1・7　電気事業者と需要家を結ぶ通信規格の概要

2015年11月の官民対話において，「家庭の太陽光発電やIoTを活用し，節電した電力量を売買できる『ネガワット取引市場』を2017年までに創設する」，「2016年度中に事業者間の取引ルールを策定し，エネルギー機器を遠隔制御するための通信規格を整備する」ことが総理指示として公表された．このためには需要家に普及が見込まれる分散型エネルギー資源の価値を最大限に発揮させる新たなビジネス領域「アグリゲーションビジネス」を産業として育成することが必要となる．これらを受け，資源エネルギー庁は2016年1月「エネルギー・リソース・アグリゲーション・ビジネス検討会」(ERAB：Energy Resource Aggregation Business 検討会)」を発足させた[16]．ここでは，再生可能エネルギー，省エネルギー，電力システム，情報通信など横断的に存在する様々な課題を整理・総合的に議論し，アグリゲーションビジネスの全体方針を策定するとともに当該ビジネスの発展を支援するとしている（図1・8）．

このような方向性は，東日本大震災を経て，スマートグリッドやスマートコミュニティなどの名称で取り組んできた社会実証事業が目指すものを再定義したものといえよう．電力事業形態が大きく変化していく一方，発電，送配電系統，需要家は情報通信技術でより密接に結び付き，適切な制度設計と各事業者の創意工夫によって国全体の最適を追求することになる．その実現のための鍵となるのが総理指示でも述べられている「通信規格の整備」である．

これまでの各種EMSの展開と関連規格の整備，デマンドレスポンスの標準化，太陽光発電システムの出力制御実証などを包含した分散型エネルギー資源を統合するアグリゲーションビジネスの

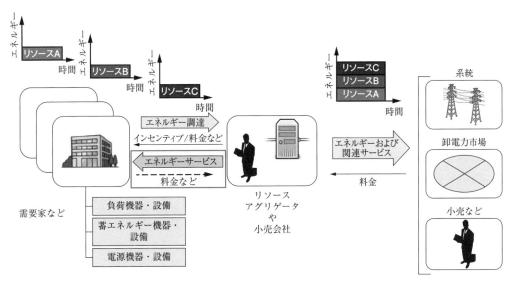

図1・8　エネルギーリソースアグリゲーションビジネスの概要

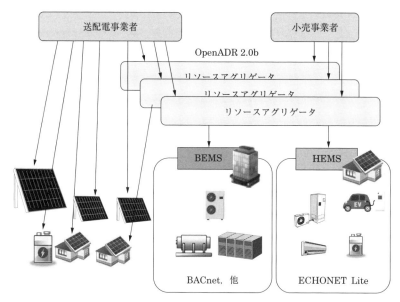

図1・9　エネルギーリソースアグリゲーションに関する通信の概要図

ための通信規格の全体像を図1・9に示す．

　スマートハウス・ビル・工場に関する検討では，それぞれの需要家にはEMSの設置が前提となっている．EMSの配下にある需要家内のエネルギー資源や負荷機器などは，何らかの通信媒体により接続されることが想定されている．各EMSは，直接，またはアグリゲータを介して送配電事業者や小売事業者と何らかの通信媒体によって結ばれ，デマンドレスポンスなどの需要家サービスに関する信号の授受を行う．EMSは各機器の状態を把握し，電力供給側の要請がある場合にはこれを制約条件として，各機器の最適制御を行う．このようなモデルでは，送配電事業者，小売事業者，アグリゲータ，需要家EMSと各制御対象機器が連係するため，動作指令や状態確認を行うための手順やデータ，すなわち通信規約（プロトコル）を共通化しておくことが必須である．

　標準通信プロトコルを一から策定するのは多くの時間を要し，早期のビジネス立ち上げの観点からは望ましくないため，上記検討では，すでに標準として整備されているものを極力活用していくことを基本方針としている．たとえば，住宅内の通信にはECHONET Lite[17]が国内推奨となっており，ビル内通信には国際標準として実績あるBACnetなどが使用されている．これらを踏まえ，上記標準通信プロトコルがデマンドレスポンスやエネルギーリソースアグリゲーションなどの新たな要件に対応できるかという検討が必要となる．不足する点があるならば，拡張を行うこととなる．一方，デマンドレスポンスでは送配電事業者ならびに小売事業者とアグリゲータの間の通信にはOpenADR[18]が日本国内の推奨規格になっている．デマンドレスポンスを超え，エネルギーリソースアグリゲーション全体でみたとき，図1・9において適用範囲を広げる必要があるか，現在の規格のままでよいかといった観点での検討が必要となる．

　もう一つの重要な観点は国際標準との整合である．上記のような電気事業者と需要家を結ぶ通信規格は国際電気標準会議（IEC：International Electrotechnical Commission）で詳細な検討がなされており，国内で推奨する規格とIEC規格とに整合性があることが肝要である．

　本書の目的は，分散型エネルギー資源を相互に協調して動作させることで実現を目指す様々なサ

ービスについて，国際標準との整合を確保する観点から，関連規格の取り纏めとその動向について解説するとともに，国内の社会実証などを例に国際標準の使い方を例示することである．以降の章では，まず，これまで述べてきた我が国の電気エネルギーシステムの大きな流れを踏まえ，これと今後予想される需要家との連携によって実現される様々なサービスを俯瞰する．さらに，これらを実現するために必要なシステムのモデル化，情報モデル，通信サービスについて，国際標準の最新動向と，その使用方法を解説する．また，こうしたエネルギーサービスに関する通信システム全体のセキュリティの在り方について述べる．今後，スマートグリッドのサービスの企画，設計，実装を行うスマートグリッドに関するステークホルダに役立つことを期待する．

参考文献

（1）エネルギー総合工学研究所：「Cool Earth エネルギー革新技術シート及び解説」（2008）
（2）経済産業省資源エネルギー庁：「次世代エネルギー・社会システム実証地域について」（2010）
http://www.meti.go.jp/policy/energy_environment/smart_community/community.html#masterplan
（3）スマートメーター制度検討会：「スマートメーター制度検討会」（2013）
http://www.meti.go.jp/committee/summary/0004668/report_001_01_00.pdf
（4）電力システム改革専門委員会：「電力システム改革の基本方針―国民に開かれた電力システムを目指して―」（2012）
http://www.meti.go.jp/committee/summary/0004668/report_001_01_00.pdf
（5）国家戦略室：「課題，論点及び検討のスケジュール」，エネルギー環境会議第1回資料2（2011）
http://www.cas.go.jp/seisaku/npu/policy09/pdf/20110622/siryou5.pdf
（6）総合資源エネルギー調査会基本政策分科会：「需要サイドからみた今後のエネルギー政策の方向性について」，第6回基本政策分科会資料2（2013）
http://www.enecho.meti.go.jp/committee/council/basic_policy_subcommittee/006/pdf/006_011.pdf
（7）総合資源エネルギー調査会基本政策分科会電力システム改革小委員会制度設計ワーキンググループ：「ネガワット取引の活用について」，第9回資料5-5（2015）
http://www.meti.go.jp/committee/sougouenergy/kihonseisaku/denryoku_system/seido_sekkei_wg/pdf/009_05_05.pdf
（8）総合資源エネルギー調査会省エネルギー・新エネルギー分科会省エネルギー小委員会：「ディマンドレスポンスについて〜新たな省エネのかたち〜」，第6回資料3（2015）
http://www.meti.go.jp/committee/sougouenergy/shoene_shinene/sho_ene/pdf/006_03_00.pdf
（9）経済産業省資源エネルギー庁：「ネガワット取引に係わるガイドライン」（2015）
http://www.meti.go.jp/press/2014/03/20150330001/20150330001-2.pdf
（10）経済産業省資源エネルギー庁新エネルギー対策課：「再生可能エネルギーの固定価格買取制度について」（2012）
http://www.enecho.meti.go.jp/category/saving_and_new/saiene/kaitori/dl/120522setsumei.pdf
（11）石井英雄：「次世代送配電系統最適制御」，電気学会誌，Vol.132, No.10, pp.680（2012）
（12）次世代送配電ネットワーク研究会：「低炭素社会実現のための次世代送配電ネットワークの構築に向けて」，研究会報告書（2010）
（13）経済産業省資源エネルギー庁：「再生可能エネルギーの最大限導入に向けた固定価格買取制度の運用見直し等について」（2014）
http://www.meti.go.jp/press/2014/12/20141218001/20141218001.html
（14）経済産業省資源エネルギー庁：「長期エネルギー需給見通し」（2015）
http://www.meti.go.jp/press/2015/07/20150716004/20150716004_2.pdf
（15）石井英雄：「エネルギー・リソース・アグリゲーション」，電気学会スマートファシリティ研究会予稿集，pp.41（2016）
（16）経済産業省資源エネルギー庁：「エネルギー・リソース・アグリゲーション・ビジネス検討会の設置について」，エネルギー・リソース・アグリゲーション・ビジネス検討第1回資料1（2016）

http://www.meti.go.jp/committee/kenkyukai/energy_environment/energy_resource/pdf/001_01_00.pdf
(17) エコーネットコンソーシアム：「ECHONET-Lite 規格書 Ver1.11」（2014）
　　　http://www.echonet.gr.jp/spec/index.html
(18) OpenADR Alliance: "OpenADR 2.0 Specifications"（2013）
　　　http://www.openadr.org/specification

2章
需給協調サービスと情報連携の必然性

　スマートグリッドの実現により，これまで供給者側であるグリッド（電力網）から需要家へ一方的に流れていた電力が，需要側に分散して存在する太陽光発電やコージェネレーションシステムなどとグリッドとの間で双方向に流れることにより，グリッド全体として経済効率を高めることが期待されている．そのためには，電力系統の状態を表す情報や，需要家が，どのように電力を消費しているかといった情報を，適切に処理したうえで，供給側と需要家が共有する必要がある．

　電力供給者は，これまでに電力系統を計画・運用・制御してきたため，関連する多くの情報を有しているが，発電事業者，小売電気事業者，需要家など個々の系統利用者にとっては，全ての情報は必ずしも必要ではなく，むしろ情報量が増え，扱いが困難になってくることから，各々に関係のある情報だけを共有することが求められる．スマートグリッドと電力自由化を前提としたとき，電力量のみならず，周波数調整や予備力といった電力量以外の補完的な電力系統運用・制御サービスである広い意味でのアンシラリーサービスに対して価格をつけ，情報として流通させ取引を行うことが考えられる．このような機能は，電力系統運用に需要家が寄与するためのインフラストラクチャの一部であるとの観点に立ち，2・1節にて，電力取引と市場参加者の情報連携，アンシラリーサービスの市場調達と項目を整理して考え方を解説する．また，新しく需要家が系統運用に寄与する道筋として，具体的に検討が進められている電力需給の協調サービスとして，2・2節にて，デマンドレスポンスとフレキシビリティマネジメントの概念をまとめる．

　電力需給情報の連携サービスは，需給双方に関係するため，機械間通信（M2M：Machine-to-Machine）によるサービス達成を目指した場合，おのずと異なるメーカの製品が情報連携を行う必要がある．さらに，業種の異なる需要側と供給側が，双方のデータの意味を取り違えることなく理解しなければならない．そのため，様々な団体がスマートグリッドの標準化に携わってきた．これらの標準化団体は，それぞれに情報の使われ方を調査し，必要なデータモデルを作成してきたが，検討が進むにつれて，既存の標準を参照し，新たな標準を生み出してきた．2・3節では，このような電力需給情報連携サービスに関する様々な標準の意図と内容を取り纏め，相互関係を整理する．

2・1　系統安定化に需要家が寄与するための インフラストラクチャ

　電気は，その物理的特性により燃料などとは全く異なった商品である．生産された電気（発電）は電線路（送配電線）を流れ消費場所まで届けられるが，電線路に流すことができる電気の量は電線容量で制約を受けているため，無制限に電気を流すことはできない．電線容量の制約以外にも電気が流れるときの電圧を適正維持することも必要である．また，電気は貯蔵できないので発電と消

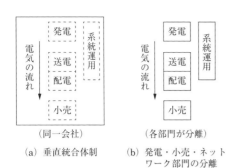

図2・1 電気事業体制における垂直統合と部門の分離

費を常にバランスさせなければならない．これらの物理的特性を踏まえて電気を扱わないと電力系統の一部もしくは全体が停電をしてしまうこともある．

電気の消費者が求めているのは電気エネルギーであるが，電気エネルギーを消費者に届けるためにはエネルギー以外の管理も重要となってくる．そのため，電力取引はエネルギーの取引（電力量取引）とそれ以外のアンシラリーサービスと呼ばれる補完的な取引に大きく分類される．

アンシラリーサービスには，リアルタイムで発電と消費のバランスをとるための需給調整力や，電力系統の電圧を適正に維持するための電圧調整力の取引などがあり，また，電気を流すための送電線の容量を確保するための送電使用権の取引などがある．電力取引は，電力取引所の設計を含む電気事業制度と密接に関連している．

図2・1は，電気事業体制における各部門とその関係を，垂直統合体制と分離した体制に整理したものである．電気事業に必要な物理的な機能としては，発電と送配電および系統運用があり，商業的な機能として小売がある．電気を供給するためには電力の生産（発電）から送配電までの大規模な設備が必要であり，多くの消費者が共用したほうが経済的であるとの理由から（規模の経済性），国営または政府の規制を受けた民間事業者が，発電・送配電の機能を統合して電気の小売を行う垂直統合体制が電気事業の基本形態であった．

やがて，発電では電気の市場規模が個々の発電プラントの規模と比べて大きくなり規模の経済性が低下したことや，情報通信技術の発展により発電事業者と系統運用者間の連携も容易になったことなどから，電気事業の規制緩和が進められることになった．

規制緩和前の垂直統合体制のもとでも，余剰電力の発生や発電機トラブルおよび大型の発電投資に際して，電気事業者間で電力取引（電力量）は行われていたが，取引価格の透明性を担保するために電力市場を通じての電力量取引が行われるようになった．

さらに，規制緩和が進展し競争が可能な発電や小売部門と，規制が必要な送配電・系統運用部門（ネットワーク部門）との分離が欧米では進められるようになった．以前は発電とネットワーク部門が連携して電気供給に必要な発電供給力，需給・電圧調整力や送電容量の確保などを行ってきたが，ネットワーク部門の分離に伴い，これらの調整力確保の仕組みは各地域・国で異なったものが採用されるようになった．これが電力取引が電気事業制度の設計と密接に関連する理由である．

米国東部の地域送電機関（RTO：Regional Transmission Organization）であるPJMでは，電力量取引に加えて補完的な取引も行われているが，我が国では現在，電力量取引のみである．我が国では，電力量取引の受渡し時に送電線混雑による電力の送電が不可となることを回避するための送電使用権の取引は行われていない．また，調整に関わる費用は系統運用費用に含まれているため，調整力の取引は行われていないが，ネットワーク部門分離後は，系統運用者が発電事業者もしくは小売事業者から一括募集することなどで系統運用に必要な需給・電圧調整力を確保する．補完的な取引も今後検討されてくると思われる．

上述した取引はあくまでも必要な発電設備が存在している前提で成り立つ仕組みであるが，発電設備の建設には長い期間が必要である．発電設備への投資を促すために容量市場という取引の仕組みが導入されている地域もあるが，将来の発電設備への投資インセンティブを与える仕組みは，世界的にはまだ試行錯誤の段階である．

電力量取引には，取引単位が異なる様々な商品がある．我が国において最も取引量が多い商品は実際の電力の受渡しが行われる1日前に取引される商品である．取引単位が30分の場合，1日前取引では48商品あることになる．取引単位が1か月の商品もあるが，1か月間の昼間帯もしくは24時間の電力価格が固定化された商品である．取引商品は市場ニーズに応じて決まってくるため，取引単位も各地域・国によって異なっている．

以上のように，電力取引で扱われている商品は様々であり，また，各地域・国の市場設計に影響を受けている．商品はまだ流動的であり，取引商品の種類によっては電気事業者以外の参加も予想されるため，電力取引のシステム化にあたっては柔軟性のある仕組みが必要である．

●2・1・1　電力取引の類型化

電力取引は，上述の取引対象（電力量，需給・電圧調整力，送電使用権，発電容量など）のほか，取引方法（取引所取引，相対取引（仲介，当事者間））や受渡方法（現物取引，金融取引）の違いによって類型化することができる（図2・2）．

1●電力の取引方法

取引所を通じて取引を行う場合を取引所取引，取引所を経由せずに事業者同士が取引を行う取引を相対取引という．相対取引でも仲介者を介在させる場合もあるし，当事者同士が直接取引を行う場合もある．取引所取引の場合，価格の透明性が担保されるが，取扱い商品が標準化され，参加者にとってニーズに合致しない場合もある．相対取引だと当事者のニーズに即した商品取引が可能となるが，取引相手の信用リスクを自ら負うことになる．

最も参加者が多い電力量取引では，取引所取引における売り手と買い手は多数の者同士の取引となる．一方で，電力供給のために必要な容量・調整力取引の買い手は系統運用者のみであるため，

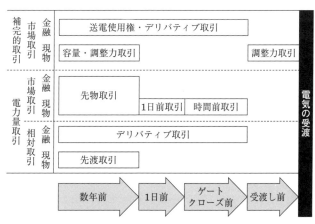

図2・2　類型化された電力取引の概念図

容量・調整力取引の市場設計は電力量取引のものとは異なる．

2 ● 現物取引と金融取引

　商品の現物を受渡し，金銭的な対価を支払う現物取引に対して，金銭的な受払いのみを行う金融取引も存在している．現物を保有していない参加者が電力価格などの指数に基づいて取引を行うデリバティブ取引は金融取引である．

　将来の電力価格を固定化したい場合は，取引相手がいれば先渡取引で価格の固定化は可能であるが，取引相手が必ずしも存在するとは限らない．その場合，取引所に上場されている先物取引を行い，満期日前に反対売買を行うことにより得られた差金を用いて，電力価格の固定化が可能となる．先渡取引の場合には取引相手の信用リスクを負うことになるが，先物取引はこの信用リスクを回避できるというメリットもある．一方で先物市場では取引商品は標準化されているので，先物商品と自らが必要とする商品との差は受容する必要がある．

　また，先物などの金融取引は現物を保有する必要がないので，電気事業関係者以外の事業者も取引に参加が可能となる．

3 ● 市場における現物取引

　受渡日がかなり先の電力量取引には先渡・先物商品が利用される．数年前から取引が可能となり，将来の価格変動リスクを回避したい事業者は，こういった商品を購入してリスクヘッジを行う．受渡日に近づくに従って取引単位がより短い商品の取引も行われ始め，自らが予想する電力販売量のカーブに電力調達量を近づける取引が行われる．電力量取引はゲートクローズ（系統運用者が定めた取引限度時間，我が国では1時間前であるが，限度時間は地域・国による異なっている）直前まで行われ，予想した電力販売量カーブに極力近づける取引が行われる．

　ゲートクローズ後は，系統運用者自らが調達した調整力を用いて発電と電力の消費とのバランス調整を行うことになる．

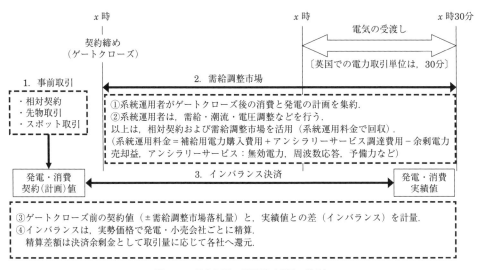

図2・3　電力取引の活用例（英国の場合）

ゲートクローズ後に行われる系統運用者による調整費用が，参加者（発電・小売事業者）原因によるものは後日精算のうえ参加者へ請求されるが，精算ルールも各地域・国によって異なっている．図 2・3 に英国の例を示す．

● 2・1・2　市場参加者間の情報連携

1 ● 各国の電力取引所の状況

欧州では，2003 年の EU 改正電力自由化指令により全体の枠組みは規定されたが，具体的な市場の構築方法は，各国の方針に委ねられたため，各国ごとに取引市場が設立され，その形態が異なっている．たとえば，イギリス，フランスおよびドイツは卸電力取引所の利用は任意であるが，イタリアおよびスペインは一定の事業者の参加は強制，北欧は国際連系線を介する場合は卸電力取引所への投入が義務づけられている．また，単一市場化は志向され続けており，それぞれの卸電力取引所を結合させるマーケットカップリングの動きが各国で検討されている．一方，米国では，連邦エネルギー規制委員会（FERC：Federal Energy Regulatory Commission）指導のもと，独立系統運用者（ISO：Independent System Operator），地域送電機関（RTO）が設置され，それら事業者単位で開設されるエネルギー市場を通じて系統制御区域の需給運用を行う形式が一般的である．ISO/RTO は送電系統運用機関であるために，金融的取引は商品先物を提供する取引所が別途開設する形となっている（表 2・1）．

2 ● 電力デリバティブ市場

欧米における電力デリバティブ市場は，電力現物取引所と同グループが電力デリバティブ取引を開設する場合（イギリス APX ENDEX グループ，ドイツ EEX グループ）と，電力現物取引所に

表 2・1　各国における卸電力取引所の状況[1]

	イギリス	フランス	ドイツ	イタリア	スペイン	北欧	米国
卸電力取引所	APX UK, N2EX	EPEX Spot		GME	OMIE	Nord Pool Spot	RTO・ISO
取引市場のタイプ	任意取引	任意取引		準強制取引	準強制取引	準強制取引	準強制取引
スポット取引シェア	9 %	14 %	36 %（注）	67 %	89 %	76 %	27 %（PJM RTO）
前日スポット市場	○	○	○	○	○	○	○
当日市場	○	○	○	○	○	○	○
アンシラリーサービス市場	—	—	—	○	—	—	○
先渡取引	○			○			
マーケットメーカ制	—	—	—	—	—	○	—
電力デリバティブ取引（グループ会社を含む）	○	○	○	—	—	—	—

（注 1）ドイツ・オーストリアとして取引量が公表されているため，両国の電力消費量に対する割合．
（注 2）イタリアでは相対契約で予約された発電以外は GME 市場に入札参加義務あり．
（注 3）スペインでは 5 万 kW 以上の発電所は OMIE 市場に入札参加義務あり．
（注 4）米国 RTO・ISO の開設するエネルギー市場（前日スポット，当日市場）では，発電所に入札参加義務あり．小売事業者が相対契約（差額決済契約）などで押さえられていないものをスポット取引として算定の対象とした．

表 2・2 各国における電力デリバティブ取引所の状況

	NASDAQ OMX Commodities	EEX Power Derivative	ENDEX	ICE Futures Europe	CME Group (NYMEX)
対象地域	ノルウェー，スウェーデン，フィンランド，デンマーク，ドイツ，オランダ，イギリス	ドイツ，オーストリア，フランス	イギリス	イギリス	米国
商品	先物，先渡，オプション，CfD	先物，オプション	先物	先物	先物，オプション
規制法	取引所法	取引所法	金融サービス・市場法	金融サービス・市場法	商品先物取引委員会の監視
電力デリバティブ取引の現物市場参照価格	Nord Pool スポット価格	EPEX Spot のスポット価格	APX UK のスポット価格	OTC 市場価格	RTO・ISO エネルギー市場価格，OTC 市場価格
マーケットメーカ制	○	○			
現物市場の価格形成方式	ゾーン式シングルプライスオークション（ゾーン別限界価格方式）	ゾーン式シングルプライスオークション（ゾーン別限界価格方式），ザラ場	シングルプライスオークション（ゾーン別限界価格方式），ザラ場	シングルプライスオークション，ザラ場	地点別シングルプライスオークション（地点別限界価格方式）
電力現物取引所との関係	電力現物取引所 Nord Pool から事業を買収	同グループ会社	同グループ会社	なし	なし
先物開始年	1993 年	2002 年	2000 年	2004 年	2003 年
先物開始年におけるスポットシェア	9.8 %	5.9 %	不明（2000 年時点では任意のスポット取引なし）	2.1 %	不明
その他エネルギー商品	天然ガス，CO_2	天然ガス，石炭，CO_2	天然ガス	石炭，天然ガス，原油および石油製品，CO_2 排出権，液化天然ガス	原油，石油製品，天然ガス，石炭，ウラン
エネルギー以外の商品	なし	なし	なし	ココア，コーヒー，砂糖などの農産品	農産品，金属

(注) NASDAQ OMX Commodities, ICE Europe および CME Group (NYMEX) はグループ企業としては多様な金融商品を扱っているが，上表は電力デリバティブを扱っている子会社の状況を整理した．

関係なく商品デリバティブ取引所などが電力デリバティブ取引を開設する場合（イギリス，米国）とに分かれている（**表 2・2**）．

3 ● 市場参加者の概要

現物市場に参加するためには，実際の電力を販売・購入するために，電力系統に物理的な連系をしている必要がある．市場参加者は，発電事業者，送電系統運用者（TSO：Transmission System Operator），配電系統運用者（DSO：Distribution System Operator），その他供給事業者や地域団体やサービス事業者，最終需要家などが挙げられる．発電事業者や系統運用者，供給事業者は，市場参加資格のためのライセンスを取得することが義務づけられているケースが多い．一方，現物の受渡しを必要とせず，金融的な反対売買により取引が完了する電力デリバティブ市場などの市場参加者には，発電事業者，送配電系統運用者，最終需要家など，現物市場の参加者のほかに，投資銀行や金融トレーダなど，実際の電力を必要としない投資家も含まれる．たとえば，デリバティブ

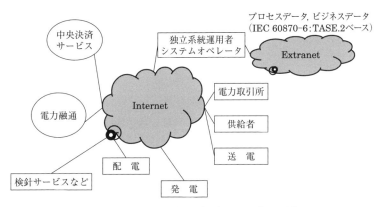

図2・4 エネルギー市場通信（インターネット上）

市場には，実際の電力供給地域に存在しない，海外の投資家も参加することができる．

4● 市場参加者の情報連携について

エネルギー市場における市場参加者の情報連携の枠組みとして規定されたものに，IEC TR 62325 Framework for energy market communications がある．規制緩和されたエネルギー市場は，市場参加者間のシームレス通信による電子ビジネスの場へと変転してきている．米国 UN/CEFACT（United Nations Centre for Trade Facilitation and Electronic Business）と OASIS（Organization for the Advancement of Structured Information Standards）が共同開発した ebXML のような e-Business 技術や，W3C（World Wide Web Consortium）と OASIS のインターネット技術をベースにし，特定のプロファイルや，そのコアコンポーネント，通信プラットフォームを地域ごとのエネルギー市場で再利用することで，実装のコストと時間が削減できる．そのため，IEC 62325 では市場管理システムや市場参加者システムを開発するベンダが各々開発した市場アプリケーションソフトウェアの統合を促進する標準を提供している．これは各々のシステムが持つパブリックデータや膨大な内部データにアクセス可能とするためのメッセージ交換方法を定義し，エネルギー市場に対する通信をサポートすることに加え，従来の EDI（Electronic Data Interchange）方式を記述した IEC 62195 を置き換え，XML ベースの最新インターネット技術を適用することを目的に制定した．図2・4 にエネルギー市場の通信概念図を示す．

●2・1・3 アンシラリーサービスの市場調達

1● 海 外 の 動 向

2・1節で触れた補完的な取引で扱われるアンシラリーサービスはリアルタイムで発電と消費のバランスをとるために不可欠なサービスである．米国のアンシラリーサービスは，連邦エネルギー規制委員会 FERC（Federal Energy Regulatory Commission）が Order No.888 において定義している6種類（①スケジューリング，系統制御および給電，②無効電力供給および電圧制御，③周波数調整および周波数応答，④インバランス調整，⑤瞬動予備力（運転予備力），⑥追加的予備力（運転予備力））のほか，停電時に外部電源を必要とせずに発電を可能とするブラックスタートに大

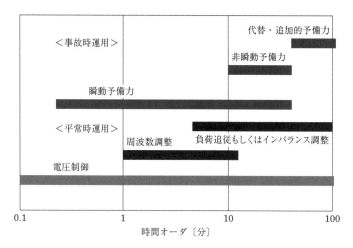

図 2・5 アンシラリーサービスの時間的なスコープ[2]

別される．系統の電源構成や供給信頼度に対する考え方の違いにより，各系統運用者が必要とするサービスの種類や特性（所定の出力レベルや応動時間，運転継続時間など）は若干異なる．

図 2・5 に，各アンシラリーサービスが対象とする時間的なスコープを示す[2]．平常時の運用で必要とされる周波数調整や事故時に必要となる予備力については，系統の総（ピーク）需要に対する比率や最大規模の事故（電源脱落など），または過去の事故実績などをもとに各系統運用者が所要量を決定し，基本的に市場を通じて調達される．

市場で取引されるアンシラリーサービスのリソースには，たとえば，周波数調整であれば，自動発電機制御（AGC : Automatic Generation Control）を備えた発電機が対象となるが，最近では，FERC が定めた Order No.890（2007 年）により，エネルギーの供給状況に応じて負荷パターンを変化させるデマンドレスポンス（DR）などの需要側リソースも取引対象となり得ている．米国で実施された DR のパイロットプログラムでは，蓄電池やフライホイール，蓄熱機器，空調機などの需要側機器を活用した事例が報告されており，アグリゲートによる市場への入札も認められていることから多くの需要側リソースが参加可能な環境が整っている．

近年，欧米では再生可能エネルギーの電力系統への導入が進んでいるが，天候により出力変動する風力発電や太陽光発電が大量に導入されることで，需給調整が困難になる課題が顕在化している．

図 2・6 は，太陽光発電が電力系統に大量に連系されているカリフォルニア ISO（CAISO）の総需要から太陽光分を除いた残余需要の需要曲線である．いわゆる"ダックカーブ"と呼ばれるものであるが，CAISO の系統は，夜間（20～21 時）に需要ピークを有しており，太陽光発電の出力が低下する夕刻時に大きなランプが発生している．2020 年には 3 時間で 13 000 MW の調整力が必要になると予想されており，急増する需要に追従可能な発電機や需要ピークのシフトカットが望める蓄電池や DR など，より迅速かつ柔軟に活用できる調整力が求められる．

2● 国 内 の 動 向

我が国では通常，アンシラリーサービスは周波数維持機能を指す．電力系統は，ガバナフリーなどの瞬動予備力による短周期の周波数調整や，LFC 機能を備えた部分負荷運転中の火力発電機の余力や停止待機中の水力などの運転予備力，停止待機中の火力発電所などによる待機予備力による

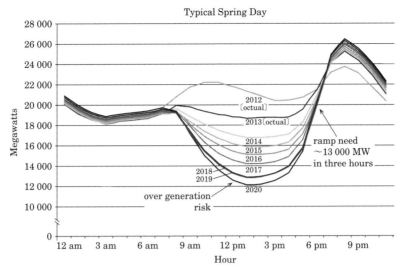

図 2・6　ダックカーブ（CAISO）[3]

表 2・3　国内における電力系統の周波数調整[4]

分類	機能	設備
瞬動予備力 (Spinning Reserve)	電源脱落時の周波数低下に対して即時に応答を開始し（10秒程度以内），少なくとも瞬動予備力以外の運転予備力が発動されるまで継続して自動発電可能な供給力	・ガバナフリーなど
運転予備力 (Hot Reserve)	短時間内（10分程度以内）で起動し，待機予備力が起動するまで継続して発電し得る供給力	・部分負荷運転中の火力発電機余力 ・停止待機中の水力
待機予備力 (Cold Reserve)	起動から全負荷をとるまでに数時間程度を要する供給力	・停止待機中の火力など

長周期の周波数調整などにより，周波数を適正な範囲に維持している（**表2・3**）．これらの予備力は一般電気事業者が確保することでサービスを提供しており，特定されたコストは電気料金や託送料金の形で需要家から回収されている．

現在，国内にはアンシラリーサービス市場は存在しないが，電力システム改革に伴い，2016年4月より小売全面自由化が開始されるにあたって，ゲートクローズ直前まで活用可能な1時間前市場が創設された．さらに，2018〜2020年を目途に実際される発送電分離に伴い，リアルタイム市場（ゲートクローズ後の需給調整を系統運用者が行う位置付け）の創設が計画されており[5]，今後，欧米と同じく，アンシラリーサービスの市場での取引が可能になると思われる．

2・2　電力需給の協調サービス

●2・2・1　デマンドレスポンスの動向

DRに関して，世界的な動向を整理すると以下のとおりである．まず，1990年代に始まった電力自由化の流れのなかで，欧米を中心に電力供給側の競争環境整備がなされてきた．そして電力需要側については，電力供給側の自由化がひと段落した2000年頃から，米国北東部の系統運用者で

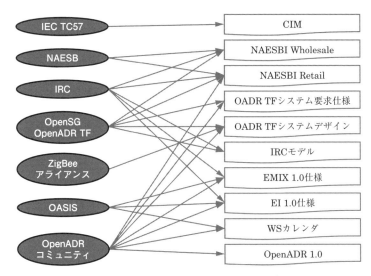

図 2・7　DR 関連の標準化組織とその成果物

ある PJM, ISO ニューイングランド, ニューヨーク ISO で DR が導入された. さらに米国では, 2010 年に DR National Action Plan を制定するなど活発な導入政策が採用されている. その後, 次第に米国のほかの地域ならびに欧州にも導入が拡大しつつある.

一方, 2010 年 10 月には OpenADR の普及を目的とした OpenADR Alliance が組織され, IRC (ISO/RTO Council), 電力会社, CSP (Curtailment Service Provide)/DRP (Demand Response Providers) および機器ベンダ, ソフトウェアベンダが参画して, OASIS (Organization for the Advancement of Structured Information Standards) との連携のもとに EI (Energy Interoperation) 標準の一部となる OpenADR 2.0 プロファイルの作成を進め, 2012 年 8 月に OpenADR 2.0a を 2013 年 7 月に OpenADR 2.0b を公表した.

DR 関連の標準化組織とその成果物, OpenADR 2.0b と米国国立標準技術研究所 (NIST：National Institute of Standards and Technology) の優先行動計画 (PAP：Priority Action Plan) および OASIS EI との関係を図 2・7 に示す[6].

以下に, 米国および欧州の動向を示す.

1　米 国 の 動 向

スマートグリッドに関する標準の整備は, NIST における SGIP (Smart Grid Interoperability Panel, スマートグリッド相互運用性検討パネル) にて実施されている. SGIP は, 迅速な検討が必要な分野において, いつまでに誰が何をすべきかを企画した PAP を定め, 具体的作業を行ってきた. PAP は 2016 年 3 月現在 25 項目挙げられているが, 大半のもの (18 項目) はすでに活動を完了している. DR に関連する主な PAP は以下のとおりである.

(1) PAP09：標準 DR・分散エネルギー源シグナル　2012 年 9 月で終了. 消費者の立場からの DR と分散電源を主に検討し, 卸市場ビジネス要求, 小売 DR データエレメントの検討・整理を行った. これらの要求を受けて IRC で IRC 情報モデルとしてまとめられている.

(2) PAP19：卸電力 DR (Wholesale Demand Response)　2012 年 9 月で終了. その標準開

発機関は IRC であり，IEC（International Electrotechnical Commission）の共通情報モデル（CIM：Common Information Model）と，OpenADR 2.0b や MultiSpeak などを反映させたプロファイルに基づく卸電力 DR 通信の情報モデルの作成を行った．CIM に含めるための IEC TC57（Technical Committee 57: Power systems management and associated information exchange）による検討のための卸電力 DR 通信プロトコル WDRCP（Wholesale Demand Response Communication Protocol）を開発した．成果物には，WDRCP の定義ビジネスレベルの情報モデル，ユースケース，OpenADR 2.0b や MultiSpeak との対応検討結果，IEC CIM をベースとした WDRCP 拡張 URL モデルがある．

2 欧州の動向

2011 年にスマートグリッドの標準化を検討する CEN–CENELEC–ETSI のジョイントワーキンググループ（JWG）がスマートグリッド報告書を纏めた．2012 年までに最初の標準セットを策定するよう指示する Mandate 490（M/490）が欧州委員会で採択されたことを受け，2012 年 12 月に JWG の後継組織である SG–CG（Smart Grid Coordination Group）が以下の報告書を纏めている[7]．

(1) Sustainable Processes　欧州のスマートグリッドシステムのユースケースを収集・整理し，その主要な注力分野を，配電管理の高度化，需要家側の需要抑制と分散電源による電力系統および市場の運用の柔軟性（Flexibility）の向上，電気自動車としている．

(2) First Set of Consistent Standards　後述(3)の SGAM（Smart Grid Architecture Model）[10] に基づき既存規格の中で欧州のスマートグリッドに適用可能なものを纏めている．

(3) Reference Architecture　スマートグリッド領域に対して抽象度に応じてビジネス，機能，情報，通信，装置・機器のレイヤに設定したスマートグリッドアーキテクチャモデル（SGAM）を提唱している．

(4) Investigate standards for information security and data privacy　セキュリティとプライバシーに関する標準の検討であり，セキュリティリスクを電力損失量により評価しているところが特徴的である．

(5) Framework Document　成果の概要の記述．上記の異なる要素をスマートグリッドの統一的なフレームワークにするための方法を記述している．

M/490 は 2012 年に作成した上記規格の微調整と欧州におけるスマートグリッドの適用拡大を促すための標準規格の拡張を実施するために，2012 年末に 2014 年末まで延長し，以下の報告書をまとめている．

Column　MultiSpeak

MultiSpeak は，MultiSpeak イニシアティブ，NRECA（National Rural Electric Cooperative Association，米国農業電力協同組合）[8] と電気事業サービスのソフトウェアベンダ間の共同作業によって開発された．
MultiSpeak 仕様は，エンタープライズアプリケーションの相互運用性を実現するための主要な業界標準である．配電をはじめとし，発電と電力マーケット以外の全ての部分に関連する北米で最も広く適用されている業界標準規格である．
少なくとも 19 か国以上，725 のユーティリティで使用されている[9]．

⑴ Extended Set of Standards support Smart Grids deployment　スマートグリッドの適用拡大させるための拡張規格．

⑵ Overview Methodology，付録：General Market Model Development，Smart Grid Architecture Model User Manual and Flexibility Management　SGAM，アーキテクチャモデル，ユースケース方法論を記述している．報告書では，SG–CG の全 WG のツールと方法をまとめている．方法論は①概念と分析のためのモデル，②ワークフローにこれらの概念とモデルの挿入の 2 つに分類されている．

⑶ Smart Grid Interoperability　相互運用に必要なレベルに達するまでの方法について記述している．

⑷ Smart Grid Information Security　スマートグリッドの情報セキュリティを開発するために使用できるツールを紹介している．

これらのレポートは 2014 年 12 月に ETSI により承認されている．

●2・2・2　Flexibility の動向

1●欧州のエネルギー政策と Flexibility

　EU においては，気候変動への対応を念頭に欧州域内政策として，エネルギー効率の高い，低炭素経済社会に変革させることを継続して推進中である．2009 年の「気候およびエネルギーパッケージ」では，2020 年に向けての 3 項目として，「20-20-20」目標と呼ばれる，① 1990 年レベルに比べ，EU の温室ガスの排出を 20 ％削減，②再生可能エネルギーから創出される EU エネルギー消費の割合を 20 ％に増大，③ EU におけるエネルギー効率の 20 ％改善，を掲げている．その後，2014 年欧州理事会は EU 加盟国へのそれぞれのアプローチ新政策として，2030 年までに，エネルギーミックスにおける再生可能エネルギーの割合を 27 ％に，またエネルギー削減を 27 ％増加させ，加えて域内エネルギー市場を改善するために，加盟国間のエネルギーの相互接続の割合を 15 ％増大させることを目標とした．これら「2030 気候およびエネルギー政策枠組み」は，全ての消費者に潤沢なエネルギー供給を保証し，EU のエネルギー供給の安全性を増大させ，エネルギーの輸入依存を削減し，成長と雇用への新たな機会を創造するための競争力のある確実なエネルギー制度を構築することを目指している．こうした EU 全域での統一施策のもと，再生可能エネルギー，分散型電源の導入や多様な負荷が，安定した出力の電源と調和し，需要と供給のバランスを保ち，可能な限り経済的に運用していくことは，欧州としての新たなスマートグリッドの価値を高める重要なミッションとなっている．

　欧州のスマートグリッドの進展は，EU の指令を受けた標準化 3 団体 CEN（欧州標準化委員会），CENELEC（欧州電気標準化委員会），ETSI（欧州電気通信標準化機構）による共同作業の貢献が大きい．2011 年 3 月に欧州委員会（EC）から発令されたスマートグリッドに関する標準化指令 Smart Grid Mandate M/490 に従い，スマートグリッド調整グループ SG–CG（Smart Grid Coordination Group）は各作業会報告書を作成して公開した．この SG–CG 報告書群の特徴として"Flexibility"の概念がある．需要家の機器が電力を使用する時間や量を変更可能な場合，それを Flexibility と呼ぶ．Flexibility は，供給側からも需要側からも供給することができる．双方向

の外部信号（価格や制御など）に応じて，自主的または強制的に現在の需要パターンを変化させることにより，エネルギーシステムにおけるサービスを提供するものである．Flexibilityを特徴づけるパラメータとしては，総電力の変化，継続時間，変化率，応答時間，地域，場所などがある．

2 Flexibility の概念

（a） Flexibility とは

図2・8に示すようにFlexibilityは，系統利用者（大規模電源に加え，分散型電源，蓄エネ設備を持った需要家）から，直接または間接的に提供される[11]．また，Flexibilityに関連する情報は双方向で授受される．提供されたFlexibilityは，エネルギーサービス事業者が，需給バランスを維持しつつ，市場やシステム・系統運用者との間で，系統運用と市場原理が最適に協調した運用メカニズムを提供する．

（b） 交通信号コンセプト TLC

Flexibilityの概念の表現において，エネルギーの生産，供給，取引や消費などの市場の役割とシステムや系統運用などの法的に規制された役割との間の相互の関係性は大変複雑となる．その概念を簡潔に表したフレームワークが，交通信号コンセプト Traffic Light Concept（以下TLC）である．TLCはドイツ連邦水道・エネルギー連合会（BDEW）（https://www.bdew.de/）で定義された[12]．

TLCの概念は，横軸にエネルギー市場運用のための予測・応答が可能な時間軸を，縦軸に系統運用の状態（過酷さ）を示し，特定の時間における，市場の役割と系統領域が相互運用するための関係を，「緑色」「黄色」「赤色」，いわゆる交通信号機の色で定義している．図2・9における緑色の状態は，スマートエネルギー市場が競争的に，かつ自由に機能している状態領域であり，系統状

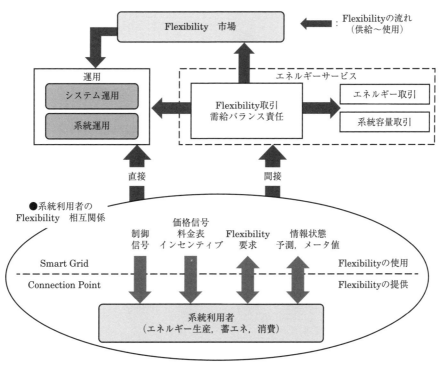

図2・8 Flexibility の概念フロー

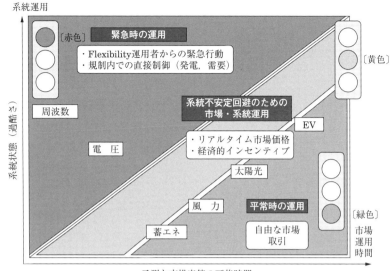

図2・9　交通信号コンセプト

態は安定している．システムや系統運用者は市場取引を実行するとは限らず，Flexibility は規制されない市場において，参加者間での要求や供給が行われる．この状態は「通常動作状態」を表す．

　黄色の状態は，システム・系統運用者は，系統不安定が予想される場合に市場に対して積極的に関与する状態であり，電力系統が赤色状態になることを防ぐ一時的な状態である．系統運用者と市場参加者間での相互作用により，事前に合意した契約の実行または市場価格でリアルタイムに電力を調達することができ，消費者は，電力の調整を強制されるものでなく，Flexibility を提供することを，制約を容認できるインテリジェントな方法と経済的なインセンティブで実現する．

　赤色の状態は，システム・系統運用者は電力不足が発生した特定地域において，系統運用者による制御を必要とする状態である．この調整は限定的かつ一時的なものでなければならない．

　系統運用者は市場における既存契約を無効とし，Flexibility 運用者を介した緊急対応の実行，契約や規制，法律が許容できる範囲での発電機の直接制御，またはシステムの再安定化のための要求を実行する．

　TLC が定めていることのうち最も高い優先事項は，システム・系統運用責任によるシステムの安定稼働である．TLC そのものは，価格や制御信号で市場行動を操作することにより，系統の電力不足を市場参加者に通知するものである．ここでの TLC は，一般的なフレームワークのみではなく，ユースケースそのものでもあるとされる．

　TLC はシステム運用者間，たとえば送電系統運用者（TSO）と配電系統運用者（DSO）など異なるレベルでの協調が必要とされる．境界線の領域を明らかにするためのフレームワークとして，黄色の状態では，システム・系統運用者はシステムサポートサービス（たとえば需給電力調整としての Flexibility）を実現する機会を市場参加者に提供する．黄色の状態の間は，利用可能な Flexibility が市場と系統間で授受されることが不可欠である．新しい資産投資をするよりも効率的，有効的に，市場調達による Flexibility を利用することや，取引された Flexibility が有効となるようシステム・系統運用計画が運用者に許容されるべきである．

表 2・4 系統運用業務に関する TLC のユースケース

状態	業務	ユースケース
赤色状態（系統）	系統設備建設，運用と整備保全	システム運用（例：系統バランス維持，系統ロス低減，系統拡大と改善，課金）
	システムサービス提供	電圧・無効電力最適化（VVO），周波数管理，故障標定・分離・回復（FLIR），復電
	系統監視	通信基盤管理，データ交換，ネットワーク状態決定，電力情報網
	需要供給の容量管理	緊急信号，負荷制限計画選定
黄色状態（系統＋市場）	第三者システムサービス	電圧最適化，無効電力，周波数最適化，復電，系統ロス
	第三者系統監視	通信基盤，データ交換，電力情報網
	制御可能な需要管理における系統容量	系統安定化，顧客電力管理，料金インセンティブ
緑色状態（市場）	予測使用量に基づく顧客への電力供給	典型的なユースケース
	プロファイルに基づく顧客への電力供給	典型的なユースケース
	メータ検針による顧客への電力供給	柔軟な料金メニュー
	効率的な電力サービス	顧客の電力使用量可視化のような特定サービス
	料金または制御信号ベースの電力管理	需要家管理，DR，負荷管理（熱電供給，蓄電池），VPP
	付加価値サービスに対する高機能ゲートウェイ型計測システム	スマートホームソリューション
	スマート市場通信基盤の管理	費用効果のあるスマートグリッド基盤の運用
	メータ検針運用	検針運用と課金に関する責任
	エリア需給バランス制御	需給バランス管理責任者に関する責任

　赤色の状態は，必要な系統への投資の長期に亘る代替ではなく，需要家はインセンティブや誓約書がなければ，システム・系統運用者が決めた卸売りを強制的に受け入れられないことを需要家の立場から認識することが大切とされている．

　BDEW は表 2・4 の系統運用業務に関する TLC のユースケースを認定している．

　また，需要家側との Flexibility の観点では，IEC DTR 62746-2 では TLC の各領域における典型的な機能例として下記を挙げている．

(1) 緑色：Flexibility（デマンドレスポンス）　価格や環境に基づく柔軟なエネルギーの要請として，時間帯別料金の提供や需要家自身が保有する太陽光発電（PV：Solar Photovoltaics）の活用や機器との組合せ，スマートデバイスの操作による需要家側の Flexibility を提供する．

(2) 黄色：負荷管理（DSM：Demand Side Management）　DSM はトップダウンの手法で，系統が不安定な場合に TSO や DSO の要請を請け，各需要家の CEM（Customer Energy Management）やスマートデバイスを介して，発電/消費の増減・低減を実現し，負荷を統合的に調整，管理するものである．

(3) 赤色：緊急事態・停電回避　緊急事態として，各需要家の直前の停電回避のため DSO から各需要家の CEM やスマートデバイスへの動作通知を発行する．

(c) Flexibility の管理 (Management)

　Flexibility がどのような機会で使われるかの検討について，アプリケーション領域と応答時間との関係を図 2・10，図 2・11 に示す．周波数をはじめ受給バランスの確保と事故時系統復旧など系統全体の安定運用を保障するための Flexibility は，広域系統運用 TSO のアプリケーション領域で

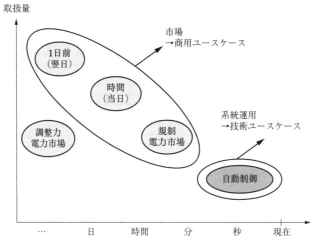

図 2・10 異なる時間帯での Flexibility の使用

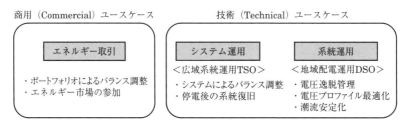

図 2・11 柔軟な需要，蓄エネ，発電のアプリケーション領域

ある．電圧維持監視，電圧プロファイル適正化，潮流安定化などのローカルな電力系統を最適化するための Flexibility は，地域配電運用の DSO のアプリケーション領域である．これらの 2 つの領域は技術（Technical）ユースケースで規定される．

また，取引の領域でエネルギーは商品として扱われ，そこでの Flexibility は取引資産の最適化のために使用され，売買についての計画と，測定，実績の違いから生じるバランシングコストを小さくするために使用される．この領域は，商用（Commercial）ユースケースで規定される．

（d） **Flexibility 運用者（Operator）**

市場モデルで相互作用するユースケースの観点で Flexibility 運用者の役割を考えた場合，その役割は需要家や系統利用者が供給する Flexibility を電力系統もしくはエネルギー市場で使用可能とするためにまとめることである．**図 2・12** に運用者の位置付けを示す．異なる "需要家" と "売り手" から Flexibility を収集する運用者として位置付けている．例として，アグリゲータの概念が広く受け入れられるが基本的な責務は Flexibility の供給者（たとえば電力供給者または需要家）と使用者（たとえば系統運用者）の仲介者として振る舞うことである．アグリゲータ，VPP（Virtual Power Prant），エネルギーサービス事業者，エージェントなどのように，エネルギー市場において，付加価値をのせた役割を果たす責任者がなりうる．また Flexibility 運用者は，バランス責任組織の責任を伴うか否かに大別できる．Flexibility 運用者として，相互作用するアクタとして，その Flexibility 運用者の役割を**表 2・5** に整理した．

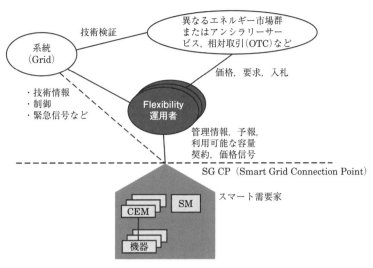

図 2・12 Flexibility 運用者の位置付け

表 2・5 Flexibility 運用者の役割

Flexibility 運用者	役　割
エネルギー供給者	需要家にエネルギーを供給し需要行動（DR, DSM）を与えるための"価格信号"を送信する.
アグリゲータ	需要家サイドの"Flexibility"を集め，これをサービスとしてBRP, TSO に提供する．Flexibility が自身のバランス責任者の場合は卸市場における自身の役割を果たす．
DSO	電力信頼性，品質維持のため，特定の需要家の契約につき前提条件のもと負荷制御の指令を送信する．
仲介者，エネルギーサービス会社	需要家の名を借りてエネルギーマネジメント提供を実施．Flexibility 実行時の輻輳管理，料金表への応答など．

Flexibility 運用者が，異なる各需要家から Flexibility を収集し，それらをシステム・系統運用者や事業者などに販売することを可能とする．

(e) **Flexibility 機能アーキテクチャ**

Flexibility の概念モデルでは，スマートグリッドの接続点（SG CP：Smart Grid Connection Point）を定義している．SG CP は，発電，ストレージ，需要を考慮し，需要家から系統および市場への，または系統および市場から需要家への，双方向での物理的および論理的な境界線・インタフェースを定義している．SG CP は，1 つまたは複数の個別のインタフェース（たとえば外部アクタ向けのスマートメータゲートウェイ）によって実現することができる．SG CP は，抽象化として使用することができる．一般的な意味（分散型電源または需要家構内）でのリソースと系統と市場との間のように異なる「領域間」に加えて，「Flexibility の提供」と「Flexibility の使用」の間の相互作用の記述を簡略化している．また，SG CP を通過する物理的な接続，または情報の流れは，系統や市場と需要家との間で定義されたサービスに依存していることから，SG CP はそこで提供されるサービスのアクセスポイントとしてもみなすことができる．ほとんどの Flexibility のユースケースは，需要家側でのオートメーション機能と一緒に DR/DSM を記述しており，これらを実現するのが CEM である．Flexibility ユースケースのための汎用的機能アーキテクチャの一例

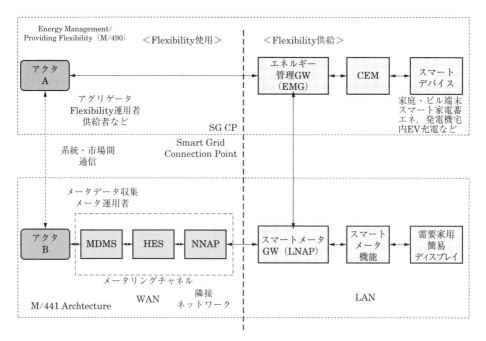

図 2・13　Flexibility 機能アーキテクチャ

を図 2・13 に示す[13].

　スマートメータと簡単な外部の需要家ディスプレイが多くの機能を提供する．CEM はエネルギー管理ゲートウェイを介して接続されているスマートデバイスの Flexibility を提供する．エネルギー管理ゲートウェイは，スマートメータゲートウェイを介して，メータリングチャネルとスマートメータと通信する．このアーキテクチャにおいてゲートウェイは，異なるネットワーク（ワイドエリアネットワーク（WAN），隣接エリアネットワークおよびローカルエリアネットワーク（LAN））を分割し，そして他の実装機能を統合する役割である．

　上記アーキテクチャのアクタのいくつかは同じ物理装置の一部であってもよく，機能的・論理的な要素である（たとえば CEM 機能は，スマートデバイスの一部であってもよく，スマートメータは，スマートメータゲートウェイと CEM を含んでもよい）．スマートメータゲートウェイとエネルギー管理ゲートウェイとの間の通信経路はオプションであり，メータリングチャネルとエネルギー管理のチャネルの間の情報交換はアクタ A と B との間で起こりうる．

　この機能アーキテクチャで識別される外部アクタ A および B は，SG CP を介して通信する役割（の束）を表している．これらの役割の例としては，メータデータコレクタやメータオペレータ，またアグリゲータやエネルギー供給者などの Flexibility 運用者が挙げられる．アクタ A または B の実際の役割は，EU 加盟国や競争事業者の中で地元の市場の組織に依存するとされており，アクタ A はエネルギー管理ゲートウェイと通信する外部アクタとして定義されている一方，アクタ B はスマートメータゲートウェイと通信する外部アクタとして定義されている．またメータリングチャネル内（メータデータ管理（MDM），HES と NNAP を経由の）の通信は，ユースケース対象外とされている．NNAP と LNAP は，局所的に，かつ独立したスマートグリッドサービスやアプリケーションが実装されたインテリジェント機能を含むが，Flexibility のユースケースにおけるサ

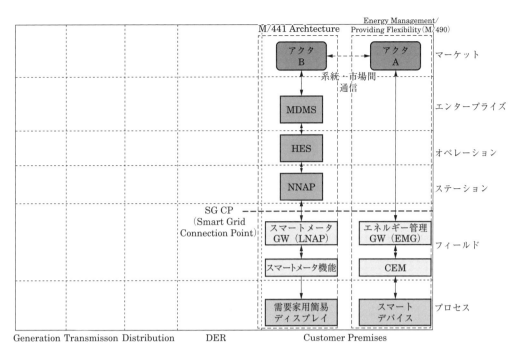

図 2・14　SGAM での Flexibility 機能のマッピング

ービスは，情報を通過する機能のみとされている．また，Flexibility は，膨大な数の SG CP を介して供給されることになる．Flexibility 事業者や関連する市場とスマート需要家との間においては，接続や技術情報の登録のために，プラグ&プレイ機能が部分的でも必要であるとされている．このように低コストで有益なビジネスケースの達成を前提とした各ユースケースが規定されている．

なお，図 2・13 の Flexibility 機能アーキテクチャは，スマートグリッドアーキテクチャモデル（SGAM：Smart Grid Architecture Model）でマッピングすることができる（**図 2・14**）．

3● Flexibility の展望

　Flexibility の概念は，分散型電源としての再生可能エネルギーの大量導入に伴い，系統側と需要家側のエネルギーリソースを相互に効果的に授受し，最適なシステムの運用を目指すものである．今後，日本国内で進展するエネルギー基本計画や電力システム改革の環境下での，エネルギー運用の一つの指標になると考える．

　しかしながら，各文献でも審議中の課題とされているが，卸市場が大規模で流動的である反面，需給バランスや系統制約は厳守するという 2 つの原則に基づく前提において，Flexibility 運用者が，より効率的に複数の異なる市場にアクセスできるか，またユースケースが，異なる市場との相互作用を明確に定義できるかという課題がある．

　系統側の大規模電源だけではなく，需要家側の分散型電源からの Flexibility を前提としているので，単独モードで動作可能なマイクログリッドとしても機能する可能性があること（Flexibility 運用者はローカル系統運用機能を提供してバランス責任者となる），欧州のような隣国と越境した系統に対して，他系統の Flexibility 運用者と相互運用を実行しながら，最適な Flexibility を実現するには大きな障壁がある．

欧州全体での統一施策とするには，各国での法規や電源構成，市場，系統運用形態の違いなどを考慮し，統一化，標準化を進める必要があるだろう．

2・3 電力需給情報の連携サービスに関する標準の体系

2・3・1 電力需給情報の標準化活動の相互関係

これまでに見てきたように，電力系統が提供するサービスが電力自由化により市場化され，デマンドレスポンスやFlexibilityにより需要側からも需給調整ができるようになるためには，需給双方の情報連携がますます重要となってくる．欧米では，スマートグリッド標準化のための様々な組織が活動を行ってきた．

米国では，標準開発組織（SDO：Standards Development Organization）が，デファクトスタンダードのもとになる複数の標準をSGIP（Smart Grid Interoperability Panel）で取り上げ整理してきた．一方，欧州では，スマートグリッドで実現したいサービスや機能を整理し，欧州の標準として整理した後，IEC標準として提案するという手順を意識した活動を行ってきている．

図2・15は，こうした標準化活動を機能面で整理したものである．米国では，「エネルギー使用情報利用」という機能について，NAESB EUIからGreen Buttonに至るまでの検討の経験がある．エネルギー使用情報利用とは，需要家の電力使用量や料金といったエネルギー情報を需要家が閲覧できるようにするサービスである．ビル，工場，家庭，分散電源，エネルギー貯蔵装置，電気自動車など需要家領域で収集されたエネルギー使用およびその関連情報を統一的なGUI（Graphical User Interface）でスマートフォンやパソコンなどから需要家が見られるようにすることを指向している．Green Buttonでは需要家のエネルギー使用情報モデル（EUI：Energy Usage Information Model）をESPIという標準インタフェースを用いて提供する．ESPIは，エネルギー情報サービスを提供する第三者が需要家のEUIを電力会社から入手し，OpenADE（ADE：Automated Data Exchange）という標準インタフェースを使って需要家へ供給するための情報のインタフェースである．

また，分散型電源の発電する電力を取引するEMIXという情報モデルも検討されている．EMIX

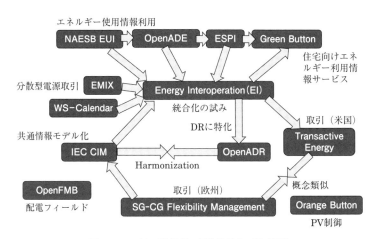

図2・15 電力需給情報の標準化活動の相互関係

では，分散型電源に加えて，デマンドレスポンスによる需要抑制も検討対象となっている．エネルギー使用情報利用と分散型電源取引の検討に，スケジュール情報の標準化活動も勘案して，情報モデルの統合化を試みた検討結果は，Energy Interoperation（EI）として整理された．EIは概念整理までで完結しているが，EIを参考に，デマンドレスポンスに特化したOpenADR 2.0と，分散資源取引に特化したTransactive Energyが整理されている．最近では，新たな太陽光発電出力抑制のための情報モデルであるOrange Buttonや，米国大手電力会社Duke Energyを中心とした団体が主に配電フィールドを対象とするOpenFMB（Field Message Bus）という標準も米国にて提案されている．

一方，デジュールスタンダードであるIECでは，共通情報モデル（CIM：Common Imformation Model）と整合する需給情報連携を検討してきた．欧州ではIEC標準にすることを念頭に，先に述べたSG–CG Flexibility Managementをまとめてきた．これは，分散資源の取引という点で米国Transactive Energyと検討対象が重なっている．また，OpenADRもIEC CIMとモデル化の対象とする情報に共通のものが含まれているため，協調（Harmonization）のためのアダプタの作成などが検討されている．

●2・3・2　各標準の概要

1●NAESB EUI[14]

NAESB EUI（North American Energy Standard Board Energy Usage Information Model）は需要家のエネルギー使用情報を表現するための標準であり，エネルギー使用情報を閲覧するためのGreen Buttonシステムにより標準的に使われている．EUIはNIST SGIPのPAP10，Green ButtonはPAP20でそれぞれ標準化作業が行われた．

EUIモデルはIEC TC57 Common Information Model（IEC 61968 Part 9），ZigBee Smart Energy Profile 2.0（SEP2.0）などのいくつかの関係するモデルを含んでおり，Energy Information Standards（EIS）AllianceやOpen Automated Data Exchange（OpenADE）に基づいて定義されている．EUIモデルは，可能なところは，クラスなどはCommon Information Model（CIM）のものを用いている．CIMに関しては4章にて詳細に解説する．

EUIモデルのクラス構成を図2・16に示す．図において四角で囲った部分はエネルギー使用情報の中心となるコアモデルである．

EUIモデルの起点となるクラスは使用点（UsagePoint）であり，需要家（Customer），位置（PositionPoint），設備（EndDeviceAsset）などの情報を持つ．また，UsagePointはメータ測定（MeterReading）と関係を持ち，MeterReadingはkWhやkWなどの特定の測定値に関する情報で構成される．MeterReadingは測定値の性質を示す測定タイプ（ReadingType）を持ち，ReadingTypeは測定単位，測定間隔（IntervalReading），測定データ（Reading）およびこれらに関係する測定品質（ReadingQuality）を含んでいる．ここでの計測データの種類は表2・6に示す測定種別（ReadingKind）の列挙データ型として示される．表2・6にはサービス区分（ServiceCategory）とサービス供給者（ServiceSupplier）の種類をそれぞれ示すサービス種類（ServiceKind），供給者種類（SupplierKind）の列挙データ型も併せて示す．

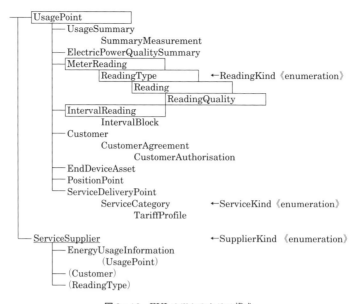

図2・16　EUIモデルのクラス構成

表2・6　列挙データ型（Enumeration Type）

ReadingKind		ServiceKind	SupplierKind
energy	currentAverage	electricity	utility
power	currentRMS	gas	retailer
demand	currentTHD	water	other
voltage	distortionPower	time	district
current	HCH	heat	intermediary
voltageAngle	methane	refuse	local
currentAngle	NOx	sewerage	microgrid
phaseAngle	perfluorocarbons	rates	
powerFactor	phasorPower	tvLicence	
pressure	quantityPowerQ45	internet	
volume	quantityPowerQ60	other	
date	SO_2	cold	
time	sulfurHexafluoride		
frequency	voltageAverage		
other	voltageRMS		
carbon	voltageTHD		
carbonDioxide	relativeHumidity		
	volumetricFlow		

　ある期間の使用量や負荷を求めるためには，対象となるMeterReadingを選択し，目的の期間のIntervalReadingあるいはReadingを選択しその計測値を参照する．

　また，UsagePointは負荷や使用量の集計情報（UsageSummary）や電力品質集計情報（ElectricPowerQualitySummary）を持っている．UsageSammryにおける個々の集計情報を**表2・7**に示す．また，UsageSummaryで用いられる計測集計（SummaryMeasurement）のデータ型を**表2・8**に示す．

　EUIモデルは多くのオプションの構成要素を含んでおり，EUIモデルを用いて表現できる情報集合は広い範囲の要求に適用可能である．

表 2・7　負荷・使用量集計情報（UsageSummary）

Name（データ名）	Type（データ型）	説　明
billingPeriod	DateTimeInterval	請求期間
billLastPeriod	Float	前期間の請求総計
billToDate	Float	日付現在の請求総計
costAdditionalLastPeriod	Float	最近の期間の追加料金
currency	String	請求額を示す ISO 4217 通貨コード 下記を参照 http://www.unece.org/cefact/recommendations/rec09/rec09_ecetrd203.pdf
currentBillingPeriodOverAllConsumption	SummaryMeasurement	総消費量（請求期間）
currentDayLastYearNetConsumption	SummaryMeasurement	エネルギー消費量（過去1年）
currentDayNetConsumption	SummaryMeasurement	正味エネルギー消費量（本日分，受取量－実使用量）
currentDayOverallConsumption	SummaryMeasurement	総エネルギー消費量（本日分）
peakDemand	SummaryMeasurement	今期間のピークデマンド記録
previousDayLastYearOverallConsumption	SummaryMeasurement	総エネルギー消費量（昨年の昨日分）
viousDayNetConsumption	SummaryMeasurement	正味エネルギー消費量（昨日分）
previousDayOverallConsumption	SummaryMeasurement	総エネルギー消費量（昨日分）
qualityOfReading	QualityOfReading	計測集計データ品質指標
ratchetDemand	SummaryMeasurement	現ラチェットデマンド値（ラチェットデマンド期間）
ratchetDemandPeriod	DateTimeInterval	ラチェットデマンド適用期間

表 2・8　計測集計（SummaryMeasurement）

Name（データ名）	Type（データ型）	説　明
multiplier	UnitMultiplier	計測データ乗数，例："kilo"（k）
timeStamp	AbsoluteDateTime	計測集計データの絶対時刻
unit	UnitSymbol	計測データ単位，例："Wh"
value	Float	計測集計データ値

2　OpenADE

　将来，需要家自らが分散型電源の出力や電力使用の管理を行うことを支援するために，需要家関連のデータを需要家もしくは第三者が適時利用できるようにするための自動データ交換（ADE：Automated Data Exchange）の仕組みが，スマートグリッド国際標準化の取組みの中で検討された．ここでの需要家関連のデータとは，まさに電力需要データであり，電力メータの読取り値そのものである．ADE の概要については，平成 22 年 5 月に設置され，翌年 2 月に報告書が取り纏められた「スマートメーター制度検討会」における，プライバシー・セキュリティの検討において，参考となる動向として紹介されている[15]．そこで本項では，UCAIug OpenSG 技術委員会のタスクフォースが検討中である OpenADE について解説を行う．

（a）　ADE の 概 要

　スマートグリッドにより，消費者のエネルギー使用の管理方法は変化するとみられている．すなわち，消費者は，太陽光発電などの分散電源を通じて，あるいは，ダイナミックプライシングを通じた負荷調整やピーク時間帯の負荷削減を通じて，間接的に卸電力市場に参加することもできるようになると考えられている．消費者が経済的な意思決定をするように支援するためには，新たな情

Column　**UCAIug OpenSG 技術委員会**（UCA International Users Group）

ユーティリティユーザとサプライヤの会社から構成される非営利機関．CIM，IEC 61850，Open Smart Grid などの技術委員会を有する．

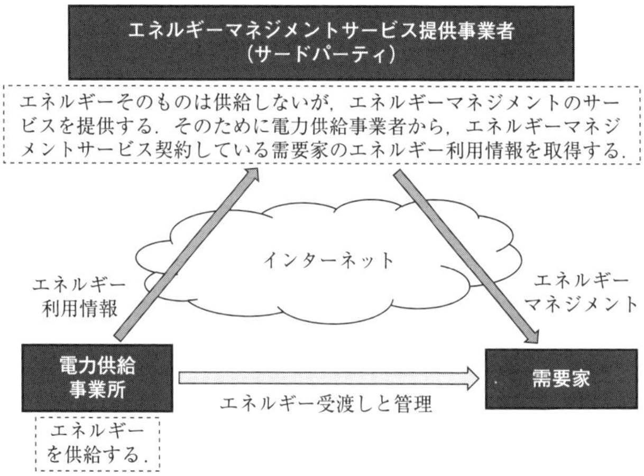

図2・17 変化するエネルギーサービスのダイナミクス[16]

報やツールが業務・産業需要家の双方のみならず，住宅需要家にも利用可能なように作成されることが望まれる．

このような消費者にとってのスマートグリッドの利益を実現するためには，需要家関連のデータ（すなわち使用情報など）は，需要家もしくは需要家の選択する第三者（サードパーティ）が適時利用できるように作られるべきとの意見がある．ここでのサードパーティの役割は，情報に基づく意思決定と自身の電力使用に変化を起こすことを可能にする，消費者向けの製品やサービスを開発することである（図2・17）．

このような背景のもと，需要家の要求と指示において，需要家の電力使用情報を，電気事業者と特定のサードパーティの間で共有するために標準化されたM2Mインタフェースとして，自動データ交換ADEが検討されるようになった．

ADEがサポートすべきサードパーティを以下に示す．
(1) DRアグリゲータ
(2) 小売サービス提供者
(3) エネルギー管理サービス消費者，プラットホーム提供者
(4) 電力会社のAMI管理会社
(5) 分散型電源，プラグインハイブリッド電気自動車，電力貯蔵装置などの将来のスマートグリッドを特徴づけるエネルギー管理サービスの供給者
(6) その他の公的機関（公益委員会（PUC），地方自治体）

ADEが扱う情報のタイプは以下のとおりである．
(1) 消費者プロファイル（名前，住所，アカウントなど）
(2) 消費者エネルギー消費（履歴（請求済），昨日まで（請求前）の適切な推定量，リアルタイム）
(3) 消費者のエネルギー管理データ（DR，イベント，値付け，行動，通知）
(4) 電力品質，停電，その他の消費者メータイベント

（b） ADE検討の前提条件

ADEの検討のための前提条件として，以下のことが挙げられている．
(1) サードパーティサービス提供者は，ユーティリティのメータデータへのアクセス権を得るた

めに ADE システムを使用することを，ユーティリティもしくは接続仲介業者より認可されなければならない．
(2) サードパーティサービス提供者は，ADE サービスの仕様に対して課金される．
(3) ユーティリティは，本システムを通じて住所や郵便番号などの需要家データを提供しない．サードパーティは，自身でユーザプロファイルを有する．2つのシステムの唯一の連携は，それぞれのシステムのログイン情報に基づく．
(4) 最低限の料金請求情報は利用可能である．おそらく契約種別は利用可能となるが，料金計算全体を示すのに必要な情報は利用不可である．
(5) IHD（In Home Display，家庭内表示器）と他の機器を含む家庭内エネルギー管理機能は，ADE によっては提供されない．
(6) 情報の履歴の保持は，費用最少化のため最小限とする．
(7) 消費者がサードパーティのアクセスを設定することにより，ユーザアカウントによって管理される全てのサービスポイントは，サードパーティにとって利用可能とする．
(8) サードパーティは，行政の規制に関する消費者データとプライバシーを管理し保護する責任を負う．

（c） ADE 設計における検討事項

ADE システムは，AMI やスマートグリッド全体の構想の一部分である．そのため，AMI-ENT システム要件仕様[17]に記載されている設計の原則や参照モデル，システム要求の適用が想定されている．

ADE で想定している外部機器とのシステム統合スタイルとしては，XML フォーマットで，必要に応じたファイルサイズの圧縮を行い，HTTPS もしくは FTPS で転送されることが提案されている．

図 2・18 は，OpenADE のビジネスプロセスフローの概要である[18]．図は，ユーティリティ，顧客，サードパーティ，認証機関の4つのレーンに分割されている．アクティビティフローはサー

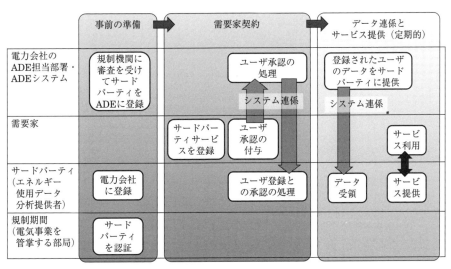

図 2・18 OpenADE のビジネスプロセスフローの概要

ドパーティをユーティリティと認証機関が認証する部分と，サードパーティが顧客にサービスを提供する部分，記録と費用精算の部分に分かれている．

(d) ADE のビジネス要件

ビジネス要件は，具体的なシステムを定義する際の枠組みまたは領域について定めるものである．ある意味，プロジェクトのビジョンおよびスコープに対する制約として機能する側面もある．

表2・9 OpenADE のビジネス要件

ID	ビジネス要件
OADE BR-1	顧客は，サードパーティに消費者データを公開する権限を電力会社に与えることができる．
OADE BR-2	顧客は，自らの消費者データに対する（推奨6か月，または管轄官庁の判断による）デフォルトの期間限定かつ読取専用アクセス権を複数の登録済サードパーティに与えることができる．
OADE BR-3	顧客は，6か月のデフォルト期間ではなく，指定の有効期限，または無制限のアクセス期間を積極的に提示することができる．
OADE BR-4	OpenADE データ供給者は，顧客が顧客電力使用データへの読取専用アクセス権を，電子的にサードパーティに与える，またはサードパーティのアクセス権を取り消すことができるよう援助する．
OADE BR-5	サービス供給ポイントへのアクセス権の付与，アクセス権の変更，またはアクセス権の取消しがなされた場合，サードパーティおよび顧客は，電力会社からその通知を受けることができる．
OADE BR-6	セキュリティおよび許認可については，全関係者が業界基準のベストプラクティスに従う．さらに，OpenADE は，2009年第4四半期に完成予定のサードパーティのデータアクセスに関する ASAP-SG（Advanced Security Acceleration Project for the Smart Grid）セキュリティプロファイルに準拠する．
OADE BR-7	顧客が敷地外へ転居した旨を電力会社に通知した場合，それ以降は，サービス提供ポイント固有のあらゆる情報に対するいかなるユーザのアクセス権も停止することができる．いかなるサードパーティの権限も含む．
OADE BR-8	OpenADE インタフェースの今後のバージョンは，バージョニング情報の交換およびインタフェース機能の取決めに関する規定などを含め，下位互換性を有するものとする．（注：本要件については反論があり，「するものとする」ではなく「すべきである」と表現して要件を緩和するよう求めたメンバがいた．）
OADE BR-9	顧客は，消費データの全て，または一部（例：過去の消費データ，現在の消費データなど）に対するアクセス権を，サードパーティに付与することができるものとする．
OADE BR-10	OpenADE インタフェース経由でのデータアクセスを希望するサードパーティは，加入している各電力会社との信頼関係を築かなければならない．電力会社および第三者の両者は，信頼できない第三者からの要求を却下しなければならない．
OADE BR-11	電力会社およびサードパーティの両者は，OpenADE データの交換に際し，必ず暗号化通信を利用するものとする．
OADE BR-12	許認可機関が存在する場合，サードパーティは，OpenADE インタフェースの使用について，許認可機関の許可を取得しなければならない．
OADE BR-13	許認可機関が管轄内に存在する場合，OpenADE インタフェースの使用許可を取得している認定済サードパーティのリストを，顧客が閲覧できるようにしなければならない．
OADE BR-14	OpenADE の電力使用データは，（消費者が指示する）サードパーティに対し，合理的かつ時宜を得た方法により公開する．
OADE BR-P1	サードパーティは，電力会社からユーザの価格データを受け取るために認可を得ることができる．
OADE BR-P2	OpenADE から得られる価格データは，ユーザと計測点（責任分岐点）を特定し，顧客の電力料金契約，すなわち段階式料金や時間帯別料金，ブロック・時間帯別売買電力価格を示す．
OADE BR-P3	サードパーティは，各顧客のインターバルに適用される料金段階，すなわち料金段階（ブロックと時間帯別料金）と最大電力の信号を受け取ることができる．
OADE BR-MD	電力会社もしくは認証機関が，価格がプログラムの詳細を，サードパーティを通じてユーザに対して，公的で直接メッセージを送信することができる．
OADE BR-MP	もし顧客が電力会社やサードパーティに登録していなくとも，顧客は公的なメッセージを受け取ることができる．

（注） P1，P2，P3，MD，MP は選択的な拡張である．

そのため，ビジネス要件は通常，ビジョンとスコープの設定に先立ち，独立して定められる．**表2・9**は，OpenSGによって取り纏められたOpenADEのビジネス要件である．この要件は，以下のような6つに分類されると考えられる．

(1) 権限の付与・延長・削除：BR-1，BR-2，BR-3，BR-4，BR-7，BR-9，BR-12
(2) セキュリティ：BR-6，BR-10，BR-11
(3) 通知・確認：BR-5，BR-13，BR-14
(4) バージョン管理：BR-8
(5) 電力価格：BR-P1，BR-P2，BR-P3
(6) 公的なメッセージ：BR-MD，BR-MP

（e） ADEのユースケース

図2・19は，ビジネスユーザ要件のユースケースの全体像を示したものである[19]．各ポータルサイトに対するログインパスワードを得るには，2つの登録ステップが必要である．それらは本項では取り扱っていないが，現在機能している何らかのメカニズムが使用されるべきことに注意が必要である．他の機能，たとえば，ユーティリティとサードパーティ間の安全な通信路を可能にするためにシステムを構築すること，（サードパーティによる）実エネルギー利用状況データの解析サービスを提供すること，（ユーティリティによる）消費データを取得するためにメータ値を読むこと，のような機能が必要であるが，特定されていないので本項では示していない．

各ユースケースの概要を以下に示す．

(1) **ADE認可：消費者が承認を与える**　消費者は，特定のサードパーティから提供される付加価値サービスの提供を望んでいる．そこで，自身の利用実績データをサードパーティと共有することを電力会社に承認しなければならない．

これらの認可を与えるユースケースにおける重要な目標は，ユーティリティとサードパーティ間における個人情報の「漏洩」がないことを保障することである．各々のエンティティは自身のアカウント・ユーザ情報を別々に保持している．したがって，エンティティを渡ってユーザの身元を一体化・対応させるための明示的，黙示的な要件は存在していない．想定する認可モデルは，この目的に対してはオープンスタンダードを使用する．プロセスの結果は，ユーティリティとサードパーティで，顧客のために身元ごとに関連付けられた共有リソ

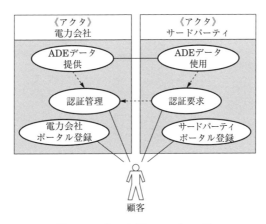

図2・19 OpenADE ユースケース図

表 2・10　OpenADE 論理コンポーネント[18]

論理コンポーネント	概　　　要	NIST での位置付け
ユーティリティ (Utility)	・顧客と電力の授受を行う配電事業者．加えて発電・蓄電も行う場合がある． ・長距離送電を行う．加えて発電・蓄電も行う場合がある．	配　電
サードパーティ (Third Party)	・電力の顧客とユーティリティへサービスを提供する組織． ・顧客とシステムとの間の情報交換をすることが承認されている機関．	・サービスプロバイダ ・サードパーティ
顧　客 (Customer)	電力のエンドユーザ．加えて，発電，蓄電，エネルギー使用の管理を行う場合がある．一般的に，家庭，業務，産業のタイプで議論される．	顧　客
認証機関 (Authorizing Entity)	サードパーティが OpenADE サービスを使用する全ての要件を満たしているか検証するユーティリティもしくは規制機関．	

ースキーとなる．このリソースキーを通じて，ユーティリティにおいて適切なメータへの関連付けがなされる．一体化された身元は必要ではないが，ユーティリティもしくはサードパーティ認証や，ユーティリティリソースを共有化するための認可からは分離されている身元の証明のために利用することができる．

(2) ADE 認可：消費者が承認を延長する　顧客は，特定のサードパーティが消費データを利用する既存の承認を延長する．

(3) ADE 認可：消費者が承認を停止する　電力会社がデータをサードパーティに提供することを停止する．

(4) ADE 発行：電力会社が消費者データをサードパーティに提供する　許可された消費者ユーティリティデータを収集し，サードパーティが利用できるようにするための，OpenADE インタフェースの主とする処理機能である．このフローは，適切なサードパーティに対して認可された，消費状況データの配布を取り扱う．

（f）ADE の論理コンポーネント[18]

論理コンポーネント（Logical Component）は，OpenADE のためのインタフェースを整理するものである（**表 2・10**）．データ交換は，Web ブラウザを使用することが想定されているが，サードパーティがサービスを提供する場合に Web ブラウザを使用しないことも考えられる．

（g）ADE のアプリケーションアーキテクチャ[18]

アプリケーションが論理コンポーネントとしてどのようにモデル化され，各論理コンポーネントが何のサービスを提供するかに関連する技術レベルの要件を提供するのかアプリケーションアーキテクチャである．

(1) OpenADE アプリケーションアーキテクチャは，認証のために，データサービスプロバイダ（電力会社もしくはその代表）の Web サイト（ポータル）を使用する．

(2) 全てのユーザは，各サードパーティと同様にデータサービスプロバイダ（ユーティリティ）のアカウントを検証する．

(3) ユーザは，おそらくプロバイダ（ユーティリティ）によって設定されている制限の範囲内で，各サードパーティに与えた認証を確認したり管理したりすることを許可される．

(4) 監査情報が保守されるべきであり，その結果，認可，転送および他の重要な事項に関して詳

細(誰,何,いつ,など)を含む報告書を作成することができる.
(h) ADEのデータアーキテクチャ[18]
OpenADEユースケースに基づいて,以下のデータオブジェクトが特定されている.OpenADEサービスは,要求を,これらのオブジェクトに関連付けるメソッドを実装するものとする.
(1) 認証要求　未認証のアクセストークンを要求する.
(2) ユーザ認証(ページ)　サードパーティXが,期間Zに関するリソースYのデータにアクセスすることを許可する.
(3) サードパーティへの認証コールバック　認証過程を続行するため,サードパーティにリダイレクトする.
(4) アクセストークン　認可されたアクセストークン
(5) 通知　たとえば,データリソースXへの認証の取消しや,データYが利用可能など.
(6) 消費実績読込み要求　期間XからYまで,あるいは時点Z以降のデータを取得する.
(7) 消費実績読込み　計測
(8) 価格メッセージ　認証ユーザ固有の価格メッセージや,複数のブロックと時間帯別料金の価格変更メッセージを受信する.
(9) ダイレクトメッセージ　消費者や消費者のグループへの認証ユーザ固有メッセージ
(10) パブリックメッセージ　受信を登録している全てのサードパーティにメッセージを送信する.エネルギーおよびエネルギー以外のテキストメッセージが送信できる.

3 ESPI

(a) ESPIの変遷
ESPIは,エネルギー情報サービスを提供する第三者が需要家のEUIを電力会社から入手し,需要家へ供給するための情報のインタフェースであり,その議論の前身はADEである.SGIPにおいては,PAP10:Standard Energy Usage Informationに整理される活動である.

UCAIug OpenSG技術委員会のOpenADEタスクフォースは,2009年からOpenADEのユースケースやシステム要件の案をまとめ[16],[18]~[20],2010年にそれらをNAESBへ勧告している.その後,NAESB内でOpenADE要件を満たすEUI交換インタフェースESPIとして議論され,2011年11月にはESPI 1.0が承認された[21].

2011年にはPAP10がNIST SGIPの標準規格一覧(CoS:Catalog of Standards)に掲載され,米国科学技術政策局最高技術責任者(US CTO)の呼び掛けによりGreen Button Initiativeが設立された[22].

(b) ESPIのユースケース
ESPIの勧告(R10008)では,その付録に勧告作成に使用されたユースケースやダイヤグラムなどが示されている.本項では,そこに記述されているユースケースを紹介する.

このユースケースでは3種類のアクタと12種類のメッセージ使用例(シーケンス図:**図2・20**)が示されている.アクタには需要家,認証サードパーティ,データ保管者が定義されており,その役割は**表2・11**のとおりである.

12種類のメッセージ使用例には**表2・12**に示すものがある.EUIを認証サードパーティに渡す

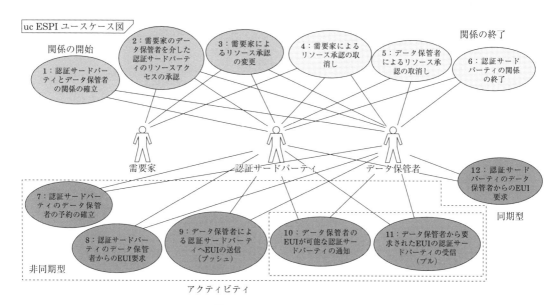

図 2・20 ESPI ユースケース図

表 2・11 ESPI におけるアクタ一覧

アクタ	役割	備考
需要家	小売販売されたエネルギーを使用する需要家	EUI を持つ.
認証サードパーティ	法律，規則などの要件に合わせて，EUI の受信を許可されたサードパーティ	
データ保管者	・需要家の EUI を保管する． ・準拠文書などの条件での認証サードパーティと情報を共有する．	・通常，直接需要家 EUI にアクセスできる． ・流通会社の場合が多い．

表 2・12 ESPI におけるメッセージ使用例

No.	内容	備考
1	認証サードパーティとデータ保管者の関係の確立	
2	需要家のデータ保管者を介した認証サードパーティのリソースへのアクセスの承認	
3	需要家によるリソース承認の変更	
4	需要家によるリソース承認の取消し	
5	データ保管者によるリソース承認の取消し	
6	認証サードパーティの関係の終了	
7	認証サードパーティのデータ保管者の EUI 受信予約の確立	非同期
8	認証サードパーティのデータ保管者からの EUI 要求	非同期
9	データ保管者による認証サードパーティへ EUI の送信（プッシュ）	非同期
10	データ保管者の EUI が可能な認証サードパーティの通知	非同期
11	データ保管者から要求された EUI の認証サードパーティの受信（プル）	非同期
12	認証サードパーティのデータ保管者からの EUI を要求	同 期

表 2・13 ESPI クラス一覧

クラス名	概 要
Object	拡張機能を許可する全てのオブジェクトクラスのスーパークラス.
BatchItemInfo	トランザクションの予約. 単一（バッチ）要求で複数のトランザクションの予約を含めることが可能.
ServiceStatus	サービスの現在状態.
Subscription	サードパーティとデータ保管者間の予約パラメータの定義.
ApplicationInformation	データ保管者サービスへアクセス要求するサードパーティアプリケーションに関する情報. 情報には，組織名，Web サイト，連絡先情報，アプリケーション名，説明，アイコン，タイプ，デフォルト通知とコールバックエンドポイントなどの項目があり，サービスの利用規約との契約を含めることも可能.
Authorization	アクセスの所有者によって与えられたリソースへのアクセス許可.
IdentifiedObject	属性に名前を付ける必要がある全てのクラスに対する共通名前付け属性を提供するルートクラス.
ElectricPowerQuality Summary	電力品質のイベントの概要．この情報は，通常需要家の設備エネルギー管理システムで必要となる電力品質情報の要約を表している（電力品質監視の詳細な要件ではない）. 値は，期間単位に measurementProtocol で定義されている．通常は許容値の範囲を与えている.
ElectricPowerUsageSummary	使用量の請求期間の概要.
ServiceCategory	需要家に提供するサービスのカテゴリ.
UsagePoint	物理的な測定（たとえばメータ）値，または定額値（たとえば街路灯などの）で消費や生産を計るネットワーク上の論理ポイント.

方法についても，問合せ形（プル）や送付型（プッシュ）などの例が示されているように，異なる他の方法も考えられ，メッセージ使用例に示す以外の手法でも実現可能である.

(c) ESPI のクラス

ESPI は PAP10 の EUI モデルをベースとしており，ESPI に必要なクラスを追加している．本勧告では ESPI で使用する EUI のクラス・属性と追加するクラス・属性について規定している．ESPI で使用するクラスを表 2・13 に示す.

ESPI では，サービスをするために必要な属性として Authorization クラスに特定資源にアクセスするために必要な認証用の属性を追加している．追加された属性を以下に示す.

(1) サードパーティ識別子
(2) リソース名称
(3) 認証トークン
(4) 認証期間

4 Green Button

(a) Green Button とは

Green Button は，米国 NIST SGIP が推進している，需要家が EUI を得るための仕組みである[24]．シンプルで共通なフォーマットの使用と安全なダウンロードの実現を目標としている．その概要を図 2・21 に示す.

現状のサービスは，日本でのエネルギーの使用実績の見える化程度の内容ではあるが，見える化

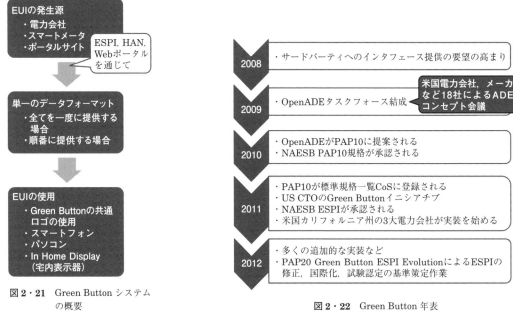

図2・21 Green Button システムの概要

図2・22 Green Button 年表

により各種新規ビジネスが期待できる取組みでもある．

(b) **Green Button の標準化の変遷**

図2・22 は，OpenADE から ESPI を経て Green Button に至るまでの経緯の概要を示したものである．先にも述べたように，Green Button は，2009 年からの UCAIug OpenSG 技術委員会の OpenADE タスクフォースの議論を経て[16], [18]〜[20]，NAESB 内で検討された．その後，2011 年の米国科学技術政策局最高技術責任者（US CTO）の呼び掛けにより Green Button Initiative が設立された[22]．2012 年になると，カリフォルニア州の3大電力会社や多くのメーカが Green Button の実装を始めるようになった．2014 年には米国の 19 の企業および電気サプライヤが約 5 800 万人の家庭や企業に Green Button データを供給している状況である[23]．SGIP では PAP20：Green Button ESPI Evolution にて PAP10，ESPI の修正，国際化や試験認定の基準策定を行っている[24]．

(c) **Green Button の特長**

Green Button の重要な特長は以下の3点である．
(1) エネルギー使用情報のモデル化と標準化
(2) 設計フレームワークと開発環境の標準化
(3) 相互運用性のためのテストおよび認証

SGIP PAP10：EUI におけるこれらの標準化活動を図2・23 に示す．

エネルギー使用情報モデルの標準化については IEC 61968-9（配電管理システムにおけるメータ読取りと制御），Zigbee Smart Energy Profile 2（家庭エネルギー管理），EIS アライアンスユースケース（ビルエネルギー管理），OpenADE（電力会社・サービスプロバイダ・需要家の間のデータ交換）が NAESB の EUI，ESPI として整理・統合化されている．

Green Button の参照設計としては EnergyOS，OpenESPI などの設計フレームワーク，開発環

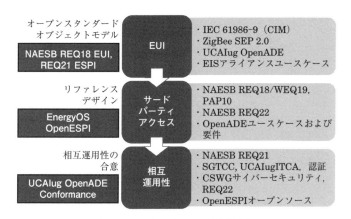

図 2・23 Green Button 標準化活動

境，プログラムが公開されている．

また，Green Button システムの相互運用を保証するためにそのテスト手順が決められ，SGIP の SGTCC（Smart Grid Testing and Certification Committee）は OpenADE 委員会を認証機関として定めている．

UCAIug は認証を可能にするために試験計画仕様書およびソフトウェアツールを開発している．

(d) ま と め

米国では EUI，ESPI によるエネルギー情報モデルの標準化や需要家・データ保管者・サードパーティ間のデータ交換の標準化だけでなく，Green Button ではプログラムの公開や，認証機関によるテスト手順の認証など，普及促進を考慮した取組みがなされている．ESPI 標準は将来ガス，水道，公益事業以外の情報についても適用される可能性があり，現在検討中である．日本における今後のスマートグリッドシステムの標準化，普及に参考となる取組みであると考える．特に，Green Button の利活用にも注目しておく必要があり，そのためにも，今後の米国に加え，欧州の動向をはじめとする各国の動向に注目していくべきであろう．

(5) EI[25]

(a) E I と は

EI（Energy Interoperation）は電力業界におけるステークホルダ間の情報および通信モデルを仕様化しており，DR に関わる通信だけではなく，電力市場における取引に拡張されている．EI ではスケジュールやインターバルを伝送するために WS-Calendar を利用し，製品の定義，数量，価格の情報を伝送するために EMIX を利用している．

DR の対応例を図 2・24 に示す．需要削減量を表す Dispatch Level は EMIX リソース製品として VEN（Virtual End Node）から VTN（Virtual Top Node）に提供される削減スケジュールでイベント期間内における削減量は一定ではなく，図の例ではイベント期間内でのいくつかの Interval で変動している．また，その変動タイミングはビルの EMS による制御シナリオにより料金変化タイミングと一致しているわけではないが，両者の Interval は WS-Calendar で定義されている．

EI ではいくつかのサービスを定義しており，取引可能なエネルギーとして分類されるサービス

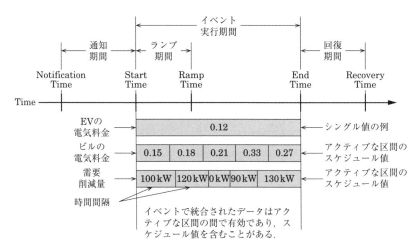

図 2・24 DR の対応例

表 2・14 EI のサービス一覧

サービス種類		サービス名	概　要
取引	登録	EiRegister	取引関係を持とうとする Party 間での登録をする.
	契約前	EiTender	取引における価格，量，スケジュールを提供する.
		EiQuote	取引に至る前に価格を提示する.
	取引中	EiContract	契約情報を交換する.
	取引量	EiUsage	清算，エネルギー使用実績，支払いなどの情報交換を行う．NAESB EUI にて議論中で未定の部分がある.
イベント	実施	EiEvent	契約に基づく動作要請通知とそれに対する応動（イベント）を実施する.
	フィードバック	EiFeedback	DR イベント信号に対して応答する.
	プログラム	EiProgram	DR プログラム中の動作レベルを通知する．たとえば，OpenADR では，Low, Moderate, High, Special がある.
サポート	制約	EiConstraint	長期にわたり DR を実施できない状態を通知する.
	離脱	EiOptout	一時的に DR を実施できない状態を通知する.
	状態	EiStatus	イベント自体の状態を通知する.

を表 2・14 に示す．各サービスは，サービスの意味が定義されており，加えて情報の送り手の動作と受け手の反応が対となって定められている．EI では情報モデルを表す UML（Unified Modeling Language）クラス図の一部が掲載されている．

UML クラス図に記載されている属性や操作の詳細は XML スキーマファイルを参照するようになっている．これらのサービスで使用するオブジェクトの中には WS-Calendar や EMIX の仕様に依存するものもある．各サービスを UML クラス図で定義されている関連クラスを使用することにより，各サービスの組合せを実現することが可能となる．

（b）　OpenADR

OpenADR 1.0 では供給サイドと需要サイド間における DR 信号の送受信を行う基本アーキテクチャとして，DRAS（Demand Response Automation Server）クライアントとサーバで構成されるクライアント・サーバシステムを前提としていた．OpenADR 2.0 は NIST の PAP 03，04，

09, OASIS の EI, WS-Calendar, EMIX との比較検討を経て作成されている. すなわち, OpenADR 1.0 が DR 信号の通信にフォーカスした仕様であるのに対して, OpenADR 2.0 は DR ビジネスに関わるステークホルダを洗い出し, 広範囲のシステム要件をカバーしている. OpenADR 1.0 と 2.0 のアーキテクチャを図 **2・25** に示す[28].

(c) **WS-Calendar**[26]

WS-Calender は IETF の iCalendar（RFC 5545）モデルと IMIP（RFC 5546）のカレンダアプリケーション間通信規約を基に作成されている. XML 表現は xCAL で指定されている. iCalendar はスケジュールの標準的なフォーマットとして普及している.

WS-Calendar の主要なコンポーネントは, Interval が時間とその順序を定義し, Sequence が時間依存関係の要求を定義し, これらを組み合わせて Schedule を構成する. 新しい概念として Gluon があり, 一度定義したものを再利用する方法を導入することで有用性の向上を図っている. 図 **2・26** に示すように, Sequence 2 と Gluon の組合せは Sequence 2 と全く同じ内容であり, 時間間隔情報を持たない Interval A, C には Gluon が持つ 15 分が継承されるが, 30 分の時間価格情報を持つ Interval B には Gluon の情報は継承されない[29].

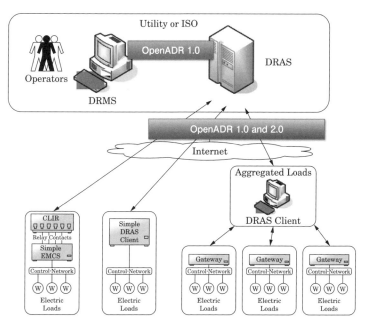

図 **2・25** OpenADR のアーキテクチャ

図 **2・26** Calendar Gluon からの時間間隔情報の継承

（d） EMIX[27]

　EMIX は市場取引における売買のためにエネルギー製品を識別し，記述するために使用される．OASIS EMIX 技術委員会ではエネルギー取引市場における価格，製品の相互運用性のための情報交換モデルと XML 定義を規定している．具体的には，価格情報，入札情報，使用時間や利用可能性，取引される量や品質，取引対象の特性のことである．

参 考 文 献

（1） 日本エネルギー経済研究所：「平成 24 年度商取引適正化・製品安全に係る事業（諸外国における電力市場の取引実態等の調査）報告書」，（2015 年 3 月）
（2） David S. Watson et. al.："Fast Automated Demand Response to Enable the Integration of Renewable Resources", LBNL-5555E（2012）
（3） CAISO："Briefing on the duck curve and current system conditions",
http://www.caiso.com/Documents/Briefing_DuckCurve_CurrentSystemConditions-ISOPresentation-July2015.pdf［2016-04-14］
（4） 経済産業省：「第 8 回制度設計ワーキンググループ事務局提出資料～送配電部門の調整力確保の仕組みについて～」，
http://www.meti.go.jp/committee/sougouenergy/kihonseisaku/denryoku_system/seido_sekkei_wg/pdf/008_05_02.pdf［2016-04-14］
（5） 経済産業省：「電力システム改革専門委員会報告書」（2013 年 2 月）
http://www.meti.go.jp/committee/sougouenergy/sougou/denryoku_system_kaikaku/pdf/report_002_01.pdf ［2016-04-14］
（6） 電気学会・スマートグリッドにおける需要家施設サービス・インフラ調査専門委員会：「スマートグリッドにおける需要家施設のサービス・インフラ」，電気学会技術報告，第 1332 号（2014）
（7） Cen/Cenelec ホームページ　Smart grids,
http://www.cencenelec.eu/standards/Sectors/SustainableEnergy/SmartGrids/Pages/default.aspx［2016-04-19］
（8） NRECA（National Rural Electric Cooperative Association：米国農業電力協同組合）ホームページ　SGIP が MultiSpeak を標準カタログに追加,
http://www.nreca.coop/smart-grid-interoperability-panel-adds-multispeak-to-catalog-of-standards/［2016-04-19］
（9） MultiSpeak ホームページ　MultiSpeak について,
http://www.multispeak.org/ABOUT/Pages/default.aspx［2016-04-19］
（10） CEN-CENELEC-ETSI Smart Grid Coordination Group："SG-CG/M490K_SGAM usage and examples SGAM User Manual-Applying, testing & refining the Smart Grid Architecture Model（SGAM）ver3.0"（2014）
（11） CEN-CENELEC-ETSI Smart Grid Coordination Group："SG-CG/M490J_General Market Model Development The conceptual model and its relation to market models for Smart Grids ver3.0"（2014）
（12） BDEW, German Association of Energy and Water Industries：Discussion paper "Smart Grid Traffic Light Concept", Berlin, 10 March 2015, pp. 2-6（2015）
（13） CEN-CENELEC-ETSI Smart Grid Coordination Group："SG-CG/M490L_Flexibility Management Overview of the main Concept of Flexibility management, ver3.0"（2014）
（14） North American Energy Standards Board："NAESB Energy Usage Information Model（2010）
（15） スマートメーター制度検討会：報告書（2010）
（16） UCAIug OpenSG："A Framework for Automated Data Exchange（ADE）", Version: Draft v0.1（2009）
（17） UCAIug OpenSG："UtilityAMI AMI-Enterprise System Requirements Specification", Version: v1.0（2009）
（18） UCAIug OpenSG："OpenADE 2.0 System Requirements Specification", Version: Draft v1.5（2010）
（19） UCAIug OpenSG："OpenADE Business and Use Requirements Document", Version 1.0（2009）
（20） David Wollman："An Introduction to Green Button", NIST GREEN BUTTON PRESENTATION（2012）

参考文献

   http://energy.gov/downloads/nist-green-button-presentation
(21) UCAIug OpenSG："Announcements: NAESB ESPI 1.0 Ratified"（2011）
(22) Aneesh Chopra: "Modeling a Green Energy Challenge after a Blue Button"（2011）
   http://www.whitehouse.gov/blog/2011/09/15/modeling-green-energy-challenge-after-blue-button
(23) プライスウォーターハウスクーパース株式会社：資源エネルギー庁宛「電力システム改革の詳細制度設計に関係する諸外国の実態調査」報告書（2014）
(24) NIST SGIP PAP20：Green Button ESPI Evolution,
   http://collaborate.nist.gov/twiki-sggrid/bin/view/SmartGrid/GreenButtonESPIEvolution
(25) OASIS："Energy Interoperation Version 1.0", Committee Specification Draft 01（2010）
(26) Considine："Conceptual Overview of WS-Calendar CD01-Understanding inheritance using the semantic elements of web services", An OASIS WS-Calendar White Paper, On behalf of the OASIS WS-Calendar Technical Committee（2010）
(27) OASIS："Energy Market Information Exchange (EMIX)", Version 1.0, Committee Specification 02（2012）
(28) Lawrence Berkeley National Laboratory aud DRRC OpenADR 2.0 Briefing：Open Automated Demand Response Communications（2012）
(29) Considine："Conceptual Overview of WS-Calendar CD01-Understanding inheritance using the semantic elements of web service", An OASIS WS-Calendar White Paper, On behalf of the OASIS WS-Calendar Techinical Committee（2010）

3章
国内エネルギーサービスの適用例・枠組みと国際標準化対応

　2章ではスマートグリッドにおける需給協調サービスの海外の動向と，これを実現するための情報連携の必然性について述べた．本章ではIEC国際標準規格におけるユースケースの位置付けと，その記述に関する規格を説明した後，国内外のスマートグリッドのニーズに対するユースケースの提案状況と，これらの類型化について解説する．国際標準規格の審議は規格化対象に対し，「ユースケース化による要求仕様の抽出」，「ユースケースに基づいた情報モデルの作成」，「ユースケース実現のための通信仕様などの実装」の手順で行われる．規格化対象となるのは「ユースケース化による要求仕様の抽出」，「ユースケースに基づいた情報モデルの作成」である．本章を一読することにより，ユースケースを用いた需給協調サービスのニーズの整理，要求仕様化と，これに基づいた国際標準化手順について理解することができる．

　IEC TC57ではスマートグリッドに関する技術仕様の国際標準化の必然性，対象範囲をユースケースとして設定し，その要件定義に基づき規格審議を行っている．このため，日本のニーズをユースケースとして提案することがグローバルスタンダード化のなかで重要なプロセスであり，日本のエネルギーサービスの海外展開を実施するのに不可欠な活動である．電気学会「スマートグリッドにおける需要家施設サービス・インフラ調査専門委員会（SGTEC）」では，国内業務・産業向けエネルギーサービスの技術検討を進めてきた．これらの検討にあたり，日本での要求条件を明らかにするため，国内のスマートグリッドの各実証プロジェクトや各地域のエネルギー管理サービスで実施されているデマンドレスポンス（DR：Demand Response）について調査を実施し，ユースケースを策定した．電気学会では策定したユースケースを国際標準に提案したので，その提案プロセスについて述べる．

3・1　ユースケース概要

●3・1・1　ユースケースの目的

　2章で説明した需給協調サービスと，これを実現する情報連携には，電気事業者のシステムと需要家のシステムを接続し，情報をやり取りする必要がある．しかし，政治・経済，文化・風土などの背景の異なる国，地域に跨ったシステムの間で情報を交換するのは非常に困難である．そこで，システム間インタフェースの互換性の確保，開発の効率化などを目的に，IECでは，スマートグリッドに接続するシステム間のインタフェースに関する規格を策定する活動を行っている．

　IECではスマートグリッドの規格の対象範囲と必然性を規定するために，ユースケースという手法で要件定義を行い，規格の目的とスコープを定義している．つまり，ユースケースは，規格の審議に必須なものである．

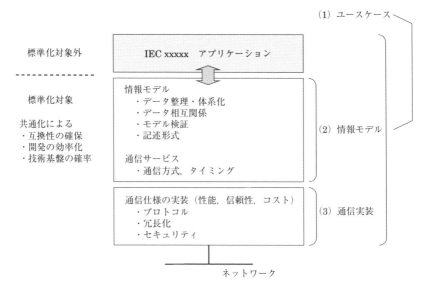

図3・1 規格化の考え方と対象範囲

一般的にユースケースは，システムを開発する際の要件を定義する手法として使われている．IEC，米国国立標準技術研究所（NIST：National Institute of Standards and Technology），欧州のスマートグリッド調整グループ（SG–CG：Smart Grid Coordination Group）などの標準化団体においてもユースケースを規格の策定に導入している．すなわち，ユースケースを用いて，ユーザおよび開発するシステムの要求仕様を抽出し，明確にする．その後，これに基づいて情報モデル，通信サービスを規格として規定している．

図3・1に規格化の考え方と対象範囲を示す．

●3・1・2 ユースケースとは

ユースケースは，対象とするサービスを提供するシステムとその挙動を記述するものである．何らかの目的を達成するために，ユーザの一人（主アクタという）がシステムに要求を出し，システムがその要求に応答し，相互作用を開始する．前提条件や外部の状況に応じて，様々な挙動のシーケンス（順序），シナリオが展開される．ユースケースは，これらのシナリオを集めたものである[1]．

下記にユースケースの概要の定義を示す．

- アクタ：何らかの挙動をする人あるいは外部システム
- 主アクタ：目的を達成するために，対象となるシステムに対して相互作用を開始するアクタ
- ユースケース：対象となるシステムの挙動
- スコープ：議論の対象となっているシステムの範囲を明らかにする
- シナリオ：すべてがうまくいく場合の成功シナリオ，うまくいかない場合の失敗シナリオ

ユースケースには様々なレベルがある．ビジネスプロセスを検討する場合はビジネスユースケースを作成する．ここにはビジネスの動きを記述する．システムを設計する場合はシステムユースケースを作成する．ここではシステムとアクタとのやり取りを記述する．

ユースケースが役に立つのは，システムがどのように挙動するかについて，首尾一貫したストー

リーで書かれている点である．ユーザは早い段階でシステムがどのようなものになるかを把握することができる．

ユースケースは，システムが何を行うかを明示しシステムのスコープとその目的を明らかにする．システムに関わる様々な利害関係者とコミュニケーションを行うための手段となる．

●3・1・3 ユースケーステンプレート[2]

IEC TC8 AHG4（Ad hoc Group 4）はスマートグリッドのユースケースを検討するチームであり，ユースケースのテンプレートを提供している．他のTCは原則このテンプレートを使用することになっている（現在はIECシステム委員会System TC（Syc）がTC8から引き継いでいる）．

下記にユースケーステンプレートの記述形式を規定するIEC 62559によるユースケースの記述方法について解説する．

1●ユースケースの説明

(1) ユースケース名
(2) ユースケースのスコープと目的
(3) ユースケースの説明
(4) 総　説

2●ユースケース図

ユースケース図はアクタの要求に対するシステムの挙動を表現する図である．アクタは人型の線図で表現する．ユースケースはシステムの挙動を表現する（図3・2）．

シーケンス図はアクタ間のやり取りを時間軸に沿って表現する図である（図3・3）．

図3・3のスマートグリッド接続点（SG CP：Smart Grid Connection Point）は，電気事業者・電力市場と需要家を隔てる論理的な境界線である．

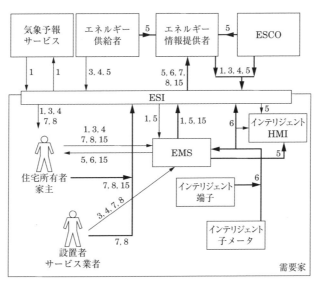

図3・2　ユースケース図の例

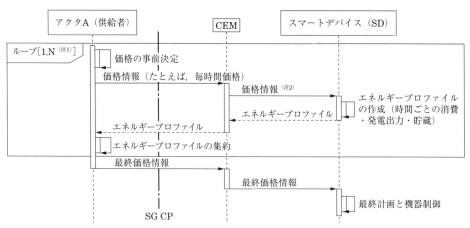

(注1) 集約したエネルギープロファイルが目標プロファイルに近づくまで複数回行う．
(注2) CEMでエネルギープロファイルを作成する場合には，SDへ価格情報の送信は不要．

図3・3 シーケンス図の例

3 技 術 詳 細

(a) ア ク タ

(1) アクタ名　　アクタの名称を入れる．
(2) アクタタイプ　　人，組織，機械，設備を入れる．
(3) アクタ説明　　アクタの説明を記述する．

アクタ説明

アクタ名	アクタタイプ	アクタ説明

(b) トリガイベント，事前設定，前提条件

(1) アクタ/システム/情報/契約　　アクタの名称を入れる．
(2) トリガとなるイベント　　サービスが開始されるトリガとなるイベントを入れる．
(3) 前提条件　　サービスが開始される前に真となっていなければならない前提条件を記述する．

トリガイベント，前条件，仮定

アクタ/システム/情報/契約	トリガとなるイベント	前提条件

4 ユースケース分析のステップ

(a) シナリオ概要

(1) シナリオ名　　シナリオの名称を入れる．
(2) 主アクタ　　相互作用を開始する利害関係者を入れる．
(3) トリガイベント　　トリガとなるイベントを入れる．
(4) 事前設定　　事前に真となっていなければならない状態を記述する．
(5) 事後設定　　事後に真となっていなければならない状態を記述する．

シナリオ概要

No.	シナリオ名	主アクタ	トリガイベント	事前設定	事後設定

（b）シ　ナ　リ　オ

(1) シナリオ名　　シナリオの名称を入れる．
(2) 手順 No.　　手順の番号を入れる．
(3) イベント　　イベントの名称を入れる．
(4) 処理内容　　イベントの処理内容を記述する．
(5) 情報提供者　　情報の発信者を入れる．
(6) 情報受信者　　情報の受信者を入れる．
(7) 交換情報　　交換される情報を記述する．

シナリオの手順

シナリオ名						
手順 No.	イベント	処理内容	情報提供者	情報受信者	交換情報	

5　交　換　情　報

(1) 情報名　　交換される情報の名称を入れる．
(2) 情報の説明　　情報の説明を記述する．

交換情報

情報名	情報の説明

●3・1・4　ユースケースを集めているところ

欧州では，SG–CG[3]がスマートグリッドに関連する規格をまとめており，欧州のスマートグリッドのユースケースを集めている．

米国では，米国電力研究所（EPRI：Electric Power Research Institute）がスマートグリッドに関連する規格の策定を行って，米国版のユースケースを集めている．

3・2　海外のユースケース事例

本節では，米国政府のスマートグリッド構想に関与している米国エネルギー情報標準団体（EIS：Energy Information Standards）[4],[5]の EIS アライアンスユースケースを類型化し，分類に従い我が国の実情を踏まえた検討の結果を解説する．

●3・2・1　EIS アライアンスユースケースの概要

海外ではスマートグリッド関連の標準化やサービス創造の動きが進んでいる．しかしながら，我が国の現状や動向にそぐわないユースケースなども議論されているため，先行的に検討されている

ユースケースを類型化し，我が国の実情に沿った検討をする必要がある．

EIS アライアンスは，米国政府のスマートグリッドイニシアチブに関与しており，スマートグリッド相互運用性検討パネル（SGIP：Smart Grid Interoperability Panel）[6]で進めている優先行動計画（PAP：Priority Action Plans）の PAP10（エネルギー使用情報のための規格）と PAP17（ファシリティ・スマートグリッド情報標準）の両方に関わっている．さらに，積極的に米国暖房冷凍空調学会（ASHRAE：American Society of Heating, Refrigerating and Air–Conditioning Engineers）の ASHRAE SPC201[7]にも参画している．

EIS アライアンスユースケースは，電力系統，エネルギー市場，エネルギー管理システム（EMS：Energy Management System），エネルギー管理者ごとにどのような情報のやり取りが必要かによりユースケース 1～19（UC1～UC19）までに分類，整理される．

以下に UC1～UC19 の特長を示す．

UC1：需要家は電力購入契約や料金表で定義される価格に従い，電力デマンド課金を下げる．

UC2：多くの需要家は生産管理においてエネルギー使用量の見通しを持たず，生産が主要な目的となるが，運用レベルにおいてエネルギー管理を促進する．

UC3：時間ごと，日ごと，月ごとの想定需要を行う需要家が電力コストと製造計画の最適化を行う．

UC4：需要家が電力の売買電を判断し，その時々で電力会社に売電する．

UC5：需要家が各電気事業者から購入する電力量を決定する．

UC6：需要家が定期的に系統の電力量の価格を監視する．

UC7：需要家が，記録，伝送，より良い制御のために，エネルギー消費の社会的，環境的，規制的な側面を既存のビジネスモデルに組み込む．

UC8：需要家がコンセントもしくは電気回路（プラグ負荷）に接続するデバイスのエネルギー使用量を計測し，そのエネルギー消費に関するコストを確認する．

UC9：需要家が特定電気機器のエネルギー消費量計測および消費量に伴う関連コストを算定する．

UC10：需要家がエネルギーコストや消費量を計量し，エネルギー費用の再分配を行う．

UC11：需要家が報告書やヒューマンマシンインタフェース（HMI：Human Machine Interface）への情報表示のため，エネルギーコスト，排出量，エネルギー消費量の変化を監視する．

UC12：需要家が個々に計測された自社ビルのエネルギー消費のプロファイルを比較する．

UC13：需要家が他の企業で個々に計測された建築物のエネルギー消費のプロファイルを比較する．

UC14：需要家が時間帯別料金もしくは DR 環境において，仮設の測定装置を用いてエネルギー利用効率向上の計測，検証する．

UC15：サービスプロバイダが分散システムの保守作業に先だち，需要家設備における分散電源の存在と状態を把握する．

UC16：需要家が電気事業者から効果的な送配電計画と連携するための電力系統保守計画情報の受信を望む．

UC17：電気事業者が顧客との間で電力品質に関するサービス品質保証契約（SLA：Service

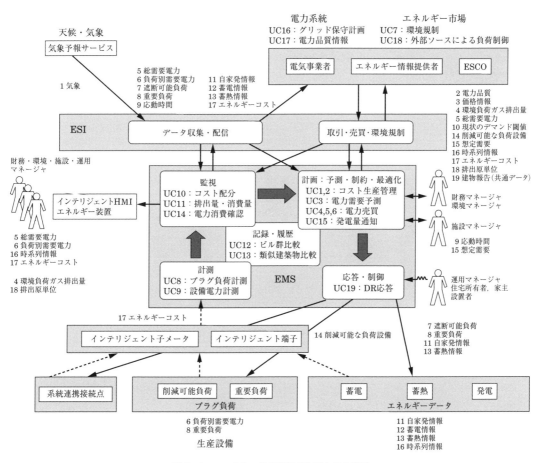

図3・4 ユースケースの類型化とアクタの関係

Level Agreement）を締結し，需要家がリアルタイムに電力品質情報を受信する．

UC18：需要家が外部ソースによって直接負荷制御に参加する．

UC19：電気事業者から送信されたDR信号に対する応答を，需要家構内のEMSか需要調整機能付負荷設備が行う．

以上のUC1〜UC19の位置付けを電力系統，電力市場，EMS，エネルギー管理者などとの相関を整理したものを図3・4に示す．

図3・4はユースケースを監視，計測，応答・制御，計画（予測・制約・最適化），記録・履歴の機能モデルごとに分類し，財務・環境・施設・運用マネージャなどのアクタとの関連を明確にした．外部アクタとの情報のやり取りはエネルギーサービスインタフェース（ESI：Energy Service Interface）を介して行われる．また，EISアライアンスユースケースのアクタ一覧を表3・1に示す．

3・2・2　EISアライアンスのユースケースの類型化

EISアライアンスのユースケースを類型化すると，以下の3つに分類される．

- 計測・監視に関するサービス
- 計画に関するサービス
- 反応に関するサービス

表 3・1 EIS アライアンスのアクタ一覧表

名　称	タイプ	説　明
施設マネージャ	人	施設の保守や運用の責任者．住宅市場においては，家の所有者，家主，または建物の管理者を指す．
重要負荷	機械	設備や（生産）プロセスの運転に不可欠なものとみなされている負荷
遮断可能負荷	機械	電力需要を減らすために停止したり，コントロールすることが可能な負荷
最終消費者	人	一般家庭の需要家やエネルギーを使用している商業・産業用建物内の需要家を指す．また，大規模な建物内のデパートやテナントなども該当．
ESCO	組織	エネルギーの節約や効率的利用，発電に関する解決策を提供する事業（者）
エネルギー情報提供者	組織	エネルギーの供給や需要に関する情報を提供する事業者
電気事業者	組織	最終消費者にエネルギーを提供する事業者
EMS	設備	建物内のエネルギー消費機器の監視制御システム
インテリジェント子メータ	設備	外部機器のエネルギーコストや消費量を計測，収集，分析するシステム
インテリジェント端子	設備	エネルギーコストや消費量を内部で計測，収集，分析するシステム．スマートタップやスマートパワーディストリビューションユニットなどがある．
インテリジェント HMI エネルギー装置	設備	1つまたは複数の機器，地域，建物，またはキャンパスの電力消費量を表示することができる装置，または，建物の中にある1つまたは複数の機器のエネルギーコストや消費に関する情報を表示するシステム
財務マネージャ	人	原価計算および工業や商業ビジネスのための財務戦略を開発する責任者
住宅所有者	人	住居の所有者
家主	人	多様な店舗も備えた住居の所有者または管理者
設置者（サービス技術者）	人	高機能負荷や DR 負荷もしくは EMS システムやそれを構成する装置の設置者
運用マネージャ	人	産業または商業ビル内の運用責任者

ここでは，サービスの代表例として，計画に関するサービスのユースケースについて解説する．

● 計画に関するサービス

（a） ユースケースの解説

計画に関するサービスは以下のユースケースで構成される．

エネルギー使用量の見通しも含めて生産管理を行おうとするのが UC2 である．さらに，電力使用量を予測し，より良い管理を行おうとするのが UC3 である．特に，電力コストの大きな部分を占める電力デマンドのうち，負荷制御によって電力デマンド管理を行うのが UC1 である（**図 3・5**）．

また，需要家が自家発電や電力貯蔵装置を保有する場合には，電気事業者などから提供される価格情報などと比較しながら運用を行うことができる．このとき，UC4, 5 は複数のユーティリティからのエネルギー供給が可能な場合である．さらに，発電余力があるのならば，電力売買も行う場合があり，これが UC6 である（**図 3・6**）．

電力系統の点検作業の安全や需要家の生産確保のため電力系統との連携が必要となる．UC15 では電力系統保守計画のための情報授受の例が示されている（**図 3・7**）．

以上から，負荷制御，生産管理に関しては UC1, 2, 3，電力購入，電力売買に関しては UC4, 5, 6，電力系統保守のための発電情報授受に関しては UC16 に各々集約される．

図 3・5，図 3・6，図 3・7 のユースケース図におけるアクタ間の交換情報を**表 3・2** の ESI 情報交換一覧表に示す．

3・2 海外のユースケース事例

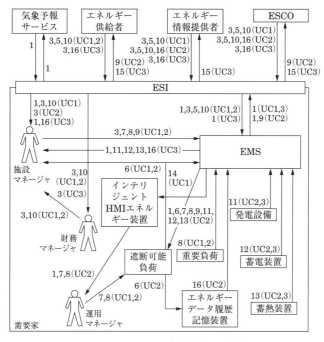

図3・5　UC1, 2, 3：負荷制御，生産管理

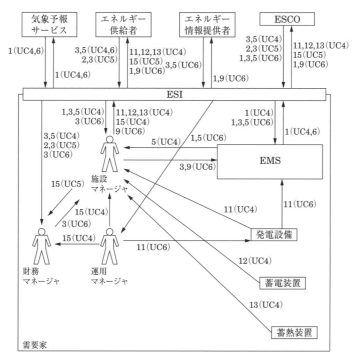

図3・6　UC4, 5, 6：電力購入，電力売買

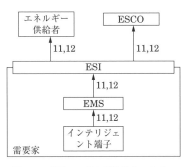

図3・7 UC16：電力系統保守のための発電情報授受

表3・2 ESI情報交換一覧表

ID	名　称	ID	名　称
1	気象情報	11	自家発情報
2	電力品質	12	蓄電情報
3	価格情報	13	蓄熱情報
4	環境負荷ガス排出量	14	削減可能な負荷設備
5	総需要電力	15	想定需要
6	負荷別需要電力	16	時系列情報
7	遮断可能負荷	17	エネルギーコスト
8	重要負荷	18	排出原単位
9	応動時間	19	建物報告（共通データ）
10	現状のデマンド閾値	20	デマンド履歴（負荷）

（b）授受データの内容

負荷制御，生産管理に軸足をおいたユースケース（UC1, 2, 3）の場合，需要家はESIを通じて，気象，価格，現在の総需要電力，現状のデマンド閾値情報や履歴データを受け取り，逆に需要家は気象，応動時間，想定需要の情報を送信する．

ESIを通じて各マネージャは必要となる情報を受け取り，需要家内に設置されたEMSを通じて各装置と情報の授受を行う．負荷制御，生産管理に関するユースケースの場合，関連する装置は発電設備，蓄電熱装置および重要負荷，遮断可能負荷である．

需要家が自家発電や電力貯蔵装置などを活用するユースケース（UC4, 5, 6）の場合には，需要家はESIを通じて気象，価格，電力品質，現在の総需要電力，施設内に設置された発電設備や蓄電熱装置，応動時間，想定需要の情報の授受を行う．需要家内では各マネージャへは，ESIまたはEMSを通じて，上記と同じ情報が授受される．

電力系統保守計画のための情報授受は需要家内に設置されたEMSを通り，ESIを通じて，電気事業者やエネルギーサービス会社（ESCO：Energy Service Company）に情報は提供される．

3・3　国内実証サイトのユースケース事例

本節では，経済産業省の次世代エネルギー・社会システム実証マスタープラン[8]の国内4実証およびスマートコミュニティ導入促進事業の東北8実証を，ユースケース手法を用いて要件分析を行ったので，その結果について解説する．

●3・3・1　国内4実証のユースケース

2011年3月11日の東日本大震災以前から開始している次の国内4実証の調査，ヒヤリングによる検討結果の概要について解説する．
- 横浜スマートシティプロジェクト（YSCP：Yokohama Smart City Project）
- 豊田市
- けいはんな

- 北九州市

1●4 実証プロジェクトのユースケース

ここでは，4実証プロジェクトの代表例として，横浜スマートシティプロジェクト（YSCP）のサービスをユースケースとして整理したので，これを解説する．YSCPの全体構成は，8章8・5・3項の図8・39実証実験構成に示している．

YSCPでは地域エネルギーマネジメントシステム（CEMS：Community Energy Management System）に加えてビルエネルギー管理システム（BEMS：Building Energy Management System）を統括する統合BEMSを用いたシステムにより，DR要請，ネガワット入札，コスト最小化，省エネ行動などについての実証を実施した．

表3・3にYSCPで実証されたサービスのユースケース一覧を，図3・8～図3・14にそのユースケース図，表3・4にアクタ一覧，表3・5に交換される情報を示す．

豊田市，けいはんな，北九州市の実証プロジェクトについては，オーム社のホームページ（URL

表3・3 YSCPのユースケース

No.	ユースケース名	概　　要
YSC-UC-1	DRプログラムへの一般家庭の需要家の登録【CEMS】	CEMSがDRプログラムに参加する一般家庭の需要家の情報を登録する．一般家庭向けDRプログラムは，HEMSサービスに加入している家庭を対象とし，DR要請をHEMSサービス経由で行うことを想定.
YSC-UC-2	DRプログラムへの産業・業務部門需要家の登録【CEMS】	CEMSがDRプログラムに参加する産業部門・業務部門の需要家の情報を登録する．
YSC-UC-3	需要家のDRの要請【CEMS】	電力供給の逼迫が予想されるときに，CEMS運用者がアグリゲータ・需要家に対し，DRの要請を行う．
YSC-UC-4	アグリゲーションサービスへの需要家の登録【統合BEMS】	統合BEMSがアグリゲーションサービスに参加する業務部門の需要家（ビル）の情報を登録する．
YSC-UC-5	ネガワット入札によるDR要請の提示【統合BEMS】	需要家がDRに対応する時間帯・インセンティブを入札することで，アグリゲータが需要家に対するDR要請を決定し，目標値を提示する．
YSC-UC-6	コスト最小化によるDR要請への応答【需要家EMS】	CEMSからのDR要請に対し，創・蓄エネルギー設備を持つ需要家は，創・蓄エネルギー設備を動作させるコストと，DRのインセンティブを比較して，コスト最小化となる応答を行う．
YSC-UC-7	省エネ行動によるDR要請の応答【需要家EMS】	CEMSからのDR要請に対し，創・蓄エネルギー設備を持たないビルの施設管理者は省エネでの応答を行う．

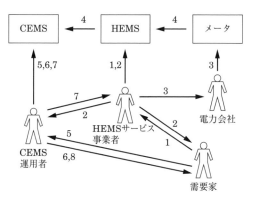

図3・8 ユースケース図（YSC-UC-1）

3章 国内エネルギーサービスの適用例・枠組みと国際標準化対応

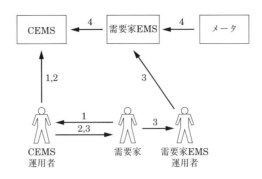

図 3・9 ユースケース図（YSC-UC-2）

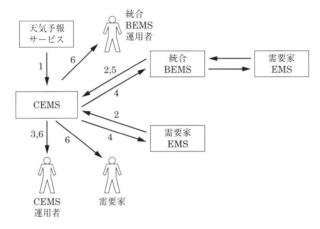

図 3・10 ユースケース図（YSC-UC-3）

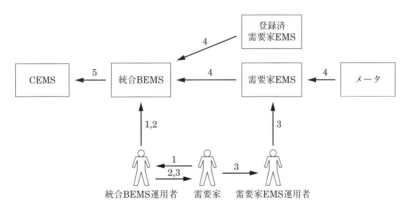

図 3・11 ユースケース図（YSC-UC-4）

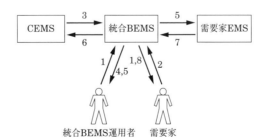

図 3・12 ユースケース図（YSC-UC-5）

3・3 国内実証サイトのユースケース事例

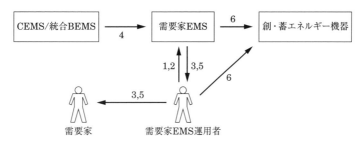

図3・13 ユースケース図（YSC-UC-6）

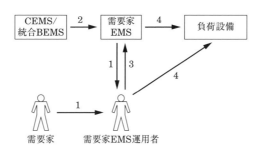

図3・14 ユースケース図（YSC-UC-7）

表3・4 YSCPのアクタ（関係者，設備）

名　前	タイプ	説　　明	使用ユースケース（YSC-UC-）						
			1	2	3	4	5	6	7
CEMS運用者	組織	CEMS運用者．電力会社を想定．	○	○	○				
CEMS	設備	電力需給状況に応じてDR発行を行う設備	○	○	○		○	○	○
天気予報サービス	組織	天気情報を提供する組織				○			
HEMSサービス事業者	組織	家庭向けのエネルギー管理（HEMSサービス），ホームオートメーションなどのサービスを実施する事業者	○						
需要家	個人	家の所有者	○	○	○	○	○	○	○
需要家EMS運用者	組織	需要家が所有する施設のエネルギー管理設備		○		○		○	
需要家EMS	設備	需要家EMSを運用する組織．ビル管理会社，マンション向けEMSサービス事業者，社宅運用者などが該当する．		○	○	○	○	○	○
登録済み需要家EMS	設備	すでに登録された別の施設を管理するEMS				○			
統合BEMS運用者	組織	統合BEMSの運用者．アグリゲータを想定．				○	○		
統合BEMS	設備	CEMSからDR要請をビルに配分する設備				○	○	○	○
HEMS	設備	家庭向けエネルギー管理設備	○						
電力会社	組織	電力の供給を行う組織．メータも管理．	○						
負荷設備	設備	需要家が所有する負荷装置							○
創・畜エネルギー機器	設備	需要家が所有する太陽光発電，燃料電池，コージェネといった発電機器や，蓄電池といった畜電機器						○	
メータ	設備	受電電力，売電電力量を検針する設備	○	○		○			

表3・5 YSCPの交換される情報

No.	情報名称	説　　明	使用ユースケースNo.と番号						
			1	2	3	4	5	6	7
1	HEMSサービス登録情報	HEMSサービス登録に必要な情報登録情報	1						
2	HEMSサービスID	HEMSサービス加入者を識別するID	2						
3	HEMS接続情報	HEMSが電力メータから電力実績情報を取得するために必要な設定情報	3						
4	電力実績情報	受電電力量，PV設置家庭の場合には売電電力量	4	4		4			
5	需要家登録情報	DRプログラム参加に必要な需要家登録情報	5	1		1			
6	需要家ID	DRプログラム参加者を識別するID	6	2		2			
7	施設ID	登録した需要家が保有する施設（家などのHEMSの管理範囲）を識別するID	7						
8	DRプログラム名	参加するDRの名称	8						
9	CEMS接続情報	CEMSとの接続に必要な情報		3		3			
10	天気情報	天気予報，天気実績などの情報			1			1	
11	電力実績情報	施設の受電電力量（30分間隔値），PV充電電力量などの電力実績情報			2		7		
12	DR発行計画	需要家に発行するDR，価格などの情報			3				
13	DR信号	CEMSが送信するDR要請信号			4		3	4	2
14	DR応諾信号	CPP（コミット型）の場合に，DR要請に対して，対応可能かを示す情報			5		6		
15	DR実績信号	DR要請に対して，需要家に実際に行動結果となるインセンティブなどの情報			6				
16	ネガワット入札要請	DRが要請される可能性のある日と，入札締切日の情報					1		
17	入札情報	入札対象日にDRが要請されたときに対応できる量・金額の情報					2		
18	DR配分計画	CEMSからのDR信号の，需要家別配分量・価格の情報					4		
19	約定信号	統合BEMSが需要家EMSに送信するDR要請					5		
20	DR実績情報	DR要請に対して，需要家が実際に行動結果となるインセンティブなどの情報					8		
21	ガスなどの燃料価格	発電機に利用する燃料の価格情報						2	
22	通常運転計画	DRによるインセンティブを考慮しないで作成した創・畜エネルギー機器の動作計画						3	
23	DR運転計画	DRによるインセンティブを考慮して作成した創・畜エネルギー機器を動作させる計画						5	
24	創・畜エネルギー機器の運転値	創・畜エネルギー機器のDR要請時の運転値						6	
25	DR運転計画リスト	需要家がDR要請に対して，対応する機器とのその運転値の一覧							1
26	DR実行計画	DR要請時に，実際に対応する機器とのその運転値の一覧							3
27	機器運転値	DR要請時の機器の運転値							4

（注）表内の番号は図内の情報の番号である．

http://www.ohmsha.co.jp/）にユースケースの解説を掲載している．

2●4 実証プロジェクトと EIS アライアンスのユースケース比較
（a）ア　ク　タ

4実証プロジェクトのアクタについて EIS アライアンスで定義されているアクタと対応して比較した．**表 3・6** に 4 実証プロジェクトのアクタの抜粋を示す．

表 3・6　4 実証プロジェクトのアクタの比較

EIS アライアンス		国内実証実験		
名　称	タイプ	プロジェクト	名　称	概　要
施設責任者	人	YSCP	CEMS 運用者，統合 CEMS 運用者	
		豊田市	—	
		けいはんな	—	
		北九州市	施設マネージャ	
重要な電力負荷	機械	YSCP	負荷設備	需要家が所有する負荷装置
		豊田市	住宅設備	住宅に設置された負荷．豊田市では，蓄電池，PHV 充電器，エコキュート（湯沸設備）
		けいはんな	ビル負荷，テナント負荷	・ビル共有部の熱・電気設備の負荷 ・テナントが管理する設備・負荷
		北九州市	重要負荷	
停止可能な電力負荷	機械	YSCP	遮断可能負荷	
		豊田市	住宅設備	住宅に設置された負荷．豊田市では，蓄電池，PHV 充電器，エコキュート（湯沸設備）
		けいはんな	ビル負荷，テナント負荷	・ビル共有部の熱・電気設備の負荷 ・テナントが管理する設備・負荷
			ホテル客室設備・負荷	ホテル宿泊者が使用する熱・電気関連設備と負荷
		北九州市	遮断可能負荷	
最終消費者	人	YSCP	需要家	
		豊田市	住宅使用者	住宅の所有者
		けいはんな	テナント入居者	ビル内に入居しているテナント
			ホテル宿泊者	ホテルの宿泊者
		北九州市	事務員	事務所などの事務員・作業員など
省エネルギー提案型サービス事業（者）	組織	YSCP	統合 BEMS	
		豊田市	—	
		けいはんな	—	
		北九州市	—	
エネルギー情報提供者	組織	YSCP	CEMS 運用者，統合 CEMS 運用者	
			天気予報サービス	天気情報を提供する組織
		豊田市	EDMS 運用者	エネルギーデータ管理システムの運用者
		けいはんな	エネルギー情報提供者	CEMS 運用者
			気象情報提供会社	気象情報の提供
		北九州市	エネルギー情報提供者	CEMS 運用者．電気事業者または ESCO でもよい．

EIS ユースケースには対応していないアクタを表3・7に示す．
これらの内容を以下示す．
- 実証におけるシステム構成の機能配分が EIS アライアンスのユースケースで想定しているものと異なるもの

表3・7 EIS アライアンスのユースケースに対応しないアクタ

プロジェクト	名称	タイプ	備考
豊田市	在宅センサ	設備	住宅使用者が在宅/不在であることを検出する装置
けいはんな	地域コミュニティ	組織	対象地域のエネルギー管理者．現在未定．想定されるのは自治体，宅地デベロッパ，一般・特定電気事業者，ガス供給事業者または電力・エネルギー再販事業者など．
けいはんな	ポイント管理センタ	組織	CEMS などから通知されたポイントを発行する．

表3・8 交換される情報の比較

EIS アライアンス		国内実証実験		
ID	名称	プロジェクト	名称	概要
1	気象情報	YSCP	天気情報	天気予報，天気実績などの情報
		豊田市	—	
		けいはんな	気象情報	気象情報提供会社から提供される情報．予測値として，天気，気温，日射量の1時間値を日4回（5:30，8:00，11:00，14:00）取得． 実況値として，降水量，日照時間，積雪量，気温，日射量の1時間値を毎時間取得．
		北九州市	気象情報	予測気温，予測雲量，予測降水量，それぞれ1.5日分．なお，気象情報は6時間ごとに更新される．
3	価格情報	YSCP	DR 発行計画	需要家に発行する DR，価格などの情報
			DR 信号	CEMS が需要家 EMS に送信する DR 要請信号
			DR 実績信号	DR 要請に対して，需要家に実際の行動結果となるインセンティブなどの情報
			ネガワット入札要請	DR が要請される可能性のある日と，入札締切日の情報
			入札情報	入札対象日に DR が要請されたときに対応できる量・金額の情報
			DR 配分計画	CEMS からの DR 信号の，需要家別配分量・価格の情報
			約定信号	統合 BEMS が需要家 EMS に送信する DR 要請
		豊田市	翌日 DP	ダイナミックプライシング情報．翌日の30分×48点＝24時間分に相当するポイント情報（kWh 当たりの擬似価格）
			CPP	クリティカルピークプライス情報 現状では3週間程度先の日時が対象
			ポイント	CPP に対するポイント情報（達成時，未達時のポイント）
		けいはんな	ポイント情報（評価結果）	実証期間終了時に各需要家 EMS の期間全体の実績成果に応じて付与されたポイント
			評価結果	実証期間終了時に BEMS の期間全体の実績成果に応じて付与されたポイント
			配分ポイント	評価結果および実証期間中の各テナントの実績・達成度に応じて BEMS が配分するテナントごとのポイント
			評価データ（日ごと）	目標達成度合いに応じたポイント
		北九州市	価格情報	翌日の時間ごとの電気料金（将来的には30分ごと） なお，精算には30分ごとの料金単価を使用．

- より細分化したアクタを定義しているもの
- アプリケーションとして EIS アライアンスが想定していないサービスを実現するために追加されたもの

（b） 交換される情報

各実証で取り扱われる情報と EIS アライアンスのユースケースに記載されている情報の対応付けを行ったものの抜粋を**表 3・8** に示す．

下記は，国内実証では，EIS アライアンスが想定している情報の中で定義されていない情報である．

ID2：電力品質
ID4：環境負荷ガス排出量
ID9：応動時間

表 3・9　EIS のユースケースに対応がない情報

プロジェクト	名　称	備　考
YSCP	HEMS サービス登録情報	HEMS サービス登録に必要な登録情報
	HEMS サービス ID	HEMS サービス加入者を識別する ID
	HEMS 接続情報	HEMS が電力メータから電力実績情報を取得するために必要な設定情報
	需要家登録情報	デマンドレスポンスプログラム参加に必要な需要家登録情報
	需要家 ID	デマンドレスポンスプログラム参加者を識別する ID
	施設 ID	登録した需要家が保有する施設（家などの HEMS 管理範囲）を識別する ID
	デマンドレスポンスプログラム名	参加するデマンドレスポンスの名称
	CEMS 接続情報	CEMS との接続に必要な情報
	デマンドレスポンス運転計画リスト	需要家がデマンドレスポンス要請に対して，対応する機器とのその運転値の一覧
	機器運転値	デマンドレスポンス要請時の機器の運転値
豊田市	充放電指示	住宅設備の充放電指示情報
	在宅状況	住宅使用者が在宅/不在である情報
けいはんな	実証条件データ	DR 実証試験を実行するための条件データで，実証開始終了日時，実証結果の評価方法，評価パラメータ，ポイント原資など
	DR 要請（翌日目標）	CEMS によって調整された翌日運用の目標 送受電電力量，評価情報を 30 分値で 1 日分（翌日 6:30～翌々日 6:00（48 点））
	DR 要請（当日目標）	CEMS によって調整された当日運用の目標 送受電電力量，評価情報を 30 分値で 20 時間分（当日 10:30～翌日 6:00（40 点分））
	地域状況（地域送受電電力目標値）	各需要家 EMS の目標値を実証地域全体で集計した値 送受電電力量と調整可能量上下限を 30 分値で 1 日分（翌日 6:30～翌々日 6:00（48 点）），あるいは 20 時間分（当日 10:30～翌日 6:00（40 点分））
	協力要請	電力系統からの協力要請（送受電電力量） 需要抑制（上限制約），余剰抑制（下限制約）を 30 分値で要請箇所分
	DR 要請（当日指令）	当日計画と実績が大きく乖離した場合に発せられる緊急の運用目標指令 送受電電力量，評価情報を 30 分値で必要時に通知．
	テナント目標値データ	BEMS で配分した各テナントに対する目標値
	協力情報	参加・不参加通知
	蓄電制御・負荷制御	蓄電池充放電，負荷調整

ID10：現在のデマンド閾値
ID18：排出原単位
ID19：建物報告（共通データ）

これらの情報については，各実証で検証すべき事項に対して必要がなかったものと考えられる．

逆に，国内実証で交換される情報の中で，EIS アライアンスの定義に対応しない情報を表 3・9 に示す．これらは，日本特有のサービスやニーズに対応するものである．

（c）時間的条件

国内実証では，気象情報など，比較的緩やかに変化する情報は，1 時間～6 時間程度の周期で収集されている．次の情報については，30 分ごとの通知としている．これは国内におけるスマートメータの仕様との整合性を考慮しているものと考えられる．

- ID3　価格情報
- ID7　遮断可能負荷
- ID8　重要負荷
- ID14　削減可能な負荷設備
- ID15　需要予測

蓄電情報や時系列情報などは，1 分から数分程度の間隔で情報収集が行われている．これは，需要家側設備に関わるものとしてより細かい監視制御を行うためと考えられる．

3・3・2　東北実証プロジェクトのユースケース

（a）概　要

東北地域で進められている経済産業省資源エネルギー庁スマートコミュニティ導入促進事業は，被災地復興を背景に福島，宮城，岩手の被災三県自治体と事業者が共同で行う再生可能エネルギーを活用したスマートコミュニティ（以下，スマコミと略す）導入事業である．東北地方 8 地域（会津若松市，気仙沼市，石巻市，大衡村，山元町，宮古市，釜石市，北上市）で実施され，地域ごとに事業運営可能なコンセプトで進められている．

（b）ユースケース

これらの地域コミュニティ事業では庁舎のような大中規模建物やコミュニティセンタのような小規模建物を対象に，使用する電力に占める再生可能エネルギーを規定値以上とするとともに，面的に災害に強い街づくりを行う趣旨のもと，「エネルギーの地産地消」と「防災・減災」が特徴として掲げられている．以下，これらユースケースについて解説する．このユースケースでは自治体が主たる事業者となり，大中・小規模建物など複数拠点に設置された太陽光発電設備で発電した電力を最適利用し，また電力需要は省エネ制御やデマンドレスポンスによって，①大中規模建物の電力使用量の 20 % 以上を再生可能エネルギー利用となるように平常時のピークカット，ピークシフトを行う，②小規模建物は災害時の災害拠点となり，その建物および一時避難所の電源確保を行う，③目標対象施設をさらに他の施設へ拡大する，ことを目標としている．また，地域エネルギーマネジメントシステム（CEMS：Community Energy Management System）により地域全体の需給の制御を行うこととしている．

ここで，需給管理をする目的から電気事業者側として電気事業者を追加し，需要家，サービスプ

3・3 国内実証サイトのユースケース事例

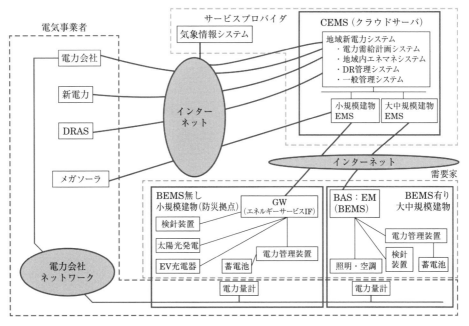

図3・15 システム概要図

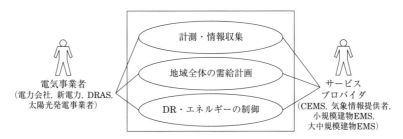

図3・16 ユースケース図（電気事業者とサービスプロバイダ）

図3・17 ユースケース図（サービスプロバイダと需要家）

ロバイダを構成要素とするシステム全体像を**図3・15**に示す．これら3つのアクタによるユースケース図を**図3・16**，**図3・17**に示す．電気事業者と需要家は直接結ばれることがないため対象外とする．**表3・10**にアクタ一覧を示す．CEMSの主要な情報授受は，計測・情報収集，地域全体の需給制御，DR・エネルギーの制御の三点に整理することができる．

（c）処 理 概 要

需要家の電力使用量を計測し，これが既定の閾値に達したとき，CEMSにより，まず大中・小規模建物に設置された蓄電池に対する放電指示を行う．さらに，大中規模建物内のBEMSを介し

表 3・10　アクタ一覧

区　分	名　前	タイプ	概　　要
サービスプロバイダ	CEMS	設備	地域全体の需給制御を行う．
	気象情報システム	組織	気象情報に関する情報を提供する事業者
	大中規模建物 EMS	設備	BEMS が設置されている需要家と CEMS の前の接点としての EMS 機器の位置付け
	小規模建物 EMS	設備	BEMS が設置されていない需要家と CEMS の前の接点としての EMS 機器の位置付け
需要家	需要家	組織・設備	BAS，電力管理装置，照明・空調，検針装置，蓄電池，太陽光発電，EV 充電器，ディスプレイ，市職員など
電気事業者	電力会社	組織	一般電気事業者
	新電力	組織	ここでは小売電気事業者を指す．
	地域新電力	組織	ここでは太陽光などの発電所を所有する発電事業者を指す．
	DRAS	設備	節電依頼や応答などの制御情報（DR 信号）の送受信を自動的に行う機能を持ったサーバ群

て建物内設備に対する省エネ制御を行い，電力使用量を削減するとともに，再生可能エネルギー比率の向上を図る制御を行う．

　ここで特記すべきは，システム全体の電力使用量を監視し，需要予測結果に基づき蓄電設備への充放電指令を行う CEMS と，建物内に設置され，消費電力量の監視，太陽光発電の出力制御，蓄電設備，EV の充放電制御，系統との直列・並列，系統連携制御を行うビル管理システム（BAS：Building Automation System）や電力管理装置との連携である．

　以下に処理概要を説明する．

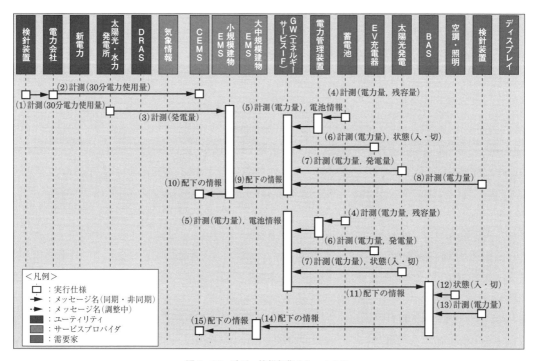

図 3・18　計測・情報収集のシーケンス

（ⅰ）　**計測・情報収集のシーケンス**　図3・18に，計測・情報収集のシーケンス図を示す．CEMSは電力会社経由検針装置からの30分電力使用量および需要家（建物内に設置をした機器類）より計測情報を収集する．

（ⅱ）　**需給制御シーケンス**　図3・19に，前日における地域全体の需給制御のシーケンス図を示す．地域全体の需給制御を実施するためには，前日までにCEMSは気象情報（翌日の天候や気温などの情報）をもとに太陽光発電（PV），水力発電の発電出力予測・計画および需要予測を実施する．また必要に応じて，建物内の機器についての省エネ制御（抑制期間，DRレベル）の予約を実施する．この需給計画に基づいて，電気事業者（電力会社，新電力など）に電力購入量の買取計画を依頼する．

（ⅲ）　**地域全体の需給制御シーケンス**　図3・20に当日における地域全体の需給制御のシーケンス図を示す．当日においては，前日の需給計画に基づいて，地域の総需要や発電量に基づいた需給監視を行う．当日，大中規模建物の電力使用量の目標値を超過した場合には，需給状況に応じてCEMSは，以下のどれを実施すべきかを判断して実行する．

　ア．CEMSから大中規模建物のBEMSに蓄電池への放電指令を出す．
　イ．CEMSから小規模建物の蓄電池へ放電指令を出す．
　ウ．CEMSから大中規模建物のBEMSへ本建物内負荷の制御指令を出す．

（ⅳ）　**DR・エネルギーの制御シーケンス**　DR・エネルギーの制御のケースを述べる．前日に電気事業者（電力会社や新電力）もしくはデマンドレスポンス管理サーバ（DRAS：Demand Responce Automation Server）より，DR情報を受信した場合，需給計画（このケースでは提出前）の見直しを実施する．小規模建物の機器に省エネ制御の予約，大中規模建物の機器についても，

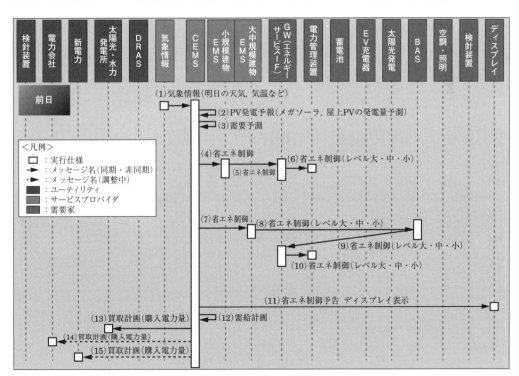

図3・19　地域全体の需給制御（前日）

3章 国内エネルギーサービスの適用例・枠組みと国際標準化対応

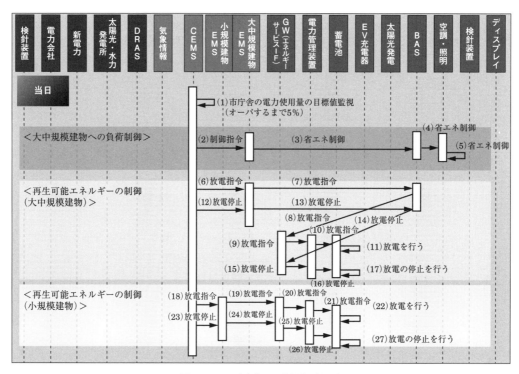

図3・20 地域全体の需給制御（当日）

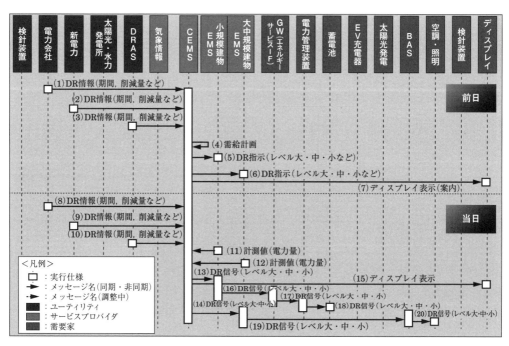

図3・21 DR・エネルギーの制御（前日・当日）

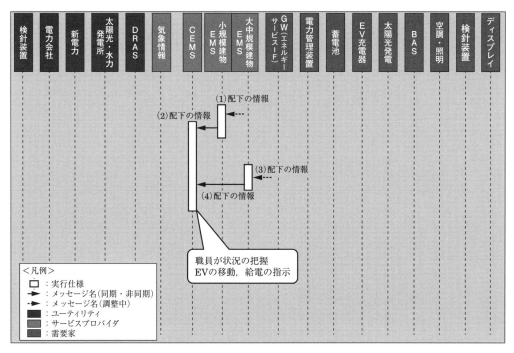

図 3・22 DR・エネルギーの制御（災害時）

表 3・11 情報交換一覧

情報名称	概　　要
計測情報	設備の受電電力量（30分間隔値）や状態（入・切），PV発電電力量，蓄電池の充電残量・充電可能量などの電力実績情報
放電指令	放電開始，停止を指示．
負荷制御指令	DR 開始，DR 停止を指示．
DR 要求	需要家に対する消費電力削減指示（開始，停止）
省エネ制御	需要家に対する消費電力削減指示（期間，三段階のレベル信号）

BAS を介した省エネ制御の予約および職員へ向けた節電のお知らせなどについて情報提供ディスプレイを通じて行う．

当日においては，前日の DR 情報をもとに，当日の DR 信号を受信した場合，需給状況に応じて CEMS は，以下四点のどれを実施すべきかを判断して実行する．

ア．CEMS から大中規模建物の BEMS に蓄電池への放電指令を出す．
イ．CEMS から小規模建物の蓄電池へ放電指令を出す．
ウ．CEMS から大中規模建物の BEMS へ建物内の負荷の制御指令を出す．
エ．CEMS から大中規模建物の見える化装置へ DR の要求を出す．

図 3・21 に前日および当日，**図 3・22** に災害時の DR・エネルギー制御のシーケンス図を，**表 3・11** に主要な情報交換リストを示す．

● 3・3・3　国内 4 実証ユースケースの整理

国内実証事業などの代表的なユースケースを国際標準規格に提案するにあたり，各実証における

表 3・12　DR ユースケースの分類

分類	Pricing 型 (料金誘導)	Control 型 (直接負荷制御)	Negawatt 型 (ネガワット取引)
情報	価格情報	機器制御情報	削減 kW 量情報
動作	需要家が需要家側機器を制御	外部から需要家機器を制御	需要家が需要家側機器を制御

アクタ（関係する装置，人など）やイベント（交換される情報など）の類似点や相違点を分類し，共通的な部分と各地域における特徴的な部分を整理した．

これらの分類結果および日本スマートコミュニティアライアンス（JSCA：Japan Smart Community Alliance）のデマンドレスポンスタスクフォース（DR-TF：Demand Response Task Force）の検討結果も含めて，DR に関するユースケースを整理した．イベントとしてどのような情報を交換し，アクタがどのような動作を行うのかに注目することによって，**表 3・12** の 3 つのユースケースに分類される．

具体的には，価格情報をもとに需要家が需要家側機器制御を行う Pricing（料金誘導）型，機器制御情報により外部から需要家機器制御を行う Control（直接負荷制御）型，削減 kW 量情報をもとに需要家が需要家側機器制御を行う Negawatt（ネガワット取引）型の 3 類型である．以下では，類型ごとにユースケースの概要，ダイヤグラム，バリエーションについて説明する．

1　Pricing 型（料金誘導）

本ユースケースは，電気事業者（電力会社やアグリゲータなど）が提供する価格情報を需要家に通知することで DR を実現する方法を示している．この目的は電気事業者が需要家へ適切な価格情報を提供することにより，電気事業者側と需要側が協調し，需給逼迫や省エネルギーなどへの対応について料金面からの誘導を行うことである．

Pricing 型のユースケースを **図 3・23** に示す．電気事業者は需給状況を確認し，需給調整を行う対象日，時間帯において削減必要 kW を決定する．電気事業者は市場価格情報を確認して，削減必要 kW を満たすことが予想される価格を決定する．電気事業者は要求情報（日時と価格）を需要家に通知する．需要家は通知された価格情報を参照して，これに応じた電力使用計画を自主的に見直し，需要家内の各機器などの利用計画の見直しを実施する．

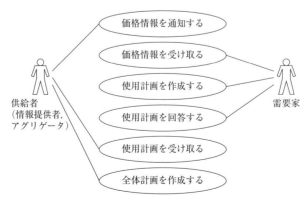

図 3・23　ユースケース図（Pricing 型）

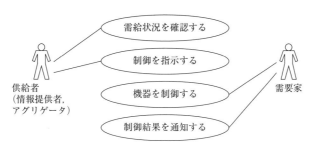

図 3・24　ユースケース図（Control 型）

2● Control 型（直接負荷制御）

Control 型のユースケース図を**図 3・24** に示す．本ユースケースは，電気事業者が需給状況を確認し，必要な削減 kW 量を決定した後，電気事業者が需要家に直接負荷機器制御を指示することで DR を実現する手法を示している．この目的は電気事業者が需要家へ直接負荷制御を実施することにより，電気事業者側と需要側が協調し，需給逼迫や省エネルギーなどへの対応について設備面からの対応を直接行うことである．

電気事業者は需給状況を確認し，需給調整を行う対象日，時間帯において削減必要 kW を決定する．電気事業者は需要家と合意した削減 kW 価格を確認したうえで，あらかじめ需要家から通知された設備情報などをもとに，需要家に対し負荷機器制御を指示する．需要家は負荷機器を制御することで必要削減 kW を実現する．需要家は電気事業者に制御結果を通知する．

3● Negawatt 型（ネガワット取引）

本ユースケースは，削減電力量の売買をベースにした DR 手法であり，電気事業者側と需要家側間で削減電力量と削減電力単価情報を通知しあい売買取引するユースケースである．

電気事業者と需要家との情報，処理の流れの一例は以下のとおりである（**図 3・25**）．なお，電気事業者側は電力会社自らが需要家と取引する場合のほかに，アグリゲータが電力会社などとの契約をもとに需要家と取引する場合が考えられるが，これらを一括して記載する．

電気事業者は需給状況を確認し，需給調整を行う対象日，時間帯においてあらかじめ削減必要 kW を決定し，市場価格情報を確認して価格を決定する．この結果に基づき，電気事業者は要求情

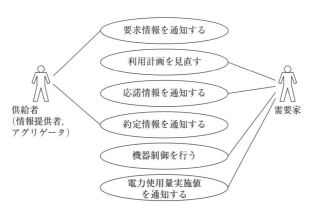

図 3・25　ユースケース図（Negawatt 型）

報（日時，削減 kW と価格）を需要家に通知する．需要家は削減要求 kW と価格により電力利用計画を見直し，電気事業者に応諾情報（削減 kW と希望価格）を通知する．電気事業者は約定情報（削減 kW と約定価格）を需要家に通知する．約定情報に基づき，需要家は電力使用計画を決定し，この計画に基づき，需要家側機器の制御などを行う．需要家は電力使用量（30 分単位の kW）の実績値を電気事業者に通知する．

本ケースにおいては，取引形態（相対，アグリゲータ経由），価格決定方式（希望価格，シングルプライス，落札条件）などには様々なケースがあり，あらかじめ定められたうえで契約され実行される必要がある．

3・4 ユースケースのモデル化

本節では国内 4 実証，東北地域の 8 実証における需給調整システムを，国内ニーズに基づくユースケースとして国際標準提案することを目的に，4 つのモデルに分類した結果について述べる．

●3・4・1 日本国内ニーズに基づくユースケースの IEC 提案 ....

近年，太陽光発電や風力発電などの再生可能エネルギーの活用により，再生可能エネルギーの発電量の変動や需要家の分散型電源の活用が増大することで発電から消費への電力フローが一方向でなくなるなど，系統制御が困難となる問題が顕在化している．それらを踏まえ，電力系統の安定制御がスマートグリッドに必要となっている．スマートグリッドには電力トータルシステムとして高度な ICT 技術を活用し，電気事業者と需要者双方のシステム，機器の最適運転制御を実現し，安定した電力供給や省エネルギー化・低炭素化が期待されている．なかでも，電気事業者と需要家のシステムを相互に接続し，情報の授受を行うことで，需要家側の需要量抑制やピークシフトなどの制御を実施し，電力品質を高めることが求められている．

これまで，スマートグリッドの国際標準化に関して，IEC や NIST で検討が進められてきた[9],[10]．それらは電気事業者側と需要家側で，独立に検討が進められ，電力市場，発電，運用，送電，配電といった電気事業者側を対象とする領域と，BEMS や HEMS といったサービスに代表される需要家側（工場，ビル，一般家庭）を対象とする領域に区分されている．各領域には異なる国際標準が適用されている．電気事業者が対象となる領域には IEC 62325（電力市場），IEC 61970（系統運用），IEC 61968（配電管理），IEC 61850（変電）がある．需要家が対象となる領域には DR 向けの OpenADR，ビル・産業向けの FSGIM，一般家庭向けの Zigbee，SEP 2.0 (Smart Energy Profile)，Wi-SUN (Wireless Smart Utility Networks) などがある．これらの規格で共通に用いられる情報モデルとして，北米エネルギー規格委員会（NAESB : North American Energy Standards Board）のエネルギー使用情報モデルおよびその標準（EUI : Energy Usage Information Model）が検討されている[11]．

電力事業者側と需要家側を連係するインタフェースの国際標準化活動は，IEC TC57 WG21 で検討が進められており，IEC 62746-xx という規格体系でドキュメント化される予定である[12]．TC57 WG21 の検討スコープは電気事業者と需要家間のインタフェースであり，ユースケースや授受される情報モデルのプロファイルなどが規定対象となっている．

日本国内でも，地球環境問題の解決の手段としてスマートグリッドの研究，検討が進められてきた．東日本大震災以降，国内電力事情の大きな変化に伴い，我が国におけるデマンドレスポンスや再生可能エネルギーなどを活用した電力供給の重要性が高まっている．そうした背景から，国内では次世代エネルギー・社会システムの実証実験や東北スマートコミュニティ導入促進事業（東北実証プロジェクト）が行われてきた．3・3 節にて，それらの実証実験で実施されていたデマンドレスポンスに関する分析結果を述べた．それらのユースケースには災害時の電力供給継続や電力融通による減災などが含まれており，これらは日本国内ニーズを反映していることが分析結果として判明した．そこで，これらを国際標準に提案・反映し，日本のサービス事業の海外展開をスムーズに実施する基盤・環境を整備するために，国内ニーズに基づくユースケースを IEC TC57 の国際標準へ提案する必要がある．

　IEC ではスマートグリッドの国際標準化の対象をユースケースとして設定し，その要件定義に基づき関連する規格の審議を行っている．IEC への標準提案においては，対象とする規格審議の場に国内ニーズをユースケースとして提案することが肝要である．前述の東北実証プロジェクトでは，スマートグリッドと需要家（ビルシステム）間では，様々なサービスの実証実験が行われた．これらのサービスを各ユースケースの構成要素，授受情報の解析により，以下の4つに分類した．分類したモデルについて，その概要を図 3・26 に図示する．

- 電気事業者と需要家との協調による需給調整（Model 1）
- 用途別集計やトリアージ制御を考慮したビルごとの省エネ・需給調整（Model 2）
- 街区別集計や計画調整による地域ビル群の省エネ・需給調整（Model 3）
- 地域の再生可能エネルギー導入・省エネによる自立化・防災／減災（Model 4）

分類したこれらの日本国内ニーズに基づくユースケースを IEC TC57 WG21 に提案し，IEC TR

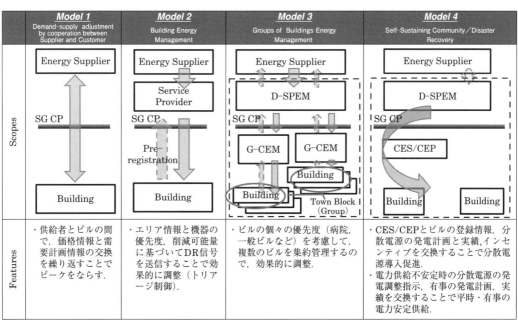

D-SPEM：District Service Provider Energy Management System, CES：Community Energy Supplier Owning Renewable Energies, G-CEM：Groups of Buildings Energy Management System, CEP：Community Energy Saving Service

図 3・26　ユースケースの分類

62746-2 Ed.1.0 として，規格文書に反映された．

● 3・4・2　電気事業者主導 DR モデル（Model 1）

（a）概　　要

電気事業者主導 DR モデルは，電気事業者と需要家が情報交換（価格や消費などの計画）を行うことにより，供給コストの低減を図ることを目指している．

電力価格に応答する需要家や需要家エネルギー管理システム（CEM：Customer Energy Manager）によりエネルギー管理を行っている場合，価格が高いときには消費は抑制され，価格が安いときには消費は増加したりする．しかし，もし多くの需要家が同じ消費行動をとれば消費が過剰抑制されたり，過剰に増加したりする（図3・27(a)）．このような事象を回避するためには，需要家ごとに異なった価格を示すことは重要である．

需要家ごとに価格が異なれば消費は分散し，エネルギー消費のピーク抑制が可能となる（図3・27(b)）．供給コストが最少となる最適な消費カーブに近づくように需要家への提示価格を調整すれば，供給コストを減少させることができ，需要家にはエネルギー料金値下げとして還元することが可能となる．

（b）手　　順

はじめに全ての需要家（図3・28 の CEM またはスマートデバイス）は，電気事業者から価格に関する情報を参照して電力プロファイルを作成する．提供を受けた，たとえば1日分の毎時間価格を参照して，需要家は1日分の毎時間の電力消費量や発電量および蓄電量を計画するが，この1日のパターンを電力プロファイルと定義する．電気事業者は各需要家からの電力プロファイルを集約し，この集約結果と電気事業者が目標とするプロファイルの差を参照して価格を修正する．修正された価格情報を再度電気事業者から受信して，全ての需要家は電力プロファイルを修正する．

上記の情報交換を数回行った後，電気事業者は最終価格を決定し，これを需要家へ提供し，提供された価格に基づき需要家は機器などを制御することになる．

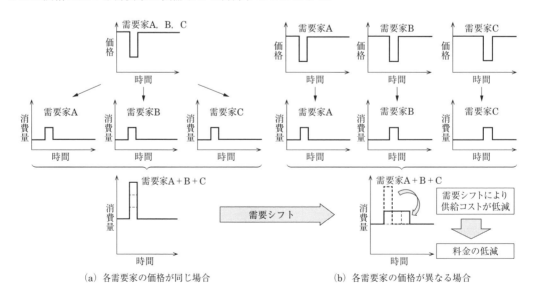

図3・27　価格を用いた需要シフト説明

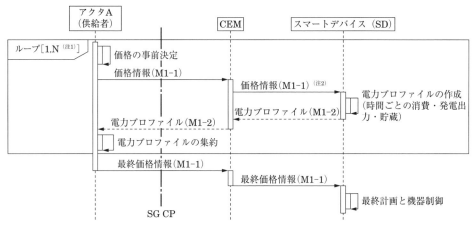

(注1) 集約した電力プロファイルが目標プロファイルに近づくまで複数回行う．
(注2) CEMで電力プロファイルを作成する場合には，SDへ価格情報の送信は不要．

図 3・28　電気事業者主導 DR モデルのシーケンス図

（c）技　術　詳　細

本モデルでのアクタは，需要家のエネルギー管理を行う CEM，CEM からの情報に基づき動作するスマートデバイス（SD），需要家と情報交換を行うアクタ A である．各アクタの詳細は**表 3・13** のとおりである．

表 3・14 に示すとおり，本モデルが適用される前にアクタ A と需要家の間では，事前合意が必要である．また，価格情報を需要家へ提供するために，各種の情報や状況を加味して提供する価格をアクタ A は準備しておく必要がある．

本モデルは，**表 3・15** に示すようにいくつかのシナリオで構成されている．各シナリオの詳細は

表 3・13　アクタ説明

アクタ名	アクタタイプ	アクタ説明
CEM	内部	CEM は系統側から受信した信号や需要家の設定および契約に基づきエネルギー消費や生産を最適化する論理的機能であり，最低限の性能基準を考案する．CEM は接続した装置へ情報を送信したり，受信情報を収集する．また，一般的なあるいは専用の負荷や発電機に指令し，接続した装置へこれらを転送することができる．また，「系統/市場」に対しては逆の情報を提供することになる． CEM で複数の負荷/発電を組み合わせて制御することもできる．
スマートデバイス（SD）	外部	スマートデバイスとは，家電，発電機，貯蔵装置（蓄電池，ヒートポンプと組み合わされた貯湯装置，冷房機器，燃料電池など）である．SD は，CEM とのインタフェースを介して，系統側から直接データを受信することができ，インテリジェントな方法で系統からの指令や信号に応答することができる．
アクタ A（SG CP 経由）	外部	外部アクタ（スマートグリッド市場での役割）は，エネルギー管理のための通信チャネルを通じて家庭/ビルにおいてシステム機能やコンポーネントと協調する．例としては，電気事業者，エネルギーサービス供給者，アグリゲータなどがある．

表 3・14　トリガ，前提条件

アクタ/システム/情報/契約	トリガとなるイベント	前提条件
アクタ A 需要家		事前に合意（情報の内容，料金決済方法）．
アクタ A	価格情報を需要家へ提供する前に	アクタ A は事前に，需給状況・エネルギー消費・他電気事業者・市場価格を考慮して価格を決定する．

表3・15 シナリオの概要

No.	シナリオ名	主アクタ	トリガイベント	事前設定	事後設定
1	価格情報	アクタA	アクタAは価格情報を送信できるように準備しておく.	全ての需要家とは通信接続を確立しておく.	価格情報はSDで受信される.
2	電力プロファイル	SD	電力プロファイル(毎時間の消費・発電出力・貯蔵)はCEMで利用可能.	全てのアクタ間の通信接続は確立されている. SDはCEMに電力プロファイルを送信するタイミング, CEMは外部アクタに電力プロファイルを送信するタイミングをあらかじめ準備している.	電力プロファイルはアクタAによって受信される.
3	電力プロファイルの集約と価格修正	CEM	電力プロファイルはアクタAで利用される.	アクタAは各需要家に設置されているCEMから電力プロファイルを受信する.	アクタAは見直しされた価格を保存する.
4	ループ(No.1からNo.3が繰り返される)				集約された電力プロファイルは目標プロファイルに近づく.
5	最終価格情報	アクタA	集約された電力プロファイルは, 目標プロファイルに近づく.	全ての需要家と通信接続が確立されている.	最終価格情報はCEMまたはSDによって受信される.

表3・16 シナリオの手順(続く)

シナリオ名		No.1 価格情報			
手順No.	イベント	処理内容	情報提供者	情報受信者	交換情報
1	CEMは初期価格情報を受信する.	アクタAは需給状況, エネルギー消費計画, 他電気事業者との価格や市場価格を考慮して, 価格を決定する.	アクタA	CEM	価格情報(M1-1)
2	SDは初期価格情報を受け取る.	CEMはSDへ価格情報を送信する(CEMで計画を行う場合は, SDへの価格情報の送信は不要).	CEM	SD	価格情報(M1-1)

シナリオ名		No.2 電力プロファイル			
手順No.	イベント	処理内容	情報提供者	情報受信者	交換情報
1	CEMまたはSDは電力プロファイルを作成する.	CEMまたはSDは, 受信した価格情報を用いて電力プロファイルを作成する.	CEM/SD		
2	CEMは電力プロファイルを受信する.	SDはCEMへ電力プロファイルを送信する(SDで電力プロファイルを計画した場合).	SD	CEM	電力プロファイル(M1-2)
3	アクタAは電力プロファイルを受信する.	CEMは各SDの電力プロファイルを集約し, アクタAに電力プロファイルを送信する.	CEM	アクタA	電力プロファイル(M1-2)

シナリオ名		No.3 電力プロファイルの集約と価格修正			
手順No.	イベント	処理内容	情報提供者	情報受信者	交換情報
1	アクタAは電力プロファイルを集約し, 価格を修正する.	アクタAは各需要家からの電力プロファイルを集約する. アクタAは集約した電力プロファイルと目標プロファイルとの差を参照して価格を再設定する.			

表3・16 シナリオの手順（続き）

シナリオ名		No.4　ループ				
手順No.	イベント	処理内容	情報提供者	情報受信者	交換情報	
1	アクタAとCEMは情報を交換する．	集約プロファイルが目標プロファイルに近づくまで，アクタAとCEMは価格情報と電力プロファイル情報を交換する．			価格情報（M1-1）電力プロファイル（M1-2）	

シナリオ名		No.5　最終価格情報			
手順No.	イベント	処理内容	情報提供者	情報受信者	交換情報
1	CEMは最終価格情報を受信する．	アクタAはCEMに価格情報を送信する．	アクタA	CEM	最終価格情報（M1-1）
2	SDは最終価格情報を受信する．	CEMはSDへ価格情報を送信する（CEMで計画する場合は，SDへの価格情報送信は不要）．	CEM	SD	最終価格情報（M1-1）

表3・17　交換情報

交換される情報	
情報名	情報の説明
価格情報（M1-1）	ある期間における毎時間価格（たとえば，日間の毎時間価格）
電力プロファイル（M1-2）	ある期間における毎時間の消費・発電出力・貯蔵

表3・16に示す．

交換情報は表3・17に示すとおり価格情報と電力プロファイルである．

●3・4・3　ビルエネルギー管理モデル（Model 2）

(a) 概　　要

ビルエネルギー管理モデルは，電気事業者と需要家間の情報のやり取りにおいて，電気事業者の指令に基づき，複数の需要家を統括するサービスプロバイダ（アクタA）が統括するエリアのビルや機器の優先度に基づき運用を行うことで，省エネやDRを効果的に調整する仕組みである．

電気事業者からの需要抑制に対して，サービスプロバイダは，下記の手段によりエネルギー需要を調整する．

- スマートデバイス（通信による起動停止が可能な機器）の利用
- 個々のスマートデバイスの運用状態
- 個々の配電系統や機器の重要度，優先度
- 需要と供給（分散電源からの発電）の計画，運用状態，結果

(b) 手　　順

ビルのエネルギー管理を行うCEMは，あらかじめアクタAに想定される削減量，スマートデバイスの優先順位，ビルの情報を送ることで，最適な削減制御を行うことが可能となる．アクタAは，個々のビルの電力の需要と発電を計算し，効率的な電力削減制御を行う．図3・29にビルエネルギー管理モデルのシーケンス図を示す．

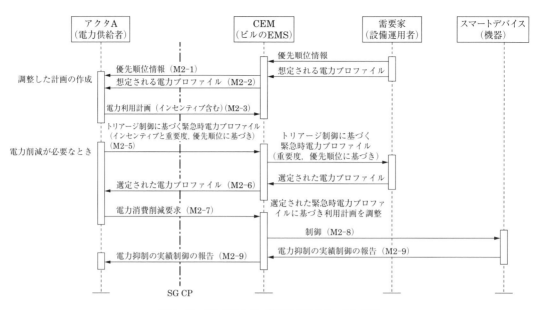

図 3・29 ビルエネルギー管理モデルのシーケンス図

(c) 技術詳細

本モデルでのアクタは，サービスプロバイダ（アクタ A），ビルのエネルギー管理を行う CEM，需要家，スマートデバイスである．

表 3・18 にアクタの説明を示す．

表 3・19 に本モデルの情報のトリガ，前提条件を示す．電気事業者の要請に基づきアクタ A が判断し，統括するビルや機器に需給調整の指令を出力する．

本モデルのシナリオの概要を**表 3・20** に，シナリオの手順を**表 3・21** に示す．

交換情報は**表 3・22** に示すとおりである．

表 3・18 アクタ説明

アクタ名	アクタタイプ	アクタ説明
アクタ A	外部	需要家に電力供給を行う会社．エネルギープロバイダ，エネルギーサービスプロバイダ，アグリゲータなど．
CEM	内部	CEM は系統側から受信した信号や需要家の設定および契約に基づきエネルギー消費や生産を最適化する論理的機能であり，最低限の性能基準を考案する．CEM は接続した装置へ情報を送信したり，受信情報を収集する．また，一般的なあるいは専用の負荷や発電機に指令し，接続した装置へこれらを転送することができる．また，「系統/市場」に対しては逆の情報を提供することになる． CEM で複数の負荷・発電を組み合わせて制御することもできる．
需要家	内部	機器の運用やメンテナンスを行う管理者，住宅の住民など．
スマートデバイス	外部	スマートデバイスは発電や蓄エネ機器．具体的には，蓄電池，貯湯タンクを持つヒートポンプ給湯器や CGS（コージェネ），躯体や空間に熱バッファを持つ空調機などである． スマートデバイスは，系統から直接信号を受け，運用することもできる．

表 3・19 トリガ，前提条件

アクタ/システム/情報/契約	トリガとなるイベント	前提条件
アクタ A	エネルギー消費の削減要求	電力消費の削減が必要なとき．

3・4 ユースケースのモデル化

表3・20 シナリオの概要

No.	シナリオ名	主アクタ	トリガイベント	事前設定	事後設定
1	ビルエネルギー管理モデル（Model 2）個々のビルへの電力削減，需給制御	アクタA	電力消費の削減要求	全てのアクタとは通信接続を確立しておく．需要家はCEMとスマートデバイスを準備し，スマートデバイスの優先順位をCEMに登録しておく．消費量の合計値もしくはデバイスごとの消費量の情報がCEMに通知されていることが必要．	電力プロファイルがアクタAとCEMの間で調整される．スマートデバイスは調整された電力プロファイルに基づきCEMにより制御される．

表3・21 シナリオの手順

シナリオ名		ビルエネルギー管理モデル（Model 2）個々のビルへの電力削減，需給制御			
手順No.	イベント	処理内容	情報提供者	情報受信者	交換情報
1	CEMへの重要度や優先順位の設定	需要家が個々の設備の重要度や優先順位をCEMに設定する．	需要家（各設備）	CEM	個々のスマートデバイスの重要度や優先順位
2	CEMへの想定される電力プロファイルの設定	需要家が個々の設備の想定される電力プロファイルをCEMに設定する．	需要家（各設備）	CEM	個々の機器の電力プロファイル
3	アクタAへの重要度や優先順位の設定	CEMが重要度や優先順位をアクタAに設定する．	CEM	アクタA	個々のスマートデバイスの重要度や優先順位
4	アクタAへの想定される電力プロファイルの設定	CEMがCEM単位の想定される電力プロファイルをアクタAに設定する．	CEM	アクタA	CEM単位の電力プロファイル
5	アクタAとしての電力プロファイルの作成	アクタAは重要度や優先順位，CEM単位の電力プロファイルをもとに電力削減や需給調整を考慮し，各CEMに求める電力プロファイルを作成する．			
6	電力プロファイルのCEMへの送信	アクタAがインセンティブと電力プロファイルを送る．	アクタA	CEM	インセンティブと電力プロファイル
7	電力消費の削減の検知	アクタAがエネルギー消費の削減の必要性を検知する．			
8	緊急時電力プロファイルの通知	アクタAが重要度と優先順位に基づいたトリアージ制御(注)を行った場合の緊急時電力プロファイルをCEMに送信する．	アクタA	CEM	トリアージ制御を行った場合の緊急時電力プロファイル
9	緊急時電力プロファイルの通知	CEMが重要度と優先順位に基づいたトリアージ制御を行った場合の緊急時電力プロファイルを需要家に送信する．	CEM	需要家（各設備）	トリアージ制御を行った場合の緊急時電力プロファイル
10	緊急時電力プロファイルの選定	需要家は機器の運用状況に基づき対応可能な緊急時電力プロファイルを選定する．	需要家（各設備）	CEM	対応可能な緊急時電力プロファイル
11	緊急時電力プロファイルの作成	CEMは需要家の緊急時利用計画を集約しCEM単位の緊急時電力プロファイルを作成する．	CEM	アクタA	CEMとして対応可能な緊急時電力プロファイル
12	電力消費削減の要請	アクタAが電力消費の削減要請をCEMに送る．	アクタA	CEM	電力消費の削減要請
13	負荷制御	CEMが機器を制御する．	CEM	スマートデバイス	スマートデバイス制御信号
14	結果の報告	スマートデバイスが電力抑制実績を報告．	スマートデバイス	CEM	電力抑制実績
15	結果の報告	CEMが電力抑制実績を報告．	CEM	アクタA	電力抑制実績

（注）トリアージ制御：設備の重要度や優先順位を決めておき，電力の削減が必要なときに重要度や優先順位が低いものは停止させる制御．

表 3・22 交換情報

交換される情報	
情報名	情報の説明
優先順位情報 (M2-1)	トリアージ制御のための需要家のビル内のスマートデバイス（負荷）の優先順位に関する情報（重要度，優先順位）
想定される電力プロファイル (M2-2)	需要家が想定した個々のスマートデバイスのエネルギー消費や分散電源の発電に関する情報
電力プロファイル (M2-3)	インセンティブと消費および発電の再計画を含む需要家のビルの電力プロファイル
トリアージ制御のための緊急時電力プロファイル (M2-5)	インセンティブ情報を加味してトリアージ制御として再計算された調整済電力プロファイル
選定された電力プロファイル (M2-6)	需要家が選定した電力プロファイルを含むトリアージ制御に基づく緊急時電力利用計に対する反応
電力消費の削減要求 (M2-7)	選定された電力プロファイルに基づきビル内のスマートデバイスの電力抑制制御を開始する信号
制御 (M2-8)	ビル内のスマートデバイスを制御する信号
電力抑制実績の報告 (M2-9)	緊急時電力抑制の実績

3・4・4　地域ビル群エネルギー管理モデル（Model 3）

（a）概　　要

地域ビル群エネルギー管理モデルは地域のビル群の省エネルギーと需要供給制御を示している．電気事業者と BEMS の間に地域サービスプロバイダエネルギー管理システム（D–SPEM：District Service Provider Energy Management System）とビル群（街区）エネルギー管理システム（G–CEM：Groups of Building EMS）を置き，階層的な地域エネルギー管理を行う．

地域ビル群エネルギー管理は，広い範囲でエネルギー管理を行うため調整可能なエネルギー消費の総計が増加し，多種類の分散電源と負荷（設備）があるためエネルギー運用の相互補完ができ，通常のビル EMS に比較して効率的なエネルギー管理が可能となる．

（b）手　　順

電気事業者は個々のビルのエネルギー情報を集計し地域の電力需要を計算する．電力抑制制御が必要になったとき，電気事業者は需要抑制計画を作成し地域エネルギーサービスプロバイダに提案する．地域エネルギーサービスプロバイダは需要抑制計画提案に基づき地域ビル群のエネルギー使用計画を調整し需要削減を行う．**図3・30**に地域ビル群エネルギー管理モデルのシーケンス図を示す．

（c）技　術　詳　細

本モデルでのアクタは，電気事業者および地域エネルギー管理を行うアクタ A，ビル群および個々のビルのエネルギー管理を行う CEM，需要家，スマートデバイスである．**表3・23**にアクタの説明を示す．

表3・24に本モデルの情報のトリガ，前提条件を示す．電力供給者の要請に基づき D–SPEM が，統括するビル群に需給調整の提案を行う．

本モデルのシナリオの概要を**表3・25**に，シナリオの手順を**表3・26**に示す．

交換情報は**表3・27**に示すとおりである．

3・4 ユースケースのモデル化

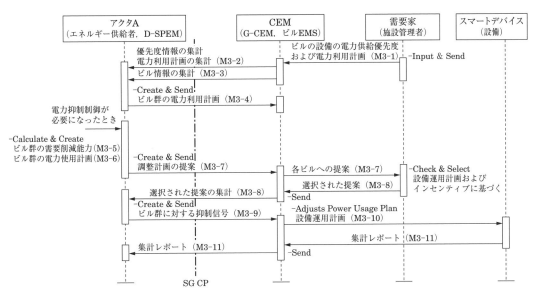

図3・30 地域ビル群エネルギー管理モデルのシーケンス図

表3・23 アクタ説明

アクタ名	アクタタイプ	アクタ説明
アクタA	外部	電気事業者および地域サービスプロバイダEMS（D-SPEM）．電気事業者は需要家に電力供給を行う会社であり，D-SPEMは地域内のビル群（街区）の省エネなどのエネルギー管理を行う．
CEM	内部	CEMは系統側から受信した信号や需要家の設定および契約に基づきエネルギー消費や生産を最適化する論理的機能であり，最低限の性能基準を考案する．CEMは接続した装置へ情報を送信したり，受信情報を収集する．また，一般的なあるいは専用の負荷や発電機に指令し，接続した装置へこれらを転送することができる．また，「系統/市場」に対しては逆の情報を提供することになる．CEMで複数の負荷・発電を組み合わせて制御することもできる． 本ユースケースではCEMはビル群EMS（G-EMS）とビルEMSで構成される．ビルEMSはビル内設備のエネルギー消費の監視制御を行う．
需要家	内部	施設の運用保守に責任を持つ施設管理者
スマートデバイス	外部	スマートデバイスは負荷（設備），発電や蓄エネ機器である．具体的には，蓄電池，貯湯タンクを持つヒートポンプ給湯器やCGS（コージェネ），躯体や空間に熱バッファを持つ空調機などである．スマートデバイスは，系統から直接信号を受け，運用することもできる．

表3・24 トリガ，前提条件

アクタ/システム/情報/契約	トリガとなるイベント	前提条件
アクタA（電気事業者）	エネルギー消費の削減要求	電力消費の削減制御が必要なとき

表3・25 シナリオの概要

No.	シナリオ名	主アクタ	トリガイベント	事前設定	事後設定
1	地域ビル群エネルギー管理（Model 3）	アクタA（電気事業者）	電力消費の削減要求		

表3・26 シナリオの手順

シナリオ名		地域ビル群エネルギー管理モデル（Model 3） 地域の省エネルギーおよびエネルギー需要供給調整			
手順 No.	イベント	処理内容	情報提供者	情報受信者	交換情報
1		施設管理者は優先度とビルの電力利用計画をビル EMS に入力する． G–CEM はこれらの情報を集計し，ビル情報に追加する（例：アパート，商業ビル，公共施設，工場など）． 次に，G–CEM はこれらの情報を D–SPEM と電気事業者に登録する．	需要家 （施設管理者） CEM （ビル EMS, ビル群 EMS（G–CEM））	CEM （ビル EMS） アクタ A （地域サービスプロバイダ EMS（D–SPEM），電気事業者）	優先度情報の集計 （M3-1） ビルの電力利用計画の集計 （M3-2） ビル情報の集計 （M3-3）
2		D–SPEM は街区（契約に基づくビル群）の"電力利用計画"と"設備運用計画"を作成する． G–CEM はこれらの情報を各ビルごとに分解し，ビル EMS に登録する	アクタ A （地域サービスプロバイダ EMS（D–SPEM））	CEM （ビル群 EMS（G–CEM），ビル EMS（CEM））	ビル群の電力使用計画 （M3-4）
3	電力抑制制御が必要になったとき	電気事業者は地域の削減可能需要を計算し，電気事業者は地域の電力利用計画を作成する．次に電気事業者はそれを D–SPEM プロバイダに送付する． D–SPEM は"調整計画の提案"を作成し，これらの提案を G–CEM に送付する． G–CEM はこれらを各ビルごとに分解し，ビル EMS と施設管理者に送付する．	アクタ A （電気事業者，地域サービスプロバイダ EMS（D–SPEM））	CEM （ビル群 EMS（G–CEM），ビル EMS） 需要家 （施設管理者）	調整計画の提案 （M3-7）
4		施設管理者はこれらの提案を需要家のビルのビル EMS 端末でチェックする．施設管理者はこれらの提案の中から"設備運用計画"とインセンティブに基づいて1つ選ぶ． ビル EMS は選択された提案を G–CEM に送付する．G–CEM はこれらの選択された提案を集計し D–SPEM に送付する．	需要家 （施設管理者）	CEM （ビル EMS，ビル群 EMS（G–CEM）） アクタ A （地域サービスプロバイダ EMS（D–SPEM））	選択した提案の集計 （M3-8）
5		D–SPEM は需要家に選択された提案を受信した後，ビル群に対する抑制信号を送付する．	アクタ A （地域サービスプロバイダ EMS（D–SPEM））	CEM （ビル群 EMS（G–CEM），ビル EMS）	ビル群に対する抑制信号 （M3-9）
6		ビル EMS は受信した抑制信号に基づいて電力利用計画を調整する． ビル EMS は Sends 設備運用計画と制御指令を設備に送信する．	CEM （ビル EMS）	スマートデバイス （設備）	設備運用計画 （M3-10）
7		設備はエネルギー抑制実績を報告する．	スマートデバイス （設備）	CEM，（ビル EMS，ビル群 EMS（G–CEM）） アクタ A （地域サービスプロバイダ EMS（D–SPEM），電気事業者）	集計レポート （M3-11）

表 3・27　交換情報

交換される情報	
情報名	情報の説明
優先度情報の集計（M3-1）	ビル群の優先度情報の集計．優先度情報はビル内の各設備の電力供給の優先レベル（例：照明，事務機器，空調機器など）．優先レベルは需要設備，削減可能，などに分類される．
ビルの電力利用計画の集計（M3-2）	各ビルの電力消費計画を集計したビル群の時系列電力消費計画（例：1日前，1週間前など）
ビル情報の集計（M3-3）	ビル情報を集計したビル群情報．アパート，店舗，公共施設などのビルの分類・特徴の情報
ビル群の電力使用計画（M3-4）	ビル群の電力消費計画を集計したアクタA（地域サービスプロバイダ EMS（D-SPEM））の時系列電力消費計画（例：1日前，1週間前など）．この電力利用計画は各電力消費計画に関係する設備運用計画（例：オン/オフ，設定値など）を含む．
地域の需要削減能力（M3-5）	地域の電力消費削減の余地
地域の電力利用計画（M3-6）	地域の将来の時系列電力消費計画（例：1日前，1週間前など）
調整計画の提案（M3-7）	ビルおよび設備の優先度，電力利用計画と消費に基づいて作成された調整計画の提案．これらの提案は設備運用計画とインセンティブを含む．
選択した提案の集計（M3-8）	ビル群の選択した提案の集計．施設管理者は CEM によって提供された各ビルに対する提案を選択する．
ビル群に対する抑制信号（M3-9）	アクタA（地域サービスプロバイダ EMS（D-SPEM））から与えられたビル群に対する電力消費要求．
設備運用計画（M3-10）	アクタA'のビル群に対する抑制信号に対応したビル内の各設備の設備運用計画
集計レポート（M3-11）	ビル群の集計されたエネルギー抑制実績レポート

3・4・5　電気事業者主導 DR モデル（Model 4）

Model 4 は東北実証プロジェクトのユースケースで，下記の3つのユースケースから構成される．

(1)　Model 4-1　再生可能エネルギー導入促進
(2)　Model 4-2　平常時需給調整
(3)　Model 4-3　災害状況におけるエネルギー融通

以下に3つのユースケースについて説明する．

1　Model 4-1　再生可能エネルギー導入促進

（a）概　　要

Model 4-1 では，地域としての再生可能エネルギーの利用率向上を実現することを目指している．このために，電気事業者が利用率向上に貢献した需要家，地域再生可能エネルギー由来電力供給事業者（CES：Community Energy Supplier Owning Renewable Sources）・地域省エネルギーサービス事業者（CEP：Community Energy Saving Service Provider）に対してインセンティブを支払うというものである．なお，地域電気事業者は，太陽光発電設備やバイオマス発電設備などの再生可能エネルギー源や，ガス発電機などの非再生可能エネルギー源を管理する地域発電事業者である．また，地域エネルギーサービス事業者は，地域の需要家のエネルギー管理システムを取り纏めるサービス事業者である．

（b） 手　　順

　電気事業者は，再生可能エネルギーの発電量や電力需要想定を行い，電力の供給計画を配信する．実績として，再生可能エネルギーを所有する需要家による地域へのエネルギー貢献度を算出し，貢献度に応じたインセンティブを与える．図3・31に本モデルのシーケンス図を示す．

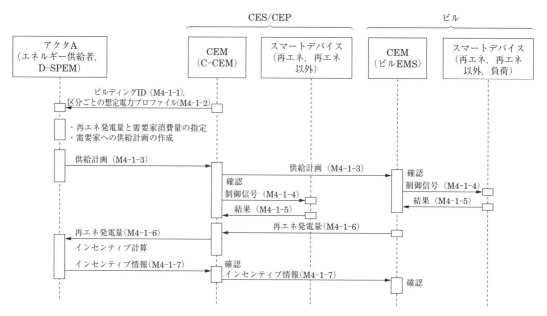

図3・31　再生可能エネルギー導入促進モデルのシーケンス図

表3・28　アクタ説明

アクタ名	アクタタイプ	アクタ説明
アクタA	外部	・外部アクタ（スマートグリッド市場での役割）は，エネルギー管理のための通信チャネルを通じて家庭/ビルにおいてシステム機能やコンポーネントと協調する．例としては，電気事業者，エネルギーサービス電気事業者，アグリゲータなどがある． ・加えて，このユースケースでは，アクタAは，電気事業者やD-SPEMから構成される． ・電気事業者は，最終消費者に電力供給する会社である． ・D-SPEMは，地域自立・災害復旧のための節電や電力需給を行っている．
CEM	内部	・CEMは系統側から受信した信号や需要家の設定および契約に基づきエネルギー消費や生産を最適化する論理的機能であり，最低限の性能基準を考案する．CEMは接続した装置へ情報を送信したり，受信情報を収集する．また，一般的なあるいは専用の負荷や発電機に指令し，接続した装置へこれらを転送することができる．また，「系統/市場」に対しては逆の情報を提供することになる． CEMで複数の負荷/発電を組み合わせて制御することもできる． ・CEMは，消費者エネルギーマネジメントシステムやCEMSといわれるコミュニケーション機能が統合されたものである． ・加えて，このユースケースでは，CEMは，CES/CEP EMS（C-CEM）や，ビルEMSから成る． ・C-CEMは，"平常時における電力需給"や"非常災害時のエネルギー融通"を担う． ・ビルEMSは，スマートデバイスの監視・制御のためのシステムである．
スマートデバイス（SD）	外部	・外部アクタ（スマートグリッド市場での役割）は，エネルギー管理のための通信チャネルを通じて家庭/ビルにおいてシステム機能やコンポーネントと協調する．例としては，電気事業者，エネルギーサービス供給者，アグリゲータなどがある． ・スマートデバイスは，SG-CGは対象外であり，外部アクタとしてみなければならない． ・加えて，このユースケースでは，スマートデバイスは，再生可能エネルギー，再生可能エネルギー以外の電源，負荷から成る．

(c) 技術詳細

本モデルでのアクタは，需要家のエネルギー管理を行う CEM，CEM からの情報に基づき動作するスマートデバイス（SD），需要家と情報交換を行うアクタ A である．各アクタの詳細は**表 3・28** のとおりである．

表 3・29 に示すとおり，本モデルが適用される前に需要家側の情報をアクタに対して登録しておく必要がある．

表 3・29 トリガ，前提条件

アクタ/システム/情報/契約	トリガとなるイベント	前提条件
CEM	再エネ，CES/CEP を所有するビルやコミュニティへの電気事業者に関する情報の登録．	

表 3・30 シナリオの概要

No.	シナリオ名	主アクタ	トリガイベント	事前設定	事後設定
1	再生可能エネルギーの導入促進	CEM	ビルに関する情報の登録．		

表 3・31 シナリオの手順

シナリオ名		No.1 再生可能エネルギーの導入促進			
手順 No.	イベント	処理内容	情報提供者	情報受信者	交換情報
1		CEM（ビル EMS，C–CEM）は，"ビル ID，スマートデバイスごとの推定電力プロファイル"をアクタ A（電気事業者，D–SPEM）に登録．	CEM（ビル EMS，C–CEM）	アクタ A（電気事業者，D–SPEM）	ビル ID（M4-1-1）スマートデバイスごとの推定電力プロファイル（M4-1-2）
2		アクタ A（電気事業者，D–SPEM）は，再生可能エネルギー発電量と消費者側の需要を推定．	アクタ A（電気事業者，D–SPEM）		
3		アクタ A（電気事業者，D–SPEM）は，消費者への供給計画を作成．	アクタ A（電気事業者，D–SPEM）		
4		アクタ A（電気事業者，D–SPEM）は，供給計画を配信．	アクタ A（電気事業者，D–SPEM）	CEM（ビル EMS，C–CEM）	供給計画（M4-1-3）
5		CEM（ビル EMS，C–CEM）はその端末から確認情報を受領し，スマートデバイスに制御信号を配信．	CEM（ビル EMS，C–CEM）	スマートデバイス	制御信号（M4-1-4）
6		スマートデバイスから結果を CEM（ビル EMS，C–CEM）に配信．	スマートデバイス	CEM（ビル EMS，C–CEM）	結果（M4-1-5）
7		CEM（ビル EMS，C–CEM）からアクタ A（電気事業者，D–SPEM）に再生可能エネルギーの発電量を送信．	CEM（ビル EMS，C–CEM）	アクタ A（電気事業者，D–SPEM）	再生可能エネルギーの発電量（M4-1-6）
8		アクタ A（電気事業者，D–SPEM）が，インセンティブを計算．	―	―	
9		アクタ A（電気事業者，D–SPEM）から，インセンティブ情報を CEM（ビル EMS，C–CEM）に配信．	アクタ A（電気事業者，D–SPEM）	CEM（ビル EMS，C–CEM）	インセンティブ情報（M4-1-7）
10		CEM（ビル EMS，C–CEM）が，その端末から確認情報を受領．			

表 3・32 交換情報

交換される情報	
情報名	情報の説明
ビルディング ID (M4-1-1)	個別のビル特有の情報
区分ごとの想定電力プロファイル (M4-1-2)	スマートデバイスの区分ごとの電力プロファイルから成る推定電力プロファイル
供給計画 (M4-1-3)	消費者への電力供給計画情報
制御信号 (M4-1-4)	スマートデバイスを制御するための信号
結果 (M4-1-5)	スマートデバイスを制御した結果
再生可能エネルギー発電量 (M4-1-6)	再生可能エネルギー発電を行うスマートデバイスの制御結果としての，CEM での発電電力量
インセンティブ情報 (M4-1-7)	アクタ A（電気事業者，D-SPEM）によって計算された情報

本モデルのシナリオ概要は，**表 3・30** に，シナリオの手順は**表 3・31** に示す．
交換情報は**表 3・32** に示すとおりである．

2 ● Model 4-2 平常時需給調整

（a） 概　　要

Model 4-2 では，再生可能エネルギーを導入した地域での安定した電力供給実現を目指している．このために，D-SPEM が再生可能エネルギーによる供給量を予測して需給を調整する．

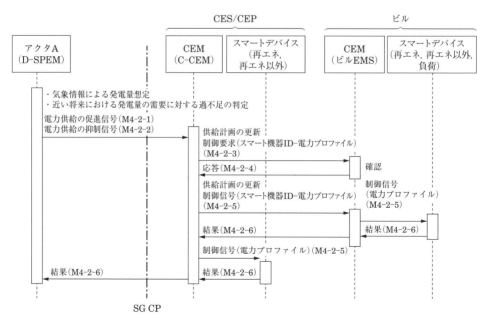

図 3・32 平常時需給調整モデルのシーケンス図

3・4　ユースケースのモデル化

（b）手　　順

D–SPEM は，需要家が所持する再生可能エネルギーを使用した電力供給を管理しており，気象情報からの発電量推定や，発電量の需要への過不足などを判定する．これに基づいて，CEM（C–CEM）は電力の供給を促進または抑制させるように信号を送信する．指令を受けた CEM は，供給プランを更新して，需要を増減させて応答する．**図 3・32** に本モデルのシーケンス図を示す．

（c）技 術 詳 細

本モデルでのアクタは，需要家のエネルギー管理を行う CEM，CEM からの情報に基づき動作するスマートデバイス（SD），需要家と情報交換を行うアクタ A である．各アクタの詳細は**表 3・33** のとおりである．

表 3・34 に示すとおり，本モデルが適用されるに際しては，発電に対しての需要の過不足の判定がトリガとなる．

本モデルのシナリオ概要を**表 3・35** に，シナリオの手順を**表 3・36** に示す．

交換情報は**表 3・37** に示すとおりである．

表 3・33　アクタ説明

アクタ名	アクタタイプ	アクタ説明
アクタ A	外部	・外部アクタ（スマートグリッド市場での役割）は，エネルギー管理のための通信チャネルを通じて，家庭/ビルにおいて，システム機能やコンポーネントと協調する．例としては，電気事業者，エネルギーサービス供給者，アグリゲータなどがある． ・加えて，このユースケースでは，アクタ A は D–SPEM から構成される． ・D–SPEM は，地域自立/災害復旧のための節電や電力需給を行っている．
CEM	内部	・CEM は系統側から受信した信号や需要家の設定および契約に基づきエネルギー消費や生産を最適化する論理的機能であり，最低限の性能基準を考案する．CEM は接続した装置へ情報を送信したり，受信情報を収集する．また，一般的なあるいは専用の負荷や発電機に指令し，接続した装置へこれらを転送することができる．また，「系統/市場」に対しては逆の情報を提供することになる．CEM で複数の負荷/発電を組み合わせて制御することもできる． ・加えて，このユースケースでは，CEM は，CES/CEP の EMS（C–CEM）や，ビル EMS から成る． ・C–CEM は，"平常時の需給調整"や，"非常時のエネルギー需給"を担っている． ・ビル EMS は，スマートデバイスを監視・制御するためのシステムである．
スマートデバイス（SD）	外部	・スマートデバイスとは，家電，発電機，貯蔵装置（蓄電池，ヒートポンプと組み合わされた貯湯装置，冷房機器，燃料電池など）である．スマートデバイスは，CEM とのインタフェースを介して，系統側から直接データを受信することができ，インテリジェントな方法で系統からの指令や信号に応答することができる． ・スマートデバイスは，SG–CG は対象外であり，外部アクタとしてみなければならない． ・加えて，このユースケースでは，スマートデバイスは，再生可能エネルギー，再生可能エネルギー以外の電源，負荷から成る．

表 3・34　トリガ，前提条件

アクタ/システム/情報/契約	トリガとなるイベント	前提条件
アクタ A	近い将来における，発電量の需要に対しての過不足の判定．	

表 3・35　シナリオの概要

No.	シナリオ名	主アクタ	トリガイベント	事前設定	事後設定
1	平常時の需給調整	アクタ A	近い将来における，発電量の需要に対しての過不足の判定．		

表3・36 シナリオの手順

シナリオ名		No.1 平常時の需給調整			
手順No.	イベント	処理内容	情報提供者	情報受信者	交換情報
1		アクタA（D-SPEM）は，気象情報を用いて，将来の発電量を推定．その後，アクタA（D-SPEM）は，近い将来の発電量の需要への過不足を判定．	アクタA	—	—
2		アクタA（D-SPEM）は，供給（供給計画）の促進や，抑制の信号をCEM（C-CEM）に配信．	アクタA（D-SPEM）	CEM（C-CEM）	電力供給（供給計画）の促進や，抑制の信号（M4-2-1）(M4-2-2)
3		CEM（C-CEM）は，供給計画を更新．その後，CEM（C-CEM）は制御要求（スマートデバイスの電力プロファイル）をCEM（ビルCEM）に配信．	CEM（C-CEM）	CEM（ビルCEM）	制御要求（スマートデバイスの電力プロファイル）（M4-2-3）
4		CEM（ビルCEM）は，その端末から，確認情報を受領．その後，CEM（ビルCEM）はCEM（C-CEM）に返答を配信．	CEM（ビルCEM）	CEM（C-CEM）	応答（M4-2-4）
5		CEM（C-CEM）は，供給計画を更新．その後，CEM（C-CEM）は，制御信号（スマートデバイスの電力プロファイル）をCEM（ビルCEM）に配信．	CEM（C-CEM）	CEM（ビルCEM）	制御信号（スマートデバイスの電力プロファイル）（M4-2-5）
6		CEM（ビルCEM）は，制御信号（電力プロファイル）をスマートデバイスに配信．	CEM（ビルCEM）	スマートデバイス	制御信号（電力プロファイル）（M4-2-5）
7		スマートデバイスはCEM（ビルCEM）に結果を配信．	スマートデバイス	CEM（ビルCEM）	結果（M4-2-6）
8		CEM（ビルCEM）はCEM（C-CEM）に結果を配信．	CEM（ビルCEM）	CEM（C-CEM）	結果（M4-2-6）
9		CEM（C-CEM）は，制御信号をスマートデバイスに配信．	CEM（C-CEM）	スマートデバイス	制御信号（M4-2-5）
10		スマートデバイスはCEM（C-CEM）に結果を配信．	スマートデバイス	CEM（C-CEM）	結果（M4-2-6）
11		CEM（C-CEM）は，アクタA（D-SPEM）に結果を配信．	CEM（C-CEM）	アクタA（D-SPEM）	結果（M4-2-6）

表3・37 交換情報

交換される情報	
情報名	情報の説明
電力供給の促進信号（M4-2-1）	供給促進信号と供給計画を含む信号
電力供給の抑制信号（M4-2-2）	供給抑制信号と供給計画を含む信号
制御要求（M4-2-3）	制御要求を含む信号，スマートデバイスID，電力プロファイル
応答（M4-2-4）	制御要求に対する回答
制御信号（M4-2-5）	スマートデバイスIDと電力プロファイルから成る信号，もしくは電力プロファイルのみ
結果（M4-2-6）	CEM（ビルCEM）もしくはCEM（C-CEM）の制御結果としてスマートデバイスより生成された結果

3 Model4-3 災害状況におけるエネルギー融通

(a) 概 要

Model4-3 では，災害対策拠点への電力供給の維持実現を目的としている．このために，D-SPEM からの災害信号に基づいて，CES/CEP が電力・熱を災害対策拠点に融通する．

(b) 手 順

災害対策拠点へのエネルギー供給を維持できるように，あらかじめ災害発生時におけるエネルギー供給計画を CEM と電気事業者の間で調整しておく．災害発生に伴って，D-SPEM から，災害

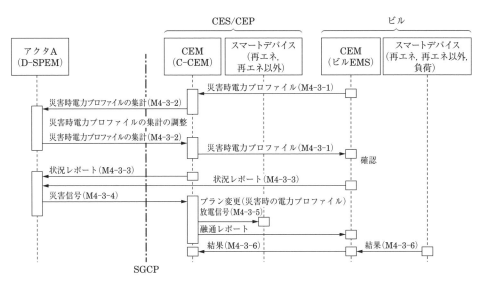

図 3・33 災害状況におけるエネルギー融通モデルのシーケンス図

表 3・38 アクタ説明

アクタ名	アクタタイプ	アクタ説明
アクタA	外部	・外部アクタ（スマートグリッド市場での役割）は，エネルギー管理のための通信チャネルを通じて家庭／ビルにおいてシステム機能やコンポーネントと協調する．例としては，電気事業者，エネルギーサービス供給者，アグリゲータなどがある． ・加えて，このユースケースでは，アクタ A は D-SPEM から構成される． ・D-SPEM は，地域自立／災害復旧のための節電や電力需給を行っている．
CEM	内部	・CEM は系統側から受信した信号や需要家の設定および契約に基づきエネルギー消費や生産を最適化する論理的機能であり，最低限の性能基準を考案する．CEM は接続した装置へ情報を送信したり，受信情報を収集する．また，一般的なあるいは専用の負荷や発電機に指令し，接続した装置へこれらを転送することができる．また，「系統／市場」に対しては逆の情報を提供することになる． CEM で複数の負荷・発電を組み合わせて制御することもできる． ・加えて，このユースケースでは，CEM は，CES/CEP の EMS (C-CEM) や，ビル EMS から成る． ・C-CEM は，"平常時の需給調整"や，"非常時のエネルギー需給"を担っている． ・ビル EMS は，スマートデバイスを監視・制御するためのシステムである．
スマートデバイス (SD)	外部	・スマートデバイスとは，家電，発電機，貯蔵装置（蓄電池，ヒートポンプと組み合わされた貯湯装置，冷房機器，燃料電池など）である．スマートデバイスは，CEM とのインタフェースを介して，系統側から直接データを受信することができ，インテリジェントな方法で系統からの指令や信号に応答することができる． ・スマートデバイスは，SG-CG は対象外であり，外部アクタとしてみなければならない． ・加えて，このユースケースでは，スマートデバイスは，再生可能エネルギー，再生可能エネルギー以外の電源，負荷から成る．

表3・39 トリガ，前提条件

アクタ/システム/情報/契約	トリガとなるイベント	前提条件
CEM（ビルEMS）	CEM（C–CEM）への災害発生時の電力プロファイルの送信．	

表3・40 シナリオの概要

No.	シナリオ名	主アクタ	トリガイベント	事前設定	事後設定
1	災害状況におけるエネルギー融通	CEM（ビルEMS）	CEM（C–CEM）への災害発生時の電力プロファイルの送信．		

表3・41 各シナリオ説明

シナリオ名		No.1 災害状況におけるエネルギー融通			
手順No.	イベント	処理内容	情報提供者	情報受信者	交換情報
1		CEM（ビルEMS）は，CEM（C–CEM）に災害時電力プロファイルを送信．	CEM（ビルEMS）	CEM（C–CEM）	災害時電力プロファイル（M4-3-1）
2		CEM（C–CEM）は，アクタA（電気事業者，D–SPEM）に対して，災害時電力プロファイルの集計を送信．	CEM（C–CEM）	アクタA（電気事業者，D–SPEM）	災害時電力プロファイルの集計（M4-3-2）
3		アクタA（電気事業者，D–SPEM）は，災害時電力プロファイルの集計を調整．その後，それをCEM（C–CEM）に送信．	アクタA（電気事業者，D–SPEM）	CEM（C–CEM）	災害時電力プロファイルの集計（M4-3-2）
4		CEM（C–CEM）は，災害時電力プロファイルをCEM（ビルEMS）に送信．	CEM（C–CEM）	CEM（ビルEMS）	災害時電力プロファイル（M4-3-1）
5		CEM（C–CEM）とCEM（ビルEMS）は，アクタAに対して，状況レポートを配信．	CEM（C–CEM）	CEM（ビルEMS）	状況レポート（M4-3-3）
6		アクタA（電気事業者，D–SPEM）は，CEM（C–CEM）に災害信号を配信．	アクタA（電気事業者，D–SPEM）	CEM（C–CEM）	災害信号（M4-3-4）
7		CEM（C–CEM）は，災害時電力プロファイルに計画を変更．その後，スマートデバイスに，放電信号を配信．	CEM（C–CEM）	スマートデバイス	放電信号（M4-3-5）
8		CEM（C–CEM）は，CEM（ビルEMS）に融通レポートを配信．	CEM（C–CEM）	CEM（ビルEMS）	融通レポート
9		スマートデバイスは，CEM（ビルEMS）に結果を配信．	スマートデバイス	CEM（ビルEMS）	結果（M4-3-6）
10		CEM（ビルEMS）は，CEM（C–CEM）に結果を配信．	CEM（ビルEMS）	CEM（C–CEM）	結果（M4-3-6）

時信号を受領したCEM（C–CEM）は，平常時エネルギー供給計画から，災害時エネルギー供給計画に切り換える．災害時エネルギー供給計画では，CEMは，電力エネルギーと熱エネルギーを災害対策拠点へ供給する．**図3・33**に本モデルのシーケンス図を示す．

（c）技 術 詳 細

本モデルでのアクタは，需要家のエネルギー管理を行うCEM，CEMからの情報に基づき動作するスマートデバイス（SD），需要家と情報交換を行うアクタAである．各アクタの詳細は**表3・38**のとおりである．

表3・42 交換情報

交換される情報	
情報名	情報の説明
災害時電力プロファイル (M4-3-1)	それぞれの災害時電力プロファイルから成る電力プロファイル
災害時電力プロファイルの集計 (M4-3-2)	ビルごとでの災害時電力プロファイルを集約してプロファイルを作成し，その後，アクタA（電気事業者，D-SPEM）によって調整されたプロファイル
状況レポート (M4-3-3)	CEM（C-CEM）やCEM（ビルEMS）の状況
災害信号 (M4-3-4)	アクタA（電気事業者，D-SPEM）によって生成される信号
放電信号 (M4-3-5)	CEM（C-CEM）によって生成された，ビルへの電力融通のための信号
結果 (M4-3-6)	スマートデバイスで生成された融通の実績

表 3・39 に示すとおり，本モデルの適用に際しては，災害発生時の電力供給計画の送信がトリガになる．

本モデルのシナリオ概要を表 3・40 に，シナリオの手順を表 3・41 に示す．

交換情報は表 3・42 に示すとおりである．

3・5 ユースケースの国際標準化対応

● 3・5・1 IEC への日本からの提案状況

スマートグリッド関連のユースケースを集めた文書が，技術報告書 IEC TR 62746-2 Ed.1.0：2015 Use Cases and Requirements として 2015 年 4 月に IEC より発行されている．そこには，世界各国から提案された 26 個のユースケースが挙げられている．表 3・43 に IEC TR 62746-2 に記載されたユースケースの一覧を示す．

欧州からは電力需要や分散電源の供給の自由度を取引する Flexibility 取引（2 章 2・2 節参照）や，系統受給逼迫度に応じて系統管理者が，赤色（逼迫度大），黄色（逼迫度中），緑色（逼迫なし）という 3 種類の状態を需要家に提示して，逼迫度に応じた制御を行う交通信号コンセプト（2 章 2・2 節参照）など，欧州の実証実験で検証中の事例がユースケースとして提案されている．

3・4 節で説明した日本の実証事業の内容が反映された 4 つのユースケースは，JWG 2000 (Model 1)，JWG 2001 (Model 2)，JWG 2002 (Model 3)，JWG 2010 (Model 4-1)，JWG 2041 (Model 4-2)，JWG 2042 (Model 4-3) として，IEC TR 62746-2 に掲載されている．

● 3・5・2 IEC における新たなユースケース取り纏めの動き

IEC TR 62746-2 にはスマートグリッドに関連するユースケースが纏められているが，ガスや熱など，電力以外のエネルギーについては触れられていない．そこで，2015 年に立上げられた IEC システム委員会 SyC Smart Energy (Systems Committee Smart Energy) WG6 では，これまでの電力分野のユースケースの整理と電力分野以外のエネルギーへの対応を行うため，新たにユース

表3・43 IEC TR（Technical Report）62746-2に記載されたユースケース一覧

ユースケース番号	内容
JWG 1100	Flexible start of a Smart Device (SD)
JWG 1101	SD informs CEM about flexible start
JWG–SPUC 1102	CEM informs SD about starting time
JWG 1103	CEM informs SD about slot shift
JWG 1110	Control of Smart home appliances based on price information by time slot
JWG 1111	Fuel Cell Operation with Fixed Tariff Profile
JWG 112x	Manage Mixed Energy System like heat pumps with PV, Storage Battery
JWG 113x	Log Mixed Energy System events of heat pumps with PV, Storage Battery
JWG 120x	Provide local power managing capabilities
JWG 121x	Provide local power managing capabilities
JWG 2000	Demand Supply Adjustment
JWG 2001	Cascaded CEM
JWG 2002	District Energy Management
JWG 2010	Information exchange on distributed power systems with RES
JWG 202x	Peak Shift Contribution by Battery Aggregation
JWG 2041	Power Adjustment Normal Conditions
JWG 2042	Energy Accommodation For Buildings Under Disaster Conditions
JWG 211x	Tariff–Consumption Information Exchange
WGSP 211x	Exchanging information on consumption, price device status, and warnings with external actors and within the home
JWG 212x	Direct Load–Generation Management (International)
WGSP 2120	Direct load/generation management (European)
WGSP 2140	Tariff synchronization
JWG 30xx	Energy Flexibility Management
JWG 3101	Energy production/storage integration
JWG 3102	Power loss notification and analysis
JWG 3103	Historical data visualization (external data processing & storage)

ケースの収集，取り纏めに取り組んでいる．SyC Smart Energy WG6では，既存の標準に記載されているユースケースを整理して纏めることになっており，スマートグリッドに関連するユースケースが網羅的に纏められるものと期待されている．なお，2016年現在では検討の途中であり，今後新たに検討結果の文書が発行される見込みである．

3・6 今後の展望と課題

本節では，我が国の事情を踏まえた需要家サービスの課題および今後のIEC国際提案に向けての課題について解説する．

●3・6・1 我が国の事情を踏まえた需要家サービスの課題

我が国のスマートグリッドへの期待については，需要家側の視点に立てば，たとえば，新成長戦

3・6 今後の展望と課題

略の「環境未来都市」構想におけるスマートグリッド，再生可能エネルギー，次世代自動車を組み合わせた都市のエネルギーマネジメントシステムの構築など[13]がある．加えて，東日本大震災以降の電力需給逼迫局面では，エネルギー・環境会議[14]における「見える化の徹底と市場メカニズムの活用」，「需要家による省エネ投資の促進」，「自家発・コージェネレーションシステムの導入」などの需要家別の需給対策アクションプランの実施およびエネルギー革新戦略[15]におけるエネルギーミックスでは，「徹底した省エネ（＝石油危機後並みの35％効率改善）」，「再エネ最大導入（＝現状から倍増）」など，野心的な目標を設定なども挙げられる．このように，需要家が，経済効率性の追求と環境適合を同時達成するためには，より高度なエネルギー・電力管理が求められる．

こうした我が国の事情を踏まえた需要家サービスを実施するための課題として，以下の3つが考えられる．

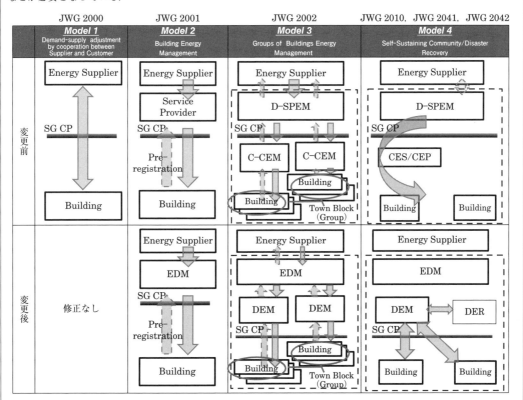

Column　4つのユースケースのその後

スマートグリッド関連のユースケースを取り纏めた IEC TR 62746-2 は，IEC 62746-4（情報モデル）検討のための事例とする目的がある．情報モデルの検討を具体的に進めるに従って，ユースケースの詳細化や見直しが適宜必要であることがわかっている．3章3・4節で説明した4つのユースケースについても，

(1) SG-CG に合わせたアクタ名の変更
(2) 電気事業者と需要家間の界面を定義する SG CP（Smart Grid Connection Point）の位置の見直し
(3) メッセージの詳細化

などが必要となっている．

EMS：Energy Management System, D-SPEM：District Service Provider Energy Management System, G-CEM：Groups of Building Enargy Management System, CES：Community Energy Supplier Owing Renewable Energies, CEP：Community Energy Saving Service Provider, EDM：Energy Data Management System, DEM：District Energy Management System, DER：District Energy Resource

(1) 需要家側マネージャの役割　ユースケースにおいては，需要家側のアクタとして，経営層，温暖化対策担当組織，担当者，全従業員，本社，支店，テナントビルの所有者，テナント，外部専門家，アセットマネージャ，プロパティマネージャ，メンテナンス業者，施工業者など，様々な切り口に応じた立場が想定される[16],[17]．したがって，ユースケースにおけるアクタは機能的な分類であると解釈でき，国内の各アクタが複数の機能的アクタのうち必要な役割を果たすものとの認識が必要である．どのような情報を必要とするかはアクタの役割に応じて検討する必要があるため，アクタの定義付けを行ったうえで役割を明確化する必要がある．

(2) 需要家側設備の整備　各ユースケースともに計測可能なインテリジェントデバイスが需要家構内に設置されることが前提となっており，国内におけるこれらのデバイスの設置が課題となる．取扱うエネルギーも，電気だけではなく，ガス，熱を対象としている場合があり，これらを計測するエネルギーの種類，また，計測周期についても検討する必要がある．適切なエネルギー管理計画を立案・実施していくためには，建物用途や設備システム，管理体制に応じたモニタリングを行い，無駄を省く・改善するなどの措置が必要であるが，その際に，BEMS，モニタリングシステム（遠隔監視サービス）などの支援システムの整備が提案されている[18]．また，実用化のための費用を上回る経済的なメリットとそのメリットに応じた負担が今後の普及のポイントとなると考える．

(3) 需要家サービスインタフェースの標準化　ESI は，外部アクタ全てと需要家 EMS とのエネルギー情報を送受信変換する機能ブロックとして解釈でき，機器として単独に存在しても，一つの機能ブロックとして EMS 内部に実装されてもよいと考えられる．今後は，需要家サービスの内容が具体的に国内実情の何に対応しており，どこまで実施すべきかといった点を可能な範囲で明確化したうえでインタフェース（授受情報，周期，タイミングなど）を標準化する必要があると考える．

特に，価格情報や品質情報などの情報の定義などが課題であり，国内における DR の目的，手法によりインタフェース情報が異なってくると考えられる．また，国内実証事業でも様々な DR の実証が始まっており，今後の国内外の動向の把握と実情を鑑みての検討およびインフラの整備が課題である．

また，ユースケースでは時間の概念が考慮されていないため，オンライン情報収集や計画を行う期間（年間計画，週間計画，24 時間計画など）を加味して，情報の精査を行う必要がある．

● 3・6・2　IEC 国際標準化提案に向けた今後の課題

IEC では標準化の対象範囲をユースケースとして設定し，それらの要件定義に基づき電力系統など関連する規格化を行っている．その中で日本のニーズをユースケースとして提案することがグローバルスタンダードにおける重要なプロセスであり，日本のサービスの海外展開を実施するにあたり，不可欠な活動である．

電気学会では，日本におけるスマートグリッドの各実証プロジェクトサイトや各地域で進行中であった地域内エネルギー管理サービスにおいて特徴的な取組みがされている事例を調査・精査のうえ，日本のユースケースとしてまとめ，日本固有のユースケースとして 4 つのモデルに分類した．

さらに，分類したモデルのユースケースの SGAM 分析を行った．そして，これらの日本固有のユースケースと情報モデルを，スマートグリッドの電気事業者と需要家のシステムインタフェース仕様を検討する IEC TC57 WG21 に提案した．

　日本では，従来あまり統一されていなかったエネルギーサービスインフラを統一する方向である．今後，電気学会は，この方向に合わせ，日本のエネルギーサービスのニーズを IEC TC57 WG21 に提案するなどの国際標準活動を通して，日本のエネルギーサービスインフラの国際標準化に寄与していく．

参 考 文 献

（1）アリスター・コーバーン：「ユースケース実践ガイド」，翔泳社（2011）
（2）IEC TC8 WG5：「USE CASE Template」
（3）SG–CG EPRI Usecase Repository
　　http://smartgrid.epri.com/Repository/Repository.aspx
（4）Energy Information Standards（EIS）Alliance Customer Domain Use Cases, EIS Alliance（2010）
（5）OMG Unified Modeling Language（OMG UML）
（6）SGIP（Smart Grid Interoperability Panel，スマートグリッド相互運用性標準規格）
（7）ASHRAE（American Society of Heating, Refrigerating, and Air–Conditioning Engineers，米国暖房冷凍空調学会）
（8）経済産業省：「次世代エネルギー・社会システム実証マスタープラン」（2010）
（9）IEC detailed technical Reference document for Smart Grid standardization–Roadmap discussion, IEC SMB Smart Grid Strategic Group（SG3）（2010）
（10）NIST Framework and Roadmap for Smart Grid Interoperability Standards, Release 2, NIST 1108R2（2012）
（11）NAESB：Energy Usage Information Model（2010）
（12）IEC TR 62746-2 Ed.1.0: 2015 System interface between customer energy management system and the power management system–Part 2: Use cases and requirements（2015）
　　https://webstore.iec.ch/publication/22279［2016-03-22］
（13）日本政府：「新成長戦略～『元気な日本』復活のシナリオ」（2010）
（14）経済産業省：「エネルギー・環境会議，エネルギー需給安定行動計画」（2011）
（15）経済産業省：「エネルギー革新戦略」（2016）
（16）東京都環境局：「5.3.1．第 1　組織体制の整備」，地球温暖化対策報告書作成ハンドブック（2016）
（17）日本ビルヂング経営センター：「今，注目される『ビル経営管理士』」（2016）
（18）NEDO：「BEMS 導入支援事業　平成 17～20 年度補助事業者の実施状況に関する分析」（2010）

4章
システム標準化のための道具立て
―システム概念参照モデルと情報モデル―

　スマートグリッドの標準化は3章で述べたように，標準化の対象，その必然性などをユースケースとして記述し，これを要求仕様として標準化に必要な規格群が策定される．本章ではユースケースを要求仕様とし，サービスの実現に関係するシステムのモデル化と連携に必要となるシステム概念参照モデルと情報モデルに関する標準を解説する．

　システム概念参照モデルに関する標準化はスマートグリッドを構成するシステムの物理的構成，機能の記述を目指した米国の規格が先行している．一方，欧州は米国の規格の考え方を踏襲し，さらに，スマートグリッドを構成するシステム間の論理的インタフェースの記述を狙いとして，仕様の発展を図っている．

　本章では，前半の4・1節で，これら規格群の解説と日本のスマートグリッドの実証試験から作られたユースケースを題材に，システム概念参照モデルの国際標準を適用したフィージビリティスタディの結果を示し，関係標準の理解を深める．

　その後，4・2節で，スマートグリッドを構成するシステム間の相互運用性を実現する手段である情報モデルに関する国際標準の動向を解説する．情報モデルはシステム概念参照モデルにより，ユースケースの構成，機能およびその実現のための授受情報を規定し，構成要素間の共通認識とする手段である．ここでも，情報モデルの記述形式，国際標準の概要を解説後，日本のユースケースに情報モデルの国際標準を適用した結果を示し，その使用方法を説明する．

　最後に，4・3節および4・4節で，これらの国際標準の実システムへの実装方法を説明するとともに，今後の技術進歩，サービス展開の在り方を解説する．

　なお，本章で解説するシステム概念参照モデルは10章のスマートグリッドのセキュリティ対策の要件の規格の前提ともなっている．

4・1　システム概念参照モデルとは

　本節ではスマートグリッドが主に需要家に向け提供するサービスの実現に必要なシステム要件を需要家の視点から解説する．さらに，システム開発の前提となるシステムのモデル化の必要性と関係する国際標準の動向を解説する．

4・1・1 スマートグリッドにおけるシステムモデルの必要性

1 システムモデル化の必要性

　スマートグリッドは電力だけでなく，交通，通信，医療，水など，機能，性能の異なる新旧，複数のシステムが混在し，それらが連携動作することで持続可能な社会の実現を目指すものである．これらのシステムはそれぞれ異なる機能を持っているが，社会インフラに関わるものであるため，高い公共性と信頼性が要求される．また，スマートグリッドは適用される国・地域ごとに，文化，制度，規制，社会環境などの違いから，電力の供給形態が異なるため，その実現形態，仕様が異なっている．図 4・1 にスマートグリッドのシステム概念図を示す．

　スマートグリッドの電力供給に関するサービスをみると，信頼性，制御応答性などが必須な電気事業者の電力送配電系統制御，変電所制御などのシステムと，サービス性，快適性などを重視する需要家の設備機器の最適運転，電力の見える化などのシステムが混在している．このため，確実性，安全性などを第一とした電気事業者に向けた専用システムと，新たな付加価値サービスの容易な実現を第一とした最新のインターネット技術などによる需要家に向けた汎用システムなど，これまで接続されることのなかった異種なシステムが組み合わされることになる．また，これらのサービスが複数のベンダにより提供，構築され，複数の運用者により運用される．さらに，海外では複数の国を跨ぐ広大な領域にわたるシステムとなり，より複雑さを増す要因が加わることとなる[1]．

　これらの従来にないシステムの融合に対応するため，スマートグリッドの計画，設計，構築，運用には行政，システムベンダ，サービスプロバイダ，運用者など多くのステークホルダが共通に認識できるシステム仕様の記述が必要になる．その手段となるのが，関係ステークホルダ間で共通認識を形成するためのシステムのモデル化である．このモデル化に関する技術はシステム概念参照モデル（System Conceptual Reference Model）として国際標準化されている[2],[3]．

　システム概念参照モデルは対象となるシステムやサービスの構成，機能などの実現のため，全体仕様のモデル化を行い，システム開発の方向性を提供するものである．

　システム概念参照モデルは対象となるシステムやサービスの要求仕様を記述するユースケースが入力となる．ユースケースで記述されるシステム，サービスを実現するため，初期の計画検討段階で，関係するシステム・設備機器および，その運用者を論理的にモデル化する．これにより，本来，異なる目的を持つシステムおよび設備機器が連携して新たなシステム，サービスを実現するため，個別のシステム，設備機器に関係するステークホルダが共通に認識すべき，融合したシステムの構成，機能および，その実現のために従うべき規格群を共有することを可能としている．

2 本書のシステムモデル化の対象範囲

　スマートグリッドを構成する機能領域はドメインと呼ばれ，国際標準では，これらを発電，送電，配電，系統運用，電力市場，サービスプロバイダ，需要家の 7 つに分類することが一般的である[1],[2]．本書では国際標準を踏襲し，スマートグリッドから需要家に提供されるサービスの実現方法の解説を目的とするため，電気事業者，需要家，サービスプロバイダの 3 つのドメインに注目する．国際標準で使用されるシステム概念参照モデルに対して，本書で解説の対象とするスマ

4・1 システム概念参照モデルとは

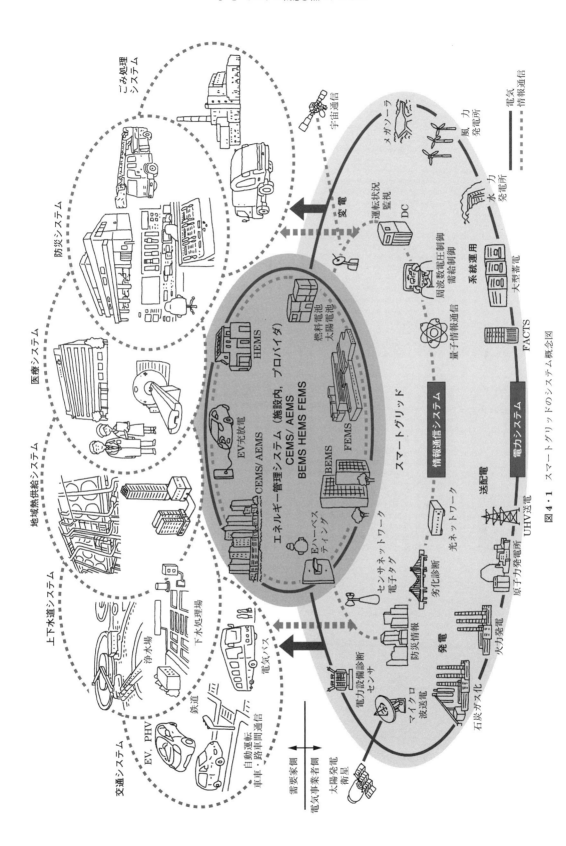

図4・1 スマートグリッドのシステム概念図

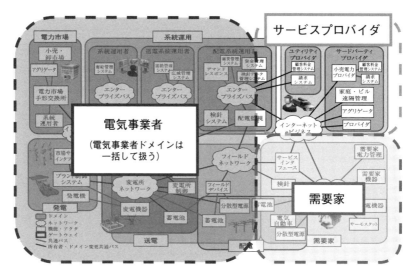

図4・2 スマートグリッドの検討範囲

ートグリッドの検討範囲を図4・2に示す.

　本書では,電気事業者とは電力供給を行う電力会社の有する発電,送電,配電,系統運用の4つのドメインと,電力市場のドメインを一体化,総称したものとする.需要家とは事務所・店舗などの業務系事業者,工場などの産業系事業者,公共施設,家庭から構成されるものとする.また,サービスプロバイダとは電気事業者と需要家の間で電力需給の管理などに関わるサービスを提供する事業者,いわゆる,アグリゲータなどを指すものである.

　このシステムモデルは需要家が直接,接する電気事業者,サービスプロバイダとのインタフェースを対象とする限定した縮退モデルといえる.ただし,需要家から直接インタフェースしない需要家からは内部の見えない電気事業者の内部の発電,送電,系統運用についても,エネルギーサービスを検討するうえでは意識する必要があるため,本書の国際標準の解説では,これらの機能,構成などの記述についても触れる.

　また,日本におけるエネルギーサービスの事業的な実現性の観点から,業務系の需要家の電力需給に関するサービスを中心に,その機能,構成などの国際標準を解説するが,家庭のエネルギーサービスの在り方についても解説する.

　なお,本書にて解説するシステムモデルおよび需要家と電気事業者との電気エネルギーサービスのためのインタフェース仕様の規格化は,国際電気標準会議(IEC：International Electrotechnical Commission)第57専門委員会ワーキンググループ21(TC57 WG21：Techinical Committee 57 Working Group 21),電力分野の通信と授受情報の規格化を審議)にて審議されている.このインタフェースの規格対象を図4・3に示す.

●4・1・2　システム概念参照モデルの国際標準化状況

　スマートグリッドのシステム概念参照モデルに関係する国際標準の動向を図4・4に示す.以下,米国,欧州のそれぞれの動向について解説する.

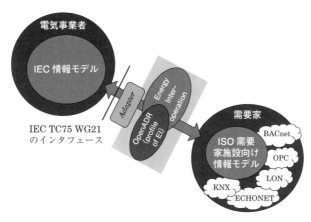

図4・3 IEC TC57 WG21 の審議対象のインタフェース

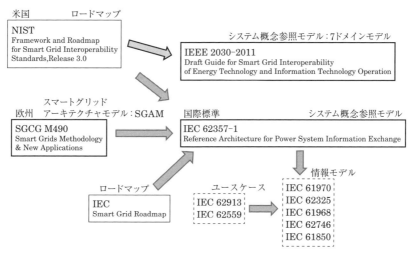

図4・4 スマートグリッドに関する国際規格動向

1● 米国におけるシステム概念参照モデルに関する規格

米国では，米国国立標準技術研究所（NIST：National Institute of Standards and Technology）の主導により，2009年9月に先進構造化情報標準化機構（OASIS：Organization for the Advancement of Structured Information Standard）と北米エネルギー規格委員会（NAESB：North American Energy Standards Board）が，「電気事業者・需要家間の電力需給管理などの商用サービス実現に向けたロードマップ（Framework and Roadmap for Smart Grid Interoperability Standards）」[1]を作成した．これに基づいて，米国電気電子学会（IEEE：Institute of Electrical and Electronics Engineers）が2011年2月にIEEE 2030-2011「スマートグリッド構築ガイドライン（Draft Guide for Smart Grid Interoperability of Energy Technology and Information Technology Operation With the Electric Power System (EPS) and End-Use Applications and Loads）」[2]を作成，この中でシステム概念参照モデルを定義した．

IEEE 2030-2011 はスマートグリッドに関わる電力システムと，そのアプリケーションおよび関連するシステムとを電力関係技術と情報通信関係技術により連携させ，関係システムの相互運用

性を確保するための指針を示すものである．また，IEEE 2030-2011はスマートグリッドシステムの相互運用性確保のため，システム概念参照モデルの構成とその利用の在り方を示し，スマートグリッドを計画中の公共事業者，関連ベンダ，研究者，科学者およびスマートグリッドの運用やその規制を検討中の政府などに採用されることを狙いとしている．

この規格はスマートグリッドを物理的な側面から捉え，スマートグリッドを発電，送電，配電，系統運用，電力市場，サービスプロバイダ，需要家の7つのドメインによりモデル化するとともに，構成システム間を接続するネットワークの推奨仕様を示している．このため，具体的なシステム構築の実装設計を行うのに適した規格であるといえる．

2 欧州におけるシステム概念参照モデルに関する規格

欧州では，2011年3月に欧州連合（EU：European Union）が標準化指令M/490を欧州標準化3団体である欧州標準化委員会（CEN：Comité Européen de Normalisation），欧州電気標準化委員会（CENELEC：Comité Européen de Normalisation Electrotechnique），欧州電気通信標準化機構（ETSI：European Telecommunications Standards Institute）に発行し，スマートグリッドに関する継続的な規格の策定と技術変革の促進を可能にする枠組みの作成を指示した．欧州標準化3団体は，この指示を受け，2011年7月，スマートグリッド調整グループ（SG-CG：Smart Grid Coordination Group）を設立した．このSG-CGは2012年12月，「スマートグリッドアーキテクチャモデル（SGAM：Smart Grid Architecture Model）」，「規格のリスト（Set of Standards）」，「規格の更新手順（Sustainable Processes）」および「サイバーセキュリティ（SGIS：Smart Grid Information Security）」などの文書[4]~[15]を纏めた．これらは2014年に更新されている．

このSG-CGの定義したスマートグリッドアーキテクチャモデルSGAMは3次元構造を持ち，主に，スマートグリッドの構成要素間の相互運用性を議論するために使用されている．このモデルではビジネスモデル，機能，情報，通信，デバイスなどの観点からスマートグリッド上のサービスを実現するため，それぞれの観点でモデル化を行うものとなっている．

この規格はシステムを論理的な側面から捉え，物理的な構造に，相互運用性を確保するための論理的な階層構造を加えたものと考えることができる．このため，構成システム間の授受情報の規定など，システムの機能設計を行うのに適した規格となっている．

3 国際規格におけるシステム概念参照モデルに関する規格

IEC TC57は，SG-CGで開発されたスマートグリッドアーキテクチャモデルSGAMが示すスマートグリッドを構成する機器などに，それらが関係する国際標準の対応付けを行い，その統合化に向けた審議を行った．

その審議結果として，送配電管理，エネルギー管理などのスマートグリッド上のサービスの論理的モデル化に関する規格として，IEC 62357-1「電力システム管理とその情報交換に関わる参照アーキテクチャ（IEC 62357-1 Ed.2 Power systems management and associated information exchange Reference architecture)」[3]が作成された．この規格は様々な既存のIEC規格群をベースに，関係するシステムの相互運用性を実現するための関係規格の明確で，わかりやすいマップを

提供することを目的とするものともなっている．

　IEC 62357-1 はユースケースをベースに，ビジネスモデル，機能，情報，通信，機器などをトップダウンに設定するとともに，設計段階で使用すべき規格を IEC TC57 のすでに制定した規格群から選択することを可能とするものとなっている．

　これらシステム概念参照モデルに関する規格は，米国 IEEE 2030-2011 のシステム概念参照モデルがシステムの実装設計，欧州 SG-CG の SGAM がシステムの機能設計および IEC 62357 が IEC TC57 の適用すべき規格の選択ガイドラインを与えるという役割分担となっているといえる．以降，これらの規格の解説を行う．

　また，このシステムモデル化に関する国際標準を現状の日本の電気エネルギーに関する事業の実態およびスマートグリッドに関する実証事業に適用検討した結果と，スマートグリッドを構成するシステムの構成要素である通信ネットワークの仕様例を示す．

● **4・1・3　米国におけるシステム概念参照モデルの規格と使用ガイドライン** ....

　本項ではスマートグリッドの開発に先行した米国のシステム概念参照モデルの規格を解説するとともに，この規格を日本のスマートグリッドに関する業界の実態に合わせ，適用した場合の検討結果を示す．

1 ● 米国におけるシステム概念参照モデルの規格

　米国国立標準技術研究所 NIST は，2010 年 1 月に発行した SP 1108（NIST Framework and Roadmap for Smart Grid Interoperability Standards, Release 1.0）「スマートグリッドの相互運用性のフレームワークとロードマップ」[1] の中で，スマートグリッド全体を 7 つの「ドメイン（機能領域）」に整理した（**表 4・1**）．ここで，ドメインとは同じ目的を持ち，類似のアプリケーションに依存または参加している組織，建物，個人，システム，デバイスなどである「アクタ（機能や主体）」の高次の概念的なグループのことである．

　これら 7 つのドメインでは，お互いのドメイン間で電力の需給が行われるとともに，セキュリティを考慮した情報交換が行われる．**図 4・5** に NIST の作成したスマートグリッドのコンセプトモデルを示す．図 4・5 で破線は電気エネルギーの流れであり，実線はデータの連携を示している．

　スマートグリッドのドメインは様々な組織，デバイス，機器，システムなどのアクタの集合体で

表 4・1　スマートグリッドのドメイン

ドメイン	ドメインに含まれる機能
需要家（Customers）	電気の最終的な利用者
市場（Markets）	電力を取引する機能
サービスプロバイダ（Service Providers）	電気事業者と需要家に対し電力関係サービスを提供する組織（機能）
系統運用（Operations）	電力の移動を管理する機能
発電（Bulk Generation）	大量の電気エネルギーを生成する機能
送電（Transmission）	大量の電力を長距離に伝える機能
配電（Distribution）	電力を需要家に分配する機能

4章　システム標準化のための道具立て―システム概念参照モデルと情報モデル―

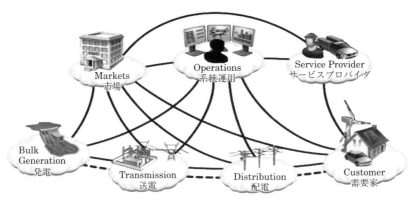

図 4・5　スマートグリッドのコンセプトモデル
（出典）NIST Smart Grid Framework 1.0, January 2010.

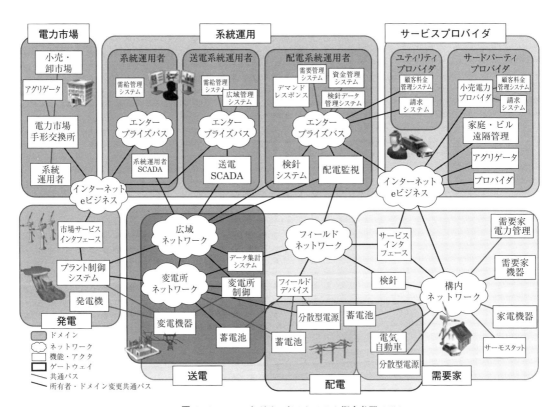

図 4・6　スマートグリッドのシステム概念参照モデル
（出典）NIST Special Publication 1108r3 NIST Framework and Roadmap for Smart Grid Interoperability Standards, Release 3.0, 2014.

あり，ドメイン内にはアクタの部分集合であるサブドメインが形成される．図 4・6 に，NIST の提唱するドメインやサブドメイン間の情報ネットワークに着目したシステム概念参照モデルを示す．各ドメインの内部には主なサブドメインが矩形で表現されている．情報ネットワークに着目すると，ドメインは重複する機能が存在することがある．たとえば，送電と配電のドメインは変電所や変電所ネットワークを共有することから，図 4・6 において，ドメインが一部重なって表現されている．

108

NISTで検討されたこれらのコンセプトをもとに，米国電気電子学会IEEEはスマートグリッドの相互運用性を検討し，その検討結果をIEEE 2030-2011[2]に纏めた．

IEEE 2030-2011ではスマートグリッドのシステム概念参照モデルとして，スマートグリッド相互運用性参照モデル（SGIRM：Smart Grid Interoperability Reference Model）を提唱している．このSGIRMは国際電気標準会議IECで参照されたことから，国際的なシステム概念参照モデル標準化の指針となっている．

IEEE 2030-2011のSGIRMはスマートグリッドシステムの構造を下記の3つのアーキテクチャ相互運用性視点（IAP：Interoperability Architectural Perspective）から記述するものである．

- 電力系統（Power System）
- 通信（Communications）
- 情報技術（Information Technology）

例として，通信視点のSGIRMを図4・7に示す．

通信視点のSGIRMはスマートグリッドを構成する7つのドメインと，通信に関する機能や要素（これをエンティティと呼ぶ）に着目し，エンティティ間の通信経路を線で示している．この通信経路とその通信仕様（CT：Communication Technology）には番号が付けられ整理されている．通信視点のエンティティの抜粋を表4・2に，CTの抜粋を表4・3に示す（なお，一覧はオーム社HP（URL http://www.ohmsha.co.jp/）にて公開しているので参照されたい）．

各CTには仕様として用途，求められるセキュリティ，適用可能なプロトコル，通信媒体，許容される遅延，必要な帯域や伝送速度，メッセージ電文（ペイロード）のサイズ，通信サービスに求められる品質（QoS：Quality of Service）や信頼性，制約条件，通信データの発生頻度，伝送手段などが記されている．

例として，需要家ドメインの電力量計（今後のスマートメータを含む）や需要家にエネルギーサービスを提供するシステムまたは装置であるエネルギーサービスインタフェース（ESI：Energy Service Interface）を電気事業者ドメインの配電系統と結ぶネットワークであるCT12の仕様を表4・4に示す．

このCT12はスマートグリッドで，いわゆる「ラストワンマイル」と呼ばれるネットワークである．CT12は現在，日本でもスマートメータの設置に伴い構築が進んでいるネットワークに相当するものであり，様々なプロトコルの適用可能性が考えられる．特に，IEEE 802.11a/b/g/nやZigBeeなどの無線プロトコルが多く挙げられていることが特徴である．

2● 米国におけるシステム概念参照モデルによる日本のエネルギーサービスの記述

米国のシステム概念参照モデルを日本のエネルギーサービス業界の実態を考慮し，適用を検討した日本型システム概念参照モデルを解説する．

まず，図4・7に示したIEEE 2030-2011通信視点のSGIRMをもとに，日本のエネルギーサービスの業界構造を踏まえ，モデルを整理し簡略化する．日本のエネルギーサービス業界は米国と異なり，系統制御，電力取引，発電，送電，配電のサービスを地域ごとに縦割りに電力会社が行っている（平成27年時点）．

そこで，簡略化モデルでは，これら機能を纏めて電気事業者ドメインとして統合した．また，本

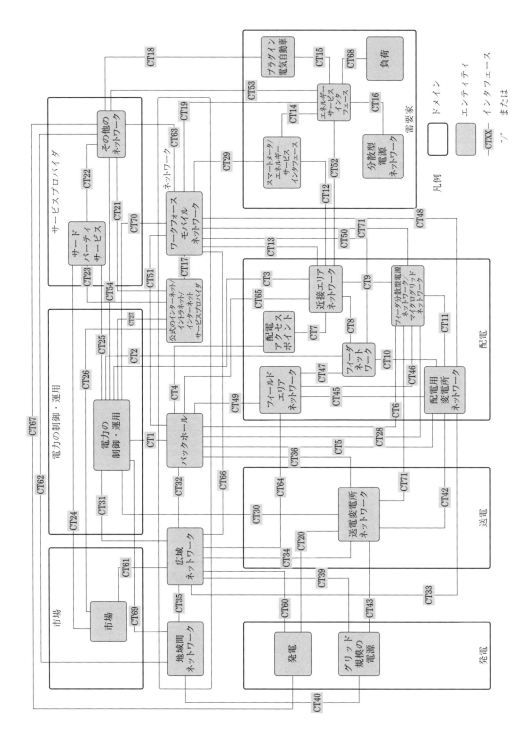

図4・7 IEEE 2030-2011 通信視点のスマートグリッド相互運用性参照モデル（SGIRM：Smart Grid Interoperability Reference Model）

表4・2 通信IAPエンティティ抜粋

ドメイン	エンティティ	説明
発電	発電	グリッドに接続した発電資源（石炭，ガス，原子力，熱など）
発電	グリッド規模の電源	グリッドの送電/発電側に接続された数百MWを扱う大規模な電源資源（風力，太陽光など）
配電	配電アクセスポイント	配電アクセスポイントは近隣エリアネットワーク，検針用ネットワーク，フィールドエリアネットワークによりエンドデバイス/ユーザから収集する情報を集約する機器であり，バックホールやWANへのインタフェース
配電	配電用変電所ネットワーク	配電変電所内のネットワーク（たとえば，バックホールネットワークによる監視制御が行われるSCADA，IED，RTU，PMUや他フィールドデバイスに接続するローカルなEthernetネットワーク） IEC 61850，DNP 3はこのネットワークプロトコルの一つ．
配電	フィーダ分散型電源ネットワーク/マイクログリッドネットワーク	フィーダ分散型電源ネットワークは全ての再生可能/非再生可能エネルギー資源（風力，太陽光，ディーゼルなど）や中央に集約していない発電資源から構成．これらエネルギー資源はLANで相互に接続され，通信用ゲートウェイにより電力系統に接続され，分散型電源ネットワークを構成．
配電	フィーダネットワーク	フィーダネットワークはフィールドエリアネットワークと呼ばれる電力系統上で通信を行うネットワーク．有線や無線技術で構成．
配電	フィールドエリアネットワーク	フィールドエリアネットワークは配電変電所，配電フィーダ（フィールドデバイス），分散型電源/マイクログリッド，電力会社が持つ電力貯蔵設備を繋ぐネットワークで，電力会社の制御所の制御に適用．
配電	近隣エリアネットワーク	近隣エリアネットワークは配電変電所，配電フィーダ（フィールドデバイス），分散型電源/マイクログリッド，電力会社が持つ電力貯蔵設備を繋ぐネットワークで，電力会社の制御所の制御に適用．
送電	送電変電所ネットワーク	送電変電所ネットワークは機器を送電変電所と接続し，Ethernetネットワーク技術によりローカルフィールドデバイスを扱うために活用．
需要家	分散型電源ネットワーク	需要家に設置された再生可能エネルギー（太陽光/風力）や有線/無線ネットワークによるエネルギーサービスインタフェース（ESI：Energy Service Interface）や電力メータにより需要家の構内ネットワークに接続した電力貯蔵システムに適用．
需要家	エネルギーサービスインタフェース（ESI）	エネルギーサービスインタフェースはネットワークに接続された論理的なゲートウェイとして機能する特別な機器．xANはHAN，BAN，IANを示す．
需要家	負荷	負荷は産業，ビル，商用や家庭用デバイスなど，電力系統からエネルギーを消費する機器
需要家	プラグイン電気自動車	プラグイン電気自動車（PEV：Plug in Electric Vehicle）やプラグインハイブリッド自動車（PHV：Plug-in Hybrid Vehicle）は電力系統に対し電力の負荷と貯蔵によりエネルギー供給のバランスをとるものに相当．
需要家	スマートメータ/エネルギーサービスインタフェース	スマートメータ/エネルギーサービスインタフェースESIは様々な高度な計測機能を持つ検針用ネットワークの一部．スマートメータは近隣エリアネットワークや需要家構内ネットワーク（HBES，負荷，PEV，需要家電源ネットワーク）のゲートウェイとして機能．
市場	市場	市場は需要家と電力会社間でエネルギーサービスを実現し，売り手と買い手による市場の構築のため，動的に変化するエネルギー/電力価格の情報を提供．
サービスプロバイダ	サードパーティサービス	サードパーティによる一般家庭やビル向けのエネルギーサービスや電力会社と需要家間でデマンドレスポンスなどを集約するサービス
サービスプロバイダ	その他のネットワーク	光回線や電気的な有線ネットワーク/無線ネットワークは検針用ネットワーク/近隣エリアネットワーク，変電所の自動化，バックホール，ワークフォース自動化，PEVモバイル/ローミング機構のネットワークの役割を担う．無線ネットワークはCDMA，GSM，GPRS，iDEN，WiMAX，LTE，ページング，ポイントツーポイント，ポイントツーマルチポイント，マルチアドレス無線ネットワーク，衛星通信など様々な無線技術を使用．

4章 システム標準化のための道具立て―システム概念参照モデルと情報モデル―

表4・3 通信技術（CT）抜粋（続く）

	エンティティ1	エンティティ2
CT7	配電アクセスポイント	近隣エリアネットワーク
CT8	フィーダネットワーク	近隣エリアネットワーク
CT9	フィーダ分散型電源ネットワーク/マイクログリッドネットワーク	近隣エリアネットワーク
CT10	配電用変電所ネットワーク	フィーダネットワーク
CT11	配電用変電所ネットワーク	フィーダ分散型電源ネットワーク/マイクログリッドネットワーク
CT12	スマートメータ/エネルギーサービスインタフェース	近隣エリアネットワーク
CT13	ワークフォースモバイルネットワーク	近隣エリアネットワーク
CT14	スマートメータ/エネルギーサービスインタフェース	エネルギーサービスインタフェース/xAN
CT15	エネルギーサービスインタフェース/xAN	プラグイン電気自動車
CT16	エネルギーサービスインタフェース/xAN	分散型電源ネットワーク
CT17	ワークフォースモバイルネットワーク	公共のインターネット/イントラネット/インターネットサービスプロバイダ
CT18	その他のネットワーク	プラグイン電気自動車
CT19	ワークフォースモバイルネットワーク	エネルギーサービスインタフェース/xAN
CT20	発電	送電変電所ネットワーク
CT21	公共のインターネット/イントラネット/インターネットサービスプロバイダ	その他のネットワーク
CT22	その他のネットワーク	サードパーティサービス

表4・4 CT12の仕様

一般情報	インタフェースID	CT12		
	用途，概要	特高電力需要家向け電力会社専用回線による検針サービス：メータリングサービス		
セキュリティ	対象	機密性	完全性	可用性
	レベル	高	高	高
プロトコル		専用プロトコル，PLC/BPL（IEEE 1901），IEEE 802.3全般，IEEE 802.15.4g/e，U-Bus Air		
通信媒体		電力会社保有回線（光・メタル他），公衆回線（NTTノーリンギングサービス）		
許容遅延		1日，1～5分，30分		
標準規格		IEEE 1901，Ethernet/IEEE 802.3		
帯域幅		50 kHz～40 MHz		
伝送速度		1 kbps～30 Mbps		
ペイロード長		128～256 Bytes		
サービス品質		速度よりも確実性を重要視		
信頼性		30分ごと検針データの欠損無し．日報用または月1回の検針確定値には課金情報・稼働情報があるため，確実性を重視し，セキュリティ確保が必要．		
制約条件		日本では，BPL（PLC）は電波法の確認が必要（許可済み）．		
データ発生頻度		30分，10分～1時間，1日，1か月		
伝送手段		ユニキャスト，スマートメータで時刻機能を持つのであれば，校正情報として各プロトコルに相当するブロードキャスト手段が必要．		

表 4・3 通信技術 (CT) 抜粋 (続き)

	エンティティ1	エンティティ2
CT23	公共のインターネット/イントラネット/インターネットサービスプロバイダ	サードパーティサービス
CT24	市場	サードパーティサービス
CT25	電力の制御・運用	サードパーティサービス
CT26	市場	公共のインターネット/イントラネット/インターネットサービスプロバイダ
CT27	電力の制御・運用	公共のインターネット/イントラネット/インターネットサービスプロバイダ
CT28	バックホール	フィーダネットワーク
CT29	ワークフォースモバイルネットワーク	スマートメータ/エネルギーサービスインタフェース
CT30	送電変電所ネットワーク	電力の制御・運用
CT31	広域ネットワーク	電力の制御・運用
CT32	広域ネットワーク	バックホール

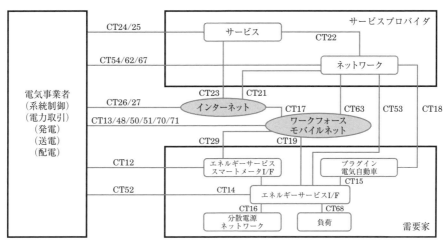

図 4・8 日本のエネルギーサービス対応の簡略化モデル IEEE 2030 対応 SGIRM モデル

モデルは電気事業者ドメインのほかに，サービスプロバイダ，需要家のドメインを加えた3ドメイン構成とし，関係する通信経路 CT を整理した．

簡略化モデルを図 4・8 に示す．図 4・8 のモデルを使用して，日本のスマートグリッドのシステム概念参照モデルを作成する．モデル作成に際し，以下の日本と米国のエネルギーサービスの機能，構造などの相違からモデル化を行った．

(a) 日本では需要家ドメイン内の需要家は使用電力に応じた契約を行う形態である．本モデルでは，電灯契約をしている一般家庭の需要家を除き，主に，施設内にビルエネルギー管理システム (BEMS：Building Energy Management System) などを有する特別高圧と高圧・低圧契約を交わす業務用ビルなどの需要家を主な対象とした．

(b) ガス・水道など供給サービスはサービスプロバイダドメインに属するものとした．

(c) 米国ではスマートメータは検針機能以外にエネルギーサービス機能を持っているが，日本の

スマートメータはこれを持たないインタフェース検針機能のみとした．
(d) 米国では配電会社が需要家施設内の受電設備を所有，管理している．日本では需要家が受電設備を所有，管理している．そのため，日本には米国で受電設備管理に使用されているワークフォースモバイルネットワークに該当するものがない．日本ではワークフォースモバイルネットワークに相当するネットワークはインターネットもしくは先進メータリング基盤（AMI：Advanced Metering Infrastructure）ネットワークとする．
(e) 米国では分散型電源ネットワークにより，配電会社が需要家の分散型電源を制御できるが，日本では電力会社が需要家の分散型電源を制御しない．
(f) 米国の電力会社とスマートメータ間の通信を行う CT12 は，日本では特高契約需要家に対し，光ケーブル接続しているのみであり，高圧・低圧需要家には存在しない．
(g) 米国では電力会社がサービスプロバイダに電気エネルギー情報を提供する通信インタフェース CT25 がある．
(h) 米国では配電会社が需要家に設置された設備を制御するため，配電会社と需要家設備との通信インタフェース CT52 がある．日本では電力会社が需要家の設備に関与せず，エネルギーサービスインタフェースを持たない．
(i) 米国では，サービスプロバイダによる需要家ビルエネルギー遠隔管理，分散型電源管理，地域エネルギー管理，電気自動車管理などのサービスがある．
(j) 日本でも 2020 年頃，米国の CT25 と同等のネットワークによりサービスプロバイダが需要家ドメインのコージェネレーションシステム，蓄熱システムなどの分散型電源に対し，新たなエネルギーサービスを提供するものと想定されるため，以下のサービスを追加する．

　　　（特別高圧受電に関する追加機能）
　　　　① 分散型電源管理サービス
　　　　② 地域エネルギー管理サービス
　　　　③ 電気自動車管理サービス
　　　（高圧・低圧受電に関する追記機能）
　　　　① 遠隔ビルエネルギー管理サービス
　　　　② 分散型電源管理サービス
　　　　③ 地域エネルギー管理サービス
　　　　④ 電気自動車管理サービス

以上を前提に，日本のスマートグリッドシステム概念参照モデルを作成する．

特別高圧受電需要家のスマートグリッドシステム概念参照モデルを**図 4・9**に，各ドメインに含まれる構成要素を**表 4・5**に示す．また，高圧・低圧受電需要家のスマートグリッドシステム概念参照モデルを**図 4・10**に，各ドメインに含まれる構成要素を**表 4・6**に示す．図 4・9 および図 4・10 において，CT101 から CT103 は日本の実態に対応し追加したインタフェースである．

破線で示す CT は将来想定されるものである．CT12 の仕様はすでに表 4・6 に示したが，その他の CT 仕様を**表 4・7～表 4・10**に示す（CT19，TC23，TC25，TC27，TC29，TC52，TC53，TC63，TC68，TC70，および日本の実態に合せ追加した TC101，TC102，TC103 の各仕様はオーム社 HP（URL　http://www.ohmsha.co.jp/）に掲載したので，併わせて参照されたい）．

4・1 システム概念参照モデルとは

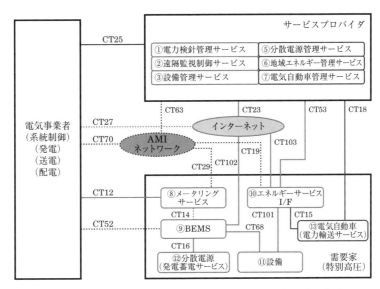

図 4・9 日本におけるスマートグリッド概念参照モデル（特別高圧受電）

表 4・5 スマートグリッド概念参照モデル（特別高圧受電）の構成要素（続く）

ドメイン	構成要素1	構成要素2
サービスプロバイダ	①電力検針管理サービス	①-1　検針管理 ①-2　エネルギーデータ管理 ①-3　エネルギー監視
	②遠隔監視制御サービス	②-1　省エネサービス ②-1-1　見える化 ②-1-2　デマンドレスポンス ②-1-3　ピークシフト ②-1-4　CO_2 排出量管理 ②-1-5　売買電管理 ②-1-6　省エネ管理 ②-2　エネルギー供給サービス ②-2-1　配電・分電 ②-2-2　エネルギービリング ②-2-3　テナントごと電気料金分配
	③設備管理サービス	③-1　防犯防災監視サービス ③-1-1　入退出管理 ③-1-2　映像監視 ③-1-3　耐震管理 ③-1-4　復電時順次投入 ③-2　設備維持管理サービス ③-2-1　保守 ③-2-2　設備稼働状態管理 ③-2-3　設備予兆診断 ③-2-4　異常監視 ③-2-5　設備寿命管理 ③-3　設備監視, 保全サービス ③-3-1　設備保全 ③-3-2　昇降機 ③-3-3　空調機 ③-3-4　発電機 ③-3-5　照明 ③-3-6　蓄電池（ESP）
	⑤分散型電源管理サービス	⑤-1　蓄電池 ⑤-2　再生可能エネルギー
	⑥地域エネルギー管理サービス	⑥-1　CEMS（Community Energy Management System） ⑥-2　復電時順次投入
	⑦電気自動車管理サービス	⑦-1　電気自動車管理サービス

表4・5 スマートグリッド概念参照モデル（特別高圧受電）の構成要素（続き）

ドメイン	構成要素1	構成要素2
需要家 （特別高圧）	⑧メータリングサービス	⑧-1 メータ ⑧-2 光ケーブル ⑧-3 スマートメータ（電力計測，開閉，通信） ⑧-4 デマンド制御
	⑨BEMS	⑨-1 BEMS ⑨-2 復電時順次投入
	⑩エネルギーサービスインタフェース	⑩-1 BACS ⑩-2 建築設備運用計画
	⑪設備（カスタム）	⑪-1 受電設備 ⑪-2 熱源・搬送，空調装置 ⑪-3 照明設備 ⑪-4 昇降機設備 ⑪-5 給湯・衛生設備 ⑪-6 防災設備 ⑪-7 防犯設備 ⑪-8 OA・コンセント設備 ⑪-9 情報表示設備 ⑪-10 各種センサ（温湿度，振動，ひずみ）
	⑫分散型電源 （発電蓄電サービス）	⑫-1 自家発電装置 ⑫-2 蓄電池 ⑫-3 再生可能エネルギー
	⑬電気自動車 （電力輸送サービス）	⑬-1 電気自動車

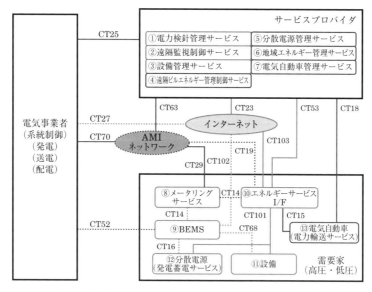

図4・10 日本におけるスマートグリッド概念参照モデル（高圧・低圧受電）

表4・6 スマートグリッド概念参照モデル(高圧・低圧受電)の構成要素

ドメイン	構成要素1	構成要素2
サービスプロバイダ（低圧・高圧向け）	①電力検針管理サービス	①-1 検針管理 ①-2 エネルギーデータ管理 ①-3 エネルギー監視
	②遠隔監視制御サービス	②-1 省エネサービス ②-1-1 見える化 ②-1-2 建築設備運用計画 ②-1-3 デマンドレスポンス ②-1-4 ピークシフト ②-1-5 CO_2排出量管理 ②-1-6 売買電管理 ②-1-7 省エネ管理 ②-2 エネルギー供給サービス ②-2-1 配電・分電 ②-2-2 エネルギービリング ②-2-3 テナントごと電気料金分配
	③設備管理サービス	③-1 防犯防災監視サービス ③-2 設備保守サービス ③-2-1 異常監視 ③-2-2 BACS/BMS
	④遠隔BEMS制御サービス	④-1 BEMS ④-2 復電時順次投入
	⑤分散型電源管理サービス	⑤-1 蓄電池 ⑤-2 再生可能エネルギー
	⑥地域エネルギー管理サービス	⑥-1 CEMS ⑥-2 復電時順次投入
	⑦電気自動車管理サービス	⑦-1 電気自動車管理サービス
需要家（低圧・高圧）	⑧メータリングサービス	⑧-1 メータ ⑧-2 スマートメータ（電力計測，開閉，通信） ⑧-3 デマンド制御
	⑨BEMS	⑨-1 BEMS ⑨-2 復電時順次投入
	⑩エネルギーサービスインタフェース	⑩-1 BACS/BMS ⑩-2 建築設備運用計画
	⑪設備（パッケージ）	⑪-1 空調装置 ⑪-2 照明設備 ⑪-3 OA・コンセント設備 ⑪-4 各種センサ（温湿度，振動，ひずみ）
	⑫分散型電源（発電蓄電サービス）	⑫-1 自家発電装置 ⑫-2 蓄電池 ⑫-3 再生可能エネルギー
	⑬電気自動車（電力輸送サービス）	⑬-1 電気自動車

● **4・1・4 欧州におけるシステム概念参照モデルの規格と使用ガイドライン**

本項では，欧州のシステム概念参照モデルの規格を解説するとともに，この規格を日本のスマートグリッドに関する業界の実態に合わせ，適用した場合の検討結果を示す．

1● 欧州におけるシステム概念参照モデルの規格

2011年3月，欧州委員会EUは標準化指令M/490を欧州標準化委員会CEN，欧州電気標準化

表4・7 CT14の仕様

一般情報	インタフェースID	CT14		
	用途,概要	電力会社経由電力需要家設備監視制御サービス： 　特高電力需要家：メータリングサービス～需要家内BEMS経由設備 　高圧低圧需要家：メータリングサービス～需要家内エネルギーサービスインタフェース経由設備		
セキュリティ	対象	機密性	完全性	可用性
	レベル	高	中の高	中の高
プロトコル		IEEE 802.15.4，IEEE 802.15.4g，ZigBee，IEEE 802.11a/b/g/n，Ethernet/IEEE 802.3，RS-232		
通信媒体		有線，無線		
許容遅延		MAC+PHY<1 ms～1.5 s		
標準規格		IEEE 802.15.4，IEEE 802.15.4g，ZigBee，IEEE 802.11a/b/g/n，Ethernet/IEEE 802.3，RS-232		
帯域幅		50 kHz～40 MHz		
伝送速度		1 kbps～30 Mbps		
ペイロード長		10 Bytes～1.5 kBytes，50 k パケット/s～1 パケット/s		
サービス品質		各種サービスによる		
信頼性		クリティカル		
制約条件		なし		
データ発生頻度		1 ms～1 分		
伝送手段		ユニキャスト		

表4・8 CT15の仕様

一般情報	インタフェースID	CT15		
	用途,概要	EV関係エネルギーサービスインタフェース：需要家～電気自動車 エネルギーサービスインタフェース：電気自動車		
セキュリティ	対象	機密性	完全性	可用性
	レベル	高	中の高	中の高
プロトコル		SAEJ 2293，ISO TC57，SAEJ 2836，JAEF 2847，BACnet/ISO 164845/ANSI-ASHRAE135，KNX/ISO-IEC 14543-3，IEEE 802.15.4，ZigBee，IEEE 802.11a/b/g/n，HomePlug，ITU-T G.hn，IEEE 1901，Ethernet/IEEE 802.3		
通信媒体		無線，有線		
許容遅延		<1.5 s		
標準規格		SAEJ 2293，ISO TC57，SAEJ 2836，JAEF 2847，BACnet/ISO 164845/ANSI-ASHRAE135，KNX/ISO-IEC 14543-3，IEEE 802.15.4，ZigBee，IEEE 802.11a/b/g/n，HomePlug，ITU-T G.hn，IEEE 1901，Ethernet/IEEE 802.3		
帯域幅		50 kHz～40 MHz		
伝送速度		1 kbps～2 Mbps		
ペイロード長		10 Bytes～1.5 kBytes，100 パケット/s～1 パケット/分		
サービス品質		各種サービスによる		
信頼性		アプリケーション依存		
制約条件		なし		
データ発生頻度		1 ms～30 分		
伝送手段		ブロードキャスト，ユニキャスト，マルチキャスト		

4・1 システム概念参照モデルとは

表4・9 CT16の仕様

一般情報	インタフェースID	CT16		
	用途, 概要	分散型電源監視制御サービス		
セキュリティ	対象	機密性	完全性	可用性
	レベル	低	高	中の高
プロトコル		IEC 61850-7-420/IEC 61850-8-1, BACnet/ISA 16484-5, ANSI-ASHRE135, IEEE 802.15.4, ZigBee, IEEE 802.11a/b/g/n, Ethernet/IEEE 802.3		
通信媒体		無線, 有線		
許容遅延		MAC+PHY＜1 ms～1.5 s End-to-End＜4 ms～15 s		
標準規格		IEC 61850-7-420/IEC 61850-8-1, BACnet/ISA 16484-5, ANSI-ASHRE135, IEEE 802.15.4, ZigBee, IEEE 802.11a/b/g/n, Ethernet/IEEE 802.3		
帯域幅		50 kHz～40 MHz		
伝送速度		1 kbps～30 Mbps		
ペイロード長		10 Bytes～1.5 kBytes, 50 k パケット/s～1 パケット/分		
サービス品質		各種サービスによる		
信頼性		アプリケーション依存		
制約条件				
データ発生頻度		1 ms～30 分		
伝送手段		ブロードキャスト, ユニキャスト, マルチキャスト		

表4・10 CT18の仕様

一般情報	インタフェースID	CT18		
	用途, 概要	EV関連エネルギーサービス：サービスプロバイダ～需要家内電気自動車		
セキュリティ	対象	機密性	完全性	可用性
	レベル	高	高	高
プロトコル		IEEE 802.15.4, IEEE 802.15.4g, ZigBee, IEEE 802.11a/b/g/n, Ethernet/IEEE 802.3, 2G, 3G (LTE), WiMAX		
通信媒体		無線, 有線		
許容遅延		MAC+PHY＜1 ms～1.5 s, End-to-End＜4 ms～15 s		
標準規格		IEEE 802.15.4, IEEE 802.15.4g, ZigBee, IEEE 802.11a/b/g/n, Ethernet/IEEE 802.3, 2G, 3G (LTE), WiMAX		
帯域幅		50 kHz～40 MHz		
伝送速度		1 kbps～30 Mbps		
ペイロード長		10 Bytes～1.5 kBytes, 50 k パケット/s～1 パケット/分		
サービス品質		各種サービスによる		
信頼性		アプリケーション依存		
制約条件				
データ発生頻度		1 ms～30 分		
伝送手段		ブロードキャスト, ユニキャスト, マルチキャスト		

委員会 CENELEC, 欧州電気通信標準化機構 ETSI の欧州標準化3団体に対して発行し, 継続的な規格の策定と技術変革の促進を可能にする枠組みを検討し, 2012年末までに報告書を作成するよう求めた.

この指令を受けて, 欧州標準化3団体は, 2011年7月, スマートグリッド調整グループ SG-

CGを設立した．このSG-CGが2012年12月に全世界に向けて，複数の技術レポートを発行した．これらのレポートは以下のカテゴリごとに欧州における考え方を纏めたものである．
 (1) スマートグリッドアーキテクチャモデル（SGAM：Smart Grid Architecture Model）
 (2) 標準リスト（FSS：First Set of Standards）
 (3) 標準群の更新を行うための手法（SP：Sustainable Processes）
 (4) スマートグリッド情報セキュリティ（SGIS：Smart Grid Information Security）

このうち，(1)のスマートグリッドアーキテクチャモデル（SGAM）は，米国NISTのシステム概念参照モデルを取り込み，その後の欧州およびIECのシステム概念参照モデルの規格であるIEC 62357-1「電力システム管理と情報交換に関する参照アーキテクチャ（IEC 62357-1：Power systems management and associated information exchange-Reference architecture)」の流れを作るものとなっている．

以下，欧州におけるシステム参照モデルの標準化動向として，SGAMおよびIEC 62357を解説する．

（a） スマートグリッドアーキテクチャモデル（SGAM）

スマートグリッドアーキテクチャモデル（SGAM）は相互運用階層（Interoperability Layer）とスマートグリッド平面（Smart Grid Plane）との組合せで表現され，スマートグリッドを構成する要素間の相互運用性を議論するために使用されるものである．

ここで，相互運用階層は相互運用性を関係システム間で確保するために必要な概念である．相互運用階層は相互運用性が求められるサービスやシステムを構成する要素間の関係を分析するための下記の5層のレイヤから構成される．図4・11に相互運用階層を示す．

 (1) ビジネス（Business）レイヤ：ビジネスを実現する市場構造や規制を考慮したサービスを配置．
 (2) 機能（Function）レイヤ：サービスを実現する機能を物理的実装から独立して配置．
 (3) インフォメーション（Information）レイヤ：機能を実現するため機器や機能間でやり取りされる情報を配置．
 (4) コミュニケーション（Communication）レイヤ：機器間の情報授受のための通信プロトコルや機構を配置．
 (5) コンポーネント（Component）レイヤ：物理的に実装される機器を配置．

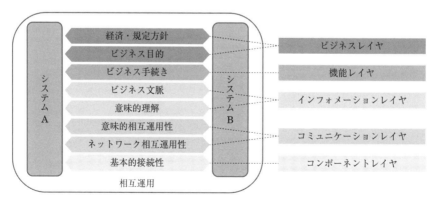

図4・11　相互運用階層

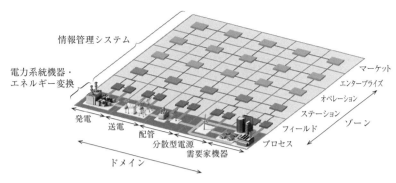

図 4・12　スマートグリッド平面（Smart Grid Plane）

　また，スマートグリッド平面を図 4・12 に示す．スマートグリッド平面はスマートグリッドを構成するシステムや機器を指すドメイン（Domain）と制御対象範囲を指すゾーン（Zone）から成る平面として定義される．
　ドメインの軸は，電力系統を構成する機器を以下の順に並べたものである．
(1)　発電（Generation）
(2)　送電（Transmission）
(3)　配電（Distribution）
(4)　分散型電源（DER：Distributed Energy Resources）
(5)　需要家機器（Customer Premises）
ゾーンの軸は，以下の制御対象範囲を表現している．
(1)　プロセス（Process）ゾーン：制御される機器（変圧器などの電力を扱う機器）
(2)　フィールド（Field）ゾーン：プロセスゾーンの機器の保護を行う機器
(3)　ステーション（Station）ゾーン：複数の機器から構成される拠点
(4)　オペレーション（Operation）ゾーン：複数の拠点を纏めた電力系統
(5)　エンタープライズ（Enterprise）ゾーン：運用者視点での電力系統管理（資産管理や顧客管理）
(6)　マーケット（Market）ゾーン：電力市場
　SGAM は図 4・13 に示すように，上記のスマートグリッド平面を相互運用階層ごとに積み重ねる 3 次元構造をとることで，ビジネス，機能，情報，コミュニケーション，コンポーネントのレイヤで，どのような要件が必要とされ，それがそれぞれの階層で，どのような規格を使用して実装されるかを表現するものである．

（b）　IEC 62357-1 の動向

　IEC TC57 は共通情報モデル CIM による送配電系統の運用，エネルギー管理などの国際規格化の前提となるシステム参照モデルの改定を進めている．ここでは，SG-CG で開発された手法をベースに既存の規格と整合性をとりながら，情報モデルの策定を図っている．IEC TC57 が作成したシステム参照モデルの規格 IEC 62357-1「電力システム管理と情報交換に関わる参照アーキテクチャ（IEC 62357-1：Power systems management and associated information exchange-Reference architecture）」は様々な既存の規格との整合を図り，相互運用性を実現するための規格の位置付けを示している．この規格は主に以下の項目の定義を行っている．

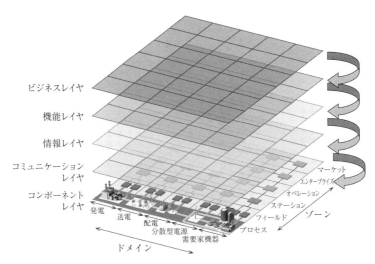

図 4・13　スマートグリッドアーキテクチャモデル（SGAM）

（i）**システム参照モデル（リファレンスアーキテクチャ）の定義**　スマートグリッドは多くのステークホルダの多様なニーズを提供するシステム群から成る複雑なシステムである．このような大規模で分散されたシステムの相互運用性の実現を，すでに紹介した SG–CG SGAM により提供される 5 層レイヤのモデルにより行うことを指向している．この規格では，SGAM に基づいたシステム参照モデルの定義方法のアプローチを説明し，さらにユースケースとの対応付け（マッピング）に関する定義を行っている．

この規格で重要な点は，SGAM を用い，スマートグリッドの実現に関連する TC57 の国際規格群を図 4・14 に示すように，SGAM のドメインとゾーンを使ってマッピングしていることである．

このシステム参照モデルは「エレメント（システム機能）」およびユースケースを反映した「エレメント」間の"関連性/相互作用"に基づいたものとなっている．エレメントと関連性/相互作用は図 4・14 の中で，SGAM のドメインとゾーンにマッピングされている．

（ii）**典型的なスマートグリッドシステムの要素分析**　この規格では，SGAM を使った分析例として，以下のような具体的なシステムをとりあげて，関連規格の説明を行っている．

- 変電所，配電自動化システム，分散型電源システム
- 変電所と制御所および制御所間制御システム
- 制御所から取引システムおよび市場システム

（iii）**セキュリティ関係の規格の俯瞰**　この規格では，SGAM の定義とともに，必須となるセキュリティ関係の規格の俯瞰を行っている．セキュリティアーキテクチャは技術的，物理的および対象の用途に適合した組織のセキュリティ要件に電力システムが対処するためのフレームワークとガイダンスを提供している．セキュリティに関する規格は 10 章で解説する．

（iv）**通信ネットワークのマッピング**　通信ネットワークはスマートグリッドの実現においてベースとなる技術である．それぞれの通信ネットワークは関連する規格において定義されている．ここでは SGAM を用いて，通信ネットワークを関連する規格へマッピングを行っている．

（v）**参照アーキテクチャの使用**　より具体的な活用方法として，SGAM では，この規格のユーザ（規制当局，電気事業者，ベンダ，システムインテグレータ，標準化の専門家）へガイドライ

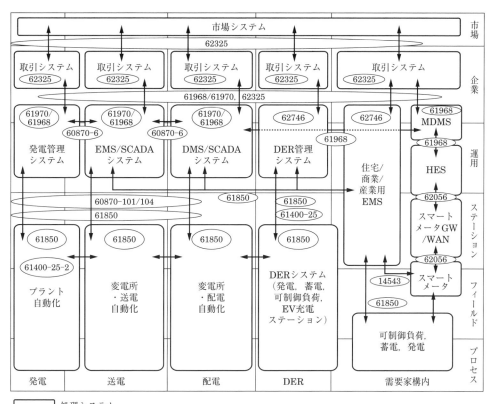

図 4・14　TC57 標準の参照アーキテクチャマッピング

ンを提供し，特定の要件に基づいて個々のソリューションやコンセプトを設計するアプローチ例を紹介している．

2 欧州におけるシステム概念参照モデルによる日本のエネルギーサービスの記述

本項では前項で紹介した SGAM を用いて，日本のユースケースを記述した例を説明する．

対象としたのは日本の地域電力需給調整を行うユースケースである．このユースケースはビルへの電力供給優先度（病院，一般ビルなど）を考慮し，複数ビルを集約管理して効果的に消費電力を調整するものである．ビル群や地域全体の施設内の設備機器群の情報を集約し，さらに，複数のビル群の情報に基づき，ビルおよび，その中の設備機器の電力使用計画を作成し，地域単位のエネルギー管理サービスを行うプロバイダのサービス機能である．

図 4・15 に SGAM コンポーネントレイヤへ必要なコンポーネントを割付けた検討結果を示す．電力データ制御システム（EDM：Energy Data Management System）とメータリングシステムは電気事業者の設備であるが，需要家にサービスを提供するもののため，需要家ドメインのエンタープライズゾーンに配置されている．地域電力制御システム（DEM：District Energy

4章 システム標準化のための道具立て―システム概念参照モデルと情報モデル―

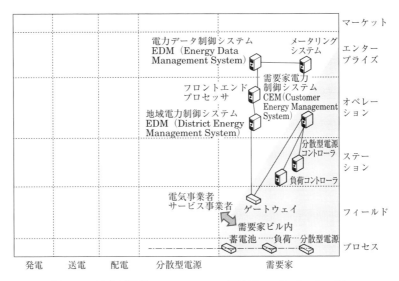

図 4・15 地域需給調整のユースケースの SGAM コンポーネントレイヤ

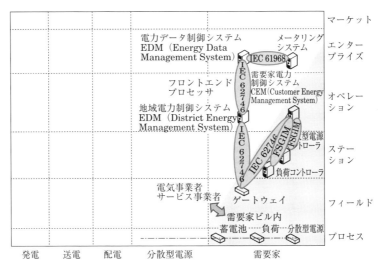

図 4・16 地域需給調整のユースケースの SGAM インフォメーションレイヤ

Management System) はオペレーションゾーンに配置され，EDM との間には情報授受の仲介を行うフロントエンドプロセッサが置かれている．需要家ドメインで斜めにエリア分けされた部分は需要家の施設（ビルなど）内であることを意味している．EDM は需要家ビル内のゲートウェイを介して需要家電力管理システム（CEM：Customer Energy Management System）に接続される．CEM は需要家ビルの設備機器の負荷を制御する負荷コントローラと分散型電源を監視制御する分散型電源コントローラに接続されている．なお，日本での機器の名称と IEC での機器の名称の規定が異なる場合がある．日本の実証事業などで用いられる地域エネルギーマネージメントシステム（CEMS：Community Energy Management System）は図 4・15 では DEM に相当し，ビル内の BEMS は図 4・15 では CEM に相当する．

図 4・16 は SGAM インフォメーションレイヤにコンポーネント間の授受情報を対応する IEC 規

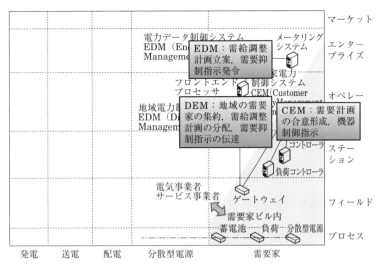

図 4・17　地域需給調整のユースケースの SGAM ファンクションレイヤ

格名で割付けたものである．メータリングシステムと EDM の間は IEC 61968 が，EDM と DEM/CEM の間は IEC 62746-3 が，CEM と負荷コントローラ/分散型電源コントローラの間は FSGIM（Facility Smart Grid Information Model）で定義される情報がやり取りされる．

図 4・17 は SGAM ファンクションレイヤにユースケースを実現する機能を割付けたものである．EDM の機能は需給調整計画立案，需要抑制指示発令機能である．DEM の機能は地域の需要家の集約，需給調整計画の分配および需要抑制指示の伝達である．また，CEM の機能は需要計画の合意形成，機器制御指示機能である．

4・2　情報モデルとは

スマートグリッドに関する国際標準では，電力の供給，消費および関連するサービスに関するステークホルダとそれらのシステム，設備機器などを機能的に分類し，それらの機能領域をドメインと呼び，これらをシステム概念参照モデルとして表している．これを前節で解説した．

スマートグリッドの機能，構成の異なるドメインに跨ったサービスの実現には，これらのドメイン間の連携が必要となる．このドメイン間の連携を実現する特性を相互運用性（Interoperablity）と呼ぶ．

相互運用性の実現とは，ドメイン間で互いの状態を認識し，相互に連携動作を依頼することができるようにすることである．このように，ドメイン間で相互に状態を認識，連携動作するには，ドメイン内の機能，構造，それらの呼称などを互いに理解するため，これらをオブジェクト指向に従い情報モデル化する手法が用いられている．

すなわち，ドメイン内の機能，構造などを抽象的に表現し，これらを情報モデルとして記述する．ドメイン間で，情報モデル化の方法を合わせ，情報モデル間の対応する情報の対応付けを行い，さらに共通な規則により，メッセージ化し授受することで，ドメイン間の連携動作が実現される．

ここでは，海外の情報モデルの規格化状況と，これらによる相互運用性の実現に向けた検討状況

を解説する.

●4・2・1　スマートグリッドシステムの構造と情報モデルの必要性

1● スマートグリッドのサービスを実現するための相互運用性

　本項で扱うスマートグリッドは，電力供給を担う発電，送配電，系統運用などを行う電気事業者と，電力を消費し，様々な社会活動を行う家庭，店舗，事務所，工場などの電力の需要家，および，これらに省エネルギーなどのエネルギー管理サービスなどを提供するサービスプロバイダの3つのドメインを対象とする.

　日本では電力売買，融通，そのためのエネルギーアグリゲーションなど，電力に関するサービス事業が未成熟であるが，スマートグリッドの成熟に伴い，米国のように，これらのサービス事業が浸透するものと考えられる.

　スマートグリッドのサービスには，これらドメインの連携により，太陽光発電・風力発電などの再生可能エネルギー活用による温室効果ガスの排出抑制，それら再生可能エネルギー増加による電力供給系統の不安定化への対策および電力需給逼迫時の需要家への需要抑制依頼，需要家の分散型電源運用依頼による電力需給調整などがある．さらに，新たなサービスの開発が模索されている．需要家を中心としたスマートグリッドの構造とドメイン連携によるサービスの概念図を図4・18に示す.

　スマートグリッドを構成する電気事業者（発電，送配電，電力市場など），サービスプロバイダ，需要家のドメインは，異なる機能，構成，要求性能などを持つ．このため，スマートグリッドの構築にはドメインを跨ぎ，目的の異なるドメイン間でシステム・設備機器，および，その運用者がシステム・設備機器の状態を共通認識できなければならない.

　従来の標準化の目的は同一ドメイン内で，複数のベンダが提供するシステム・設備機器が電気

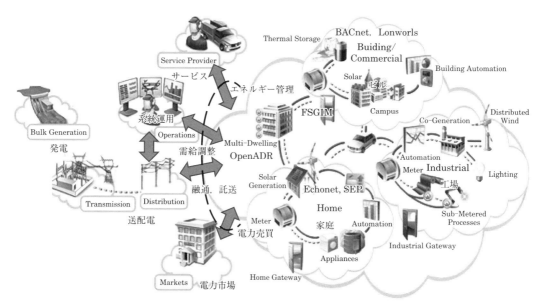

図4・18　需要家を中心としたスマートグリッドの構造とサービスの概念図

的，物理的に接続，運転でき，さらに，その更新ができるようにシステム・設備機器の仕様を一致化するものである．すなわち，従来の標準化の狙いは相互接続性の確保であった．

　スマートグリッドの標準化は機能，構造，要求性能などの異なるドメイン間の相互連携を狙いとするものである．異なるドメイン間のシステム・設備機器が電気的，物理的に直接に接続できなくとも，何らかの変換手段により接続され，機能的な共通認識のもと，ドメイン間で共通な機能を実現することが狙いとされている．これが相互運用性である．

　たとえば，スマートグリッドでは電力会社の発電余力（供給予備力）の低下による需要家への電力需要抑制依頼，または需要家の電力需要増加による電力会社の送電系統の安定化制御など，異なるドメイン間の連携動作が必要となる．

　異なるドメイン間の連携動作にはドメイン間で互いの状態を認識し，連携動作を依頼するための情報の共通認識手段が必要となる．この共通認識は異なるドメイン間のシステム・設備機器の単なる電気的，物理的な接続仕様を対象とするものではなく，機能，構成などの意味の共通化，対応付け，読替えなどにより実現されるものである．

　スマートグリッドに関する標準化に先行する欧米では，スマートグリッドを構成するドメイン内の標準化が先行した．これは欧州では，同じドメインでも，国，地域を跨ぎ，異なるベンダ，運用者によりシステムが構築，運用できなければならないという事情への対応であった．このため，ドメイン内のシステム・設備機器の提供する機能，構成などを情報モデルとして，オブジェクト指向に基づき抽象的に表記し，同一なドメイン内のベンダ，運用者などで共有することを目的に標準化がされた．

　現在では，スマートグリッドの異なるドメインを跨ぎ，異なるベンダの異なる機能を有するシステム・設備機器による新たなサービスの実現が検討されている．このため，異なるドメイン間で，情報モデルを手段とする連携による相互運用性の検討が進められている．

　スマートグリッドのドメインを跨いだサービスの実現には，関係するドメイン間で交換される情報の機能的，意味的な共通の理解が必要である．これはシステム・設備機器間の単なる電気的，物理的な接続性の確保のための相互接続性でなく，システム・設備機器間の機能的な連携動作を可能とする相互運用性である．

　スマートグリッドを構成するドメイン間を機能的に連携動作させる相互運用性を実現する基本的な考え方はオントロジーである．オントロジーとは意味情報を表現する「概念の明示的仕様化手法」であり，スマートグリッドに相互運用性を実現する基本的な手法として，国際規格の基礎をなしている．これは対象ドメインを抽象的にモデル化し，議論を一般化するものである．

Column　標準化の狙い，形態の違い

システム・設備機器間の仕様の標準化状態には適合（Conformant），無矛盾（Consistent）準拠（Compliant）がある．これらはシステム・設備機器に搭載されている仕様の実装状態を示すものである．システム・設備機器間の機能的な連携による機能の実現性を示す相互運用性（Interoperable）とは異なるものである．

・不適合　　・無矛盾　　・準拠　　・相互運用　⇔
　　　　　　　　　　　　　　　　情報を共有，機能を実現

システム・機器の標準化状態

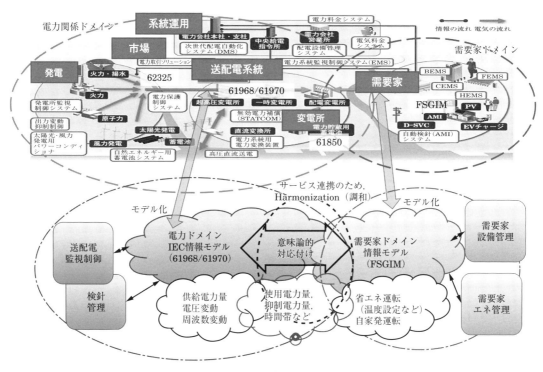

図4・19 スマートグリッド内ドメイン間の連携イメージ

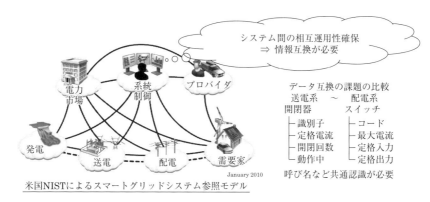

図4・20 ドメイン間の情報認識の差異例

具体的にはスマートグリッドを構成するシステム・設備機器の機能,構成などを論理的に表現し,これをドメイン相互の共通な理解のための情報とするものである.

情報モデルによるスマートグリッドのドメイン間の連携イメージを図4・19に示す.

電力会社が需要家に向け電力の需給調整を依頼するサービスではドメイン間でシステムの構成,機能などが全く異なる.このようにシステム構成機器,制御状態などが異なるドメインに跨るサービスの実現には相互に認識できる時間帯,電力使用量,価格などの需給調整に必要な共通な機能の情報の設定が必要になる.

たとえば,配電・変電関係ドメイン間で,同じ機器に対し,遮断機,コンタクタ,リレーなどのように呼び名がベンダ,運用者により異なることがある.このようにドメイン間で機器の呼び名,

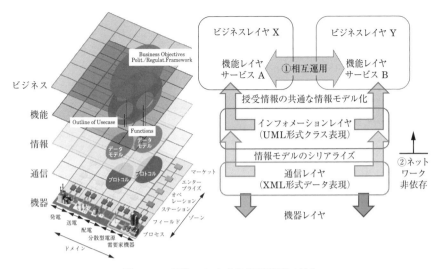

図4・21 情報モデルによる相互運用性の目的

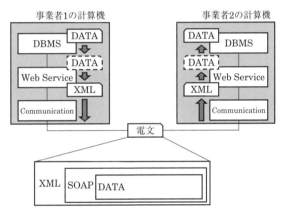

図4・22 国際規格での情報モデルに基づく情報授受形態例

機器の監視・制御機能の名称,単位などをベンダ,運用者間で合わせないと,システム,設備機器の連携運転ができない.ドメイン間の情報認識の差異の例を図4・20に示す.

異なるドメイン間のシステム,設備機器は何らかの電気的,物理的な手段で接続されている.しかし,その接続手段はシステム,設備機器によって違っていることが多い.これに対し,ドメイン間の授受情報の機能,意味の共通理解のための情報モデルを設定することで,スマートグリッドのドメイン間の情報交換時,交換情報の表記形式,通信プロトコルによらず,情報交換を行い,サービスを実現することができる.既設,新設が入り混じる異なる機能のシステムで構成されるスマートグリッドで,それぞれ独自な形式の情報を異なる通信プロトコルで交換しても,情報モデルを共有することで,共通な機能の実現が可能な相互運用性が実現できる.情報モデルによる相互運用性の実現イメージを図4・21に示す.

ただし,現状の国際規格の審議ではドメイン間の情報モデルをベースとした通信にインターネットの使用が前提とされ,図4・22のような形態が前提とされている.

2 情報モデルの構成と表記

需要家ドメインの情報モデルとして国際標準化機構（ISO：International Organization for Standardization）TC205，米国暖房冷凍空調学会（ASHRAE：American Society of Heating, Refrigerating and Air-Conditioning Engineers）で審議中の規格は，電気事業者内ドメインの情報モデルとして IEC TC57 で審議中の規格の考え方を踏襲し，また，その一部を流用する形で策定が進んでいる．

これらの情報モデルは表記法が統一されたモデリング言語である統一モデリング言語（UML：Unified Modeling Language）を使用し，オブジェクト指向モデリングの一つのツールであるクラス図（Class Diagram）によって表記されている．

UML はシステムモデリングおよびモデルベースの標準策定を行うオブジェクトマネージメントグループ（OMG：Object Management Group）により開発された標準言語である．UML はシステム開発の対象となるシステムをモデル化する記述方法の集まりである．スマートグリッドに関する国際標準では，これらをシステム開発・設計のどの段階で使うかが決められている．

オブジェクト指向とは，機能，データを一つの対象物として捉える考え方で，オブジェクトとは，それ自身の機能や数値を示す属性（プロパティ，データ）と，その操作（メソッド，オペレーション）により成っている．オブジェクトは属性と操作の集合から成るクラスから生成され，個々の実体に対応付けられる．この対応付けをインスタンスの生成という．各々のオブジェクトは独立して機能し，オブジェクト間はメッセージの交換を通して，オブジェクトへの要求や結果を授受することで，その機能を実現する．

クラス図とはオブジェクトの構造と操作を定義する設計図で，その表記方法が UML で定義されている．クラス図を使ってモデリングすることでオブジェクト同士の関係を簡潔に表現したモデルを作成することができる．

情報モデルは様々なモデル（サービスの機能，このための設備を表現するクラスパッケージ，コンポーネントクラス）の集合体であり，各々のモデルはさらに複数のクラスの集合から成る．モデルに用いられるクラスは，主にクラスが保持する属性とクラス間の関係により表現されている．また，モデルや関係するクラスをグループに纏め，パッケージとして管理する方法がとられている．情報モデルの表記に使用されるクラス図の要素を**図 4・23** に示す．

モデルの機能をビジネスアプリケーションに実装するためには，必要な属性をクラス単位に分類・

Column　UML（Unified Modeling Language）

オブジェクト指向のソフトウェア開発の仕様，設計を図示するための記述方法を定めたもので，2015 年 7 月現在，UML 2.5 が最新版であり，ソフトウェアのモデリング言語の標準として普及している．

　オブジェクト指向分析や設計のための記法の統一が図られたモデリング言語である．仕様記述言語であるとされることもあるが，統一されているのは構文に相当する記法だけで，仕様を表現するような意味が形式的に与えられていない図もあるので，形式的仕様記述言語ではない．

　スマートグリッドの関係ドメインの情報モデル化では，システム・設備，サービスなどの機能，構造の表記を行うために使用されている．

Column　OMG（Object Management Group）

情報システムの設計などのモデル化を行うための技術規格の標準化を進める非営利の業界団体で 1989 年に設立され，多くの大手コンピュータメーカ，ソフトウェアメーカが参加している．

4・2 情報モデルとは

クラス図の表記

クラス名称	パッケージ：クラス名 クラス種別（ステレオタイプ）の表示をするときはクラス名称の上に記述.
属性	可視性　名前：型　多重度

クラス間の相互関係の表記
　クラス間を線形で結び，関連，集約の両端に関連端（ロール名）を記述.

関　係	線　形
関連（Association）	———
集約（Aggregation）	◇———
汎化（Generalization）	◁———
依存（Dependency）	◀----------

図4・23　情報モデルを表記するクラス図の要素

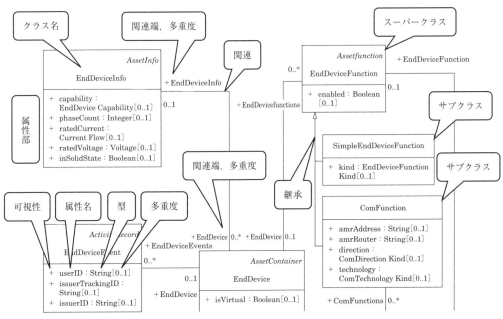

図4・24　IEC 61968のエンドデバイスモデルの一部を例にしたモデル構造

網羅し，その属性の関連性をクラス間の関係を示す方法（関連性，多重度など）を用いて記述する．クラスおよびクラスの集合であるモデルの表記には，以下を記述する．

(1) 個々のクラスの識別のため，パッケージ（ネームスペース）とクラス名（パッケージは省略可能）
(2) クラスの属性には，可視性，属性名称，型，多重度
(3) 属性の可視（全てのクラスからアクセス可能なパブリック）
(4) クラス間の関連，継承（汎化），集約を記述し，関連端（ロール名）と多重度

この表記に従った電気事業者ドメインにおける送配電管理のための情報モデルの規格にIEC 61968「電気事業者の配電管理のためのシステムインタフェースにおけるアプリケーション群（IEC 61968：Application integration at electric utilities-System interfaces for distribution management）」がある．情報モデルである需要家の設備機器を表す終端デバイスクラスEndDeviceModele class

を例に，情報モデルの構造の一部を図 **4・24** に示す．

終端デバイスクラス EndDeviceModele class とは電気事業者ドメインから需要家ドメインの電力量計，設備機器などの見え方を表現するもので，その情報モデルには対象となる設備機器の構成，機能，監視制御の方法が記述される．

図 4・24 に示すように情報モデルはクラスの集合で表現されている．

図 4・24 の終端デバイスクラス EndDeviceModele class のクラス構造を説明する．図 4・24 の中核をなす終端デバイス情報クラス EndDeviceInfo class は 5 つの属性から構成され，属性の先頭の「＋」は可視性がパブリックであることを示している．属性 Capability が EndDeviceCapability 型であり，多重度が「0..1」であることから，0 または 1 個（省略または 1 つ）の設備機器を保持することが可能である．終端デバイス情報クラス EndDeviceInfo class は終端デバイスクラス EndDevice class と関連を持ち，終端デバイスクラス EndDevice class の関連端の多重度が「0..*」であることから，終端デバイス情報クラス EndDeviceInfo class は終端デバイスクラス EndDevice class を 0 個以上（省略または任意数）保持することができる．また，終端デバイスクラス EndDevice class の終端デバイス情報クラス EndDeviceInfo class 側の関連端の多重度は「0..1」であることから，終端デバイスクラス EndDevice class からは終端デバイス情報クラス EndDeviceInfo class を 0 または 1 個（省略または 1 つ）保持する関係であることがわかる．単純終端デバイス機能クラス SimpleEndDeviceFunction class と共通機能クラス ComFunction class は終端デバイス機能クラス EndDeviceFunction class と継承の関係になっており，それぞれサブクラス，スーパークラスであるという．継承とはクラス間に類似性がある場合，属性の重複を避けるためにクラス間の関係をモデリングする方法で，このモデルでは終端デバイス機能クラス EndDeviceFunction class の属性 enabled は単純終端デバイス機能クラス SimpleEndDeviceFunction class と共通機能クラス ComFunction class に共通に使われる属性であることを意味している．

この手法によりモデルを表現する情報定義の重複を避け，多重度によって不要なクラスやクラス内の属性を削除して必要な情報のみを取り込みモデル化をすることができる．

ユースケースを実現するためのビジネスアプリケーションの実装では，すでにある規格の情報モデルを用いて，設計段階からオブジェクト指向により適切に情報モデルを構成するクラスを組み込むモデリングを行う．こうすることで，実装するアプリケーションに規格化された情報モデルが組み込まれる．

このように情報モデルからユースケースを表現するモデルを作成することをプロファイリングと呼ぶ．具体的にはユースケースの実装に必要な情報を持つクラスを構成するために，クラス間の関連による多重度によってクラスの構造を抽出し，クラス内の属性の多重度により必要な属性を取り込むことでモデリングを行う．

このモデリングにより作成されたモデルには組み込まれた情報モデルのクラスからドメイン内，ドメイン間を授受するメッセージが導き出されるため，スマートグリッドアーキテクチャモデル SGAM における情報レイヤの情報モデルと通信レイヤの授受メッセージの両レイヤに対する相互運用性が実現できる．

● 4・2・2 情報モデルの国際標準化状況

1 ● 情報モデルの国際標準

電気事業者に関する情報モデルの標準化は欧州，IEC を舞台に活発に行われている．一方，需要家に関する情報モデルの標準化は米国，ISO を中心に行われている．ここでの標準化の流れは標準化の必然性，対象範囲などをユースケースとして規定し，この要件定義を受け，対象となるシステムやサービスをオブジェクト指向に基づいて，情報モデルとして定義するものである．具体的な規格化対象サービスには先進的計量（メータリング），電力需給制御（デマンドレスポンス），需要家サービス（家庭，ビル，産業），太陽光発電・電気自動車・蓄電池などを含めた分散型電源の制御および配電自動化システムの高度化などがある．

情報モデルの規格化は IEEE 2030-2011 のシステム概念参照モデルにおけるドメインごとに行われている．すなわち，情報モデルの国際標準は系統運用ドメイン（エネルギー管理システム EMS：Energy Management System など）では IEC 61970「電力系統運用システムに向けたプログラムインタフェース（IEC 61970-301 Ed.2 Energy management system application program interface）」，配電管理ドメイン（配電管理システム DMS：Distribution Management System Operation など）では IEC 61968「電気事業者の配電管理のためのシステムインタフェースにおけるアプリケーション群（IEC 61968-1〜13 Application integration at electric utilities-System interfaces for distribution management）」，送電配電ドメイン（Transmission，Distribution），変電ドメイン（Subsation）では IEC 61850「電力自動制御のための通信ネットワークとシステム（IEC 61850-1〜15 Communication networks and systems for power utility automation）」，市場ドメイン（Market）では IEC 62325「電力市場における通信のためのフレームワーク（IEC 62325-101 Ed1.0 Framework for energy market communications）」として規格化が進んでいる．

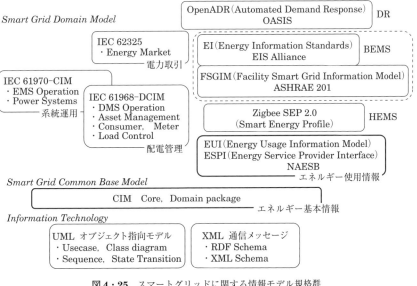

図 4・25 スマートグリッドに関する情報モデル規格群

このなかで，特に，IEC 61970，IEC 61968，IEC 62325 が重要な位置にあり，スマートグリッドの他規格の一部ともなっている．これらサービスとドメインに関する情報モデルの国際標準化動向を図 4・25 に示す．これら情報モデルの構造は IEC 61970，IEC 61968，IEC 62325 など，各ドメインの構成，機能に対応した情報モデルと各ドメイン共通なもの（Core, Domain Package など）から構成されている．

　これら規格ではシステム，設備機器，サービスなどを統一モデリング言語 UML 形式で情報モデルとして記述し，さらに，拡張可能なマークアップ言語 XML（Extensible Markup Language）形式のメッセージで交換することを定め，ドメイン内外のシステム間の情報の共通認識を可能としている．また，メッセージの交換にはインターネットを使用したプログラム制御プロトコル SOAP（Simple Object Access Protocol），メッセージ交換手順 JMS（Java Message Service）などの Web サービスの使用を選択肢の一つとしている．

　スマートグリッドのサービスプロバイダ，需要家ドメインのサービスの標準化は，米国が先行している．これらドメインでは，デマンドレスポンスを主な対象とするオープンデマンドレスポンスアライアンス（OpenADR Alliance：Open Automated Demand Response Alliance），およびビル・産業などのエネルギー管理を主な対象とする EIS アライアンス（EIS Alliance：Energy Information Standards Alliance），家庭を主な対象とする家電機器通信規格 ZigBee SEP（Smart Energy Profile）などで通信規格の標準化が進められている．

　また，米国でも IEC の動向をにらみ，情報モデルの検討が行われている．これらの情報モデルには，北米エネルギー規格委員会（NAESB：North American Energy Standards Board）におけるエネルギーサービスプロバイダインタフェース（ESPI：Energy Service Provider Interface），エネルギー使用情報モデル（EUI：Energy Usage Information Model）などがある．

　特に，米国電機工業会（NEMA：National Electrical Manufacturers Association）と米国暖房

Column　XML（Extensible Markup Language）

個別の目的に応じたマークアップ言語作成のため，汎用的に使うことができる仕様および仕様により策定される言語の名称である．XML の仕様は World Wide Web Consortium（W3C）により策定・勧告されている．2010 年 4 月現在，XML 1.0 と XML 1.1 の 2 つのバージョンが勧告されている．

　スマートグリッドのドメイン間で，UML で記述された情報モデルをもとに，情報交換する際，情報モデルの文字列の変換後の表現形式として使用される．

Column　SOAP（Simple object Access Protocol）

拡張可能で分散的なフレームワークである．様々なコンピュータネットワークの通信プロトコルで利用することができるとされているが，TCP/IP 上の HTTP(S) での使用が現実的である．主要な実装として Apache Axis がある．スマートグリッドのドメイン間の通信プロトコルとして使用される．

Column　JMS（Java Message Service）

Java プログラムにネットワークを介してデータを送受信させるための API である．Java EE 1.3 以降に標準で含まれている．データを 1 つずつバラバラに扱うのではなく，メッセージと呼ばれる塊に纏めて送信するメッセージングを行う．1 対 1 のキューと 1 対多のトピックが使える．受信は，MessageConsumer.receive() による同期受信のほか，MessageListener を使った非同期受信もできる．

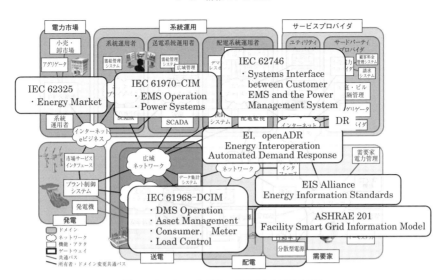

図4・26 スマートグリッドに関する情報モデル

冷凍空調学会（ASHRAE：American Society of Heating, Refrigerating and Air-Conditioning Engineers）SPC201が共同で検討を進めてきたスマートグリッド施設情報モデル（FSGIM：Facility Smart Grid Information Model）は，国際標準化機構（ISO：International Organization for Standardization）で国際標準化が進行中である．これは需要家ドメインにおける情報モデルとして国際標準の最右翼にあると考えられる．このFSGIMは計量（Meter），設備（Load），発電（Generator），エネルギー管理（Energy Manager），気象（Weather）のコンポーネントから構成されている．計量は電気エネルギー，排気ガスの計測集計を行う設備機器の抽象表現で，NAESBの情報モデルに基づいている．設備は電力を消費する照明・空調・OA機器などの抽象表現である．発電は発電・蓄熱などを行う設備機器の抽象表現であり，変電設備，分散型電源の情報モデルを規定するIEC 61850の情報モデルを使用している．エネルギー管理の計測データ集計，需要予測，需要抑制・制御は階層構造でモデル化されている．

電気事業者やサービスプロバイダなどの連携はFSGIM情報モデルの階層構造の最上位にあるエネルギー管理サービスインタフェースエネルギーマネジャ（ESI EM：Energy Service Interface Energy Manager）で記述される．スマートグリッドに関する情報モデルの国際標準化状況を図4・26に示す．

スマートグリッドの標準化では，ドメイン間の授受情報の共通認識のための情報モデル，その通信機能，実装方式を規定し，相互運用性の実現を狙いとしている．しかし，未だにドメインごとに限定された規格に留まり，スマートグリッドの全ドメイン間の相互運用性は確立されていない．現在，IEC TC57で審議中の情報モデルをもとに，ユースケースごとに情報モデルのプロファイル化が図られている．米国主導のOpenADRも，その授受メッセージから情報モデル化の検討が進められ，IEC TC57の標準に準拠したものとなる見込みである．

現状の国際標準の審議の状況においては，情報モデルは特定のドメイン内でのみの標準化であり，ドメインを跨り，ドメイン間を連携させるものとなっていない．

2 情報モデルに基づく相互運用性確保の検討状況

スマートグリッドを構成するドメインを跨るサービスの実現のため，各ドメインの情報モデルに基づく相互運用性の確保が海外で複数検討されている．

これら検討には，同一ドメイン内の異なる情報モデルの連携および異なるドメインの異なる情報モデルの連携とがある．情報モデル間の連携は調和（Harmonization）と呼ばれる．

前者の例は同じ配電ドメイン内におけるIEC 61968と米国農業電力協同組合（NRECA：National Rural Electric Cooperative Association）の配電系統制御のための情報モデルの規格であるMultispeakとの連携である．後者の例は系統運用ドメインと変電ドメイン間のIEC 61970とIEC 61850との連携である．これら事例の位置付けを図4・27および表4・11に示す．

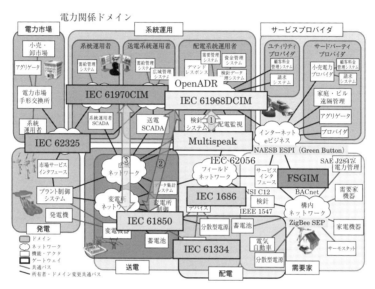

図4・27　ドメイン間の情報モデル連携の位置付け

表4・11　ドメイン間の情報モデル連携の特徴

	事例① CIM–Multispeak	事例② 61850–61968	事例③ 61850–61970
実施機関	IEC TC57 WG14	IEC TC57 WG19 Harmonization Project	IEC TC57 WG10，13，19
対象	配電ドメイン内	配電・変電ドメイン	系統制御・変電ドメイン
狙い	同一配電ドメイン間相互運用（異規格相互接続）	配電・変電部門を跨る運用統合（情報モデルの単一化）	送電・変電部門を跨った電力系統の一括運用
方法論	Domain Specific Model Mapping：2つの情報モデル間の対応クラス，属性関連付けによる情報モデルの1対1対応付け	Semantic Mapping：61850のXML形式の授受情報をリバースエンジニアリングし，UML形式変換後，意味的対応から情報モデル作成	Canonical Semantic Model Mapping：既存情報モデル間アプリケーションレベル授受情報の意味論的共通認識化
成果/課題	IEC 61968-14: Application integration at electric utilities–System interfaces for distribution management	Harmonization of Semantic Data Models of Electric Data Standards	進行中　IEC TS62361-102: Power systems management and associated information exchange–Interoperability in the long term–Part 102: CIM–IEC 61850 harmonization
その他		監視センタ，バックオフィスなどから分散電源などとの連携	異なる情報モデルのオントロジー的接続検討

一例として,表4・11の事例① 同一ドメイン内の異なる情報モデルの調和の事例を示す.

これは米国電力研究所（EPRI：The Electric Power Research Institute）が起源や対象などの異なる情報モデルの規格の両立により生じる問題の解決を狙いに,IEC 61968と米国農業電力協同組合 NRECA 規格である MultiSpeak の調和を検討したものである.これらは米国の同じ配電ドメインに共存する異なる情報モデルの規格である.

IEC 61968 は多くの情報技術者を抱える大規模な電気事業者に使用され,MultiSpeak は技術者の少ない自治体や農業組合のような小規模な電気事業者で主に使用されている.ともに配電ドメインの情報モデルであるが,起源,運用形態が異なることから,同一ドメインであっても情報モデルに互換性が乏しく,連携が難しいものとなっている.

MultiSpeak は,電力会社の管理系システム（バックオフィス）と送配電系システム間のインタフェース仕様を起源としているため,メータ関連の機器特性に対し,IEC 61968 と比較的高い整合性がある.しかし,電気事業者の顧客情報や取引に関する機能仕様に対する整合性は低い.

本事例で,EPRI は IEC 61968 から MultiSpeak への情報モデル内の情報（属性,プロパティと呼ばれる）の対応付け（マッピングと呼ばれる）を① Correlation 関係（等価で読替え可）,② Transformation 関係（変換で読替え可）,③ Gap 関係（一致する属性やクラスなどが存在しない）に分類した.

対応付けの例を図4・28に示す.図4・28の左側は IEC 61968,右側は MultiSpeak の情報モデルの一例である.等価で読替え可能な関係の属性は矢印で接続されている.変換により読替え可能な属性は中間の矩形を介して接続され,変換ができない関係は相互に接続のない属性で表現されて

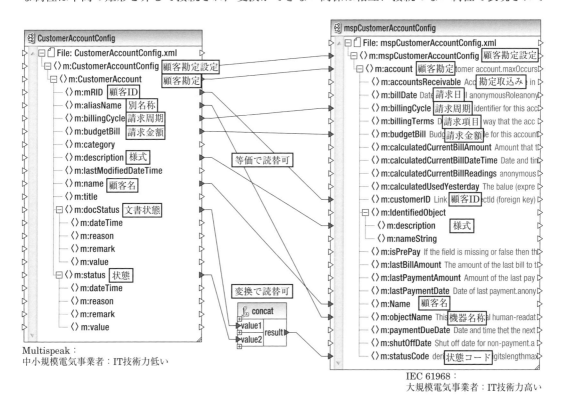

図4・28　CustomerAccountConfig クラスの対応付け例

いる．本事例では IEC 61968 の属性 24 個のうち，11 個が対応付けされたが，対応付けができない多くの属性が残った．EPRI はこの分析結果を以下とした．

(1) 本分析では全体のうち解析評価できた部分は限定的である．
(2) IEC 61968 の属性と等価な MultiSpeak の属性を対応付けする手法を開発できた．
(3) オンデマンドメータ読取りを対象に両規格の Web サービスを実装し，OpenESB を介して接続する実証を行った．
(4) IEC 61968 と MultiSpeak の対応するクラスの各属性について，Correlation，Transformation，Gap の 3 種類に分類された．

両情報モデルの調和の課題として，両情報モデルの名前の意味や命名規則を考慮して，対応関係の定義の必要性があり，また両規格とも基本的な値を表現できるものの，1 対 n の関係の定義が不足している点が挙げられている．また，情報モデル構造では，系統操作・保護・発電などの文脈に応じたデータ集約・統合・抽象化のためのルール定義の必要性が挙げられている．

しかし，統一的な UML モデルだけでなく，オントロジーを用いてデータ交換を行う記述言語 OWL（Web Ontology Language）も併用することで，知識の推論プロセスを機械処理できるようになるのではないかと考えられている．

ドメインごとの最適化ではなく，全体最適の視点での相互運用性という観点では，まだ検討の初期段階にある．

●4・2・3　日本のエネルギーサービスを実現するための情報モデル

本項では日本特有の需要家施設のニーズから生じる情報モデルへの要求仕様を，特に業務用ビルを対象に，その施設の構造・設備，電力会社からの電力供給・契約形態をユースケースの観点から説明する．これをもとに，日本の標準的な需要家施設の情報モデルの機能，構成などの要求仕様を整理する．

1● 日本の需要家施設の構造

日本では「エネルギーの使用の合理化に関する法律」などの法規制により，ビルの省エネルギーへの取組みが強く求められている．このなかで，電気事業者，需要家の物理的な接続形態はいわゆる「ビル」を基準として考えることができる．この「ビル」は以下のように捉えることができる．

(1) 地域：物理的なビルの集まり
(2) 同一オーナの複数ビル：ビルを所有するオーナの観点の複数ビルの集まり
(3) 複数ビル間に跨る同一企業のテナントの集まり：同一の企業が複数ビルを跨ぎ，テナントとして借りているビルの集まり
(4) 同一ビル内の複数テナントの集まり：同一ビル内に複数箇所を同一企業が借りているテナントの集まり

この関係を図 4・29 に示す．

ビル内部に設置された設備機器および制御機器は，次のように想定される．

(1) ビル内の電力系統：需要抑制の対象機器が接続された「遮断可能負荷系統」と「需要負荷系統」の系統

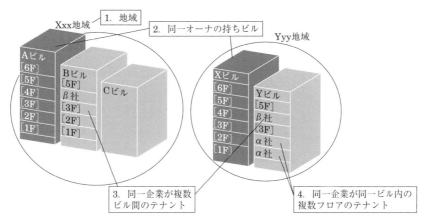

図 4・29 ビルの外部構成モデル（ビル関連の構成）

(2) 情報系統：エネルギー供給の監視，制御を実施する情報通信の系統
(3) 機器の分類：エネルギー管理の対象機器の分類は「OA」，「照明」，「空調」
(4) 電力以外の機器：ガスなどの電力以外の機器（コージェネ・給湯器など）
(5) 設備機械室：設備機械室内にあるガス供給システム，（常用，非常用）自家発電機システム，蓄電システムなど

これらの関係を図 **4・30** に示す．

2　電力会社の電力供給形態

日本の電力会社の電力供給形態に沿って，ビルの外部および内部の構成に関わる計量機能と制御機能の要件を整理すると，以下のようになる[32]．

(1) 建物（需要場所）と1対1に対応できる取引用電力量計
(2) 建物の物理構造上の箇所を指定した計量値の参照
(3) 用途を指定した計量値の参照
(4) 建物およびその集合による地域全体のエネルギー使用量の把握
(5) 電力計量のほかに「建物の使用時間」，「集中空調の運転時間」，「在室人数」，「室内の CO_2 濃度」，「相対湿度」を含む計量値
(6) 標準化への対応（NAESB Energy Usage Information Model に準拠）
(7) エネルギー料金と需要抑制などの価格に関するデータ
(8) 抑制量を把握できる情報モデル
(9) 電気事業者，サービスプロバイダなどの契約単位の建物や建物群の扱い
(10) 気象情報などの環境情報
(11) 平常時のエネルギー効率利用，節電，災害時のエネルギーBCPを含む制御
(12) 「負荷優先度」による逼迫時，停電時の優先度の定義
(13) コスト・CO_2・一次エネルギー消費最小化のための個別機器制御
(14) OpenADR，SEP 2.0 相当の逼迫時に需要抑制のための機能セット
(15) デバイス（制御対象）とそれに対する機能の組合せで定義できる制御

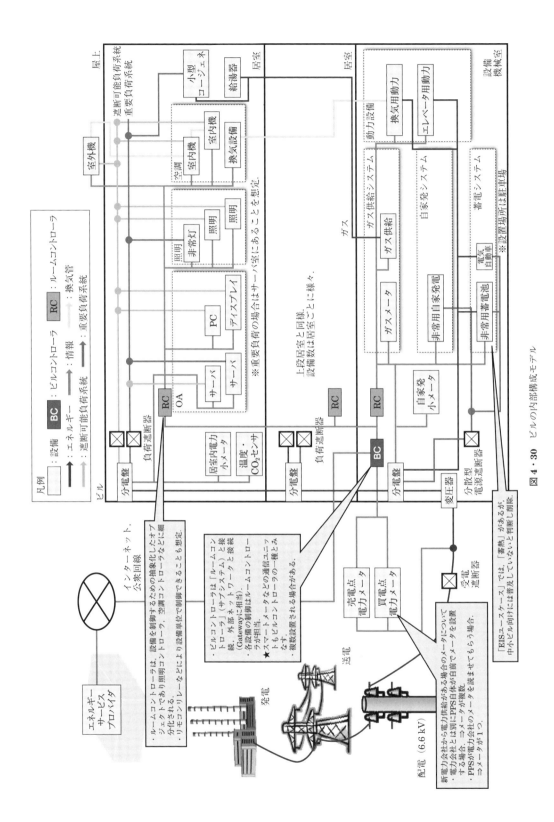

図4・30 ビルの内部構成モデル

⒃ 需要抑制などを含めた電力取引市場に関する情報定義
⒄ 抑制量を予測するためのデータ・機能
⒅ 地域単位での需要抑制

3 ● 日本の標準的な情報モデルの狙いと機能

日本の情報モデル化は需要家の機器に対する省エネルギーや日本の環境に合わせた負荷平準化な

表 4・12 情報モデルへの要求

	要求項目	要求内容
物理構造	物理的接続形態	素案にて検討した物理的接続形態を考慮すること.
	階層（レイヤ）	地域, 建物, 設備のレイヤにより記述すること.
	構成要素	各レイヤにおける物理構造では，以下を備え，管理を行うこと. (1) 設備のレイヤは，エネルギー消費機器，計量機器，制御機器 (2) 建物のレイヤは，部屋，階，建物，テナント (3) 地域のレイヤは，ビル群，街区，地域全体
	位置情報	照明，空調制御のために機器の「位置」（物理的，所有区分などの意味）を管理できること. 例：窓側などの一列やテナントが所有している機器
	回路情報	回路などの結線や CAD 情報をエネルギー管理のために保持できること.
	自家発電	需要家側のエネルギー供給機器も考慮すること.
計量機能	取引用電力量計	取引用電力量計を建物（需要場所）と 1 対 1 に対応できること. ただし，取引用電力量計に関連付く契約情報を保持できる必要があると考える.
	計量値の参照	物理構造を指定して計量値を参照，比較できること．たとえば，窓際の照明のみを指定して計量値を把握するなどに利用する.
	構成要素	上位レイヤと連携し用途を指定した計量値を把握できること.
	位置情報	各建物のモデルごとに計量値を保持できること. また，その集合により地域全体のエネルギー使用量を把握できること.
	計量値の取得	建物の運用に関わる情報として電力計量のほかに「建物の使用時間」，「集中空調の運転時間」，「在室人数」，「室内の CO_2 濃度」，「相対湿度」を含むこと.
	標準化	計量に関しては NAESB Energy Usage Information Model に準拠すること.
	料　金	エネルギー料金，DR の価格に関するデータを定義できること.
	抑制量の把握 契約グループ 環境情報	抑制量を把握（格納）するための情報モデルが必要.
		電気事業者，サービスプロバイダなどのアクタによって，データを扱う視点が異なるため，電気事業者，サービスプロバイダ，グループ会社（チェーン組織）などのアクタが契約を基準としたグループ単位（物理構造ではなく論理的な構造）で建物や建物群を扱えること.
		気象情報などの環境情報を扱えること.
	セキュリティ	個人情報や営業情報を扱うため，セキュリティ対策が必要.
制御機能	制御種別	制御機能を抽象化して定義できること．制御機能は平常時のエネルギー効率利用，スマート節電（DR），災害時のエネルギー BCP を含むこと.
	負荷優先度	逼迫時，停電時の優先度を定義するため，「負荷優先度」を定義できること.
	機器制御	コスト最小化，CO_2 最小化，一次エネルギー消費最小化のために個別に機器が制御できること.
	スマート節電（DR）	逼迫時に需要抑制を実施するために OpenADR，SEP2.0 相当の機能セットに準拠できること.
	デバイスと機能の組合せ	制御においてはデバイス（制御対象）とそれに対する機能の組合せで定義できること.
	電力取引市場	需要抑制などを含めたエネルギー商品を扱うための電力取引市場に関する情報モデルが必要.
	抑制量の予測	抑制量を予測（計算）するのに必要なデータ・機能が必要.
	地域制御	地域単位での需要抑制に対応すること.

どの日本のエネルギーマネジメントに適合することが狙いとなる．日本の環境に適合した電気事業者の視点から需要家機器の視点までを対象とした規格を狙い，各アプリケーション間の授受メッセージ形式の統一やオープン化により，アプリケーション間の相互運用性を確保する．情報モデルによって，電力会社からの供給に関わる電力量計，需要家ドメイン内のエネルギー管理システムやマルチベンダな需要機器がモデル化されることになる．

日本の環境における情報モデルでは，**表 4・12** のような機能が要件となる．

4 日本の標準的な情報モデルの構成

これら要求内容に対応するため，情報モデル化の対象を設備，建物，地域の物理的な3階層の構造として扱う．

設備レイヤはエネルギーマネジメントを実現するための設備やその構成要素である機器のレイヤである．これにより機器単位の制御を可能とする．機器はエネルギー消費機器だけではなく，上位レイヤからの制御や計量の要求に応えるために必要な制御機器，計測機器，センサ，子メータ，分電盤なども含まれる．

建物レイヤは取引用電力量計に関連付いてエネルギーを消費する場所であるビルなど建物の物理的な構成のレイヤである．物理的な構成とは階床構成などの建物の内部構造である．

地域レイヤは地域を構成する要素のレイヤである．地域としてのエネルギー管理を行うための構成要素であり，建物よりも上位の概念である地域全体，建物群，街区などが対象となる．

デマンドレスポンスなどの需給調整の原則となる考え方は，対象となる「物理構造」である建物に対して，エネルギー消費を計量し，その計量値をもとにエネルギー消費に関する制御を実施することである．そのため，物理構造である建物に対し，エネルギー消費を計量する「計量機能」，エネルギー消費に関する制御を行う「制御機能」が機能的に付与されるものとしている．

設備レイヤの計量機能はセンサや子メータなどの計測機器が保持している計量機能を指している．これは，機器単位のエネルギー使用量を把握するためであり，その集合に対してBEMSが建物内でエネルギー収支の制御をする．制御機能は組込み機器レベルでの制御である．ここではベン

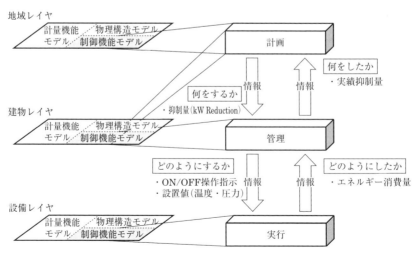

図 4・31 制御機能の振る舞いと連携

4・2 情報モデルとは

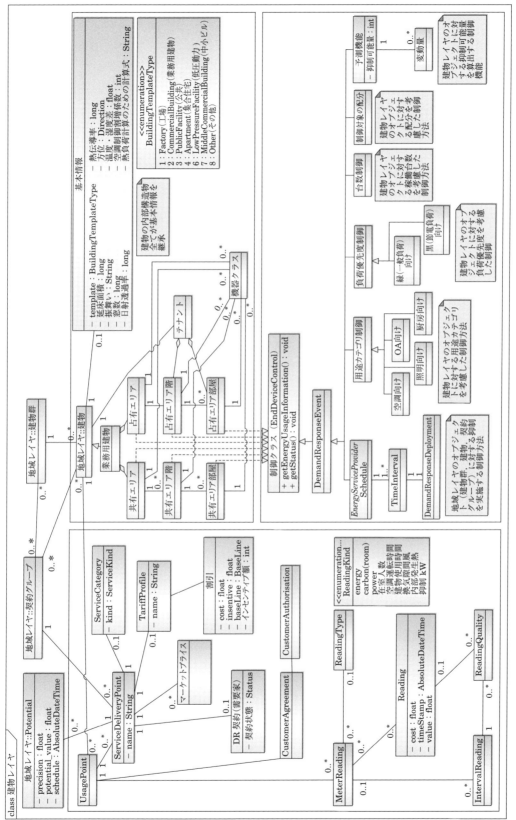

図4・32 建物レイヤのクラス図

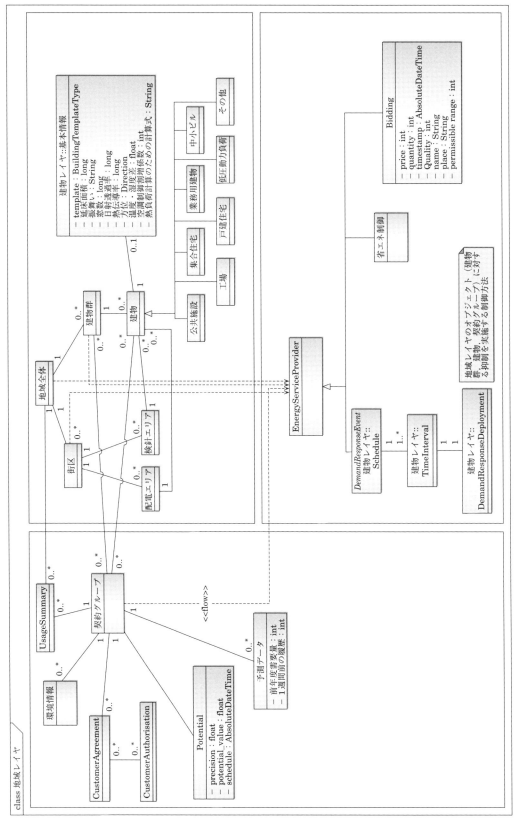

図4・33 地域レイヤのクラス図

4・2 情報モデルとは

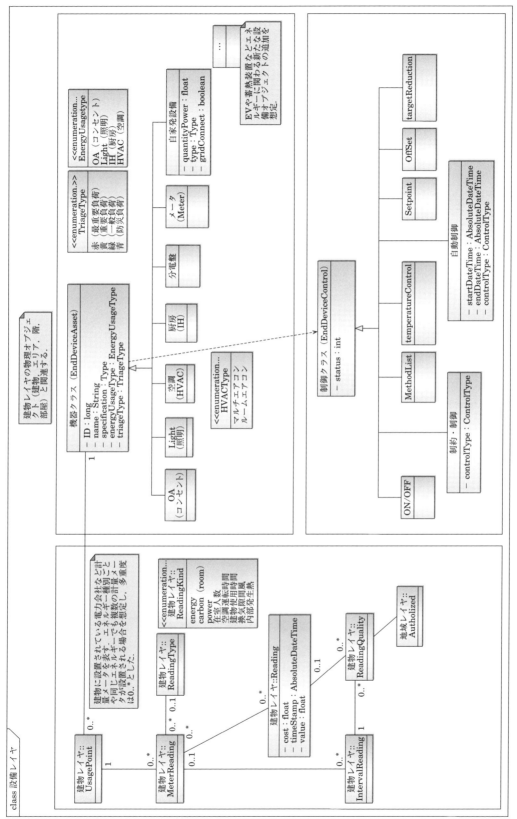

図4・34 設備レイヤのクラス図

ダごとに異なる制御コマンドを全て考慮すると，標準化に含めるデータ項目のメンテナンスコストが高くなるため，機器共通で基本的な制御方法を定義するとしている．

建物レイヤの計量機能は建物単位で消費するエネルギーの計量機能および建物（取引用電力量計）に紐づく契約である．制御機能はビルなどの建物単位，もしくは建物内のフロア単位でのエネルギーマネジメントのための制御機能である．

地域レイヤの計量機能は地域レベルのエネルギー可視化のための計量情報の保持するものである．地域レイヤの情報は電気事業者，サービスプロバイダ，グループ会社（チェーン組織）のオーナ企業など様々なアクタが扱う．制御機能はサービスプロバイダによる地域単位でのエネルギー収支の制御を行う．エネルギー種別として，電力のほかガスや熱のエネルギーも制御対象となりうる．

UMLによる情報モデルの作成は，要求をもとに必要なデータ項目を抽出し，UMLのクラス図の作成が行われている．UMLで記述することでXMLフォーマットによる情報授受も容易に可能となり，電力会社のシステム，サービスプロバイダのシステム，需要家の機器など分散した環境におけるアプリケーション間通信の相互運用性も確保される．クラス図はレイヤごとに描かれているが，相互に関連付けられる．

制御機能の振る舞いとレイヤ間の連携の例を図4・31に示す．

図4・32～図4・34に建物レイヤ，設備レイヤ，地域レイヤのクラス図を示す．各レイヤのクラス図は物理構造，計量機能，制御機能から構成されている．

5 実証実験に基づく情報モデルの在り方

日本における実証実験は，これまで需要家側の機器に対する省エネルギーや需要抑制が志向され，また，電気事業者と需要家の間のサービスプロバイダ，マルチベンダな機器なども想定されていた．これらに対応するための情報モデルへの要求は，階層的なクラス構造で情報モデルに取り込んでいくのが適当である．

要求仕様から導出される情報モデルの構成は一つではなく，異なる情報モデルであっても要求を満たすことは可能である．ただし，UMLで記述された情報モデルから相互運用のためのアプリケーション間のプロトコルまで決定することを意図する場合，アプリケーションの構造とクラスの対応がとりやすくないと情報授受のシーケンスが複雑となる恐れがある．

4・3 今後のシステム，ネットワーク技術動向への対応

本節では国際標準を今後，日本のエネルギーサービスに適用する場合，システム，ネットワーク技術のなかで，考えるべき点を解説する．

4・3・1 情報モデル実装の現状

1 情報モデル実装に対する現状の考え方

需要家ドメインにある需要家施設のエネルギー管理システムと電気事業者内ドメインにある電力供給システムとのインタフェースは，IEC 62746-3「需要家のエネルギー管理システムと電気事業

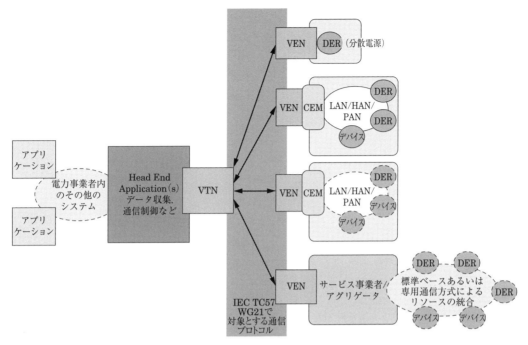

図4・35　IEC 62746-3で規定される通信プロトコルの適用例[42],[43]

者の電力管理システムとのシステムインタフェース-パート3：アーキテクチャ（IEC TS 62746-3：2015 Systems interface between customer energy management system and the power management system-Part 3：Architecture)」に，システムアーキテクチャやメッセージ伝送などの規定として盛り込まれている．これらの基本は，仮想的な下位ノードであるバーチャルエンドノード（VEN：Virtual End Node）と上位ノードであるバーチャルトップノード（VTN：Virtual Top Node）間の情報交換の規定である．VENはエンドデバイス（分散型電源，装置・機器など）に関連する論理的な対象を示すものであり，VTNは複数のVENの監視制御機能を持つ論理的な対象（例としてはサーバ）を示すものである．

図4・35は，需要家のエネルギー管理システムCEM（Customer Energy Management System）に対して，電気事業者が電力供給を行うHead End Applicationといわれるサービスを提供するものである．このサービスではHead End ApplicationがVTNであり，CEMがVENの関係にある．Head End Applicationサービスには，需要家施設のエネルギー管理システムに対するデータ収集や通信制御などがある．また，図4・35の右半分の需要家ドメインでは，さらに，様々なVTN-VENの関係でサービスが実装される構成を示している．

すなわち，CEMがVTNとなりIEC 62746-3に従い，CEMからの情報が需要家ドメイン内のデバイスをVENとして情報転送される．

IEC 62746-3では上述したアーキテクチャに関する規定のほか，需要家ドメインと電力事業者ドメイン間の相互運用性を実現するため，IEC 62746-3インタフェースの詳細を規定しており，特定の通信プロトコルに依存しないとしている．しかし，IEC 62746-3ではXMLベースの拡張可能なメッセージ・表示通信プロトコル（XMPP：Extensible Messaging and Presence Protocol）の使用を前提とした規定となっている．XMPPはXMLベースのプロトコルで，XMPP通信サー

バとクライアント間の認証付き接続を提供するものである．

以上のとおり，需要家ドメインと電力事業者ドメイン間の相互運用性を実現するため，IEC 62746-3 アーキテクチャに基づいた XMPP 通信インタフェースによるドメインごとの情報モデル間の情報授受方式を提供しているのが現状である．

2 情報モデルベースのインタフェースの今後の方向性

需要家や電力事業者などのスマートグリッドを構成するドメインを跨るサービスの実現には，先に解説したように，ドメイン間の異なる情報モデルの調和（Harmonization）が必要である．

ドメイン間の意味論的な情報モデルの対応付け（Semantic Mapping）による調和に向け，ドメイン間で共有すべき情報モデルは規範的情報モデル（CDM：Canonical Data Model）[44] と呼ばれ，検討が行われている．今後，この意味論的な規範的情報モデルを確立する方向での考え方が重要な要素になると思われる．

一方，規範的情報モデルを新たに作成する試みも進められている反面，すでに IEC TC57 で情報モデルの標準化が先行し，ドメインごとに完成度を高めている．この状況を踏まえると，ドメイン間の調和には IEC TC57 の標準化成果を活用し，IEC TC57 で標準化された情報モデルから使用可能なものを選択，または不足する情報モデルを追加する，調和が効率的であるとも考えられる．

● 4・3・2　システム，ネットワーク技術全般に関する今後の方向性

複数のドメインに跨ったエネルギーに関する情報を信頼性高くやり取りするうえで，全般的なシステム，ネットワーク技術動向への対応を検討することは重要である．

特に，前節で述べたスマートグリッドを構成するドメイン間の相互運用性を情報モデルにより実現する試みはドメイン間で意味論的な情報交換を行うものである．この意味論的な情報授受は情報通信技術で開発が進むコンテンツ指向通信に通じるものがある．

本項ではこれらに関連する今後のシステム，ネットワーク技術動向とスマートグリッドへの適用検討を示す．

1 仮想化，SDN 技術に関する動向

ネットワークの仮想化の検討は欧州通信標準化機構（ETSI：European Telecommunications Standards Institute）で，2012 年末に設置されたネットワーク機能仮想化技術（NFV：Network Function Virtualization）の検討グループで行われており，ネットワーク管理に適した抽象化方法が検討されている．その検討結果は 2015 年 1 月に Phase 1 勧告文書として発行され，2016 年 9 月に Phase 2 勧告文書が発行されている．

ネットワーク仮想化のフレームワークを図 **4・36** に示す．これはコンピューティング，ストレージ，ネットワーキングなどを実行するハードウェア機器を仮想化（抽象化）することにより，それらハードウェアに依存しないソフトウェア実行環境を提供するものである．この仮想ネットワーク機能（VNF：Virtualized Network Functions）は通信アプリケーションソフトウェアとして提供されることになる．

ここでは，仮想化管理機能が階層的に定義されており，インフラの管理，仮想ネットワーク機能

4・3 今後のシステム，ネットワーク技術動向への対応

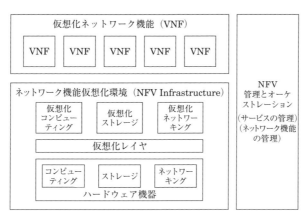

図 4・36 ハイレベルな観点から見たネットワーク仮想化フレームワーク（NFV）[45], [46]

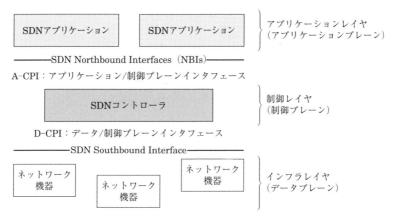

図 4・37 基本的な SDN コンポーネント

の管理，サービスの仮想管理を規定している．ここで重要なことは，①ハードウェアと仮想化（抽象化）されたソフトウェアの対応関係の管理，②抽象化されたネットワーク機能の組合せによるサービスの管理である．この構成により，ハードウェアとソフトウェア（ネットワーク機能）の分離が実現されることになる．この分離により，容易なネットワーク拡張の実現，通信サービスの信頼性向上，サービスの早期提供，ハードウェア機器の経済性向上（汎用機器化）などが，サービス事業者に対する大きなメリットとして提供される．

一方，ソフトウェア定義ネットワーク技術（SDN：Software Defined Networking）はネットワーク装置をソフトウェアから制御可能にするためのデータモデル，API，プロトコルである．主要な標準化団体はインターネット技術タスクフォース（IETF：Internet Engineering Task Force），オープンネットワーク基盤（ONF：Open Networking Foundation）などである．

特に，ONF は OpenFlow を中心としたオープンな SDN 関連プロトコルの検討を進めている．

基本的な SDN コンポーネントであるインフラレイヤ（データプレーン），制御レイヤ（制御プレーン），アプリケーションレイヤ（アプリケーションプレーン）の構成を図 4・37 に示す．

SDN コントローラは，SDN アプリケーションの要求条件からネットワーク機器が理解できるレベルの制御情報をネットワーク機器に伝えると同時に，ネットワークリソースが持つ制約に基づき複数の SDN アプリケーション間の調停機能を果たすことが考えられている．

本来，SDN技術はキャンパスネットワークやデータセンタ内のネットワークを意識したものであったが，通信事業者向けネットワークの運用をターゲットに，光伝送装置制御のための拡張や複数コントローラ対応のための機能拡張を含め，多数の実証実験の中で具体的な実現に向けた取組みが進められている．

2　IoTの観点から見た技術動向

IoT/M2M（Internet of Things/Machine-to-Machine）に関しても様々な標準化団体により検討が進められている．最も影響力を持つものとしてoneM2M（M2Mに関するグローバル標準仕様策定プロジェクト）が挙げられる．oneM2Mは多様なM2Mアプリケーションを効率良く提供できるM2Mプラットフォームの実現を目指し，2012年7月にアジア，欧州，北米における7つの地域標準化機関の合意を受け発足した組織である．

oneM2Mアーキテクチャを図4・38に示す．このアーキテクチャはデバイス（ネットワーク機器など），アプリケーションエンティティ（AE：Application Entity），共通サービスエンティティ（CSE：Common Service Entity），ネットワークサービスエンティティ（NSE：Network Service Entity）から構成される．M2M/IoTの環境では，デバイスの動作やセンサデータなどは共通サービスエンティティ内に階層構造を持ったデータとして抽象化された形で保持される．

M2M/IoTでは業界ごと，あるいは，ベンダごとに異なる様々なフォーマットのデータを扱う必要があり，M2Mプラットフォームにおいて，統一的なフォーマット（統一的なAPIの実現）を提供できることが重要となる．

一方，2014年6月に設立されたIoT関連技術のための標準化審議を行うIEEE P2413「IoTのためのアーキテクチャフレームワーク（IEEE P2413：Standard for an Architectural Framework for the Internet of Things）」ではIoTに関するアーキテクチャフレームワークの検討の中で，医療，運輸，エネルギー，製造などの様々な業界を横断する相互運用性を実現するための共通的な枠組みに関する検討が進められている．IEEE P2413では「モノ」はハードウェアとアプリケーション/サービスが統合したものとして定義されている．

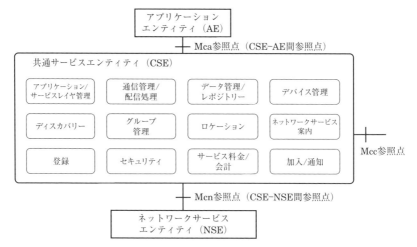

図4・38　ネットワーク機器の構成と共通サービスエンティティ（CSE）[47]

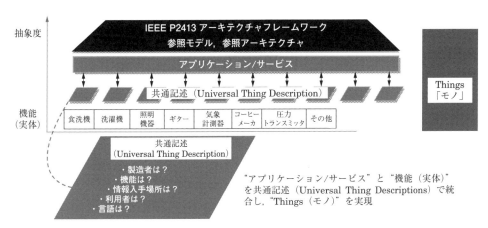

図 4・39　IEEE P2413 における「モノ」の抽象化レベル[48]

　図 4・39 に示されるように，それぞれのハードウェアが共通な記述により表現され，この共通の記述がアプリケーション/サービスと統合されることにより「モノ」が形作られるとしている．さらに，抽象化レベルが高い IEEE P2413 アーキテクチャフレームワークを介して，業界を跨った相互運用性の実現を目指している．このフレームワークで定義される参照モデルは様々な業界間の関係と共通的な要素を規定するものとなる一方，基本的なビルディングブロックおよび，その機能は参照アーキテクチャの中で定義される．

3　プロトコルに関する動向

　ここで述べるプロトコルはアプリケーションプロトコルとして考えられるものである．たとえば，IoT の世界では「モノ」（デバイス）をネットワークに繋げるケース（クラウド連携も含む）や，4・3・1 項で説明した需要家ドメインにあるシステムと電気事業者内ドメインのシステムを繋ぐユースケースで使われるものである．IEC 62746-3 では XMPP の使用が規定されていることを説明した．ここでは，主要なアプリケーションプロトコルの概要を紹介する[49]．

(1) アプリケーション対応プロトコル（CoAP：Constrained Application Protocol）　インターネット技術タスクフォース（IETF：Internet Engineering Task Force）で作成されたプロトコルであり，HTTP でクライアント・サーバ間でのデータを交換する簡易な転送プロトコルを規定している．特徴として，メッセージの送信者が特定の受信者を想定せずにメッセージを送る publish/subscribe 方式を使ったリソースモニタリングが可能であること，通信オーバヘッドを減らすためにブロック単位のリソースデータの転送ができることなどが挙げられる．

(2) 機器間通信プロトコル（MQTT：Message Queue Telemetry Transport）　先進構造化情報標準化機構（OASIS：Organization for the Advancement of Structured Information Standards）により 2013 年に標準化された publish/subscribe 方式によるプロトコルである．信頼性や帯域に関する制限がある通信リンクに適したものである．特徴として，3 種類の QoS レベルに従ったメッセージ配信ができることにある．

(3) 拡張可能なメッセージ・表示通信プロトコル（XMPP：Extensible Messaging and Presence

Protocol) IETFによるインスタントメッセージング (IM) 標準であり, 分散方式によるプロトコルを提供するものである.

(4) メッセージ指向通信プロトコル (AMQP : Advanced Message Queuing Protocol) メッセージ主体による環境で使われるプロトコルであり, 送信されるメッセージの付加情報として, 耐久性, 優先度, 持続時間, 配信数などの配信パラメータが含まれるものである.

上述したように様々なアプリケーションプロトコルが考案され, それぞれの業界・サービス (医療, 輸送, 電力など) に付随した要求条件にマッチするプロトコルが採用されている. 複数の業界を統合できるプラットフォームを構築するには, ここで説明したアプリケーションプロトコルの汎用化が必要になると考えられる. そのため, 汎用化を目指した検討と同時に, アプリケーションプロトコル間のギャップを埋めることを目的とした高度なゲートウェイ機能を作ることも検討されている.

● 4・3・3 今後の情報モデルインタフェースについて ……………………

日本よりIEC TC57 WG21に提案されたユースケースには下記がある.
(1) 電力事業者と需要家の間で価格情報と需要計画情報の交換を繰り返してピーク電力需要を平坦化させる.
(2) 地域情報, 機器優先度, 電力削減可能量に関する情報に基づいたデマンドレスポンス制御信号の送信により効果的に電力需要を調整する.
(3) 需要家の優先度 (たとえば, 公共性の高い病院と一般事務所など) を考慮し, 複数の需要家を集約して管理することにより効果的に調整する.
(4) 電力供給が不安定なときの分散型電源の発電調整指示, 有事の際の発電計画・実績交換による平時・有事の電力の安定供給を図る.

どのユースケースも, 電力事業者と需要者間のインタフェースは電力需要調整の手段として極めて重要な位置にある. 前節で考察したように, 複数の電気事業者と需要家ドメイン間の電力と情報の授受のインタフェースは, 電気事業者と需要者間の電力の授受, および, これに関する情報の授受が行われる普遍な論理的ポイントとなる必要がある. このインタフェースはIEC TC57 WG21における重要な検討項目の一つであり, 日本におけるユースケースを踏まえたニーズを反映させる形で明確化させていく必要があると考えられる.

IEC TC57では, 4・3・1節で解説したように, システム間の情報授受にWebサービスの使用 (XMPPによる情報転送) が前提とされている. このため, 情報授受がドメインを跨いだ広域な環境となるため, セキュリティ性以外に, 伝送遅延, 耐故障性などの非機能要件のシステム間での共有だけでなく, それら要件を満足させる対策が必要となる. 特に, 需要家の熱源, 発電機などの運転にはシステムのエンド・ツー・エンドの応答時間の規定を行わないと, 設備の破損などを生じる懸念がある. このため, システム・設備機器およびサービスの情報モデルに上記の非機能要件を表す属性を持たせるか, システム・設備機器およびサービスの情報モデルに上記の非機能要件を表す情報モデルとの関連付けを行う必要がある.

また, エネルギーサービスが重要な社会インフラであるため, 使用される通信システムのレジリエント化などの考慮も必要である. すなわち, 従来, IEC TC57の規格化の進んだドメインは電気

事業者内の閉じたドメインであったものが，今後，需要家に向けたサービス提供を検討していくため，パブリックなインターネット環境下で，機能の継続，一定以上の性能保証がされ，さらには意味論的情報の授受に耐えられるネットワークが必要になると考えられる．

意味論的な情報の授受に関しては，前節で説明した複数のドメイン間で共有すべき規範的情報モデルが必要になってくる．この課題に対しては，4・3・1項で解説したような極めて高度な抽象化に関する検討が必要となると考えられる．ソフトウェアを介して，物理的なデバイス・機器を高度に抽象化することによる意味論的な対応付けを行うことにより，相互運用性の実現ができることになる．さらに，関係ドメイン間でエネルギーに関する情報を信頼性高く，かつ優先度などの制御に必要な情報を保持した形で運ぶため，アプリケーションプロトコルの最適化（様々な要件に対する満足度を高める）という考え方が重要になる．既存の様々なアプリケーションプロトコルを包含する形での効率的な変換機能を実現するという考え方も検討に値するものであると思われる．

4・4 日本のエネルギーサービスと情報モデルによる相互運用性の在り方

デマンドレスポンスや太陽光発電などに関する電力需要調整サービスでは，制御日時，制御電力量などの情報が電気事業者から直接あるいはサービスプロバイダを介し，需要家と授受される．これら情報は意味が同じでも国や地域，会社などによりその表現が変わることがある．

たとえば，デマンドレスポンスでは需要家の電力削減量を算出する電力積算期間（検針周期），電力使用実績量，料金支払い方法などの経済的な情報および需要家への削減依頼電力量，電力消費の上昇・下降速度などの技術的な情報が電気事業者，需要家などの間で授受される．これら情報について見ると，電力料金の徴収方法が，欧州では需要家の自己申告制で，使用推定量で支払い，後で清算する形態が一般的であるのに対し，日本では電力会社が一定期間単位での使用実績量を計測し，清算する違いがある．また，電力削減要求量の表記形式が，欧州では基準電力量からの比率〔％〕であるのに対し，日本では削減電力〔kW〕あるいは削減電力量〔kWh〕である違いがある．これら情報の表現形態は商習慣や物理単位の取扱いなどが国，地域，企業などで異なることにより生じるものである．これらの違いを超え，国，地域，企業などの提供するサービス，そのシステム間の相互運用性を確立するには，これら情報表記形式の違いを受け入れ，複数の国，地域の電気事業者，サービスプロバイダ，需要家間に依存しないサービス，システムを構築する必要がある．

一方，エネルギーサービスに関する機器，システムおよび運用者が従う規格が異なると情報モデルが異なり，サービス実現のための情報授受を同一ドメイン内，または異なるドメイン間で行っても，機能的な連携が困難となる．しかし，エネルギーサービスでは，これに参加する電気事業者，サービスプロバイダ，需要家の数が非常に多く，使われる機器，システムが種々のメーカにわたるため，サービスの相互運用が必要となる．相互運用性が確保されれば，多くの企業が電気事業者内ドメインや需要家ドメインに参加できるので，サービスの多様化やエネルギーサービスに使用する機器，システムの低廉化などが期待できる．

こうしたなか，IECでは電気事業者と需要家のドメイン間のインタフェースをTC57 WG21，プロジェクトコミッティ118（PC 118：Project Committee 118）で審議している．TC57 WG21で

は IEC TC57 で規格化の進む電気事業者内ドメインの情報モデル（これを IEC–CIM と呼ぶ）を
ベースに需要家ドメインと連携する情報モデルの拡張を検討している．その検討成果は IEC
62746 として規格化される予定である．また，PC 118 では米国エネルギー相互運用技術協会（EI：
Energy Interoperation Technical Committee）をベースに OASIS で規格化された OpenADR を
ベースに，IEC–CIM との連携を検討している．PC 118 では IEC–CIM と OpenADR の連携を，
① OpenADR を IEC–CIM とインタフェースするアダプタと② OpenADR の情報モデル化の二段
階で検討を進めている．その検討成果は一部，IEC 62746-3 の規格とされている．

　このように，IEC では電気事業者内と需要家のドメインのインタフェースを 2 つの技術委員会
において審議し，電気事業者内と需要家ドメインの相互運用性を複数の方式で検討している．

　IEC TC57 における情報モデル，いわゆる IEC–CIM は，電気事業者内の「系統運用」，「送配電」，
「電力市場」などのドメインを対象とし，それぞれ規格が制定されてきた．需要家ドメインとのイ
ンタフェースのためには，これら規格の情報モデルの拡張が必要となる．このため，IEC–CIM で
扱えない情報を「既存 CIM 拡張」として情報モデルに追加する必要がある．また，電気事業者内
のドメインでは，IEC–CIM で規定される UML 形式の情報モデルを XML 形式のメッセージに変
換し，インターネット上で XMPP の通信方式により情報交換することが規定されている．このイ
ンターネット上での情報交換方法は接続先ドメインの違いはあるが，OpenADR でも基本的に同様
である．これらの情報交換方法の違いは，通信サービス（通信プロトコル，メッセージ構成など）
である．

　需要家ドメインでは ISO TC205 により，需要家の家庭，業務，産業の施設およびその中の設備
のエネルギー管理のための情報モデル FSGIM の規格化が進められている．需要家ドメインには家
庭，業務用ビルなどの施設内の設備の監視制御のための標準通信仕様として，ECHONET，
KNX，BACnet などの普及が進んでいるが，FSGIM はそれらの上のエネルギー管理のための情報
モデルということができる．システム構築において，需要家の施設のエネルギー管理の機能，構成
などの仕様を FSGIM で記述し，ECHONET，KNX，BACnet などで実装することになる．

　このような環境のなか，電気事業者と需要家のドメインに跨るサービスを実現するには，電気事
業者内，需要家のドメインにおける通信サービスの違いを超え，IEC–CIM と FSGIM の情報モデ
ルの間で機能的なインタフェースを検討し，相互運用性を確保することが必須となる．以上の状況
を電気事業者ドメインと需要家ドメインとの接続として図 4・40 のとおり纏めた．

　電気事業者内，需要家のそれぞれのドメイン内には IEC で規定の通信サービス，施設の用途の
違いによって，BACnet，ECHONET，KNX など通信サービスが存在する．しかし，現時点で，
電気事業者内と需要家のドメイン間の通信サービスとして，実績のある通信サービスは OpenADR
のみということができる．

図 4・40　電気事業者ドメインと需要家ドメインとの接続

このような状況のなか，今後，OpenADRが電気事業者と需要家のドメインを接続する唯一の通信サービスとなるかは確定しているわけではないが，現在，進行中のIEC PC118でのOpenADRと電気事業者ドメインとの融合の考え方は現段階において，リーズナブルな選択といえるものと考える．

　日本からIEC TC57に提案しているユースケースが電気事業者内ドメインのIEC 61970, IEC 61968, IEC 62325などのIEC規格の情報モデルにより実現できるかの検討結果は6章で解説する．詳細は後段に記述するが，今後，日本の複数のユースケースは，需要家ドメインの情報モデルFSGIMと電気事業者ドメインの情報モデルIEC-CIMを使用し，情報モデルのレベルで意味論的に整合性をとる形で，電気事業者と需要家のドメイン間の相互運用性が実現されるものと考える．

　本検討は国内外で緒に着いたばかりであり，規格化の見通しは不透明である．現時点では，まだ，現行の情報モデルによって，電気事業者の電力供給システム，需要家の施設制御システムの構成，機能を記述し，デマンドレスポンスなどのサービスを実現することは困難である．今後の検討が期待される．

　日本では電力自由化に伴い，デマンドレスポンス，ネガワット取引，仮想発電所などのエネルギーサービスが始まろうとしている[50]．電気事業者と需要家とのドメインを接続する2つの方法について，機能，性能，セキュリティ性，情報の伝送速度，関係機器の耐故障性などを評価し，標準化提案することが必要である．また，国際標準化の動向を見据え，相互運用性の実現を念頭に，電力システムを構築する必要がある．

参 考 文 献

（1）NIST Framework and Roadmap for Smart Grid Interoperability Standards, Release 1.0, NIST 1108R2（2010）
（2）IEEE 2030-2011 Guide for Smart Grid Interoperability of Energy Technology and Information Technology Operation with the Electric Power System（2011）
（3）IEC TR62357-1 Ed.2 "Power systems management and associated information exchange-Part 1: Reference architecture"（2015）
（4）[SG-CG/A] SG-CG/M490/A_Framework for Smart Grid Standardization
（5）[SG-CG/B] SG-CG/M490/B_Smart Grid First set of standards v3.1 10/2014
（6）[SG-CG/C] SG-CG/M490/C_Smart Grid Reference Architecture
（7）[SG-CG/D] SG-CG/M490/D_Smart Grid Information Security
（8）[SG-CG/E] SG-CG/M490/E_Smart Grid Use Case Management Process
（9）[SG-CG/F] SG-CG/M490/F_Overview of SG-CG Methodologies v3.0 11/2014
（10）[SG-CG/G] SG-CG/M490/G_Smart Grid Set of standards
（11）[SG-CG/H] SG-CG/M490/H_Smart Grid Information Security
（12）[SG-CG/I] SG-CG/M490/I_Smart Grid Interoperability
（13）[SG-CG/J] SG-CG/M490/J_General Market Model Development
（14）[SG-CG/K] SG-CG/M490/K_SGAM usage and examples
（15）[SG-CG/L] SG-CG/M490/L_Flexibility Management
（16）IEC 62325-101 Ed 1.0 with drawn corrigendum Framework for energy market communications-Part 101: General guidelines（2005）
（17）IEC 61970-301 Ed 2.0 Energy management system application program interface-Part 301: Common information model（2009）
（18）IEC 61968-1, 4, 9, 11, 13 Application integration at electric utilities-System interfaces for distribution management（2003-2010）

（19）IEC 61850-1,..10 Communication networks and systems in substaions-Partb 1, …10（2003-2005）
（20）IEC TR62746-2 System Interface between Customer Energy Manager and Power Management System-Part 2: Use Cases and Requirements（2014）
（21）EPRI：CIM-MultiSpeak Harmonization 2nd Edition（2012）
（22）Harmonization of Semantic Data Models of ElectricData Standards: Industrial Informatics, 2011 9th IEEE International Conference
（23）Terry Saxton："EPRI CIM and 61850 Harmonization 2010 Project Report", IEC TC57 WG19 Harmonization Project（2010）
（24）OpenADR 2.0 Profile Spec B Profile, OpenADR Alliance（2013）
（25）Energy Information Standards (EIS) Alliance Customer Domain Use Cases, EIS Alliance（2010）
（26）Zigbee Smart Energy Profile 2.0 Public Application Protocol Specification, Zigbee Alliance（2011）
（27）NAESB, Energy Usage Information Model（2010）
（28）Facility Smart Grid Information Model (Draft), ASHRAE（2013）
（29）小林延久：「スマートグリッドにおける相互運用性の一考察」，電気学会全国大会（2016）
（30）富水律人・小林延久・小坂忠義・久保亮吾・中川善継・杉原裕征・近藤芳展・吉松健三・佐藤好邦・横山健児・藤江義啓・緒方隆雄：「日本発ユースケースを実現するプロファイリング検討」，電気学会・スマートファシリティ研究会（2015-10）
（31）小坂忠義・小林延久：「スマートグリッド―需要家間システム・インタフェースの標準化動向とユースケースに関する一考察」，電気学会・産業応用部門大会（2015-09）
（32）IEC detailed technical reference document for Smart Grid standardization-Roadmap discussion, IEC SMB Smart Grid Strategic Group (SG3)（2010）
（33）経済産業省次世代エネルギーシステムに係る国際標準化に関する研究会：「次世代エネルギーシステムに係る国際標準化に向けて」（2010）
（34）Energy Interoperation, OASIS（2012）
（35）省エネビル推進標準化コンソーシアム：「平成21年度省エネルギー設備導入促進指導事業成果報告書～広く省エネが中小ビルへ展開されるために～」（2010）
（36）「需要設備向けスマートグリッド実用化技術」，電気学会技術報告第1283号（2013）
（37）Amory B. Lovins："The Negawatt Revolution", The Conference Board Magazine, Vol. XXVII, No. 9（1990）
（38）総合資源エネルギー調査会基本政策分科会電力システム改革小委員会制度設計ワーキンググループ：「ネガワット取引の活用について」（2014）
（39）資源エネルギー庁新産業・社会システム推進室：「ネガワット取引に関するガイドライン」（2015）
（40）板東　茂，他：「米国におけるアンシラリーサービス供給のための需要側資源の活用動向」，電力中央研究所報告（2015）
（41）SGIP white pater; Customer Energy Storage in the Smart Grid-An Analysis and Framework for Commercial and Industrial Facilities and Electric Utilities（2014）
（42）IEC 62746-5 System interfaces and communication profile for systems connected to the smart grid-Part 5: Message Content and Exchange Patterns
（43）IEC 62746-6 System interfaces and communication profile for systems connected to the smart grid-Part 6: Message transport and services
（44）小林延久：「スマートグリッドにおける相互運用性の現状と課題」，電子情報通信学会技術研究報告（2015）
（45）ETSI GS NFV 002 V1.2.1（2014-12）1, Network Functions Virtualization (NFV); Architectural Framework
（46）ONF："SDN Architecture, Issue 1"（2014-04）
（47）oneM2M, TS-0001-V.1.6.1 "Functional Architecture",（2015-01）
（48）IEEE P2413, "Standard for an Architectural Framework for the Internet of Things (IoT)"
（49）Ala Al-Fuqaha et al.："Internet of Things: A survey on enabling technologies, protocols, and applications", IEEE Communication surveys & tutorials, Vol.17, No.4（Fourth quarter 2015）
（50）経済産業省：「エネルギー・リソース・アグリゲーション・ビジネス検討会の設置について」
http://www.meti.go.jp/committee/kenkyukai/energy_environment/energy_resource/001_haifu.html
［2016-04-04］

5章
需要家のサービス実現に必要な相互運用性と情報モデル

スマートグリッドにおける需要家関連領域では IEC TC57 で規格化された共通情報モデル（CIM：Common Information Model）が共通基盤として整備されつつある[1]〜[9]．CIM はオブジェクト指向に基づいた情報モデルであり UML（Unified Modeling Language）で定義されている[10]．スマートグリッドに対応した需要家施設の情報モデルとしては ASHRAE（American Society of Heating, Refrigerating and Air-Conditioning Engineers）が中心となり FSGIM（Facility Smart Grid Information Model）が標準化されている[11],[12]．さらに，FSGIM は ISO TC205 で ISO 17800 として国際標準化が進められている．

本章では，FSGIM の目的，主要概念，クラス構成を説明した後，例題を通して適用方法を紹介する．また，国内では再生可能エネルギー導入促進，地域エネルギー有効活用，災害に強い街づくりを特徴とする東北スマートコミュニティ事業が進められている．また，デマンドレスポンスを発展させたネガワット取引なども検討されている．本章では，これらの国内の需要家のエネルギー管理システムへの FSGIM の適用についても紹介する．

なお，図表については，5・1 節は FSGIM 標準の内容に，5・2 節および 5・4 節は FSGIM ユーザーズマニュアルの内容に基づいている[11],[12]．これらの節において，項見出しや本文中のカッコ（　）内の英文表記は FSGIM 原典の対応するタイトルやクラス名などを示している．

5・1　需要家の情報モデル国際標準

本節では，需要家施設情報モデル FSGIM の基本概念について説明する．さらに，この基本概念を反映させた，エネルギー管理（EM：Energy Manager），エネルギー消費情報の集約や制御の展開のための集計・集合（Aggregation/Collection），および空調や照明などの負荷設備，発電設備，計測メータなどの FSGIM で規定されている情報モデルについて説明する．

●5・1・1　需要家の施設とエネルギー管理のための情報モデル

1●FSGIM の概要

FSGIM の目的は，施設のエネルギー管理システムにおいて使用される装置や通信プロトコルとは独立に，エネルギー管理機能および，そのための構成装置間の情報交換の基盤を提供するための

情報モデルの定義である．この情報モデルにより，ビル，工場，家庭などの施設の設備の電力需要・供給の実績・予測・計画・制御情報を電気事業者やエネルギーサービス事業者と需要家の間で共有できるようになり，高度なエネルギー管理が可能となる．また，この情報モデルは電力エネルギーの需要家が電力エネルギーの消費と予測について記述，管理，通信するための共通な基盤を提供する．

FSGIM は包括的なデータオブジェクトと機能の集合を定義しており，以下に示すエネルギー管理や電気事業者と需要家との連携を支援する．

- デマンドレスポンス（DR：Demand Response），ピーク需要管理
- 電力需要予測
- 遮断可能負荷評価，設備負荷監視
- 電力品質サービス監視
- 需要家エネルギー消費データ履歴管理
- オンサイト発電，蓄電池制御
- 直接負荷制御

FSGIM を用いることで設備機器の種類によらず共通的に設備機器のエネルギー特性をモデル化し，施設のエネルギー需要の特性を決めることができる．このため，以下のことが可能となる．

- 施設オーナは施設のエネルギー消費に影響する要因を理解し
- エネルギーコンサルタントは施設のエネルギーの効率的な削減方法を決めることができ
- 建築家と設備設計エンジニアがエネルギー管理を最適化する施設設計が可能となり
- 制御マニファクチャは施設エネルギー使用を監視・管理する製品を開発でき
- エネルギープロバイダはエネルギー供給制約への対応と高精度なエネルギー需要予測ができるようになる．

FSGIM のキーコンセプトは"施設"であり，任意の種類のビルあるいはビルの集合が対象である．施設の例としては，家庭，小売店，事務所，学校，工場，病院，大学キャンパスなどが挙げられる．

FSGIM は施設の管理を行うために施設管理者が必要とし，エネルギープロバイダと交換が必要な情報を標準化している．さらに，施設のシステム内部の空調設備，照明，セキュリティ管理装置，施設管理システム，工場自動化システムなどの詳細情報を取り込んでいる．これらは施設を直接制御・管理するために用いられる．また，FSGIM は外部システムに関係した天候，リアルタイムエネルギー価格，DR 信号，エネルギー使用などの情報を含んでいる．

FSGIM は EIS（Energy Information Standards）Alliance で纏めたユースケースに基づいた情報モデルであり，施設設備の負荷管理，負荷予測，制御を行うために必要な情報をモデル化している[13]．FSGIM の主要なモデル構成要素（Component）としては以下のものが挙げられる．

- Meter（計量）：電力，エネルギー，排気物質
- Load（負荷）：照明，空調，事務機器など
- Generator（発電）：分散電源，熱エネルギーなど
- Energy Manager（EM）：エネルギー管理

さらに，これらの要素を組み合わせて用いる集計・集合機能（Aggregation/Collection）により

5・1 需要家の情報モデル国際標準

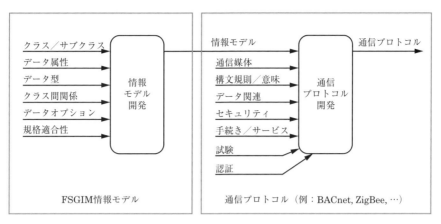

図 5・1 FSGIM 情報モデルから既存通信プロトコルへの変換の考え方

エネルギー情報の集計や制御の展開を可能とし，施設エネルギー管理に対する多様な要求に対応した柔軟性，拡張性のあるシステム構築を可能としている．

また，既存の標準の OASIS EI (Energy Interoperation)，EMIX (Energy Market Information Exchange)，WS-Calendar，IEC 61850，NAESB EUI (North American Energy Standards Board Energy Usage Information Model)，WXXM (Weather Information Exchange Model) などとの整合性が考慮されており，外部システムとの連携を可能としている[14]〜[19]．

FSGIM は情報モデルとして情報の意味が標準化されており，設備種類・装置機種や通信プロトコルには依存しない形でモデル化されている．情報モデルとその意味はオブジェクト指向技術に基づいた UML (Unified Modelling Language) により定義されている[10]．これによりシステム・装置間の相互運用性が保証されるとともに，新しいあるいは既存の通信プロトコルに対する相互運用の拡張のための基盤を提供している．このような FSGIM の役割と既存の通信プロトコルへの変換の考え方を図 5・1 に示す．

この考え方に基づき FSGIM はモデル構成要素に対応する整合性ブロック（Conformance Block）のクラスや属性を指定・選択することにより，BACnet などの通信プロトコルや信号（接点，アナログ信号）の取り合いなどの実現形態への展開・変換を支援する機能を提供している[20]．

2 需要家設備のエネルギー管理

需要家施設である商業ビルの例を図 5・2 に示す．このビルには，照明装置，冷暖房のための空調装置，情報通信技術（ICT：Information Communication Technology）システムとそのバックアップ電源がある．また，購入電力削減のための太陽光発電（PV：Solar Photovoltaics）が屋上に設置されており，ビルオーナにより停電時の事業継続計画（BCP：Business Continuity Plan）のための非常用電源が導入されている．

FSGIM により表現したビルエネルギー管理のオブジェクトモデル例を図 5・3 に示す．電気事業者などの外部の事業者との連携は OpenADR の利用が想定されており，ESI EM (Energy Service Interface Energy Manager) がこのインタフェースを取り纏める[2],[11],[12],[21]．ESI EM は管理下の①設備の需要実績の集計，需要計画・予測，②DR 指示・応答，③天候情報などの情報交換を電気事業者，サービスプロバイダ，電力市場，気象予測などの外部事業者と行う．また，ESI EM は

5章　需要家のサービス実現に必要な相互運用性と情報モデル

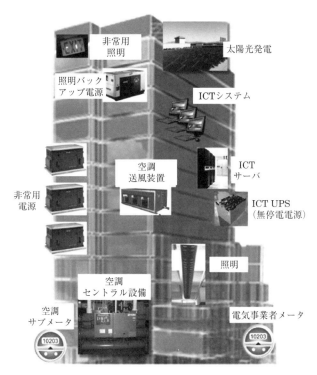

図5・2　商業ビルとその設備例

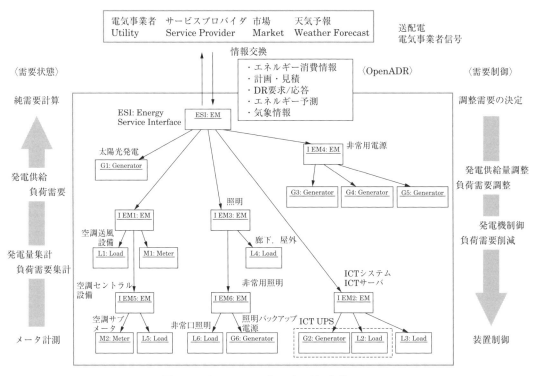

図5・3　FSGIMによるビルエネルギー管理モデル

DR 指示に対応してビル内の空調，照明，ICT 機器などの設備に対するエネルギー管理を行う．

● 5・1・2　FSGIM の全体クラス構成

FSGIM のエネルギー管理に関する施設モデルの概要を図 5・4 に示す．施設の外部となるレイヤ 1 にはデマンドレスポンス（DR）要求，市場エネルギー価格，需要予測のための気象情報などがある．DR 要求は OpenADR 2.0b によって標準化されている[21]．FSGIM は，どの施設においても共通にエネルギー管理や DR 要求を実行できるようにするため，それぞれ異なる施設内の設備構成，特性，状態，運用履歴データなどを抽象化したモデルとして表現する．

レイヤ 2 は施設外部と施設内部のエネルギー管理とのインタフェースであり，施設外部に対応した既存規格を取り込んだモデルとしている．これらのものとして気象データの取り込みが可能な WXXM，リアルタイムエネルギー価格および DR に対しては OpenADR のメッセージを直接取り込める EI，EMIX，WS-Calendar のモデルを利用している[14]〜[16], [19]．

レイヤ 3 は FSGIM の中核部であり，施設内部の状態と制御の情報モデルであり，エネルギー管理（EM：Energy Manager），計量（Meter），負荷（Load），発電（Generator）の 4 つの構成要素（Component）から構成される．エネルギー管理のための EM は EM 間で木構造を形成する．電力供給者やサービスプロバイダなどの外部との連携は階層構造の最上位に位置する ESI EM が行う．ESI EM の下位の施設内部の EM を Local EM と呼ぶ．各 EM 直下に計量，負荷，発電の構成要素を関係付けて，施設全体の計測・制御機能の階層構造を表現する．各 EM は EM 直下の電力，エネルギー，排出物質量の集計および DR 実行時には直下の負荷，発電，EM に制御指示を出す．

計量は電力，エネルギー，廃棄物質の計測を行う装置の抽象表現であり，NAESB EUI に基づ

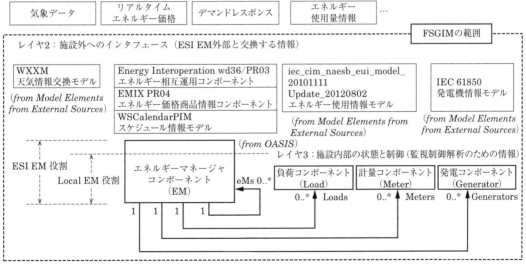

図 5・4　FSGIM 施設モデルの概要

いたモデルである[18]．負荷は電力を消費する照明・空調・OA機器などのモデルである．発電は発電・蓄熱などを行う装置の表現であり，IEC 61850に基づいたモデルである[17]．

　レイヤ4は個々の設備を制御するために実装される通信プロトコルであり，BACnetなどが該当する[20]．

5・1・3　FSGIMの機能とクラス構成—施設内部の状態と制御

1 エネルギー管理（Energy Manager）

　FSGIMで重要な役割を果たすEMクラスとそれに関係するクラスを図5・5に示す．EMクラスは計測・計量・制御に関するエネルギーデータを管理する．

　電力需要・供給，廃棄物質，電気・熱エネルギー貯蔵などの現在値データの項目別の集計データはEMPresentDataクラスに保持する．同様に，需要家の予測データ，履歴データの項目別の集計データについてはEMIntervalDataクラスに保持する．これらのデータは電力，エネルギー，廃棄物質の計測のMeasurementsSetクラスで指定されるデータ形式で保持されている．EMIntervalDataクラスは時系列データを規定するSequenceクラスに関係付けることにより予測データや履歴データを表現している．

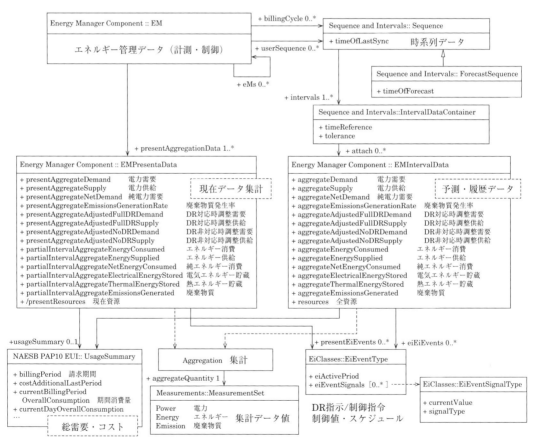

図5・5　エネルギー管理関連クラス（EM：Energy Manager）

FSGIMでは，計量，負荷，発電の各要素が計測している電力，エネルギー，廃棄物質量を様々な用途・範囲でEMに集計し管理するために集計（Aggregation）クラス，集合（Collection）クラスが提供されている．また，集計を行うためのルール集合（Ruleset）クラスが提供されており，集計対象となる計測値や集計値の指定と，負荷の削減可能量などの集計の指定を行うことができる．

　電力取引のための総需要・コストとそれらの評価のための集計値は，EMPresentDataクラスやEMIntervalDataクラスに関係付けられたNAESB EUIのUsageSummayクラスに保持する．

　施設内の電力需要やエネルギー消費の制御量や制御スケジュールは，EMPresentDataクラスやEMIntervalDataクラスに関係付けられたEiEventTypeクラスに保持される．

2　集計・集合・ルール集合（Aggregation, Collection, Ruleset）

　FSGIMでは，設備はメータ（Meter），発電機（Generator），負荷（Load），エネルギー管理（EM：Energy Manager）の4つの構成要素（Component）から成る装置（Device）クラスで表現され，EMが管理する各設備が消費するエネルギー量や供給されるエネルギー量は集計（Aggregation）クラスを用いて表現される．設備はエネルギー関連のトータル量を記録し報告する必要がある．EMはこのトータル量に関係する設備の情報（設置場所やエネルギー消費・発電量）を管理することが重要である．図5・6に集計（Aggregation）クラスと集合（Collection）クラスのクラス構成を示す．これには3つの主要な概念，集合（Collection），集計（Aggregation），ルール集合（Ruleset）が含まれている．

　EM管理下にある設備が実際のエネルギーの消費や供給を行うが，この設備の集合体が

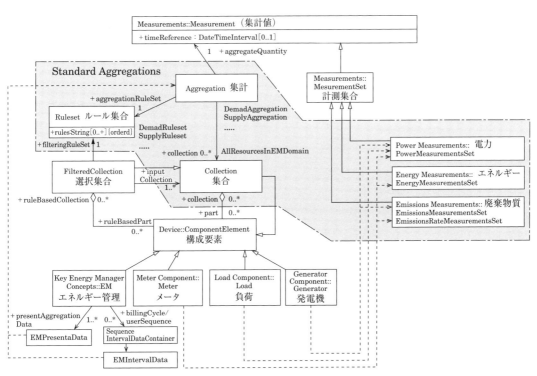

図5・6　CollectionとAggregationクラス構成

Collectionクラスで表現される．Collectionクラスは，FSGIMの4つの構成要素（Meter, Generator, Load, EM）のメンバをグループ化する．

さらに，Rulesetクラスを用いて，対象設備のCollectionクラスに属するメンバに選択条件や時間的制約条件を付与し集計対象の設備を選択（Filtered-Collection）したり，集計する電力・エネルギー・廃棄物質量の計算条件を定義している．すなわち，Collectionクラスで定義したグループのメンバからの計測値の集計をAggregationクラスを用いて表現することができる．また，この

表5・1 標準集計クラス

標準の集計クラス	関連要素（Class）
DR対応時調整需要集計 AdjustedFullDRDemmandAggregation	AdjustedFullDRDemandRuleset AllResourcesInEMDomain PowerMeasurementsSet
DR対応時調整供給集計 AdjustedFullDRSupplyAggregation	AdjustedFullDRSupplyRuleset AllResourcesInEMDomain PowerMeasurementsSet
DR非対応時調整需要集計 AdjustedNoDRDemmandAggregation	AdjustedNoDRDemandRuleset AllResourcesInEMDomain PowerMeasurementsSet
DR非対応時調整供給集計 AdjustedNoDRSupplyAggregation	AdjustedNoDRSupplyRuleset AllResourcesInEMDomain PowerMeasurementsSet
需要集計 DemandAggregation	DemandRuleset AllResourcesInEMDomain PowerMeasurementsSet
蓄積電気エネルギー集計 ElectricalEnergyStoredAggregation	ElectricalEnergyStoredRuleset AllResourcesInEMDomain EnergyMeasurementsSet
発生廃棄物質量集計 EmmisionsGeneratedAggregation	EmissionsGeneratedRuleset AllResourcesInEMDomain EmissionsMeasurementsSet
発生廃棄物質量比集計 EmmisionsGeneratedRateAggregation	EmissionsGenerationRateRuleset AllResourcesInEMDomain EmissionsRateMeasurementsSet
エネルギー消費量集計 EnergyConsumedAggregation	EnergyConsumedRuleset AllResourcesInEMDomain EnergyMeasurementsSet
エネルギー供給量集計 EnergySuppliedAggregation	EnergySuppliedRuleset AllResourcesInEMDomain EnergyMeasurementsSet
純需要集計 NetDemandAggregation	NetDemandRuleset AllResourcesInEMDomain PowerMeasurementsSet
純エネルギー消費量集計 NetEnergyConsumedAggregation	NetEnergyConsumedRuleset AllResourcesInEMDomain EnergyMeasurementsSet
供給量集計 SupplyAggregation	SupplyRuleset AllResourcesInEMDomain PowerMeasurementsSet
蓄積熱エネルギー集計 ThermalEnergyStoredAggregation	ThermalEnergyStoredRuleset AllResourcesInEMDomain EnergyThermalQuantity

5・1 需要家の情報モデル国際標準

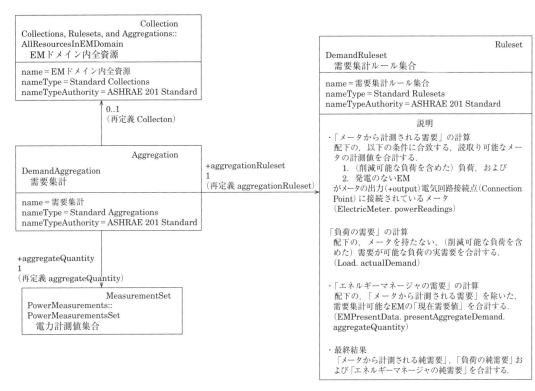

図 5・7 需要集計関連クラスおよびルール集合

ときの集計演算規則をルール集合（Ruleset）として指定する．

Aggregation クラスおよび Collection クラスを利用することで，負荷設備の需要集計や発電設備などの電力供給集計を行うことができる．このとき，FilteredCollection を利用することで設備の種類や管理目的に応じた集計を行うことができる．これらを応用してエネルギー需給バランスをとる DR への対応も可能である．

FSGIM では，表 5・1 に示すように，需要集計（DemandAggregation），供給集計（SupplyAggregation），純需要集計（NetDemandAggregation）など通常使われる Aggregation，Collection，Ruleset および MeasurementSet クラスの組をこれらのクラスを継承した標準集計クラスとして提供している．標準集計クラスの一つである需要集計（DemandAggregation）における Aggregation クラス，Collection クラス，Ruleset クラスおよび MeasurementSet クラスの関連を図 5・7 に示す．図 5・7 に示した需要集計ルール集合（DemandRuleset）クラスで負荷とエネルギー管理（EM）からの計測値を集計する計算方法を規定している．集計する対象は負荷自身の計測値と，負荷を集計している EM の集計値であり，その各々で合計し，最終結果として，その合計した値を加算している．

3 装置（Device），負荷（Load），発電機（Generator），メータ（Meter）

（a）装置（Device）

装置（Device）クラスは物理的装置をモデル化したものである．このモデルは装置名，設置場所などを示すタグ（+tags）および設備種類，型式，製造メーカなどの情報を定義している．図 5・

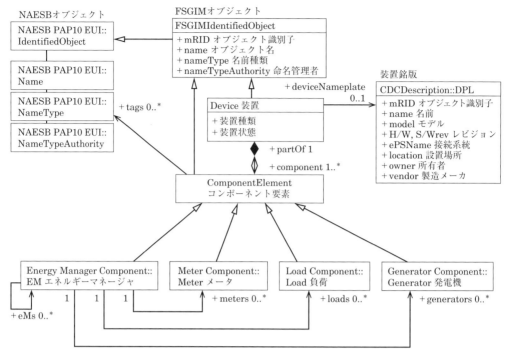

図 5・8　装置クラス構成（Device Class）

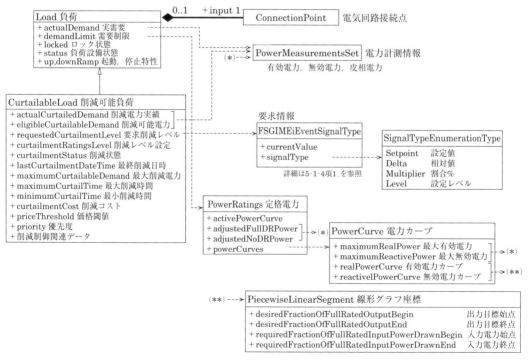

図 5・9　負荷クラス構成（Load Class）

8に装置に関係するクラス構成を示す．装置クラスはエネルギー管理，メータ，負荷，発電機などの集まりとして構成される．

（b） 負荷（Load）

負荷構成要素（Load Component）は電力を消費する装置（電気設備）をモデル化したものである．装置のエネルギー管理としては，単純に電源のオンオフをするものから，電気事業者と価格情報のやり取りでピークシフトなどを行うものまである．

図5・9に負荷（Load）クラスの構成を示す．負荷クラスは負荷の消費電力，装置特性・状態，電気回路接続点などの情報を持つ．削減可能負荷（CurtailableLoad）は消費電力の削減が可能な設備であり，削減消費電力実績，削減可能電力，削減要求電力および，それらに関係する情報を持つ．消費電力要求は上位のエネルギーマネージャEMからの要求であり，そのときの装置の状態に応じて削減電力量を決め装置の制御を行う．電力削減制御は装置に応じて，設定値，相対値，割合，レベルなどで制御を行う．

（c） 発電機（Generator）

発電機構成要素（Generator Component）は電力供給設備（発電設備）およびエネルギー貯蔵設備をモデル化したものであり，施設で運用管理する化石燃料発電，太陽光発電，風力発電などを含んでいる．

図5・10に発電機（Generator）クラスの構成を示す．発電機クラスは，発電電力，貯蔵エネルギー量，設備状態，発電機特性（起動・停止時間），電気回路接続点，廃棄物質情報などの情報を

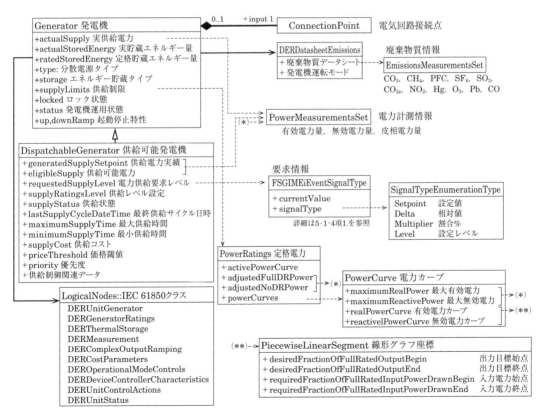

図5・10 発電機クラス構成（Genarator Class）

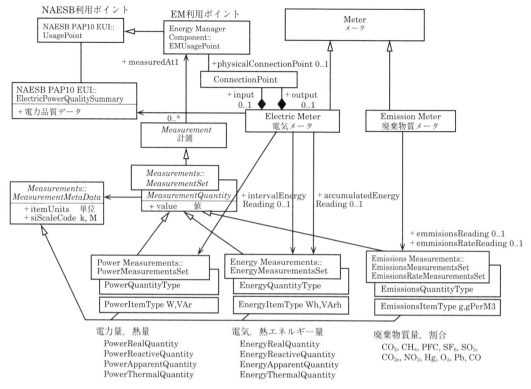

図5・11 メータクラス構成（Meter Class）

持つ．供給可能発電機（DispatchableGenerator）クラスは供給発電電力の制御が可能な発電機であり，発電機クラスを継承している．供給可能発電機クラスは，供給電力実績，供給可能電力，供給電力要求およびこれらに関連する情報を含んでいる．

発電設備およびエネルギー貯蔵設備の具体的な制御やその詳細な情報は，IEC 61850 で規定された発電機関連クラス（LogicalNodes）を用いる．

(d) メータ（Meter）

メータ構成要素（Meter Component）は，電力（Power），エネルギー（Energy），廃棄物質（Emission）の計測機能をモデル化したものである．

図5・11 にメータクラス構成を示す．FSGIM のメータモデルは NAESB メータモデルのサブセットとなっている．ただし，利用集計（UsageSummary）と利用期間（IntervalBlock）については NAESB のメータモデルのものは用いていない．これは，FSGIM ではメータモデルではなく上位のエネルギー管理（EM）で管理しているためである．

メータクラスは電気メータと廃棄物質メータで構成され，それぞれ電力量（有効・無効・皮相電力），熱量，エネルギー量（有効・無効・皮相エネルギー），廃棄物質量（CO_2，CH_4，SF_6，NO_2，Pb など）の読み取りを行う．エネルギーメータ利用ポイント（EMUsagePoint）はメータの計測場所および電気回路への接続点を示している．

計測値は電力・エネルギー・廃棄物質のそれぞれに対して {値，スケール，単位} で表現される．電力・エネルギー・廃棄物質については，MeasurementSet の継承クラスの PowerMeasurementsSet，EnergyMeasurementsSet，EmmisionsMeasurementsSet，EmmisionRateMeasurementsSet で

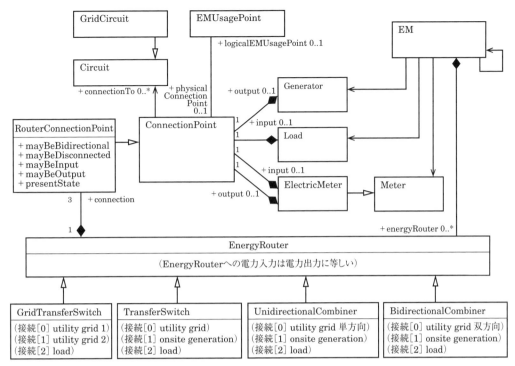

図5・12 エネルギールータクラス構成（EnergyRouter）

区別される．値はMeasurementQuantityの継承クラス，スケールはMeasurementMetaDataで，単位はその継承クラスで表現する．

4 ● エネルギールータと電気回路（EnergyRouter，Circuit）

エネルギールータ（EnergyRouter）は，負荷（Load）が複数の電源から電力供給を受けるためのモデルである．このモデルによりエネルギー管理（EM）が，負荷に供給する適切な電源や電源の組合せや，電源と負荷の電力フローを決定できるようになる．エネルギールータに関係するクラス構成を図5・12に示す．

エネルギールータの種類としては，電力系統切換装置（GridTransferSwitch），電源切換装置（TransferSwitch），双方向接続装置（BidirectionalCombiner）および単方向接続装置（UnidirectionalCombiner）がある．双方向接続では，電力系統や分散電源などの自家発電機から負荷側へ電力供給するだけでなく，電力に余剰がある場合は，電力系統への逆潮へと切り換えることができる．また，単方向接続では，分散電源から負荷への電力供給を許すが，電力に余剰がある場合でも，電力系統への逆潮は許されない．

エネルギールータが使用される例としては，電力を供給する2つのフィーダを選択する開閉器（GridTransferSwitch），電力系統あるいは非常用発電機から電力供給を受ける負荷（TransferSwitch），電力系統からの電力を補う太陽光発電（UnidirectionalCombiner）や，太陽光発電の発電電力を電力系統に逆潮させる制御（BidirectionalCombiner）などが考えられる．

エネルギールータは3つのルータ接続点（RouterConnectionPont）を持ち，その属性の特性が上記のエネルギールータ種類を反映している．また，3つ以上の接続点が必要な場合は複数のエネ

ルギールータを結合して表現する．

　FSGIMでは，施設の電気的接続関係のモデリングは回路（Circuit）クラスと電気回路接続点（ConnectionPoint）クラスを使用して定義される．施設内の各電気回路は回路クラスの個々のインスタンスとしてモデル化される．これらは，負荷，発電機，メータおよびエネルギー管理EMの，施設内あるいは電力系統の他の装置への電気的接続関係を表現する．

● 5・1・4　FSGIMの機能とクラス構成―施設外へのインタフェース

1 ● 電力取引情報（EI，EMIX，WS-Calendar）

　FSGIMでは，電力取引に必要となる情報については，Energy Interoperation（EI），Energy Market Information Exchange（EMIX），WS-Calendarなどの既存の標準の情報モデルを利用している[14]〜[16]．

　EIはOASISで作成された標準で，エネルギーの協調利用（Collaborative Use）や取引（Transactive Use）に必要とされる情報モデルを規定しており，エネルギー供給者と需要家の間の電力供給サービスやアンシラリーサービスなどの協調連携を可能としている．EIの情報モデルは，エネルギー供給者，顧客，市場，サービスプロバイダ，送配電事業者などを対象とし，2者間のメッセージとして，現在・過去・未来の価格情報，系統の信頼性や緊急事態を示す情報などを定義している．

　FSGIMでは，EIを利用して，エネルギー供給者とエネルギーを消費する施設の2者間におけるエネルギー供給と需要を調整するための情報を定義している．具体的には，動的価格シグナル（Dynamic Price Signal），エネルギー市場取引（Energy Market Trading），電力系統の信頼性を確保するためのイベント（Grid Reliability Event）や電力系統の緊急時のイベント（Grid Emergency Event）を取り扱うためのクラスを利用している．

　EIのイベントはUMLモデルで記述されており，これらのクラスは2者間の情報やり取り時に利用されることになる．イベントタイプは，サービスパラメータやイベント情報によって区別される．

　イベントに基づいたデマンドレスポンスに対応したクラスは図5・13に示しているEiEventTypeであり，イベント期間，イベントシグナル，イベントタイプ，イベントターゲットなどを定義している．

　イベントの期間（Active Period）に関する情報は，eiActivePeriodで記載し，イベントの全体のスケジュールを記述する．それには，イベント通知期間（Notification Period），機器の立ち上がり期間（Ramp Up Period），アクティブ期間（Active Interval），回復期間（Recovery Period）などが含まれる．

　イベントの詳細情報はシグナル（Event Signals）として，eiEventSignalsで記載される．シグナルは価格や消費電力などの時系列データを取り扱う．イベントは複数のシグナルを伝搬でき，たとえば，異なるマーケットコンテキストにおいて異なるターゲットリソースを指定することもできる．また，各時間帯の電力価格や単純な削減レベルを各ターゲットリソースに対して指定することもできる．これらのシグナルは共通の形式で記載できるようになっている．

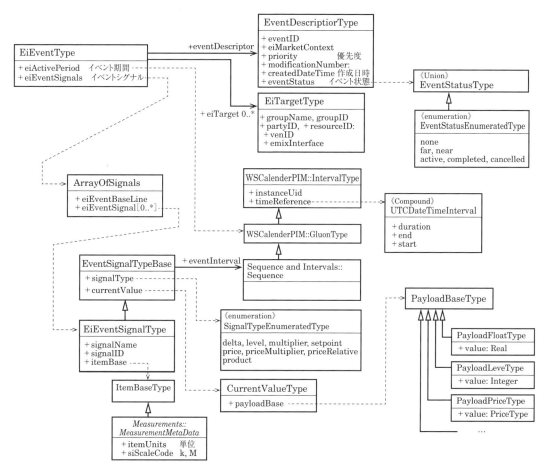

図 5・13　EI イベントクラス構成（EiEventType）

　イベントタイプは EventDescriptorType クラスで記述される．イベントタイプには，マーケットコンテキスト（市場ルール），イベントの優先度，イベントが作成・変更された日時，イベント状態などが含まれる．

　EMIX は OASIS で作成された標準で，エネルギー市場においてエネルギー市場情報を交換するための情報モデルを定義している．EMIX をベースとした情報モデルを採用することで，エネルギーの利用とその利用のためのコストを最適化するような自動システムを構築することができる．

　エネルギーの市場価格は，送配電するタイミングに大きく左右されために，EMIX では価格や送配電スケジュールを含むエネルギー取引情報を効率良く交換できるように OASIS が規定した WS−Calendar を利用している．また，エネルギー市場価格はエネルギーがどのように生産されるかにも左右されるために，取引されるエネルギー商品の差異も区別できるようにしている．

　上述したように，EMIX は，電力市場取引における価格（Price）や商品（Product）の情報を取引するために必要となる情報の表現形式を規定しており，FSGIM では EMIX のこれらを利用している．商品では，電力の供給量や品質や消費者側の要望を定義できるようになっている．

　EMIX による価格情報の概略を図 5・14 に示す．PriceBase クラスは多様な価格を表現するために拡張できるクラスで，EMIX 価格のベースとなるクラスである．PriceBase クラスを拡張するこ

5章　需要家のサービス実現に必要な相互運用性と情報モデル

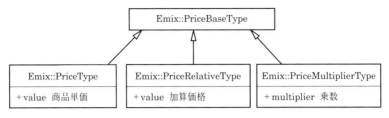

図5・14　EMIXクラス

とによって，単純な価格表現だけでなく，予測や計算に基づく複雑な価格を表現することもできる．

Priceクラスは商品単価を表現する．PriceMultiplierクラスは基準価格に対して乗算される乗数を表現する．PriceRelativeクラスは基準価格に対して加算される価格を表現し，負の値をとることも可能である．

WS-CalendarはOASISで作成された標準で，カレンダやスケジュール情報を記述するための規格である．WS-Calendarで規定されているIntervalTypeクラスによって，時間間隔（Interval）などの時系列情報を取り扱っており，IntervalTypeクラスを継承したSequenceクラスを利用して，価格や電力データなどの時系列データを表現している．5・1・3項の図5・5に示すようにSequenceクラスに関係付けられたEMIntervalDataは，将来の予測にも利用され，過去の報告としても利用される．

2　天候気象情報（FSGIMWeather）

FSGIMWeatherは施設で使われる天候情報をモデル化したものである．このモデルは，天候，予測，外部からの予報，施設における観測（計測）から得られる情報を含んでいる．また，このモ

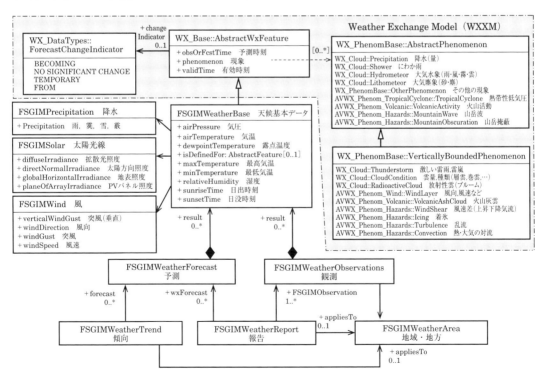

図5・15　天候情報のクラス構成（FSGIMWeather）

表 5・2 AbstractMeasure タイプ

計測値タイプ	意味〔SI 単位〕
Irradiance	放射照度〔watt/m^2〕
RelativeHumidity	湿度（SI 単位無し）
Luminance	輝度〔stilb〕（1 sb = 10^4 cd/m^2）
Angle	角度〔radian〕
Pressure	圧力〔pascal〕
Temperature	温度〔degK〕（Kelvin：0°C = 273.15 K）
Speed	速度〔m/s〕
Distance	距離〔m〕

デルは，風，雨，嵐などの気象現象も含んでいる．

図 5・15 に FSGIMWeather の主なクラスを示す．FSGIMWeather の基本部分は天候情報交換の標準である Weather Information Exchange Model（WXXM）のサブセットとしている[19]．天候の計測情報や現象情報は FSGIMWeatherBase クラスとしてモデル化している．太陽光発電や風力発電に必要な，降雨，日照，風の情報については，FSGIMWeatherBase クラスを拡張した FSGIMPrecipitation，FSGIMSolar，FSGIMWind クラスとしてモデル化している．また，対象地域，観測情報，予測情報，時系列予測（傾向）情報については，FSGIMWeatherArea，FSGIMObservation，FSGIMForecast，FSGIMTrend クラスとして WXXM の対応クラスから継承する形でモデル化している．個々の気象現象については，WXXM の AbstractPhenomenon クラスで定義されたものの中から施設エネルギー管理に必要なものを選択して用いている．

FSGIMWeather の気圧，気温などの計測値は AbstractMeasure タイプとして表現する．ここでの単位系は UnitSymbolKind 列挙型による SI 単位で表現される．AbstractMeasure タイプの個々の計測値タイプを表 5・2 に示す．

● 5・1・5　FSGIM の実装と課題—通信プロトコルへの展開（Conformance Block）

FSGIM は，エネルギーに関連する情報授受の基本仕様となることを意図した情報モデルである．ここでいうエネルギーとはスマートグリッドや，ビル，工場，住宅などの設備のエネルギー管理である．FSGIM は既存の国際標準を置き換えるためのものではなく，実装に用いる設備レベルの通信プロトコルには依存していない．FSGIM はエネルギーサービスの提供者と設備内のエネルギー管理者あるいは装置間の相互接続性を確保するために用いるためのものである．

FSGIM で作成した情報モデルの通信プロトコルへの実装を想定した場合，その具体的指針や使うべきクラス，属性などとのマッピング指標が必要となる．そのため FSGIM では規格適合単位（Conformance Block）を提供している．図 5・16 に，FSGIM の構成要素（Component）に対応する Conformance Block のクラスや属性，それらの関連を表現する概念図を示す．通信プロトコルへの実装に際しては，FSGIM が規定する各構成要素（エネルギー管理（EM），発電機（Generator），負荷（Load），メータ（Meter））や共通クラス（測定（Measurement），装置（Device））に対応する各 Conformance Block とのマッピングを行う．また，対応するクラスや属性を選択することで，OpenADR や BACnet といった他の標準通信プロトコルとの連携や情報変

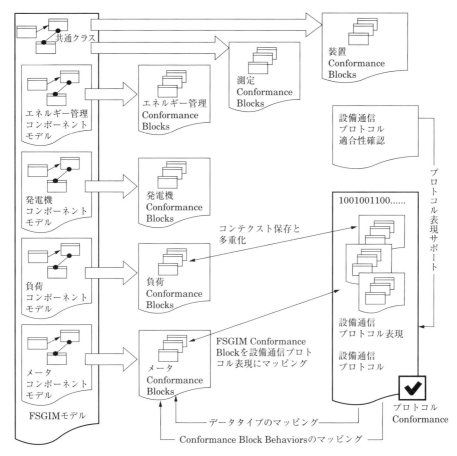

図 5・16　Conformance Block を用いた実装プロトコルへの展開

換を支援する機能を提供している[20],[21].

　FSGIM の情報モデルを実装する装置レベルの通信プロトコルについては，以下の仕様を公開する必要がある．

- 実装する Conformance Block の選択と記述（Profile）
- 使用する基本データタイプ
- FSGIM の属性と実装通信プロトコルの属性の対応
- 実装する Conformance Block の振る舞い（Behavior）のマッピング
- 列挙型データの制約
- 信頼性のない情報や利用不可能な情報の処理方法

5・2　FSGIM によるエネルギー管理設定例

　本節では，FSGIM ユーザーズマニュアルに記載された，デマンドレスポンス（DR：Demand Response）とそれに対応した需要家のエネルギー管理や設備の制御，電力・エネルギー使用量把握のための需要集計（Aggregation），計画・履歴データ管理のための時系列データ（Sequence）などの具体例に基づいて，FSGIM の適用方法について紹介する[12]．これらの具体例により，読者が

FSGIM の使い方とその有効性を理解できるようにしている．

●5・2・1 デマンドレスポンスの発動と実行

1●DR イベントの発動（DR Event Initiation）

エネルギー供給者（Energy Supplyer）から発動された DR イベント情報が需要家施設に伝わり，施設内の機器制御を承諾するまでの情報の流れの例を図 5・17 に示す．

Energy Supplier は系統状態の予測をもとに DR イベント内容を決定する．DR 要求は OpenADR 2.0b で規定された情報モデルで作成され，ESI EM に伝達される．FSGIM は OpenADR の EI 情報モデルを含んでいるため，OpenADR の通信データ内容をそのまま FSGIM の情報モデルの内容として使用することができる．ESI EM は設備管理者に DR イベント情報を伝達し，設備管理者からベースラインや運用ポリシー情報を取得する．ベースラインはあらかじめ設備管理者と Energy Supplier の間で合意されたものである．ESI EM は受信した電力削減量を複数の Local EM に配分し，各 Local EM に DR イベント情報を伝達する．Energy Supplier から ESI EM へ伝達される OpenADR 通信データ内容と ESI EM から各 Local EM へ伝達される通信デー

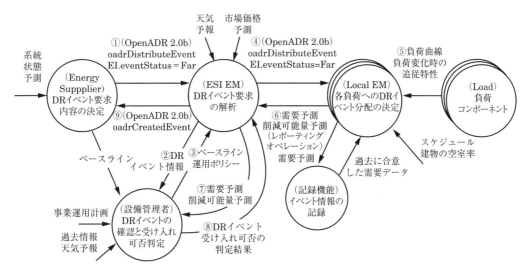

図 5・17 DR イベント発動時の情報の流れ

表 5・3 DR イベントデータ内容の変更

Class:Attribute	内容	Energy Supplier → ESI EM での値	ESI EM → Local EM での値	変更有無
pyld:requestID	リクエスト ID	InitialRequest	ForecastLoadProfile	○
xcal:dtstart	DR 開始時刻	2014-7-29T14:00:00Z	2014-7-29T14:00:00Z	―
xcal:duration	期間 1 の時間	PT3H（3 時間）	PT3H（3 時間）	―
xcal:signalPayload	期間 1 の削減量	200〔kW〕	分配された値	○
xcal:duration	期間 1 の時間	PT1H（1 時間）	PT1H（1 時間）	―
xcal:signalPayload	期間 1 の削減量	100〔kW〕	分配された値	○
…	…	…	…	

タ内容のデータの比較を**表 5·3**に示す．

　リクエスト ID と削減量のみ変更され，その他の要素は変更なく伝達される．つまり，EM 間でのデータ連携は OpenADR の通信データ内容で行われることになる．次に，Local EM は，自ノードに接続されている複数の負荷から負荷曲線や負荷変更時の時間変化傾きの情報を集める．これらの情報に加えて，運転スケジュールや建物の空室率，過去に合意した需要データなどをもとに需要予測（需要量と削減可能量）を作成し，ESI EM に伝達する．Local EM から ESI EM への需要データの情報伝達は，OpenADR のレポーティングオペレーションを用いる．ESI EM から Local EM にレポート要求が送られると，Local EM は ESI EM 需要予測レポートを返信する．ESI EM は自ノードに接続された各 Local EM からの DR 期間中の需要予測を集計し，施設全体の需要予測を作成して設備管理者に渡す．設備管理者は事業運用計画や過去の情報など様々な情報をもとに DR イベント受け入れの可否を判定し ESI EM に伝達する．ESI EM は Energy Supplier に OpenADR 2.0b 形式で oadrCreatedEvent（Opt-In）情報を伝達し DR の実行準備が完了する．

2　DR イベントの実行（DR Event Execution）

　Energy Supplier から DR イベントの開始を意味するステータスが Active の DR イベント情報を ESI EM が受信し施設内の機器制御を実行する．このときの情報の流れの例を**図 5·18**に示す．

　ESI EM は受信した DR イベントを各 Local EM に通知し，DR イベントの開始を通知する．さらに，ESI EM は各 Local EM の定格需要，現在の需要集計，削減可能量を参照しながら DR 要求量に合致する各 Local EM の削減量の配分値を各 Local EM に通知する．Local EM は通知された削減量を実現するため，直下の複数の負荷コンポーネント（階層構造により発電や Local EM の場合もある）が管理している現在の削減可能量を参照し，各負荷コンポーネントに削減量を割り当てる．負荷は割り当てられた削減量を EMS システムなどに指示するとともに削減量を監視する．また，負荷コンポーネントは削減要求に対する追従状態を示し，Local EM は追従できていない負荷コンポーネントの削減割り当てを他の負荷コンポーネントへ再配分する．ESI EM は定周期に電力

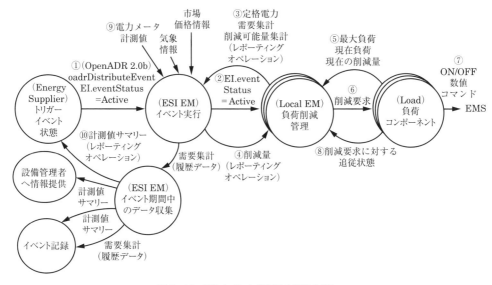

図 5·18　DR イベント実行時の情報の流れ

メータ計測値を参照し，DR 要求の削減量と比較しながら各 Local EM に対する削減量の配分を調整する．また，ESI EM は削減量の実績値を集計し，OpenADR のレポーティングオペレーションによって設備管理者や Energy Supplier に計測サマリーを提供する流れとなる．

3● OpenADR と FSGIM との対応

FSGIM において外部とのインタフェースは ESI EM により行う．通常 ESI EM はエネルギー管理（EM）体系の最上位におかれる．空調などの装置が外部の天候情報を必要とする場合などは下位の EM を ESI EM とすることもできる．

FSGIM と OpenADR は両者とも EI（Energy Interoperation）の情報モデルをそれぞれの用途に応じた形で利用している．したがって，OpenADR のメッセージから FSGIM の情報モデルへの変換は直接的に行うことができる．Local EM でも EI や EMIX の情報モデルを持てば，FSGIM 内部での DR イベントに関する連携は OpenADR で直接行うことができる．FSGIM は OpenADR 以外の通信プロトコルを用いることもできるが，OpenADR を利用すると変換処理が不要であり簡潔な処理とすることができる．

図 5・19 に DR イベントとそのタイミングの例を示す．DR の開始は 2014/7/29pm2：00（14：00）から pm6：00（18：00）までの 4 時間である．DR は前半の 3 時間と後半の 1 時間に分けて指示される．この間の需要抑制が Signal1 で，電力価格が Signal2 で示される．

図 5・20 はこれに対応した Far 状態の開始時点での DR イベントのメッセージ内容である．Far，Near，Active，Complete などのイベント状態は ei：eiDescriptor の ei：eventStatus，イベント開始時刻は ei：eiActivePeriod の xcal：dtstart で指定される．需要抑制の Signal1 および電力価格の Signal2 はそれぞれ ei：eiEventSignals の ei：eiEventSignal で示され，それぞれの期間の削減量および電力価格は ei：interval の xcal：duration と xcal：signalPayload で指定される．

図 5・21 は図 5・20 に示した OpenADR メッセージを ESI EM が取り込んだときの FSGIM のオ

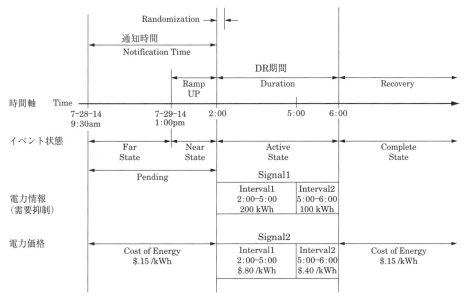

図 5・19　DR イベントのタイミング

OpenADRメッセージ構成（Class：Attribute）	メッセージ内容（値）
oadr:oadrPayLoad	
oadr:oadrSignedObject	
oadr:oadrDistributeEvent	
ei:schemaVersion	{ 2.0b }
pyld:requestID	{ InitialRequest }
ei:vtnID	{ VirtualTopNode#1 }
oadr:oadrEvent	
ei:eiEvent	
ei:eiDescriptor	
ei:eventID	{ July29Event }
ei:modificationNumber	{ 0 }
ei:createdDateTime	{ 2014-7-28T09:30:00Z }
ei:eventStatus	{ far }
ei:eiActivePeriod	
xcal:propaties	
xcal:dtstart	{ 2014-7-29T14:00:00Z }
xcal:duration	{ PT4H }
xcal:ei-Notification	{ PT1H }
ei:eiEventSignals	
ei:eiEventSignal	// Signal1
strm:intervals	
ei:interval	// DispatchInterval1
xcal:duration	{ PT3H }
xcal:uid	{ DispatchInterval1 }
xcal:signalPayload	{ 200 }
ei:interval	// DispatchInterval2
xcal:duration	{ PT1H }
xcal:uid	{ DispatchInterval2 }
xcal:signalPayload	{ 100 }
ei:signalName	{ LOAD_DISPATCH }
ei:signalType	{ delta }
ei:signalID	{ CurtailmentValues }
ei:currentValue	
xcal:payloadFloat	{ 0 }
ei:itembase	
ei:itemDescription	{ Units for LOAD_DISPATCH signal }
ei:itemUnits	{ Watts }
ei:siScaleCode	{ k }
ei:eiEventSignal	// Signal2
strm:intervals	
ei:interval	// PriceInterval1
xcal:duration	{ PT3H }
xcal:uid	{ PriceInterval1 }
xcal:signalPayload	{ .80 }
ei:interval	// PriceInterval2
xcal:duration	{ PT1H }
xcal:uid	{ PriceInterval2 }
xcal:signalPayload	{ .40 }
ei:signalName	{ ELECTRICITY_PRICE }
ei:signalType	{ price }
ei:signalID	{ CostOfElectricity }
ei:currentValue	
xcal:payloadFloat	{ .15 }
ei:itembase	
ei:itemDescription	{ CurrencyPerKWh }
ei:itemUnits	{ USD }
ei:siScaleCode	{ none }
ei:eiTarget	
oadr:oadrResponsRequired	{ always }

（注）OpenADRメッセージ構成の詳細については，わかりやすくするため省略している部分もある．

図 5・20　DR イベントの OpenADR メッセージ構成（図 5・19 の Far 状態開始時点の DR イベント）

5・2 FSGIMによるエネルギー管理設定例

FSGIMオブジェクト構成（Class：Attribute）	オブジェクト内容（値）
eiEvent:EIClasses::EiEventType	
EventDescriptiorType	
eventID	{ July29Event }
modificationNumber	{ 0 }
createdDateTime	{ 2014-7-28T09:30:00Z }
eventStatus	{ far }
EiActivePeriod	
Sequence.timeReference	
start	{ 2014-7-29T14:00:00Z }
duration	{ PT4H }
duration:Emix-terms::MaximumNotificationDurationType	{ PT1H }
eiEventSignals: ArrayOfSignals	
eiEventSignal[0]: EiEventSignalType	// Signal1
signalName	{ LOAD_DISPATCH }
signalType	{ delta }
ei:signalID	{ CurtailmentValues }
currentValue	
payloadBase: payloadFloatType	{ 0 }
itembase: EnergyItemType	
description	{ Units for LOAD_DISPATCH signal }
itemUnits	{ Watts }
siScaleCode	{ k }
interval1: WSClendar::IntervalType	// DispatchInterval1
timeReference.duration	{ PT3H }
instanceUid	{ DispatchInterval1 }
currentValue.payloadBase: payloadFloatType	{ 200 }
interval2: WSClendar::IntervalType	// DispatchInterval2
timeReference.duration	{ PT1H }
instanceUid	{ DispatchInterval2 }
currentValue.payloadBase: payloadFloatType	{ 100 }
eiEventSignal[1]: EiEventSignalType	// Signal2
signalName	{ ELECTRICITY_PRICE }
signalType	{ price }
ei:signalID	{ CostOfElectricity }
currentValue	
payloadBase: payloadFloatType	{ .15 }
itembase: CurrencyType	
description	{ CurrencyPerKWh }
itemUnits	{ USD }
siScaleCode	{ none }
interval1: WSClendar::IntervalType	// PriceInterval1
timeReference.duration	{ PT3H }
instanceUid	{ PriceInterval1 }
currentValue.payloadBase: payloadFloatType	{ .80 }
interval2: WSClendar::IntervalType	// PriceInterval2
timeReference.duration	{ PT1H }
instanceUid	{ PriceInterval2 }
currentValue.payloadBase: payloadFloatType	{ .40 }
EiTargetType	

（注）FSGIMオブジェクト構成の詳細については，わかりやすくするため省略している部分もある．

図5・21 DRイベントのFSGIMオブジェクト構成（図5・20のOpenADRメッセージに対応）

ブジェクト構成を示す．OpenADRのメッセージ項目のei:eiEventにはFSGIMのEiEventTypeクラスのeiEventオブジェクトが対応する．EiEventTypeのクラス構成は5・1・4項の図5・13に示す構成となっている．図5・20および図5・21に示すようにOpenADRのメッセージ項目は名称や配置は若干異なるもののFSGIMのオブジェクトと1対1に対応している．このようにOpenADRおよびFSGIMはDRに関してEI，EMIX，WS-Calendarをベースとしているため直接的な連携が可能となっている．

●5・2・2 エネルギールータ（Energy Router）

FSGIMでは，Energy Routerの使用例として，電力系統からの受電と電力系統の停電時の非常用発電機からの給電との切換え制御と，電力系統からの受電と太陽電池からの発電電力の両用および，電力系統への逆潮に関する制御との2例を示している．

1 電源切換装置（Transfer Switch）

電力系統の事故などによる停電時，建築物の継続的運用を可能とするため，建築施設内に設置された非常用発電機からの電力を施設内の設備へ給電を切り換える装置を電源切換装置（Transfer Switch）と呼んでいる．

この関係設備の接続を図5・22に，このオブジェクト構成を図5・23に示す．図5・23では，関係設備の接続形態と，それらの制御方式が記述されている．

Transfer Switchは，通常，施設内の設備を電力系統に接続し，非常用発電機を切り離している．電力系統の事故などで停電が発生すると，設備の継続的稼働のため，電力系統と設備との接続を非常用発電機に切り換える制御を行う．

すなわち，施設内の設備は電力系統，または非常用発電機の何れか一方と接続されるとともに，非常用発電機から電力系統への逆潮を防ぐものである．

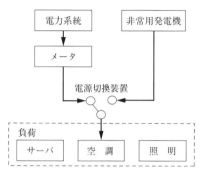

図5・22 電源切換装置（Transfer Switch）

2 双方向接続装置（Bidirectional Combiner Box）

電力系統からの受電と並行し，太陽電池からの発電電力を施設内の設備に給電するとともに，施設内の電力需要

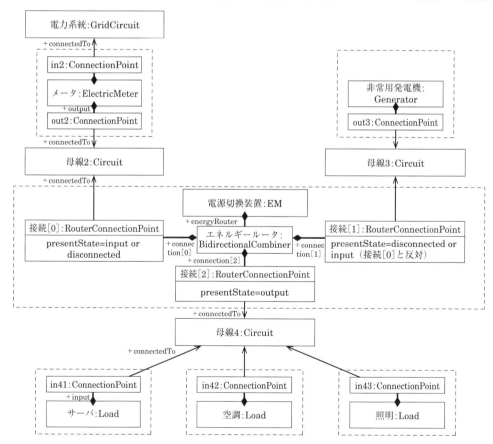

図5・23 電源切換装置のオブジェクト構成

量，電力系統の買電価格などの状況により，太陽電池の発電電力を電力系統に逆潮させる電力系統接続インバータ装置を Bidirectional Combiner Box と呼んでいる．

この関係設備の接続を**図 5・24** に，このオブジェクト構成を**図 5・25** に示す．図 5・25 では，関係設備の接続形態と，それらの制御方式が記述されている．

Bidirectional Combiner は，電力系統からの受電と太陽電池からの出力を同時に，施設内に給電するとともに，状況に応じて，太陽電池の出力を電力系統に逆潮し，売電するものである．

Transfer Switch と Bidirectional Combiner との違いは，前者が施設内の設備に何れ1つの電源のみに接続するのに対し，後者は2つの電源を同時に接続するところである．

3 日本での適用の留意点

Energy Router は，日本では電力系統からの受電の分電盤，配電盤などに相当する．日本の建築設備における分電盤，配電盤には漏電遮断器や配線用遮断器などのほかに，電力量計や電力系統を切り換えるための制御用リレー，照明点灯制御用のリモコンリレーなどとともに，これらを制御する制御ユニットなどが組み込まれている．以下に

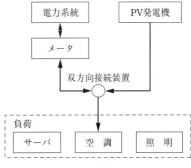

図 5・24 双方向接続装置（Bidirectional Combiner Box）

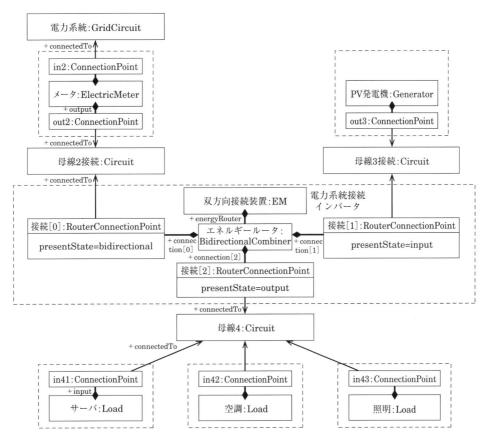

図 5・25 双方向接続装置のオブジェクト構成

Energy Router のモデルを日本で適用する場合の留意点を示す．
- 電源切換装置（Transfer Switch）　日本での使用にあたっては，一般的に非常用発電機が施設内の全設備の負荷をまかなうことができないこと，施設内の系統が複数あること，停電の検知，および発電機の起動などの制御，インターロックを考慮しなければならない．このため，Transfer Switch の切換え対象の施設内系統の数，Transfer Switch の制御のための設定などの複雑な要因が加わる．
- 双方向接続装置（Bidirectional Combiner Box）　日本での使用にあたっては，Transfer Switch と同じく，施設内の系統が複数存在すること，規模の大きな施設では信頼性向上のため多重化の系統となっていることなどへの対応が必要となる．

5・2・3　集　計（Aggregation）

本項では，集計に用いるデータと計算処理を示す．施設とその中の複数の回路に跨る負荷装置や発電機装置からの電力量を集計する計算を示す．この例では，5・1・3 項の表 5・1 標準集計クラスで示した需要集計（DemandAggregation），供給量集計（SupplyAggregation），純需要集計（NetDemand Aggregation）を計算するために使用されるルール集合（Ruleset）を定義し，得られた集計結果のデータのオブジェクト構成を示す．

図 5・26 は本項で考える電気的および論理的な接続関係を持つ施設を示している．電気的接続は実線で，論理接続は破線で表している．電力は発電装置（Generator）により供給され，負荷装置（Load）が消費し，メータ（Meter）により計測される．表 5・4 は各々の装置の有効電力や無効電力，需要側か供給側か，などの装置の特性を示している．

以下にフロアの各回路の需要集計（aggregateDemand），供給集計（aggregateSupply），純需要集計（aggregateNetDemand）を計算する．これらの集計は図 5・5 に示した EMIntervalData クラスの属性データであるフロア 1 の EM により管理される装置には，オフィス照明とオフィス空調がある．これらはともに回路 2 に接続されている．需要集計を計算するためのルール集合（DemandRuleset）は図 5・27(a)のようになる．この図で点線で囲まれた部分がフロア 1 の回路の需要集計に適用される集計ルールである．

フロア 1 の EM の回路 2 の需要集計は以下のとおりとなる．
　　　フロア 1. 現在集計データ[回路 2]. presentAggregateDemand =
　　　オフィス照明. actualDemand + オフィス空調. actualDemand =
　　　1 kW + 1.4 kW = 2.4 kW と
　　　0.8 kVAr + 0.7 kVAr = 1.5 kVAr

フロア 1 の EM に関連する発電機や蓄電装置は存在しないため，フロア 1 の EM の回路 2 の供給集計はゼロとなる．純需要集計を計算するルール集合（NetDemandRuleset）は図 5・27(b) のとおりとなるため，フロア 1 の EM の回路 2 の純需要集計は，需要集計と同じになり，有効電力が 2.4 kW で無効電力が 1.5 kVAr となる．

フロア 2 の EM の管理する回路 3 は負荷がゼロであるため，需要集計は有効電力と無効電力はともに 0 kW となる．しかし，PV による発電があるため，供給集計の計算は以下のようになり，有効電力が 4 kW となる．

5・2 FSGIMによるエネルギー管理設定例

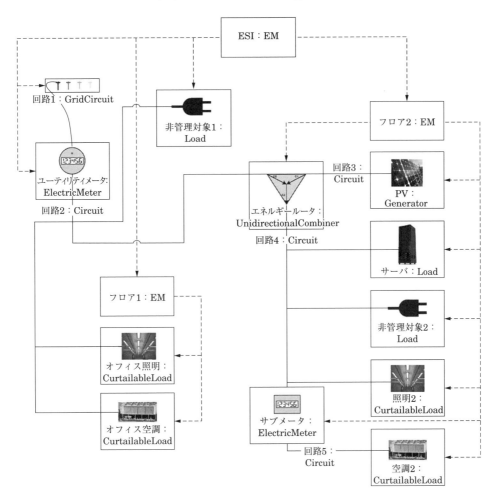

図5・26 施設の電気的接続関係および論理的関係

表5・4 装置の特性

装 置	有効電力	無効電力	需要/供給	備 考
オフィス照明	1.0 kW	0.8 kVAr	需要	
オフィス空調	1.4 kW	0.7 kVAr	需要	
非管理対象1	2.5 kW	1.1 kVAr	需要	管理対象外の負荷のグループである．屋外の負荷など施設に関連付けられる負荷であるが，その消費電力はEMに把握されていない．ここに示した数値は，この負荷が最終の集計結果に与える影響をみるためである．
PV	4.0 kW	0.0 kVAr	供給	
サーバ	35.0 kW	9.8 kVAr	需要	
非管理対象2	1.0 kW	0.4 kVAr	需要	管理対象外の負荷であるため，フロア2のEMは，負荷であることを認識していない．ここに示した数値は，この負荷が最終の集計結果に与える影響をみるためのものである．
照明2	1.0 kW	0.8 kVAr	需要	
サブメータ	8.5 kW	4.5 kVAr	需要	
空調2	8.4 kW	4.4 kVAr	需要	
ユーティリティ（メータ）	46.5 kW	18.1 kVAr	純需要	

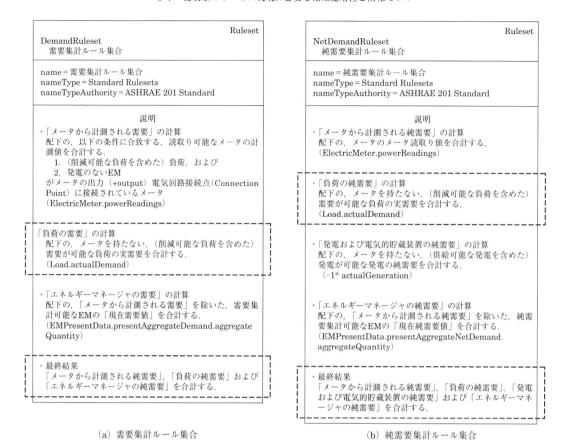

(a) 需要集計ルール集合　　　　　　　　　　(b) 純需要集計ルール集合

図 5・27　集計のためのルール集合（Aggregation Ruleset）

表 5・5　需要と供給の集計

EM	回路	需　要		供　給		純需要	
フロア 1	2	2.4 kW	1.5 kVAr	0 kW	0 kVAr	2.4 kW	1.5 kVAr
フロア 2	2	44.5 kW	15.1 kVAr	4 kW	0 kVAr	40.5 kW	15.1 kVAr
フロア 2	3	0 kW	0 kVAr	4 kW	0 kVAr	−4 kW	0 kVAr
フロア 2	4	44.5 kW	15.1 kVAr	0 kW	0 kVAr	44.5 kW	15.1 kVAr
フロア 2	5	8.4 kW	4.4 kVAr	0 kW	0 kVAr	8.4 kW	4.4 kVAr
ESI	1	46.9 kW	16.6 kVAr	4 kW	0 kVAr	42.9 kW	16.6 kVAr
ESI	2	2.4 kW	1.5 kVAr	0 kW	0 kVAr	2.4 kW	1.5 kVAr

　　　フロア 2. 現在集計データ［回路 3］. presentAggregateSupply ＝

　　　PV.actualSupply ＝ 4 kW と 0 kVAr

これにより，フロア 2 の EM の回路 3 の純需要集計は以下のとおりとなる．

　　　フロア 2. 現在集計データ［回路 3］. presentAggregatedNetDemand ＝

　　　−1 * PV. actualSupply ＝ −4 kW と 0 kVAr

上述のようにして全てのフロアとその回路の需要と供給を集計した結果を **表 5・5** に示す．この結果から，回路 1 の需要集計は，有効電力 46.9 kW と無効電力 16.6 kVAr として算出される．回

路 1 の供給集計はそれぞれ 4 kW と 0 kVAr となる．一方，表 5・4 に示した電力会社のメータによる回路 1 の純需要集計は，それぞれ 46.5 kW と 18.1 kVAr となっている．負荷の全ての需要がわかっており，測定値の全てが正確である場合，純需要集計は需要集計から供給集計を引いた値となる．この値に違いがある場合には，未非管理対象の未知の負荷と計測の不確実性が原因であり，その値は以下のとおりとなる．

非管理負荷 + 計測不確実性 =

ESI. 現在集計データ [回路 1]. presentAggregateNetDemand −

(ESI. 現在集計データ [回路 1]. presentAggregateDemand −

ESI. 現在集計データ [回路 1]. presentAggregateSupply) =

46.5 kW − (46.9 kW − 4 kW) = 3.6 kW（有効電力）と

18.1 kVAr − (16.6 kVAr − 0 kVAr) = 1.5 kVAr（無効電力）

利用可能なデータから，この 3.6 kW と 1.5 kVAr の中のどのくらいの量が非管理装置 1 の負荷

```
フロア2: EM
    PV: Generator                                          →回路3: Circuit
    サーバ: Load                                            →回路4: Circuit
    非管理対象2: Load                                       →回路4: Circuit
    照明2: CurtailableLoad                                  →回路4: Circuit
    空調2: CurtailableLoad                                  →回路5: Circuit

    サブメータ: ElectricMeter                               →回路5: Circuit
                                                           →回路4: Circuit

    エネルギールータ: UnidirectionalCombiner
        connection[0]: RouterConnectionPoint  { input }    →回路2: Circuit
        connection[1]: RouterConnectionPoint  { input }    →回路3: Circuit
        connection[2]: RouterConnectionPoint  { output }   →回路4: Circuit

    現在集計データ[回路2]: EMPresentData                    →回路2: Circuit
    現在集計データ[回路3]: EMPresentData                    →回路3: Circuit
    現在集計データ[回路4]: EMPresentData                    →回路4: Circuit
    現在集計データ[回路5]: EMPresentData                    →回路5: Circuit

    請求書作成周期[0]: Sequence  { 2015年1月, 15分間隔 }
        relation: RelationLink  { relationship = CHLD, link = unit10 }
        intervals[0]: SimpleInterval  { unit10 }
            timeReference: UTCDateTimeInterval  { 15分間, 2015/01/01, 08:00 }
            attach[回路2]: EMIntervalData                  →回路2: Circuit
            attach[回路3]: EMIntervalData                  →回路3: Circuit
            attach[回路4]: EMIntervalData                  →負荷4: Circuit
            attach[回路5]: EMIntervalData                  →回路5: Circuit
        intervals[1]: SimpleInterval  { unit11 }
            timeReference: UTCDateTimeInterval  { 15分間, 2015/01/01, 08:15 }
            attach[回路2]: EMIntervalData                  →回路2: Circuit
            attach[回路3]: EMIntervalData                  →回路3: Circuit
            attach[回路4]: EMIntervalData                  →回路4: Circuit
            attach[回路5]: EMIntervalData                  →回路5: Circuit
        ……
        intervals[47]: SimpleInterval  { unit47 }
            timeReference: UTCDateTimeInterval  { 15分間, 2015/01/01, 20:00 }
            attach[回路2]: EMIntervalData                  →回路2: Circuit
            attach[回路3]: EMIntervalData                  →回路3: Circuit
            attach[回路4]: EMIntervalData                  →回路4: Circuit
            attach[回路5]: EMIntervalData                  →回路5: Circuit
```

(a) フロア2（全体構成と接続回路）

図 5・28　フロア 2 エネルギー管理のオブジェクト構成（続く）

```
PV: Generator
        actualSupply: PowerMeasumentsSet              { 4.0 kW, 0.0 kVAr }              // 実供給
            : ConnectionPoint
                回路3: Circuit
サーバ: Load
        actualDemand: PowerMeasumentsSet              { 35.0 kW, 9.8 kVAr }             // 実需要
            : ConnectionPoint
                回路4: Circuit
非管理対象2: Load
        actualDemand: PowerMeasumentsSet              { 1.0 kW, 0.4 kVAr }              // 実需要
            : ConnectionPoint
                回路4: Circuit
照明2: Load
        actualDemand: PowerMeasumentsSet              { 1.0 kW, 0.8 kVAr }              // 実需要
            : ConnectionPoint
                回路4: Circuit
空調2: CurtailableLoad
        actualDemand: PowerMeasumentsSet              { 8.4 kW, 4.4 kVAr }              // 実需要
            : ConnectionPoint
                回路5: Circuit

サブメータ: ElectricMeter
        powerReading: PowerMeasumentsSet              { 8.5 kW, 4.5 kVAr }              // 電力読取り
            : ConnectionPoint
                回路5: Circuit
                回路4: Circuit
```

（b）PV，サーバ，非管理対象2，照明2，空調2，サブメータ（計測値）

```
現在集計データ[回路4]: EMPresentData
    presentAggregateDemand: DemandAggregation
        aggregateQuantity: PowerMeasumentsSet         { 44.5 kW, 15.1 kVAr }            // 現在集計需要
    presentAggregateSupply: SupplyAggregation
        aggregateQuantity: PowerMeasumentsSet         {  0.0 kW,  0.0 kVAr }            // 現在集計供給
    presentAggregateNetDemand: NetDemandAggregation
        aggregateQuantity: PowerMeasumentsSet         { 44.5 kW, 15.1 kVAr }            // 現在集計純需要
    回路4: Circuit
```

（c）フロア2回路4の現在集計データ（集計値）

```
intervals[47]: SimpleInterval{unit47}
    timeReference: UTCDateTimeInterval  { 15分間, 2015/01/01, 20:00 }
    ……
    attach[回路4]: EMIntervalData
        aggregateDemand: DemandAggregation
            aggregateQuantity: PowerMeasumentsSet     { 44.5 kW, 15.1 kVAr }            // 集計需要
        aggregateSupply: SupplyAggregation
            aggregateQuantity: PowerMeasumentsSet     {  0.0 kW,  0.0 kVAr }            // 集計供給
        aggregateNetDemand: NetDemandAggregation
            aggregateQuantity: PowerMeasumentsSet     { 44.5 kW, 15.1 kVAr }            // 集計純需要
        回路4: Circuit
    ……
```

（d）フロア2回路4の履歴データ（2015/01/01 20:00 15分間集計）

オブジェクトの主な属性値を{ x, y, .. }で表現している．
PowerMeasurementsSetの詳細は以下のとおりである．

```
        aaaaa: PowerMeasumentsSet                     // "aaaaa"は属性名またはオブジェクト名
            quantityRealPower: PowerRealQuantity      { value = xx.x }
                measurementMetadata: PowerRealType    { siScaleCode = k, itemUnits = W }
            quantityReactivePower: PowerRealQuantity  { value = yy.y }
                measurementMetadata: PowerReactiveType { siScaleCode = k, itemUnits = VAr }
```

図 5・28　フロア2エネルギー管理のオブジェクト構成（続き）

に起因し，どのくらいが非管理装置2の負荷に起因するかを判断するためには，回路2とエネルギールータとの間，または，回路4とエネルギールータとの間にサブメータを追加する必要がある．

図 **5・28** にフロア2のエネルギー管理（EM）のオブジェクト構成を示す．

図(a)はフロア2の全体オブジェクト構成と回路との接続関係を示している．フロア2のEMはPVなどの各設備，空調2とそのサブメータ，エネルギールータおよび各回路ごとの現在集計データ（EMPresentData），請求書作成周期ごとの履歴データ（EMIntervalData）から構成される．この例では，請求書は2015年1月のものであり，15分周期の実績データを集計したものとなっている．Intervals[0] が1月1日8:00からの15分の集計，intervals[47] が同日の20:00からの15分の集計としている．各15分単位（intervals[]）のデータは回路単位の実績データの集計としている．

図(b)はPV，サーバ，非管理対象2，照明2，空調2，サブメータの詳細オブジェクト構成を示しており，それぞれの供給（発電），需要，メータの電力読取りの有効電力量〔kW〕，無効電力量〔kVAr〕を示している．

図(c)はフロア2の回路4の現在集計データのオブジェクト構成を示しており，現在の需要，供給（発電），純需要の集計値を示している．

図(d)はフロア2回路4の履歴データのオブジェクト構成を示している．ここでは前述の2015年1月1日20:00からの需要，供給および純需要の15分間の集計（intervals[47]）を示している．

● 5・2・4 時系列データ（Sequence）

FSGIMで使用される時系列データであるシーケンス（Sequence）の表現方法の例について説明

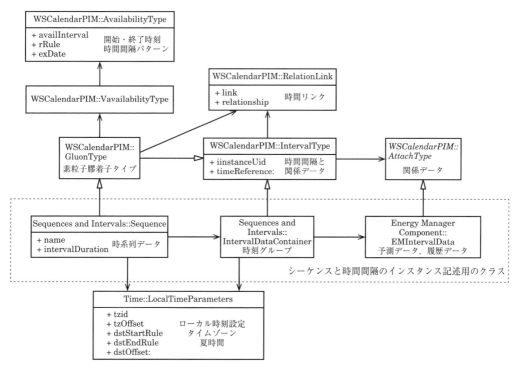

図 5・29 シーケンスの関連クラス構成

```
請求書作成周期[10]: Sequence { name = January2015, intervalDuration = PT15M }            // UTC時刻での指定（UTC-8）
    vavailability10: VavailabilityType
        availability10: AvailabilityType
            availInterval10: UTCDateTimeInterval { duration = PT15M, start = 20150101T080000Z }    // 時間間隔，開始日時
            rRule10: RecurType { freq = MINUTELY, interval = 15, until = 20150201T074500Z }        // 繰返し，終了日時
    relation10: RelationLink { relationship = CHILD, link = intervals[10] }
    intervals[10]: IntervalDataContainer                                                            // インターバルはUTCで指定
        timeReference10: UTCDateTimeInterval { duration = PT15M, start = 20150101T080000Z }        // 2015/1/1 8:00
    Intervals[11]: IntervalDataContainer
        timeReference11: UTCDateTimeInterval { duration = PT15M, start = 20150101T081500Z }        // 2015/1/1 8:15
    ……
```

(a) 規則的パターン（UTC時刻）

```
請求書作成周期[20]: Sequence { name = January2015, intervalDuration = PT15M }            // ローカル時刻での指定
    vavailability20: VavailabilityType
        availability20: AvailabilityType
            availInterval20: LocalDateTimeInterval { duration = PT15M, start = 20150101T000000 }   // 時間間隔,開始日時（ローカル時刻）
            rRule20: RecurType { freq = MINUTELY, interval = 15, until = 20150131T234500 }         // 繰返し,終了日時（ローカル時刻）
    relation20: RelationLink { relationship = CHILD, link = intervals[20] }
        localTimeParameters20: LocalTimeParameters { dstOffset = 3600, tzOffset = -28800 }         // ローカル時刻設定（−8時間）
            dstStartRule20: DstTransitionRule { dow = 7, rule = 3, month = 3, hours = 2 }          // および夏時間設定（1時間）
            dstEndRule20: DstTransitionRule { dow = 7, rule = 2, month = 11, hours = 2 }
    intervals[20]: IntervalDataContainer                                                            // インターバルはUTCで指定
        timeReference20: UTCDateTimeInterval { duration = PT15M, start = 20150101T080000Z }
    Intervals[21]: IntervalDataContainer
        timeReference21: UTCDateTimeInterval { duration = PT15M, start = 20150101T081500Z }
    ……
```

(b) 規則的パターン（ローカル時刻）

```
請求書作成周期[30]: Sequence { name = 2016, intervalDuration = PT15M }                   // 2015年の1年間（UTC-8）
    vavailability30: VavailabilityType
        availability30: AvailabilityType                                                            // UTC時刻での指定
            availInterval30: UTCDateTimeInterval { duration = PT15M, start = 20150101T080000Z }    // 開始 2015/1/1 8:00
            rRule30: RecurType { freq = MINUTELY, interval = 15, until = 20160101T074500Z }        // 終了 2016/1/1 7:45
    relation30: RelationLink { relationship = CHILD, link = intervals[30] }
    intervals[30]: IntervalDataContainer
        timeReference30: UTCDateTimeInterval { duration = PT15M, start = 20150101T080000Z }
    Intervals[31]: IntervalDataContainer
        timeReference31: UTCDateTimeInterval { duration = PT15M, start = 20150101T081500Z }
    ……
```

(c) 規則的長期間パターン（UTC時刻）

```
請求書作成周期[40]: Sequence { name = Production 2015, intervalDuration = PT8H }         // 就業日8時間スケジュール
    vavailability40: VavailabilityType
        availability40: AvailabilityType    { exDate = 20150101, 20150119 }                         // ローカル時刻での指定
            availInterval40: LocalDateTimeInterval { duration = PT8H, start = 20150101T090000 }
            rRule40: RecurType { freq = WEEKLY, byMonth = 1, byDay = MO,TU,WE,TH,FR }               // 就業日定義（月,火,水,木,金）
    relation20: RelationLink { relationship = CHILD, link = intervals[40] }                        // ローカル時刻定義
        localTimeParameters20: LocalTimeParameters { dstOffset = 3600, tzOffset = -28800 }         // および夏時間設定（1時間）
            dstStartRule20: DstTransitionRule { dow = 7, rule = 3, month = 3, hours = 2 }
            dstEndRule20: DstTransitionRule { dow = 7, rule = 2, month = 11, hours = 2 }
    intervals[40]: IntervalDataContainer                                                            // インターバルはUTCで指定
        timeReference40: UTCDateTimeInterval { duration = PT8H, start = 20150102T170000Z }         // 2015/1/2（金） 現地時刻 9:00
    Intervals[41]: IntervalDataContainer
        timeReference41: UTCDateTimeInterval { duration = PT8H, start = 20150105T170000Z }         // 2015/1/5（月） 現地時刻 9:00
    ……
```

(d) 就業日における8時間生産スケジュール（ローカル時刻）

```
請求書作成周期[50]: Sequence { name = Non-pattern sequence }                             // パターン無し
    relation50: RelationLink { relationship = CHILD, link = intervals[50] }
    intervals[50]: IntervalDataContainer
        timeReference50: UTCDateTimeInterval { duration = PT15M, start = 20150101T080000Z }        // 2015/1/1 8:00
        relation50: RelationLink { relationship = SIBLING, link = intervals[51] }                  // 後続時刻リンク指定
    intervals[51]: IntervalDataContainer
        timeReference51: UTCDateTimeInterval { duration = PT15M, start = 20150101T081500Z }        // 2015/1/1 8:15
        relation51: RelationLink { relationship = SIBLING, link = intervals[52] }                  // 後続時刻リンク指定
    intervals[52]: IntervalDataContainer
        timeReference52: UTCDateTimeInterval { duration = PT15M, start = 20150101T120000Z }        // 2015/1/1 12:00
```

(e) 非規則的パターン（リンクされたリストによる表現）

図 5・30　シーケンスのオブジェクト構成例

する．シーケンスは課金情報（15 分ごとの電力，エネルギー使用情報）などを表現するために使用される．ここでの時間の指定には OASIS の WSCalendarPIM（WS-Calendar Platform Independent Model）が使用されている．

図 5・29 にシーケンスの関連クラス構成を示す．図 5・29 では WSCalendarPIM および WSCalendarPIM から継承した FSGIM のクラスを示している．WSCalendarPIM の VavailabilityType では，時系列データの時刻体系（UTC・ローカル），開始時刻，終了時刻および時間間隔のパターンを指定する．FSGIM のクラスの Sequence，IntervalDataContainer，EMIntervalData は VavailabilityType で指定された時系列データを保持する．

以下に次の 5 つの例を用いてシーケンスの使用方法について説明を行う．

(a) 規則的パターンに従ったシーケンス（UTC 時刻（Coordinated Universal Time））
(b) 規則的パターンに従ったシーケンス（ローカル時刻）
(c) 規則的パターンに従った長期間シーケンス（UTC 時刻）
(d) 就業日における 8 時間生産スケジュールのシーケンス（ローカル時刻）
(e) 非規則的パターンのシーケンス（リンクされたリストによる表現）

図 5・30 に上記の 5 つの例のオブジェクト構成を示す．これらの例で VavailabilityType は基本的な時間設定を示し，RelationLink は時系列データの時刻グループ相互の関係の指定である．IntervalDataContainer は時系列データを格納するために時間の経過とともに作成される．UTCDateTimeInterval 内の開始時刻も時間の経過とともに増加する．

図(a)は 2015 年 1 月の 1 か月間の 15 分間隔の UTC 時刻での設定である．この例では米国の太平洋標準時（Pacific Time Zone，UTC-8）の場所を想定しており 8 時間のオフセットがある．

図(b)は 2015 年 1 月の 1 か月間の 15 分間隔のローカル時刻での設定である．LocalTimeParameters でローカル時刻を定義し夏時間は 1 時間（3 600 秒），タイムゾーンは -8 時間（-28 800 秒）のオフセットを設定している．さらに，dstStartRule20 および dstEndRule20 で夏時間の開始と終了を設定している．また，個々の時系列データ（intervals[]）は UTC 時刻で指定する．

図(c)は長期間シーケンスの例であり 2015 年の 1 年間の UTC 時刻でのスケジュールを示している．この例では開始時刻（availInterval30.start）は図(a)と同じ 2015/1/1 8:00 であるが繰返しの終了時刻（rRule30.until）を 2016/1/1 7:45 と指定している．この例の場合も太平洋標準時（Pacific Time Zone，UTC-8）の場所を想定しており 8 時間のオフセットがある．

図(d)は就業日の午前 9:00 から 8 時間のローカル時刻でのスケジュールを示している．就業日は月曜日から金曜日までと定義している．

図(e)は規則的パターンに従わないシーケンスの例であり，リンクされたリストにより，次の間隔を指定する．各間隔間は連続している必要はない．この例では，intervals[50]，intervals[51]，intervals[52] のそれぞれに時刻指定（UTCDateTimeInterval）があり，それらの後続時刻のリンク（RelationLink）が指定されている．

● **5・2・5 負荷の需要抑制（Curtailable Load Control）**

負荷（設備機器）の消費電力と出力をモデル化し，FSGIM で管理する方法を以下に説明する．

1 ● 負荷制御（Load Operational Example）

図 5・31 は，施設の設備機器の出力と消費電力の関係を示したグラフである．ここで，設備機器の出力とは，暖房，冷房，空調（HVAC：Heating, Ventilation, and Air Conditioning）の風量，照明の明るさ，および抵抗加熱素子の熱である．本図において，X 軸は設備機器の出力，Y 軸は消費電力の値であり，X 軸は各設備機器の最大出力を 1 としたときの割合，Y 軸は各設備機器の最大電力を 1 としたときの割合を用いてグラフを描画している．このように描画することで，異なる設備機器の出力と電力の関係を同じ基準で比較し設備機器の効率を評価することが可能となる．また，エネルギー管理者は需要抑制に対応した最適な出力制御を行うことが可能となる．

グラフの黒細線はメタルハライドランプ（Metal Halide Lamp）と理想的な可変周波数ファン（VFD：Variable-Frequency Drive Fan）の消費電力量と出力の関係を区分線形で表している．これらの値は，FSGIM において，特性カーブ（PowerCurve）クラスで表現する．PowerCurve ク

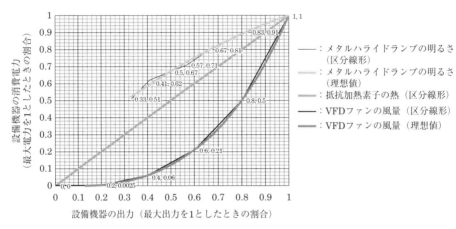

図 5・31　種々の設備機器の出力に必要とされる入力電力

```
VFD: Load
    demandLimits: PowerRatings { activePowerCurve = 0 }                    //  VFDファンの風量（区分線系）
        powerCurves[0]: PowerCurve
            maximumRealPower: PowerRealQuantity { 5 kW }
            realPowerCurve[0]: PiecewiseLinearSegment { 0.00, 0.00, 0.20, 0.0025 }
            realPowerCurve[1]: PiecewiseLinearSegment { 0.20, 0.0025, 0.40, 0.06 }
            realPowerCurve[2]: PiecewiseLinearSegment { 0.40, 0.06, 0.60, 0.21 }
            realPowerCurve[3]: PiecewiseLinearSegment { 0.60, 0.21, 0.80, 0.50 }
            realPowerCurve[4]: PiecewiseLinearSegment { 0.80, 0.50, 1.00, 1.00 }
```

ここで maximumRealPower, realPowerCurve[i] の部分は以下を略記したものである．

```
maximumRealPower: PowerRealQuantity                        { value = 5.0 }
    measurementMetadata:PowerRealType                      { siScaleCode = k, itemUnits = W }

realPowerCurve[i]: PiecewiseLinearSegment {                          //  線形グラフ座標
    desiredFractionOfFullRatedOutputBegin            = x(i)          //  出力目標始点
  , requiredFractionOfFullRatedInputPowerDrawnBegin  = y(i)          //  入力電力始点
  , desiredFractionOfFullRatedOutputEnd              = x(i+1)        //  出力目標終点
  , requiredFractionOfFullRatedInputPowerDrawnEnd    = y(i+1)        //  入力電力終点
  }
```

図 5・32　VFD HVAC の特性カーブオブジェクト構成

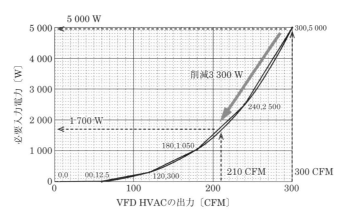

図 5・33　VFD HVAC における削減出力から削減電力の求め方

クラスは，Load 構成要素（Component）の PowerRating の PowerCurve クラスで定義されており，図 5・31 の VFD ファンの値は，PowerCurve クラスにより図 5・32 のとおり表現できる．

図 5・33 は，図 5・31 で示した VFD ファンの消費電力と出力の関係を示したグラフであるが，実際の消費電力と実際の出力（CFM：Cubic Feet/Minute）の値で表している．ここで，最大消費電力は 5 000 W であり，最大風量は 300 CFM である．本グラフにより，エネルギー管理機能は，300 CFM から，ビルの要求風量を満足する範囲内の 210 CFM に落とすことで，空調負荷を 3 300 W（＝5 000 W − 1 700 W）削減できると求めることができる．

2　デマンドレスポンス（Curtailable Demand of a Load）

FSGIM の活用事例として，デマンドレスポンス（DR：Demand Response）時に削減可能な空調の電力を管理する方法を説明する．この管理は，削減可能負荷（CurtailableLoad）クラスを用いて実現する．図 5・34 に FSGIM でモデル化された負荷特性モデルとそれを利用するエネルギー管理システムの間での DR 時のやり取りの手順を示す．この例では，時刻 t(1) で 1 回目の DR が実行され，時刻 t(2) で 2 回目の DR が実行される．本図に示した（手順 1）〜（手順 7）の手順に沿って，FSGIM を用いた空調の負荷を管理する方法を説明する．

（手順 1）　あらかじめ，空調の消費電力と出力の関係を示した特性カーブを，暖房，換気および空調装置デマンド限界電力カーブ HVAC.demandLimits.powerCurves[n] に保持しておく．この特性カーブは空調の運転モードや他の外部要因などに基づいて決定され，本例では 2 つの特性カーブが定義されている．運転モードに対応した，特性カーブ No.1 の消費電力は 0〜10 kW であり，特性カーブ No.2 の消費電力は 0〜5 kW である．

（手順 2）　エネルギー管理システムは，空調負荷の運転モードと特性カーブの関係を保持している．

（手順 3）　エネルギー管理システムは，FSGIM が管理する特性カーブから適用すべき特性カーブを選択する．本例では，No.1 の特性カーブを選択し以下のとおりに設定する．

　　　HVAC.demandLimits.activePowerCurve = 1

　また，エネルギー管理システムは，外部的な要因で決まる制限事項を考慮する．たとえば，No.1 の特性カーブの最大値は 10 kW である．しかし，現在の気象条件を考慮した場合，最大

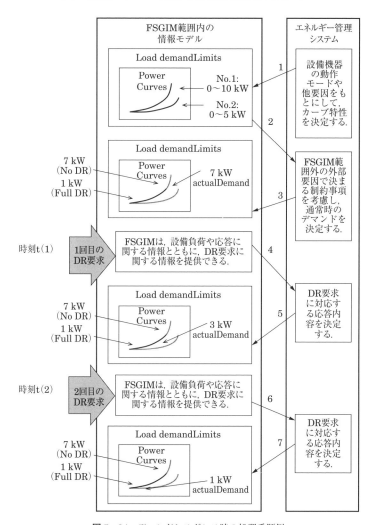

図 5・34 デマンドレスポンス時の処理手順例

でも 7 kW 以上にならないことが考えられる．また，DR の要求に応じる場合であっても，最低限の換気要件を満たすことを考慮した場合，最小でも 1 kW の空調負荷を維持しなければならないことが考えられる．これらの制限事項を考慮し，以下のとおり DR に対応していない場合と DR に対応している場合の調整電力限界値を設定する．

　　HVAC.demandLimits.adjustedNoDRPower = 7 kW

　　HVAC.demandLimits.adjustedFullDRPower = 1 kW

また，実際に削減された空調負荷は，この時点では 0 kW であるため，以下のとおり削減需要値をセットする．

　　HVAC.actualCurtailedDemand = 0 kW

さらに，削減可能な空調負荷は，7 kW − 1 kW となるため，以下のとおり削減可能需要値をセットする．

　　HVAC.eligibleCurtailedDemand = 6 kW

（手順 4）　施設が DR の要求を受信する．FSGIM はエネルギー管理システムに，現在の空調負

```
HVAC: CurtailableLoad { name = HVAC }
    demandLimits: PowerRatings { activePowerCurve = 1 }           // 選択特性カーブ
        adjustedFullDRPower: PowerMeasurementsSet      { 1 kW, 0 kVAr }  // DR対応時
        adjustedNoDRPower: PowerMeasurementsSet        { 7 kW, 0 kVAr }  // DR非対応時
        powerCurves[1]: PowerCurve
    actualDemand: PowerMeasurementsSet                 { 7 kW, 0 kVAr }  // 実需要
    actualCurtailedDemand: PowerMeasurementsSet        { 0 kW, 0 kVAr }  // 削減需要
    eligibleCurtailedDemand: PowerMeasurementsSet      { 6 kW, 0 kVAr }  // 削減可能需要
```

ここで，PowerMeasurementsSet の部分は以下を略記したものである．

```
aaaaa: PowerMeasurementsSet                                         // "aaaaa"は属性名または
    quantityRealPower: PowerRealQuantity           { value = x }      オブジェクト名
        measurementMetadata: PowerRealType         { siScaleCode = k, itemUnits = W }
    quantityReactivePower: PowerRealQuantity       { value = y }
        measurementMetadata: PowerReactiveType     { siScaleCode = k, itemUnits = VAr }
```

図5・35 HVAC のオブジェクト構成（初期状態）

表5・6 デマンドレスポンスイベントに対応した削減需要

HVAC CutailableLoad　データ項目	初期値	1回目 DR 後	2回目 DR 後
需要限界　特性カーブ	1	1	1
DR 対応時　調整電力限界（有効電力） DR 対応時　調整電力限界（無効電力）	1 kW 0 kVAr	1 kW 0 kVAr	1 kW 0 kVAr
DR 非対応時　調整電力限界（有効電力） DR 非対応時　調整電力限界（無効電力）	7 kW 0 kVAr	7 kW 0 kVAr	7 kW 0 kVAr
実需要（有効電力） 実需要（無効電力）	7 kW 0 kVAr	3 kW 0 kVAr	1 kW 0 kVAr
削減需要（有効電力） 削減需要（無効電力）	0 kW 0 kVAr	4 kW 0 kVAr	6 kW 0 kVAr
削減可能需要（有効電力） 削減可能需要（無効電力）	6 kW 0 kVAr	2 kW 0 kVAr	0 kW 0 kVAr

荷，調整電力限界，および DR の要求へ応じることで節約できるコストを算出するために必要な情報を提供する．

（手順5）エネルギー管理システムは，DR の要求に対する応答内容を決定する．本例では，空調を半分の能力で動作させることとする．これにより，特性カーブから，現在の空調負荷を 3 kW 減らせることがわかる．これにより，以下のとおり削減需要値および削減可能需要値をセットする．

　　HVAC.actualCurtailedDemand = 4 kW

　　HVAC.eligibleCurtailedDemand = 2 kW

（手順6）FSGIM とエネルギー管理システム間の情報交換は，2回目の DR の際も同様に実施される．

（手順7）2回目の DR の際に，エネルギー管理システムは，現在の空調負荷を 1 kW まで削減し，DR の要求に最大限応答することを決定する．これにより，以下のとおり削減需要値および削減可能需要値をセットする．

　　HVAC.actualCurtailedDemand = 6 kW

　　HVAC.eligibleCurtailedDemand = 0 kW

DRを実現するためのオブジェクト構成を図5・35に示す．本図は，DRイベントが発生する前の空調装置の初期状態のCurtailableLoadオブジェクトを示している．また，表5・6にDR要求に対応した処理の各段階での実需要，削減需要および削減可能需要を示す．

5・3 FSGIMの日本のエネルギーサービスへの適用

本節では日本のエネルギーサービスである，地域エネルギー管理，東北スマートコミュニティ事業，Negawatt型DRを対象としたFSGIMの適用と，その結果作成されるそれぞれのエネルギー管理の情報モデルを紹介する．それぞれのシステムの概要およびユースケースについては4・2・3項，3・3・2項，3・3・3項を参照されたい．システム設計の段階でFSGIMを利用することで対象システムの構成が明確になり標準化された情報モデルの構築が可能となる．またその結果，外部システムとの連携・相互運用を可能とすることができる．

5・3・1 地域エネルギー管理への適用事例—地域・建物・設備

1 地域エネルギー管理

日本における中小ビルのエネルギー管理サービスの検討としてSBC（Smarter Building Consortium）による取組みがある[22]．SBCモデルは，ビル内の空調，照明，OAなどの遮断可能負荷系統と，非常用発電機や蓄電池などの常用・非常用設備の重要負荷系統から構成された電気系統を，ルームコントローラやビルコントローラでエネルギー管理を行うモデルである．スマートグリッド環境では，エネルギー管理に加えてデマンドレスポンスなどの電力抑制制御，制御地域・対象を決めるための電力会社の配電系統と接続するビル・施設・設備管理，分散電源・電気自動車・

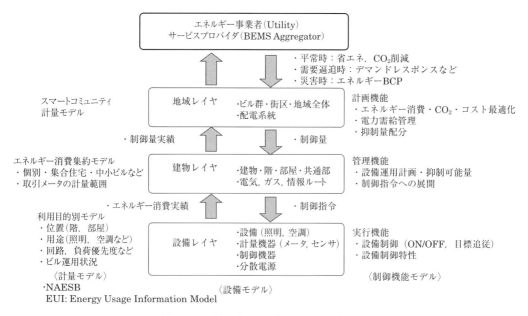

図5・36 地域エネルギー管理モデルの概念構成

蓄電池制御および電力売買などの機能が必要となる．またさらに，これらに関係する電力会社，サービスプロバイダ，ビル管理者，テナントなどのプレイヤとの連携・協調が必要となる．

電気学会では，EIS Alliance のユースケースおよび SBC モデルをもとにスマートグリッドに対応した地域エネルギー管理のための情報モデルを CIM モデルとして作成した[13],[22],[25]．図 5・36 に地域エネルギー管理モデルの概念構成を示す．地域エネルギー管理モデルは地域・建物・設備の階層型設備モデルと各階層の設備に対応した計量および制御機能モデルで構成する．階層型設備モデルにおいて，「設備階層」は，照明や空調などのエネルギー消費機器とメータやセンサの計量機器，制御機器で構成する．「建物階層」は，部屋・階・建物，「地域階層」は，ビル群・街区・地域全体などのビル群 BEMS（Building Energy Management System）/CEMS（Community Energy Management System）の扱う範囲とする．計量モデルは，NAESB EUI に準拠し，前記階層構造に従ってエネルギー消費実績や抑制量を集計していくモデルである[18]．制御機能モデルは，平常時のエネルギーの効率利用，需要逼迫時のスマート節電（デマンドレスポンス），災害時のエネルギー BCP（Business Continuity Plan）を要求とし，階層構造に従って計画，管理，実行と展開していくモデルである．

2 FSGIM による地域エネルギー管理

電気学会では地域を含めたエネルギー管理のモデル化を行った．地域とは自治体 CEMS ならば行政区画などの地域にある需要家の集合体であり，アグリゲータならばクラウドで管理されるエネルギーサービス契約対象の需要家の集合体である．地域階層では，地域内のエネルギー，廃棄物質量の集計や DR 要求を使用した需給調整，災害時のエネルギー自給自足を管理する．このためには，地域内の需要家のエネルギー使用状況の集計，電力不足時の削減量配分や発電要求配分を行うための情報モデルが必要である．FSGIM では，最上位の ESI EM と配下の Local EM は OpenADR を用いた連携も可能である．したがって，自治体 CEMS やアグリゲータを ESI EM とし，各需要家施設の入り口にある施設のエネルギー管理装置を Local EM と考え，地域全体を FSGIM によってモデル化できる．

地域エネルギー管理を FSGIM によりモデル化したオブジェクト構成を図 5・37(a)に示す．各 EM（Parent）に関係する実績・予測・計画・履歴の集計値（Parent 集計値），DR 指示・制御指令，配下の構成要素（Child[i]）とその計測値のオブジェクト構成を図 5・37(b)に示す．地域エネルギー管理モデルは地域への電力供給とその地域内にある建物，建物内にある設備を階層的に捉え，その構造と計測，制御を体系的にモデル化したものである．一方，FSGIM はエネルギー管理の観点から体系化したモデルである．地域・建物・設備の階層構造は，EM クラスの階層構造で表現し，地域の総需要・コストなどの利用集計については UsageSummary で表現し，計測機能については地域，建物などの実績・計画・予測といった集約データを EMPresentData，EMIntervalData で表現する．EM の集計データは Aggregation/Collection クラスで定義する．DR および制御情報は EiEventType クラスで保持する．需要抑制要求は地域 ESI:EM から建物 1:EM，さらに個々の設備（Load）・発電機（Generator）への制御指令として展開される．

また，地域・建物・設備の階層構造のほかに以下に示す観点からの計測データ集計や制御の展開が必要とされるが，これらについても FSGIM の EM の体系で同様に定義することができる．

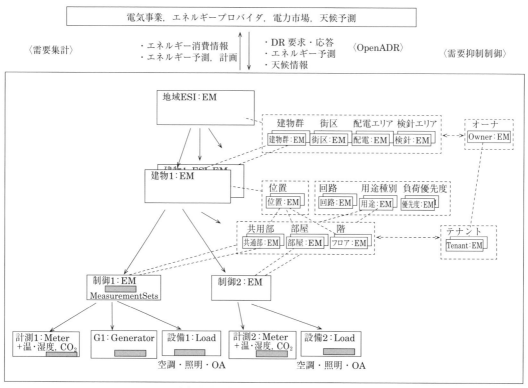

(a) 地域・建物・設備のオブジェクト構成

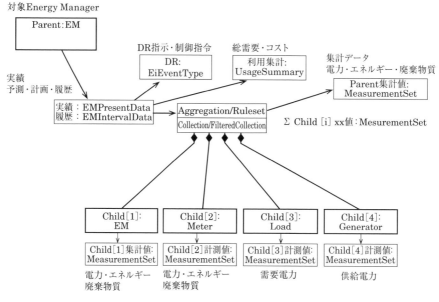

(b) エネルギー管理（EM）に関するオブジェクト構成

図 5・37 地域エネルギー管理の FSGIM によるモデル構成

(1) 建物群，街区，配電エリア，検針エリア
(2) オーナ（所有者）とテナント（借用者）
(3) 建物の共有部（ロビー，廊下など），部屋，階
(4) 設備の用途種別（照明，空調，OA機器など），省エネ優先度，その他

● 5・3・2　東北スマートコミュニティ事業を対象とするフィージビリティスタディ…

1 ● FSGIM によるモデル構成

東北スマートコミュニティのエネルギー管理システムは以下の機能より構成される[23]．

(1) 計測・情報収集
(2) 地域全体の需給計画・制御（前日および当日）
(3) DR・エネルギーの制御（前日および当日）
(4) 災害時の状況把握とエネルギー供給

平常時は，計測・情報収集を常時定期的に行い，気象情報から翌日のPV発電予測，需要予測を行う．その結果に従い地域全体の需給計画・制御を行う．すなわち，電力会社，メガソーラなどからの購入電力量の計画を立案し，市庁舎，防災拠点の空調・照明などに対する省エネ制御計画を立案し各装置への設定を行う．当日には電力使用量，PV発電量の監視を行い，必要に応じて照明・

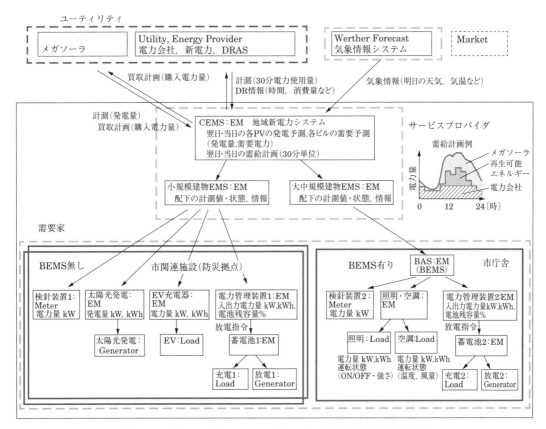

図5・38　東北スマートコミュニティシステムのFSGIMオブジェクト構成

空調などの制御，電力管理装置の蓄電池の充放電制御を行い，再生可能エネルギー利用率が20％となるようにする．電力会社などからのDR要求に対しても地域全体の需給計画・制御と平常時の制御と同様に前日，当日の処理を行う．

災害時には防災拠点ではPV発電および蓄電池により自立運転を行い住民への電力供給を行う．また，各拠点の電力状況に応じて電気自動車（EV：Electric Vehicle）を派遣し電力供給を行う．

東北スマートコミュニティのエネルギー管理システムをFSGIMに基づいて記述したオブジェクト構成モデルを図5・38に示す．東北スマートコミュニティでは，需要家の大中規模建物，小規模建物を仮想的に組み合わせて管理しており，これらと地域新電力システムを合わせて大きな一つの地域エネルギーマネジメントシステム（CEMS：Community Energy Management System）とみなしている．メガソーラ，電力会社，新電力，気象情報システムなどは施設外部からの入力に該当する．施設外部と施設との間ではエネルギー計測（発電量，使用量），エネルギー売買，気象などの情報交換が行われる．施設外部とのインタフェースとなるESI EMとしてはCEMS：EMが該当する．施設に対するエネルギー管理・制御は小規模建物EMS：EM，大中規模建物EMS：EMで行う．施設内部のエネルギー制御はBAS：EM，照明・空調：EM，電力管理装置：EMなどで階層的に行う．

2 エネルギー管理情報モデル

東北スマートコミュニティのエネルギー管理機能と対応する情報モデルおよびデータ形式を表5・7に示す．計測・情報収集，地域全体の需給計画・制御，DR・エネルギー制御のそれぞれの機能に対応するデータ形式については以下の3レベルの粒度がある．

　レベル1：地域新電力システム（CEMS：EM）全体の計測データ集計，制御指令
　レベル2：エネルギー管理（EM）ごとの計測データ集計，制御スケジュール
　レベル3：個々の需給管理装置，空調・照明などの設備の計測，制御実施

それぞれのレベルでのデータ形式としては，時系列データとDR・制御データがある．また，レベル3では個々の設備の計測・制御データがある．これらはそれぞれ以下に示すFSGIMのクラスが対応する．

　［時系列データ］　計測データ集計，予測，需給計画，売買計画，制御計画については
　　EMPresentDataクラス，EMIntervalDataクラス
　［DR・制御データ］　DR計画・展開および制御スケジュールについてはEiEventTypeクラス
　［設備の計測・制御データ］　計測についてはLoad，GeneratorおよびMeterクラス．制御
　　実施についてはFSGIMEiEventSignalTypeクラス

表5・7に示した情報モデルの主なデータ項目についてのオブジェクト構成を図5・39に示す．図5・39(a)は市庁舎の30分電力量〔kWh〕の集計計測値，図(b)は電力管理装置の電力量〔kW，kWh〕，電池残容量〔％〕の計測値，図(c)は市庁舎の翌日の30分単位の需要予測，図(d)は市庁舎へ30ごとに出される省エネ制御信号（レベル0，1，2，3）のそれぞれのオブジェクト構成を示している．図(a)，(b)，(c)については集計値の詳細のオブジェクト記述については省略している．

5・3 FSGIM の日本のエネルギーサービスへの適用

表5・7 東北スマートコミュニティシステムの情報モデル

機能	処理とその[データ形式]	情報分類	間隔	情報モデル	情報
計測情報収集	計測値とその集計[時系列データ]・時間単位の計測値,集計値,履歴 CEMS←小規模建物EMS←装置・設備 CEMS←大中規模建物EMS←BAS←装置・設備	計測	30分	外部(電力会社)	各建物の30分電力量〔kWh〕
		計測	5分	外部(メガソーラ)	発電量〔kW, kWh〕
		計測	5分	小規模建物EMS:EM	配下の計測値・状態
		計測	5分	大中規模建物EMS:EM	配下の情報
		計測	5分	太陽光:EM	発電量〔kW, kWh〕
		計測	5分	電力管理装置1,2:EM	電力量〔kW, kWh〕,電池残容量〔%〕
		計測	5分	EV充電器:EM	電力量〔kW, kWh〕,EV接続有り・無し
		計測	1秒	照明・空調:EM	照明:電力量〔kW, kWh〕,動作状態(ON/OFF・強さ) 空調:電力量〔kW, kWh〕,運転状態(温度,風量)
地域全体の需給制御(前日)	予測[時系列データ]・総量 需給計画[時系列データ] 買電計画[時系列データ] 制御計画の展開[計画データ]	予測	3時間	外部(気象情報システム)	翌日の気象情報(気温,雲量,湿度,気圧)
		予測		CEMS:EM	翌日の各PVの発電予測(発電量)
		予測		CEMS:EM	翌日の各ビルの需要予測(需要電力)
		計画需給		CEMS:EM	需給計画を計算(翌日の30分単位)
		計画買電	前日1回	CEMS:EM	買電計画(翌日の30分単位の買電量〔kWh〕)
		計画制御	随時	CEMS:EM	翌日の30分単位の省エネ制御信号(レベル0, 1, 2, 3)
		計画制御	随時	大中規模建物EMS:EM	翌日の30分単位の電力管理装置の系統電力利用率の上限値〔%〕
		計画制御	随時	小規模建物EMS:EM	照明:翌日の30分単位の運転モード(ON/OFF・強さ) 空調:翌日の30分単位の運転モード(温度,風量)
地域全体の需給制御(当日)	監視⇒制御指令⇒制御実施 制御の展開と指令 制御実施	監視	常時	CEMS:EM	市庁舎の電力量の目標値監視 1 北上市全体の電力量の目標値監視 2 複数の電力管理装置への配分(防災拠点)
		制御	随時	CEMS:EM	30分単位の省エネ制御信号(レベル0, 1, 2, 3)
		制御	随時	大中規模建物EMS:EM	30分単位省エネ制御(対象時間,電力管理装置の30分単位の系統電力利用率の上限値〔%〕)
		制御	随時	電力管理装置1,2:EM	放電指令
		制御	随時	電力管理装置1,2:EM	放電停止
		制御	随時	BAS:EM	省エネ制御(設定レベル変更)
		制御	随時	空調・照明:EM	省エネ制御(設定レベル変更)
DR・エネルギーの制御(前日)	DR約定に相当(Enrollment) DR計画の展開[計画データ]	計画DR	随時	外部(電力会社,新電力,DRAS)	DR情報(対象時間,目標量〔kWh〕)
		計画DR	随時	CEMS:EM	30分単位DR指示(対象時間,省エネ制御レベル0, 1, 2, 3)
DR・エネルギーの制御(当日)	DR発動に相当(Deployment) DRの展開と指令[計画データ] DR実施	制御DR	随時	外部(電力会社,新電力,DRAS)	DR情報(対象時間,目標量〔kWh〕)
		制御DR	随時	CEMS:EM	30分単位DR指示(対象時間,省エネ制御レベル0, 1, 2, 3)
		制御DR	随時	大中規模建物EMS:EM	30分単位省エネ制御(対象時間,電力管理装置の30分単位の系統電力利用率の上限値〔%〕)
		制御DR	随時	小規模建物EMS:EM,BAS:EM	電力管理装置:30分単位の系統電力利用率の上限値
		制御DR	随時	小規模建物EMS:EM,BAS:EM	照明:30分単位の運転モード(ON/OFF・強さ) 空調:30分単位の運転モード(温度,風量)

5章 需要家のサービス実現に必要な相互運用性と情報モデル

```
CEMS:EM
    市庁舎30分電力量〔kWh〕:EMPresentData
        partialIntervalAggregateEnergyConsumed: EnergyConsumedAggregation        // 電力量〔kWh〕消費
```

(a) 市庁舎30分電力量〔kWh〕の集計計測値

```
電力管理装置2:EM
    集計データ:EMPresentData
        presentAggregateSupply: SupplyAggregation                                // 電力〔kW〕供給
        partialIntervalAggregateEnergySupplied: EnergySuppliedAggregation        // 電力量〔kWh〕供給
        partialIntervalAggregateElectricalEnergyStored: ElectricalEnergyStoredAggregation  // 電池残容量〔%〕
```

(b) 電力管理装置の電力・電力量〔kW, kWh〕, 電池残容量〔%〕の計測値

```
CEMS:EM
    市庁舎翌日30分単位の需要予測: Sequence  { 2015年1月16日, 30分間隔 }         //市庁舎の翌日の需要予測
        relation: RelationLink { relationship = CHLD, link = unit10 }           // 30分単位, 24時間
        interval[0]: SimpleInterval { unit10 }                                  // エネルギー消費予測
            timeReference: UTCDateTimeInterval   { 30分間, 2015/01/16, 00:00 }
            attach〔予測データ〕: EMIntervalData
                aggregateEnergyConsumed: EnergyConsumedAggregation
        interval[1]: SimpleInterval { unit11 }
            timeReference: UTCDateTimeInterval   { 30分間, 2015/01/16, 00:30 }
            attach〔予測データ〕: EMIntervalData
                aggregateEnergyConsumed: EnergyConsumedAggregation
        ……
        interval[47]: SimpleInterval { unit47 }
            timeReference: UTCDateTimeInterval   { 30分間, 2015/01/16, 23:30 }
            attach〔予測データ〕: EMIntervalData
                aggregateEnergyConsumed: EnergyConsumedAggregation
```

(c) 市庁舎の翌日の30分単位の需要予測

(a),(b),(c) のAggregationデータの詳細については5・2・3項を参照のこと.

```
CEMS:EM
    市庁舎省エネ制御: EMPresentData  { 2015年1月15日, 30分ごと }
        省エネ制御: EiEventType
            eiActivePeriod           { 2015年1月15日, 13:00-13:30 }             // 30分間隔、24時間分
            eiEventSignal[0]         { level, 1 }                                // 制御信号レベル: 0,1,2,3
```

(d) 市庁舎への省エネ制御信号

図5・39 主要データ項目のオブジェクト構成

●5・3・3 ネガワット型デマンドレスポンス(Negawatt型DR)

1●DRユースケース

電力会社やアグリゲータといったエネルギー供給者側から,ビル管理者やBEMSなどの需要家側に対しDRイベントが発令される場合,日本における電力抑制のユースケースを表5・8のように3つに分類した.Pricing型は料金体系に差を設けることで電力抑制のインセンティブを需要家に与える料金誘導型であり,導入は比較的容易である半面,効果は需要家側の行動に依存するため,電力供給の逼迫が予想される期間の需要削減量の予測精度を高める手法確立が課題となっている.Control型は事前に供給者側と需要家側間で契約を締結することにより,DRイベント発令時に外部の供給者側から需要家機器の制御を行う.

Negawatt型DRは需給状況に応じた市場価格を反映させたインセンティブを供給者側が需要家側に提示する仕組みはPricing型に類するものであるが,単に価格情報に応じた抑制誘導を行う

表 5・8 日本における DR ユースケースの分類

分類	Pricing 型 (料金誘導)	Control 型 (直接負荷制御)	Negawatt 型 (ネガワット取引)
情報 動作	価格情報 需要家が需要家側機器制御を行う	機器抑制情報 外部から需要家機器制御を行う	削減 kW 量情報 需要家が需要家側制御を行う
EIS, FSGIM Use Case (Information Exchanges)	UC19: Choose Response to Price Communication (Weather) (PresentSubIntervalDemand) (PriceInformation) (LoadToShed)	UC18: Loads Controlled by an External Source (ServiceProviderContracts) (LoadToShed) (PriceInformation)	ユースケースを新規作成 (対応するクラス) 　EMIntervalData,.. 　EiEvent, EiOpt 　EMLoadReductionType,.. 　EMUsagePoint
供給者・需要家間の授受情報	①需給状況確認 ②市場価格確認 ③価格通知 ④利用計画見直し	①需給状況確認 ②制御指示 ③機器制御 ④制御結果通知	①需給状況確認　⑤応諾 kW+価格　⑥約定 kW+価格 ②市場価格確認　③要求 kW+価格　⑧実績 kW ④利用計画見直し ⑦利用計画決定・機器制御

Pricing 型と異なり，Negawatt 型では供給者側からの削減電力量情報の提供および需要家側との約定により，需要家側が実施する電力消費の抑制（機器の制御や自家発電），言い換えれば「負の発電（Negawatt）」に応じ，供給者よりインセンティブを得る．供給者側から見れば，結果的に計画的な需要抑制が可能となり，また需要家側から見れば Negawatt を発電することで一種の売電を行うこととなる．Negawatt 取引実施のため，ベースラインの設定方法，削減量の測定方法，需要抑制失敗時のペナルティ規定などの制度設計が行われており，また将来的には電力市場での入札による Negawatt 取引環境も整備される計画である．

2 FSGIM による Negawatt 型 DR の考察

FSGIM では，DR イベント発令時の Pricing 型，Control 型それぞれに対応する価格情報，制御情報の展開を想定しているが，FSGIM には Negawatt 型に関して対応するユースケースがなく，DR 発令前日の電力抑制情報，DR 実施時間，DR 対象規模といった情報の提供，さらに入札を前提とする取引市場の活用について言及しているに留まるため，FSGIM を用いた詳細な情報展開についてはさらなる考察が必要である[11]〜[13]．

FSGIM 情報モデル（クラス，属性）を利用した Negawatt 型 DR 表現の事例として，Negawtt の市場取引について記述する．入札による Negawatt 調達について，FSGIM のクラスおよび JEPX のインタフェースを用いるシーケンス図を図 5・40(a) に，また同シーケンスに対応する主なイベントについて関連するクラスを図 5・40(b) に示す．まず，入札調達開始の段階として，1. ネガワット契約の締結には EUI::UsageSummary を使用し，ESI EM と Aggregation (Demand/Supply) および対応する Ruleset により集計情報を保持する．次に，電力市場（例として日本卸電力取引所，略称 JEPX）での取引では，x.1. 買い入札で日時，削減電力量，価格情報を入力，x.2. 売り入札として，削減電力量，希望価格情報を入力，といった要求・約定情報に続き，x.3. 価格の安い入札から，DR イベント予告時間の削減量を達成するまで順次落札という入札関連の前半処理が行われる．なお，入札調達関連処理のシーケンス "x." には，JEPX の利用を想定している[24]．5.1. 機器制御

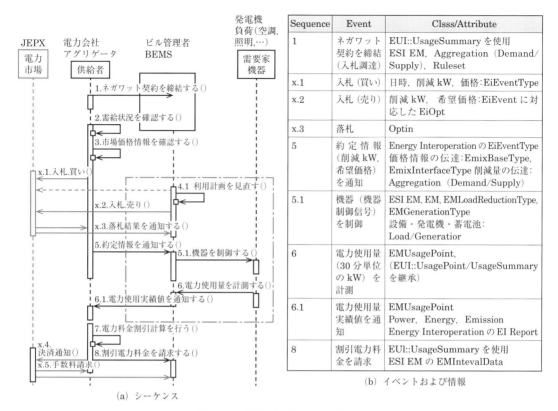

図 5・40　入札による Negawatt 型 DR

信号には，ESI EM，EM に関係する EMLoadReductionType/EMGenerationType を介して設備（Load），発電機（Generator），蓄電池（Load と Generator の合成物）の制御を行う．6.電力使用量および 6.1.電力使用量実績値は，EUI::UsagePoint/UsageSummary を継承する EMUsagePoint で表現し，結果の通知は Energy Interoperation の EI Report で行う．8.割引電力料金は，EUI::UsageSummary を使用し，ESI EM の EMIntervalData が現在・過去・未来の集約情報を保持する．x.4.市場に対しては，電力会社・アグリゲータが決算通知を行い，x.5.市場からの手数料通知を電力会社・アグリゲータならびにビル管理者が受け取ることで，入札関連の後半処理が完了する．

3　Negawatt 管理インタフェース

Negawatt 型 DR 発令時に展開される情報には計画・指示・実績がある．情報の流れを説明するため，図 5・41 に FSGIM で利用を想定している OpenADR による Negawatt 型 DR のタイミング図を示す．図では例として 2015 年 9 月 3 日の DR 実施とし，その前日（9 月 2 日）に入札調達のための約定が完了しているものとする．情報は XML を用いて伝達される．DR 発令が決まると，発電機起動に備えた Far 状態となる．起動 1 時間前には Near 状態となり，DR に備えた自家発電機，氷蓄熱などの設備が準備体制となる（照明などの即時対応可能な設備を除く）．DR 当日の午後 2 時には状態が Active となり（発電機稼働状態），ESI EM が各設備のエネルギー管理を行う EM に対し，削減計画に応じた削減指令を出すことで制御対象機器は計画した Negawatt に応じた

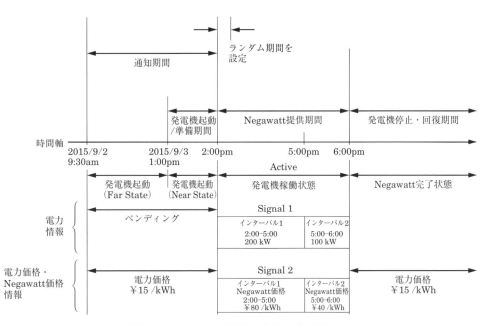

図 5・41 Newawatt 型 DR のイベントタイミング例

削減・発電を実行する．

Signal 1 では電力情報，Signal 2 では価格情報が伝達される．より電力需給が逼迫するインターバル 1 期間では Negawatt 発電への大きなインセンティブが期待され，続くインターバル 2 では逼迫状況が緩和されるためインセンティブも半減している．これらの予測は，前日（9 月 2 日）に作成される HISTORY_USAGE レポートをもとに計画される．午後 6 時には，DR イベントが終了となり，設備の稼働は通常の状態に戻る．

ここまで，Negawatt 型 DR 発令時の計画・指示・実績について時間軸に沿った管理インタフェース，情報伝達を述べたが，他の DR 形態，つまり Pricing 型や Control 型でも同様に OpenADR を利用することで，同じイベントタイミング図に従った実行が可能である．

5・4　日本からの情報モデルの国際標準 FSGIM への提案

前節で地域エネルギー管理や東北スマートコミュニティなどのシステムへの FSGIM の適用について紹介した．これらのシステムには日本固有のエネルギー管理機能があり，規格案の段階での FSGIM では使いにくいところや，適用方法がわかりにくいところがあった．これらの改善を図るため前記システムの FSGIM の適用事例と FSGIM への規格拡張を ASHARE に提案した．本節ではこれらの提案内容について紹介する．

地域エネルギー管理や東北スマートコミュニティなどにおける日本固有のエネルギー管理機能と FSGIM の該当するクラスおよびその見直しが必要な内容は以下のとおりである．

(1) 地域の概念　　地域・建物・設備の階層構造は FSGIM の EM（Energy Manager）クラス間の階層関係として表現できるが，地域種類，ビル群などグループ化したエネルギー管理に必要な属性の追加が必要となる．

(2) 運用の観点からの集計（Aggregation）の拡張　建物・フロア，オーナ・テナント，建物の共有部分（エントランス，廊下）や共有設備（非常用電源など）ごとのエネルギー管理．FSGIM の Aggregation/Collection クラス，EM クラスが関係する．

(3) 時系列データ：予測・計画・制御・実績　予測・履歴の時系列データと DR 計画・実施スケジュールデータの整合性．FSGIM の Sequence クラス，EiEventType クラスが関係する．

(4) 電力系統との接続　電力系統と需要家の接続形態，受電設備構成の国による相違を考慮する必要がある．FSGIM の EnergyRouter クラス，Circuit クラスが関係する．

(5) Generator：PV，Battery　PV 出力制御，Battery 制御については TC57 WG17 で IEC 61850 規格の拡張を行っているため，今後変更の可能性がある．FSGIM の Generator クラス，IEC 61850 LogicalNode が関係する．

(6) センサデータの拡張　施設 EMS に関しては今後多くのセンサ，計測データ種類の追加が予想されるため，FSGIM の Measurement クラスの拡張方法についての規定の追加が必要．

上記の(1)，(2)，(6)について目的用途，要求仕様などが明確なため FSGIM への拡張提案を行った．(3)，(4)，(5)については時期尚早と思われたため，今後検討を継続し提案するか否かを決めていくものとした．(1)，(2)についてはコンセプトと FSGIM モデル構成例を，(6)については拡張方式のルール化を提案した．

この結果，(1)，(2)については FSGIM の適用例として FSGIM ユーザーズマニュアルに掲載された[12]．(6)については必要性は認められたが他団体の標準の WXXM の変更拡張が必要となり，すぐには対応できないため今後の検討項目とされた．

以下に FSGIM への提案の概要を示す．

1　地域エネルギー管理の例（Community Energy Management Example）

FSGIM は大規模で複雑なビルにも適用可能なように階層型ビルエネルギー管理モデルを提供している．このため，キャンパスや地域エネルギー管理システムへ適用できる柔軟性を持っている．本適用例に示した地域エネルギー管理システムは，電気事業者やエネルギー供給者の情報に基づく需要抑制や地域の需要予測などのエネルギー管理の中心的な役割を果たす．地域エネルギー管理はアグリゲータとしても機能し地域の再生可能エネルギーや分散電源の管理も行う．ビル単体ではなく地域までエネルギー管理を拡大することでスケールメリットを生かすことができ，災害時対応の発電・蓄電設備共有などの利点がある．

2　概念モデル（Conceptual Model）

図 5・42 に地域エネルギー管理システムの概念モデルを示す．このモデルは地域・建物・設備階層で構成される．地域階層のエネルギー管理はアグリゲータの役割も果たし，このモデルの特徴となっている．建物階層は従来のビルエネルギー管理システム（BEMS）に対応し，地域エネルギー管理と連携したエネルギー管理を行う．

3　情報モデルの概要（Information Model Overview）

図 5・43 に地域エネルギー管理システムの FSGIM によるモデル化の例を示す．実線の矩形およ

5・4　日本からの情報モデルの国際標準 FSGIM への提案

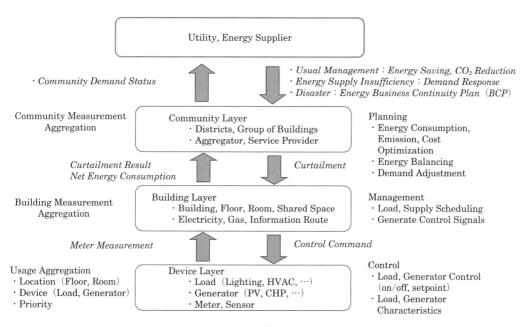

図 5・42　Community Energy Management Conceptual Model

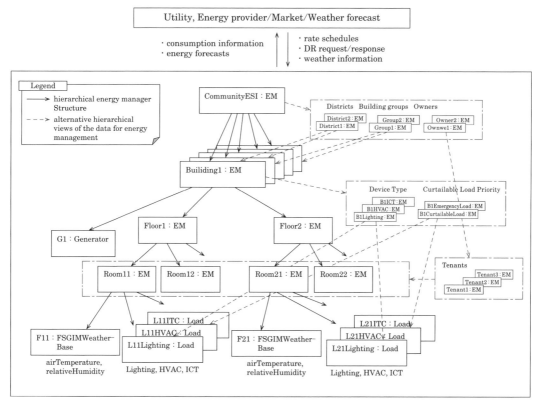

図 5・43　Community Energy Management Information Model Overview

び矢印は，地域・ビル・フロア・設備の通常のエネルギー管理の階層を示している．点線の矩形および矢印は，これとは別の以下に示す観点によるエネルギー管理体系を示している．
(1) 街区，ビル群
(2) オーナとテナント
(3) 設備種類（照明，空調，事務機器など）とエネルギー削減優先別設備

これらのエネルギー管理は FSGIM の EM 階層および集計（Aggregation）機能を用い，EM 階層ごとに識別のタグ（Tags）を付けることで区別して管理することができる．

4 複数の EM 階層のタグによる識別（Applying Tags to Obtain Alternate Hierarchical Views）

3 項に示した観点の異なるエネルギー管理の体系は FSGIM の Aggregation により表現でき，個々の管理体系は EM の tags により区別することができる（例："Company X/Building Occupant/City of Tokyo" などの EM へのタグ付け）．しかし，それぞれを独立した管理体系とし計測データの集計や制御の展開において重複をさけるためには，集計のためのルール集合（Aggregation Ruleset）とその適用方法の拡張が必要とされる．

参 考 文 献

(1) IEC Smart Grid Standardization Roadmap, IEC SMB Smart Grid Strategic Group (SG3) June 2010; Edition 1.0 (2010)
(2) NIST Framework and Roadmap for Smart Grid Interoperability Standards, Release 3.0, NIST Special Publication 1108r3 (2014)
(3) CEN-CENELEC-ETSI Smart Grid Coordination Group Reports (2014) http://www.cencenelec.eu/standards/Sectors/SustainableEnergy/SmartGrids/Pages/default.aspx［2016-07-07］
(4) 経済産業省次世代エネルギーシステムに係る国際標準化に関する研究会：「次世代エネルギーシステムに係る国際標準化に向けて」(2010)
(5) 田中立二・山岡和雄：「スマートグリッドに関わる情報・通信の国際標準化動向（IEC TC57 の標準化動向と日本委員会の対応）」，平成 24 年電気学会全国大会 (2012)
(6) IEC 61970 series, Energy management system application program interface (EMS-API) (2005-2015)
(7) IEC 61968 series, Application integration at electric utilities-System interfaces for distribution management (2004-2015)
(8) IEC 62325 series, Framework for energy market communications (2005-2016)
(9) IEC 62746 series, Systems interface between customer energy management system and the power management system (2014-2015)
(10) OMG Unified Modeling Language (OMG UML)
(11) ANSI/ASHRAE/NEMA Standard 201-2016, Facility Smart Grid Information Model (2016)
(12) ASHRAE/NEMA 201-2016, Facility Smart Grid Information Model User's Manual (2016)
(13) Energy Information Standards (EIS) Alliance Customer Domain Use Cases, EIS Alliance (2010)
(14) OASIS Energy Interoperation Version 1.0 (2014)
(15) OASIS Energy Market Information Exchange (EMIX) Version 1.0 (2012)
(16) OASIS WS-Calendar Platform Independent Model (PIM) Version 1.0 (2011)
(17) IEC 61850 series, Communication networks and systems for power utility automation (2016)
(18) NAESB, Energy Usage Information Model (2010)
(19) The Weather Information Exchange Models (WXXM 2.0) (2015)
(20) ASHRAE Standard 135-2016, BACnet-A Data Communication Protocol for Building Automation and

参 考 文 献

Control Networks（2016）
(21) OpenADR 2.0 Profile Specification B Profile（2015）
(22) 省エネビル推進標準化コンソーシアム：「平成 21 年度省エネルギー設備導入促進指導事業成果報告書〜広く省エネが中小ビルへ展開されるために〜」（2010）
(23) 経済産業省次世代エネルギー・社会システム協議会：北上市スマートコミュニティ導入促進事業あじさい型スマートコミュニティ構想モデル事業（2012）
(24) 日本卸電力取引所取引規程（2016）
(25) 電気学会・需要設備向けスマートグリッド実用化技術調査専門委員会：「需要設備向けスマートグリッド実用化技術」，電気学会技術報告，第 1283 号（2013）
(26) 電気学会・スマートグリッドにおける需要家施設サービス・インフラ調査専門委員会：「スマートグリッドにおける需要家施設のサービス・インフラ」，電気学会技術報告，第 1332 号（2015）
(27) 園田俊浩・田中立二・京屋貴則・新井　裕・勝部安彦・野口孝史：「需要家施設エネルギー管理情報モデル―デマンドレスポンスから制御への展開―」，電気学会・スマートファシリティ研究会，SMF-14-051（2014-11）
(28) 小坂忠義・野口孝史・田中立二・勝部安彦・京屋貴則・園田俊浩：「需要家のエネルギーサービスに向けた情報モデルの検討」，電気学会・全国大会，S17-5（2015-03）
(29) 勝部安彦・小坂忠義・田中立二・京屋貴則・園田俊浩：「需要家のエネルギーサービスに向けた情報モデルの検討」，電気学会・スマートファシリティ研究会，SMF-15-016（2015-06）
(30) 京屋貴則・田中立二・小坂忠義・勝部安彦・園田俊浩：「デマンドレスポンスに対応した需要家情報モデルの検討」，電気学会・産業応用部門大会，S13-5（2015-09）
(31) 堀口　浩・勝部安彦・田中立二：「地域エネルギー管理のための情報モデル―スマートグリッド施設情報モデル FSGIM の適用検討―」，電気学会・スマートファシリティ研究会，SMF-15-026（2015-10）
(32) 田中立二・新井　裕・小坂忠義・園田俊浩・堀口　浩：「地域エネルギー管理のためのスマートグリッド施設情報モデルの適用評価」，電気学会・スマートファシリティ研究会，SMF-16-012（2016-02）
(33) 高山雅行・田中立二・京屋貴則・堀口　浩：「需要家のエネルギーサービスに向けた情報モデル」，電気学会・全国大会，S16-5（2016-03）
(34) 小林直樹・金子洋介・田中立二：「スマートグリッド施設情報モデル　FSGIM：Facility Smart Grid Information Model」，電気学会・スマートファシリティ研究会，SMF-16-25（2016-06）
(35) 新井　裕：「需要家のエネルギーサービスに向けた情報モデル」，電気学会・産業応用部門大会，S10-xx（2015-08）

（1）から（26）の参考文献は無償あるいは有償でインターネット上の当該 Web サイトから入手可能である［2016-07-07］

6章
サービス実現に必要な電気事業者ドメインの情報モデルの国際標準と使用ガイドライン

スマートグリッドのサービスは機能・構成が異なる複数のドメインに跨るため，その実現にはドメイン間の相互の認識が前提となる．この相互認識の手段として情報モデルが必要であることを4章で述べた．

情報モデルとは情報システムにおける管理対象の識別と対象間の関係を記述する方法の仕様であり，現在，様々な管理対象に対して標準化が行われている．本章では，特に，電気事業者ドメインの情報モデルとして，IEC TC57で規格化が進む情報モデルの国際標準の機能と構造を解説する．さらに，これらの規格を日本におけるスマートグリッド実証事業に適用検討した結果を題材として，その理解を深める．

電気事業者ドメインの情報モデルおよびその需要家ドメインとのインタフェースに関する規格は，IEC TC57において審議中であるが，これに対して，日本のエネルギーサービスの実態を含めた提案が必要である．最後に，日本からIEC TC57 WG21への仕様提案の状況を説明する．

6・1 電気事業者ドメインの情報モデル—国際標準

電気事業者ドメインの情報モデルの国際標準化作業は，主にIEC TC57で行われている．本節ではIEC TC57において，電気事業者ドメインの情報モデルがどのように定義がされているかを具体的に見ることで，スマートグリッドを設計・構築する際の電気事業者ドメインの情報モデルの規格の使い方を解説する．

●6・1・1　IEC TC57における電気事業者ドメインのサービスと関連施設の情報モデル

1●IEC TC57における電気事業者ドメインの情報モデル

情報モデルとは情報システムにおける管理対象の識別と対象間の関係を記述する方法の仕様であり，現在，様々な管理対象に対して規格化が行われている．

IEC TC57国際規格における電気事業者ドメイン内のシステムやサービスなどを対象とする情報モデルは共通情報モデル（CIM：Common Information Model）と呼ばれ，IEC–CIMと表記される．このIEC TC57の情報モデルの規格体系を**表6・1**に示す．

以下，IEC TC57のスマートグリッドに関する規格のうち，IEC–CIMと呼ばれる電気事業者ドメインのサービスと関連施設の情報モデルを規定する規格IEC 61970, IEC 61968, IEC 62325

表6・1　IEC TC57 CIM 関連規格

対象ドメイン	ワーキンググループ 関連標準規格書	ワーキンググループの作業領域
電力系統運用	WG 13	エネルギー管理システムのアプリケーションインタフェース（EMS-API）
	IEC 61970	
電力送配電網	WG 14	配電管理システムのシステムインタフェース（SIDM）
	IEC 61968	
電力市場	WG 16	自由化されたエネルギー市場の通信標準
	IEC 62325	
電力事業者・ 需要家間	WG 21	電力系統に接続するシステムのインタフェースと通信規定
	IEC 62746	

を解説する．IEC TC57 は上記規格に加え，電力事業者と需要家のドメインを繋ぐ情報モデルを含む規格として，IEC 62746 の規格化を行っている（2016 年 12 月現在）．

　IEC 61970 は電力系統運用，IEC 61968 は送配電および IEC 62325 は電力市場に関する情報モデルを定義するものである．それぞれの規格は独立な情報モデルとして定義されているが，各規格は他の規格の情報モデルを参照することで，規格間の重複を避け，ドメインを跨って情報モデルの持つ意味が唯一に決まるように定義されている．このように IEC-CIM は相互に他の情報モデルを参照して，機能を拡張してモデル化されている．

　このため，送配電，電力系統運用に跨り，電力需要予測に基づく電力供給計画を IEC-CIM によって行うことが可能となっている．また，各規格の情報モデルはアプリケーション機能などの単位で，パッケージ（Package）として分割管理されている．これらはシステムモデルを構築する際に選択，使用される．このため，管理・維持しやすいパッケージとなっている．

　IEC 61970，IEC 61968，IEC 62325 などの各規格は複数の規格文書（規格を構成する規格文書の単位をパート（Part）と呼ぶ）から構成され，対象とするドメインについて，おおむね以下の事項を体系的に記述している．

(1)　一般要件・指針などの概要，用語など
(2)　情報モデルのパッケージ分類，パッケージのクラス構成，クラスの詳述
(3)　いくつかのアプリケーションモデル（このアプリケーションを実現するための情報モデルの部分集合をプロファイル（Profile）と呼ぶ）について機能説明，クラス構成など
(4)　モデルが実装する機能間で情報交換する場合のデータの定義方法やメッセージ構文など

　図 6・1 は，情報モデル，プロファイル，メッセージの関係を示しており，情報モデルから交換情報へと落とし込む一連の方法論を示したものである．各規格書は作成された時期が異なることから技術的な用語の使い方，適用される技術などが完全には一致していないが，方法論は統一している．

　情報モデルは規格書が定義する共通情報モデルをさらにユースケースに応じて随時拡張，または外部のシステムとの連携を図るためにブリッジ（情報名称や構文などの変換）を介して接続される．

　情報モデルから特定のアプリケーションをモデル化するために必要なパッケージやクラスを取捨選択して作成することをコンテクストモデルやコンテクストプロファイルと呼び，作成されたものがプロファイルである．各規格書では各プロファイルについてパートごとにその機能や構成するクラスについて解説している．

6・1 電気事業者ドメインの情報モデル─国際標準

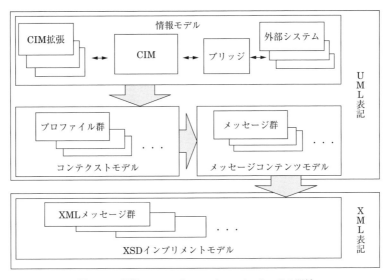

図 6・1 情報モデル, プロファイル, メッセージの関係

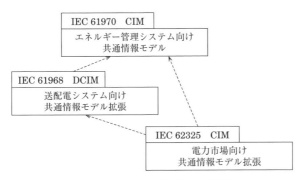

図 6・2 IEC TC57 規格間の依存関係

コンテクストモデルから作成されるオブジェクトの機能間で情報交換するためのメッセージを作成することをメッセージコンテンツモデルと呼ぶ. これにより実装に依存するオブジェクトに応じたメッセージを組み立てることができる. メッセージコンテンツモデルから XML (Extensible Markup Language) 構文の形式に変換された XML メッセージを XSD (XML Schema Definition) インプリメントモデルと呼び, その定義方法について解説されている. プロファイルによって, XSD 以外に RDF (Resource Description Framework) 形式のメッセージへの変換を定義している.

各規格間は図 6・2 に示す依存関係がある. 図中の点線は依存関係を表しており, 矢印が依存する規格を指している. ここで, IEC 61968 の CIM は IEC 61970 のエネルギー管理システムのインタフェースを送配電システムに拡張したもので, 特に送配電システム向け共通情報モデル拡張 (DCIM : CIM Extensions for Distribution) と呼ばれる. また, IEC 62325 の CIM は IEC 61970 と IEC 61968 からの電力市場向け共通情報モデル拡張 (CIM Extensions for Markets) である.

規格間の依存関係の詳細について, 図 6・3 に IEC 61968 DCIM が依存する IEC 61970 CIM とのパッケージ間の依存関係を, 図 6・4 に IEC 62325 CIM が依存する IEC 61970 CIM と IEC 61968 DCIM とのパッケージ間の依存関係を示す. 図からわかるように, 何れも IEC 61970 コアパッケージ Core package との関係が深い. IEC 61970 コアパッケージ Core package は多くのモ

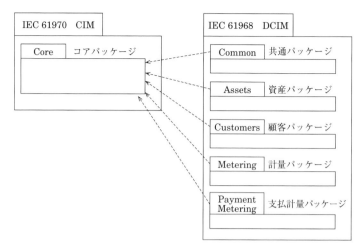

図6・3 IEC 61968 DCIM と IEC 61970 CIM の依存関係

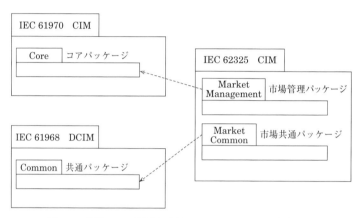

図6・4 IEC 62325 CIM と IEC 61970/61968 CIM の依存関係

デルで共有される基本的な電力設備とそれらの共通部分を定義している．そのため，他の多くのクラスは関連または汎化という形で，このパッケージのクラスと関係をしている．

規格間の依存関係の具体例として，IEC 61968 DCIM の負荷モデル Load model を図6・5に示す．図6・5 から IEC 61968 DCIM の負荷モデル Load model は IEC 61970 CIM のコアパッケージ Core package，接続線パッケージ Connection pacakage，負荷モデルパッケージ LoadModel package のクラスを使い，IEC 61968 DCIM ではメータリングパッケージ Matering package に使用場所クラス UsagePoint class のクラス定義を追加したモデルとなっている．装置クラス Equipment class と使用場所クラス UsagePoint class が関連により接続されている．

2　IEC TC57 の情報モデルの活用方法

電気事業者ドメインの情報モデルに関する規格は，必要とされるライフサイクルにわたりメンテナンスができ，かつ，拡張できなければならない．これまで，電気事業者に向けたシステムには，多くの異なるデータ交換方式，フォーマットなどが開発され，世界中の電気事業者，送配電系統運用者などにより運用されてきた．IEC–CIM は IEC により発行される国際規格として，IEC の規

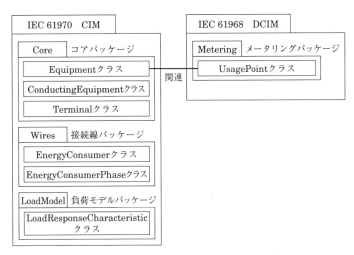

図 6・5　DCIM 負荷モデル Load model のクラス構成

格化プロセスに基づいて，広い範囲のアプリケーションへの適用が保障されるように開発，承認の過程を経て制定されている．

　あるプロジェクトでのユースケースの要求を既存 IEC–CIM がカバーしきれない場合，IEC–CIM は拡張することが可能となっている．実際に，ユースケースに IEC–CIM が適用され，その適用結果を IEC にフィードバックした多くプロジェクトの貢献によって，IEC–CIM は国際規格として世界中のプロジェクトに役立つエコシステムとなっている．

　電気事業に関するシステムを実装するエンジニアにとって，IEC–CIM は複雑なものに見えるかもしれない．しかし，IEC–CIM は，これまでの様々なプロジェクトの成果を取り込んだベストプラクティスとして，ドメイン間の相互運用性を実現する手段となっている．ユースケースの実装検討にあたり，IEC–CIM をその構成要素として使用する分析・設計方式は，直面する問題の解決のみならず，将来にわたり最適なシステムとして品質の維持を可能とするものである．

　たとえば，料理のレシピ本には様々な料理の作り方と食材リスト，量などが書かれており，それに従うことで誰でも，手際良くおいしい料理を作ることができる．また，風土や食材に合わせ，レシピを工夫することもできる．IEC–CIM は，これまでの複雑な事例を専門的なノウハウのもとに整理整頓したスマートグリッドのレシピといえる．短期間に最適なスマートグリッドシステムを構築するために最大限利用すべきものである．

　システム設計者はシステムの利用者（ユーザ）の要件を適切に理解することがシステム開発において重要である．システム設計者はユーザのユースケースをもとにアプリケーションモデルを作成しても，各々が使う用語と意味が異なっているとユーザの意図に合致したものであるか適切な検証ができない．また，複数のシステムベンダが関係するとベンダ間でも離齬が生じる．ユーザとシステム設計者の双方が理解できる共通の情報定義が共通情報モデルであり，共通情報モデルをもとに作成されたモデルはユーザとシステム設計者が同じ理解のもとでレビューをすることが可能となる．したがって，システムの要件定義から設計・実装の幅広い工程にわたり，随時適切に活用することが求められる．

● 6・1・2　電気事業者ドメインの情報モデル国際規格群の構成と対象アプリケーション...

1 ● IEC 61970 の概要[1]

　IEC 61970 は，系統運用のためのシステム向けの情報モデルを定義する規格である．システムの実装に依存しない共通の情報モデルを定義することで，アプリケーションやシステムの連携・統合を簡易化することが狙いである．

　IEC 61970 は複数の規格文書 Part により構成されている．Part 1 は IEC 61970 の概要や要件を規定している．Part 2 は語彙集である．Part 301 と Part 302 は共通情報モデル（CIM：Common Information Model）を定義している．Part 401 から Part 407 はコンポーネントインタフェース仕様（CIS：Component Interface Specification）を定義している．CIS とはアプリケーション同士が連携する際に使用するインタフェース仕様であり，特定の領域に特化した情報モデルを規定している．これは，IEC SC65 にて，IEC 62541 シリーズとして規格化された．Part 452 は電力系統の基本的な情報モデル（CIM Static Transmission Network Model Profiles）を定義している．また，Part 501 は UML（Unified Modeling Language）で定義された情報モデルの RDF 表現方法を，Part 552 は XML を用いた情報の表現方法を解説している．

　IEC 61970 が想定するシステム連携・統合のシナリオを以下に示す．
　IEC 61970 はこれらのシナリオを想定して，共通情報モデルを定義している．

(1)　異なるベンダが開発したアプリケーションの 1 つのシステムへの統合
(2)　異なるシステム間でのオンラインデータの交換
(3)　異なるシステム間でのエンジニアリングデータの交換
(4)　新しいアプリケーションをシステムに追加

　このように，単一システム内におけるアプリケーション間の連携と複数システム間における連携の両方を想定している．また，上記シナリオにおけるアプリケーションとして，以下を想定している．

(a)　監視制御システム（SCADA：Supervisory Control and Data Acquisition）
(b)　警報管理
(c)　系統網管理
(d)　発電量管理
(e)　需要予測
(f)　課金管理
(g)　メンテナンス計画管理
(h)　管理者向け操作画面

　IEC 61970 は，これらのアプリケーションを想定し，アプリケーションの構成要素を「コンポーネント」として捉えるコンポーネントベースのアプローチにより CIM を定義している．これにより，以下のメリットが得られる．

- コンポーネントごとに情報モデルを定義できる．そのため，定義した情報モデルの再利用が容易となる．

- CORBA（Common Object Request Broker Architecture）や EJB（Enterprise Java Beans），DCOM（Microsoft's Distributed Common Object Modeling）などのオブジェクトベースの開発ツールと親和性が高いため，実装が複雑になることを避けられる．
- 情報モデルの再利用が容易であるため，たとえば Java で実装した場合は，ある情報モデルに対応する Java クラスの再利用も容易となる．

従来の系統運用に関するシステムは，異なるベンダが独自の情報モデルを使用して実装していた．そのため，システム間連携の際には各情報モデル間のマッピングを逐一作成する必要があった．この問題を解消するため，CIM は系統運用に関する様々な情報の意味や表現方法を規定している．各ベンダが CIM を採用してシステムやアプリケーションを開発すれば，それらの連携は従来よりも容易となる．開発者が別々でも，情報の意味や表現が共通となるためである．

電気事業に関するシステムでは，アプリケーションやシステムが数十年にわたり使用されることもある．そのため，古い（レガシー）アプリケーションと，CIM に準拠した新しいアプリケーションが共存する場合が起こりうる．このような場合でも，レガシーアプリケーションが扱う情報モデルを CIM に変換するアダプタを用意することで，両アプリケーションの連携は可能となる．

図 6・6 は，IEC 61970 が想定するシステム統合の一例である．図中のパブリックデータ Public data とは CIM により表現される各アプリケーションのデータであり，他のアプリケーションと共有可能なデータである．各アプリケーションが扱う Public data は共通のインタフェース（コンポーネントインタフェース）によりアクセスできる．

コンポーネントインタフェースとは，たとえば Public data の値を取得したり，設定したりするためのインタフェースである．図 6・6 の左上の「レガシーな SCADA システム」とはレガシーアプリケーションの一例である．レガシーラッパ（Legacy Wrapper）は前述のアダプタに相当する．すなわち，古いアプリケーションの情報モデルを CIM に対応させる機能である．

このように，IEC 61970 は共通情報モデルとインタフェースに加え，レガシーアプリケーション向けのアダプタを使用することで，系統運用に関わるアプリケーションやシステムの連携を容易に実現する環境を目指している．

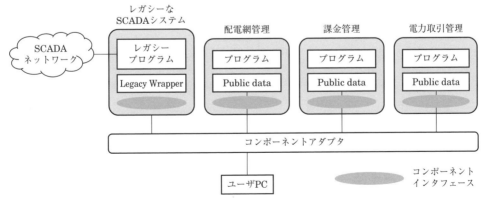

図 6・6　IEC 61970 が想定するシステム統合の一例
（出典）IEC 61970 Part1 Fig. 2.

2 IEC 61968 の概要[(2)]

IEC 61968 は送配電システム向けインタフェースと情報モデルを定義する規格である．送配電システムのアプリケーションやシステムの連携を容易にすることが狙いである．IEC 61968 と IEC 61970 は，そのスコープの一部が重複している．そのため，IEC 61968 は IEC 61970 Part 301 ベースのデータモデルを使用して，送配電システム向けに拡張するという方針をとっている．

IEC 61968 も複数の規格文書により構成されている．Part 1 は IEC 61968 の概要や要件について述べている．Part 2 は語彙集である．Part 3 から Part 9 は送配電システムに関する各種アプリケーションのインタフェースを定義している．Part 11 は送配電システム向けの CIM 拡張を定義している．

IEC 61968 は送配電システムにおける各アプリケーションをビジネスファンクション（Business function）として定義している．Business function を構成する小さな機能をビジネスサブファンクション（Business sub-function）として定義している．

図 6・7 に IEC 61968 が想定する Business function と Business sub-function の一覧を示す．また，表 6・2 に Business function と Business sub-function の概要を説明する．

さらに，IEC 61968 は Business sub-function が持つより細かな機能をアブストラクトコンポーネント（Abstract Component）として分類・定義している．たとえば，送配電網の状態監視などが Abstract Component に相当する．すなわち，Business function が Business sub-function を持ち，Business sub-function が Abstract Component を持つという階層構造となる．複数の Business sub-function が同一の Abstract Component を持つ場合を想定しており，Abstract Component の実装を，複数の Business sub-function で流用できるように配慮している．

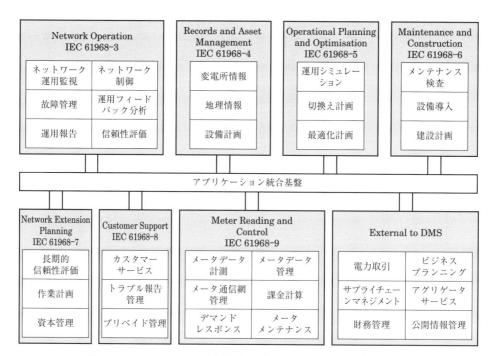

図 6・7 IEC 61968 が想定する Business function と Business sub-function
（出典）IEC 61968 Part 1 Fig. 3.

表 6・2 Business function と Business sub-function の概要

Business function	概　要（Business function を構成する Business sub-function）
Network Operation	送配電網を監視制御する機能．送配電網の運用監視や故障情報の管理，運用結果の分析，信頼性の評価などを Business sub-function として定義している．
Records and Asset Management	送配電網に関わる機器（資産）を管理するための機能．変電所が備える資産の情報や，その地理的な情報，設備計画管理などを Business sub-function として定義している．
Operational Planning and Optimisation	需給調整を実現する一連の機能．負荷予測や天気予報に基づく運用シミュレーションを Business sub-function として定義している．
Maintenance and Construction	送配電網に関わる機器の検査や修理に関する機能．メンテナンスのための検査計画や設備の更新計画を Business sub-function として定義している．
Network Extension Planning	1 年よりも将来を見据えた需給調整の安定性を実現するための機能．送配電網の長期的な信頼性の評価や送配電網を拡張するための長期計画の管理を Business sub-function として定義している．
Customer Support	需要家に関する情報を管理する機能．カスタマサービスの機能，トラブル事例管理などを Business sub-function として定義している．
Meter Reading and Control	需要家の消費電力を遠隔監視するための機能．電力メータデータの収集や蓄積，収集のための通信網管理，デマンドレスポンスなどを Business sub-function として定義している．
External to DMS	外部システムとの連携に関する機能．電力市場取引やアグリゲータサービスなどを Business sub-function として定義している．

図 6・8 は IEC 61968 が想定するアプリケーション統合のための階層構造である．1 番目の階層は前述の Abstract Component である．3 番目の階層はある Abstract Component が，他の Abstract Component に公開するインタフェースである．レガシーな Abstract Component の実装が存在する場合も想定する．その場合は，Component Adapter により，レガシーなインタフェースを IEC 61968 準拠のインタフェースに適合させる．他のアプリケーションのインタフェースを利用するための機能は 5 番目の Middleware Services として定義する．たとえば，インタフェースを利用してデータを取得したり，データを設定したりする機能がある．Middleware Services の実装も一様ではないため，インタフェースと Middleware Services の整合性を保つために，Middleware Adapter の階層を設けている．6 番目の Communication Services は通信機能を定義する．Communication Services は，たとえば，HTTP や JMS などの機能を提供する．最後の Platform Environment は，OS やハードウェアに依存した実装が必要になる場合に，整合をとる階層である．このように，IEC 61968 は，送配電システムの機能の分類，インタフェース，情報モデルを定義することで，アプリケーションやシステムの連携を容易にすることを目指している．

1	Abstract Components	抽象コンポーネント
2	Component Adapter	コンポーネントアダプタ
3	Interface Specification	インタフェース仕様
4	Middleware Adapter	ミドルウェアアダプタ
5	Middleware Services	ミドルウェアサービス
6	Communication Services	通信サービス
7	Platform Environment	プラットフォーム環境

図 6・8　IEC 61968 が想定するアプリケーション統合のための階層構造
（出典）IEC 61968 Part 1 Fig. 4.

3　IEC 62325 の概要[3]

IEC 62325 は，電力取引市場に関わる情報モデルやサービスモデルを定義する規格である．特

定の技術や地域の制約に依存しない情報モデルを定義することで，電力取引を行うアプリケーションやシステムの開発・連携を簡易化することが狙いである．

　IEC 62325 と類似の狙いを持つ過去の規格として，IEC 62195 がある．IEC 62195 は規制緩和された電力市場を対象として 2000 年に策定され，XML を利用した電子商取引の可能性を示した規格である．IEC 62325 は最新の技術を活用することで，IEC 62195 を置き換えることも想定している．IEC 62325 が利用する技術規格は以下である．

(1) Open-edi：ISO/IEC 14662 として策定された，電子商取引の参照モデル
(2) ebXML：OASIS と国際連合の下位機関である標準化組織（UN/CEFACT：United Nations Centre for Trade Facilitation and Electronic Business）が主体となり策定した XML を用いた電子商取引向けの規格
(3) UMM（UN/CEFACT Modelling Methodology）：UN/CEFACT が策定したモデル化方法論
(4) IEC 61970，IEC 61968：IEC TC57 で策定している送配電系統制御および配電制御用の情報モデルに関する国際規格
(5) IEC 62210：IEC TC57 で策定している電力システム制御および関連通信データおよび通信セキュリティに関する国際規格

　IEC 62325 は複数の規格文書により構成されている．Part 101 は IEC 62325 の概要や要件について述べている．Part 102 は電力取引市場の例と，そのモデリングの例を述べている．Part 3xx は情報モデルを定義している．Part 401 はサービスモデルを定義している．Part 501 から Part 503 は ebXML の使用に関するガイドラインなどを定義している．Part 601 から Part 603 は Web サービスの使用に関するガイドラインを定義している．

　電力市場では電力需要や発電量を予測し，電力売買の取引を行う．その取引結果に基づいて送電経路を確定させ，所定の日時に電力を供給する．このような一連のワークフローを複数のシステムが連携することで実現する．そのためには，電力市場に参加する関係者間で，このワークフローに関する共通認識が必要である．そこで，IEC 62325 では UMM を用いて電力市場取引をモデリングする手法を規定している．UMM を用いてモデリングする目的は以下である．

(1) ビジネスドメインの構造やダイナミクスを理解すること．
(2) システムのベンダが，ビジネスドメインに対する共通認識を得ること．
(3) 特定の技術に依存せずに，ビジネスモデルを把握すること．

　UMM を用いたモデリングでは，ワークシートを用いたドメイン分析から始まり，UML を用いたユースケース分析やフローチャート図・シーケンス図の作成により，電力市場取引というビジネスドメインを分析する．

　IEC 62325 が想定する電力市場取引に関わる主なアクタは，以下である．

(1) 独立系統運用者（ISO：Independent System Operator）
(2) 発電業者（Generation）
(3) 送電業者（Transmission）
(4) 配電業者（Distribution）
(5) 電力取引業者（Traders）

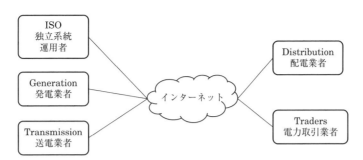

図 6・9　IEC 62325 が想定する全体システム構成
(出典) IEC 62325 Part 101 Fig. 1.

　IEC 62325 が想定する全体システム構成を図 6・9 に示す．このように，インターネットを介して電子商取引を行う構成を想定している．インターネットを前提とするため，IEC 62325 は通信の信頼性やセキュリティに関しても言及している．通信の信頼性については，たとえば，システム間でやり取りするデータが紛失したり，順番が入れ替わったりする可能性がある．これらについて，IEC 62325 では，送達確認 ACK ベースの再送やシーケンス番号による順序制御などによる対策を想定している．セキュリティについては，たとえば，やり取りするデータが盗聴されたり，偽のシステムからデータが送られたりする可能性がある．これらについて，IEC 62325 ではデータの暗号化やデジタル署名などによる対策を想定している．

6・1・3　IEC TC57 の情報モデルの機能とクラス構成

　ここでは，IEC TC57 の情報モデルに関する規格のうち，IEC 61970, IEC 61968 および IEC 62325 について，その機能とクラス構成を解説する．

1　IEC 61970 の機能とクラス構成[4],[5]

　前節において，IEC 61970 は系統運用制御におけるシステム統合を行うための様々な情報の意味や表現方法を定義していることを紹介した．本節では IEC 61970 のパッケージ構成とそれぞれが提供する機能を紹介する．

　IEC 61970 は関連する規格のベースとなっており，電力配送電網を構成する主な要素に関わる情報モデルのパッケージを提供している．図 6・10 に主なクラスパッケージを示す．

　IEC 61970 の情報モデルは多数のクラスから構成されるので，管理を容易に行うため，以下のような複数のパッケージの形で管理が行われている．

　以下，主なパッケージに関して説明する．

(a) 負荷モデル（LoadModel）：需要データと関連するデータを用いて，電力消費のカーブを定義する．このモデルには負荷の変化に関連する天気や日時などのデータも含まれる．

(b) 保護（Protection）：遮断機の動作を管理する保護回路の設定を定義する．これら情報は訓練シミュレータで使用されたり，配電障害管理アプリケーションで使用されたりする．

(c) 発電（Generation）：火力発電または水力発電の運転最適化に関わる情報（ユニットコミットメント：発電機の種類や構成要素などの情報）から構成されている．さらに，負荷予測，自動発電制御，訓練シミュレータで使われる発電機のモデリングも提供する．

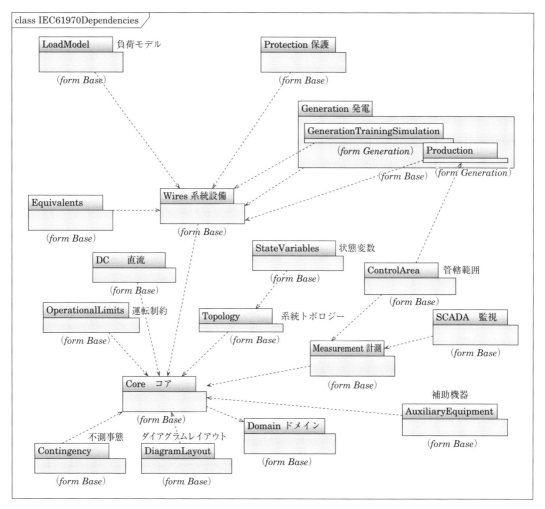

図 6・10　IEC 61970 のクラス構成

(d) コア（Core）：電力網に含まれる物理的な装置と，その関連部品などのクラスで構成されている．
(e) 状態変数（StateVariables）：電力フロー予測などの分析アプリケーションで使用される変数を定義する．
(f) 系統トポロジー（Topology）：機器の物理的な接続と論理的な接続を表現するクラスの集合体である．
(g) 系統設備（Wires）：送配電系統の電気的な特性情報を含み，コア（Core）パッケージと系統トポロジー（Topology）パッケージの拡張となる．このパッケージの情報は状態予測，潮流制御のアプリケーションに使用される．
(h) 管轄範囲（ControlArea）：様々な目的で使用する管轄地域の情報を含む，発電管理，地域負荷予測などにも使用される．
(i) 監視（SCADA：Supervisory Control and Data Acquisition）：監視用 SCADA アプリケーションの論理ビューを定義する．遮断器の開閉などの機器の管理を行うだけでなく，遠隔デ

ータ収集で使用される．
(j) 計測（Measurement）：アプリケーション間で使用する動的なデータ（特定の電力網のある地点での電流や電圧）などを表す情報を定義する．
(k) ドメイン（Domain）：電流，電圧，位相角など計測単位を定義するクラスである．
(l) 直流（DC）：直流機器に関わる情報を定義する．
(m) 不測事態（Contingency）：考慮されるべき不測の事態を定義するモデルである．
(n) ダイアグラムレイアウト（DiagramLayout）：このパッケージはモデルのダイアグラムのレイアウトを説明するものである．
(o) 運転制約（OperationalLimits）：機器や運転に関わる制約条件を定義する．
(p) 補助機器（AuxiliaryEquipment）：センサ，障害検知器，サージプロテクタのように電気を配電しないが，ターミナルなど他配電機器に接続して使われる機器情報を定義する．

以上，IEC 61970 のクラス構成を簡単に説明した．次に，具体的な配電設備が IEC 61970 のクラスでどう表現されるかを説明する．図 6・11 は発電機，負荷，送電線，遮断器，母線および変圧器から構成される配電設備を示すものである．この配電設備は 3 種類の電圧レベルに接続されている．

この設備を IEC 61970 のクラスで定義すると，各機器は以下のようなクラスで表現できる．
(1) 負荷：CIM EnergyConsumer クラス
(2) 送電線：ACLineSegment クラス
(3) 遮断器：Breaker クラス
(4) 母線：BusbarSection クラス
(5) 発電機：GenerationUnit クラスの SynchronousMachine オブジェクト

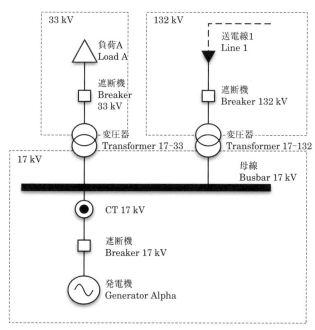

図 6・11　配電設備の例

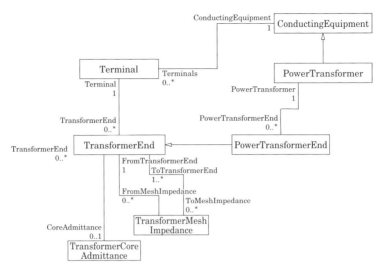

図6・12 変圧器のクラス構成例

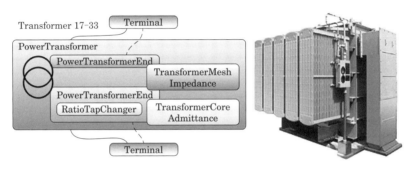

図6・13 変圧器のインスタンス例と写真（日立製低損失特高変圧器）

(6) 変圧器：変圧器は複数のクラスで構成される．このため，以下でその構成を説明する．

変圧器は，その構成が複雑でかつ多岐にわたるために複数のクラスで構成される．ここでは単純な構成の変圧器のクラス表記を図6・12に挙げる．

この変圧器をインスタンス（実体）として表現すると図6・13になる．この例の変圧器は変圧器そのものを表現する変圧器クラス PowerTransformer class，各巻線を表現する変圧器終端クラス PowerTransformerEnd class，そのサブクラスとしてタップ切換えを表現する RatioTapChanger および変圧器の特性であるインピーダンスを表現する変圧器インピーダンスクラス TransformerMeshImpedance class，アドミッタンスを表現する変圧器アドミッタンスクラス TransformerCoreAdmittance class を用いてモデル化されている．

このインスタンスと他インスタンスを用いて，図6・11の配電設備をクラス表記にしたものが図6・14である．もとの設備図ではバスバーの接続が不明確だったが，クラス表記では接続ノード ConnectivityNodes を使って設備間接続が明確に表現されている．この電力ネットワークモデルはさらに管轄範囲（ControlArea），装置所有者，測定機器，発電・負荷カーブなどのオブジェクトを用いて拡張が可能である．このように CIM とクラスパッケージを用いれば，設備の特性，接続，関係，さらに測定情報などが柔軟に表現できることがわかる．

6・1 電気事業者ドメインの情報モデル—国際標準

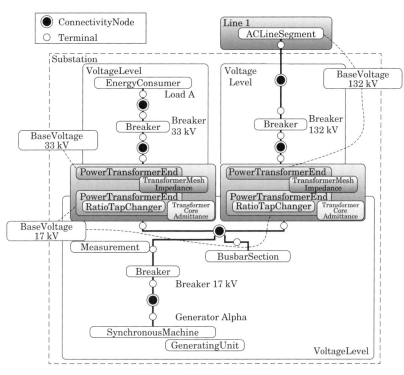

図6・14 CIMによる表現の例

2 IEC 61968の機能とクラス構成[(6)～(8)]

IEC 61968は配電システム向けのインタフェースと情報モデルを定義した情報モデルの規格である．IEC 61968の情報モデルは図6・15に示すように，IEC 61970を参照した構成となっている．

IEC 61968の情報モデルは配電システム向け情報モデルという意味合いから，特に，DCIM（CIM Extensions for Distribution）と呼ばれている．DCIMの全体構成は図6・16に示すように複数のパッケージから成る．DCIMを構成するパッケージのうち，コアCore，ドメインDomain，計測 Measのパッケージはベースとなる IEC 61970のパッケージを参照している．その他のパッケージはIEC 61968の機能を表すパッケージである．

IEC 61968-9（IEC 61968-9：Interfaces for meter reading and control）[(6)]は，配電系統の給電計画や保守，運用管理のうち，メータリ

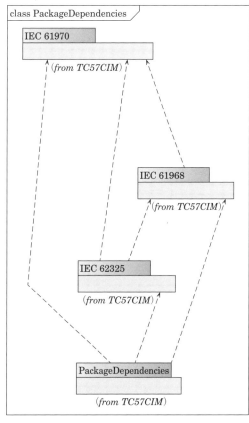

図6・15 IEC CIMパッケージの依存関係

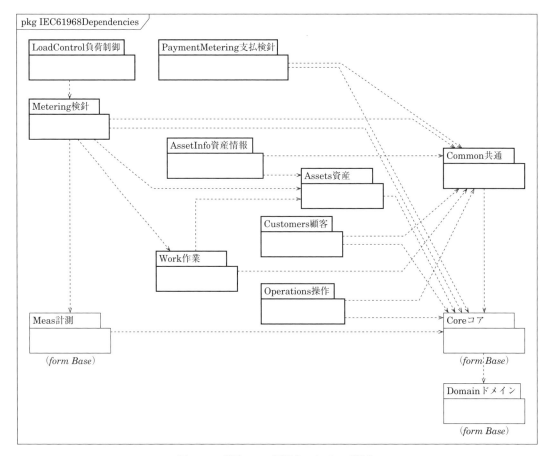

図 6・16　IEC 61968 DCIM のパッケージ構成

ングに関連したコンポーネント間のインタフェースを通じて情報交換するメッセージのやり取りを規定するものである．図 6・16 で示した DCIM の中で，検針パッケージ Metering package は電力量計計測，電力量計遠隔検針などの電力量検針を扱うパッケージである．

　検針パッケージ Metering package に含まれるクラスを**図 6・17** に示す．図 6・17 に含まれるクラスは，それぞれが検針機能 Metering を表現するために必要な情報や実体を表現するためのクラスである．また，各々のクラスは識別用の ID を持つために IEC 61970 CIM の Core パッケージに含まれるクラスである ID オブジェクト IdentifiedObject を継承している．

　図 6・17 で示した検針パッケージ Metering package の中から検針処理を表す検針クラス MeterReading class を例に，DCIM におけるクラス構成を説明する．

　図 6・18 は検針クラス MeterReading class と関連を持つ主なクラスとの関係を示している．図 6・18 で示したように，検針クラス MeterReading class は下記のクラスを持つことで DCIM における検針機能を表している．

(1) 計測点を示す使用場所クラス UsagePoint class
(2) 顧客との契約情報を示す顧客承諾クラス CustomerAgreement class
(3) 電力量計などの機器で発生するイベントを示す終端デバイスイベントクラス EndDeviceEvent class

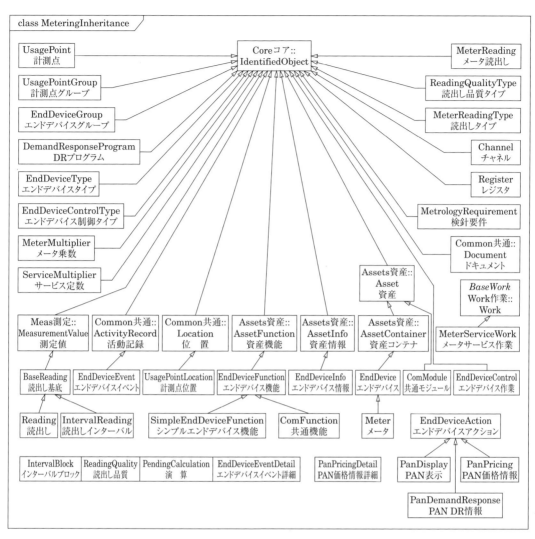

図 6・17 検針パッケージ Metering package の構成

(4) 電力量計そのものを示す電力量計クラス Meter class
(5) 計測期間を管理する時隔クラス IntervalBlock class
(6) 検針を示す検針クラス Reading class

多重度とはあるクラスが他のクラスを何個持つ（参照）かを示す値である．検針クラス MeterReading class と関連クラス間の多重度（Multiplicity）は，0..1, 0..*のように表記することが規格化されている．0..1であれば，0個（つまり持たない）から最大で1個のクラスを参照することを示す表記である．

この検針クラス MeterReading class の例のみならず，DCIM は個々に目的を持つ非常に多くのクラスが相互に関連を持ち，全体として配電システムの情報モデルを表現している．

3● IEC 62325 の機能とクラス構成[9]

IEC 62325 シリーズは電力市場取引向けのインタフェースと情報モデルを定義した規格である．

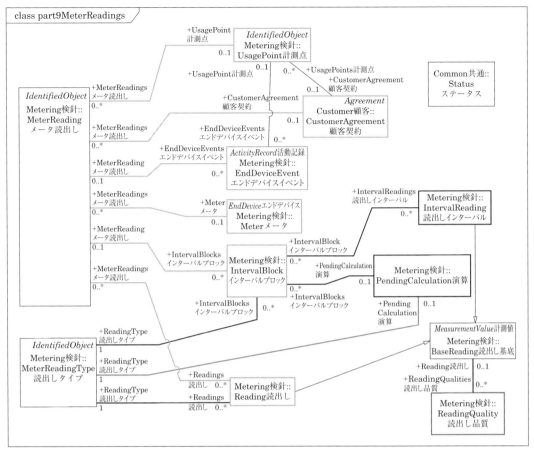

図 6・18　MeterReadings クラスと関連クラス

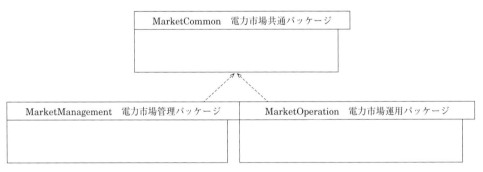

図 6・19　IEC 62325 のパッケージ構成

　IEC 62325 の情報モデルは図 **6・19** に示すように，電力市場共通パッケージ MarketCommon package，電力市場管理パッケージ MarketManagement package，電力市場運用パッケージ MarketOperation package から構成される[9]．

　電力市場共通パッケージ MarketCommon package は市場参加者とその役割を規定する CIM を集めたパッケージで，電力市場管理パッケージ MarketManagement package，電力市場運用パッケージ MarketOperation package の両方から参照される．電力市場管理パッケージ

図 6・20　IEC 62325 MarketCommon パッケージのクラス構成

MarketManagement package は公平な市場への参加を可能にするヨーロッパ型の市場取引に関連するパッケージである．電力市場運用パッケージ MarketOperation package は 1 日前市場，リアルタイムバランス市場，電力逼迫のリスクを救済するための混雑収入権取引など，米国型の市場取引に関するパッケージである．

電力市場共通パッケージ MarketCommon package は図 6・20 に示すように，組織クラス Organization class を継承して作られた市場参加者クラス MarketParticipants class と，それと関係付けられる市場役割クラス MarketRoll class，登録済電力リソースクラス ResisteredResource class から構成される．

組織クラス Organization class は，元々は IEC 61968 の共通パッケージ Common package に属するクラスであり，このように IEC 61968 のクラスをもとに IEC 62325 のクラスを形成することで両者の整合性を確保している．

電力市場管理パッケージ MarketManagement package は図 6・21 に示すように，IEC 61968 の文書クラス Document class をもとに作られた市場関連文書クラス MarketDocument class と時系列クラス TimeSeries class を中心に構成されている．市場取引工程クラス Process class は関係付けられた市場文書クラス MarketDocument class が市場取引のメッセージのやり取りの中でどの工程に用いられるかを表す．市場文書クラス MarketDocument class は市場共通クラスパッケージ MarketCommon class package の市場参加者クラス MarketParticipant class に関連付けられ，誰のための文書かを示す．時系列クラス TimeSeries class は，連続する期間クラス Period class と関連付けられ，各期間クラス Period class は数値クラス Point class と関連付けられる．数値クラス Point class で表される数値の単位は単位クラス Unit class と価格クラス Price class と関連付けるられる．たとえば，8 時から 17 時までの時系列クラス TimeSeries class が 1 時間ごとの 9 つの期間クラス Period class から構成され，各期間クラス Period class に使用上限電力としての数値 Point〔kW〕と電力料金としての数値 Price〔円〕を割り振ることができる．時系列クラス TimeSeries class は，登録済電力リソースクラス RsisteredResource class とも関連付けられており，どの電力リソースのことを表しているかを指定することができる．

電力市場管理パッケージ MarketManagement package の大きな特徴は市場取引工程クラス Process class を指定することで，このドキュメントがどのような役割を果たすかを指定できる点

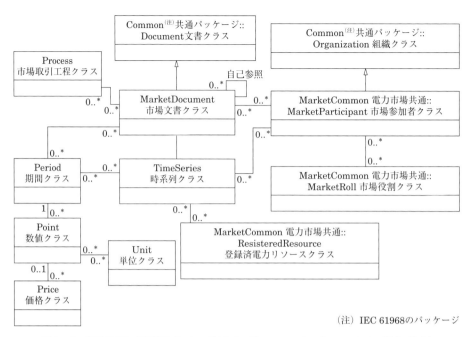

図6・21　IEC 62325 市場管理パッケージ MarketManagement package のクラス構成（抜粋）

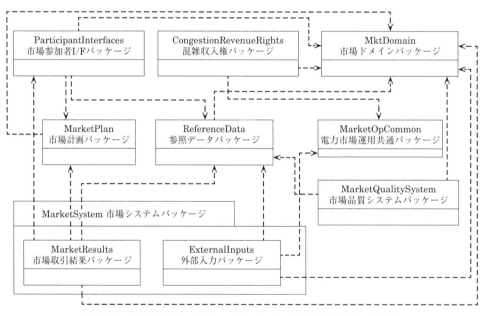

図6・22　IEC 62325 MarketOperation パッケージのクラスパッケージ構成

にある．一つの同じ文書をそのまま様々な場面で用いることができる．また，時系列クラス TimeSeries class が市場文書クラス MarketDocument class，市場参加者クラス MarketParticipant class および登録済電力リソースクラス RsisteredResource class に関連付けられていることも大きな特徴である．通信文書としても利用できるし，通信文書を受け取った後の市場参加者の動作計画や機器の動作計画としても利用することができる．

電力市場運用パッケージ MarketOperation package は図6・22に示すように，市場への入札方

法などを規定する市場参加者インタフェースパッケージ ParticipantInterface package や市場そのものの定義を規定する市場計画パッケージ MarketPlan package など，9つのクラスパッケージから構成される．

混雑収入権パッケージ CongestionRevenueRights package は電力系統間であらかじめ決められた上限以上の潮流があった場合にペナルティとして支払われる金額を受け取ることのできる混雑収入権（CRR：Congestion Revenue Right）に関するクラスパッケージである．取引に応じた実際の電力のやり取りがないので，市場計画パッケージ MarketPlan package とは独立して定義されている．

市場システムパッケージ MarketSystem package は，決済などに関する市場取引パッケージ MarketResults package と，外部からの情報に関する外部入力パッケージ ExternalInputs package から構成される．

このように，電力市場運用パッケージ MarketOperation package は米国型電力市場向けであり，電力市場管理パッケージ MarketManagement package はヨーロッパ型電力市場向けであるため，基本的な構成が大きく異なるものとなっている．

● 6・1・4　IEC-CIM 規格の実装と課題

IEC が規定する電気事業者を対象とする複数のドメインの連携を指向して策定された情報モデルは共通情報モデル IEC-CIM と呼ばれる．これらは電気事業者のドメインで用いられる様々な機器・システムを抽象的に表現するものである．これらの情報モデルを用い，関係ドメイン間の連携を図るため，これらの機能，構成などを表す属性（以下，アトリビュートと呼ぶ）には共通認識のための名前が付けられている．

これら IEC-CIM は UML 形式により記述，規格化されている．ただし，UML は一覧性を優先した2次元の表現形態であるため，そのままではシステム・機器間の情報交換のための通信メッセージにはならない．本節では，IEC-CIM からメッセージを作成する手順について説明する．

1● IEC-CIM 規格に基づく授受メッセージの作成手順

情報モデルから通信メッセージの作成手順を図 6・23 に示す．

IEC-CIM は電気事業者の複数ドメインにわたる多岐にわたるユースケースを包含する情報モデルである．このため，特定のユースケースの実現を検討する際には，このユースケースを実現するために必要な情報モデルを IEC-CIM から抜き出し，これらを使用し，検討を行う．この情報モデルの部分集合を CIM プロファイルと呼ぶ．

CIM プロファイルの概念を図 6・24 に示す．CIM プロファイルは電気事業者の各ドメインのユースケースごとに定められている．

配電ドメイン向け IEC 61968 シリーズでは下記のアプリケーションが規定されている．

 IEC 61968-3：2004[10]（Interface for network operations，配電系統運用）
 IEC 61968-4：2007[11]（Interfaces for records and asset management，資産管理，記録）
 IEC 61968-6：2015[12]（Interfaces for maintenance and construction，保守，建設）
 IEC 61968-8：2015[13]（Interfaces for Customer Operations，顧客支援）

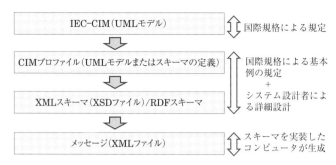

図 6・23　メッセージ作成手順

（注）ALTOVA社のXMLエディタ"XML SPY"で用いられるスキーマ表現形式

図 6・24　IEC-CIM と CIM プロファイルの関係

　IEC 61968-9：2013[14]（Interface for meter reading and control，検針と制御）

　など

電力市場ドメイン向け IEC 62325 シリーズでは下記のアプリケーションが規定されている．

　IEC 62325-351：2016[15]（CIM European market model exchange profile，欧州市場電力市場モデル）

　IEC 62325-451-1：2013[16]（Acknowledgement business process and contextual model for CIM European market，欧州市場・通知）

　IEC 62325-451-2：2014[17]（Scheduling business process and contextual model for European market，欧州市場・計画）

　IEC 62325-451-3：2014[18]（Transmission capacity allocation business process（explicit or implicit auction) and contextual models for European market，欧州市場・送電容量割当て）

　IEC 62325-451-4：2014[19]（Settlement and reconciliation business process, contextual and assembly models for European market，欧州市場・決済と調停）

　IEC 62325-451-5：2015[20]（Problem statement and status request business processes, contextual and assembly models for European market，欧州市場・問題発生通知と状態報

告要求）

IEC 62325-451-6：2016[21]（Publication of information on market, contextual and assembly models for European style market，欧州市場・市場への情報発信）

など．

また，系統運用向け IEC 61970 シリーズでは下記のアプリケーションが規定されている．

IEC 61970-452：2015[22]（CIM Static Transmission Network Model Profiles，静的送電ネットワーク情報）

IEC 61970-453：2014[23]（Diagram layout profile，図面情報）

IEC 61970-456：2013[24]（Solved power system state profiles，計算された電力系統状態）

など．

特定のサービスに関わるステークホルダ（システム企画・設計・運用者，ユーザなど）は，これらの CIM プロファイルから自らに必要な CIM プロファイルを選択して用いる．必要とする仕様に完全に一致する CIM プロファイルがない場合は IEC 国際規格では独自に CIM プロファイルを作成することができるとされている（IEC 61968-1：2012 Annex A）[2]．日本国内のユースケースを対象とした CIM プロファイル検討事例は以降の 6・3・2 項で説明する．

CIM プロファイル（UML 形式情報モデル）からシステム・機器が連携するための授受情報（XML 形式通信メッセージ）の構成方式（以下，スキーマと呼ぶ）が IEC 国際規格で規定されている．IEC で規定されるスキーマには 2 種類ある．W3C（World Wide Web Consortium）で規定された XSD（XML Schema Definition）形式のスキーマと，RDF（Resource Description Framework）形式のスキーマである．IEC 61968 シリーズや IEC 62325 シリーズの欧州市場に対応した情報モデルを使用する場合では，主に XSD 形式のスキーマが用いられ[25],[26]，IEC 61970 シリーズや IEC 62325 シリーズの米国市場に対応した情報モデルを使用する場合では，主に RDF 形式のスキーマを用いられている[26],[27]．CIM プロファイルとスキーマは 1 対 1 の関係にあり，これらはオープンソースで提供されている「CIM ツール[28]」を用い，CIM プロファイルからスキーマを自動生成することができる．

実運用では，システム設計者は対応するスキーマをコンピュータシステムに実装し，スキーマをもとに通信メッセージを作成することになる．

2 機器間のメッセージのやり取り

IEC 61968-100（Implementation Profiles，プロファイル実装）[25]，IEC TR 61968-900（Getting Started with IEC 61968-9，61968-9 による検針システム立上げ）[29]ではメッセージ転送にはプログラミング言語 JAVA のメッセージングサービスである JMS（Java Message Service），オープンソースの XMPP（Extensible Messaging and Presence Protocol）サービスあるいは SOAP（Simple Object Access Protocol）プロトコルを用いた Web サービスなどを利用することができるとされている．

IEC 61968 シリーズで用いる通信メッセージの基本構成を図 6・25 に示す．通信メッセージの構成は，必須項目（実線四角で示す部分）のヘッダと任意項目（破線四角で示す部分）の要求部，応答部，ペイロードを組み合わせ，順番に並べた構成となる．

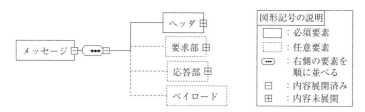

図6・25　IEC 61968の通信メッセージの基本構成

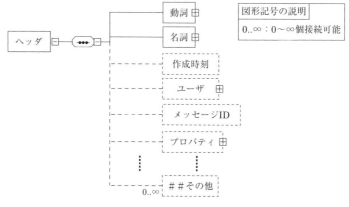

図6・26　Headerの構成

　ヘッダの構成を図6・26に示す．ヘッダは「何をするのか」を表す動詞と，「何に対してするのか」を表す名詞および通信メッセージの作成時刻やメッセージIDなどから成る．ヘッダに用いられる動詞を表6・3に，名詞を表6・4に示す．動詞には情報を要求するGet，命令の実行を求めるExecute，返答のReplyなどがある．名詞にはIEC-CIMの情報モデルを特定のユースケースの実現に必要な情報モデルを部分集合化したCIMプロファイルの名称が用いられる．

　要求部の構成を図6・27に示す．要求部は開始時間，終了時間，オブジェクトID，＃＃その他などから成る．ヘッダの動詞が情報の要求を示すGetの場合，＃＃その他にはGetの対象とする＜名詞＞を組み合わせたGet○○○という文字列の名前のCIMプロファイル（XML形式文字列）が格納される．たとえば，動詞がGetで，名詞が"MeterReadings"の場合は要求部の＃＃その他にはCIMプロファイル"GetMeterReadings"から作成したXML形式文字列が格納される．

　応答部の構成を図6・28に示す．応答部には先に送られた要求メッセージに対する実行結果を示すResultが記載される．Resultの値は"OK"，"Partial"，"Failed"の3種類から選ばれる．

　ペイロード部はIEC-CIMから生成されるXML形式文字列などが記載される．Execute命令の場合，実行すべき命令を格納するのはペイロード部になる．

3　IEC-CIM規格の実装上の課題

　IEC-CIMの国際規格は，システム設計者（＝ユーザ）が用いたいと考えているメッセージ仕様に合致するCIMプロファイル（対象とするユースケースを実現する情報モデルの集合）が規格にない場合，設計者自ら，プロファイルを作成してもよい既定となっている．

　これは柔軟性の高い規定であるが，反面，システム設計者の独自カスタマイズが許されているこ

表6・3 ヘッダに用いる動詞の一覧

動 詞	内 容
Cancel	以前に発送したメッセージのキャンセルを求める.
Change	指定されたオブジェクトへの変更を求める.
Close	オブジェクトの終了を求める.（動作完了後）
Create	新しいオブジェクトの作成を求める.
Delete	オブジェクトの削除を求める.（動作中断）
Execute	命令の実行を求める.
Get	情報を求める.
Reply	返答を返す.
Canceled	以前に発送したメッセージのキャンセル実行を通知.
Changed	指定されたオブジェクトへの変更実行を通知.
Closed	オブジェクトの終了実行を通知.（動作完了後）
Created	新しいオブジェクトの作成実行を通知.
Deleted	オブジェクトの削除実行を通知.（動作中断）
Executed	命令の実行を通知.

表6・4 ヘッダに用いる名詞の例

名 詞	内 容
MaintenanceOrder	メンテナンス作業の指示
WorkRequest	メンテナンスなど何らかの作業の要求
SwitchingPlan	系統接続切換えの計画
MeterReadings	メータで測定値
MeterReadSchedule	メータ読取りのスケジュール
GetMeterReadings	メータ測定値を要求する際の条件
⋮	⋮

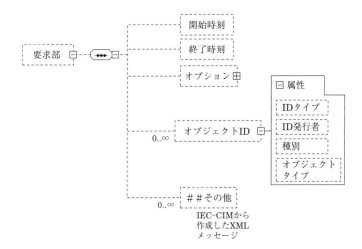

図6・27 要求部の構成

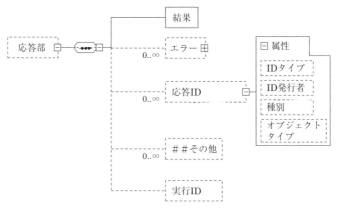

図 6・28 応答部の構成

とであり，将来，相互接続性の課題が発生する可能性がある．

　CIM プロファイルを修正するたびに，国際規格提案を行い，規格が成立してから実装するという手段をとれば，このような相互接続性の課題は発生しにくくなるが，一つの規格が修正されるには，その審議に 1 年から 2 年を要するのが通例なので現実性が乏しい．

　相互運用性のリスクを低減するためには，国際標準機関は規格改訂の速度を上げる努力が必要で，システム設計者は必要に応じて，適宜，国際規格提案を行う取組みが必要であると考えられる．

● 6・1・5　IEC-CIM 規格によるエネルギーサービス

　前項では IEC-CIM から通信メッセージを作成する方法を解説した．本項では電力検針データの授受を行うサービスを例にして，具体的なメッセージ作成方法を説明する．

　電気事業者にある需要家の電力使用データから使用実績，電気料金などを管理するメータデータ管理システム（MDM：Meter Data Management System）が需要家の電力量計からの検針値の収集を行う自動検針システム（AMI：Advanced Metering System）に対し，需要家設置の電力量計"meter1"の一定期間（たとえば，2016 年 12 月 1 日 AM9：00～2016 年 12 月 1 日 AM9：30）の検針値の送信要求することを例に，その通信メッセージを考える．

　電力量計の検針値は IEC 61968-11（Common information model (CIM) extensions for distribution，配電のための共通情報モデルの拡張）[7]に規定される電力量計の検針に関する情報を表す MeterReading クラスと関係する複数のクラスの組合せから成る情報モデルで表すことができる．これを図 6・29 に示す．MeterReading クラスと関連するクラスのアトリビュートが選択され，これらを組み合わせた CIM プロファイルが IEC 61968-9（Interface for meter reading and control，検針と制御）[6]で定義される MeterReadings プロファイルである．

　電力量計の検針値取得の通信メッセージを構成するスキーマを図 6・30 に示す．

　この通信メッセージのやり取りの手順を図 6・31 に示す．はじめに MDM から AMI に対し，検針値取得 MeterReading を要求するメッセージが送信される．このメッセージのヘッダに用いる動詞は"get"，名詞は"MeterReadings"が用いられる．要求部の「＃＃その他」には，"Get"と"MeterReadings"を組み合わせた"GetMeterReadings"という CIM プロファイルをもとに作成した XML ファイルを格納する．この XML 形式ファイルを図 6・32 に示す．作成される XML 文

6・1 電気事業者ドメインの情報モデル―国際標準

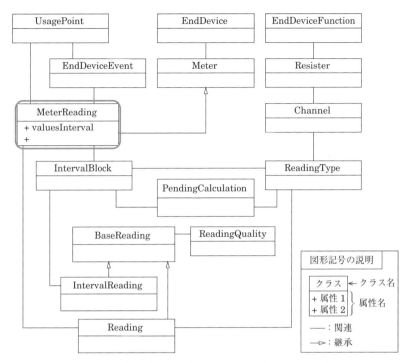

図6・29 MeterReading クラスと関連するクラスの UML 図

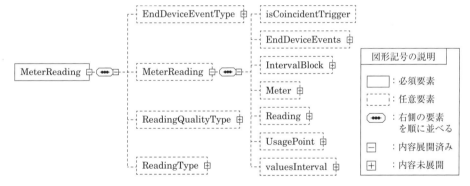

図6・30 CIM プロファイル MeterReadings のスキーマ構成図

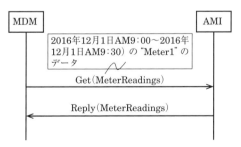

図6・31 電力検針データ送受信のユースケースにおけるシーケンス図

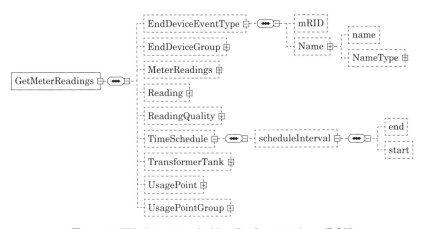

図 6・32 CIM プロファイル GetMeterReadings のスキーマ構成図

```
<RequestMessage
xmlns="http://iec.ch/TC57/2011/schema/message">
    <Header>
        <Verb>get</Verb>        ← 動詞
        <Noun>MeterReadings</Noun>  ← 名詞
        <Timestamp>2017‒01‒01T12:00:00Z</Timestamp>
        <MessageID>15926535</MessageID>
        <CorrelationID>000000000000000000AA</CoorelationID>
    </Header>
    <Request>
        <GetMeterReadings
        xmlns="http://iec.ch/TC57/2011/GetMeterReadings#">
            <EndDevice>
                <Names>
                    <name>meter1</name>
                </Names>
            </EndDevice>
            <TimeSchedule>
                <scheduleInterval>
                    <end>2016‒12‒01T09:30:00Z</end>
                    <start>2016‒12‒01T09:00:00Z</start>
                </scheduleInterval>
            </TimeSchedule>
        </GetMeterReadings>
    </Request>
</RequestMessage>
```

- ヘッダ
- GetMeterReadings をもとに作成した XML 文書 — 要求部

図 6・33 Get (MeterReadings) の XML メッセージ例

書を図 6・33 に示す（実際にはシステム設計者があらかじめ CIM プロファイルから作成したスキーマをコンピュータに実装し，コンピュータがスキーマをもとに XML 形式ファイルを自動生成）．

次に，AMI から MDM に対して電力量計検針値を返信する．メッセージのヘッダに用いる動詞は "reply"，名詞は "MeterReadings" である．応答部の「結果」にはメッセージの受信に成功して処理を行ったことを表す "OK" を記載する．ペイロードは MeterReading の CIM プロファイルをもとに作成した XML ファイルを格納する．作成した XML 文書を図 6・34 に示す．

```
<ResponseMessage
xmlns="http://iec.ch/TC57/2011/schema/message">
    <Header>
        <Verb>reply</Verb>          ←―― 動詞
        <Noun>MeterReadings</Noun>  ←―― 名詞
        <Timestamp>2017‐01‐02T12:00:00Z </Timestamp>
        <MessageID>3238462643382</MessageID>
        <CorrelationID>000000000000000000AA
        </CoorelationeID>
    </Header>
    <Reply>
        <Result>OK</Result>
        <Error>
        <code>0.0</code>
        <level>INFORM</level>
        </Error>
    </Reply>
    <Payload>
        <MeterReadings
        xmlns="http://iec.ch/TC57/2011/MeterReadings#">
            <MeterReading>
                <Meter>
                    <Names>
                        <name>meter1</name>
                    </Names>
                </Meter>
                <Readings>
                    <timeStamp>2016‐12‐01T09:13:10Z
                    </timeStamp>
                    <value>3.1415926</value>
                    <ReadingType
                    ref="0.0.0.1.1.1.12.0.0.0.0.0.0.0.3.72.0
                    "/>
                </Readings>
```

ヘッダ（上部）／応答部／ペイロード（MeterReadingsをもとに作成したXML文書）

図 6・34 Reply（MeterReadings）の XML メッセージ例

6・2 国際標準情報モデルの日本のエネルギーサービスへの適用例 ―東北スマートコミュニティ事業への国際標準の適用検討（フィージビリティスタディ）― [30],[31]

　東北スマートコミュニティ事業は経済産業省資源エネルギー庁が主導する実証事業である．この事業は国内外のデマンドレスポンス（DR：Demand Response）による電力需給最適化および再生可能エネルギー活用による低炭素社会への移行などの多様化，複雑化する電気エネルギー事情への対応の試みの一つである．特に，この事業は日本特有の東日本大震災を契機とする防災・減災，エネルギーの地産地消の新たな取組みでもある．

　一方，欧米ではスマートグリッドに関するユースケースを電気事業者・需要家間のシステムやサービスなどを共通情報モデル（CIM：Common Information Model）で表し，実現する試みが進んでいる．

　本項では，東北スマートコミュニティ事業を例に，デマンドレスポンスと日本独自ニーズである電気エネルギーの防災・減災の対応，地産地消のユースケースが IEC 国際規格の情報モデルを用い，記述できるかの検討（フィージビリティスタディ）を行った結果を示す．

　ここでは，まず，東北スマートコミュニティ事業のシステム，サービスなどを IEC 国際規格の

システム概念参照モデルにより表現し，さらに，これらがIEC国際規格の情報モデルで記述，実現できるかの検討を行った．

6・2・1　東北スマートコミュニティ事業の概要

東北スマートコミュニティ事業は，蓄電池や太陽光発電などの再生可能エネルギーおよび電気自動車（EV：Electric Vehicle）を活用した，自治体を主たる事業者とする実証事業である．本事業は平常時，電力需要のピークシフト，ピークカットなどによる負荷平準化のほか，自治体の主要な施設の電力消費に占める再生可能エネルギー使用比率を一定割合以上とすることを第一の目的としている．これを達成する手段として，地域内の再生可能エネルギーの地産地消化が図られている．また，災害時，防災拠点などへの最低限度の電力供給を地域内の再生可能エネルギーをはじめとする分散型電源の融通で対応することを第二の目的としている．すなわち，災害時の減災を目指している．具体的には，災害時の地域の送配電網利用の制御に課題があるため，EVによる防災拠点間の電力融通がされている．

6・2・2　システム概念参照モデルとドメイン間の情報の授受

東北スマートコミュニティ事業のシステム概念参照モデルを図6・35に示す．本事業は電気事業者，サービスプロバイダ，需要家の3つのドメインから構成されている．ドメイン内のアクタは他のドメインのアクタと通信手段を介し情報の授受を行っている．

サービスプロバイダドメインは気象情報システムのほか，対象地域内のエネルギー管理サービスを提供する地域エネルギーマネジメントシステム（CEMS：Community Energy Management System），小規模建物（防災拠点となるコミュニティセンタなど）の電力管理を行う小規模建物EMS，大中規模建物（自治体庁舎など）の電力管理を行う大中規模建物EMSの4つのアクタが

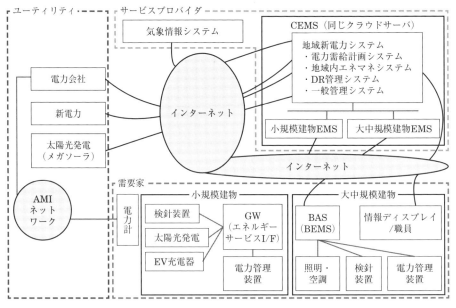

図6・35　東北スマートコミュニティ事業のシステム概念参照モデル

表6・5 アクタ間の授受情報例

計測情報	施設の電力量 太陽光発電電力量 蓄電池の充電残量・充電可能量などの電力実績情報
気象情報	気象に関する情報
買い取り計画情報	購入電力量の情報
DR情報	CEMSに対する消費電力削減要求情報
省エネ制御情報	負荷制御(開始・停止)の情報
ディスプレイ表示情報	需要家への案内・指示情報
状態監視情報	停電有無の確認情報
放電指令・停止情報	放電開始・停止の指令情報
電力融通情報(災害時)	電力融通を実施するための情報

含まれる．小規模建物EMS，大中規模建物EMS，CEMSは同じクラウドサーバ上に実装されている．

また，需要家ドメインには自治体の管理する設備機器，その制御システムおよび自治体職員などがアクタとして含まれる．特に，大中規模建物には建物内の設備を管理するビル管理システム(BAS：Building Automation SystemまたはBEMS：Building Energy Management System)がある．このBASの配下に制御対象となる空調・照明などの設備機器，蓄電池の接続された電力管理装置および検針装置，このほかエネルギー管理に関する設備として，需要抑制依頼などを人に向け表示する情報ディスプレイが設置されている．小規模建物には，検針装置，太陽光発電，電気自動車(EV)充電器，電力管理装置，蓄電池などが設置され，CEMSと通信ゲートウェイ(GW：Gate Way)を介して接続されている．

電気事業者ドメインは，電力会社(地域の一般電気事業者)，新電力(特定規模電気事業者)，メガソーラなどがアクタとして含まれる．

表6・5にアクタ間の授受情報の例を示す．

●6・2・3 ユースケース事例と既存IEC-CIMの対応付けと考慮点

ここでは東北スマートコミュニティ事業をシステム概念参照モデルで表現するとともに，この事業の機能を四つのユースケースで表している．さらに，これらユースケースの実現に，これまでに解説したIEC-CIMが，どのように用いられるかをアクタ間の授受情報の観点から解説する．

IEC-CIMは電気事業者ドメイン内の電力供給に関するシステムの構成，機能などを対象とするものである．したがって，IEC-CIMは本事業のユースケースに関するサービスプロバイダ，需要家の設備機器，システムおよびサービスの構成，機能などを記述するには不十分なところがある．よって，本事業をユースケースとして記述するには，IEC-CIMで対応できる部分と，新たな情報モデルの追加が必要な部分とが存在する．これをユースケースの機能の説明を通じ説明する．

(a) 「計測・情報収集」のユースケース

電気事業者から供給される電力量と，地域内で需要家が実際に消費する電力量および需要家内の建物内の設備機器の状態などを，計測・情報収集するユースケースのシーケンス図を図6・36に示す．

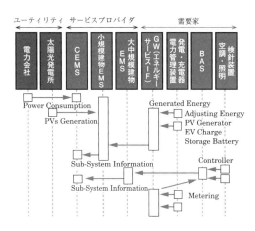

図 6・36　「計測・情報収集」のシーケンス図と IEC–CIM 規格の対応

　電力量（予測および実績）は，電気事業者から需要家の各建物に対して，30 分ごと（太陽光発電はより詳細な 5 分ごと）に kW，あるいは kWh で送られる．これら供給量，発電量は送配電ドメインの情報モデル IEC 61968 の電力検針サービスを表現する検針クラス MeterReading class を使い表現することができる．

　一方，小規模建物のエネルギーサービスインタフェースである GW 配下にあるシステム・機器の情報は，いったん GW に集められ，CEMS へ送られる．これは GW 配下にある需要家建物内のアクタである電力管理装置，太陽光発電，EV 充電器などに内蔵の検針装置で検針（Meter Reading）される情報であり，IEC 61968 の需要家の設備機器の制御を表現する終端デバイス制御クラス EndDeviceControl class で記述することができる．ここで，電力管理装置は小規模の BAS と考えることができる．同様に，大中規模建物 EMS 配下にある空調・照明の状態は終端デバイス制御クラス EndDeviceControl class により表現でき，その電力量は検針クラス Meter Reading class で表現できる．これらは BAS を介して CEMS へ情報が送られる．

（b）「地域全体の需給計画」のユースケース

　地域全体の電力需給計画を行うユースケースのシーケンス図を図 6・37 と図 6・38 に示す．電力需給計画は計画実行日の前日と実行日の当日のシーケンスに分けられる．

　CEMS は前日，地域内の翌日の電力需給計画を立案する．このため，CEMS は電力需給予測のため，翌日の気象情報を気象情報サービス事業者から入手する．CEMS はこの気象情報を使用して，太陽光発電の発電量の予測，需要家の建物内設備機器の運転による需要電力の予測から成る需給計画を 30 分単位に作成する．

　このうち，気象情報は IEC–CIM として，現状，定義されてはいない．

　CEMS の作成する太陽光発電の発電計画は，電力市場ドメインの情報モデルである IEC 62325 の電力市場管理パッケージ MarketManagement package の時系列クラス TimeSeries class，期間クラス Period class，所在場所クラス UsagePoint class の組合せで記述が可能である．期間クラス Period class が計測時間帯を，所在場所クラス UsagePoint class が電力測定点に関する情報をそれぞれ持ち，時系列クラス TimeSeries class の持つ時系列に並んだ計測値情報と関連付けられる．

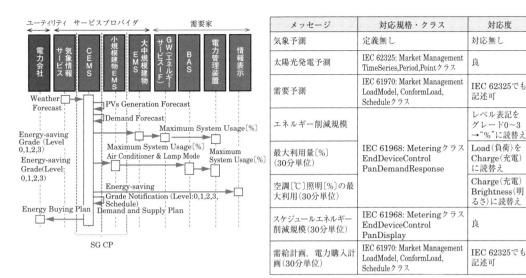

図6・37 「地域全体の需給計画」(前日)のシーケンス図とIEC-CIM規格の対応

図6・38 「地域全体の需給計画」(当日)のシーケンス図とIEC-CIM規格の対応

また，CEMSは気象情報をもとにして，地域の電力需要予測を行い，30分単位の需要計画を作成する．これは系統運用ドメインの情報モデルIEC 61970の負荷モデルクラスLoadModel classのほか，IEC 62325の時系列クラスTimeSeries classや負荷予測クラスLoadForecast classでも記述が可能である．

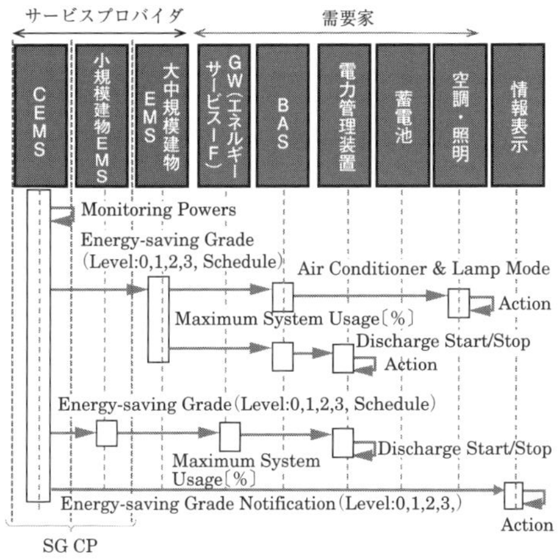

小規模建物EMSや電力会社からの買電計画も同様である．

CEMSは管理下の地域内建物の電力需要の負荷平準化のため，各建物の需要抑制レベル（0～3レベル）を決定し，小規模建物EMS経由で伝達する．これは配電ドメインの情報モデルIEC 61968の検針パッケージMetering packageにある終端デバイス制御クラスEndDeviceControl class，汎デマンドレスポンスクラスPanDemandResponse classにより記述が可能である．汎デマンドレスポンスクラスPanDemandResponse classのアトリビュートである平均負荷調整avgLoadAdjustmentは機器の消費電力を％単位で指定できるが，このユースケースで使用する場

合にメッセージパラメータを段階値であるレベルを示す表記から割合（％，パーセント）を示す表記に変更する必要がある．CEMS が大中規模建物 EMS に需要抑制レベルを伝達する場合も同じである．小規模建物 EMS は GW を介して，電力管理装置に対し，消費電力の中に占める電力会社からの買電の利用率の上限〔％〕を伝達する．電力管理装置はその利用率の上限を超えそうな場合に，蓄電池の放電を行い，指定された利用率の上限〔％〕を超えないように調整を行う．

　蓄電池の制御を行う情報は IEC-CIM の上記 3 つの規格にはない．買電利用率の上限〔％〕を機器の消費電力〔％〕と読み替えれば，IEC 61968 の終端デバイス制御クラス EndDeviceControl class と汎デマンドレスポンスクラス PanDemandResponse class を組み合わせて記述可能であるが意味合いが異なる．したがって，蓄電池や電力管理装置を取り扱うための新たな情報モデルが必要となる．BAS が自治体庁舎内の電力管理装置に伝達する場合も同様である．大中規模建物 EMS は CEMS から通知された需要抑制レベル（0〜3）を電力管理装置の買電利用率上限〔％〕，空調の運転モード（温度，風量），照明の運転モード（ON，OFF，強さ）に変換し，自治体庁舎内の BAS に伝達する．買電利用率上限〔％〕，照明の照度レベルは IEC 61968 の終端デバイス制御クラス EndDeviceControl class，汎デマンドレスポンスクラス PanDemandResponse class の組合せで記述可能である．空調設備の運転設定は汎デマンドレスポンスクラス PanDemandResponse class のアトリビュートである冷房設定温度 coolingSetPoint，暖房設定温度 heatingSetPoint を用いれば，その設定温度を指定することができる．CEMS は需要抑制レベルの情報を自治体庁舎内の情報ディスプレイに伝達するため，IEC 61968 の検針パッケージ Metering package にある終端デバイス制御クラス EndDeviceControl class および汎表示装置クラス PanDisplay class で記述可能である．汎表示装置クラス PanDisplay class のアトリビュートであるテキストメッセージ textMessage はディスプレイに表示するテキスト情報を表すことができる．

　計画当日のシーケンスでは，CEMS は小規模建物 EMS を介し，各建物の需給情報を収集し，BAS を管理する大中規模建物 EMS を介して，需要抑制レベル（0〜3 レベル）を伝達する．BAS は大中規模建物 EMS から上記需要抑制レベル（0〜3）を受信すると，建物内設備機器の運転のため，これを空調機器の運転モード（温度，風量），照明機器の運転モード（ON，OFF，強さ）に変換し，これら機器に伝達し制御を実行する．

　また，CEMS は大中規模建物 EMS に需要抑制レベル（0〜3）を送る．大中規模建物 EMS は CEMS から通知された需要抑制レベル（0〜3）を買電利用率上限〔％〕に変換し，大規模建物内の BAS を介し電力管理装置に送る．電力管理装置は管理下にある蓄電器および EV 充電器・太陽光発電の蓄電設備に対し放電指令を出し，買電量を制御する．この制御の記述は終端デバイス制御クラス EndDeviceControl class が最も近いが，蓄電池を取り扱うクラスは現状，IEC 国際規格に存在しない．

　また，CEMS は需要抑制レベルの情報を自治体庁舎内の情報ディスプレイに伝達，表示する．この表示情報を見た自治体職員がネットワークに接続されていない機器をマニュアル操作で制御して消費電力を調整する．

　（c）「デマンドレスポンスによるエネルギーの制御」のユースケース

　デマンドレスポンスによるエネルギー制御を実行するユースケースのシーケンス図を図 6・39 に示す．デマンドレスポンスは電力需給の変動を予測し，電力の逼迫を回避するため，ピークシフト

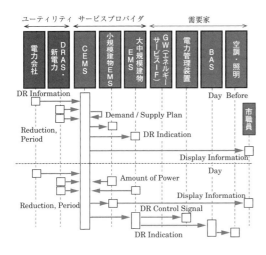

メッセージ	対応規格・クラス	対応度
電力会社, 新電力, DRASからのDR情報（前日）	IEC 61968: Demand Response クラス：ActualEvent, ResourceDeployment	良
DR計画	IEC 61970: GenUnitOpScheduleクラス	良
DR指令	IEC 61968: PanDemandResponse	良
需要家メッセージ通知	IEC 61968: Meteringクラス EndDeviceControl PanDisplay	良
電力会社, 新電力, DRASからのDR情報（当日）	IEC 61968: Demand Response クラス：ActualEvent, ResourceDeployment	良
電力量計測	IEC 61968: Meteringクラス EndDeviceControl MeterReading	良
GWに対するDR制御 BASに対するDR制御 需要家に対するメッセージ	IEC 61968: Meteringクラス EndDeviceControl PanDemandResponse PanDisplay	良

図 6・39 「DR・エネルギー制御」のシーケンス図と IEC-CIM 規格の対応

やピークカットを実施する．

前日の電力需給計画は電力会社，新電力のデマンドレスポンス管理サーバ（DRAS：Demand Response Automation Server）から需要抑制の実施期間，削減量などのデマンドレスポンス情報として CEMS へ送られる．これには IEC 61968 のデマンドレスポンス実イベント Demand Response Actual Event，資源展開 Resource Deployment メッセージの対応付けが可能である．これを受け CEMS は需給計画を設定する．これは IEC 61970 の発電ユニット運用スケジュールクラス GenUnitOpSchedule class で開始・終了時間などを表現することができる．さらに，同じクラウドサーバに実装されている小規模建物 EMS および大中規模建物 EMS に対する削減レベルの規模（大・中・小）の指示は IEC 61968 の汎デマンドレスポンスクラス PanDemandResponse class で記述でき，需要家に対する指示は IEC 61968 の汎表示装置クラス PanDisplay class で表現することができる．

当日の電力需給制御は前日の需給計画と同様，電気事業者ドメインから CEMS に対する需給調整は IEC 61968 におけるデマンドレスポンス実イベントクラス DemandResponseActualEvent class，資源配置 Resource Deployment メッセージを用い表現することができる．小規模建物 EMS，大中規模建物 EMS の配下にある電力の計測は IEC 61968 の電力検針クラス Meter Reading class および間隔読取クラス IntervalReading class を用いて表現することができる．実際のエネルギー制御指令は CEMS から小規模建物 EMS および大中規模建物 EMS を経由して需要抑制依頼を発行する．これら情報は GW に対しては IEC 61968 の終端デバイス操作クラス EndDeviceAction class および汎デマンドレスポンスクラス PanDemandResponse class を，BAS に対しては IEC 61970 の操作限度クラス OperationalLimits class および IEC 61968 の汎デマンドレスポンスクラス PanDemandResponse class で表現することができる．また，需要家に対しては IEC 61968 の汎表示装置クラス PanDisplay class で表現することができる．このようにシーケンス全体にわたり IEC-CIM で表現することが可能である．

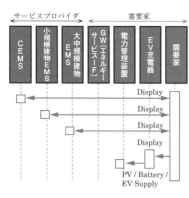

図6・40 「災害時」のシーケンス図とIEC-CIM規格の対応

（d）「災害時」のユースケース

災害時の需要家施設内の停電の発生を想定した減災のユースケースに関するシーケンス図を図6・40に示す．

小規模建物EMSは，配下にある検針装置，太陽光発電，EV充電器，蓄電池の計測情報を小規模建物内のエネルギーサービスインタフェースであるGWを介して情報収集する．これは電力検針クラスMeterReading classを用いて表現することができる．需要家ドメインに属する自治体職員は見える化画面を確認し，使用可能な使用電力量，電池残量を把握し，緊急な電力要請が必要な場合は可能な連絡手段を通じてこれを行う．これを受け，CEMSは管理・把握している可搬可能な電力であるEVの電池残量を通知し，EVを派遣して電力を融通する．これらはIEC 61968の汎表示装置クラスPanDisplay classで表現することができる．需要家による判断，指令についてはIEC 61968，IEC 61970に対応付けできる情報モデルはなく，日本独自の仕組みを考慮する必要がある．

6・2・4 FSGIMによる東北スマートコミュニティ事業の需要家システム表記

ビル，家庭，工場などの建物内にある諸設備機器や制御システムが電力負荷設備や発電機を管理し，さらに，それらの情報を電力会社や電力サービスプロバイダと授受することが可能な情報モデルにFSGIMがある．日本特有のユースケースに対し標準規格との対応付けにおいて，一部機能が不足していることがわかる．

この点に注目しFSGIMで対応可能なコンポーネントクラスの有無を確認する．

（a）気象情報

FSGIMで規定されるコンポーネントクラスに気象情報を保持するFSGIM Weather classがある．

（b）自家発電と予備電源

FSGIMを適用したビル設備の情報モデルの例として，電力は外部からの供給のほか，ソーラパネルの自家発電で賄い，緊急のために予備電源を持つことが想定される．この場合，東北スマートコミュニティ事業においても，蓄電池によるDRのための余剰電力の確保に適用可能である．

（c）スマート節電

FSGIMでは平常時のエネルギー効率利用と需要逼迫時のデマンドレスポンスをエネルギーマネ

ージャ（EM：Energy Manager）で管理する．

（d）災　害　時

FSGIM において直接制御（事前予告無し）のユースケースが記述されており，災害時のエネルギー供給機能維持に対応可能となっている．

6・3　日本からの情報モデルの国際標準への提案

6・3・1　日本から IEC TC57 への提案[32]～[37]

スマートグリッドを実現するための電気事業者，需要家間のインタフェースの国際規格が IEC TC57 WG21 で検討されている．日本からは WG21 に対し，①電気事業者と需要家の境界線となるスマートグリッド接続点（SG CP：Smart Grid Connection Point）の概念，②国内実証事業などをもとに考案した 14 のユースケース，③電気事業者が需要家情報を扱うための情報モデルの検討手法，を提案している．②のユースケースについては 2 章で詳細に説明しているので，本項では①の SG CP と③の情報モデルに関する提案内容を説明する．

1　スマートグリッド接続点 SG CP の提案

電気事業者と需要家のドメイン間のインタフェースを規定するため，ドメイン間の境界線の明確化のため導入された概念がスマートグリッド接続点 SG CP である．SG CP は電気事業者と需要家のドメイン間の電力と情報の授受のインタフェース境界であり，国際規格の対象であるため，ユースケースおよび国・地域で異なる事情によって，異なるものであるべきでない．このため，SG CP は電気事業者と需要者間の電力，および，これに関する情報の授受が行われる普遍的，論理的な接続点である必要がある．ただし，SG CP を挟んだ電力取引，関係サービスの責任区分，関係設備の所有区分などは国・地域により異なる．スマートグリッドの SG CP の位置付けと情報モデルの関連を図 6・41 に示す．ここで，SG CP はサービスプロバイダを需要家の代理者または需要家の

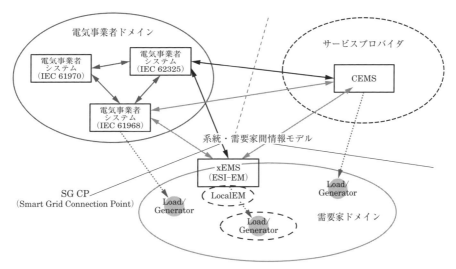

図 6・41　スマートグリッドの SG CP とドメインモデルとの関係

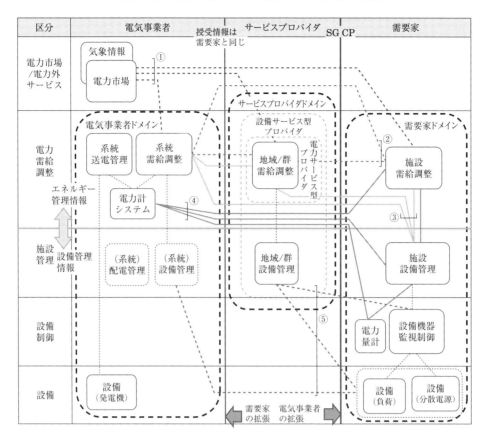

図 6・42　需要家・電気事業者間の機能構成図（詳細）

群とみるか否かで位置が異なってくることに注意が必要である．IEC TC57ではサービスプロバイダを電気事業者に含めて考えている．SG CP はスマートグリッドのユースケースを取り纏めた技術報告書 IEC TR 62746-2 Ed.10：2015 Use cases and requirements[32]に採録されている．

　需要家・電気事業者間の機能構成を図 6・42 に示す．横軸は関係する組織を表し，需要家と電気事業者の間にプロバイダが配置される．縦軸は提供されるサービス区分を表し，電力市場/電力外サービス，電力需給調整，施設管理，設備制御，設備の 5 段階に分類している．電力市場/電力外サービスと電力需給調整はエネルギー管理に関係する情報を扱うが，施設管理，設備制御，設備は設備の動作に関係する情報を扱う．

　表 6・6 は需要家・電気事業者間の授受情報の説明と情報の流れを示したものである．電力売買情報①には，電力市場取引に関する電力価格・入札・約定・清算などの売買情報と気象情報などの関連情報が含まれ，電力市場とサービスプロバイダ・需要家の間でやり取りされる．図 6・42 で，複数の需要家を取り纏めたサービスプロバイダが電力取引市場に参加する場合と，需要家が直接電力取引市場に参加する場合を想定しているためである．

　電力系統制御情報②には系統電圧，系統周波数の情報と電力需要予測・現状・実績，電力供給予測・現状・実績などが含まれる．②は電気事業者ドメインの系統受給調整機能が作成し，サービスプロバイダドメインの地域/群需給管理機能や需要家ドメインの施設設備管理機能に伝達される．

　電力需給調整情報③は需要家に対して電力需要を抑制したり，需要家の保有する分散型電源の出

表 6・6　需要家・電気事業者間の授受情報

情報番号	授受情報	情報の流れ		
		電気事業者	サービスプロバイダ	需要家
①	電力売買情報 (電力価格・入札・約定・清算の情報，気象情報など関連情報)	←―――――→ ←――――――――→		
②	電力系統制御情報 (系統電圧・周波数，電力需要予測・現状・実績，電力供給予測・現状・実績)	―――――→		
③	電力需要調整情報 (調整電力，調整電力量，期間)	―――――→	――――――→	
④	電力計測情報 (電力，電力量，電力使用実績)	←―――――	←――――――――	
⑤	設備監視制御情報 (機器制御情報，危機状態監視情報)	―――――→	――――――→	

力を調整するための指示・指令であり，①や②の情報をもとに作成される．③は電気事業者ドメインの系統需給調整機能が作成する場合と，サービスプロバイダドメインの地域/群需給管理機能が作成する場合，需要家ドメインの施設設備管理機能が作成する場合が考えられる．

電力計測情報④はスマートメータからの電力，電力量の測定値・実績値である．電気事業者ドメインの電力系システムに情報が集約される．

設備監視制御情報⑤は需要家内機器の制御を行うための制御信号と機器状態を表す監視情報が含まれる．⑤は電気事業者ドメインの設備管理機能が作成する場合と，サービスプロバイダドメインの地域/群設備管理機能が作成する場合，需要家ドメインの設備機器監視制御機能が作成する場合が考えられる．

図 6・42 では，サービスプロバイダを電気事業者の代理者と考え，SG CP を需要家ドメインとサービスプロバイダドメインの間に引いている．しかし，サービスプロバイダが需要家の代理者となっている場合には，SG CP は電気事業者とサービスプロバイダの間に引かれる．何れにしろ，電気事業者・サービスプロバイダ間とサービスプロバイダ・需要家間を流れる情報は，対象となる需要家の数が異なるだけで，ほぼ同じ内容となる．

2● 電気事業者と需要家のインタフェースに関する情報モデルの提案

電気事業者と需要家のインタフェースに関する情報モデルの国際規格は，2016 年現在，IEC TC57 WG21 で検討中である．完成後は，IEC 62746-4 として発行される予定である．欧州スマートグリッド調整グループ (SG–CG : Smart Grid Coordination Group) は図 6・43 に示す規格の作成手順を制定している[33]．日本は WG21 に提案した日本のユースケースを用い，この手順による規格作成の具体的提案を行っている．

これを以下に示す．

【SG-CG の規定する標準規格の作成手順】
① 対象とするユースケースをスマートグリッドアーキテクチャモデル (SGAM : Smart Grid Architecture Model) に当てはめ，ビジネスレイヤ，機能レイヤ，情報レイヤ，通信レイヤ，

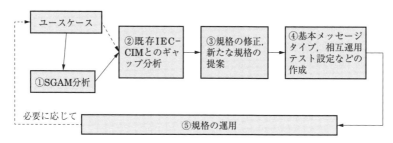

図6・43 欧州 SG-CG による規格の作成手順

機器レイヤの5層の分析を行う．
② SGAM による分析結果から対象ユースケースが既存の規格で実現できるかどうかのチェックとギャップ分析を行う．
③ ギャップ分析結果より，既存の規格の修正または新たな規格の提案が必要か検討する．
④ 規格からユースケースに関連する要素を抜き出して作成する基本メッセージタイプ，機器間の相互運用テストを行うための設定仕様など，規格の適用のために必要な詳細仕様を作成する．
⑤ 作成した規格の適用を行い，事業環境の変化などにより，新たなユースケースが必要となった場合には①に戻る．

● 6・3・2　国内ユースケースを実現する CIM プロファイルの検討事例[9]

6・2節では，国内のスマートコミュニティ実証事業への IEC 情報モデル規格の適用性確認例を示した．日本のスマートグリッドに関するサービスとこれを実現するシステム・設備の競争力を高め，グローバル展開をするには，サービスとシステム・機器が適用される国や地域により，仕様を変えたり変換装置を追加したりする必要のないことが重要である．そのためには，日本のスマートグリッドに関するサービスやシステム・機器が国際規格に適合するように日本のニーズを国際規格へ発信する必要がある．

本項では，日本のユースケースが国際規格で実現できるかを確認する手順について，先に紹介した IEC 62325-301[9] を対象に検討した事例を解説する．

1 ● 授受情報の要件の設定

国際規格の過不足の確認を，まず，ユースケースでやり取りされる情報の目的や意味を踏まえ，それらの授受情報に求められる要件の検討を行うことからはじめる．ここで対象とするユースケースのアクタ間の授受情報のシーケンス図を図6・44に示す．図6・44で，Actor A はいわゆる電力会社である．地域電力制御システム（DEM：District Energy Management System）は，地域のエネルギーマネジメントを行う日本の実証事業における地域エネルギーマネジメントシステム（CEMS：Community Energy Management System）に相当するものである．需要家エネルギー管理システム（CEM：Customer Energy Manager）は，需要家施設内のエネルギー管理を行うもので，日本ではビルエネルギー管理システム（BEMS：Building Energy Management System），ホームエネルギー管理システム（HEMS：Home Energy Management System）などに相当する

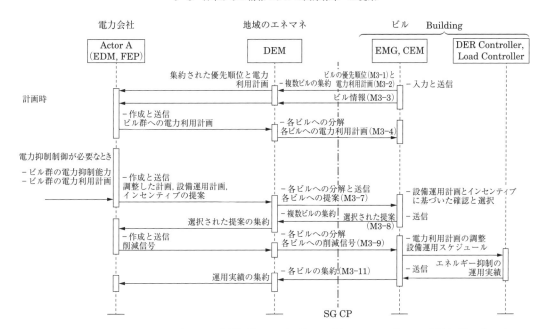

図6・44 シーケンス図の例

DEM : District Energy Management System, CEM : Community Energy Management System, DER : Distributed Energy Resources, EDM : Energy Data Management, FEP : Front End Processor, EMG : Energy Management Gateway

ものである.

IEC TC57 WG21では電気事業者と需要家のインタフェース点をSG CP（Smart Grid Connection Point）と呼び，これをDEMとCEM間に線引きしている．電気事業者と需要家のドメインの機能，構成が異なるため，電気事業者と需要家に跨るサービスの実現には，このSG CPを介してやり取りされる情報が相互に理解できるものでなければならない．SG CPを介してやり取りされる情報は，サービスの実現段階に応じ，以下のとおりである.

（a） 電力需給調整の計画段階

各需要家（ビルなど）は，それぞれが有する設備機器（Smart Deviceなど）の制御の優先順序（Priority information）と，その推定負荷曲線（Estimated power profile，たとえば，30分ごとのkW）を作成し，DEMに送る．DEMは管轄する複数の需要家施設からの情報をもとに，管轄するエリア内の設備機器を制御するため，Priority informationとEstimated power profileを決定し，その結果を電気事業者Actor Aに送る．Actor Aは複数のDEMからの情報をもとに，それぞれの電力供給曲線を作成し，需要家施設内のエネルギー管理システムCEMにインセンティブ情報を含むpower profile（要望する負荷曲線と金額，たとえば30分ごとのkWと削減した場合の円/kW）を作成し，CEMに送る．

（b） 電力供給の緊急負荷削減が必要な段階

Actor Aは，設備機器の優先順位制御に基づき，緊急時の設備機器に制御要求する（削減量を加味した）負荷曲線をDEMに送る．DEMは管轄する複数の需要家施設に対し，あらかじめ需要家から入手した優先制御に関する情報をもとに各施設に対する電力供給曲線を計算し，その内容を需要家のCEMに送る．需要家は需要削減要求から制御の優先順序に従って設備機器から削減に応じ

表6・7 授受情報の要件一覧

授受情報（ID）	要件
Priority information（M3-1） 優先順位	①優先順位に関する情報が規定できること． ②地域の優先順位，各ビルの優先順位，または各ビルにおける設備（照明，事務機器，空調など）の優先順位が規定できること．
Power usage plan of the building（M3-2） ビルの電力利用計画	①各ビルにおける複数期間の電力利用計画を規定できること． ②電力利用計画は各ビルの消費電力と各ビル内の設備，機器の運転スケジュール（ON/OFF，設定値）で規定できること． ③電力利用計画を各ビルの消費電力で規定する場合は，電力は絶対値（kWなど）で規定されること．
Building information（M3-3） ビル情報	各ビルの種類と特徴（アパート，店舗，公共施設など）が規定できること．
Power usage plan for each Building（M3-4） 各ビルの電力利用計画	M3-2と同じ．
Proposals for each Building（M3-7） 各ビルへの（電力の削減計画の）提案	①〜③M3-2と同じ． ④インセンティブが規定できること（対象時間，削減電力料金単価など）．
Selected proposal（M3-8） （各ビルによる）提案の選択	M3-7に対する回答のためM3-7と同じ．
Suppression signal for each Building（M3-9） 各ビルへの抑制信号	各ビルへの電力抑制信号が規定できること．
Energy suppression performance report（M3-11） 抑制の運用実績	①各ビルにおける複数期間の電力利用実績を規定できること． ②電力利用実績は各ビルの消費電力と各ビル内の機器の運転スケジュール（ON/OFF，設定値）で規定できること． ③電力利用実績を各ビルの消費電力で規定する場合には，電力は絶対値（kWなど）で規定されること．

られる緊急時時電力負荷曲線をDEMに送る．DEMは複数の需要家施設の合計した緊急時電力負荷曲線をActor Aに送る．Actor Aは複数のCEMの情報をもとに実際に要望する削減量をCEMに送り，CEMはその達成のために各設備機器を制御する．その結果を設備機器からCEM，CEMからActor Aに送る．

図6・44のSG CPを介する授受情報に求められる要件を**表6・7**に示す．

2● 要件のIEC情報モデルによる記述可能性の検討

次に，授受情報の要件をIEC情報モデルで規定できるか否かの確認を行う．具体的には，IEC情報モデルのクラスやアトリビュートを確認し，授受情報の要件がこれらのクラスやアトリビュートを使って表現できるかどうかを確認する．表現できれば，クラス，アトリビュートも有する機能に不足はないことが意味される．

以下に，その一例として，表6・7の「M3-2：Power usage plan of the building（ビルの電力利用計画）」について，IEC 62325-301を例に，そのクラスで表現できるか否かの確認作業を説明する．IEC 62325-301には，電力市場の構造，機能の違いから米国モデルと欧州モデルとがあるが，ここでは欧州モデルを対象とした．

「M3-2 ビルの電力利用計画」の要件は下記の3点である．

(1) 複数ビルにおける複数期間の電力利用計画を規定できること．
(2) 電力利用計画は各ビルの消費電力と各ビル内の機器の運転スケジュール（ON/OFF，設定

6・3 日本からの情報モデルの国際標準への提案

値）で規定できること．
(3) 電力利用計画を各ビルの消費電力で規定する場合，電力は絶対値（kW など）で規定されること．

まず，要件(1)について，IEC 62325-301 をみていくと，**図 6・45** に，欧州の電力市場の全体構造，機能を示すクラス図「MarketManagementOverview」を示す．その中の電力の取引や制御に関わる様々な市場取引工程を規定するクラス Process の作業タイプアトリビュート processType の解説を確認すると，**図 6・46** に示ように将来計画 forecast を規定できるようになっている．また，**図 6・47** に示すように，期間を規定するクラス Period は，その下の単一期間の数値に関するクラス Point との継承関係が「0..*」となっている．これは複数の期間を設定できることを意味する．したがって，複数ビルにおける複数期間の電力利用計画を規定できるので，要件(1)を満足することになる．

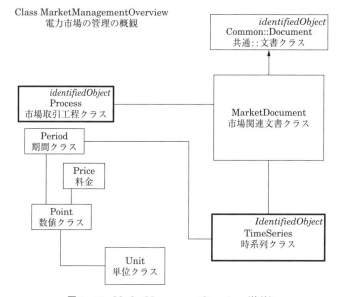

図 6・45　MarketManagementOverview（抜粋）

name	type	description
classificationType	String	The classification mechanism used to group a set of objects together within a business process. The grouping may be of a detailed or a summary nature.
processType	String	The kind of business process.
aliasName	String	inherited from: IdentifiedObject
mRID	String	inherited from: IdentifiedObject
name	String	inherited from: IdentifiedObject

The 'Process' class (see Figure 8) enables to define for a given document the process to which the information flow is directed. For example, the "schedule document" can be used in different processes such as "forecast", "long term", "day ahead", "intra day" etc.

Process クラスは，情報の流れが管理されるプロセスをドキュメントとして決めることができる．たとえば，「スケジュールドキュメント」は，「予測（forecast）」や「長期間（long team）」，「1 日先（day ahead）」，「当日中（intra day）」など，異なるプロセスとして使うことができる．

図 6・46　Process の processType

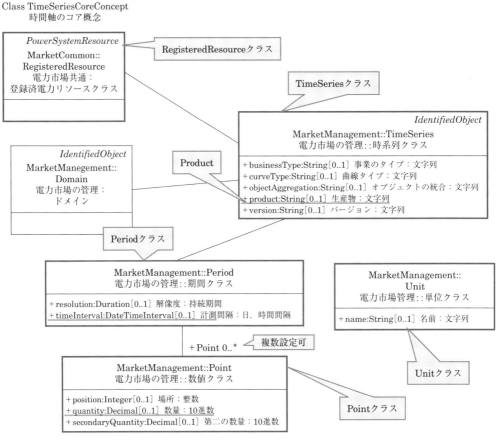

図 6・47　TimeSeriesCoreConcept（抜粋）

次に要件(2)について検討する．図 6・47 に示すとおり，時系列クラス TimeSeries は，ビル内の各種電気設備や発電設備などの登録済電力リソースクラス RegisteredResource に関連付けられるが，RegisteredResource はビル全体と機器の両方を表現できるようになっている．また，時系列クラス TimeSeries は生産物アトリビュート product を有している．これは電力やエネルギーなど product（生産物）のタイプを表すことができるので，各ビルの消費電力の表現が可能である．また，文字列 String で設定できるので，単なる数字だけの設定と異なり，機器の ON/OFF の設定も可能である．したがって，各ビルの消費電力と各ビル内の機器の運転スケジュール（ON/OFF，設定値）を規定できるので，要件(2)を満足することになる．

さらに，図 6・47 下部の数値を示すクラス Point に示されている量アトリビュート quantity は 10 進法 Decimal，単位を示すクラス Unit のに示されている名前アトリビュート name は文字列 String なので，kW などの絶対量の指定が可能である．したがって，要件(3)も満足することになる．

以上のとおり，本ユースケースの授受情報「M3-2 ビルの電力利用計画」は，IEC 62325-301 欧州モデルを用いることで表現できることがわかる．実際には，M3-1 から M3-11 まで SG CP を跨る全ての授受情報についての要件に不足がないかを確認する必要がある．

上記で紹介したのは IEC-CIM と整合するケースであったが，整合しない場合は新たなクラスやアトリビュート，クラス間の継承を追加する変更を働きかける必要がある．

本項では，ユースケースがIEC-CIMの国際規格の情報モデルにより記述可能であるかを確認する作業の一例を紹介した．3章で紹介したユースケースのSGAMへのマッピングや授受情報の内容を踏まえ，特定のユースケースを実現するための情報モデルの集合をプロファイルと呼ぶ．このプロファイルは既存の国際規格の情報モデルからの選択，および国際規格で不足する場合は，国際規格に追加提案して作成されるものである．

日本の独自のユースケースを国際規格に適合したものとするためには，このプロファイル化作業を行う必要がある．現在，日本版スマートグリッドの標準化の取組みの一環として，この作業が進められている．

● 6・3・3　既存規格と本ユースケースを実現する情報モデルとのギャップ分析

前項でSGAM分析を行った地域単位で複数のビルを集約して需要調整を行うユースケースを用い，既存IEC-CIMでユースケースを表現できるかどうかのギャップ分析を行った．**表6・8**はユースケースの想定メッセージとその要件に対し，既存のIEC-CIMを用いて記述可能かどうかを分析した結果である．

分析に使用したIEC-CIMは，市場取引に関するIEC 62325-301:2014[9]と，配電管理に関するIEC 61968-11:2013[7]である．IEC 62325-301:2014は米国市場向けと欧州市場向けの2通りの情報モデルが存在するため，それぞれ，検討を行った．表6・8の規格記述性の欄に記載されたア

表6・8　想定メッセージに対する既存IEC-CIMの記述性

授受情報 (ID)	要　件	規格記述性		
		IEC 62325 米国	IEC 62325 欧州	IEC 61968
優先順位 (M3-1)	①優先順位に関する情報が規定できること．	A	B	A
	②地域の優先順位，各ビルの優先順位，または各ビルにおける設備（照明，事務機器，空調など）の優先順位が規定できること．	A	A	A
ビルの電力利用計画 (M3-2), (M3-4)	①各ビルにおける複数期間の電力利用計画を規定できること．	A	A	C
	②電力利用計画は各ビルの消費電力と各ビル内の機器の運転スケジュール（ON/OFF，設定値）で規定できること．	C	A	C
	③電力利用計画を各ビルの消費電力で規定する場合には，電力は絶対値（kWなど）で規定されること．	A	A	C
ビル情報 (M3-3)	①各ビルの種類と特徴（アパート，店舗，公共施設など）が規定できること．	B	B	A
各ビルへの（電力の削減計画）の提案 (M3-7), (M3-8)	①各ビルにおける複数期間の電力利用計画を規定できること．	A	A	A
	②電力利用計画は各ビルの消費電力と各ビル内の機器の運転スケジュール（ON/OFF，設定値）で規定できること．	A	A	A
	③電力利用計画を各ビルの消費電力で規定する場合には，電力は絶対値（kWなど）で規定されること．	A	A	B
	④インセンティブが規定できること（対象時間，削減電力料金単価など）．	A	A	A
各ビルへの抑制信号 (M3-9)	①各ビルへの電力抑制信号が規定できること．	A	A	C
抑制の運用実績 (M3-11)	①各ビルにおける複数期間の電力利用実績を規定できること．	C	A	A
	②電力利用実績は各ビルの消費電力と各ビル内の機器の運転スケジュール（ON/OFF，設定値）で規定できること．	C	A	A
	③電力利用実績を各ビルの消費電力で規定する場合には，電力は絶対値（kWなど）で規定されること．	C	A	A

（注）A：既存IEC-CIMの変更なくメッセージが記述可能，B：一部修正が必要，C：大幅な修理・追加が必要．

ルファベットは，A は既存 IEC–CIM の変更なくメッセージが記述可能でること，B は一部修正が必要，C は大幅な修理・追加が必要であることを意味している．

この分析の結果，各 IEC–CIM の情報モデルの記述性の得意不得意が存在するものの，複数の規格の得意な部分を組み合わせることで，全てのメッセージが記述可能であることがわかった．同様の調査を全てのユースケースで行うことで，既存 IEC–CIM 規格による記述の不足分が明確となり，規格の修正提案や新たな規格の作成に繋げることができる．

参 考 文 献

（1）IEC 61970-1 Energy management system application program interface（EMS–API）–Part 1: Guidelines and general requirements（2005）
（2）IEC 61968-1 Application integration electric utilities–System interfaces for distribution management–Part 1: Interface architecture and general recommendations（2012）
（3）IEC 62325-101 Framework for energy market communications–Part 101: General guidelines and requirements（2005）
（4）IEC 61970-301 IEC 61970 Energy management system application program interface（EMS–API）–Part 301: Common Information Model（CIM）Base（2013）
（5）Common Information Model Primer–Third edition EPRI（Electric Power Research Institute）
（6）IEC 61968-9 Application integration at electric utilities–System interfaces for distribution management–Part 9: Interfaces for meter reading and control（2013）
（7）IEC 61968-11 Application integration at electric utilities–System interfaces for distribution management–Part 11: Common information model（CIM）extensions for distribution（2013）
（8）IEC 61968-3 Application integration at electric utilities–System interfaces for distribution management–Part 3: Interface for network operations
（9）IEC 62325-301 Framework for energy market communications–Part 301: Common information model（CIM）extensions for markets（2014）
（10）IEC 61968-3 Application integration at electric utilities–System interfaces for distribution management–Part 3: Interface for network operations（2004）
（11）IEC 61968-4 Ed.1: Application integration at electric utilities–System interfaces for distribution management–Part 4: Interfaces for records and asset management（2007）
（12）IEC 61968-6 Application integration at electric utilities–System interfaces for distribution management–Part 6: Interfaces for maintenance and construction（2015）
（13）IEC 61968-8 Application integration at electric utilities–System interfaces for distribution management–Part 8: Interfaces for customer operations（2015）
（14）IEC 61968-9 Application integration at electric utilities–System interfaces for distribution management–Part 9: Interface for meter reading and control（2013）
（15）IEC 62325-351 Framework for energy market communications–Part 351: CIM European market model exchange profile（2016）
（16）IEC 62325-451-1 Framework for energy market communications–Part 451-1: Acknowledgement business process and contextual model for CIM European market（2013）
（17）IEC 62325-451-2 Framework for energy market communications–Part 451-2: Scheduling business process and contextual model for European market（2014）
（18）IEC 62325-451-3 Framework for energy market communications–Part 451-3: Transmission capacity allocation business process（explicit or implicit auction）and contextual models for European market（2014）
（19）IEC 62325-451-4 Framework for energy market communications–Part 451-4: Settlement and reconciliation business process, contextual and assembly models for European market（2014）
（20）IEC 62325-451-5 Framework for energy market communications–Part 451-5: Problem statement and status request business processes, contextual and assembly models for European market（2015）
（21）IEC 62325-451-6 Framework for energy market communications–Part 451-6: Publication of information

on market, contextual and assembly models for European style market（2016）
(22) IEC 61970–452 Energy Management System Application Program Interface (EMS–API)–Part 452: CIM Static Transmission Network Model Profiles（2015）
(23) IEC 61970–453 Energy management system application program interface (EMS–API)–Part 453: Diagram layout profile（2014）
(24) IEC 61970–456 Energy Management System Application Program Interface (EMS–API)–Part 456: Solved power system state profiles（2013）
(25) IEC 61968–100 Application integration at electric utilities–System interfaces for distribution management–Part 100: Implementation Profiles（2013）
(26) IEC 62325–450 Framework for energy market communications–Part 450: Profile and context modelling rules（2013）
(27) IEC 61970–501 Ed.1: Energy management system application program interface (EMS–API)–Part 501: Common information model resource description framework (CIM RDF) Schema（2006）
(28) CIMTool org, http://wiki.cimtool.org/index.html［2016-05-08］
(29) IEC 61968–900 Application integration at electric utilities–System interfaces for distribution management–Part 900: Guidance for implementation of IEC 61968–9（2015）
(30) 中川善継・小坂忠義：「東北スマートコミュニティ事業における既存情報モデルによるユースケースの実現に向けた検討と課題」，電子情報通信学会技術研究報告，IN2015，Vol. 115，No. 95（2015）
(31) 電気学会・スマートグリッドにおける需要家施設サービス・インフラ調査専門委員会：「スマートグリッドにおける需要家施設のサービス・インフラ」，電気学会技術報告，第 1332 号（2015）
(32) IEC TR 62746–2 Systems interface between customer energy management system and the power management system–Part 2: Use cases and requirements（2015）
(33) SGCG/M490/F ＿ Overview of SG–CG Methodologies Version 2.0（2014）
(34) SGCG/M490/G ＿ Smart Grid Set of Standard Version 3.1（2014）
(35) 富水律人・小林延久・小坂忠義・久保亮吾・中川善継・杉原裕征・近藤芳展・吉松健三・佐藤好邦・横山健児・藤江義啓・緒方隆雄：「日本発ユースケースを実現するプロファイリング検討」電気学会・スマートファシリティ研究会（2015-10）
(36) 小坂忠義・小林延久：「スマートグリッド―需要家間システム・インタフェースの標準化動向とユースケースに関する一考察」電気学会・産業応用部門大会（2015-9）
(37) 緒方隆雄　他：「日本発ユースケースの IEC 規格等との対応状況の検討」，電気学会・スマートファシリティ研究会資料，SMF-16-010（2016-2）

7章
電気事業者と需要家間のサービスインタフェース

　本章は電気事業者と需要家間の電気エネルギーサービスインタフェースについて，日本国内の複数の実証事業で実施されているデマンドレスポンス（DR：Demand Response）サービスを例に，その通信サービスであるOpenADR（Open Automated Demand Response）規格を解説する．

　日本国内の電気エネルギーサービスインタフェースの標準化は海外のスマートグリッドに関する実証事業などにおける採用実績，これに基づく標準化などの動向を踏まえ，米国で策定されたOpenADRの使用が推奨されることとなった．この検討過程では今後，日本国内で考えられるデマンドレスポンスに関するサービスをユースケース化し，実現に必要な授受情報をOpenADRの通信ペイロードにマッピング，ギャップ分析した結果，国内の使用においても大きな問題がないことが確認された．また，国内では太陽光発電の出力制御などのエネルギー資源に関するサービスにもOpenADRの適用が検討されている．このような状況を概観し，国内の電気エネルギーサービスインタフェース仕様の今後の展望についても述べる．

7・1　日本国内のデマンドレスポンスの背景

　デマンドレスポンスは1章で解説したように，需要家が電気事業者などによる外部からの需要抑制要請や電気料金などの情報提供に基づき，電力使用量を制御（削減）するものである．電力の使用は省エネルギーや電気料金の削減などの需要家の動機により自発的に削減されるものであるため，基本的に需要家に委ねられているというのが従来の認識であった．一方，デマンドレスポンスは電力の需要と供給のバランスを保つ仕組みの一つとして位置づけられ，電力を供給する事業者と需要家が経済的な取り決め（合理性）のもとに，電力の需給調整を協調して行う新たな枠組みである．したがって，節電とは大きく異なるものである．

　デマンドレスポンスは今世紀初頭にカリフォルニア州で起きた電力危機を契機に米国で立ち上がった概念である．デマンドレスポンスに関する研究は米国国立ローレンスバークレー研究所が中心的役割を担い，米国カリフォルニア州の電気事業者や関連するメーカと共同して，デマンドレスポンスの自動化に向けた研究開発を経て，今日の標準化に繋がる基礎が構成された．本章の主題の一つであるOpenADRも，この一環で開発，整備されたものである．

　我が国では，デマンドレスポンスは2011年3月11日に起きた東日本大震災と，これに続く発電所の停止による計画停電などの電力需給逼迫に対応する国のエネルギー政策のなかで，スマート

な電力需要抑制の手段として取り上げられた．その後，複数の実証事業を通じ，デマンドレスポンスはスマートグリッドやスマートシティの一つの要素として認識されるようになった．

　東日本大震災がもたらした東京電力管内の多くの大規模な発電所（電源）の甚大なダメージによる一時的な電力供給力不足は，近年で初めてとなる計画停電を引き起こし，日本の「電力は常に供給されるもの」との電力の安定供給神話を覆した．これを受け，電気事業者の大規模電源から需要家に一方向に電力供給を行う従来の電力システムを，需要家の中小規模の発電機，太陽光発電，蓄電池などの分散型電源を電気事業者の大規模電源と組み合わせ，電気事業者と需要家を双方向に結び電力の需給調整を行う新たな電力システムに進化させるビジョンが示された[1]．

　このようなシステムへの転換には，建築物・住宅などの需要家単位または複数の需要家を束ねた街区単位などで，その単位内にある設備機器，電源などを統合管理するエネルギー管理システム（EMS：Energy Management System）が不可欠である．EMS は需要家の電力の管理単位に電力需要を監視し，単位内にある設備機器の制御を行い，電気事業者など外部からの電力需要抑制などの要請があれば，これに対し電力利用の最適制御を自動で行う機能を担っている．

　以降の節では，このビジョンに基づき産官学の連携で進められてきたデマンドレスポンスの自動化ならびに標準化に関する取組みについて述べる．

　併せて，デマンドレスポンスの自動化のための通信プロトコルとして，国内の推奨仕様となったOpenADR の概要と，国内向けに作成されたインタフェース仕様書を解説するとともに，今後のOpenADR の展開の可能性について述べる．

7・2　日本国内でのデマンドレスポンスの検討

● 7・2・1　デマンドレスポンスの技術と標準化の検討体制

　前節で述べたビジョンの具現化のため，経済産業省は 2012 年 6 月，産官学共同の検討の場として，「スマートハウス・ビル標準・事業促進検討会」（座長：林泰弘　早稲田大学教授）を設置した．本検討会は 2016 年現在，継続活動中である[2]．

　電力需要をスマートにコントロールする EMS による電力の最適利用の実現には，情報通信技術（ICT：Information Communication Technology）による需要家と電気事業者の様々な設備機器・システムの接続，連携，運用が必要である．この機能は相互運用性（Interoperability）と呼ばれる．このためには設備機器・システムの外部接続仕様や通信仕様および授受情報の標準化が必要となる（図 7・1）．上記検討会では，日本の実状を勘案したこれら仕様を検討し，関連するサービスの事業化を可能とする基盤構築に向けた標準仕様策定を行った．その結果からサービス実現の課題として，以下の 5 項目が挙げられた．

① 重点機器の下位層（通信メディア）の特定・整備
② 重点機器の運用マニュアルの整備
③ 他社機器との相互接続検証と機器認証
④ ECHONET Lite 規格の国際標準化の推進
⑤ デマンドレスポンスシステム標準化の検討

　このように，電気事業者と需要家を ICT で連係させ，電力の最適利用に向けたデマンドレスポ

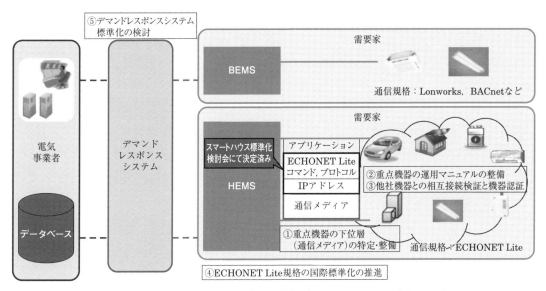

図7・1 スマートハウス・ビル標準・事業促進検討会におけるシステム概念と5つの課題
（出典）第1回スマートハウス・ビル標準・事業促進検討会資料.

ンスの自動化の実現を目指す活動が行われた．このなかで上記課題の④の一部と⑤に関わる研究開発・検証を「エネルギーマネジメントシステム標準化における接続・制御技術研究実証」として早稲田大学が担った．

早稲田大学は2012年11月に「EMS新宿実証センター」を設立し，関連技術の標準化を主たるテーマとし，エネルギーマネジメントやデマンドレスポンスの研究と実証を推進した[3],[4]．これは米国において，デマンドレスポンスの商用化前にローレンスバークレー研究所がデマンドレスポンスの中核研究センターとしての機能を担ったことに相当するものといえる．

なお，住宅内の通信プロトコルとして推奨されたECHONET Liteについては，9章で解説される．

● **7・2・2　デマンドレスポンスのための授受情報の標準化とOpenADR**............

日本のデマンドレスポンに関する具体的な標準仕様検討は，前節の「スマートハウス・ビル標準・事業促進検討会」下に設置されたデマンドレスポンスタスクフォース（以下，DR-TFと略す）で行われた[5]．

デマンドレスポンスは電気事業者などの電力の供給者が需要家にデマンドレスポンスの要請のメッセージを送り，これにより，需要家が負荷設備の省エネ制御，蓄電池の放電などを行うことで，電気事業者からの供給電力を削減するものである．このデマンドレスポンスの概要を図7・2に示す．

このメッセージの授受は電話やFAXなどで行うことも可能であるが，デマンドレスポンスの参加者の拡大や応答の迅速化・自動化・信頼性の確保にはシステム化が必須である．このシステム化はメッセ

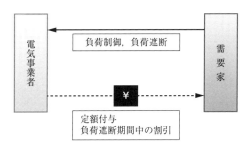

図7・2　デマンドレスポンスの概要

ージ伝達方法を標準化することで実現することができる．前述のDR-TFはこのメッセージ交換に，米国で開発・検証されたOpenADRが日本においても適用可能かの検証を行った[5]．

　OpenADRはデマンドレスポンスに参加する事業者（関係システム・機器を含めアクタと呼ばれる）の間で，デマンドレスポンスの実施に必要なメッセージ構成やその交換手順などを定めた規格である．最初のバージョンであるOpenADR 1.0はローレンスバークレー研究所で開発され，カリフォルニア州の小売事業者などとの実証試験を経て，2009年に公開された．その後，スマートグリッドへの関心の高まりとともに，電気事業者と需要家の相互運用性の確保のため，米国内の他の関連規格との整合の確保と広範なサービスの実用化に供するものとして，OpenADR 2.0に拡張された．OpenADR規格の仕様は7・3節で詳細に述べる．

● 7・2・3　デマンドレスポンスのユースケースの設定

　DR-TFはOpenADRを日本国内の推奨仕様に採用するあたり，国内で実施されることが想定されるデマンドレスポンスに関するサービスをユースケースとして記述・整理した．このユースケース化の目的は，実ビジネス環境では仔細な違いは発生するであろうが，OpenADRが基本的に国内のデマンドレスポンスに関するユースケースの実現に必要な情報の交換をカバーしているかの検証であった．DR-TFが取り纏めたユースケースを**表7・1**に示す．

　UC-1，UC-4は2013年頃から国内にて電気事業者の一部が試行的に実施したデマンドレスポンスプログラムや実証事業で取り上げられたデマンドレスポンスの仕組みに相当するものである．これらは電気事業者がアグリゲータや小売事業者を通し，もしくは直接，需要家からネガワットを調達するものである．このユースケースではアクタ間で事前にネガワット調達に関する契約が結ばれ，デマンドレスポンス発動の条件や報奨額（インセンティブ）が取り決められている．

　UC-2，UC-3はネガワットの市場取引に関するものである．このユースケースは電力システム改革におけるネガワットの扱いや市場設計がどのようになるかに依存すること，またOpenADR 2.0bもネガワットの市場取引をカバーしていないことから将来の検討課題とされた．

　UC-5はネガワットの買い手が需要家の負荷設備を外部から直接制御するユースケースで，すでに，米国カリフォルニア州などで実施されている．

表7・1　DR-TFが取り纏めた国内のユースケース

番号	ユースケース名	主なアクタ	特　徴
UC-1	アグリゲータDR	系統運用者・小売事業者，アグリゲータ，需要家	アグリゲータが需要家からDRを調達し，系統運用者や小売事業者に供給する．
UC-2	ネガワット市場取引A	系統運用者・小売事業者・アグリゲータ，取引所	系統運用者や小売事業者，アグリゲータが取引所でDRを調達する．
UC-3	ネガワット市場取引B	取引所，小売事業者・アグリゲータ，需要家	小売事業者やアグリゲータ，需要家が取引所にDRを供給する．
UC-4	ネガワット相対取引	系統運用者・小売事業者，需要家	系統運用者・小売事業者が需要家からDRを調達する．
UC-5	直接負荷制御	アグリゲータ，需要家	直接負荷制御を行う．
UC-6	ブロードキャスト型	系統運用者・小売事業者・アグリゲータ，需要家	料金通知のみを行い，需要抑制kW計画値の情報を収集しない．
UC-7	管外ネガワット取引	系統運用者	UC-4と大枠は同じ．連系線利用確認を行う．

UC-6は小売事業者が電力を消費する需要家に対し，電力需給が逼迫した際に電気料金を高く設定するメッセージを伝え，電力使用量削減を誘導するユースケースである．これは多数の需要家に一方向に情報伝達を行うことからブロードキャスト型と呼ばれている．

UC-7は異なる電気事業者の管轄に跨るデマンドレスポンスで，基本的にUC-4と同じであるが，連系線の活用に関わることから別掲としている．

7・3 OpenADR規格

本節では日本国内の電気事業者とデマンドレスポンスに関するサービスを事業とするアグリゲータ間の通信プロトコルの推奨規格に採用されたOpenADR規格を解説する．

7・3・1 OpenADR規格の体系

OpenADRは自動デマンドレスポンス（ADR：Automated Demand Response）に必要なアクタ間のメッセージの交換などのオープンな通信プロトコルを規定するものである．

最初のバージョンであるOpenADR 1.0は2000年以降，米国各地で実施されたデマンドレスポンスの実証実験で，デマンドレスポンスの自動化効果が確認されたことなどを踏まえ，2009年にローレンスバークレー研究所により策定された．

その後，デマンドレスポンスは米国の将来の需給調整の手段として，スマートグリッドの重要な一要素とされた．これに伴い，2009年に米国国立標準技術研究所（NIST：National Institute of Standards and Technology）がスマートグリッドにおける相互運用性の総合的な環境整備のため，スマートグリッド相互運用性検討パネル（SGIP：Smart Grid Interoperability Panel）を設立した．ADRはこのSGIPの優先行動計画（PAP：Priority Action Plans）に採択された（PAP 09）．

これを受け，ADRの標準化検討を行ったのは先進構造化情報標準化機構（OASIS：Organization for the Advancement of Structured Information Standards）である．OASISは企業間の電子商取引の標準化を行う団体である．OASISはエネルギー相互運用技術協会（EI：Energy Interoperation Technical Committee）の中で，OpenADR 1.0およびエネルギー市場の産業フォーラムである北米エネルギー規格委員会（NAESB：North American Energy Standards Board）の検討結果を取り込み，EI 1.0（Energy Interoperation 1.0）とEMIX 1.0（Energy Market Information Exchange 1.0）を策定した．これらの規格体系は電気エネルギー分野の商取引全体を対象に電子化を目指す広範なものであるが，実用に供するには規定を詳細化する必要があった．

そこで，EI 1.0をもとにADRに特化した標準規格として規格化されたのがOpenADR 2.0である．この規格の管理・普及とともに，関連製品の認証を行う団体としてOpenADRアライアンスが2010年に設立された[6]．OpenADR 2.0には2つの規格（プロファイル）がある．まず，2012年8月にOpenADR 2.0aが公表された．これはサーモスタットのような単純な機器の制御を対象としたものである．続いて，2013年7月にOpenADR 2.0bが公表された．これらはアグリゲータなどの事業者の介入や需要家のEMSとの連携を想定した本格的なデマンドレスポンスに対応するサービスを指向したものである．OpenADR 2.0bではデマンドレスポンスプログラムに参加する

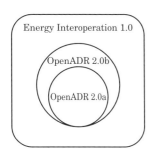

図 7・3 OASIS の Energy Interoperation 1.0 と OpenADR 2.0a/2.0b の関係

機器の登録，デマンドレスポンスイベント内容の通知・変更，電力消費量などデマンドレスポンス実施を定量化するデータの授受，イベントに対する受諾・拒否などができるように策定されている[7]．この OpenADR 2.0b は先行した OpenADR 2.0a の仕様を包含している．

これら規格の関係を図 7・3 に示す．

7・3・2 OpenADR 2.0 の通信仕様の規定

OpenADR はデマンドレスポンスへの参加者や自動化のために設置される機器など（これらをアクタと呼ぶ）の間で必要な情報（これをメッセージと呼ぶ）を交換する際の情報モデルと通信プロトコルを規定している．

このとき，メッセージの送り手は VTN（Virtual Top Node）と呼ばれ，メッセージの受け手は VEN（Virtual End Node）と呼ばれる．デマンドレスポンスでは最上流にネガワットの買い手である送配電事業者や小売事業者があり，最下流には需要家の EMS や負荷設備，発電機などのエネルギー機器がある．ユースケースによってはそれらの間にアグリゲータや地域エネルギーマネジメントシステム（CEMS：Community Energy Management System）などが入ることがある．この中間に位置するアクタのシステムは上流から情報を受けるときは VEN，下流に情報を送るときは VTN となる．これらアクタ間の関係を図 7・4 に示す．

VTN と VEN 間のメッセージ交換はインターネットの使用が前提とされている．このメッセージの交換は関係ステークホルダのニーズに広く対応できるように，VTN から VEN にメッセージを伝送する PUSH 型と VEN が VTN にメッセージを取りに行く PULL 型が用意されている．

通信プロトコルには後者にインターネット通信で一般的なハイパーテキストトランスファプロトコル（HTTP：Hypertext Transfer Protocol），前者はインスタントメッセージなどに使用される拡張可能なマークアップ言語（XML：Extensible Markup Language）による双方向通信可能な通信手順である拡張可能なメッセージ・表示通信プロトコル（XMPP：Extensible Messaging and Presence Protocol）の使用が規定されている．

メッセージの記述には広く普及している XML が採用され，メッセージ内容（これをペイロード

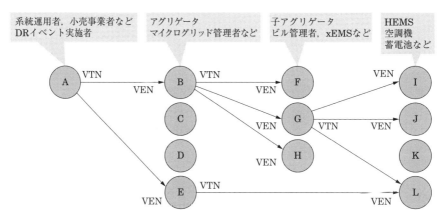

図 7・4 OpenADR 2.0 における機器（アクタ）間の関係

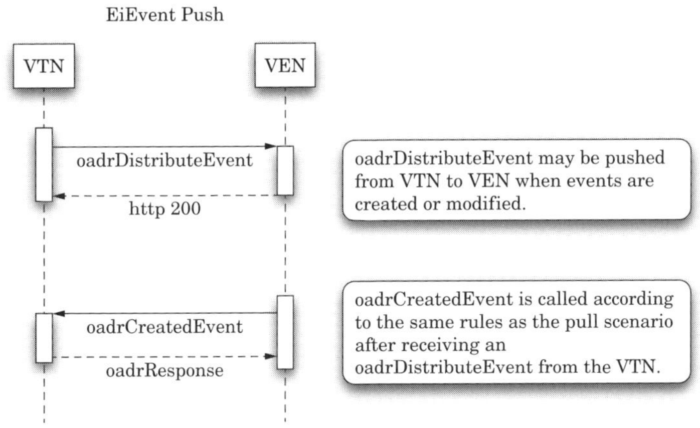

7・3 OpenADR 規格

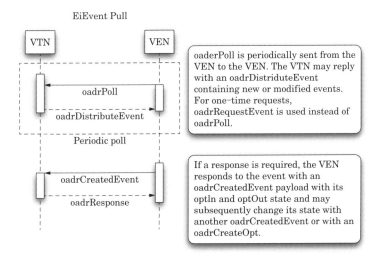

図 7・5　EiEvent の Push の通信シーケンス例

図 7・6　EiEvent の Pull の通信シーケンス例

表 7・2　OpenADR 2.0 でサポートすべき通信方式

トランスポート メカニズム名	概　　要	OpenADR 2.0b	
		VTN	VEN
simple HTTP PULL	XML メッセージを HTTP 通信（PULL 型）で伝送	○	△
simple HTTP PUSH	XML メッセージを HTTP 通信（PUSH 型）で伝送	○	△
XMPP	XML メッセージを XMPP 通信で伝送	○	△

と呼ぶ）は XML スキーマ定義言語（XSD：XML Schema Definition）で定義される．この仕組みによりサーバ間の双方向のメッセージ交換を可能としている．

セキュリティは，VTN，VEN が x.509v3 の証明書を持ち，TLS 1.2 を用いると規定している．また，より高度なセキュリティレベルの確保には，XML 署名の併用を定めている．

PUSH 型，PULL 型の通信シーケンス例を図 7・5 および図 7・6 に示す．また，OpenADR 2.0

でサポートされるべき通信方式を表7・2に示す.

● 7・3・3　OpenADR 2.0 が対象とするサービス

OpenADR 2.0 プロファイルは OASIS EI 1.0 標準の中からデマンドレスポンスに関わる以下のサービスをサポートしている.

(1) 登　録（EiRegisterParty）　デマンドレスポンスのサービスに必要な情報の登録を行うものである.　新規の VEN やデマンドレスポンス対象設備機器などを登録し，デマンドレスポンスの実施とそのためのメッセージの交換に必要な情報の登録をするものである.

(2) デマンドレスポンスイベント（EiEvent）　VTN が VEN にデマンドレスポンスイベントの通知，変更，キャンセルを行うものである.　ここでイベント情報として，イベントの開始・終了時間，有効期間および電力価格情報，負荷削減依頼量，制御対象となる蓄電池などの設備などのデマンドレスポンスの依頼に必要な情報が交換される.

(3) 報告・フィードバック（EiReport）　VTN が VEN にデマンドレスポンスの対象となる設備機器の状態，電力の消費・削減量などの報告を要求する，または VEN が VTN に，これらを報告するためのものである.　この報告は定期的または指定時刻で行われるように設定される.　また，電力の消費量などの計測値は瞬時値や蓄積値などの指定に基づき報告される.

(4) 受諾・変更（EiOpt）　VEN が VTN にデマンドレスポンスの対象となる設備機器などの利用可能状況に応じて，デマンドレスポンスイベントへの短期的な参加・不参加の変更の通知に使用される.　また，デマンドレスポンスイベントの要請の受諾・拒否を通知するものである.

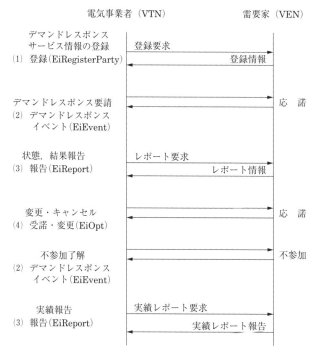

図7・7　通信サービスの使用例

OpenADR 2.0 の策定作業では上記のサービスのほかに，下記のサービスも検討されたが，この時点で ISO が提供しているデマンドレスポンスサービス機能の実現には上記(1)〜(4)で十分であると判断されたため，これらは将来の仕様に含めることとなっている．

- デマンドレスポンスリソースの登録（EiEnroll）
- デマンドレスポンスリソース制約や利用可能状況管理（EiAvail）
- マーケット情報管理（EiMarketContext）
- 電力価格情報管理（EiQuote）

など．

これらの通信サービスがデマンドレスポンスに関するサービスの実現における情報授受で使用される例を図 7・7 に示す．図 7・7 はデマンドレスポンスに関するサービスの流れをサービス対象設備など情報の登録，需要抑制依頼・応諾，状態報告，需要抑制依頼の変更，依頼への参加・不参加通知，抑制依頼の実績報告の順に，このためのメッセージの交換を示したものである．

7・3・4　OpenADR 2.0a と OpenADR 2.0b の違いと要件

前項で述べたように OpenADR 2.0 プロファイルの体系は 4 つのサービスから構成されるが，まず，OpenADR 2.0a（A プロファイル）がリリースされた．

A プロファイルはスマートサーモスタットのようなシンプルな装置をデマンドレスポンスシグナルで制御することを目的に，EI の 4 つのサービスのうち EiEvent のごく一部（後述するシグナルタイプの simple：制御指令として 4 段階のレベルを指定）のみをサポートするものである．A プロファイル公表時は VTN，VEN の双方を対象としたが，OpenADR 2.0b（B プロファイル）の策定・公表の後は，VEN はプロファイル A または B に準拠，VTN はいずれの VEN にも対応できるようにプロファイル A と B 両方の実装が要件となった（この VTN は OpenADR 2.0b 準拠と定義される）．この関係を表 7・3 に示す．

通信サービスとして，A プロファイルでは Simple HTTP のみの実装が規定されていたが（XMPP はオプション），B プロファイルでは VTN は Simple HTTP，XMPP の両方を実装，VEN はいずれか一方を実装することが要件となっている．

7・3・5　OpenADR 2.0 の通信サービスの交換シーケンスとペイロード

本項は OpenADR 2.0 プロファイルがサポートする主な通信サービスのメッセージのペイロードと交換シーケンスとに関する規定を解説する．ただし，OpenADR 規格の全体は膨大であるため，本節では主要な事項の解説に留める．詳細は OpenADR 2.0a ならびに 2.0b の仕様書を参照して頂きたい[6]．

1● EiEvent サービス

デマンドレスポンスイベントを VTN から VEN に通知するサービスである．このサービスには oadrDistributeEvent，oadrCreatedEvent のペイロードが用いられる（例を表 7・4〜表 7・6 に示す）．

VTN は oadrDistributeEvent ペイロードによって VEN に電力需要抑制などの要請イベントの

表 7・3　OpenADR 2.0 におけるサービスの実装の規定

	VTN	VEN		
	B	A	B	B (Energy Reporting only)
Services and Functions Support				
EiEvent				
Limited Profile（2.0a specification）	M	M	NA	NA
Full Profile	M	NA	M	NA
EiOpt				
Full Profile	M	NA	M	NA
EiReport				
Full Profile	M	NA	M＊	M＊
EiRegisterParty				
Full Profile	M	NA	M	M
Transport Protocols				
Simple HTTP	M	M	O–1	O–1
XMPP	M	NA	O–1	O–1
Security Levels				
Standard	M	M	M	M
High	O	NA	O	O

M：Mandatory　　　　　　　　NA：Not available for profile
O：Optional　　　　　　　　　＊：Optional features available
O–1：Optional, but at least one of them must be supported

登録を行う．このイベントへの参加・不参加の回答を VTN が求めれば，VEN は VTN に oadrCreatedEvent ペイロードで返す．また，VTN は oadrDistributeEvent ペイロードに複数のイベントを含めることができる．この EiEvent サービスの交換シーケンス例（イベント通知）を図 7・8 に示す．

次に，EiEvent サービスの交換シーケンス例（イベント更新）を図 7・9 に示す．VTN は oadrDistributeEvent ペイロードを使い，先に要請したイベントの変更を VEN に通知する．このイベントへの参加・不参加の回答を VTN が求めれば，VEN は VTN に oadrCreatedEvent ペイロードで返す．また，VEN から VTN にすでに登録されたイベントへの参加の変更を通知することができる．これには後に説明する oadrCreateOpt ペイロードを使用する．

VTN は oadrDistributeEvent ペイロードを使い，先に要請したイベントのキャンセルを VEN に通知することができる．このイベントへの参加・不参加の回答を VTN が求めれば，VEN は VTN に oadrCreatedEvent ペイロードで返す．この EiEvent サービスの交換シーケンス例（キャンセル）を図 7・10 に示す．

7・3 OpenADR 規格

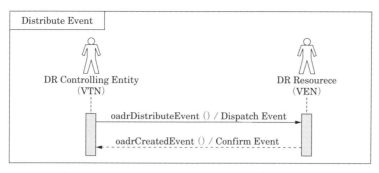

図 7・8　EiEvent サービスの交換シーケンス例（イベント通知）

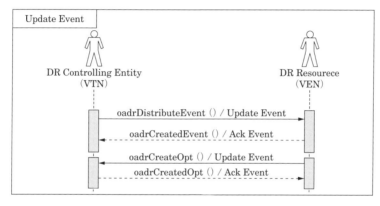

図 7・9　EiEvent サービスの交換シーケンス例（イベント更新）

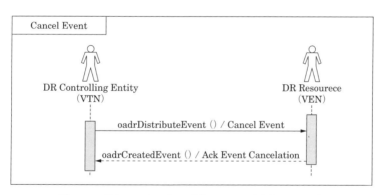

図 7・10　EiEvent サービスの交換シーケンス例（キャンセル）

　以上に関する oadrDistributeEvent ペイロードの主要な構成項目例を**表 7・4** および**表 7・5** に，また，oadrCreatedEvent ペイロードの主要な構成項目例を**表 7・6** に示す．

　これらイベントの通知・変更は PUSH 型または PULL 型で行われる．PULL 型の場合，VEN から VTN へのアクションが通信の開始になるが，周期的にポーリングするやり方または必要な都度メッセージを送るやり方が考えられる．前者には oadrPoll が用いられ，新規イベントまたはすでに送ったイベントの修正があれば VTN は oadrDistributeEvent ペイロードを使ってこれを送る．後者の場合，VEN は VTN に oadrRequestEvent ペイロードを用いて VTN にイベント送信を要求する．以降は PUSH 型の場合と同様である．

267

表7・4 oadrDistributeEventペイロードの主要な構成項目例（signalNameがSIMPLE）

設定項目	設定値	設定項目の説明	設定値の説明
createdDateTime	2012-11-20T13:50:00Z	イベントの通知時刻	2012/11/20 13:50:00 [UTC]（仮定）
eventStatus	far	イベントの状態	有効な開始時刻前のイベント（キャンセルの場合「cancelled」）
dtstart	2012-11-20T14:00:00Z	イベント全体の開始時刻	2012/11/20 14:00:00 [UTC]（仮定）
duration	PT1H	イベント全体の期間	1時間（仮定）
x-eiNotification	PT10M	通知と開始時刻の差	10分（仮定）
payloadFloat.value	1.0	通知する値	設定値
signalName	SIMPLE	イベントの形式	運転・停止の指令
signalType	level	イベントの内容	値指定
eiTarget.resourceID	Generator01	イベントの対象	リソースの情報（仮定）
oadrResponseRequired	always	イベントへの応答要求	応答必要

表7・5 oadrDistributeEventペイロードの主要な構成項目例（signalNameがLOAD_DISPATCH）

設定項目		設定値	設定項目の説明	設定値の説明
createdDateTime		2012-11-20T13:50:00Z	イベントの通知時刻	2012/11/20 13:50:00 [UTC]（仮定）
eventStatus		far	イベントの状態	有効な開始時刻前のイベント（キャンセルの場合「cancelled」）
dtstart		2012-11-20T14:00:00Z	イベント全体の開始時刻	2012/11/20 14:00:00 [UTC]（仮定）
duration		PT1H	イベント全体の期間	1時間（仮定）
x-eiNotification		PT10M	通知と開始時刻の差	10分（仮定）
payloadFloat.value		1.0	通知する値	設定値
signalName		LOAD_DISPATCH	イベントの形式	需給調整発電制御
signalType		setpoint	イベントの内容	値指定
Item Base	itemDescription	RealPower	通知する項目	有効電力
	itemUnits	W	通知する単位	有効電力の単位
	siScaleCode	k	値のスケール	キロ
eiTarget.resourceID		Generator01	イベントの対象	リソースの情報（仮定）
oadrResponseRequired		always	イベントへの応答要求	応答必要

表7・6 oadrCreatedEventペイロードの主要な構成項目例

設定項目	設定値	設定項目の説明	設定値の説明
optType	optin	イベントへの応答	イベント参加（確認）
eiTargetvenID	Generator01	イベントの対象	アグリゲータの情報（仮定）

　VENがoadrCreatedEventペイロードを送信した後，参加・不参加を変更することが許容される場合は，再度，oadrCreatedEventまたはoadrCreateOptペイロードをVTNに送信する．
　oadrDistributeEventペイロードは以下の内容を含む．
- リクエストID（requestID）

- 信号送り手の VTN の ID（vtnID）
- その他 oadrEvent の必要項目

リクエスト ID は以降のメッセージの授受においてメッセージを特定するために使われる．また，このペイロードは各イベントの要求対象機器や対象時間（eiActivePeriod），VEN からの返信を要求するか（oadrResponseRequired）などを指定する．これらの項目にはさらに具体的な内容，たとえば oadrResponseRequired において，"always" は必ず返信必要，"never" は返信不要（通知のみ）を意味する設定値が伴う．

デマンドレスポンスイベントの送信はイベントが対象とする VEN の群を指定し，当該 VEN のみに信号を伝送することができる（EiTarget）．たとえば，VEN が機器であれば機器の種別を指定することや，場所，ID によってグループ化された VEN を指定するなどが可能である．対象の指定がない場合，イベントは全ての VEN を対象に伝送される．

デマンドレスポンスイベントの中核である負荷削減の要請に関する内容は eiEventSignal：＊＊＊（＊＊＊は signalName，signalType，itemBase の 3 項目と設定値）を使って通知される．OpenADR 2.0b では，これらの設定値は相互運用性の観点から様々なデマンドレスポンスイベントを想定してあらかじめ取り決められている．これを表 7·7 に示す．全て実装する必要はなく，必要なものを選択して使用する．

OpenADR 2.0a では，これらの Signal Category のうち Simple levels だけ規定されており，signalName＝SIMPLE，signalTYPE＝level，単位を表す itemBase はなく，許容される設定値は 0，1，2，3 の何れかの数字となる．OpenADR 2.0b では，表 7·7 に示すようにその他様々な Signal Category が定義されており，電力の価格や負荷削減の要請量を通知することができる．負荷削減要請量は signalType，itemBase を使い，消費電力の削減を数値や比率〔％〕などによって指定する方法が規定されている．

2 ● EiReport サービス

EiReport サービスは VTN から VEN への状態の読出し要求，または VEN が VTN に自らの状態を報告するときに使用される．この状態の読出しまたは報告に先立ち，VTN と VEN 間で，読出し・報告項目，報告のスケジュールなどの報告情報，報告形態のやり取りがされ，これに基づき情報の報告がなされる．このため，EiReport サービスは VEN または VTN が送る報告の種類（タイプ），名称，形式を定義している．

図 7·11 に OpenADR のレポートタイプを示す．レポートタイプには大別して METADATA と DATA REPORTS がある．

METADATA タイプは VTN，VEN が扱うことができる報告機能の登録または計測値などから構成されるレポートの送信に使用される．一方，DATA REPORTS タイプは実際に計測または計算されたデータの伝送に使用される．複数の計測値を纏め METADATA タイプで一つのレポートにすることができる．

DATA REPORTS には 3 つの名称がある．
- HISTORY USAGE：電力消費量の履歴（通常 VEN に蓄積，要求に応じて VTN に報告）
- TELEMETRY STATUS：デマンドレスポンスリソースの定期的な報告（VEN → VTN）

表7・7 eiEventSignal のカテゴリ別設定値

Signal Category	Name (signalName)	Type (signalType)	units (itemBase)	Allowed Values	Description
Simple levels	SIMPLE	level	None	0, 1, 2, 3	Simple levels
Price of electricity	ELECTRICITY_PRICE	price	currency/kWh	any	This is the cost of electricity expressed in absolute terms
	ELECTRICITY_PRICE	priceRelative	currency/kWh	any	This is a delta change to the existing price of electricity
	ELECTRICITY_PRICE	priceMultiplier	None	any	This is a multiplier to the existing cost of electricity
Price of energy	ENERGY_PRICE	price	currency/kWh	any	This is the cost of energy expressed in absolute terms
	ENERGY_PRICE	priceRelative	currency/kWh	any	This is a delta change to the existing price of energy
	ENERGY_PRICE	priceMultiplier	None	any	This is a multiplier to the existing cost of energy
Demand charge	DEMAND_CHARGE	price	currency/kW	any	This is the demand charge expressed in absolute terms
	DEMAND_CHARGE	priceRelative	currency/kW	any	This is a delta change to the existing demand charge
	DEMAND_CHARGE	priceMultiplier	None	any	This is a multiplier to the existing demand charge
Customer bid levels	BID_PRICE	price	currency/XX(2)	any	This is the price that was bid by the resource
	BID_LOAD	setpoint	powerXXX(1)	any	This is the amount of load that was bid by a resource into a program
	BID_ENERGY	setpoint	energyXXX(1)	any	This is the amount of energy from a resource that was bid into a program
Used to dispatch storage resources	CHARGE_STATE	setpoint	energyXXX(1)	any	This is used to either charge or discharge a certain amount of energy from a storage resource until its charge state reaches a certain level
	CHARGE_STATE	delta	energyXXX(1)	any	This is the delta amount of energy that should be contained in a storage resource from where it currently is
	CHARGE_STATE	multiplier	None	0.0<1.0	This is the percentage of full charge that the storage resource should be at

- TELEMETRY USAGE：電力消費量の定期的な報告（VEN → VTN）

EiReport のサービスには oadrRegisterReport, oadrCreateReport, oadrUpdateReport のペイロードが使用される．

報告内容の設定を例に少し詳しく説明する．最初の VTN/VEN の登録の後に報告内容の設定はいつでも行うことができる．

(1) 発信元が送信先に oadrRegisterReport ペイロードで "METADATA report" を登録する．

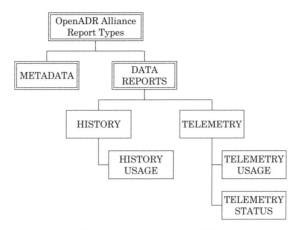

図 7・11　レポートタイプの分類

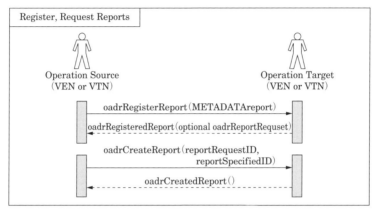

図 7・12　報告内容の設定の交換シーケンス例

この中には，それぞれ roportSpecifierID で識別される異なるレポートを含みうる．
(2) 送信先は oadrRegisteredReport ペイロードを発信元に返信する．この際，oadrReportRequest によって，発信元がどのレポートを作成すべきか指定することができる．これは別に定義されている oadrCreateReport と同時要求である．
(3) 発信元が oadrCreatedReport ペイロードを送信先に返し，送信先は受信確認を発信元に返す（oadrResponse）．

このシーケンスを図 7・12 に示す．

このほかに，特定のレポート要求と要求受領の応答（oadrCreateReport/oadrCreatedReport），要求されたレポートの提供とレポート受領応答（oadrUpdateReport/oadrUpdatedReport），レポート要求のキャンセルとキャンセル要求の受領応答（oadrCancelReport/oadrCanceledReport）などのサービスペイロードが定義されている．

これらのシーケンスの例を図 7・13 〜 図 7・15 に示す．また，oadrRegisterRepor，oadrCreateReport，oadrUpdateReport ペイロードの主要な構成項目例を表 7・8 〜 表 7・10 に示す．さらに，表 7・11 に，OpenADR 2.0b プロファイル仕様で定義されるレポート形式のデータエレメント「reportType」の設定値を，表 7・12 には読取りに関してのメタデータ「readingTtpe」の設

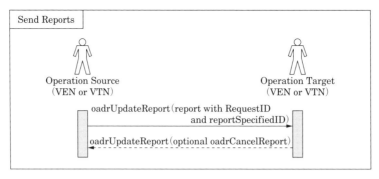

図7・13　報告内容の更新の交換シーケンス例

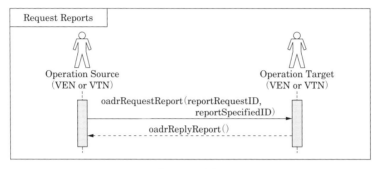

図7・14　状態の報告の交換シーケンス例

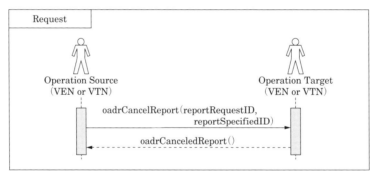

図7・15　状態の報告設定のキャンセル，最終読出しの交換シーケンス例

表7・8　oadrRegisterReportの主要な構成項目例

設定項目		設定値	設定項目の説明	設定値の説明
duration		PT24H	データ履歴の最大量	24時間（仮定）
reportDataSource.resourceID		Meter01	データ収集元リソース	拠点の受電電力
rID		101	データポイント識別子	リポート識別子（仮定）
reportType		usage	計量の種類	受電電力
Item Base	itemDescription	RealEnergy	値の種類	有効電力
	itemUnits	Wh	値の単位	受電電力の単位
	siScaleCode	k	値のスケール	キロ
readingType		Direct Read	計量方法の種類	メータの計測値

表7・9 oadrCreateReport の主要な構成項目例

設定項目	設定値	設定項目の説明	設定値の説明
granularity	PT10M	データ収集間隔	10分ごと（仮定）
reportBackDuration	PT10M	レポート送信間隔	10分ごと（仮定）
dtstart	2012-11-01T15:00:00Z	レポート開始時刻	2012/11/1 15:00:00 ［UTC］（仮定）
duration	0	データ履歴の最大量	無期限（仮定）
rID	101	データポイント識別子	リポート識別子（仮定）

表7・10 oadrUpdateReport ペイロードの主要な構成項目例

設定項目	設定値	設定項目の説明	設定値の説明
dtstart	2012-11-01T15:00:00Z	レポート時刻	各時刻［UTC］（仮定）
duration	PT10M	レポート期間	10分（仮定）
payloadFloat	5.1	収集値	各値（仮定）
rID	101	データポイント識別子	リポート識別子（仮定）

定値を示す．

3 EiRegisterParty サービス

EiRegisterParty サービスは VTN に VEN を登録するためのサービスで，表7・13 のペイロードをサポートしている．OadrQueryRegistration ペイロードは VEN が VTN に対して使用するプロファイル（2.0a か 2.0b か），通信プロトコル（トランスポート simpleHTTP か XMPP か），サポートしている拡張仕様などの設定を行うものである．この場合，VEN には VTN のアドレスの設定を行う必要がある．VTN は VEN に対して oadrCreatedPartyRegistration ペイロードを使ってサポートしているプロファイルと通信プロトコルなどの情報を返す．

登録は，常に，VEN が VTN との会話に使うプロファイルと通信プロトコルの情報，VEN の ID などを通知することからスタートする（図7・16）．この際，oadrCreatePartyRegistration ペイロードを用いる．これを受けて，VTN は VEN に oadrCreatedPartyRegistration ペイロードにより RegistrationID など必要な情報を返す．

VEN の登録情報が変更になったときには，oadrCreatedPartyRegistration ペイロードにより登録済みの RegistrationID を使って VTN に修正をかけることができる．また，VTN の登録情報が変更になったときには，VEN に対して oadrRequestRegistration ペイロードによって通知する．これに対し，VEN は oadrResponse で受領を知らせ，oadrCreatePartyRegistration で登録を要求する（図7・17）．

ほかに，登録取消し要求とその受諾応答（oadrCancelPartyRegistration/oadrCanceledPartyRegistration）や再登録の要求（oadrRequestReregistration，これに対する応答は oadrResponse）が定義されている．

表 7・11 レポートの形式（reportType）一覧

設定値	説明	OpenADR 2.0b
reading	メータからの読取り値．計測は周期的に実行される．	○
usage	ある期間にわたる使用量（たとえば電力量〔Wh〕などで，単位はitemBaseで指定する）	○*
demand	需要（たとえば電力〔W〕などで，単位はitemBaseで指定する）	○
setPoint	設定値	○
deltaUsage	ベースラインからの差分値．差分値は使用量を表す．	○
deltaSetPoint	前回設定した設定値からの差分値	○
deltaDemand	ベースラインからの差分値．差分値は需要を表す．	○
baseline	DRが発生しなかった場合の予測計測値	○
deviation	指令値と実測値との差	○
avgUsage	ある期間における使用量の平均値．期間はGranularityで指定．	○
avgDemand	ある期間における需要の平均値．期間はGranularityで指定．	○
operatingState	DR機器の状態．機器のON/OFFや，ビルの占有率などが想定される．	○
upRegulationCapacityAvailable	負荷配分の可能容量（増加分方向のみ）	○
downRegulationCapacityAvailable	負荷配分の可能容量（減少分方向のみ）	○
regulationSetpoint	レギュレーションサービスによる設定値	○
storedEnergy	蓄電量．有効電力で示される．	○
targetEnergyStorage	蓄電目標値．有効電力で示される．	○
availableEnergyStorage	蓄電可能容量	○
price	各期間（interval）の単価（currency）をitemBaseで設定した単位で除した値	○
level	各期間（interval）に市場から発信されるレベル	○
powerFactor	DR機器の力率	○
percentUsage	Usageのパーセント値	○
percentDemand	Demandのパーセント値	○
x-resourceStatus	上記以外のその他	○ (*)

○*：コンフォーマンスルールで必須と記載されている項目．

4 EiOpt サービス

EiOpt サービスは VEN から VTN にデマンドレスポンスリソースの短期的な利用可能状況や，すでに通知されているイベントへの参加・不参加を通知するサービスである．一度通知したイベントへの参加をキャンセルすることができる．このペイロードを**表 7・14** に，イベントへの参加通知・受諾のシーケンスを**図 7・18** に示す．

7・3 OpenADR 規格

表 7・12 読取りに関してのメタデータ（readingType）

設定値	説　明	OpenADR 2.0b
DirectRead	機器からの読取り値．使用量は計測開始と終了値の読取り値から計算される．	○*
Net	合計値．メータが計算した期間中のトータル使用量．	○
Allocated	配分値．メータが複数のDR機器をカバーしている場合，各機器の使用量を比例配分して推定．	○
Estimated	推定値．大部分のメータが作動中の状況下で，1台だけメータが停止中の場合に使用．	○
Summed	合算値．複数のメータが同時に共通のリソースを計量している場合に使用．	○
Derived	生成値．過去情報に基づく使用量．	○
Mean	Granularityで指定される期間の平均値	○
Peak	Granularityで指定される期間の最大値	○
Hybrid	アグリゲートされている場合，異なるreadingTypeを参照．	○
Contract	あるレートに従い報告される試算の読取り値	○
Projected	予想読取り値	○
x-RMS	実効値	○
x-notApplicable	上記以外のその他	○*

○*：コンフォーマンスルールで必須と記載されている項目．

表 7・13 VTN/VEN の登録（EiRegisterParty）のペイロード

Request Payload	Response Payload	Requestor	Responder
oadrQueryRegistration	oadrCreatedPartyRegistration	VEN	VTN
oadrCreatePartyRegistration	oadrCreatedPartyRegistration	VEN	VTN
oadrCancelPartyRegistration	oadrCanceledPartyRegistration	VEN VTN	VTN VEN
oadrRequestReregistration	oadrResponse	VTN	VEN

図 7・16 VEN による VTN への登録のシーケンス例

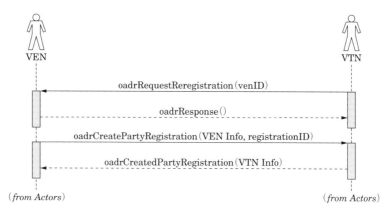

図 7・17　VTN 情報変更を VEN に通知し，VEN が再登録するシーケンス例

表 7・14　受諾・変更（EiOpt）のペイロード

Request Payload	Response Payload	Requestor	Responder
oadrCreateOpt	oadrCreatedOpt	VEN	VTN
oadrCancelOpt	oadrCanceledOpt	VEN	VTN

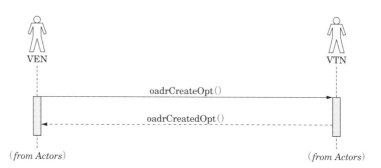

図 7・18　VEN が Opt 情報を VTN に通知するシーケンス例

　デマンドレスポンスイベントへの不参加（Optout）を許容するか，イベントへの不参加中に VTN が VEN に対してデマンドレスポンスイベントを送れるかなどは，一般に，個別のデマンドレスポンスプログラムによって異なり，その内容によって実装することになる．

5　OpenADR Poll

　多くのデマンドレスポンスプログラムでは，その実行に必要性が高い機能として，VEN が定期的に VTN にアクセス（ポーリング）し，メッセージを取得する方法が実装されている．この方法は PULL 型と呼ばれ，VTN がいつイベントなどのメッセージを送る必要が生じるか不明である場合は，VTN から VEN の PUSH 型によるメッセージ伝送と同等のサービスを実装することになる．
　この oadrPoll のペイロードを表 7・15 に示す．VEN が VTN に oadrPoll ペイロードを送信すると，VTN は VEN に表に示される 8 つのペイロードのいずれかを返信する．送信内容が何もない場合には oadrResponse で単に返事だけを返す．メッセージがある場合はその内容に応じたペイロードを返信する．イベントを通知する場合のシーケンスを図 7・19 に示す．

表 7・15 ポーリング (Poll) のペイロード

Request Payload	Response Payload	Requestor	Responder
oadrPoll	One of the following: ・oadrResponse ・oadrDistributeEvent ・oadrCreateReport ・oadrRegisterReport ・oadrCancelReport ・oadrUpdateReport ・oadrCancelPartyRegistration ・oadrRequestReregistration	VEN	VTN

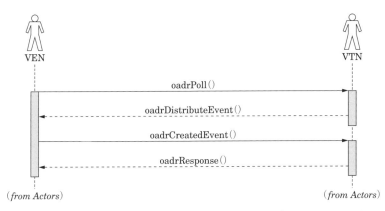

図 7・19　VEN が VTN にポーリングし VTN がイベントを通知するシーケンス例

7・4　国内の自動デマンドレスポンス標準化

7・4・1　「デマンドレスポンス・インターフェース仕様書」の策定

　国内でデマンドレスポンスの実証事業の検討が開始された 2013 年度初頭，その年の夏のデマンドレスポンス実施に向け，日本の将来の標準化を視野に入れ，参加事業者の通信仕様の統一が検討された．このとき，7・2・2 項で述べたように，ADR で先頭を行く米国の動向を踏まえ，国内の ADR 用の通信サービスとして OpenADR の使用を推奨する方針が纏められた[5]．

　この検討段階では，OpenADR 規格は 2.0a プロファイルが公表され，2.0b プロファイルは策定中の段階であった．策定中の 2.0b プロファイルは OpenADR アライアンスの会員のみが閲覧可能な状態であった．このため，早稲田大学が中心となり，OpenADR アライアンスと協定を結び，スマートハウス・ビル標準・事業促進検討会の委員に限定し，これを閲覧可能とした．これにより，同検討会下のデマンドレスポンスタスクフォースでは策定中の 2.0b プロファイルも含め国内仕様の検討を進めることとなった．その検討作業の結果，2013 年 5 月に「デマンドレスポンス・インターフェース仕様書 1.0 版」が公表された[8]．

　この時点では，7・2・3 項で述べたユースケースのうち，需要がピークを迎える夏をターゲットにアグリゲータを介したデマンドレスポンス実証事業（通称，インセンティブ型デマンドレスポンス実証）が計画されていた．このため，「デマンドレスポンス・インターフェース仕様書 1.0 版」は，OpenADR 2.0a ならびに 2.0b に従い，ユースケース UC-1（UC-4 も含む）の実現に必要な最低

限の仕様の実現に向け策定された．

その後，7・4・3項で述べる実証事業や付帯する研究活動の進展に合わせ，対象のユースケースをUC-5，UC-6に広げ，最新版である「デマンドレスポンス・インターフェース仕様書1.1版」が2015年6月に公表された[9]．

●7・4・2 「デマンドレスポンス・インターフェース仕様書」の概要と位置付け

本項は前項に述べた「デマンドレスポンス・インターフェース仕様書」について，その概要と位置付けを述べる．

この仕様書の基本的な考え方は以下の2点である．

- OpenADRの仕様に基づき，日本の送配電事業者，小売事業者，アグリゲータ間のデマンドレスポンスに関するサービスに必要な通信仕様を規定
- OpenADR 2.0bプロファイル仕様をもとに，日本のユースケースを実現するために必要な機能やデータ項目を規定

7・3節で述べたOpenADR 2.0規格は，あらゆるVTNとVEN間でのデマンドレスポンスのための情報授受を可能とする適合性規定（コンフォーマンスルール）を定めている．このため，規格中の機能・データ項目は，必ず実装しなければならない項目（必須事項：Mandate）と必ずしも実装を必要としない項目（オプション：Option）が区分けして定義されている．国内仕様書は国内のユースケースの実現に必要な内容を規定していることから，OpenADR 2.0bプロファイルに規定される必須事項であっても，全てが必要であるとは限らない．しかし，国内実証事業などを含めた検討の結果，国内仕様書1.1版ではOpenADR 2.0bの必須事項の全てと一部のオプションが"必須"とされた．これによって，国内仕様書1.1版に従って実装すればOpenADR Allianceが規定する認証取得が可能であることとなり，OpenADR 2.0bプロファイルと整合がとれることを意味する．よって，OpenADR 2.0bの国内の実装方法を定めたのが国内標準仕様書1.1版であるということができる．

この事情は具体的な内容を見るとよく理解できる．以降，これをEiEventサービスを例に説明する．国内標準仕様書が定めるイベントシグナルの名前（signalName）とイベントシグナルのタイプ（signalType）を表7・16と表7・17に示す．これらの表は項目ごとにOpenADR 2.0bプロファイルの規定と国内仕様書1.1版の規定を対応するユースケースごとに示したものである．イベントシグナルは，OpenADR 2.0bではSIMPLE，ELECTRICITY_PRICE，LOAD_DISPATCHの3つがコンフォーマンスルールに最低限必須と定義され，その他の項目はオプションとなっている．これに対し国内仕様書1.1版ではVTNからVENに価格情報を一方的に通知するユースケースであるUC-6を除く全ユースケースでSIMPLEとLOAD_CONTROLが必須，UC-6ではELECTRICITY_PRICEを必須としている．つまり，UC-1～UC-7の全てを合せると必須項目がOpenADR 2.0bと一致していることがわかる．表7・17のsignalTypeも同様に，OpenADR 2.0bではlevel，price，setpointの3つを必須としているのに対し，国内仕様書1.1版ではUC-1～UC-7全体でこの3項目を必須としている．さらに，実証事業・関連研究の結果，signalNameのLOAD_DISPATCHの設定値としてdeltaをオプションと規定していることが特徴である．OpenADR 2.0bで規定されているその他のオプション項目については，国内仕様書1.1版では「規

表7・16 「デマンドレスポンス・インターフェース仕様書」規定のシグナル名(signalName)

設定値	説明	OpenADR 2.0b	本仕様 UC-1	UC-2	UC-3	UC-4	UC-5	UC-6	UC-7
SIMPLE	レベル制御.単純な0,1,2,3の数値による制御.	○*	●	●	●	●	●	—	●
ELECTRICITY_PRICE	電力価格	○*	—	—	—	—	—	●	—
ENERGY_PRICE	エネルギー価格	○	—	—	—	—	—	—	—
DEMAND_CHARGE	需要電力価格.ピーク需要に応じて加算される価格.	○	—	—	—	—	—	—	—
BID_PRICE	入札価格	○	—	—	—	—	—	—	—
BID_LOAD	入札ネガワット容量	○	—	—	—	—	—	—	—
BID_ENEGY	入札エネルギー	○	—	—	—	—	—	—	—
CHARGE_STATE	蓄電量目標値	○	—	—	—	—	—	—	—
LOAD_DISPATCH	負荷配分制御.需要値を直接指定したり,現在の需要値からの差分で指定したりする.	○*	●	●	●	●	●	—	●
LOAD_CONTROL	直接負荷制御.レベル制御のほか,最大需要に対する割合で行う制御など.	○	—	—	—	—	—	—	—

○*:コンフォーマンスルールに最低限必須との記載有り, ○:規定有り, ●:必須, ▲:オプション, —:規定無し

表7・17 「デマンドレスポンス・インターフェース仕様書」規定のシグナルタイプ(signalType)

設定値	説明	OpenADR 2.0b	本仕様 UC-1	UC-2	UC-3	UC-4	UC-5	UC-6	UC-7
delta	変化の量.負荷抑制量など	○	▲	▲	▲	▲	▲	—	▲
level	単純なレベル値	○*	●	●	●	●	●	—	●
multiplier	ベースライン値からの比率	○	—	—	—	—	—	—	—
price	価格	○*	—	—	—	—	—	●	—
priceMultiplier	価格の比率	○	—	—	—	—	—	—	—
priceRelative	価格の差	○	—	—	—	—	—	—	—
setpoint	設定する値	○*	●	●	●	●	●	—	●
x-LoadControlCapacity	最大負荷に対する割合	○	—	—	—	—	—	—	—
x-LoadControlSetpoint	設定する値	○	—	—	—	—	—	—	—

○*:コンフォーマンスルールに最低限必須との記載有り, ○:規定有り, ●:必須, ▲:オプション, —:規定無し

定無し」としている.

その他のサービスでの扱いや詳細は,国内仕様書1.1版を参照頂きたい[9].

7・4・3 日本版ADR実証事業と関連研究

ADRの実証・関連研究はスマートハウス・ビル標準・事業促進検討会と関連させながら経済産業省の事業として行われた.

ADR技術の標準化に関する研究開発は,早稲田大学が電力会社をはじめ,電気機器・通信機器・自動車メーカなどと共同で実施した.ここで,早稲田大学はEMS新宿実証センターを構築し,

ADR を含むエネルギーマネジメントの総合的な研究拠点として活動した[3],[4]．同センターは4軒のスマートハウスと OpenADR 2.0b に準拠した VTN・VEN サーバを複数備えており，ADR では VTN から HEMS を VEN として家電設備機器を制御する形で実践的な研究ができるようになっている（図 7・20）．

また，これらのサーバを VTN として，インターネットを通じて外部の EMS や機器にデマンドレスポンスのための情報授受ができるようになっている（図 7・21）．

実証事業では国内仕様書案（1.1 版のドラフト版である 1.1 α 版）に沿って国内ユースケースの実践的な ADR 実証が 2013 年から行われた．これらは日本版 ADR 実証と呼ばれている．2013 年夏と冬に，国内初のアグリゲータ介在型デマンドレスポンス（UC-1）である東京電力の BSP（Business Synergy Proposal）事業に早稲田大学プロジェクトが開発した ADR サーバを適用するとともに，電力各社の参加を得てアグリゲータとの通信を想定した ADR 発動試験が行われた．

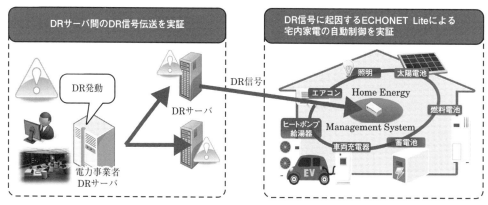

図 7・20　EMS 新宿実証センターの機能概要

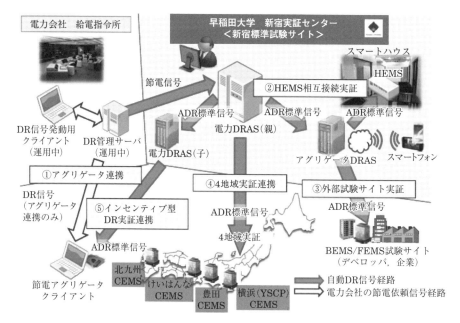

図 7・21　EMS 新宿実証センターの DR 実証の展開

2014年度には，東京電力管内で海外企業も含むアグリゲータ5社とインセンティブ型デマンドレスポンス実証が実施された．さらに2015年度に，デマンドレスポンス実施エリアを東京・関西・中部電力の3エリアに，参加アグリゲータを21社に拡大して，具体的なデマンドレスポンスメニュー，インセンティブ，未達の罰則，ベースラインなどの規定を行い，実ビジネスを想定した実証が行われた．これはUC-1の実証であるが，早稲田大学EMS新宿実証センターではUC-5（直接負荷制御），UC-6（ブロードキャスト）や，全てのUCに共通なサービスとしてEiReport（レポートサービス）の実証を行った[10]．UC-3，UC-4のネガワット市場取引については，この時点で対象市場がないうえ，OpenADR 2.0bプロファイルにも含まれていないことから，検討可能なレポートサービスのみを扱い，大部分は将来の検討事項とされた．

このような日本版ADR実証を通じ，デマンドレスポンス発動者である電気事業者，アグリゲータやVTN/VENを開発したメーカに対するヒアリングにより国内仕様書案に，必要な修正を行い，スマートハウス・ビル標準・事業促進検討会の承認を得て，本書執筆時点での最新仕様「デマンドレスポンス・インターフェース仕様書1.1版」が策定された．

7・5 OpenADRの今後の展望

本章の最後にOpenADRの今後の展望について述べる．OpenADR 2.0規格では市場との連携などのサービスに関する策定が見送られていたが，この新たなプロファイルの策定が行われることが考えられる．米国においても，需要家の発電設備や蓄電池などの導入拡大や電気自動車などの次世代自動車を普及させる方向性から，"Transactive Energy"（交換可能なエネルギー）といわれる議論があり，需要家と市場との関係は重要性を増していくことが予想される．

一方，国際電気標準会議（IEC：International Electrotechnical Commission）の標準化審議の場で，OpenADR AllianceはIEC PC118を通じOpenADR 2.0bを電気事業者と需要家を結ぶ国際規格案の一つに提案した．この提案により，OpenADR 2.0bは利用可能な標準（PAS：Publicly Available Standard）と認定され，次のステップとして国際標準（IS：International Standard）化が検討されている．

しかし，IECの国際標準活動ではスマートグリッドの実現に向けた相互運用性の確立のため，IEC TC57を中心に，電気事業者の領域を中心に共通情報モデル（CIM：Common Information Model）の規定が進んでいる．このようにIECでは，この情報モデルをベースにスマートグリッドを構成するステークホルダ間の相互運用性の確保が議論の中核となっている．この中で，上記PC118はOpenADR 2.0bの標準化動向を見据え，OpenADR 2.0bの通信サービスとCIMに基づく通信サービスを変換するadaptorの検討を進めている．

本書執筆時点では最終的な着地点は見出せないが，OpenADR 2.0bはその採用実績から国際標準の一つにあると考えてよいだろう．

1章に述べたとおり，国内外ともに需要家を中心に導入が進む分散型電源を統合し，ばらばらでは得られない価値を作り出し，これにより関係する全てのステークホルダにメリットを提供する枠組みの構成が当面の中心課題である．ここで「統合」の役割を担うのがアグリゲータである．国内ではデマンドレスポンスに関するサービスの電気事業者からアグリゲータまでの通信サービスは

OpenADRに準拠することが推奨された．デマンドレスポンスの実施にアグリゲータが必要な最大の理由は，系統運用者など大規模な電気事業者からみると，需要家の電力消費量の削減量は規模の点から小さ過ぎ，これら事業者ないしは電力取引市場が扱うには，ある程度の規模と継続時間の確保が必要になるためである．この事情は分散型電源全般にあてはまる．したがって，今後，アグリゲータがデマンドレスポンスだけでなく様々なエネルギー資源を組み合わせたアグリゲーションを行っていくことが想定されることになる．

分散型電源の設置に際しては，需要家が保有するEMS（FEMS，BEMS，HEMS）の配下に置かれるケース，単独で置かれるケースなど様々なパターンが考えられる（図7・22）[13]．

OpenADRは需要家の消費電力を削減するメッセージ交換のために規格化されたものである．このため，制御についてはイベント送信型という特徴から，ほかのエネルギー資源の制御も含めたより幅広いユースケースを考えた場合，いくつかの意味でOpenADRの適用範囲の拡大やプロファイル見直しなどが想定される．

第一に，対象とするエネルギー資源の種類と質の拡大がある．需要家の需要を削減するだけでなく，たとえば自家用発電機の起動・停止などが考えられる．実際，2015年度に実施された太陽光発電の出力制御に関する実証事業は，OpenADR 2.0bを使用した通信システムを構成し，実証試験が実施された．ある時間帯に電力消費量の削減を行うということと太陽光発電の出力抑制を行うことは，伝送するメッセージの内容だけみると非常に類似している（図7・23）[11]．

しかし，負荷削減用に作られたプロトコルであるOpenADR 2.0bは発電要素の出力上限を設けるコマンドが用意されていない．実証試験ではEiEventのsignalName/LOAD_CONTROLペイロードを用いて太陽光発電の出力上限値を設定するなどの対応により，必要な機能を実現した．つ

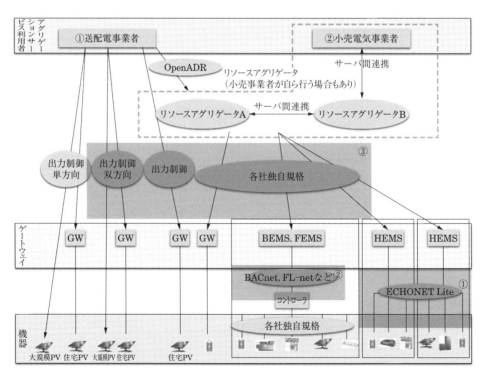

図7・22　エネルギーリソースアグリゲーションのシステム・機器連携

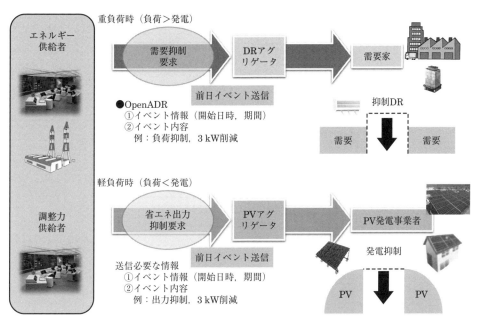

図7・23 デマンドレスポンスと太陽光発電出力制御の類似性

まり，適用範囲をエネルギー資源全般に広げた場合，OpenADR 2.0b のコマンド体系は十分か，という視点がある．

　第二に，上記とは逆に，OpenADR 2.0b の過剰性である．7・4 節で国内インタフェース仕様について述べたが，日本のデマンドレスポンスのユースケースを実現するためにはごく一部のコマンドがあればよい．現在の OpenADR 2.0 の規格には，A プロファイルと B プロファイルがあるが，前者は後者の非常に限定された一部分であり，VEN のみに実装を認めている．しかし，A プロファイルだけでは不十分であるため，この間に位置付けられる VEN 専用の B プロファイルのサブセットのような新たなプロファイルがあってもよいのではないか，という視点である．特に，VEN として前述の太陽光発電など個別の機器を対象に制御を行う場合には，そのニーズが高いと考えられる．

　現状の OpenADR 2.0 の体系に変更を加えるかは，メリット・デメリットを十分に検討のうえ，OpenADR Alliance との協議が必要となる．このような観点からの検討は 2016 年 1 月にスタートした「エネルギー・リソース・アグリゲーション・ビジネス検討会」の場で行っていく予定になっている[13]．

参 考 文 献

（1）国家戦略室：「課題，論点および検討のスケジュール」，エネルギー環境会議第 1 回資料 2（2011）
　http://www.cas.go.jp/jp/seisaku/npu/policy09/pdf/20110622/siryou5.pdf
（2）経済産業省：「スマートハウス・ビル標準・事業促進検討会について」，スマートハウス・ビル標準・事業促進検討会第 1 回資料 1（2012）
　http://www.meti.go.jp/committee/kenkyukai/shoujo/smart_house/pdf/001_s01_00.pdf
（3）宮島奈那・小山由莉・田脇温子・長谷川有貴：「電力安定供給にむけた EMS 技術の実証—デマンドレスポンス，技術普及の実現に向けて—」，電気学会誌，Vol.134，No.12（2014）

（4） Hideo Ishii, Wataru Hirohashi, Masataka Mitsuoka, Yasuhiro Hayashi："Demand-side response/Home energy management", Smart Grid Handbook, Wiley, pp.1235（2016）
（5） 経済産業省：「スマートハウス・ビル標準・事業促進検討会の概要」，スマートハウス・ビル標準・事業促進検討会第 2 回資料（2012）
http://www.meti.go.jp/committee/kenkyukai/shoujo/smart_house/pdf/002_s01_00.pdf
（6） OpenADR Alliance: http://www.openadr.org/overview
（7） OpenADR2.0a ならびに 2.0b 規格書は次の WEB ページからダウンロードできる
http://www.openadr.org/specification-download
（8） 経済産業省：「デマンドレスポンス・インターフェース仕様書 1.0 版」，スマートハウス・ビル標準・事業促進検討会第 3 回資料（2013）
http://www.meti.go.jp/committee/kenkyukai/shoujo/smart_house/pdf/003_s06_00.pdf
（9） 経済産業省：「デマンドレスポンス・インターフェース仕様書 1.1 版」，スマートハウス・ビル標準・事業促進検討会第 7 回参考資料 13（2015）
http://www.meti.go.jp/committee/kenkyukai/shoujo/smart_house/pdf/007_s13_00.pdf
（10） 経済産業省：「日本版 ADR 実証結果報告」，スマートハウス・ビル標準・事業促進検討会第 7 回参考資料 12（2015）
http://www.meti.go.jp/committee/kenkyukai/shoujo/smart_house/pdf/007_s12_00.pdf
（11） 石井英雄：「エネルギー・リソース・アグリゲーション」，電気学会・スマートファシリティ研究会予稿集，pp.41（2016）
（12） 経済産業省資源エネルギー庁：「エネルギー・リソース・アグリゲーション・ビジネス検討会の設置について」，エネルギー・リソース・アグリゲーション・ビジネス検討会第 1 回資料 1（2016）
http://www.meti.go.jp/committee/kenkyukai/energy_environment/energy_resource/pdf/001_01_00.pdf
（13） 経済産業省資源エネルギー庁：「通信規格の整理」，エネルギー・リソース・アグリゲーション・ビジネス検討会第 2 回資料 3-2（2016）
http://www.meti.go.jp/committee/kenkyukai/energy_environment/energy_resource/pdf/002_03_02.pdf

8章
需要家エネルギー管理と需要抑制サービス

　本章では，需要家サイドのBEMSを活用した系統からの電力の供給と需要家の電力の需要とのバランス調整方法の具体的方法を解説する．8・1節，8・2節，8・3節に記述するようにスマートグリッドにおけるサービスプロバイダと需要家間，需要家ドメイン内の通信プロトコルとサービスの在り方と標準化および節電と省エネルギーを図るため，BEMSのスマートグリッドへの対応の必要機能と実行手法の確立が重要である．そのため，ISO規格となったBACnet通信プロトコルによる需要家内のファシリティ制御への有効活用とASHRAE SPC201にて規定しANSI/ASHRAE規格となった需要家内の消費エネルギー管理を目的とした情報モデルFSGIMのコンポーネントを用いたBEMSの構成への展開と，OpenADRのデマンドレスポンスに対応した具体的なBACnetによるファシリティ制御の実装展開が必須であり，本章の解説が参考となるように記述した．

　8・4節では中小需要家における電力削減モデルと需要予測によるデマンド制御と電力抑制に可能性を記述した．8・5節では実証事業としての横浜スマートシティプロジェクト（YSCP）におけるデマンドレスポンスに対するユースケース，メニューおよびインセンティブおよび成果からデマンドレスポンスの有効性を検証した．最近，ビル設備の広域遠隔監視制御向けとして注目を集めているIEEE 1888プロトコルがある．このプロトコルを適用して，広大な需要家群に対してFastADRを実現するDR制御システムを実装する手法を8・6節に記述した．

8・1　需給家ドメインの概要

● 8・1・1　BEMSと需要家ドメインモデルの構成

1 ● 送配電ネットワークとスマートグリッド

　ビル，工場などの設備のほとんどが電気をエネルギー源とし，東京電力，関西電力などの電気事業者との契約のもと，電気の供給を受けている．したがって，電気の供給を受け消費するビル，工場などの所有者は電気事業者から見れば需要家であり，その電気を受電し消費する設備を一般的に需要家電気設備といっている．

　電気事業者の火力，原子力，水力などの発電所にて発電された電気は送電用変電所にて275 kV～500 kVに昇圧され，図8・1の例に示すように各種の送配電系統を通じて需要家の規模，用途，地域に見合った電圧に変圧されて需要家電気設備に送電される．需要家は受電電圧により140 kV，60 kV，20 kV級の需要家を特別高圧（特高）需要家，6 kV級の需要家を高圧需要家，

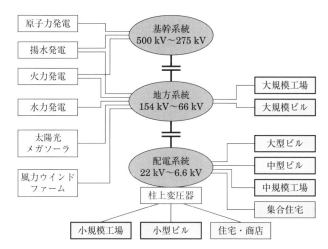

図 8・1　発電，分散電源，送配電系と需要家

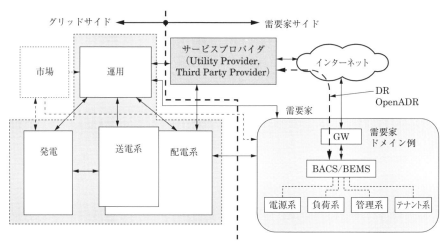

図 8・2　スマートグリッド概念モデル

100-200 V 需要家を低圧需要家と区分される．

　地球環境保全のため，低炭素化を指向した太陽光発電，風力発電などの再生可能エネルギーを有効活用するための蓄電池など分散型電源と電力会社の大規模集中電源との共存，すなわちスマートグリッドの構築の検討が進められた．しかし，2011 年 3 月 11 日の東日本大震災を起因とする多くの原子力発電所の電力供給停止により，電力の安定供給が重要となり，スマートグリッドへの期待がさらに高まった．

2　需要家の範囲

　図 8・2 に米国の米国国立標準技術研究所（NIST：National Institute of Standards and Technology）が提案しているスマートグリッドの概念モデルを簡略化したスマートグリッド概念モデルを示す．図 8・2 の需要家と示す部分が需要家ドメインである．今回の記述対象は需要家ドメインとサービスプロバイダが関係する点線の右部分である．また，本章の需要家としては，ビル，工場などの事業所としての需要家（図 8・1 に示す）であり，住宅・商店などのホームは記述対象

8・1 需給家ドメインの概要

に含まない．図8・2の点線の右側が本章における検討範囲である．左側はいわゆる電力供給網（発電，送配電系，系統運用，市場）としてのスマートグリッド側である．需要家ドメインとサービスプロバイダ，電力供給網（送配電系）と間に電力需給の安定化，デマンドレスポンスによる電力供給逼迫時の対応，高信頼化に関する各種のサービスインタフェースが存在する．

中大規模のビルの需要家では，ビルにおけるBEMS（Building Energy Management System）がビルのエネルギー管理，省エネルギー制御の中核をなしている．BEMSではBACnetなどのオープンプロトコルの導入により，エンドユーザにメリットがあるとしてマルチベンダ構成が主流である．米国ではこのBACnetをビルなどの需要家におけるスマートグリッドと関連したエネルギーサービスインタフェースの重要なポジションに位置付けている．

3● 需要家ドメインモデル

図8・2に示すスマートグリッドにおける需要家ドメイン詳細例と，電力会社・サービスプロバイダ間とのサービスインタフェース関係を(a)，(b)，(c)に種別して下記に例示する．

(a) BEMSを導入している中大規模ビル需要家　図8・3にBEMSを導入している中大規模ビ

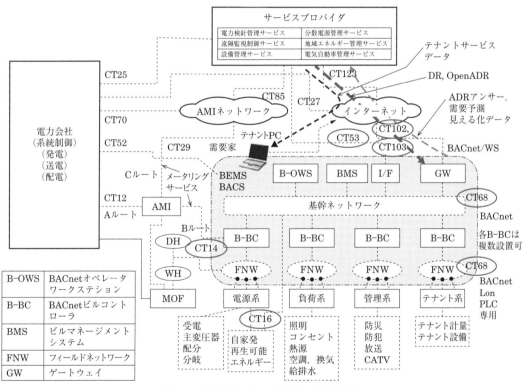

図8・3　需要家ドメインモデル例（BEMS有り）

Column　BEMS（Building Energy Management System）

BEMSは我が国の空気調和・衛生工学会にて定義された．BACS（Building Automation and Control System）のエネルギー管理機能を重点化したシステムである．BEMSはISO 16484シリーズ（建築制御システムデザイン）にて国際的に定義され，BACSと同等である．

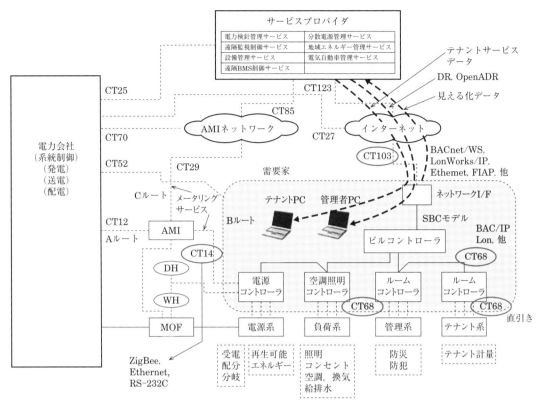

図 8・4　需要家ドメインモデル例（BEMS 無し）

ル需要家の需要家ドメインモデル例を示す．基幹オープン化ネットワークをベースに B–OWS などの中央装置，B–BC などのサブコントローラ，フィールドネットワーク系がオープン化 BEMS モデルを構成する．B–OWS, B–BC, BMS などの略号説明は図 8・3 中に示す．BEMS が，電源系，負荷系，管理系，テナント系を統合管理する．サービスプロバイダとプロバイダ側のデマンドレスポンスなどのサービス情報を受信する．他の需要家側の見える化のための情報をプロバイダ側に送信し，プロバイダから見える化サービスを請けることも可能である．

(b) **BEMS を導入しない小規模ビル需要家**　図 8・4 に BEMS を導入しない小規模ビル需要家の需要家ドメインモデル例を示す．電源系，負荷系，管理系，テナント系の系ごとに監視制御パネルを設置する．サービスプロバイダとの情報交換はネットワークインタフェースが実行する．

(c) **SBC モデル導入の中小規模需要家**　中小ビル向けとして省エネビル推進協議会（SBC：Smarter Building Consortium）の提案する SBC モデル導入の需要家のケースのドメインモデルも検討した．図 8・4 の BEMS モデル相当にビルコントローラと系統別コントローラより成る簡易なシステムが入り，ビルコントローラが電源系，負荷系，管理系，テナント系のコントローラを統括する．また，サービスプロバイダと情報交換用のネットワークインタフェース（I/F）を持つ．

●8・1・2 需要家ドメイン内サービスインタフェース

図8・3，図8・4の需要家ドメイン内に関係する主な通信仕様はIEEE 2030（スマートグリッドの相互運用性を確保するためのガイドライン）が規定するインタフェース記号のCT68，CT102，CT103，CT14，CT53，CT16が該当する．各インタフェース（I/F）の概要を下記に示す．需要家側としてはグリッド側およびAMI（Advanced Metering Infrastructure，先進メータリング基盤）ネットワークとの直接のサービスインタフェースはない．

(1) CT68：需要家内のBEMSと設備間のI/Fである．基幹ネットワークはBACnet/IP，フィールドネットワークはBACnet MS/TP，LONWORKS，PLCプロトコル，専用プロトコルおよび直引き線などがある．ただし，CT68はIEEE 2030の規定外である．

(2) CT102：大規模需要家のインターネット経由サービスプロバイダ間インタフェースで，デマンドレスポンス通信ではOpenADR 2.0b規定が有力である．アグリゲータによる見える化サービスのためにはBACnet/WSの適用が検討されている．

(3) CT103：中小規模需要家のインターネット経由の需要家とサービスプロバイダ間インタフェースで，BACnet/WS，Ethernetほかが使用される．

(4) CT53：需要家とサービスプロバイダ間の直接インタフェースで，公衆回線の専用線が利用される．

(5) CT14：AMIと需要家システム間のインタフェースでメータリングサービスインタフェースとなる．スマートメータBルート接続ではECHONET Liteが有力である．

(6) CT16：需要家内のPVなどの再生可能エネルギーとBEMS間インタフェースである．太陽光発電などの再生可能エネルギーのレスポンスを重視して電力系のIEC 61850のプロトコルが重視される．

表8・1に需要家サイドのサービスインタフェースの一覧を示す．

AMIの機能は遠隔検針（30分値，電力使用量，逆潮流値），時刻情報，遠隔開閉とするが電力供給側の設備である．AMIからの需要家への情報ルートは下記と3方式があるが，Aルートは可

表8・1 需要家サイドのサービスインタフェース

対象ドメイン	対象エンテティ	2030	通信プロトコル	用途	備考
サービスプロパティと需要家のBEMS間	BEMS	CT102 CT103	OpenADR 2.0b BACnet/WS FIAP	ADR 見える化情報 見える化サービス	Web経由 クラウド対応
需要家BEMS内	B-BC	CT68	BACnet/IP	基幹ネットワーク	オープン化
	設備側端末	CT68	BACnet, Lon, PLC, 専用, 直引き	フィールドネットワーク	オープン化
AMIとBEMS間	BEMS	CT14	ECHONET Lite ZigBee, BACnet RS-232C	受電計量	遠隔検針
BEMSと分散電源間	BEMS/ BACS 分散電源	CT16	IEC 61850 BACnet, ZigBee		

ADR：Automated Demand Response
FIAP：Facility Information Access Protocol（IEEE 1888）の通称

能性少ないとされている．

　　Aルート：電力会社経由

　　Bルート：AMIからBEMSが直読する．

　　Cルート：第三者（サービスプロバイダ）経由

デマンドレスポンス（DR）の発行元は，我が国のBEMSアグリゲータ事業においてはアグリゲータがサービスプロバイダとなっているためアグリゲータとなる．アグリゲータと需要家間のDRの情報交換はOpenADR 2.0bが適用されつつある．DRによる電力逼迫時の需要抑制とは別に，従来の契約電力をベースとしたデマンド監視，デマンド制御が日常の消費電力節減として適用され，有効である．

● 8・1・3　BEMSの国際規格動向

1 ● ISO TC205とWGの構成

　ISO TC205はビルの室内環境を省エネルギーデザインで実現することを目指し1994年にスタートした．ISO TC205はビルディング環境デザインに関する国際標準を定めようとする技術委員会（TC：Technical Committee）で，10のワーキンググループ（WG）から構成されている．各WGの審議テーマはビルの屋内環境に関し下記に示すとおりである．

　　WG1：屋内環境　一般指針

　　WG2：高効省エネルギービルのデザイン

　　WG3：建築制御システムのデザイン

　　WG4：屋内環境　屋内空気気質のデザイン

　　WG5：屋内環境　熱環境のデザイン

　　WG6：屋内環境　音響環境のデザイン

　　WG7：屋内環境　視環境のデザイン

　　WG8：屋内環境　放射冷暖房システムのデザイン

　　WG9：屋内環境　冷暖房システム

　　WG10：屋内環境　コミッショニング

　TC205に参加の正規メンバは27か国，オブザーバメンバは27か国（2016年9月現在）となっている．WG3にてBEMS関係の国際標準の審議がされている．図8・5にISOにおけるTC205

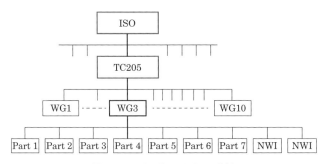

図8・5　ISO TC205 WG3の体制

とWG3の体制を示す．

2 ISO TC205 WG3 の構成と ISO 化審議

TC205の中のWG3が，BACSに関してマルチベンダ環境にふさわしい効率的なビルオートメーションシステムのデザインに関するワーキンググループである．ビル設備の監視制御システム（ビル管理システム）がBACS（Building Automation and Control System）と規定された．WG3の参加国は，米国，カナダ，スイス，ドイツ，フィンランド，ノルウェー，日本，韓国などの13か国（2016年現在）である．WG3は下記の7種のPartと2種のNWI（New Work Item，新規作業項目）にて構成されている．

　　Part 1：プロジェクト仕様と実装
　　Part 2：ハードウェア
　　Part 3：基本機能
　　Part 4：応用制御機能
　　Part 5：データ通信プロトコル
　　Part 6：データ通信適合試験
　　Part 7：ビルエネルギー性能への貢献
　　NWI ISO NP 17800：FSGIM（スマートグリッド情報モデル）
　　NWI ISO NP 17798：BIM（ビル情報モデル）

3 ISO 規格化の動向

ISOにおいては，ビル向けの中央監視制御システム（BEMSと同等）をBACS（Building Automation and Control System）と定義し，WG3の各Partに対応してBACSに関する下記のISO規格をISO 16484シリーズとして制定した（審議中：2016年9月現在）．

　　ISO 16484-1：BACS仕様と実装に関するプロジェクト運営原則
　　ISO 16484-2：BACSのハードウエア
　　ISO 16484-3：BACSの基本機能
　　ISO 16484-4：BACSの応用制御機能（審議中）
　　ISO 16484-5：BACSのデータ通信プロトコル（BACnet）
　　ISO 16484-6：データ通信適合試験
　　ISO 16484-7：ビルのエネルギー効率向上への貢献（審議中）
　　ISO NP 17800：FSGIM（Fasility Smart Grid Information Model：スマートグリッド施設
　　　　情報モデル）（審議中）
　　ISO NP 17798：BIL（Building Information Model（審議中）

上述の規格内容は図8・6に示すように相互に関係している．すなわち，ISO 16484-1はISO 16484-2, 3, 4, 7と全体として関係し，ISO 16484-7はエネルギー関係の制御としてISO 16484-4と関係し，ISO 16484-4はエネルギー制御の基本機能としてISO 16484-3と関係する．ISO 16484-2のハードウェア構成はそれぞれに関係する．

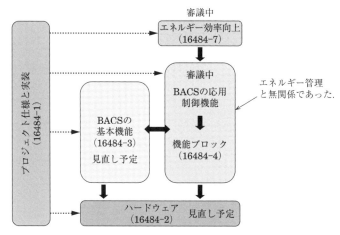

図 8・6 ISO 16484 の相互関係

4 欧州標準化委員会（CEN）の動向
（a） LONWORKS 通信

BEMS などの監視制御システムのフィールドネットワークを中心にオープン化ツールとして広く導入されている米国エシュロン社の開発した LONWORKS 通信システムは，CEN TC247 WG4 にて下記の項目に対して ISO/IEC のジョイント国際規格化を強力に推進している．

① EN 14908-1　プロトコルスタック
② EN 14908-2　ツイストペア通信
③ EN 14908-3　パワーライン伝送仕様
④ EN 14908-4　IP 通信

（b） KNXnet/IP プロトコル

プログラマブルコントローラ（PLC）の住宅・ビル向けの標準通信プロトコルとして欧州にて広く導入されている KNX 通信の IP ネットワーク対応として KNXnet/IP 通信が製品化された．この KNXnet/IP 通信規格を CEN TC247 WG4 にて EN 13321-1，EV 13321-2 として ISO/IEC のジョイント国際規格化を強力に推進している．BACnet と KNX 通信のゲートウェイにおけるマッピング規則が BACnet 2012 の Annex H5 にて規定されている．

8・1・4　スマートグリッドへの ASHRAE の活動状況

1 ASHRAE のスマートグリッドに対する委員会の構成

ASHRAE（American Society of Heating, Refrigeration and Air-Conditioning Engineers，米国暖房冷凍空調学会）にはスマートグリッドに関係する委員会が 2 つある．一つは SSPC135 委員会で，他の一つは SPC201P 委員会である．前者の SSPC135 は BACnet 規格の条項の維持，修正，追加を管理する常設委員会で，後者の SCP201P 委員会は後述の FSGIM（Facility Smart Grid Information Model）を審議，規格化を実現する委員会である．SSPC135 委員会は図 8・7 に示すように 13 のワーキンググループ（WG）にわかれて活動している．スマートグリッドに関連ある

8・1 需給家ドメインの概要

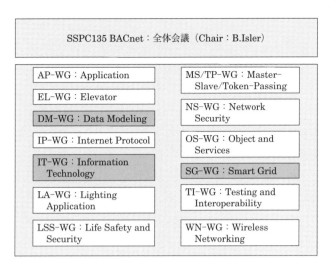

図 8・7 SSPC135 の WG 構成

のは，SG-WG（Smart Grid WG），IT-WG（Information Technology WG）および DM-WG（Data Modeling WG）の 3 つの WG である．

図 8・8 に SSPC135 とその WG，および SPC201P の ASHRAE における位置付けを示す．ASHRAE の技術委員会，常設委員会として SSPC135 とその WG および SPC201P がある．SSPC135 は図 8・7 の各 WG を統括する全体会議として位置付けられている．

2 ● SSPC135 のスマートグリッド関連 WG の活動概要

（a）SG-WG

SG-WG はビルなどの需要家側をグリッドの参加者とし，グリッド資源の状況からの需要家の負荷，分散電源，エネルギー貯蔵のそれぞれの状況を統括して，デマンドレスポンス（DR）信号，イベント内容，削減量，価格などを受信・応答して，適切な負荷の削減制御とエネルギー管理，報告を可能とすることを目指す．

（b）IT-WG

IT-WG は，BACS の構成を IP ネットワークフレンドリーな BACnet システムとして IP と BACS の融合，BACnet の IPv6 への対応，およびグリッド側と需要家施設間のスムーズな ICT（Web など）による BACnet 相互作用を目指す．

（c）DM-WG

DM-WG は，ネットワーク上の他のマシンへの複雑なデータモデルに対するフレームワークの発展を目指す．BACnet/WS（BACnet Web サービス）仕様をオープン自動デマンド応答（OpenADR）への拡張も検討する．

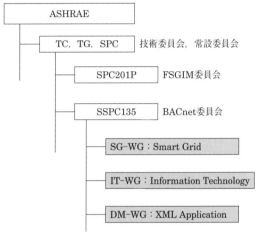

図 8・8 ISO TC205 WG3 の体制

293

3 SPC201P の活動概要

NEMA（National Electrical Manufacturers Association）と ASHRAE はスマートグリッドにおける需要家施設向け情報モデル FSGIM（Facility Smart Grid Information Model）の開発作業を協同して実施し，2016 年 5 月に ANSI/ASHRAE/NEMA 規格として公開された．

ASHRAE の SPC201P 委員会（委員長 Steven Bushby 氏，NIST）を中心に FSGIM 標準モデル作成の目的は，ビル，工場，住宅などの需要家において応用を可能とし，システムを制御する抽象的で目的指向の抽象情報モデルを構築することである．スマートグリッド（電力供給網）側からの通信に応じて需要家側の電力負荷と発電資源を管理制御し，また，需要家側の各種の電力負荷情報をグリッド側とサービスプロバイダに通信する．FSGIM は，ビル，工場，住宅などの需要家における制御システムとエンドユーザ機器間の共通情報交換の共通な抽象基盤を提供することを目指している．

8・2 BACnet の機能とファシリティ制御

8・2・1 BACnet の概要

1 ASHRAE と BACnet の変遷

BACnet（A Data Communication Protocol for Building Automation and Control Networks）は，1995 年に ANSI/ASHRAE 規格 135-1995（BACnet 1995 と略す）として米国で規格化され，その後の追加と変更が加味されて BACnet 2001，BACnet 2004，BACnet 2008，BACnet 2010 と変遷し，BACnet 2010 とその Addenda（追加規格）を含めて 2013 年に ANSI/ASHRAE 規格 135-2012（BACnet 2012 と略）に改定された．さらに，2015 年に BACnet とその Addenda を統合して ANSI/ASHRAE 規格 135-2016（BACnet 2016）にバージョンアップした．

BACnet は標準的なビル設備監視制御の共通通信プロトコルとして評価と実績が向上し，また 2003 年の ISO 化（ISO 16484-5）に伴い米国だけではなく欧州，日本，中国，台湾，韓国，オーストラリア，ロシアにおいて BACnet 適用製品の導入数が急速に増加している．特に日本においては導入案件が中大規模ビルを中心に急速に増え，BACnet 製品を供給する ASHEAE 登録ベンダ数は 60 社（2016 年 9 月現在，世界第 4 位，全世界で 917 社）になっている．

2 BACnet の目的

BACnet 2012 によれば「BACnet，すなわち ASHRAE building automation and control networking protocol は，暖房・換気・空調制御，照明制御，入退室制御，火災感知システムのようなアプリケーションに対して，ビルの自動制御システムの通信ニーズに特に対処するために設計されてきた．BACnet 2012 において BACnet プロトコルは「任意の機能を持つコンピュータ化装置が，それが行う特定のビルのサービスに関わらず情報交換を行い得るメカニズムを提供する（電気設備学会訳）」となっている．すなわち，ビルオーナやオペレータにとって，異なるベンダから提供された装置を 1 つの自動制御システムに統合し装置間のインターオペラビリティを成立させると同時にマルチベンダ環境で BEMS を容易に構築する環境を提供する．すなわち，マルチベン

ダ環境はベンダ間の競争を新設時，増設時などライフサイクルのいつの時点でも可能にし，またこの競争原理により最小のコストで最大機能の選択を実現する．これらのエンドユーザのメリットを確立することである．

3● BACnet の基本概念

BACnet では対象通信情報をネットワークにアクセス可能な抽象データ構造を持つ「オブジェクト」という抽象概念で包括モデル化する．また，ネットワークに接続されるデバイスを「オブジェクト」の集合体としてモデル化する．各オブジェクトは複数のプロパティにより構成され，特徴付けられている．これによりデバイス間の情報の交換（通信）はオブジクト内の必要プロパティ情報のサービス要素による交換となり，ネットワークビジブル（いずれのデバイスでも読める）な相互接続性を確保する．BACnet オブジェクトはプロパティ群によりデータが包括的に定義される．

アナログ入力，バイナリー入力などの標準オブジェクトごとにプロパティ群とそのデータ型，適合クラスが定義される．このプロパティの持つデータが発生時，要求時に BACnet デバイスにサービス（オブジェクトを目的に合わせて制御）により発信元から宛先の受信元に符号化データユニット（PDU）パケットとして送信され通信処理される．この相互運用性によりインターオペラビリティが実現する．図 8・9 にオブジェクト指向のプロトコル構成を示す．ネットワークを通じて複数の装置間にインターオペラビリティを確立することで，複数の装置間に関係する機能の実行が図られる．オブジェクト，サービス，PDU の概要を以下に記述する．

（a） BACnet オブジェクト

BACnet オブジェクトには基本入出力（I/O），デバイス特性，通告機能，ライフセーフティ（生命生活安全），複合機能，ファイル情報交換，その他に分類され，図 8・10 に示す 12 カテゴリ，54 種のオブジェクトが規定されている．さらに，BACnet 2016 では Binary Lighting Output, Network Port, Timer, Elevator Groupe, Lift, Escalator の 6 オブジェクトが新たに規定された．

（b） BACnet サービス

BACnet のオブジェクトに対してアプリケーションプログラムは，5 種のカテゴリ，36 種のサービスから成る BACnet 標準サービスの該当サービスの要求により，個々のオブジェクトのプロパ

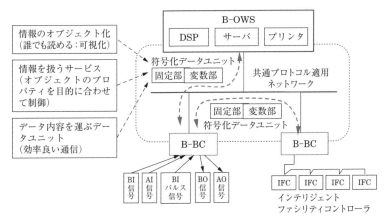

図 8・9 オブジェクト指向のプロトコル構成

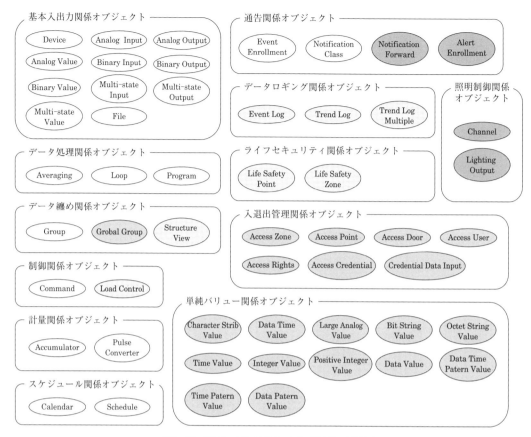

図 8・10 BACnet のオブジェクト（BACnet 2012）

ティの読出し，書込み，プロパティ値の変化時の通告要求などを行う．5 種のカテゴリの内容を以下に示す．

(1) アラームおよびイベントアクセスサービス
(2) ファイルアクセスサービス
(3) オブジェクトアクセスサービス
(4) リモートデバイス管理サービス
(5) 仮想端末管理サービス

（c） 符号化データユニット（PDU）

アプリケーションプログラムと BACnet サービスによる通信情報を，固定部と変数部から成るPDU にパケット化し，要求，指示，応答，確認のサービスプリミティブ交換として OSI 参照モデルの応用層からネットワーク層，データリンク層，物理層を経て通信する．

8・2・2 BACnet のスマートグリッドにおける役割と有効性

1 BEMS の基本構成

図 8・11 に 8・1・1 項にて解説した需要家ドメインを構成する BEMS の代表的構成例を示す．BEMS は IP 通信ネットワークを基幹 BA–LAN として中央装置（B–OWS），サブコントローラ（B–

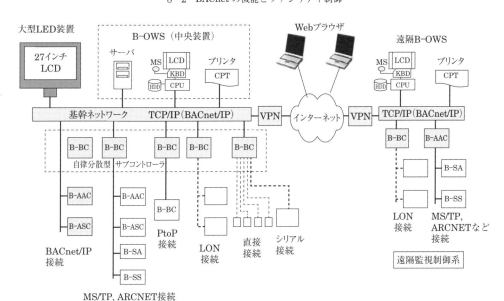

図 8・11　BACSのシステム構成例

BC），フィールド端末から構成される．また，オープンなネットワーク接続によりマルチベンダ環境システムを実現する．BEMSの基本構成，基本機能，アプリケーション機能などに対して，共通化，標準化などによるオープン化が計画サイド，ユーザ側より強く求められている．

　需要家ドメインのBEMSを構成するデバイス間（ネットワークが介在）のインターオペラビリティ（相互運用性）が確立して初めてデバイス間の情報の交換が可能となり，BEMSの持つ諸機能が実現できる．BEMSの基幹ネットワークにおいてデバイス間の通信環境をオープン化し，異なるベンダの提供する装置間のシームレスな通信の実現に大きく貢献するのが8・2・1節にて解説したBACnet通信プロトコルである．BACnetによるインターオペラビリティはデマンドレスポンス（DR）に対応した消費電力抑制サービスおよび電力計測・計量の報告サービスを実行する有効なツールである．

2　BACnetの役割と有効性

　スマートグリッドの需要家サイドのサービスインタフェースには，8・1・2項の表8・1に示すように多くの通信プロトコルが選択的に適用されている．需要家ドメイン内のサービスインタフェースはCT68が中心となる．CT68は需要家内のBEMSと設備間のインタフェースである，基幹ネットワークはBACnet/IP，フィールドネットワークはBACnet MS/TP，LONWORKS，PLCプロトコル，専用プロトコルおよび直引き線などが選択的に使用される．

　これらのプロトコルの中でBACnetは8・2・1項にて記述したようにオブジェクト指向構造で拡張可能な情報モデルを規定している．このBACnetの構造はスマートグリッドのサービスインタフェースに十分に協調でき，またスマートグリッドにおける情報モデル要素との類似性をすでに持っていると考えられている．米国ではASHRAEがNISTと組んでデマンドレスポンス（DR），OpenADRの通信および負荷の制限と監視，アラームとイベント処理の通信にBACnet，BACnet/WSの適用を積極的に推進している．ASHRAE，NISTではスマートグリッドの需要家サイドにお

ける BACnet の役割，有効性を下記のとおりとしている．

(1) BACnet はビルの BEMS に対して，機能性，接続性，拡張性，柔軟性などの有効性が世界的な実績により，すでに確立している．
(2) BACnet のオブジェクトは電力消費のモニタ，トレンド監視，需要における最小と最大の追跡が可能である．
(3) BACnet 負荷制御オブジェクト（LCO：Load Control Object）は BACnet システム内にて，負荷削減調整計画を実行し，負荷削減調整フィードバックを提示する．
(4) デマンド応答シナリオにおいて，DR に BACnet の基づく負荷削減調整（シェド）信号は BEMS にて受信され，BEMS の各サブシステムまたは実装されたプログラムに負荷削減調整を命令する．
(5) オープン自動デマンド応答（OpenADR）インフラストラクチャは DR 信号をユーティリティサーバ（アグリゲータ）からビルクライアントに通信する．BACnet/WS は DR 信号の相互作用に有効であり，非 BACnet システムに対しても拡張できる構造である．
(6) BACnet の拡張性，柔軟性が OpenADR への対応に向いている．
(7) BACnet ではアプリケーションインタフェース（API）の標準を開発中である．このアプリケーションインタフェースが 8・2・3 項で解説する FSGIM（Facility Smart Grid Information Model）の構築に有効である．
(8) ストラクチャビューオブジェクト（SVO）はマルチレベルの階層構成を可能とする．この階層構成が OpenADR やデマンドレスポンス信号による負荷制御に有効とされている．

● **8・2・3 FSGIM コンポーネントと BEMS の関係**

1 FSGIM の目的と範囲

　FSGIM の詳細は 5 章に記述済であるが，8 章の読者のために概要を記述する．すなわち，米国の NEMA（National Electrical Manufacturers Association）と ASHRAE はスマートグリッドにおける需要家施設向け情報モデル FSGIM（Facility Smart Grid Information Model）の開発作業を協同して実施した．ASHRAE の SPC201P 委員会を中心に開発し，ANSI/ASHRAE/NEMA Standard 201-2016 として公刊された．FSGIM 情報モデル作成の目的は，ビル，工場，住宅などの需要家において応用を可能としシステムを制御する抽象的で目的指向の抽象情報モデルを構築することである．スマートグリッド（電力供給網）側，サービスプロバイダ側からのデマンドレスポンス（DR）通信に応じて需要家側の電力負荷と発電資源を管理制御し，また需要家側の各種の電力負荷情報をグリッド側とサービスプロバイダに通信する．FSGIM は，スマートグリッド側，サービスプロバイダ側とビル，工場，住宅などの需要家における制御システムとエンドユーザ機器間の共通情報交換の共通抽象基盤を提供する．

　FSGIM は，需要家のエネルギー管理とサービスプロバイダ間の相互運用性（インターオペラビリティ）を支援する一連のオブジェクト情報とアクションを規定する．すなわち，この抽象情報モデルの対象となる機能の対象は下記の 9 種である．

　　　　需要家発電管理　　　　　　　　負荷削減能力予測

デマンドレスポンス（DR）　　末端負荷モニタ（サブ計測）
電力貯蔵　　　　　　　　　　エネルギー消費データ管理
ピーク需要管理　　　　　　　直接負荷制御
需要電力使用予測

2 FSGIMのユースケースとコンポーネント

　SPC 201PはEISアライアンス（Energy Information Standards Alliance）によるUC1〜UC19の一連のユースケースを採用した．ユースケースは施設側（需要家）とサービスプロバイダ間の相互作用のシナリオを規定し，シナリオを実行するための必要な処理と情報に対するアクタを規定する．さらに，施設内にて必要な負荷制御や負荷予測のための情報を処理する．これらのユースケースをUML（Unified Modeling Language）で記述して，FGSIMの抽象概念モデル化を行う．モデル化には**表8・2**のコンポーネントを対象としている．SPC201Pではさらに表8・2のEMをエネルギーサービスインタフェースとしてのESI EMと内部管理のLocal EMに分割した．また，複数の電源ソース（発電装置他）から負荷にいたる電力接続条件を記述するエネルギールータ

表8・2　抽象モデル化コンポーネント

エネルギーマネージャコンポーネント	EM	負荷，電力ソース（発電・蓄電），メータおよびESI（Energy Service Interface）間の施設運用のための交換情報を定義．
発電コンポーネント	GC	発電設備，蓄エネルギー設備情報を定義．
負荷コンポーネント	LC	エネルギー消費負荷設備の情報を定義．
メータコンポーネント	MC	メータの情報を定義．
気象コンポーネント	WC	気象情報を定義．

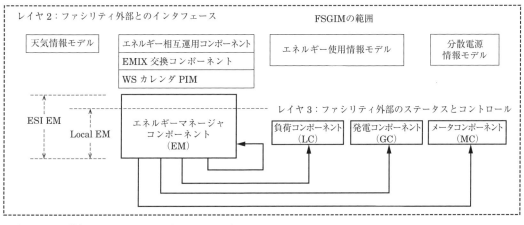

図8・12　FSGIM需要施設モデル

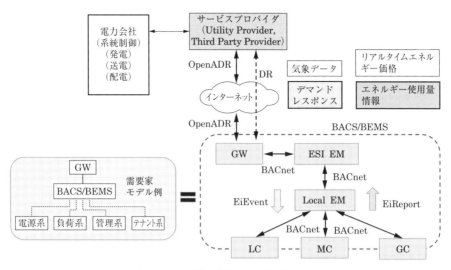

図8・13 BEMSのトポロジーダイヤグラム

(Energy Router) を加えた．5章の図5・4にて記載されているが，**図8・12**にFSGIMにて示す需要施設モデルを再掲する．各コンポーネントを関連付けて統合したトポロジーダイヤグラムを作成する．

3 ● BEMSのトポロジーダイヤグラム

図8・13にOpenADRに対応するサービスプロバイダとBEMSの関係を，FSGIMの表8・2に示した抽象モデル化コンポーネントを用いたトポロジーダイヤグラム表記例により示す．DR信号はインターネットを経由してBEMSのGWがESI EMとリンクする．GWとESI EMはシングルボックスゲートウェイを構成し，ビル内の各コンポーネントに対してアグリゲーション機能を持つ．すなわち，ESI EMはLocal EMを通じてLC，MC，GCのコンポーネントと連携する．BEMSはBACSと同等であり，BACSのエネルギー管理機能を強化している．

通信データ規定としてのOpenADRは，サービスプロバイダからGW，ESI EM，Loacl EMを経てLC，MC，GCまでカバーする．実際の各コンポーネント間のDRに対する通信プロトコルはBACnetの適用が実用的である．

● 8・2・4 BEMSにおけるDRの発動と実行のプロセス

1 ● DR発行と実行の概要

グリッド側よりの全体電力供給量に対して，需要全体が増加またはグリッド側の供給量の低下でグリッドの供給能力に対して危機的状況になった場合に，エネルギー供給者（サービスプロバイダ，アグリゲータ）からデマンドレスポンス（DR）がOpenADRにより図8・14に示す需要家側のESI EMに対してDRイベントとして発行されて，需要家側は契約したPDP（Peak Day Pricing）制度などのインセンティブに従って，節減可能負荷を制御して負荷の消費電力の節減制御（ピークカット，ピークシフトなど）を計画し実行する．PDP契約は，DRイベントの受信のない平常時は電気料金を安く設定し，DRイベントが発行されると電気料金を高く設定する．した

がって，DR イベント発行時は需要家に使用電力を抑制するインセンティブが与えられる．DR イベントによる負荷削減要請（DR プログラムへの参加・不参加）を需要家の管理者の承諾（Opt-In）（不承諾は Opt-Out）段階を経て実行段階に展開する．DR イベントの発行は，実行時期が翌日型，当日型，ファースト型があり，契約に従い実施される．

　エネルギー供給者からの DR イベントの DistributeEvent が発動され需要家側で承認して具体的に節電制御の準備をするイニシエート（Event Initiation）と，エネルギー供給者からの DR イベントの Active が発動されて具体的に節電制御を実行するエグゼキュート（Event Excution）のステップがあり，以下にその概要を記述する．イベント発行時のイニシエートとエグゼキュートの FSGIM 規定による詳細は 5 章の 5・2・1 項を参照のこと．

2 イニシエート

　イニシエートは，エネルギー供給者からの DR イベントの DistributeEvent 発動を取得して DR イベントによる節電制御の開始のための準備プロセスである．図 8・14 に OpenADR 2.0 によるイベントイニシエートフローを示す．エネルギー供給者の ESI EM へ発動された DistributeEvent の取得（イベントゲット）し DistributeEvent に含まれるイベントプラン（イベントスケジュール，イベント時期と継続時間，インターバル，削減量）の Local EM などへの転送，イベント発動後の需要家施設のイベントポリシーなどの関連情報の入手と Local EM への転送，需要家のイベント対象日の需要予測，需要家の DR イベントによる削減計画と削減量の集計と承諾（CreateEV）のステップである．削減計画と削減量の集計には BEMS の機能が大きく関わる．DR による目標節減量に対する具体的負荷節減スケジュールの実行手前の DR イベントの通告，実行，完了のタイミングを図 8・15 に示す．図 8・15 の Far State までがイベントイニシエートのステップとなる．FSGIM においての OpenADR Payload のイベント通信データは OpenADR 2.0 で規定された情報

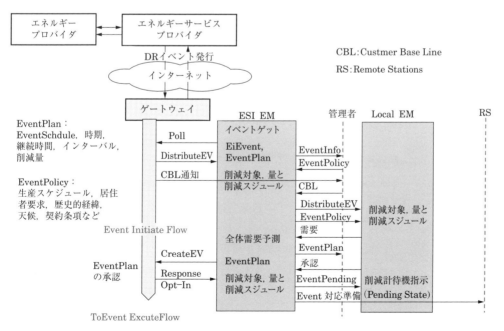

図 8・14　DR イベントイニシエートフロー

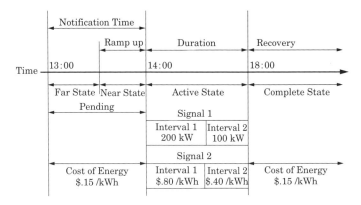

図 8・15　Event Timing Program

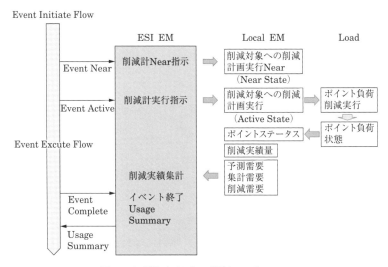

図 8・16　DR イベントエグゼキュートフロー

モデルであるために，OpenADR Payload としてそのまま使用できる．

3 エグゼキュート

　エグゼキュートはイベントイニシエートに準備された負荷節減制御の実行プロセスである．エネルギー供給者の ESI EM へ通知された DR イベントの実行開始を示す Active 信号によりイニシエートで定められた時刻で Far Stage から Near State になり，イベントプランの具体的負荷節減スケジュールが予定プランの時間帯にて Active Stage として削減対象となる負荷コンポーネント（LC）に対して実行される．各 LC に対しての削減量はイベントイニシエートステップにて LC に割り当てられている．図 8・15 に示す Signal 1 の Interval 1 と Interval 2 の削減量が，BEMS の Local ESI と LC により Signal 2 のコスト計画に基づき負荷削減される．負荷削減制御の実行と削減量の計量には BEMS が大きく関わる．また，BACnet プロトコルは負荷削減制御の実行と削減量の計量に対しての有効なツールである．図 8・16 に DR イベントエグゼキュートフローを示す．実行が終了して，実行前の状態に復旧し実行節減量をサマリーする Complete Stage である．

●8・2・5　BEMS の BACnet による負荷制御

OpenADR による負荷の節減の目標は，FSGIM では削減パーセント，目標レベル（Lebel）あるいは負荷削減量（Quantity）で指示される．図 8・15 の Near State から Active State の削減時間帯にて負荷削減を実行する．エグゼキュート段階の負荷節減制御の実行のためには 8・2・1 項にて解説した BACnet のオブジェクトとサービスの適用が有効である．**表 8・3** に適用オブジェクトと適用プロパティの一覧を示す．DR イベントに対して，BACnet のオブジェクトとサービスの適用によるファシリティに対する負荷節減制御，計測・計量を以下に記述する．

1●Load Control Object（LC オブジェクト）

Load Control Object は BACnet 2012 の 12.28 節にて規定され，BACnet 負荷制御（LC）オブジェクトと訳されている．DR イベントにより決められた時間帯の要求負荷削減目標が指示されると，要求シェド（削減）レベル（RSL），シェドタイム（ST），シェド期間（SD）を決定して，削減待機から削減準備状態を経て要求された削減量の実行（Shed Level Action）を対象負荷に指示し，制御遷移の実行により要求量が到達すると達成完了を報告する．

図 **8・17** に LC オブジェクトと負荷制御の関係を示す．図 8・17 の図中に LC オブジェクトの主要プロパティ構成と適用データ例を示す．エネルギーサービスプロバイダと B–OWS のインターネットを介在した情報の交信は図 8・14 と図 8・16 の更新内容の要約である．図中の WP と RP はオブジェクトに対する Write Property サービス（Property データの書込み），Read Property サービス（Property データの読取り）の略である．ESI EM としての B–OWS が DR イベントを受信し，LC オブジェクトにて DR イベント内容を対応する．対応結果の負荷削減量（パーセント，レベル，kW ベースのいずれか）から負荷削減計画をイニシエート段階にて立て，Local EM としての B–BC を経由してスケジュールオブジェクト（Shc.O），バイナリー出力オブジェクト（BO），アナログ出力オブジェクトにより**表8・4**に示す負荷節減制御をエグゼキュートの段階にて実行する．

表 8・3　適用オブジェクトとプロパティ

適用オブジェクト	適用プロパティ
AI：アナログ入力	PV：プレゼントバリュー
ACC：計量入力	
TL：トレンドログ	Start Time, Stop Time, LogInterval, TimeStamp, LogDeviceObjectProperty
TLM：トレンドログマルチプル	
LC：ロードコントロール	RSL：Requested Shed Level ST：Start Time SD：Shed Duration DW：Duty Window ShL：Shed_Level
AO：アナログ出力	PV：プレゼントバリュー
スケジュール	例外スケジュール
カレンダ	
電力デマンド監視	PV：プレゼントバリュー
電力デマンド制御	PV：プレゼントバリュー

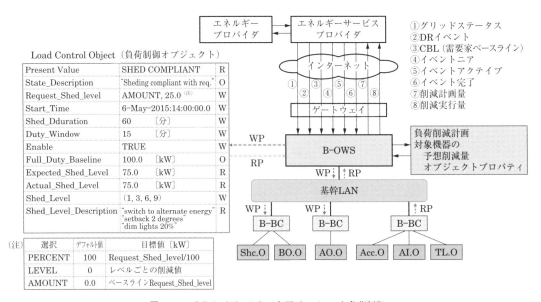

図 8・17 LC オブジェクトの主要プロパティと負荷制御

表 8・4 DR イベントによる負荷制御

		B-OWS（部分的にB-BC）	B-BC	負荷端末	適用オブジェクト	適用サービス
レポート	計測・計量データ収集	←ESI EM←Local EM←	GC / MC	RS / RS	AIオブジェクト ACCオブジェクト TLオブジェクト TLMオブジェクト	PVのRP, RPM PVのRP, RPM Start Time, Stop Time LogInterval, TimeStamp LogDeviceObjectProperty
DR	電力負荷節減	←ESI EM←Local EM←	LC	RS	LCオブジェクト （Shedレベル）	RSLのWP STのWP SDのWP
DR	空調負荷節減	←ESI EM←Local EM←	LC	RS	AOオブジェクト （設定値変更）	PVのWP
DR	電力負荷シフト	←ESI EM←Local EM←	LC	RS	スケジュールオブジェクト （設定値変更）	ES（例外スケジュール）の変更 CLオブジェクト
DR		←ESI EM←Local EM←	GC	RS	LCオブジェクト （Shedレベル）	RSLのWP STのWP SDのWP
デマンド監視・制御	ピークカット	WH→Local EM→ESI EM→	LC	RS	電力デマンド監視オブジェクト 電力デマンド制御オブジェクト	PVのRP イベント通告 PVのWP

（注）RS は BEMS のリモートステーションの略で設備および機器側と状態，制御，計測・計量の入力，出力情報を直接に取り合う．

2　Schedule Object（スケジュールオブジェクト）

Schedule Object はカレンダオブジェクトと併せて使用される．BACnet 2012 の 12.2 節にて規定され，基本的には Week_Shedule（週間スケジュール）であり，空調機などの運転なら，1 週間の曜日ごとに起動時刻と停止時刻を指定する．実際には，さらに祭日や特別日などの例外日指定が必要である．

BACnet は，これらの機能をスケジュールオブジェクトとカレンダ（CL）オブジェクトの組合

せで実現する．Local EM としての B–OWS においてスケジュールを設定し，負荷コンポーネント（LC）にて実行する．したがって，DR イベントにより負荷を節減せず，負荷の少ない別の運転時間帯にシフトする場合は，前日または当日に対象設備の運転スケジュールを Exception Schedule（特別日スケジュール）に要求された時間帯へ優先スケジュールにオペレータ操作あるいはプログラム操作で変更する（表 8·4 の DR と電力負荷シフトを参照）．

3 Analog Output Object（アナログ出力オブジェクト）

Analog Output Object は BACnet 2012 の 12.28 節にて規定され，空調機の供給空気温度や室内温度を Local EM としての B–OWS から設定し，負荷コンポーネント（LC）にて設定値変更を実行する．DR の要請を請けて，空調負荷軽減のためにオペレータ操作あるいはプログラム操作で設定値の現在値（PV）を Write Property（WP）サービスで書換え変更する．空調負荷軽減の結果として電力消費量の節減となる．

4 電力デマンド監視オブジェクトと電力デマンド制御オブジェクト

電力デマンド監視オブジェクトと電力デマンド制御オブジェクトは電気設備学会の BACnet システムインターオペラビリティガイドライン（IEIEJ–G–2006–006）にて規定された．DR イベントによる制御とは異なり，日常の最大需要電力監視とデマンド制御，いわゆるデマンドコントロール（デマコン）である．500 kW 以上の需要家の 30 分間インターバルにて需要電力量計からのパルスを受信し，30 分後の需要電力を予測し，契約電力を超過しないようにモニタし，超過時には 16 段階のレベルにて負荷節減制御を実行する（表 8·4 のデマンド監視・制御，ピークカットを参照）．

5 Structure View Object（SVO）

Structure View Object（SVO）は BACnet 2012 の 12.29 節にて規定され，参照する下位の複数オブジェクトを保持するコンテナを提供する標準化オブジェクトを規定する．複数のオブジェクトが階層的に構成される設備などに対する DR による制御に有効とされる．

6 EM での計測・計量データ収集

サービスプロバイダへの EiReport には，表 8·4 における ESI EM である B–OWS は負荷端末 RS に入力されるメータコンポーネント（MC）としての各設備機器の電力，電力量，電流，電圧，周波数などの計測・計量情報がある．Local EM としての B–BC は当該の AI オブジェクトとアキュムレータ（ACC）オブジェクトの現在値を Read Property（RP）サービスまたは Read Property Multiple（RPM）サービスにより収集（Collection）する．これにより対象設備や管理目的に応じて集積（Aggregation）して分類，表現して計測・計量の EiReport をエネルギーサービスプロバイダに対して実行する．計測，計量のインターバルデータはトレンドログの TL オブジェクト，マルチプルトレンドは TLM オブジェクトにより EiReport を実行する（図 8·17 の ⑦，⑧ および表 8·4 を参照）．

8・3 BEMSのスマートグリッド対応機能

本節では，BEMSから見たスマートグリッド対応機能について，BEMSを中心としたスマートグリッド関連のオープンプロトコルの概要，BEMSのエネルギー管理機能，BEMSのスマートグリッド対応機能と，BEMSを取り巻くスマートグリッド関連標準の位置付けについて記述する．

● 8・3・1　BEMSのオープン化動向とスマートグリッド

スマートグリッドは**図8・18**に示すように，IEEE 2030のモデルではBulk Generation, Transmission, Distribution, Operation, Markets, Service Provider, Customerの7つのセグメントで定義されている．このモデルのCustomer（以降，需要家という）の一つとして建物が存在する．ある一定規模以上の建物にBEMSが設置されるケースが多い．したがって，BEMSはこのモデルの需要家内の設備

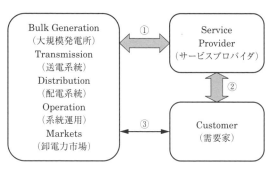

図8・18　IEEE 2030モデルの需要家中心の構造

として位置付けられる．以降では需要家をBEMSが導入された建物という意味で使用するものとする．

需要家から見たとき，需要家以外の6つのセグメントとの情報のやり取りは図8・18の②，③が考えられる．③はDistribution, Operation, Markets（以降，系統サイドという）からの直接の需要家とのコミュニケーションを示している．しかし，日本での実際のアグリゲータのモデルでは，サービスプロバイダの位置にアグリゲータを位置付けて，系統とのコミュニケーションは①のパスでアグリゲータが実施し，その情報をベースとして②のパスで需要家とコミュニケーションを行うモデルとなっている．以上を踏まえて，本項では図8・18の①，②を対象とする．さらに，図8・18の構成からもわかるように，スマートグリッドに対応するということは，系統は多くのサービスプロバイダを，また各々のサービスプロバイダは多くの需要家内のBEMSを対象とするということを意味している．さらにBEMSから見ると，多くのサービスプロバイダとのコミュニケーションを求められる．以上から，効率良くスマートグリッド対応BEMSシステムを構築するには，系統サイドとサービスプロバイダとのコミュニケーションも含めて極力共通な基盤を使用することが望ましい．この共通な基盤をオープン化または標準化と呼ぶこととする．以降，スマートグリッド対応BEMSの観点に立ってのオープン化の動向を，OpenADR 2.0b, BACnet, FSGIM, BACnet W/Sについて述べる．ここでは個々の標準の詳細ではなく，BEMSから見た位置付けを中心に記述する．

1 ● OpenADR 2.0b

OpenADR 2.0bとデマンドレスポンスについては7章にも詳述されているが，ここでは本節の読者にOpenADR 2.0bの概要を紹介する．すなわち，米国で2000年，2001年に発生したカリフ

表 8・5 OpenADR 2.0b のサービス概要

サービス名称	概　要
EiRegisterParty (登録)	VTN に新規の VEN を登録し，メッセージ交換に必要な情報を相互に交換して登録する．
EiEvent (DR イベント)	VTN が VEN に DR イベントの通知，通知内容変更，キャンセルを行う．イベントの有効期間やイベントの内容を示す．イベント内容には，価格情報，負荷削減量の割り当て，負荷制御，蓄電池制御など多様な種類が定義されている．
EiReport (報告・フィードバック)	VTN と VEN 間で電力消費量や電圧などの測定結果の瞬時値や累積値を報告する．報告に先立ち，各々の報告能力の情報を相互に交換する．
EiOpt (受諾・変更)	VEN が VTN に DR イベントに対する受諾・拒否や，スケジュールを伝達する．

ォルニア州の電力危機を契機に検討が開始され，2010 年に OpenADR Alliance ができ，その中で ADR（Automated Demand Response）を実現するための系統サイドと需要家サイドの標準化のそれまでの様々な検討結果を引き継ぐ形で，2013 年に OpenADR 20.b がリリースされた．OpenADR 2.0b は OpenADR Alliance のいわゆるデファクトスタンダードであるが，2016 年に IEC に提案され，グローバルスタンダード化の動きが開始された．一方日本では，経済産業省のデマンドレスポンスタスクフォースで議論が重ねられ，2013 年度に OpenADR 2.0b のサブセットを定義した「デマンドレスポンス・インターフェース仕様書（1.0 版）」が公開され，実証実験が開始されている．

OpenADR 2.0b は VTN（Virtual Top Node），VEN（Virtual End Node）の 2 つの Node を定義し，VTN から VEN にデマンド要求をし，それに VEN がレスポンスするという構造の上で各種の機能を定義している．VTN は系統サイド，VEN は需要家サイドとしてみると理解しやすい．また，サービスプロバイダは，系統サイドに対しては VEN として機能し，需要家サイドに対しては VTN として機能する．**表 8・5** に OpenADR 2.0b のサービスの概要を示す．表中のサービス名称の EiRegisterParty，EiEvent，EiReport，EiOpt は OpemADR 2.0b 内の言葉をそのまま使用している．

2 BACnet

BACnet の概要は 8 章 8・2 節にて記述されている．ここでは BACnet の発展と構造の概要と具体的なデバイスとプロトコルへの展開を中心に記述する．BACnet は 1995 年に ANSI/ASHRAE Standard 135-1995 として公開された，主として BEMS の設備の監視・制御のための標準である．ASHRAE の SSPC（Standing Standard Project Committee）135 という委員会にて継続的に内容の追加・改善などの管理が行われている．2016 年には BACnet 135-2016 が公開された．また，2003 年に ISO 16484-5 として ISO 規格になっており，この ISO 規格も BACnet 135-XXXX に対応して更新される仕組みとなっている．ASHRAE の SSPC135 委員会には日本からも電気設備学会からリエゾン参加して，日本で必要となる機能の提案などを行ってきている．日本でも BACnet に対応した BEMS のデバイスがベンダから供給されており，BEMS のマルチベンダシステムの構築に貢献している．

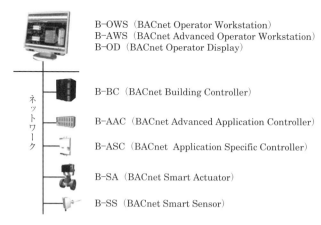

図 8・19　BACnet 135-2012 における BACnet Device

Figure 4-2. BACnet collapsed architecture

□：BACnet で独自に定めたプロトコル

□：多くの BACnet Device で採用されている Data Link，Physical 層

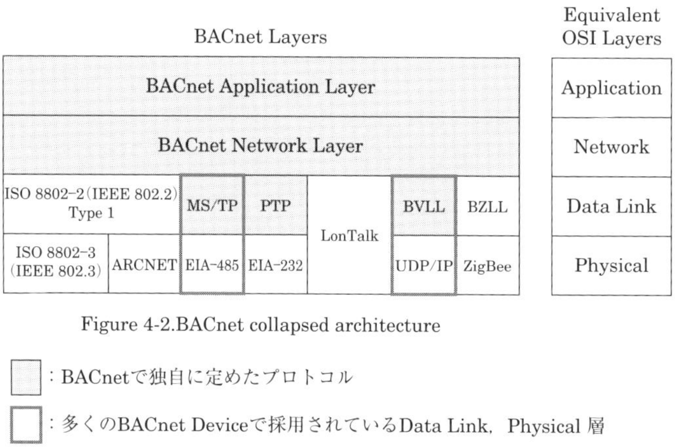

図 8・20　BACnet のプロトコル階層

　BACnet は図 8・19 に示す 8 種類の BACnet デバイスを定義し，そのデバイス間で交換するデータとデータの交換方法，さらに交換するときのプロトコル階層を定義している．データをオブジェクトとして，BACnet 135-2012 では 54 種類のオブジェクトを定義している．データの交換方法をサービスとして定義している．さらに，オブジェクトはベンダがデバイス内でどのように実装するかについては言及はなく，ネットワーク上の振る舞いとしてオブジェクトの動作を規定している．

　BACnet のプロトコル階層を図 8・20 に示す．ISO の OSI 7 階層モデルに対して，4 階層モデルとなっている．ここでキーとなるのは，OSI の Network レイヤが BACnet では BACnet で独自に定めた BACnet ネットワークレイヤとして定義されているという点である．BACnet の議論が始まった 1980 年後半は，いわゆるインターネットに代表される IP ネットワークが，まだ未発達だったという歴史的背景もあって，MS/TP からスタートした経緯があり，その後 IP ネットワークに対応するために BACnet I/P を定義したが，それまでの MS/TP を含めた階層構造との互換性を重視して BVLL（BACnet Virtual Link Layer）を定義し，UDP/IP 上での通信を可能とした．しかし，UDP/IP をデータリンクレイヤ以下の層と位置付けて，ネットワークレイヤが BACnet で独自に定めた BACnet ネットワークレイヤとなっているために，広く普及しているルータなどが

持っているルーティング技術，セキュリティ技術などの汎用的な IP 技術，機器をそのまま利用できないということが生じている．このことは IP ネットワークの爆発的発展に伴い弊害が大きくなりつつあり，SSPC135 でもこの解決に向けて議論を進めている．

3 FSGIM

FSGIM は 5 章と 8 章 8・2・3 項に記述されているが，ここでは本節の読者に FSGIM の概要を紹介する．すなわち，OpenADR 2.0b を想定した，系統側からの需給調整要請に対するビル内の情報モデルを定義したものである．ASHRAE の SPC201P で議論され 2016 年に ASHRAE/NEMA SPC201P として公開され，続いて ISO 17800 として ISO TC205 で CD（Committee Draft）提案がなされ，ISO 化が進められている．この FSGIM はデータモデルであり，データとその振る舞いは定義しているが，そのデータの交換の方法は定義していない．したがって，FSGIM で定義したデータの交換方法に関しては別途，実装仕様の標準化が必要であるということを意味している．また，データモデルを定義することは，このデータを使用するアプリケーションが共通のデータ認識の上で構築できるので，効率良く，また流通性の良いものができるということを意味している．

FSGIM は Meter，Load，Energy，Manager の 4 つのコンポーネントを定義し，各々のデータモデルを UML（Unified Modeling Language）を使用してユースケースとデータモデルを定義している．UML を使用して，自然言語での表現の曖昧さを極力排除している．

4 BACnet/WS

BACnet/WS（BACnet Web Service）は BACnet を議論している ASHRAE の SSPC135 で，BACnet の持つインターネット経由の情報交換の課題を解くために規程されたものである．BACnet は，そのネットワークレイヤが図 8・20 に示すように BACnet 独自の BACnet ネットワークレイヤとなっており，ネットワークセキュリティも含めてインターネットを経由した情報の交換に課題があった．2016 年 1 月に ANSI/ASHRAE 135-2012 の Addendum 135-2012am として規格化された．この BACnet/WS は Web の設計思想の一つである REST（Representation Sate Transfer）で設計されており RESTful と呼ばれている．これによっていわゆるインターネットに限らず，ビル内の設備の監視・制御・管理システム以外の各種情報システムとのデータ交換も可能となる．BACnet/WS は BACnet という言葉が付いているが，いわゆる BACnet とは全く異なるものとなっている．したがって，BACnet と明確に区別するために BACnet/WS という言葉を使用している．

8・3・2 BEMS のエネルギー管理機能

BEMS は図 8・21 に示すようにビル内の設備の監視・制御・管理機能を持っている．BEMS はビル内の設備機器に対して，起動・停止の信号が組み込まれた制御アルゴリズムに従って実行する制御機能と，操作者が自らの判断でマニュアルで操作する機能を有している．さらに，ビル内の設備機器の状態の監視機能や，消費エネルギーの管理機能などを有している．ビル内の設備をここでは大別して，需要設備，発電設備，蓄電・蓄熱設備として捉える．需要設備は，熱源設備，冷房・暖房などの空調設備，照明設備，エレベータなどの昇降設備などのエネルギーを消費する設備であ

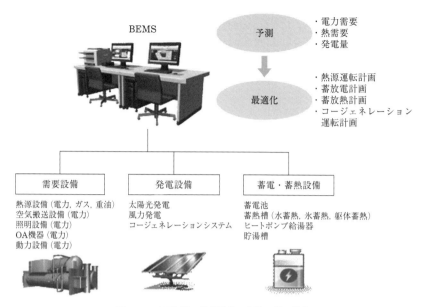

図 8・21 BEMS の設備監視・制御・管理機能

る．発電設備は，太陽光発電，風力発電，コージェネレーションシステムのようなエネルギーを生み出す設備である．蓄電・蓄熱設備は，蓄電池，蓄熱槽，貯湯槽などのエネルギーを蓄える設備である．BEMS は，これらの設備機器を予測制御，最適制御も含めて省エネルギーを実現するための様々な機能を有したシステムとなっている．

8・3・3　BEMS のスマートグリッド対応機能

スマートグリッドという観点から見ると，系統サイドからの需給調整の要求に実際の設備を制御して応えるという機能が，BEMS のスマートグリッド対応機能の主なものとなる．需要予測，使用状況のレポートも重要な機能の一つであるが，ここでは電力負荷制御機能に絞って説明する．BEMS におけるデマンドレスポンスの発動と実行のプロセスについては 8 章 8・2・4 項を参照のこと．

図 8・22 に BEMS の電力負荷制御機能を示す．ここでは，電力抑制機能を仮に，ベースカット，ピークシフト，ピークカットの 3 つにわけて記述する．

① ベースカット　BEMS による効率的運転により全体での使用エネルギーを削減するもので，いわゆる省エネルギー制御といわれるものである．具体的な機能としては，タイムスケジュール，最適始動・停止，設定値管理，間欠運転，熱源台数制御，照明制御などがある．これらの機能は居住環境は維持して省エネルギーを実現するものである．このベースカットはスマートグリッドの受給調整とは無関係に普段の省エネルギーとして行われるものである．

② ピークシフト　1 日の電力の使用パターンは一般商用ビルでは多くが昼過ぎに使用量のピークになる．このピークをシフトして，ピークを低く抑える機能がピークシフトである．一般的には翌日の負荷を各種の手法で予測して，それに見合うエネルギーを蓄熱槽などに夜間に蓄積しておき，その蓄積したエネルギーを昼過ぎのピーク時に放熱して使用する．具体的には，冷房でいえば蓄熱槽に夜間電力で熱源を稼働して冷水を蓄え，それを昼過ぎのピーク時に使用する．または，朝に冷房システムを多く稼働させて躯体そのものを強制的に冷やし

8・3 BEMSのスマートグリッド対応機能

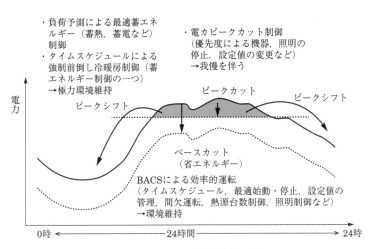

図 8・22 BEMSの電力負荷抑制機能

て，ピーク時の冷房負荷を低減することによってピークを抑える．夜間蓄熱によるピークシフトは，安い夜間電力を使用することによってトータルのエネルギー料金を抑えることが目的であったが，スマートグリッドの受給調整対応にも使用可能な方式であると思われる．

③ ピークカット　あらかじめ設定したピークを超えないように，稼働機器を操作して，使用電力を抑える機能である．あらかじめ優先度を決めておいて，その順番に機器を停止させる，照明を消す，設定値を変更するなどの制御を行う．本来は動作していなければならないものを停止させるので，居住環境の低下は避けられない．本機能は，電力会社との契約電力をオーバしないように，または契約電力を極力下げるためのものなので，目標は契約電力量をベースとしていた．この機能の応用形として，目標値を系統サイドからの受給調整値とすることで，受給調整対応の機能が実現できる．

以上，電力の代表的な1日の使用パターンを例として，BEMSの電力負荷制御機能を述べてきたが，このほかに手動での調整も機能の一つである．BEMSには，あらかじめ登録してある機器を一度の操作で起動・停止する機能がある．建物の規模が大きくなるに従って機器の数も膨大となり，系統からの，いわゆるFast DRへの対応はBEMSのこの一括操作機能が大きな役割を果たすと考えられる．

● 8・3・4　BEMSを取り巻くスマートグリッド関連標準

スマートグリッドにおいては，供給サイドは大きなエリアを管轄し，さらにサービスプロバイダは多くのビルとのデータ交換を行うことが前提となるので，これらBEMSのスマートグリッド対応機能はビルごとに異なる方式での実現ではなく共通の基盤の上で構築されることが経済的にも理に適っている．

図 8・23にBEMSを取り巻くスマートグリッド関連標準の位置付けを示す．図 8・23では，スマートグリッドのセグメントの構成を日本で実証試験，アグリゲータ事業などで実際に多くのケースでとられている構成としている．

系統サイドとコミュニケーションはサービスプロバイダとの間で行い，需要家とのコミュニケーションはサービスプロバイダが行うというモデルで，8・3・1項で述べた標準がどのように適用され

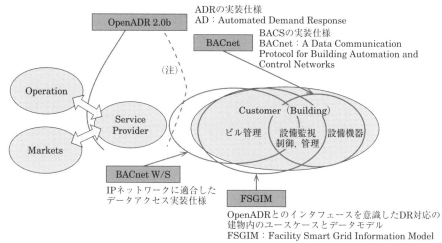

(注) この部分は既存のビルとの接続ということもあり，現状様々な方式で実現されている．

図 8・23　BEMS を取り巻くスマートグリッド関連標準の位置付け

るかを示している．

　OpenADR 2.0b は系統サイドとサービスプロバイダとの間のコミュニケーションの実装仕様として使用される．サービスプロバイダとビルなどの需要家の間は，すでに多くの実在するビルが各々の通信方式を持っているので，その方式に合わせた方式でサービスプロバイダが対応する．今後徐々に新規のビルなどの需要家が OpenADR 2.0b に対応するようになり，OpenADR 2.0b もサービスプロバイダとビルなどの需要家の間のコミュニケーション方式の一つとなっていくと想定される．

　一方，ビルの中を設備機器，設備の監視・制御・監視，ビル全体の管理という 3 つのレベルに分けて考えてみると，BACnet は設備の監視・制御・管理の部分に適用される標準であり，日本でもすでに多くのベンダから対応する BEMS が提供されている．

　FSGIM は OpenADR 2.0b を前提としたビル内のデータモデルであり，データとしてはビル管理，設備の管理のエリアに適用される．しかし，これはあくまでもデータモデルであり，このデータへのアクセス方法は別途標準化される必要がある．

　BACnet/WS はビルの外のインターネットを含めて，ビル内のビル管理，設備の管理エリアでのデータアクセスの標準として位置付けられる．FSGIM のデータモデルに従ったデータへのアクセス方法の一つとしても位置付けられる．

　以上，スマートグリッド対応 BEMS は，図 8・23 に示した標準の基盤の上で構築されることにより，より実効的，経済的な BEMS となる．

8・4　需要家の電力削減モデル

　近年，環境保全問題が世界的に取りざたされているなか，エネルギーの効率的利用が課題となっている．また，我が国では未曾有の東日本大震災以降，供給力維持の観点から電力エネルギー需要の大幅な抑制が求められてきている．そこで，日本型スマートグリッドを導入することにより，効

果的な電力削減を目指すことが提案されている．その切り札として，需要家側に設置する分散型電源である太陽光発電や燃料電池あるいは新型蓄電デバイスによる蓄電池装置などと電力系統を連系することにより，効率的な電力の潮流運用を目指すことが検討されている．

しかし，これらの新エネルギーの中でも太陽光発電の大量導入は，系統が不安定化になるなどの課題も挙げられる．また，分散型電源の急変による電力急増や不足，あるいは電圧変動などを制御する困難性も含んでいる．

そのため，双方向の通信機能を持つスマートメータやAMI（Advanced Metering Infrastructure）の導入が検討されており，AMIとデマンド管理装置の一体運用を行えば，さらに効果的電力削減が期待できる．その実現のためには，スマートグリッドを構成するサービスプロバイダへの電力需給情報の伝達が必須となる．ただし，これら情報に基づく電力抑制制御に必須となる技術として，需要予測の確立が求められている．つまり，需要を抑制する技術は，併せて需要予測の技術が必須となるためである．しかし，従来の時系列モデルを用いた予測は不確実性が高く，その精度においても実用上問題点があった．

そこで，需要予測にデータマイニングを使用し，需要に関する様々な要素を判断材料に加えることにより的確な予測を実現することが期待されている．

● 8・4・1　中小需要家の電力削減

1 ● 部門別エネルギー消費の動向とデマンド制御

図8・24に産業別最終エネルギー消費量の推移を示す．産業部門においては，第1次石油危機以降，その消費は横ばいとなっている．同部門は急激な発展を遂げているが，消費が増加していないのは工場など産業界でのエネルギー削減に対する相当な努力が行われており，「乾いたタオルを絞る」とも表現されるほど強い取組みが行われてきたためである．一方で運輸部門・業務部門・家庭部門において電力消費は拡大の一途をたどっており，特に民生部門の中に分類される業務部門と家庭部門の伸びは顕著である．したがって，業務部門に代表される中小需要家のエネルギー削減は急

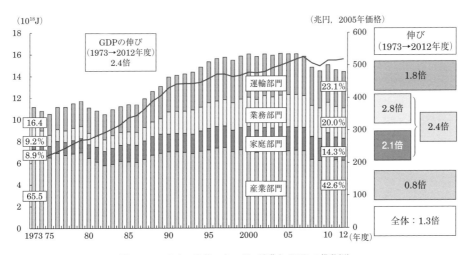

図8・24　日本の最終エネルギー消費とGDPの推移[13]

務となっている.

省エネルギーの観点から，供給者側の発電容量確保だけでなく需要家側の電力使用低減が不可欠となるが，これまで契約電力500 kW以上の大規模需要家を中心にエネルギー削減施策が進められてきた．電力需要が大きいほどその削減幅は大きいと考えられているからである．しかし，500 kW未満の中小需要家の件数は，500 kW以上のそれと比べ格段に多く，十分な電力削減の余地が残っている．したがって，中小需要家こそ，エネルギーの削減枠が多く残されている実態があるといえる．

しかし，デマンドレスポンスにおけるデマンド自動制御は需要家の負荷設備に対して制御を行うことから，多大なコストを必要とする場合が多く，中小規模の需要家に導入することは，効果の面から問題視されてきた．そこで，中小需要家に効率の良い方法として，デマンドの手動制御が提案[14]されている．

2 ● 中小需要家のデマンド制御

デマンド管理装置は，高圧需要家に設置されている電力量計（第4世代）から提供されるサービスパルスを介し，有効電力量情報を得る．その情報をもとに，デマンド管理装置の最大電力予測が行われる．

デマンド管理装置の予測は2段階方式で，目標値を超えることが予想されると注意警報を発し，最大電力が更新されることが予想されると限界警報が表示される．なお，計測装置と表示装置の間は，PLC（Power Line Communication）や特定小電力無線などで通信を行う．

30分間のデマンド予測法については次に示す方式を用いる．あらかじめ設定した目標とする電力値を目標電力値P_w〔kW〕とし，P_wをデマンド時限終了時の値としたデマンド時限内の経過時間における目標現在電力値P_tとすると，P_t〔kW〕は式(8・1)で表される.

$$P_t = P_w \times \frac{t}{t_d} \tag{8・1}$$

ここで，tは経過時間〔min〕，t_dはデマンド時限〔min〕を表しており，我が国は，$t_d=30$を適用している．

デマンド時限開始時から現在までの電力値を現在電力値P〔kW〕は，デマンド開始からのパルスカウント数をn，パルス定数をk_p，パルス変換器用ケーブルを接続する電力メータのVCT比をKとすると，

$$P = \frac{n \times K \times 60}{k_p \times t_d} \tag{8・2}$$

で表される．

デマンド時限が終了するときの予測電力値P_e〔kW〕は，Pを用いて次式で算出される．

$$P_e = P + t_r \frac{\Delta P}{\Delta t} \tag{8・3}$$

Δtはサンプリング時間〔min〕，ΔPはΔt時間のデマンド値増加分〔kW〕である．Δtは，デマンド時限開始から10分後までは5分間，10分から20分までは3分間，20分からデマンド時限終了までは1分間となる．なお，t_r〔min〕はデマンド時限時間と経過時間の差であり，

$$t_r = t_d - t \tag{8・4}$$

で求めることができる．

　現在電力値が，デマンド時限内における現時点での電力消費の積算値であるのに対して，現在電力値の更新間隔での瞬時的な瞬時電力値を基準にした時限後の予測瞬時電力値 P_m〔kW〕は次式で表される．

$$P_m = \frac{P_i - P_{i-1}}{t_n} \times 1\,800 \tag{8・5}$$

P_i は現時点での現在電力値〔kW〕，P_{i-1} は前回更新時の現在電力値〔kW〕，t_n は更新間隔時間〔sec〕を表す．これらの式により30分後のデマンド値を予測する．

● 8・4・2　デマンド手動削減による効果検証

　これまでデマンド抑制法について実運用に即した手法をまとめた例は少ない．そこで，デマンド自動制御導入例の少ない中小需要家に注目し，デマンド値測定の結果をもとに，各々の事例ごとに有効な対策を示す．

　先のデマンド管理装置を用い年間値を測定した結果，ピークの発生は夏場の特定日に集中していることが多い．本装置の警報発生により需要家が手動で負荷を約10分程度低減すれば，デマンド値が抑制できる結果となる．たとえば，警報発生時にエアコンの温度設定を10分間変更するだけで30分間のデマンド抑制効果が期待される．

　別の例として，図 8・25 に始業時間前にデマンドピークが発生した日負荷曲線の測定例を示す．この場合，業務開始時間（午前9時）より前にピークが出ている．解析の結果，出社した職員がビル全体のエアコンや OA 機器を一斉に起動した結果である．対策として，起動開始時間を8時からのデマンド時限と8時30分からのデマンド時限に分散させピークシフトを行うことによりピーク発生の解消がなされる．

　図 8・26 に，就業時間後にピークが発生した日負荷曲線を示す．18時から18時30分の間に負荷がかかっている．調査の結果，この需要設備ではタイマ起動により，夜型店舗とその立体駐車場の照明電源が一斉起動されたものである．低減対策として，タイマを回路分けすることによりピークシフトを行うことができる．以上より，デマンド管理を行うことにより「見える化」が図られれば，その対策は可能となる．

　また，図 8・27 に示す例として，従業員が出社する前にビル管理会社（部外者）が清掃ワックスがけのため，ビル内のエアコンを一斉起動した事例も報告されている．これは，需要家の従業員に電力消費状況の聴取をしても判明できず，調査に時間を要したが，デマンド超過発生をした日時を特定することで，詳しいヒヤリングが可能となり原因が判明した例であった．

　さらに，図 8・28 に示す例は夜間のベース負荷が多いケースである．夜間に利用者が不在の状況でも自動販売機が稼働している場合もある．また，利用しない OA 機器の稼働が原因で電力消費が増加している場合もある．特に，従来型の電気ポットが加熱を繰り返すケースも見受けられる．夜間の電力使用が多い場合は，デマンド夜間休日において不要な電源は OFF にすることで，ベース負荷の消費電力を低減することが期待できる．

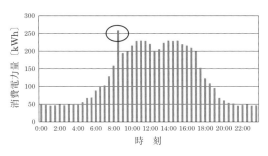

図 8・25　始業時間前にピークのある場合

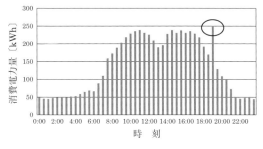

図 8・26　終業後にピークのある場合

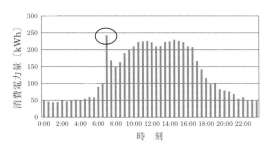

図 8・27　部外者の操作によるデマンド更新

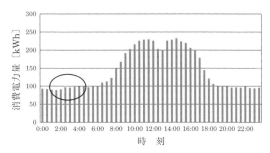

図 8・28　ベース負荷の多い例

8・4・3　AMI インタフェースを用いたデマンド管理

1　スマートグリッドと AMI インタフェース

スマートグリッドにおける需要家側設備は，再生可能エネルギーや負荷の変動を制御する電源，電力貯蔵の充放電制御装置などにより構成され，次世代の電力網と連系するものである．スマートグリッドに適用される AMI ネットワークは，需要家側機器の運転情報を積極的に利用して配電系統の運用制御を行うものであり，またスマートグリッドは従来の電力会社の電源と送配電系統との一体運用に加え情報処理技術の活用により分散型電源や需要家の電力利用情報を統合活用した電力供給システムの実現を目指すものである．図 8・29 にデマンド管理サービスの適用システムモデルを示す．電力ネットワークの監視・制御を行い，スマートグリッドを実現するためには，AMI の導入が必要となる．図 8・29 の需要家内のサービスインタフェースは 8・1・2 節の表 8・1 を参照して欲しい．

CT14 により AMI と BEMS が結ばれ，情報伝達が行われる．AMI は遠隔検針（30 分値，電力使用量，逆潮流値，時刻情報），遠隔開閉（電気料金対応）の情報を送受信し，具体的な機能としては，

・有効電力量（有効電力）
・無効電力量（無効電力）
・デマンド値（積算需要電力）
・電圧，電流
・トレンド（電力使用状況）
・周波数

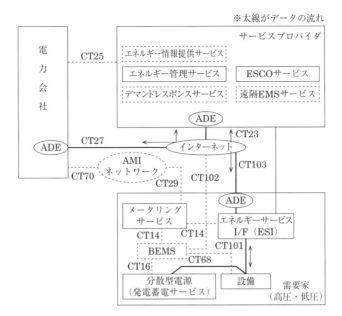

図 8・29 デマンド管理サービスの適用システムモデル

などの計測，表示を行う．

また，AMI の需要家への情報ルートとして以下が検討されている．

A ルート：電力会社経由
B ルート：AMI から直読
C ルート：第三者経由

ここで，瞬時的な電力情報を直接電力会社が需要家へ伝送する A ルートは実現の可能性が薄く，運用上 B ルートまたは C ルートになることが予想される．同時に，B ルートと C ルートには密接な近似性がある．情報ルートの定義とは，信号キャリアの物理的な伝達道を指す．つまり，第三者経由である C ルートの概念は，AMI のユーザインタフェースとなるデマンド管理装置（第三者が需要家に設置する）を経由した場合も含むと考えることができる．デマンド管理装置には第三者が開発した最大電力予測機能や需要家の電力消費表示機能を持つことから，C ルートはサービスプロバイダに代表される第三者が需要家に設置するデマンド管理装置を経由し，需要家側に情報伝達する場合も含む．

2● 需 要 予 測 法

電力需要を抑制するためには，電力需要予測を的確に行うことが必要となる．予測が高精度に行われたなら，ピークカットやピークシフトなどの方法によりデマンド制御が可能となり，需要抑制できることとなる．つまり，需要予測は，最大の需要抑制の鍵となる．

電力消費における従来の予測法として，時系列モデルを使用したものが多く見られた．この方法は過去のデータを関数にして，将来，同様の要素が加わった際に結果を予測するものである．関数は 1 次関数だけでなく，2 次，3 次関数で表現されることとなる．たとえば，線形関数近似では，

$$f_{(x)} = a_0 + a_1 x$$

$$f_{(x)} = a_0 + a_1 x + a_2 x^2$$
$$\vdots$$
$$f_{(x)} = a_0 + a_1 x + a_2 x^2 + a_3 x^3 + \cdots + a_p x^p$$

などの時系列モデル（図 8・30 参照）の次数やパラメータ a_1, a_2 を求めることにより，過去の需要曲線の変動から将来を推定することができ，同様に対数近似，指数近似では，

$$f_{(x)} = b + a \cdot \log(x)$$
$$f_{(x)} = b \cdot \exp(ax)$$

の式により，同じくパラメータを求め，将来の需要予測を導出する手法である．関数を用いる近似は，以上に示す線形近似，多項式近似，指数近似，対数近似などが代表的なものとなる．これらは一般的に，グラフ化が容易で感覚的な電力使用量の推移がイメージできる．特にデータに傾向や相関関係，一定の周期性などの特徴がある場合は有効な導出法である．

しかし，電力需要は上記や a_1, a_2, … に示す時系列モデルだけではなく，実際の運用を考慮した場合，図 8・31 に示す外的要素が重要なファクタとなる．

・気　候
・湿　度
・業務稼働率
・業務需要
・経　済
　その他

つまり，電力需要は乱数で決定されるわけではなく，一定の外的要因に基づいて規則性を持って変動している．さらに，突発的な要素も加味して電力需要は変化する．したがって，それらの要因について需要家の負荷設備や業務形態を考慮し，係数を与えることにより需要予測が高精度に可能

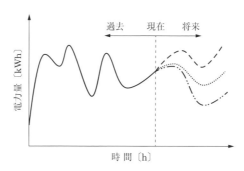

図 8・30　需要予測の時系列モデル

図 8・31　需要予測の時系列モデル

となる手法が提案[15]されている．

　具体的には，これらの要素を加味することのできる手法としてデータマイニングを用いた需要予測法が検討されている．データマイニングのモデル作成には，k近傍法やニューラルネットワークなどが一般的であるが，人間の感覚に合った処理過程を直感的に判断できる手法としてDecision Treeが有効である．

　スマートグリッドの本格導入が行われるにあたり，電力使用環境は大きく変わることが予想される．なかでも電力供給量の増大が見込めない状況下で，需要家側の電力有効利用と削減が鍵となっている．デマンド管理を行うことで，特にこれまでデマンド自動制御の導入が困難化されてきた中小の需要家においても，十分なデマンド抑制が可能であることを示した．また，AMIからの情報をもとに，外的要因も加味すれば的確な電力需要予測が可能となり，さらなる需要抑制ができる．このことは，需要家において一層のエネルギー有効利用と需要抑制が可能となる．

8・5　クラウド活用サービスと需要家協調型スマートグリッド

　本節では，BEMSのクラウドサービスに関する話題に焦点を当て，アグリゲータとネガワット取引，見える化や省エネサービスなどのエネルギー管理支援，また横浜スマートシティプロジェクト（YSCP）を例にデマンドレスポンスについて述べる．なお，YSCPのユースケースについては，3章3・3・1項1.に示している．

● 8・5・1　クラウドサービスとアグリゲータの概要

　電力需給バランス問題の解決方策として，電力の大口需要家に対する電力削減量（ネガワット）取引が注目されている．この需要家間のネガワット取引を地域単位で可能とするため，複数のビル群のエネルギー情報を集約して統合管理（アグリゲーション）するアグリゲータの実証実験が全国各地で始まっている．本項では，経済産業省が推進する実証事業の一つであるYSCPを例にしてアグリゲータの概要について説明する．

1●アグリゲータの概要

　YSCPでは，複数のBEMS（Building Energy Management System）導入済みのビルや，BEMSを導入していない中・小規模ビルを，クラウド技術を応用した統合BEMSを用いて一元的にアグリゲーションする．

　アグリゲータは，統合BEMSによりビル需要家間やビル群・電力系統間に対して負荷平準化，電力系統安定化のためのデマンドレスポンス（以下DRという）機能や，各需要家のためのネガワット取引を支援するエネルギーの見える化など，省エネ支援のクラウドサービスを提供する事業者のことをいう（図8・32）．

2●ネガワット取引

　アグリゲータによるネガワット取引は，需要家が事前にあらかじめ定義された基準電力量（ベースライン）からのネガワットを市場に入札し，応札した場合に約束した日時に電力削減目標を達成

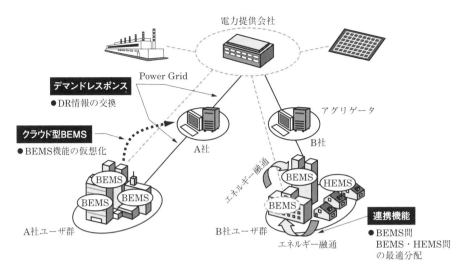

図8・32　アグリゲータの概念図

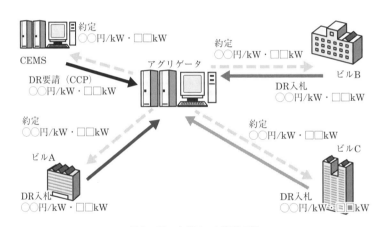

図8・33　ネガワット取引の例

すること（以下コミットという）で，インセンティブを得る仕組みのことである（図8・33）．

この仕組みにより，需要家には無理のない電力削減によりインセンティブを得られるメリットがある．また，電力事業者側には，ネガワット取引を通して不足見込みの電力量分を埋め合わせることで，需要家間の使用電力の調整により地域単位でのピークカットを実現できるため，電力需給バランス問題を解決し，電力供給不足を解消できるメリットがある．

● **8・5・2　クラウドサービスとデマンドレスポンス管理支援**

アグリゲータによるネガワット取引を実現する場合，各需要家建物内にDR要求を受信して建物内のエネルギー需要抑制を最適に制御するためのDR対応BEMSが導入されていれば効率的である．しかし，DR対応のBEMSがない，あるいは既設のBEMSやBEMS自体がない中・小規模ビルなどの建物もDRに対応していかなければ，地域のエネルギー需要抑制を手動で行わなければならず非効率である．このため，建物内の各機器の省エネルギー制御を遠隔から実施可能とし，初期導入コストが安価なクラウド型のエネルギー管理支援サービスが注目されている．

1 ●見える化サービス

　ここではクラウドサービスを応用した"見える化"サービスの例を紹介する．見える化サービスとは，管理したい各拠点のリアルタイムの使用電力量をクラウドサービスを用いて一括管理・監視し，使用電力量と目標電力量との関係を即座に掌握すると同時に，各拠点の削減の効果などを評価および削減量の指示などを行えるような支援を行うサービスである．BEMSのある大規模ビルやBEMSがない中・小規模のビルの各拠点エネルギー情報をBACnet/WSに変換してアグリゲーション可能とする「変換装置GW」を設置することで，インターネット経由で電力量情報を収集し，データセンタのサーバにて一括管理するものである（**図8・34**）．

　クラウドによる見える化サービスには，各拠点の30分デマンド電力値のトレンド表示機能，拠

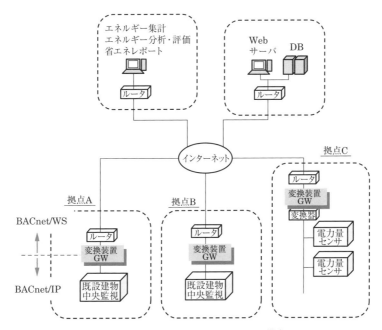

図8・34　見える化サービスのシステム構成

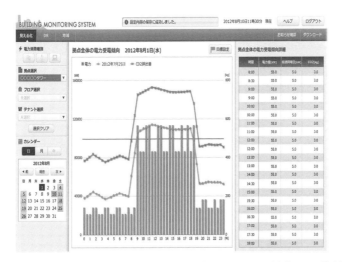

図8・35　見える化サービス画面例（拠点ごとの指定日のデマンド電力値，CO_2排出量）

点全体の電力削減率と外気温表示機能,各拠点の電力削減率ランキング表示機能,各拠点内の区分別エネルギー使用量トレンド表示機能などがある(**図 8・35**).

2● 遠隔空調省エネサービス

DR によるエネルギー抑制制御の一つとして,クラウドサービスを応用した遠隔空調省エネサービスを紹介する.ここで紹介する遠隔空調省エネ制御は,インターネット回線を使用することで,遠隔地のクラウドサーバから快適度(PMV 値)を一定に保ったまま空調機の温度設定を制御するサービスである(**図 8・36**).

PMV(Predicted Mean Vote)とは,建築分野で空調空間の平均的な快適性を表すために広く用いられている指標であり,人の快適性を温度,湿度のほか,輻射温度,気流速度,活動量や着衣量を用いて定量化し,+3(暑い)〜0(快適)〜−3(寒い)の数値(以下,PMV 値と呼ぶ)で表現される指標である.ISO 7730(Ergonomics of the thermal environment–Analytical determination and interpretation of thermal comfort using calculation of the PMV and PPD indices and local thermal comfort criteria,温熱環境の人間工学―PMV と PPD 指標の算出による温熱快適性の分析と解釈および局所快適性基準)では,PMV 値が+0.5〜−0.5 の範囲にあり,居住者の 90 %が快適と感じる温熱範囲を推奨している.この PMV 値を一定に保つことで,冷やしすぎや暖めすぎの無駄を削減し,無理なく省エネルギーを実現することができ,DR 要求による電力削減時にはこの PMV 値を不快側に調節することでさらなる省エネルギーを実現することができる(**図 8・37**).

本サービスの特徴は,BEMS による省エネ制御機能の一つである PMV 空調制御機能を遠隔地にあるサーバ内に実装し,インターネットを通じてオープンプロトコルである BACnet 技術により空調の設定温度を最適に制御するものである.これにより BACnet に対応している BEMS であ

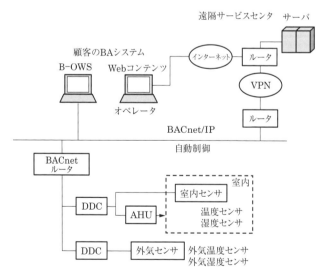

図 8・36 遠隔空調省エネサービスのシステム構成

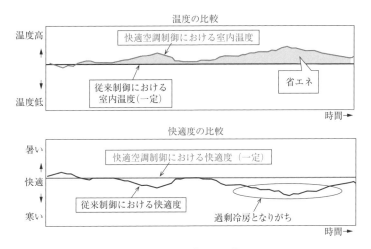

図 8・37 PMV 制御による効果例

れば接続可能なため，既設ビルへの導入が容易で，初期導入コストも低く抑えることができる．

遠隔空調省エネ制御の実施結果は，モニタリング機能として，Web サイトのお客様専用画面にて確認することができる．モニタリング機能としては，対象エリアの現在の温湿度，PMV 値およびこれらのトレンドグラフを表示する機能があり，このほかに，トレンドグラフのデータを任意選択して，指定区間のデータを CSV 形式でダウンロードする機能がある．

8・5・3 YSCP におけるデマンドレスポンスの概要

1 YSCP の概要

経済産業省の次世代エネルギー・社会システム実証事業として，横浜市，豊田市，けいはんな学研都市，北九州市の 4 地域で実証実験が行われている．このなかで横浜市の横浜スマートシティプロジェクト（YSCP）は，大規模先進都市の広範囲な地域において，地域全体や需要家の種類に応じてエネルギーマネジメントシステムによる管理を行い，地域全体でのエネルギー管理の最適化を図るものである．

本項では，YSCP におけるビルのエネルギー管理について，特に電力逼迫時の需要抑制の手段として注目されているデマンドレスポンス（DR）に焦点を当てて紹介するとともに，実証実験結果の概要を紹介する．

図 8・38 に示すように YSCP では，ビル，工場，住宅（戸建・集合住宅），電気自動車（EV），定置型蓄電池（蓄電池 SCADA）に分類される需要家が参加して，大規模なエネルギー管理の実証実験が行われている．需要家は，PV などの再生可能エネルギーの導入とともに，地域エネルギーマネジメントシステム（CEMS）や，ビルエネルギー管理システム（BEMS），ホームエネルギー管理システム（HEMS）などの EMS を導入し，CO_2 排出量の削減とエネルギーの効率的利用を目指している．

また，CEMS を中心として EMS 群が連携し需要抑制を行う DR の実証実験を行っており，需要抑制量に応じたインセンティブを支払うことで電力のピークカット・ピークシフトを実現している．

特にビルに関しては，ビル群を管理して DR アグリゲーションサービスを行う統合 BEMS と，

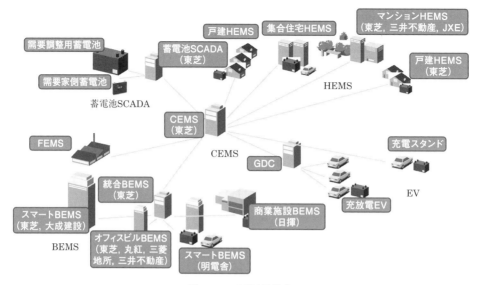

図8・38　実証実験構成

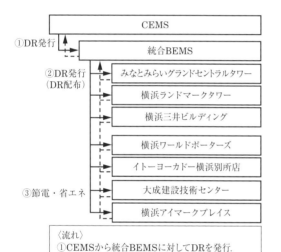

図8・39　統合BEMSの需要家群管理
(出典) 新エネルギー導入促進協議会:「ビル群に向けたデマンドレスポンスで20%のピークカット達成」, Japan Smart Ctiy Portal(経済産業省"次世代エネルギー・社会システム実証事業"ポータルサイト最新ニュース[2014-03-28].

ビル設備を管理してDRへの対応などを行うBEMSにより構成されている点に特徴がある.

2　用途別の各EMSの役割

(a)　CEMS

YSCPのCEMSでは,DRの社会実証実験のため,あらかじめ定められた実験計画,翌日・当日の気象予報,電力会社の公表する電力供給余力情報などを参考に下位のEMSである統合BEMS,HEMS,マンションEMS(MEMS)などに対しDR信号を発行する.

(b)　統合BEMS

統合BEMSは,複数のビルおよび集合住宅を群管理するアグリゲータである.図8・39に示すようにYSCPにおける統合BEMSの役割は,CEMSから受けたDR信号を複数の需要家に配分し,電力負荷削減量を集約して電力会社などに提供,さらに各需要家のDR応答実績に基づきインセンティブの配分などを行うものである.

統合BEMSでは,CEMSから受けたDR信号をそのまま各需要家へ転送することもできるが,入札方式により需要家の事情に応じたDR配分の最適化を実現している.

(c)　BEMS(スマートBEMS)

スマートBEMSでは,従来のBEMS機能に加え,熱源・発電設備や蓄電・蓄熱設備を用いたビ

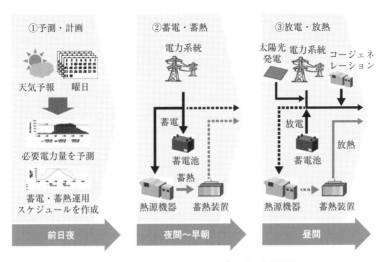

図 8・40 スマート BEMS のエネルギー供給機能

ルのスマートなエネルギー供給を行う．

図 8・40 にスマート BEMS のエネルギー供給制御機能のイメージを示す．まず，①過去の需要実績や天気予報の情報をもとに，翌日の電力・熱需要を予測し，熱源・発電設備や蓄電・蓄熱設備の運転スケジュールをエネルギーコストが最小となるように作成する．そして，夜間〜早朝にかけて②蓄電・蓄熱設備の蓄エネ運転を行い，当日昼間は③蓄電・蓄熱設備からの放電・放熱運転によりピークカット・ピークシフトを実現する．

DR 指令を受信した場合には，②において DR のインセンティブを加味してエネルギーコストを計算し，インセンティブを含めたエネルギーコスト最小の運転スケジュールを作成する．

3 デマンドレスポンスメニュー

(a) DR メニュー

表 8・6 に YSCP で検討された代表的な DR のメニューを示す．

料金型メニューには，時間帯別に料金単価を変更し，電力需要を料金単価の高い時間帯から低い

表 8・6 YSCP における DR メニュー

型	名　称	説　明
料金型	時間帯別料金 TOU（Time of Use）	・電力コストを年度，季節単位で平均し，コストの高い時間帯と低い時間帯に分けてコストを反映した料金体系
	緊急ピーク時課金 CPP（Critical Peak Price）	・電力ピーク日の特定時間帯に限ってコストを反映させ，その時間帯のみ高額な料金設定にした料金体系
インセンティブ型	ピーク時リベート PTR（Peak Time Rebate）	・CPP の該当時間帯に，電力削減を行う代わりにリベートを支払う料金体系 ・削減した分だけリベートが得られる．
	コミット型リベート CCP（Capacity Commitment Program）	・電力の削減量をコミットした場合にリベートを支払う料金体系 ・設定削減量に達しなかった場合はリベートが支払われない．
	従量型リベート L-PTR（Limited Peak Time Rebate）	・電力の抑制量に対応した分のリベートを支払う料金体系 ・設定削減量に達しなくても，達成量に応じてリベートは得られる． ・支払われるリベートの上限は設定削減量額に相当

時間帯へシフトすることを促す時間帯別料金（TOU）と，電力ピーク時間帯のみに高額な料金単価を設定してピーク時間帯の電力需要の低下を促す緊急ピーク時課金（CPP）がある．

インセンティブ型メニューには，ピーク時間帯の電力削減量に応じてリベートを支払うピーク時リベート（PTR）と，ピーク時間帯の電力削減量をコミットし，実際にコミットした削減を達成した場合にのみリベートを得られるコミット型リベート（CCP），およびピーク時リベート（PTR）において削減量の上限を設定する従量型リベート（L-PTR）がある．

このうち，ビル需要家に対してはインセンティブ型メニューのピーク時リベート（PTR）およびコミット型リベート（CCP）の実証実験が行われた．

また，DRには翌日型，当日型，リアルタイム型などがあり，電力需給逼迫の予測状況に合わせ，場合によっては組み合わせて発行される．

（b） ネガワット取引によるコミット型リベート（CCP）

統合BEMSでは，ビル需要家の電力負荷調整能力に合わせてDR配分を最適化する．ビル需要家には，蓄電池，蓄熱槽，コージェネレーション発電設備などを導入したスマートビルから，通常設備のみを備えたビルまで様々であり，電力負荷調整能力には大きな違いがある．したがって，各需要家の電力負荷調整能力に応じた削減を依頼する必要があり，これを解決する手段が入札によるネガワット取引である．

すなわち，統合BEMSでは各ビルに必要な電力削減量（ネガワット）を示し，ビルごとにその削減量の全てか一部をどれだけのインセンティブ単価で削減できるかを入札させる．そして，最も安い入札価格の提示したビルから順に必要な削減量に達するまで，入札された削減量を落札させる．

YSCPでは，入札方式「シングルプライスオークション」を採用しており，必要削減量に達した時点でのインセンティブ単価が全ての落札者に適用される．

4 実証試験の内容と成果

（a） ネガワットアグリゲーション実証

YSCPのネガワットアグリゲーション実証では，統合BEMSがデマンドレスポンスにより集めたネガワットを調整力として，CEMSに提供することを目的に，ビル群での最大ピークカット能力の把握（フェーズ1実証）と目標に応じた調整量の獲得（フェーズ2実証）という2段階の実証を進めた．

（b） フェーズ1実証

フェーズ1実証では，過去の実績などから推定される各拠点の使用電力を削減の基準点（ベースライン）とし，ベースラインから削減した分だけインセンティブ額が獲得できるピーク時リベート（PTR）方式にて実証を行った．ベースラインの算出方法は統一し，DR発行前日より過去30日間の平日かつDR非発効日で同一時間帯の使用電力のピーク平均とした．DRによるピークカットのイメージを図8・41に示す．

フェーズ1の実証結果を表8・7に示す．DR発動に対して実際に達成されたピークカット率は条件がそろえば20％を超えることを確認した．条件がそろわない場合には50円/kWhの単価でもピークカット率が6％程度になることもあり，安定性に課題があることもわかった．

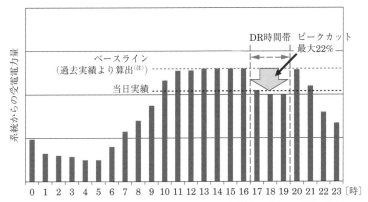

図8・41 DRによるピークカット

(注) DR発行前日より直近30日間の平日かつDR非発行日で同一時間帯の使用電力量ピークの平均値.

表8・7 フェーズ1の実証結果[17]

実証条件	
DRプログラム	PTR（Peak Time Rebate）
DR実施日	前日が，平日でかつ火～金曜日
DR時間帯	冬季：17:00～20:00 夏季：13:00～16:00
DR発令条件	電力需給が逼迫すると予想される日 （前日の予想最高気温に基づく）
DR提示価格	5円，15円，50円（キロワット単価）
実証結果	
実施期間	2012年度冬季	2013年度夏季
	2013/1/9～1/29	2013/7/16～9/30
発動回数	7回/6棟	11回/14棟
最大ピークカット	22%	22.8%

（c） フェーズ2実証

フェーズ2の実証では，最終目的である安定したネガワット提供を実現するために，各拠点が削減目標達成への意識を高めることが重要である．そのため，DRプログラムとして，目標削減量×所定単価のインセンティブを目標達成時に支払うコミット型リベート（CCP）方式にて実証を行った．コミット型リベート（CCP）の拠点は，削減目標の決定方法の違いにより，ネガワット取引拠点とコミット型DR代行拠点の2種類が存在する．

ネガワット取引拠点は，あらかじめ対応可能な削減量と希望するインセンティブ額（単価）を入札しておき，DRが発動された際に削減目標が決定される．入札の際に，設備の稼働状況，天候条件などを考慮可能な高機能BEMSを使うことで，拠点側の都合に合わせたDR計画作成が行える．

コミット型DR代行拠点は，ネガワット取引への対応が可能な高機能BEMSはないものの，DR実施時の運転計画は事前に作成し，DR発動時にその内容に従った運用を行う．他の機器の稼働状況が一定のオフィスビルなどがターゲットとなる．フェーズ2の実証結果を表8・8に示す．10拠点のうち6拠点で達成率100%以上の電力削減を実現しており，全拠点の達成率は平均で98.2%

表8・8 フェーズ2の実証結果[17]

実証条件	
DR プログラム	CCP（Capacity Commitment Program） PTR（Peak Time Rebate）
DR 実施日	前日が，平日でかつ火〜金曜日
DR 時間帯	冬季：17:00〜20:00 夏季：13:00〜16:00
DR 発令条件	電力需給が逼迫すると予想される日 （前日の予想最高気温に基づく）
DR 提示価格	約定単価

実証結果					
実施期間	2013 年度冬季			2014 年度夏季	
	2014/1/10〜1/31			2014/7/1〜9/5	
発動回数	3回/16棟			7回/17棟	
10拠点の達成率〔％〕	101.1	111.4	80.4	123.6	127.1
	68.9	178.8	190.6	0	0

という結果が得られた．

8・6 IEEE 1888 のスマートグリッドへの適用

8・6・1 IEEE 1888 規格とは

米国電気電子学会（IEEE：Institute of Electrical and Electronics Engineers）規格 1888[18]は，「東大グリーンICTプロジェクト」[19]により開発されたクラウドコンピューティング技術を用いた広域にわたる施設の遠隔監視制御向け通信規格の国際標準である．正式名はユビキタスグリーンコミュニティ制御ネットワーク（UGCCNet：Ubiquitous Green Community Control Network）である．当初，施設情報アクセスプロトコル（FIAP：Facility Information Access Protocol，フィアップと呼ぶ）[20]と呼ばれていたが，IEEE規格化に伴いIEEE 1888と呼ばれている．このプロトコルの特徴は単純なメッセージ交換のための通信仕様でなく，監視制御対象である施設内の設備情報を現在値としてだけでなく，時系列値として取り扱うことを基本とするIoT（Internet of Things）フレームワークであることである．この設備情報の管理にはデータ共有機能が提供されている．また，広域にわたるクラウドコンピューティングシステムの実現のため，需要家施設のファイアウォールを通過する方式として，ハイパーテキストトランスファプロトコル（HTTP：Hypertext Transfer Protocol）と拡張可能なマークアップ言語（XML：Extensible Markup Language）によるWebサービスであるリモートプロシージャコール（RPC：Remote Procedure Call）方式を

Column　東大グリーンICTプロジェクト（GUTP：Green University of Tokyo Project）

東京大学の産学連携プロジェクトとして2008年に発足．東京大学のキャンパスを利用して実証実験を実施している．その成果として，広域のファシテリティマネージメントシステム向け国際標準通信プロトコルであるISO/ICE/IEEE 1888を開発．2011年夏には東京大学5キャンパスの建物の電力見える化によりピーク時前年度比30％削減を実現した．さらに，データセンタのエネルギーマネジメントやセキュリティ対策など，広域ビルマネージメントに留まらない新たな進化に向けた取組みを行っている．

8・6 IEEE 1888のスマートグリッドへの適用

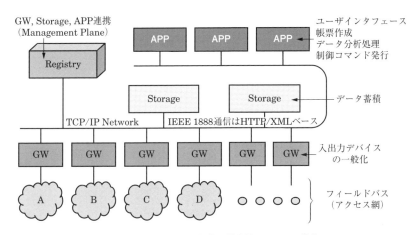

図8・42 IEEE 1888規格の基本的なシステム構成

採用している．IEEE 1888規格はゲートウェイ（GW：Gateway），ストレージ（Storage），アプリケーション（APP：Application），レジストリー（Registry）と呼ばれる構成要素から成る．その基本的システム構成を**図8・42**に示す．

IEEE 1888規格にはGW，Storage，APPにWebサービスによるFETCH，WRITE，TRAPの3種類の通信手順が定義されている．FETCH通信手順はクライアントサーバモデルのWebサービスの基本形といえるもので，クライアントがきっかけを作りサーバに問合せ，状態情報などを読み出す通信である．WRITE通信手順はクライアントがきっかけを作り，サーバに設備情報を送り付け，書き込む通信である．IEEE 1888規格の特徴的なWebサービスはTRAP通信手順である．TRAP通信手順はサーバ上の情報に変化（これをイベントと呼ぶ）が発生した場合，サーバがきっかけを作り，クライアントにイベントの発生を通知する通信である．すなわち，「サーバPush」のメカニズムを実現するものである．他の遠隔監視制御向け通信プロトコルでも下位層を工夫することで，サーバPush動作は可能である．しかし，IEEE 1888規格TRAP通信手順の特徴は，クライアントが事前にサーバに希望するイベントの発生条件を登録しておくことができることである．つまり，TRAPをかけておくことができることである．これにより，クライアントごとにサーバに異なる独自のインベントの発生条件，すなわちサーバPush発生条件を登録することが可能である．

8・6・2　Fast ADR制御システム

従来，需要家施設の電力需要抑制などの一般的なデマンドレスポンス（DR：Demand Response）制御は，30分や1時間といった時間単位で監視制御が行われてきた．しかし，今後，スマートグリッドに関するサービスの多様化によりデマンドレスポンス制御は，もっと短い時間単位で，かつ広域にわたる需要家施設群の電力需要抑制，周波数や電圧などの電力品質の確保のため，高速なデマンドレスポンス（Fast ADR：Fast Automated Demand Response）制御が求められている．

スマートグリッドのデマンドレスポンス制御を行うシステムでは，電力の供給側と需要側の間に立ち，需要家の電力需要の予測，実績などの情報を集約，監視制御を行うアグリゲータ（Aggregator）と呼ばれるサービスプロバイダの存在が想定されている．以下，アグリゲータが

DR 制御を行うデマンドレスポンス管理サーバ (DRAS : Demand Response Automation Server) から広域にわたる需要家施設群を対象に，需要家施設内のビルエネルギー管理システム (BEMS : Building Energy Management System) との間で，IEEE 1888 規格を使用し Fast ADR 制御を実行するケースを考える．

Fast ADR を含む一般的デマンドレスポンス制御のための通信規格としては OpenADR 規格が最も実績がある．この OpenADR 規格の使用形態では，DR 制御のサーバであるアグリゲータの DRAS に対して，DR 制御を受ける需要家施設内の BEMS がクライアントとなり，定周期に問合せを行う通信形態をとることが多い．このとき，DR 制御の発動元であるシステムまたは装置は VTN (Virtual Top Node) と呼ばれ，DR 制御を受けるシステムまたは装置は VEN (Virtual End Node) と呼ばれる．OpenADR 2.0 規格には通信仕様に XML によるメッセージ交換，ログイン状況通知などに使用される双方向通信方式 XMPP (Extensible Messaging and Presence Protocol) が追加された．ただし，この方式を使用すると需要家側クライアントを常時ネットワークに接続することが必要となるため，通信コストが増加するという課題が生じる．

そのため，HTTP と XML を使用した Web サービスである RPC 方式を採用した監視制御用 IEEE 1888 規格を Fast ADR 制御の適用[21]〜[23]は，通信が必要時にのみネットワーク接続すればよいため通信コストの低減となり，メリットがある．この方法では，クライアントである BEMS が事前にサーバとなる DRAS に対し，電力需要抑制依頼などの発生をサーバ Push 発生条件として登録しておく．DRAS は，Push 発生条件を登録した BEMS への需要抑制依頼が発生した際，この BEMS に需要抑制依頼をサーバ Push 通知する．

8・6・3 IEEE 1888 規格を用いた Fast ADR 制御

1 DR 制御におけるセキュリティ性の課題

広域に分散した需要家施設群に対する IEEE 1888 規格を使用したシステムによる Fast ADR 制

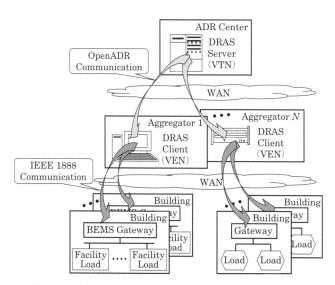

図 8・43 広域ビル需要家設備群に対する Fast ADR 制御の概念図

御の概念図を図 8・43 に示す．このシステムは電力会社およびアグリゲータに階層的に機能分散され Fast ADR 制御を行う 2 つの DRAS と需要家施設内の BEMS 群から構成される．需要家施設群全体の DR 制御を取り纏める電力会社の DRAS は，需要家施設群ごとに DR 制御を行うアグリゲータの DRAS に電力の需要抑制などの制御情報を送る．アグリゲータの DRAS はこれを受け，対象とする需要家施設群内の需要家施設ごとに需要抑制依頼を分割し，各需要家施設内の BEMS に向け配信する．需要家施設内の BEMS は，この需要抑制依頼に従い，ビル設備機器を監視制御し，その制御結果をアグリゲータの DRAS に返す．このとき，ほとんどの場合，需要家施設のネットワークセキュリティ確保のため，需要家施設のネットワーク入り口に設置されたファイアウォールにより，アグリゲータの DRAS は需要家内の BEMS と TCP/IP のコネクションを張ることができないことが多い．

このように一般的な DR 制御は，アグリゲータの DRAS が電力の需要抑制依頼を需要家施設内の BEMS に通知し，その応答を需要家内の BEMS から待つ．この DR 制御では，アグリゲータと需要家間とのネットワークの接続は通信回線費用の低減とネットワークセキュリティの確保のため，情報授受が必要となったときのみ接続がされることが多い．たとえば，需要家施設内の BEMS はアグリゲータの DRAS からの電力需要の抑制依頼などを 1 分間隔などの周期的に読み込む．このため，情報の授受に遅延も発生する．

一方，電力会社とアグリゲータ間は光回線などの専用回線で接続され，情報の受け渡しがされるため，十分な通信性能が確保される．また，電力会社とアグリゲータとの情報の受け渡しは需要家 100 棟分を纏めた Fast ADR メッセージの授受は平均約 2 秒で可能であったとの報告もある．また，OpenADR 2.0 規格では Fast ADR の通信時間の一例として 4 秒と記されている．

このようなシステム構成ではアグリゲータが DR 制御の対象となる需要家数の増加により DR 制御のための通信遅延時間が増加するという問題がある．特に，サービス対象の需要家との通信回線にインターネットなどの公衆，広域通信回線の使用が国際標準で前提となっているため，この問題は大きなものとなっている．

DR 制御にインターネットを使用する際，ファイアウォール通過や相互接続性の点から汎用的な Web サービスの使用が現実的である．ここに，Web サービスをベースとする IEEE 1888 規格を使用検討する理由が存在する．IEEE 1888 規格はインターネットによる設備監視制御に特化して開発された通信フレームワークで，Web サービス技術を使用しているため，多様な需要家に対し，相互接続性に優れた Web サービスシステムを構築できる．注意すべき点は Web サービスを使用するため，伝送時間の保証と送達の確認がされないことである．

2● DR 制御における制御応答性の課題

従来，一般的な DR 制御の制御間隔は 30 分程度と考えられてきた．そのため，一般的な DR 制御では電力の需要抑制依頼などの通知にリアルタイム性能は必要とされなかった．このため，多くの DR 制御システムでは需要家システムからの電力会社システムへの周期的な Pull 読出し方式が採用されていた．

従来の DR 制御における DR 制御サーバである電力会社またはアグリゲータの DRAS と需要家施設の DR 制御クライアントである BEMS 間の一般的な通信シーケンスを図 8・44(a) に示す．

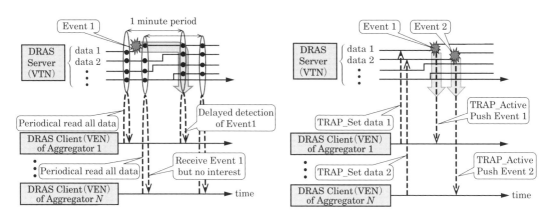

(a) 従来の周期的 Pull 読出しによる DR 制御　　(b) IEEE 1888 TRAP による DR 制御

図 8・44　IEEE 1888 TRAP 方式によるサーバのイベントデータの柔軟かつ高速な Push 通知

BEMS は DRAS 上で，需要抑制依頼などのデータがいつ変化するかわからないため，周期的に全てのデータを読み込む．その周期は個別なシステム構成やネットワークの通信トラフィックに依存して決定されていたが，一般的に 1 分間隔程度であった．

図 8・44(a) で示すとおり，もし需要抑制依頼の発生などのイベントの発生直後に，アグリゲータの DRAS が需要家の BEMS への送信情報にイベントの反映しない状態で，BEMS がこれを読み込んだとすると，BEMS は 1 分後の再度のデータを読出し時，イベントの検出を行うことになる．このため，BEMS は結果的に DRAS のイベントの検出が遅れることになる．最悪のケースでは 1 周期時間分だけイベントの検出に遅延が生じる．この通信方式を「周期的 Pull 読出し」と呼ぶ．

3 IEEE 1888 規格 TRAP 通信手順による制御応答性の改善

図 8・44(b) は IEEE 1888 規格 TRAP 通信手順を示す．この TRAP 通信手順は，電力会社またはアグリゲータの DR 制御サーバ DRAS に電力の需要抑制依頼などが発生したとき，これをイベントとする DRAS から需要家の BEMS への Push 通知を可能としている．最初に，DR 制御クライアントである BEMS は DR 制御サーバである DRAS に TRAP 条件を登録する．TRAP 条件とはサーバのどの情報の変化を TRAP の対象情報とするかを指定するものである．その後，情報が変化したとき，サーバはイベントを即時クライアントに通知する．このため，DRAS に DR 制御対象の BEMS に対する電力の需要抑制依頼が発生すると，これは即時に対象とする BEMS に通知される．

この通信方法を「IEEE 1888 TRAP Push 通知」と呼ぶ．この通信方法は必要な情報の変化のみ TRAP 条件として登録したクライアントである BEMS に通知することができる．さらに，クライアントである BEMS はネットワークの接続時間を柔軟に変更することができる．

8・6・4　IEEE 1888 規格による OpenADR 制御

1 OpenADR 規格から IEEE 1888 規格への移行処理

OpenADR 規格のモデル構造やデータ形式は，これを使用する個々の ADR アプリケーションで

8・6 IEEE 1888 のスマートグリッドへの適用

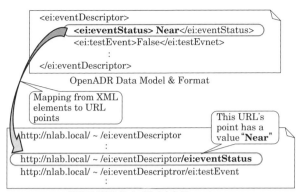

図 8・45 OpenADR データモデルからポイント ID URL により構成される IEEE 1888 モデルへのデータ構造マッピング

定義される．VTN や VEN は必要な情報を特定するために，適切なモデル構造やデータ形式を定義する必要がある．

IEEE 1888 規格も自身のモデル構造やデータ形式を有するため，OpenADR 規格より IEEE 1888 規格にモデル構造やデータ形式へマッピングする必要がある．IEEE 1888 規格では URL 形式を用いて固有のデータを特定する．さらに，IEEE 1888 規格はモニタリングなどの時系列データの扱いに長けている．

図 8・45 は OpenADR 規格から IEEE 1888 規格へのデータ構造マッピング例を示す．たとえば，OpenADR 規格の文字値「Near」を持つ <ei:eventStatus> の XML 要素は，IEEE 1888 規格の値「Near」を持つポイント ID URL「…/ei:eventStatus」に変換される．IEEE 1888 規格の場合，データ固有の指定は URL の命名法を用いている．これは IEEE 1888 規格を使うメリットの一つである．

2 ● IEEE 1888 規格 TRAP 通信手順における TCP コネクションの設定

上記したとおり，IEEE 1888 規格 TRAP 通信手順は OpenADR サーバのリアルタイム Push 通知により実現される．多くの場合，DR 制御のクライアントである BEMS ではファイアウォールにより受け付ける TCP コネクションを制限している．事前にファイアウォールの設定を変更することでこの問題は解決されるが，それは非常に厄介な設定である．

Column　WebSocket

サーバとクライアント間のデータのやり取りでは，サーバからクライアントにデータを Push 配信することが難しい．サーバからの Push 配信を行う場合，多くの実装では擬似的に双方向通信を行うため通信が発生するごとに TCP のハンドシェイク手続きを再度行う必要があるほか，HTTP コネクションを長時間占有するため，その間同一サーバに接続する他のアプリケーションの動作に影響を及ぼす可能性があるなどの問題がある．

これに対し WebSocket では，サーバとクライアントが一度コネクションを行った後は，必要な通信を全てそのコネクション上で専用のプロトコルを用いて行う．従来の手法に比べると，新たなコネクションを張ることがなくなる，HTTP コネクションとは異なる軽量プロトコルを使うなどの理由により通信ロスが減る，また一つのコネクションで全てのデータ送受信が行えるため，同一サーバに接続する他のアプリケーションへの影響が少ないなどのメリットがある．

この問題はDR制御サーバからイベントを通知したいが，DR制御クライアントからコネクションを張らなければいけないことに起因している．この問題の解決のために，「WebSocket」RFC 6455を使うことが考えられる．WebSocketを用いる場合，最初にDR制御クライアントはDR制御サーバへTCPコネクションを張る．WebSocketのTCPコネクションは一般的なポート80を用いるため，クライアントのファイアウォールを通過することができる．その後，サーバはそのTCPコネクションを維持することで，いつでも通信することができる．サーバでデータが変化した際，サーバはWebSocketを通じてクライアントへ即時Push通知をすることができる．

●8・6・5　IEEE 1888 規格 TRAP 通信手順による即応性の確保

1●IEEE 1888 規格によるアグリゲータ DRAS と需要家 BEMS 間通信

前項ではアグリゲータのDRASから需要家施設内のBEMS，すなわちVTNからVENへのOpenADR規格によるデマンドレスポンスの制御情報の配信に対し，IEEE 1888規格のTRAP通信手順およびWebSocket方式を用いた配信が伝送遅延時間を大幅に改善できる可能性を示した．

従来，DR制御の制御周期は30分程度と考えられてきた．そのため，アグリゲータのDRASからの電力の抑制依頼の配信にはリアルタイム性が必要とされなかった．このため，多くのDR制御システムではDR制御クライアントである需要家のBEMSからDR制御サーバであるアグリゲータのDRASへの周期的Pull読出しで設計されていた．

前項で述べたIEEE 1888規格のTRAP通信手順では，事前に需要家のBEMSがアグリゲータのDRASにTRAP条件を設定する．TRAP条件とはDRASのどの情報の変化が発生したとき，それをTRAP対象とするのかを指定することである．その後，その情報が変化した際にDRASはイベントを即時Pushで通知する．

2●IEEE 1888 規格のアグリゲータ DRAS，需要家 BEMS への実装例と効果

アグリゲータのDRASから需要家のBEMSへのDR制御における電力の抑制依頼の一般的な1分間隔の周期的Pull読出しと，IEEE 1888規格TRAP通信手順によるPush通知の伝送遅延時間

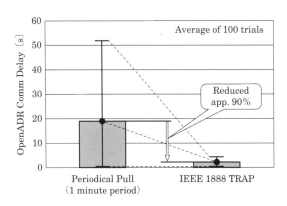

図8・46　アグリゲータからBEMSへのデマンドレスポンス制御情報の周期的Pull読出しとIEEE 1888規格TRAP通信手順Push通知の比較

の比較を図 8·46 に示す[21]〜[23].

　図 8·46 の縦軸はアグリゲータ DRAS と需要家 BEMS 間の電力の抑制依頼の伝送遅延時間である．この試験は周期的 Pull 読出しと IEEE 1888 規格 TRAP 通信手順を精密に実装したシステムで，電力の抑制依頼の伝送遅延時間を 100 回計測したものである．周期的 Pull 読出し時間は 0.1〜52 秒で変動し，平均 19 秒であった．一方，IEEE 1888 規格 TRAP 通信手順では 1.0〜4.5 秒で変動し，平均 2.2 秒であった．伝送遅延時間は平均 17 秒削減され，1 分周期の Pull 読出しに対し，イベント発生 Push 通知は約 90 % の改善がみられた．

　将来的に，数秒間という時間単位の細かい DR 制御を行う際に，周期的 Pull 読出しはシステムの動作が不安定となる可能性がある．これに対し，即応性に優れる IEEE 1888 規格 TRAP 通信手順は Fast ADR だけでなく RTP (Real Time Pricing) といった高速制御アプリケーションへの使用に適するものと考えられる．

● 8·6·6　IEEE 1888 通信スマートグリッドへの適用

　以上述べたように，広域で大規模な需要家施設群を対象とした Fast ADR を実現する DR 制御システムの実装方法として，広域設備監視制御用の Web サービス通信規格である IEEE 1888 規格は応答性に優れているものと考えられる．よって，現状，Push 通知ができる IEEE 1888 規格の TRAP 通信手順を応用することで，Fast ADR や RTP への適用可能性があるものと考える．

8·7　今後の課題と展望

　本章では需要家サイドのエネルギー管理と需要抑制サービスをテーマとして下記を中心に記述した．

(1) 需要家ドメインの概要と BEMS の国際化
(2) BACnet の機能とファシリティ制御
(3) BEMS のスマートグリッド対応機能
(4) 中小需要家の電力削減モデル
(5) クラウド活用サービスとデマンドレスポンス管理支援
(6) IEEE 1888 プロトコルによるデマンドレスポンス対応

　上記の内容は主として需要家の建築物のうち BEMS などのエネルギー管理設備のある業務用ビルを有する建築物を主に対象とするものである．この分野における今後の課題と動向は以下に示すとおりと考えられる．

　ある程度の電力需要のある（契約電力が 500 kW 以上）中大規模ビルには BEMS などの需要家施設のエネルギー管理システムが導入されていることが多いが，電力需要の小さい（契約電力 500 kW 以下）の大多数の小規模ビルには簡単な BEMS なども含めて導入されていない．

　改正省エネルギー法で事業所単位のエネルギー管理から事業者単位のエネルギー管理となり，これらの小規模ビル需要家も複数のビルを所有するビルオーナはエネルギー管理をする義務があり，サービスプロバイダなどの電気事業者と需要家間の安価で効果のある電力エネルギーサービスが望まれている．そのためには，現在活用の進むクラウド環境によるエネルギーの見える化サービスな

どの Web サービスの仕組みの充実が必要となっている.

すなわち，8·1·1 項の図 8·3 に示した BEMS とサービスプロバイダ，BEMS と需要家の負荷設備および再生可能エネルギー関係設備間に，8·1·2 項の表 8·1 に示す多くの規格化されたサービスインタフェースがある．デマンドレスポンス（DR）のための需要家とサービスプロバイダとのサービスインタフェースは需要家の特性を踏まえ，エネルギーの見える化サービスなどのためのサービスインタフェースを選定する必要がある．

8·2·3 項の図 8·13 のサービスプロバイダと BEMS 間の OpenADR 規格に対して BACSnet/WS との比較検討も重要である．また，最近は 8·6 節にて記述した IEEE 1888 の適用検討も重要である．

BEMS と需要家の負荷設備間のサービスインタフェースには，有力候補としてオブジェクト指向で拡張性とオープン性が高く ISO 化により世界的に普及の進んでいる BACnet の適用が進んでいる．

BEMS はビルなどの省エネルギー，低炭素化および効率の良い施設運用の実現を支援する有効なツールとしてすでに認識されているが，スマートグリッドとの双方向の連係による地域としての電力の供給と需要のバランスと安定化に貢献することになる．

8·2·3 節に記述した ASHRAE の FSGIM は，需要家施設内の各種設備を表 8·2 の 4 種のコンポーネントに分け，抽象モデル化してエネルギー管理仕様を設定するものである．FSGIM は我が国では電気学会にて検討が始まったばかりである．FSGIM を需要家施設のエネルギー管理に向け実装展開することが今後の課題である．

スマートグリッドの需給調整機能に BEMS の負荷抑制機能が重要な役割を果たしている．すなわち，ピークカットによる需給調整機能に対し，BEMS の負荷抑制機能が大いに貢献するが，居住者に我慢を強いず，居住者に対して良好な環境を維持しながら負荷抑制を行うことが大きな課題である．

参 考 文 献

（1） 電気学会・スマートグリッドにおける需要家設備のサービス・インフラ調査専門委員会：「スマートグリッドにおける需要家設備のサービス・インフラ」，電気学会技術報告，第 1332 号（2015）
（2） International Standard "Building Automation and Control System (BACS)"，（財）日本規格協会出版部（2011-03）
（3） 豊田武二：「監視制御技術の工学展開の概要」，電気設備学会誌，Vol. 33, No. 2（2013）
（4） 豊田武二：「需要家モデルとサービスインターフェース」，電気設備学会誌，Vol. 33, No. 9（2013）
（5） 電気学会：「建築施設監視制御技術の工学展開」，10 章，電気学会技術報告，第 1280 号（2013）
（6） "ANSI/ASHRAE Standard 135-2012 A Data Communication Protocol for building Automation and Control system", ASHRAE（2013）
（7） BSR/ASHRAE/NEMA Standard 201P: "Review Draft Facility Smart Grid Information Model"
（8） 豊田武二：「BACnet のスマートグリッド対応機能と情報モデル FSGIM」，平成 25 年電気学会全国大会予稿集（2013）
（9） ANSI/ASHRAE Standard 135-2012 A Data Communication Protocol for Building Automation and Control Networks
（10） OpenADR Alliance："OpenADR2.0b Profile Specification"（2013）
（11） ANSI/NEMA SPC201P Facility Smart Grid Information Model
（12） Addendum 135-2012am（1. Extend BACnet/WS with RESTful services for complex data types and subscriptions，他）

参考文献

www.bacnet.org〔2016-04-22〕
(13) 経済産業省資源エネルギー庁:「エネルギー白書2014」
http://www.enecho.meti.go.jp/about/whitepaper/2014pdf/〔2016-04-29〕
(14) 西村和則,他:「中小需要家におけるAMIインタフェースデマンド制御」,平成24年電気学会全国大会論文集,Vol. 4,4-S17,pp. 29-32
(15) 西村和則,他:「決定木を用いた業務部門の電力消費予測法と精度評価」,パワーエレクトロニクス学会誌,JIPE-41-11,第41巻,pp. 80〜85(2016)
(16) 電気学会・需要家設備向けスマートグリッド実用化技術調査専門委員会:「需要設備向けスマートグリッド実用化技術」,電気学会技術報告,第1283号(2013)
(17) 朝妻智裕・村井雅彦:「横浜スマートシティプロジェクト(YSCP)におけるデマンドレスポンスサービスの実際」,平成27年電気学会産業応用部門大会,5-S13-3(2015)
(18) IEEE standard for Ubiquitous Green Community Control Network Protocol, IEEE Standard 1888-2011 (2011)
(19) H. Esaki, and H. Ochiai: "The Green University of Tokyo Project," IEICE Trans. on Communications, Vol. J94-B, pp. 1225-1231 (2011)
(20) H. Ochiai, M. Ishiyama, T. Momose, N. Fujiwara, K. Ito, H. Inagaki, A. Nakagawa, and H. Esaki: "FIAP: Facility information access protocol for data-centric building automation systems," in Proc. IEEE INFOCOM 2011, Workshop on M2MCN-2011, pp. 229-234 (2011)
(21) C. Ninagawa, H. Yoshida, S. Kondo, and H. Otake: "Data transmission of IEEE 1888 communication for wide-area real-time smart grid applications," International Renewal and Sustainable Energy Conference IRSEC'13, pp. 1-6 (2013)
(22) C. Ninagawa, T. Iwahara, K. Suzuki: "Enhancement of OpenADR Communication for Flexible Fast ADR Aggregation Using TRAP Mechanism of IEEE 1888 Protocol", IEEE International Conference on Industrial Technologies, ICIT 2015, Seville, Spain (2015)
(23) 岩原貴大・山田倫久・蜷川忠三:「IEEE 1888 TRAPによる柔軟なサーバPushが可能なスマートグリッドOpenADR通信」,電気学会・スマートファシリティ研究会,SMF-15-014,富山(2015)

9章
家庭向けエネルギー管理システム

家庭環境における「省エネ」の重要性は古くから認識されており,近年では情報通信技術を用いてこれを実現する HEMS (Home Energy Management System) が商品化されている.一方で,家庭部門の電力消費機器は個人の所有物であり,その利用方法は一般消費者の生活にも密着しているため,必ずしも計画的な運転や機器更新が行えるわけではないなどの特殊事情も擁している.

本章では,9・1節で家庭部門が抱える特殊性,9・2節で一般消費者から見た家庭向けエネルギー管理システムの導入意義について述べた後,9・3節で家庭向けサービスを実現するためのシステム実現形態,9・4節で家庭内の電力需要機器間を情報通信ネットワークで相互接続するための技術である ECHONET 規格について述べ,9・5節で今後の課題と展望について触れる.

9・1 家庭向けエネルギー管理システムの特殊性

資源エネルギー庁の「省エネポータルサイト」[1]に掲載されている情報によれば,家庭部門のエネルギー消費(電力だけでなくガス,石油なども含む)は1973年から2011年の間に2.1倍となり,業務・産業・運輸などの全部門を含めた日本の全エネルギー消費の14.2 %を占めるに至っている.また,図9・1に示すように,1965年から2011年の間に家庭のエネルギー源に対して電気の占める割合は22.8 %から50.6 %に増加しており,この間,家庭部門のエネルギー消費全体では約2.2

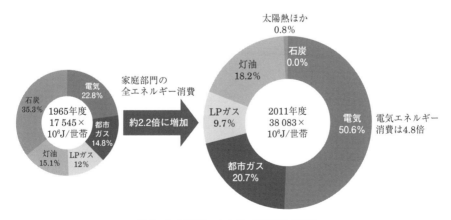

図9・1 家庭のエネルギー源別消費の推移
(出典)資源エネルギー庁:「エネルギー白書2013」より作成.

倍に増加していることと合わせ，電力消費の伸びは4.8倍となる．これは，電化が進んだこと，家電機器の種類が増えるとともに規模や台数が増加していることを考えれば違和感のない状況といえ，こうした状況を鑑みれば，家庭部門での消費エネルギー抑制を行うことは極めて重要であることは明らかである．

しかしながら，家庭はビルや病院，工場といった他の需要家部門とは異なり，効率的な運転を求めるには以下のような困難さが存在している．

- 電力消費は一般生活者であるユーザの生活活動そのものであり，これに制約を課することは，すなわち生活に制約をかけることにつながる．
- 家庭内の電力需要機器はユーザ個人の財産であり，これらに対して効率の良い機器への更新を強要することは難しい．

このような問題を緩和する一つの方法として，ホームネットワーク[2],[3]などのICT（Information Communication Technology，情報通信技術）利活用システムの導入がある．これは，ホームネットワークに接続された需要機器，創エネ機器，蓄エネ機器を，家庭内のエネルギー管理をする制御装置であるHEMS（Home Energy Management System）コントローラから制御してユーザの生活への影響を抑えつつ電力需要の抑制や制御を図ろうとするものである．実はホームネットワークは，家電機器にマイコンが導入された1970年代の末にはHA（Home Automation）の名称で開発が始まり，その後も新たな技術を取り入れながら繰り返し開発が進められてきた．しかし，同時期に開発が始まったOA（Office Automation）やFA（Factory Automation）とは異なりHAは一般には定着したとはいえず，HEMSも前章で扱われたBEMS（Building Energy Management System）に比べ，実体として市場で利用されているとはいえない状況にあった．

これには以下のような事情が大きく影響しているものと考えられる．

課題1．ホームネットワークには管理者がいない

　　ビルや工場とは異なり，システムの管理者が家庭には存在しない．これは，システムの全体を把握し，導入および更新計画を立てるとともに，稼働状況においては障害対応も含めた管理運用を行う要員がいないということを意味している．

課題2．生活環境と密着している

　　ホームネットワークシステムが対象としている機器類はユーザの生活の場で稼働しているものであり，ユーザに直接的な作用を及ぼす．特に，冷暖房や空調機器においては人命に直接影響を与える可能性もある．

課題3．導入のためのモチベーション・インセンティブがわきにくい

　　HEMSやホームネットワークはユーザの立場から見れば家庭内において必須なものではなく，自発的に投資をして導入するようなモチベーションはわきにくい．また，外部から与えるインセンティブとしても金銭面でのメリットのようなわかりやすいものが必要となるが，費用対効果まで考えてユーザに訴求できるメリットをつくることは容易ではない．

課題1はホームネットワークにおいては技術スタッフが常に存在していない状況のもと，五月雨式に機器が増えたり更新されたりしてもシステムが正常に稼働し，その目的が達成されなければならないという要請であり，ゼロコンフィグ（Zero Configuration：設定不要で動作すること）や，9・4・7項で触れる遠隔での管理運用のような高度な技術が必要となることを意味している．

課題2はホームネットワークの特質の一つであり，ユーザへの安全性を確保するためには単体の家電機器の動作に注目するだけでは不十分な場合も少なくない．現状のHEMSではシステム側が多くの需要機器を制御するような仕組みは一般的とはいえず，創・蓄エネ機器の制御や，エネルギー利用状況をユーザに通知する「見える化」機能が主たるものであるため，この課題が表面化していないという事情があるが，今後抜本的な対策を考える必要が生じてくる．この点については9・5節で触れる．

課題3はホームネットワークシステムを導入する費用を個人が負担する以上，その動機付けをどうするかという，根本は単純な問題であるが，現実的には最も深刻な問題となる．これを解決するためにはコスト低減のような技術的な対策では十分とはいえず，制度的な面も含めた対処が必要となる．これらについて次の9・2節で述べる．

9・2　家庭向けエネルギー管理システムの導入意義

● 9・2・1　HEMSのコスト計算

HEMSは家庭内の創エネ，蓄エネ，需要機器などのエネルギー関連機器を通信ネットワークに接続して連携できるようにし，家庭のエネルギー利用効率化を図るものであるといえる．これを字面どおりに受け止めればHEMSは省エネをもたらすための設備であり，その効果が家庭にとって有効であればユーザが費用負担をして導入するという流れが最も理解しやすいHEMSの導入の在り方となる．しかしながら，こうした単純な考え方ではHEMSはビジネスとして成り立たないことが2000年代半ばには明らかになっていた．まず，HEMSの機能としては単にユーザに消費電力量を示すだけのいわゆる「見える化」から，人がいない部屋の照明や空調を止める「無駄の排除」，エアコンの稼働前に状況に応じて換気やカーテンなどの制御を行う「機器連携」，さらにはユーザの行動を先読みして，たとえば最もエネルギー効率の良い形で冷暖房を行うなどの「先読み制御」など，様々な種類のサービスが考えうるが，実証実験の結果では，比較的手の込んだアルゴリズムを用いた場合でも消費電力の削減効果は15％程度であり，ほとんどの実験では6％から10％程度になることが明らかとなってきた．経済産業省が平成26年度に実施した「次世代エネルギーマネジメントビジネスモデル実証事業」においても，節電率は10％と想定されている．

総務省統計局の家計調査報告のデータによれば，4人世帯の2014年の平均的な年間電気料金は145,824円，電気料金比較診断を行っているエネチェンジ株式会社のサイトのデータ[4]でも2013年から2014年までの平均が年額143,256円となっていることから，概ね年間15万円弱ということになる．同様に2人世帯ではそれぞれ117,960円と115,472円であることから12万円弱となる．

これらを総合すると，HEMSを導入した結果得られる電気代の削減額は年間でも高々15,000円程度のものであり，もし1か月当たり500円のサービス料がかかるとすれば，年間では6,000円となり，差し引きの電気代の削減額は9,000円程度となってしまうということになる．

HEMSとして，ゲートウェイ，HEMSコントローラ，電力センサ，通信インタフェースなどで合計15万円のシステムを導入するとすれば償却には10年から17年かかることになり，それだけの期間を経過してから初めて削減額が純粋にプラス分として家計への足しとなってくる計算となる．しかしながら，10年も経てばシステム内で常時通電する機器の電源装置などが経年劣化をき

たしたり，通信におけるセキュリティの問題などから交換が必要となったりするものが出てくることは十分に想定され，当初に導入したシステムでこの期間を乗り切ること自体が容易ではないこともわかる．これらへの対処を随時行えば，結局のところは運用を続けるほど経済的にはマイナスになっていく可能性も否定できない．

さらに言えば，ここで想定した15万円のシステムは最低限のレベルであり，窓やカーテンの電動化，行動を検知するための各種センサなどを追加していくためには数十万から数百万のコストがかかる．また，HEMSシステム自体も電力を消費するため，場合によっては電力消費を押し上げてしまう可能性も否定できない．このように，HEMS導入で削減できた電気代にHEMSのコスト回収を求めるような考え方ではHEMSは成り立たないことがわかる．それでもなおHEMSの導入を国が主導して進めようとしていたりするのは，HEMSには次項に示すように他の目的があるためである．

● 9・2・2　HEMSの目的

HEMSには電力システムの観点からみると以下のような異なった3種類の目的がある．

目的1．省エネ，電力需要の総量削減

　上記の議論にも出てきたように，これが最もわかりやすいHEMSの効用であるが，上述のように，これだけでは経済合理性に欠ける．この効果はむしろ副次的なものと考えるのが適切であるが，一点，極めて大きな可能性を秘めている．それは，ユーザの行動自体を変えてしまう可能性である．電力消費状況の見える化によりユーザ自身が自らの生活パターンを見直し，意識的に電力を多用するような活動を減らしてしまえば，効率化を図るよりもはるかに大きな電力削減になることは明らかである．実際，HEMSとして商用化されているシステムの多くでは，ユーザに「アドバイス」を与えて行動の変化を促している．こうした効果は受け止めるユーザの意識に依存することも確かで効果には個人差が大きく，また，概ね1年程度で「飽きられて」しまうとも言われているものの，簡単な設備で電力の消費を本質的に抑える可能性を有している点は重要である．

目的2．自然エネルギー（再生可能エネルギー）の有効利用

　上記の省エネは電力の消費にのみ焦点を当てた議論となっていたが，近年の家庭においては家庭内で発電を行ういわゆる創エネ機器も存在する．一般に自然エネルギーを活用する再生可能エネルギーには，太陽光発電，風力発電，水力発電，地熱発電，バイオマス発電があるが，現在のところ家庭で利用されるのは専ら太陽光発電である．太陽光発電の発電量は天候や気温，空気中の水分量などに大きく左右されるうえ，そもそも太陽光が届く日中しか発電しないため，日中家にいない場合には，電力を必要とする時間帯と太陽光発電が行われる時間帯とにはミスマッチがある．家庭内で使い切れなかった電力は配電網に逆潮流させて電気事業者が買い取り，他の需要家が利用するようにするが，配電網の構造的な問題で逆潮流できる電力量に限りがあることや，そもそも逆潮流による電力供給が増えた分は発電所からの電力の供給を減らして需要とのバランスをとる必要があり，短時間にこうした需給調整ができる設備が電力事業者に要求されるという大きな問題を抱えることになる．これに対して，太陽光で発電された電力が余剰になる場合，温水器の運転に利用し貯湯槽に熱エネルギーとして蓄えたり，洗濯乾燥

機のような運転の時間にある程度自由度のある機器の稼働を行ったりすれば，逆潮流に頼らずに発電した自然エネルギー由来電力は活用されることとなる．もちろん，電気自動車や家庭用蓄電池が設置されている場合にはより自由度の高い利用の仕方が可能となる．こうした制御を行うためにはHEMSは必須となる．

目的3．需要のピークシフト，ピーク時の需要削減

需要と供給が常にバランスしていなければならないという電力システムの本質的な性質に由来し，電力を供給する電気事業者は，需要のピーク時にも対応できるだけの設備を必要とするが，実際にはピークに相当する電力消費のある時間は短く，ほとんどの期間において設備の能力が遊休することになる．これに対し，需要家側で電力需要をずらすような制御ができればピーク時の需要を削減することができ，社会全体で必要とされる電力設備を減らすことが可能となる．前述の自然エネルギーの有効利用は供給が不安定な自然エネルギーを需要と合致させることが目的であったが，同様の技術を電力系統全体の安定性を確保するためのピークシフトやピーク削減制御に利用することも可能である．これが，7章でも取り上げられているデマンド制御である．ただ，この場合には家庭内の電力需給状況というよりは，電力系統全体の需給状況に応じて制御を行う必要があり，外部との通信，具体的には電力事業者側からの要請に基づいて動作を決める必要が出てくるため，HEMSと電力事業者などとを接続した情報ネットワークの整備が必要となる．

この3つの目的は独立であることには注意が必要である．つまり，上記の3点を実現するためのシステム用件は少しずつ異なっており，全てのHEMSが必ずしもこれら全ての実現を目指しているわけではない．また，厳密に言えば蓄電池の利用や，あらかじめ給湯器で沸かした湯を貯湯槽に貯めて使うような熱エネルギーの貯蔵は目的2や目的3の実現にとっては重要な役割を果たすが，充電であれ貯湯であれ，エネルギーの貯蔵においては必ずロスが発生するため，目的1の総量削減の点では好ましくない．しかしながら，従来活用できなかった再生可能エネルギーの利用範囲が広がったり，電力系統の安定が社会コストの低い形で実現したりすることができれば，こうしたマイナス面も帳消しになるメリットが得られると考えるのが妥当である．

究極的にはこれら全ての目的を総合的に考慮しながら実現していくシステムが求められることになるが，現状においては我が国のHEMSは目的1および目的2をターゲットとしており，一部，見込みによるピーク削減（電力需要のピークが通常現れる時間帯に系統からの電力を使わないようにする制御．つまり，本当に消費電力削減が必要な状況なのかとは無関係に決められた時間に削減を行う）が行われている状況にある．本書の7章にも記されているように，現在，目的3に関する環境整備が急速に進められつつあり，近い将来，これら全てを対象としたHEMSが実用化されるものと思われる．

● 9・2・3　ユーザ視点から見たHEMSの導入意義

9・2・1項で述べたようなミクロの観点でのHEMSのコスト議論においては経済合理性が認められなかったHEMSも，9・2・2項での電力需給のシステムの観点からみれば，極めて重要なものであり，導入を進めることが社会全体としての経済合理性を有することになる．しかしこれは，HEMSの導入を進めるためには，個人所有の財産としてHEMSを販売するだけでは無理があり，

何らかの形で導入インセンティブが働くような仕組みの整備が必要であるということも意味している.

9・1節で述べたようにHEMSは所有する家電機器や住宅の構造をはじめとした各家庭の個別の環境と密接な関係があり,社会資本の整備として同一のものを全家庭に導入していくようなやり方にはあまり馴染まない.したがって,補助金や税制優遇などの形で導入を支援していくのが現実的な選択となる.本節では逆に,ユーザ視点から見た場合,HEMSから何が得られるかという観点からHEMSの導入意義について議論し,どのような導入支援策が考えられるかについて述べる.

ユーザから見たHEMSの導入意義には,以下のようなものが考えられる.

導入意義1.　光熱費の削減

HEMSを導入すれば光熱費が削減できるというのが一般消費者の持つ直感的なイメージである.9・2・1項で述べたように,単に需要を自動的に削減するという意味では割に合わず,HEMSの導入よりも最新の省エネ家電への買い換えのほうがその目的に合致する.しかしながら,9・2・2項で述べた3つの目的を総合的に満たせば状況は変わってくる.HEMSの導入と同時に太陽光発電を導入すれば,自然エネルギー由来の電力を極力利用することで,たまたま需要が日中に集中し天候などの条件も良いような日には,電力事業者から購入する電力量を半分以上削減することのできる場合も出てくる.また,現在の制度では電気事業者へ売電すれば電力を買う場合の単価よりも高く売れる設定になっているため,必ずしも全て自身で消費しなくても,余剰分の電力を売電すれば利益が上がり,結果として電気代が下がるようになっている.ここでHEMSによる制御機能と蓄電池があれば,太陽光が発電する時間帯の家庭内の需要はできるだけ蓄電池から賄うことで家庭全体としての余剰電力を大きくし,売電量を増やすことも可能となる.日中使う蓄電池の電力は夜間に電気事業者から購入することになるが,上述のように家庭が購入する単価は売電の単価よりも安いため,ここでもメリットが生まれることになる.現在,市場における太陽光発電システム販売においては概ね8～9年程度での初期費用の回収ができ,固定買取期間が完了する10年の時点でトータルの収益が数万円から数十万円あがるような試算が示されていることが多い.

ここで明らかなように,家庭が買う単価よりも売る単価のほうが高い売電の制度が光熱費削減の原資として働いていることがわかる.現在の我が国の制度においては,こうした形で創エネ機器のあるHEMSに対するコストの負担を電力需要家全てで行っていると考えることができる.ここまでの議論は9・2・2項における目的1と目的2に関するものであり,目的3に関する取組みは現時点ではまだ始まっていないが,今後制度およびそれを実現するシステムが整備されれば,より詳細な条件での取引が行われ,経済的なメリットが出る機会も増えるものと考えられる.

導入意義2.　投資

導入意義1での試算でも明らかなように,現在の固定価格買取制度のもとでは太陽光発電システムは収益をあげることができる.特に,2012年にこの制度が導入された際の買取り価格は42円/kWhに設定され,当時の電気料金(経済産業省による平均単価)が20円/kWhであったのに対して極めて高額であった.このような状況では大容量の太陽光発電システムを導入し積極的に売電を行うことで,天候不順や故障などのリスクはあるものの,かなりの高利回

りが見込める投資のようなものとみなすことも可能であった．低金利の現在においてこの観点は重要であり，設置場所が許せば一般家庭においても 10 kW 近くの設備をローンを組んで設置しても収益があがるような試算もなされていた．その後，買取り価格も年々下がり，逆に買取り価格の原資となる再エネ賦課金（正式名称は再生可能エネルギー発電促進賦課金．電気を使う全ての消費者が使用した電力量に応じて支払う負担金で，その額は毎年経済産業大臣が決める）が上がってきたことも含め電気を買う場合の単価が上がっており，投資としてのメリットは薄れつつあるが，市場金利との比較においてはいまだに優位にあると考えることができる．

導入意義 3．地球環境保全への協力

地球環境に対する関心は着実に一般家庭にも広まっており，自らも貢献したいという意向を持ったユーザも少なくない．しかしながら実際に行動に移すとなると，具体的に何をどうすればよいのかについて必ずしも明確な指針もなく，また，その行動によって実際に環境保全に貢献できているのかについて確証も得られていないことが多い．これに対し，HEMS による計測と見える化，計測に基づく各種の生活行動へのアドバイスはユーザに対して明確な行動指針と定量的な達成結果を与えることができる．人間はもともとフィードバックにより自らの行動を変えるものであるため，自らの行動に対する結果を示すことは重要である．一見省エネ行動のようにみえるエアコンの頻繁な ON/OFF は逆に消費電力を増加させることにつながったり，冷蔵庫の使い方が大きく電気代に反映したりするなど，直感とはやや異なる事象も実感をもって理解できるようになる．また，家電の使い方だけでなく，家電そのものを最新省エネ家電へ買い換える行動を促す効果もあり，現有機器の制御を大幅に超える電力削減効果も見込めることになる．これらは導入意義 1 と密接な関係があるが，ユーザ側から見た話の端緒はかなり異なっていることには注意が必要である．9・1 節で述べたように，家庭部門には合理的な分析を行って計画を立てる管理者がいないため，情緒に訴えかける要素は無視できない重要度を持っている．

導入意義 4．非常時への対応

2011 年の東日本大震災以降，我が国でも輪番停電というものが実際に起こり，その影響は極めて大きいことを多くの国民が体験した．この時期までの家庭向け太陽光発電システムは系統連系が前提で電力会社からの電力が途絶すると電力の家庭への供給を停止し，一部の機種では手動でのいくつかの操作によって家庭内でも使えるコンセントが 1 つだけ有効になるというものが一般的であった．この状況は一般消費者の期待に反するものであったが，電力会社の停電復旧作業の際，逆潮流電力が生じないようにする必要があるなど，実現しなければならない機能を実装するコストを鑑みれば仕方のないものと考えられていたが，震災を転機に家庭内の創エネ・蓄エネ設備からの電力供給で電力会社からの電力が停電している間も通常の電力使用が行えるような設備に対する要求が高まり，現在ではそうしたシステムも販売されている．オフィスとは異なり，家庭には様々な健康状態のユーザがおり，停電で冷暖房が行えなくなった際に健康を著しく害するような家族がいたり，長時間止めることのできない医療機器を使用しているような例もある．HEMS の最大の導入意義がこの非常時への対応であると考えるユーザも一定割合存在しているとともに，この目的については，ほとんど全てのユーザが一定の意義を見出すものである，という点は重要である．

以上のように，ユーザ側から見た HEMS の位置付けは，電力需給網の端末として見た場合と若干異なっており，こうした性質を意識した HEMS の在り方の議論が重要である．さらに，家庭内においては必ずしもエネルギーマネジメントという観点ではなく，空調機器や照明機器を制御するサービスが存在することも忘れてはならない．快適性や，ホームシアターや，家庭向けフィットネス機器の使用を支援するような環境制御というサービスも存在する．これらの目的のためには省エネルギーに逆行するような機器制御が行われる．つまり，娯楽や健康，快適，防犯など，様々なサービスを実現するホームネットワークシステムと HEMS との共存は技術的には大きな課題となる．これについては 9・5・2 項で触れる．

　ここまでの議論を踏まえれば，本節の冒頭で述べた HEMS 導入の原資への考え方が明らかになってきたはずである．9・2・2 項で述べたような HEMS の目的を達成するためには，できるだけ多くの家庭（可能であれば全世帯）に HEMS を導入し，全体を系統立てて運転できるように広域ネットワークの仕組み（接続の階層，データ構造，プロトコル）を整備するのが得策である．この意味では，2011 年から 2013 年に経済産業省が行った HEMS 補助金（平成 23 年度「エネルギー管理システム導入促進事業費補助金（HEMS 導入事業）」および平成 25 年度補正予算「住宅・ビルの革新的省エネ技術導入促進事業費補助金（HEMS 機器導入支援事業）」）は，実質上 HEMS コントローラを無償にし，太陽光発電システムの持つ経済性との組合せで家庭に訴求するという点では的を得たものであった．ピークシフトに資するような HEMS の整備は一個人の財産としての HEMS というよりも社会資本の整備としての HEMS 導入という様相が強く，今後も類似の施策が求められるが，その際には広域ネットワークの仕組みを標準化するとともに，HEMS に拡張性（ソフトウェアの更新機能）を持たせるような前提をおく必要があるものと思われる．

　また，再生可能エネルギーの買取り価格は今後も下がり続けるにしても，ユーザは上記の導入意義 3 や 4 のような観点で HEMS に対する期待を持っており，こうしたシステムがほとんど費用負担なしで入手できるという考えに立てば，売電による収益が結果としてシステム導入費用に届かなくてもユーザにとって意味があるものとなる．

　さらに，ホームネットワークという観点で言えば，HEMS は一つのサービスやアプリケーションに過ぎず，他の多くのサービスとシステムを共有することが可能である．実際，制御機能や通信機能については見守りやホームセキュリティなどの制御系と呼ばれる他のサービスと同様の仕組みが使え，IPTV（Internet Protocol TV），VoD（Video On Demand）などのコンテンツ系サービスともインターネット接続や家庭内の通信路について共有することが可能である．こうして考えれば，HEMS だけにかかっているコストはさらに下がることになり，導入への障壁はより一層低くなる．

　以上のように，トータルな観点で導入を考えれば，HEMS は経済合理性を持って導入可能なものとなる．逆に言えば，こうした広い視野で考えなければ，9・2・1 項の冒頭に述べたように，家庭にエネルギー管理システムを導入するのは容易ではなく，いかに導入への筋道をつくるかが重要であると言える．

9・3 家庭向けエネルギー管理システムの構成

HEMS を実現するためには様々な方法があるが，サービス実現のために本質的に必要となる要素を列挙すると以下のようになる．

　要素 1．HEMS コントローラ（制御装置）
　要素 2．エアコンや照明などの電力需要機器および創エネ蓄エネ機器
　要素 3．消費電力や温度を測定したり人の存在を検知したりするセンサ
　要素 4．要素 1，要素 2，要素 3 の間を接続するネットワーク
　要素 5．インターネットなどの広域ネットワークを通じて HEMS コントローラと通信するサーバ

　要素 1，要素 2，要素 3 にはいずれもネットワークに接続するためのネットワークインタフェースがあり，それぞれの本体機能部分とネットワークインタフェースの間の仲立ちをするコントローラが存在することになるが，これらの要素が全て一つの製品の中に収められているものがネットワーク対応の家電やセンサということになる．

　これらを組み合わせて HEMS を実現するには，ネットワークを通じてデータやコマンドのやり取りを行う際に，どのような機器のモデルに基づいて，どのようなデータ形式で通信するのかを決める必要がある．また，そのデータをどのような通信手順（プロトコル）で送受信するかを決め，さらに具体的に伝送媒体や媒体制御プロトコルを決める必要がある．また，これらの機能を構成要素のどこに組み込むのかにも自由度がある．

　本節では HEMS を実現するための全体的な構成について述べ，9・4 節で機器のモデルからデータ形式，プロトコルを規定している ECHONET 規格について概説する．

● 9・3・1　HEMS の物理配置，機能配置

　HEMS の各構成要素の性格を鑑みれば，要素 2 の機器や，要素 3 のセンサはそれぞれの本体機能から決まってくる家庭内の場所に物理的に配置されることがわかる．一方，要素 1 であるコントローラは家庭内のどこかに設置されればよく，ネットワークの接続上，都合の良いところに設置すればよい．要素 5 のサーバに接続するための広域ネットワークは様々な形態をとることができるが，多くの場合は図 9・2(a) に示すように，家庭に 1 本の広域ネットワークが引かれ，一度ルータなどで終端してから，家庭内でネットワークを構成する形になる．一方，場合によっては一部の機器が直接広域ネットワークへのインタフェースを持ち，家庭内ネットワークを経由せずに直接サーバと通信するような形態をとることもありうるが，こうした場合でも家庭内の他の機器との連携を図るため家庭内ネットワークへのインタフェースを持つことが多い．このような例を図 9・2(b) に示す．こうした例では，多くの場合，3GPP/LTE や Wi-MAX などの無線インタフェースが使われる．

　これらの構成要素の間でどのような役割分担が行われているのかについても任意性がある．センサや機器の機能は物理的な装置に依存しているが，どこが主体的にシステム全体を制御するかについてはいくつかのパターンが考えられる．

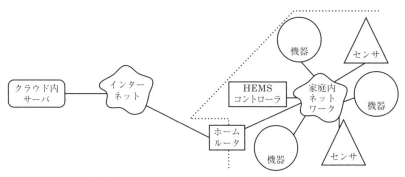

(a) 家庭単位で集約されたネットワーク接続

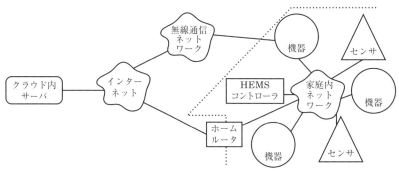

(b) 一部の機器が直接広域ネットワークに繋がる場合もある

図 9・2　HEMS 構成要素の物理配置

　図 9・3(a) で示したものは，クラウド内のサーバがシステム全体を掌握して制御するパターンである．家庭内のセンサ情報は全てクラウド内サーバに送られ，サーバ側での判断で，家庭内の機器の運転方針を決める．HEMS コントローラはインターネットなどの広域ネットワークを通すためのプロトコルと家庭内での機器やセンサとの間で使われるプロトコルとの仲立ちをし，サーバからの司令を宅内で適切な機器に対する適切なコマンドに置き換えて実行するようなものとなり，高度な判断を伴うような制御は行わない．このパターンは，通信にかかる時間の遅れが生じるため，高いリアルタイム性を要求するアプリケーションには向かないが，HEMS アプリケーションのほとんどでは特にその遅れが問題となることはない．また，高度なソフトウェアはサーバ側に集中して持つことができ，メンテナンス性に優れるとともに，HEMS コントローラなどの家庭内の設備が単純となり，コストを下げると同時に信頼性を上げることが可能となる．一方，通信が途絶するとシステムの動作が行えなくなるという致命的な欠点があるため，その場合には手動操作に切り換わるか，後述のスタンドアロン動作も可能なようにシステムを設計しておく必要がある．

　図 9・3(b) は HEMS コントローラが制御の主体となり，サーバには必要な情報を取りに行ったり，記録のための情報を送ったりする通信を行うのみとするものである．センサの情報は全て HEMS コントローラが収集，処理し，機器を稼働させる指令も HEMS コントローラが出す．このパターンでは，サーバとの通信が途絶してもほとんどの動作は可能であるが，各家庭に配置する HEMS コントローラには高い能力が求められる．処理能力はもとより，データの記憶領域も求められるようになり，コストに直接はね返ることになる．また，このパターンでは HEMS コントロ

9・3 家庭向けエネルギー管理システムの構成

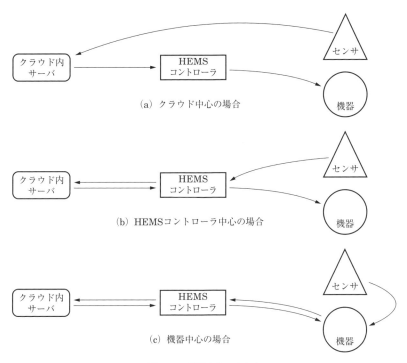

(a) クラウド中心の場合

(b) HEMSコントローラ中心の場合

(c) 機器中心の場合

図 9・3　制御主体の在り方

ーラが故障するとHEMSとしての全ての機能は失われ，機器単体での運転のみが可能となる．

図 9・3(c) は，機器側にも高度な制御機能が分担されている場合である．ホームネットワークの場合，ある時点で一度に導入した機器群で構成されたシステムがそのまま寿命を迎えるということはほとんどなく，途中で機器の入替えや追加が起こることは，9・1 節で述べたとおりである．そのような場合，新たに導入した機器が，既存の HEMS コントローラが有している制御機能よりも高度な制御機能を有していたり，HEMS コントローラが使えない機能を有していたりする場合がある．このような状況では，機器が制御の一部を肩代わりし，既存の

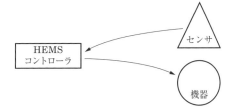

(b′) HEMSコントローラ中心の場合（スタンドアロン）

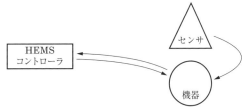

(c′) 機器中心の場合（スタンドアロン）

図 9・4　スタンドアロンの場合

HEMS コントローラにはサーバとの連携など，最低限の役割を与えるような使い方をすることになる．

図 9・3(a) でネットワークサーバが途絶した場合への対応が必要であることを述べたが，図 9・3(b) や図 9・3(c) の場合にはもともとサーバに依存しないで稼働するような構成もとりうる．これを図 9・4(b′) および図 9・4(c′) として示す．

いずれの場合においても，HEMS コントローラが有する情報に基づいた運転しかできなくなる

ため,クラウドで得られる最新かつ膨大な情報を前提とした運転よりはサービスの質は低くならざるをえない.しかしながら,アプリケーションで実現する範囲を限り,その中で安定した稼働が行えるシンプルなシステムを構築しようとした場合には,こうした構成も考慮すべき対象となってくる.

● 9・3・2 ネットワークの構成

9・3・1節では家庭内のネットワークの接続などの構成については触れていなかったが,その構成についても考慮すべき点がある.現在,家庭内にはインターネット接続を行う様々な機器類,たとえばパソコン,タブレット端末,テレビ,HDDレコーダなどが存在し,スマートホンとともに主に情報系,AV系のサービスを提供している.これらの機器と比較すると,HEMS関連機器には創エネ・蓄エネ機器など,直接エネルギーを扱うものがありユーザの安全性や電力系統の安定性に多大な影響を及ぼすことから,より扱いには注意が必要なものと考えられる.

今までに市場に投入されてきたHEMSシステムのほとんどにおいては,こうした理由から,HEMS関連機器は他の家庭内ネットワークに接続されている機器からは直接アクセスできない部分に接続するシステム形態がとられていた.図9・5にその様子を示す.

図9・5(a)のように,家庭内のIPネットワークにHEMS関連の機器も接続してしまうことはHEMSコントローラのみならず,パソコンに代表される様々なソフトウェアが入る可能性のある端末からも機器がアクセスでき,悪意を持った攻撃者がこうした端末を経由してHEMS関連機器を操作する可能性が否定できない.また,ホームルータを経由し,インターネットから直接機器をアクセスできる可能性もあり,HEMS関連機器それぞれがセキュリティ上の脅威に対して対策をしなければならなくなる.

これに対し,図9・5(b)では,HEMS関連機器は一旦まとめてHEMS用のネットワークを形成し,HEMSコントローラのみが家庭内のIPネットワークにアクセスできるようになっている.

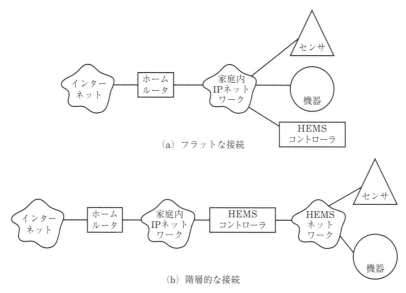

図9・5 家庭内ネットワークの構成

HEMS コントローラはネットワーク機器としての中継機能はないため，他の家庭内のネットワーク機器から HEMS 機器をアクセスすることはできない．もちろん，HEMS コントローラが乗っ取られた場合には HEMS 機器の悪意を持った操作が可能となるが，HEMS コントローラはパソコンやタブレット端末のような汎用性を持つ機器ではなく，セキュリティ対策を行うことははるかに容易となる．

こうしたネットワークの分離は技術的には様々な方法が考えられるが，多くの場合，HEMS コントローラに 2 つのネットワークインタフェースを用意し，片方を家庭内 IP ネットワーク（インターネット）に，もう一方を HEMS ネットワークに接続し，HEMS コントローラ自体はルータやブリッジとしては機能しない（パケットの転送をしない）機器として動作させることで実現される．この場合，HEMS ネットワークには家庭内 IP ネットワークとはまた別の Ethernet スイッチや無線 LAN アクセスポイントなどのネットワーク構成機器が必要となる．コストの観点から，この追加のネットワーク機器を必要としない技術も開発されつつあり，仮想 LAN 技術や暗号化技術が利用される．

9・4　ECHONET 規格[5]

ECHONET（Energy Conservation and Home Care NET）コンソーシアムは，その名の示すとおり，エネルギー問題と高齢者問題に対して ICT による解決を与えるべく，次世代ホームネットワークシステムの開発と普及促進（規格の標準化）を目的に，1997 年末に設立された民間団体である．現時点での幹事会員（理事会の構成員）は東京電力ホールディングス，三菱電機，パナソニック，東芝，日立製作所，シャープ，日本電信電話の 7 社であり，白物家電や住宅電気設備を提供する主要企業で構成されている．図 9・6 に ECHONET の適用領域を示す．図の左上に描かれている送配電およびインターネットから家の内側が ECHONET の範囲となり，HEMS コントローラ，需要機器，創エネ・蓄エネ機器，各種のメータをはじめとするセンサ類を対象としている．つまり，9・3 節の冒頭に述べた要素 1 から要素 3 までに対する規格といえる．本節では ECHONET 規格のあらましを述べる．

9・4・1　ECHONET 規格の基本モデル

ECHONET の基本的な考え方は極めてシンプルである．図 9・7 に ECHONET を用いたシステムの例を示す．ECHONET では，「コントローラ」と呼ばれる機能を持った装置が家電や住宅設備などの「機器」からの情報を取得し制御する．いわば，赤外線リモコンで人間が機器を操作するモデルである．基本的に高度な判断能力は赤外線リモコンを持った人間に相当するコントローラが有し，機器はコントローラからの命令で即座に動く．また，制御の命令は赤外線リモコンと同様に単発で完結する，ステートレスなものである．

図 9・7 にあるように，ECHONET システムでは，1 つのコントローラの配下で何らかのサービスを実現する「アプリケーションシステム」があるが，1 つの機器は複数のアプリケーションシステムに所属する，つまり，複数のコントローラから利用されることがある．たとえば，温度センサのような機器はそれぞれのアプリケーションシステムが有するよりは家庭内に設置された機器を共

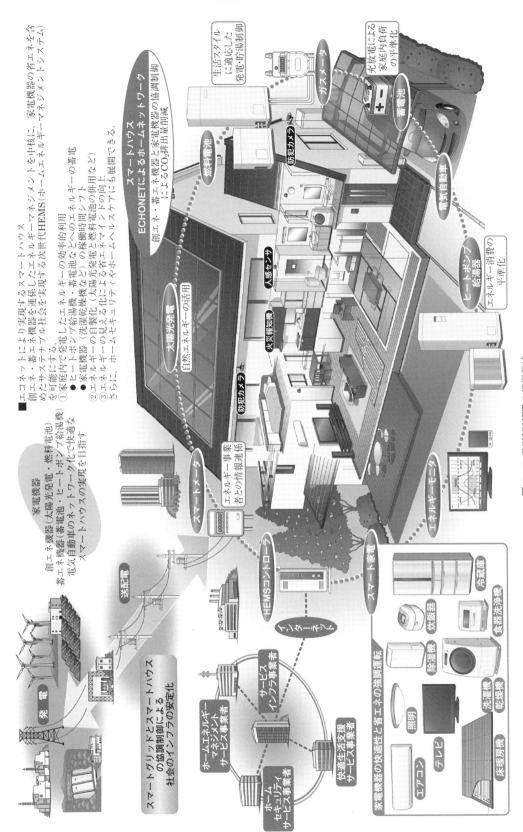

図 9・6　ECHONET の適用領域
（出典）ECHONET コンソーシアム Web サイト．

9・4 ECHONET 規格

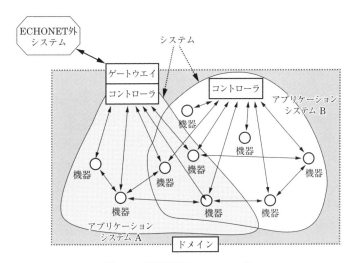

図 9・7 ECHONET システムの例

有するほうが合理的である．一方，制御対象となる機器については，複数のコントローラからの制御命令の間で整合性がとれているとは限らず，意図しない動作を繰り返す可能性があるが，これはコントローラの制御ロジック同士の問題であり，ECHONET では規定しない．

ECHONET プロトコルが使われている範囲全体を ECHONET ドメインと呼び，ECHONET 以外の他のシステムとはゲートウェイを介して接続する．9・3 節の冒頭で述べた要素 2 と要素 3 が ECOHNET における「機器」であり，要素 1 のうち，家庭内に置かれている部分が「コントローラ」にあたる．要素 4 は後述するように旧来からの ECHONET では規定されていたが，ECHONET Lite では規定外となり，要素 5 は ECHONET の規定外となる．このように，ECHONET はいわば家電や住宅設備機器の側から規格化を行っていったものであり，電力系統全体から需要家側へと検討を進めて定義したものではない．

1997 年の ECHONET コンソーシアム発足当時はパソコンもモデムでパソコン通信に接続されているような時代でインターネットも普及しておらず，家電も AV 家電の一部でのディジタル化は始まりつつあったが，白物家電も含めたネットワーク化はまだ現実的なものではなく，そのための適切なネットワーク技術も存在していなかった．したがって，当初の ECHONET 規格では家電機器やセンサネットワーク間を接続するリンク技術（ECHONET では伝送メディアと呼ぶ）自体も開発する必要があり，9・3 節冒頭に記した要素 4 までをも規定する規格となっていた．このようなシステムでは，目的を達成するために伝送メディアに関する技術とアプリケーションに関する技術が密接に関連するような形で規格を作ることが珍しくない．しかし，当初より OSI 7 層モデルに基づくプロトコルのモデリングを意識していた ECHONET では，レイヤ間の独立性を重視し，伝送媒体の使い方を決める物理レイヤやそれを利用するための規定を決めるデータリンクについては特定の技術に依存するべきではないという思想から，様々な異なる伝送メディアの上で同一のネットワークアドレス（ECHONET アドレスと呼ぶ）を用いた ECHONET 電文（パケット）に基づく，伝送メディア非依存の通信体系を実現している．**図 9・8** にプロトコルスタックを示す．

図 9・8 の左側半分が ECHONET 規格，右半分が ECHONET Lite 規格である．ECHONET では，情報がノード間でやり取りされることを実現する下位通信規格部分と，ECHONET で「オブジェ

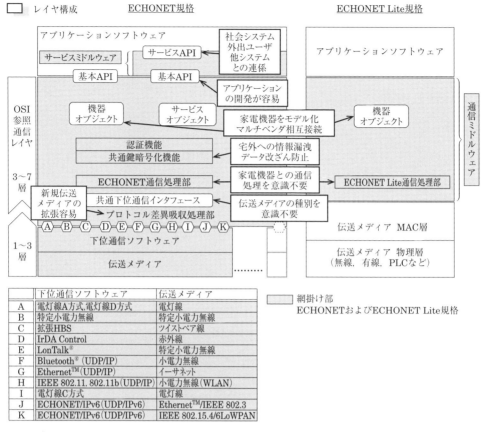

図 9・8 ECHONET と ECHONET Lite のプロトコルスタック

クト」としてモデル化されている各機器の様々な属性値（プロパティ）をアクセスする仕組みを提供する上位通信規格部分（ECHONET 通信処理部）を持つ．ECHONET の本質は伝送技術ではなくこのミドルウェアであり，特に機器のデータ構造を規定する機器オブジェクトの規格が主要な位置を占める．機器オブジェクトの定義にあたっては，後述するようにオブジェクトオリエンテッドコンピューティングの概念を取り入れ，より抽象度の高いクラスから属性を継承し，インスタンスを生成する，という概念を持つ．

アプリケーションを実現するためのコントローラからプロパティへのアクセスには「読出し」（get），「書込み」（set）のほかに，値が変化した際に機器側からコントローラに通知する「状態変化アナウンス」（状変時アナウンス）が用いられる．

図 9・9 に ECHONET Lite フレームの電文形式を示す．ECHONET コンソーシアムの規格文書ではフレームという用語が使われるが，正確には OSI 7 層モデルにおけるデータリンク層のフレームという意味ではなく，ECHONET プロトコルが利用する電文という意味であり，OSI 7 層モデルではアプリケーション層プロトコルにあたる．この図における下位層ヘッダは，前述のように

ECHONET Lite フレーム構成

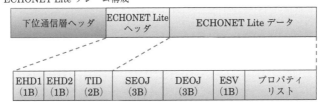

EHD1：プロトコル種別（ECHONET Liteは0x10）
EHD2：電文形式（規定電文形式は0x81）
TID：トランザクションID
SEOJ：送信元ECHONET Lite オブジェクト
DEOJ：相手先ECHONET Lite オブジェクト
ESV：ECHONET Lite サービス

図 9・9　ECHONET Lite の電文構成

ECHONET Lite/UDP/IPv4/Ethernet フレーム構成

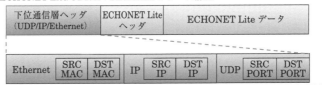

（必要に応じて，認証や暗号化のためにRFC 5191，DTLS，IPSecなどを利用）

SRC MAC：送信元ノードのMACアドレス
DST MAC：宛先ノードのMACアドレス
　　　　　マルチキャストアドレス(01:00:5e:00:17:00)

SRC IP：送信元ノードのIPアドレス
DST IP：宛先ノードのIPアドレス
　　　　マルチキャストアドレス(224.0.23.0)

SRC PORT：規定なし
DST PORT：3610

図 9・10　Ethernet で UDP の場合の下位通信層ヘッダの例

ECHONET 規格のときには独自のものが規定されていたが，ECHONET Lite では規定外となるため，利用する伝送技術によって異なる．最も一般的に利用されている Ethernet や Wi-Fi の上での UDP/IPv4 を用いた場合の構成を図 9・10 に示す．

9・4・2　ECHONET と ECHONET Lite

ECHONET は 1999 年の Ver.1.0 を皮切りに 2007 年に公開された Ver.3.60 まで版を重ねてきたが，それまでの製品化の実績やホームネットワークをめぐる技術開発動向を反映させ，再設計した規格が 2011 年に公開された ECHONET Lite である．このとき，従来からの Ver.3.60 の直系となる ECHONET Ver.4.00 と ECHONET Lite Ver.1.00 に規格が分岐したが，実質的には ECHONET Lite が後継規格だと考えるのが妥当である．名称は Lite となっているが，部分的には拡張されているところもあり，下位規格であるという位置付けではない．

ECHONET が世に出ておよそ 10 年経過し，当初は ECHONET 規格内で定義しなければ標準的な技術が存在していなかった PLC（Power Line Communication）や特定小電力無線などの伝送メディアにおいても様々な標準規格が出現し，自前での規格制定の必要性が減ってきた．図 9・8

の左側の下にはECHONET規格でサポートされる伝送メディアの一覧が記載されている．Type A
と Type B は ECHONET の自前規格であるが，それ以外は他の規格の上に ECHONET 電文を載
せる形の規定となっている．特に，Type F の Bluetooth を規格化する際，Bluetooth 上に
ECHONET 向けのプロファイルを起こすのではなく，TCP/IP プロトコルスイートを載せるため
の PAN（Personal Area Network）Profile を使った UDP/IP での実装としたことから，TCP/IP
プロトコルスイートでの ECHONET の実装に対する実例が存在するようになり，Ethernet ファ
ミリーはもとより IEEE 802.11（Wi-Fi），IEEE 1901（HD-PLC, HomePlug AV）といった「み
なし Ethernet」として IP パケットを伝送できる技術との組合せが容易となった．

　ECHONET では伝送メディア非依存の考え方を実装するために ECHONET アドレスを導入し
ていたが，IP 化が進むと直接 IP アドレスを用いたほうが階層構造もシンプルになり，実装も軽量
化（簡略化）できる．これを実現する規格として，ECHONET Lite が当初は ECHONET の軽装
化（軽量実装化）という名前のプロジェクトで始められ，最終的な正式名称も ECHONET Lite と
なった．ECHONET Lite では従来 ECHONET 規格内で決めていた ECHONET アドレスを含む，
アドレシングと電文形式の規格以下の下位通信規格部分を全て規格から外すとともに，当初から
ECHONET 規格にありながらも結局使われないまま推移してきた様々な規定を外し，規格そのも
のが規定している割合を大幅に削減することとなった．外された規定のなかには，「通信定義オブ
ジェクト」や，「サービスオブジェクト」のように，システムの概念レベルで規定を削除してしま
ったものも含まれる．こうした削減の結果，ECHONET Ver.4.00 の規格書は 10 部構成の 10 分冊
になるのに対し，ECHONET Lite の規格書は 5 部構成の 5 分冊と極めてシンプルになっている．

　一方で，ECHONET 通信処理部には見直しによる規格の削除のみならず，拡張も同時に行われ
ている．ECHONET アドレスが廃止されたことは前述のとおりであるが，アクセス方法として
SetGet（値を書き換えた直後に読む．この 2 つの動作の間には他の動作が入ることはない）サー
ビスが追加され，一連のトランザクションを示すためのトランザクション ID（TID）が追加され
た．一方で，配列を対象とした SetM，GetM などのアクセス方法は廃止され，従来は 12 種類も
の組合せがあった電文形式（ECHONET 通信形式）については 1 種類のみに統一することで，実
装上のオーバーヘッドを大幅に削減している（図 9・11）．このように，通信プロトコルとしてみた
ECHONET と ECHONET Lite の間には互換性はなく，概念的には似ているものの新たなプロト
コルという位置付けにある．

　プロトコルでは相違が多い ECHONET と ECHONET Lite であるが，アプリケーションのデー
タ構造である機器オブジェクトについては完全に同じものを使用する．最新の規格である

図 9・11　ECHONET プロトコルと ECHONET Lite プロトコルの変更点

ECHONET Ver.4.00 と ECHONET Lite Ver.1.12 とは共通の機器オブジェクト規定である，「APPENDIX ECHONET 機器オブジェクト詳細規定」をいずれもが利用する．つまり，機器にしてもコントローラにしても，ECHONET と ECHONET Lite は，データ構造は同一のままプロトコルのみが異なるという扱いとなるため，両方のプロトコルに対応する機器やコントローラアプリケーションを作成することも可能であるし，間にゲートウェイを経由して互いに変換することも可能となる．

● 9・4・3　ECHONET 機器オブジェクト

ECHONET の規格の最も主要な部分が，機器のモデル化とそのデータ構造を規定している ECHONET 機器オブジェクトである．このオブジェクトは，前述のように ECHONET 規格，ECHONET Lite 規格に共通のものであり，両方のプロトコルで使われる．

機器オブジェクトは対象となる家電や住宅設備などの装置が有している機能の変数を定義したものであるが，ECHONET においては情報工学におけるオブジェクト指向の考え方を取り入れ，「クラス」という概念を用いている．一般に，クラスでは，より抽象的な概念により定義された親クラスから具体化した子クラス，さらに孫クラスへと性質を継承しながら分化し，最後に具体例としてのインスタンスを持つ．たとえば，「動物」→「犬」→「柴犬」→「我が家のポチ」の場合，ポチは柴犬が持つ属性を有するが，犬や動物といったレベルで有する属性も継承しているインスタンスである．動物には「犬」以外の「猫」や「鳥」なども含まれるため，犬，猫，鳥などで共通の属性のみを「動物」は有することになる．犬や猫からみた動物というクラス，つまり親に当たるクラスのことをスーパークラスと呼ぶ．また，属性やそのときの状態といった変数で表される値のことをプロパティと呼ぶ．

ECHONET においては，機器オブジェクトは単体の製品として世の中に存在しうるようなものを示すものとしてモデル化（オブジェクト定義）され，この製品の種類に相当するものを機器オブジェクトとして定義している．つまり，「エアコン」や「温度センサ」というものが一つの機器オブジェクトとなる．当然ながらエアコンには様々なメーカの様々な機種があり，それぞれの実機がインスタンスということになる．また，類似した機器のクラスの集合をクラスグループとして定義している．「温度センサ」と「湿度センサ」のようなセンサ関連機器のクラスグループ，「家庭用エアコン」，「換気扇」のような空調関連機器のクラスグループといった具合に，機器オブジェクトは 7 種類にグループ分けされている．**表 9・1** に 2016 年 5 月 27 日に公開された Release H で規定されているクラスとそのグループの一覧を示す．

この表を見てわかるように，センサ関連や住宅・設備関連については数多くのクラスが定義されている．特に，HEMS の重点 8 機器と呼ばれている

- スマートメータ
- 太陽光発電
- 蓄電池
- 燃料電池
- エアコン
- 照明機器

表 9・1 機器オブジェクトクラスとクラスグループ

クラスグループ	機器オブジェクトクラス
センサ関連機器クラスグループ	ガス漏れセンサ，防犯センサ，非常ボタン，救急用センサ，地震センサ，漏電センサ，人体検知センサ，来客センサ，呼出しセンサ，結露センサ，空気汚染センサ，酸素センサ，照度センサ，音センサ，投函センサ，重荷センサ，温度センサ，湿度センサ，雨センサ，水位センサ，風呂水位センサ，風呂沸上りセンサ，水漏れセンサ，水あふれセンサ，火災センサ，タバコ煙センサ，CO_2 センサ，ガスセンサ，VOC センサ，差圧センサ，風速センサ，臭いセンサ，炎センサ，電力量センサ，電流値センサ，水流量センサ，微動センサ，通過センサ，在床センサ，開閉センサ，活動量センサ，人体位置センサ，雪センサ，気圧センサ
空調関連機器クラスグループ	家庭用エアコン，換気扇，空調換気扇，空気清浄器，加湿器，電気暖房機，ファンヒータ，業務用パッケージエアコン室内機，業務用パッケージエアコン室外機，電気蓄熱暖房機
住宅・設備関連機器クラスグループ	電動ブラインド・日除け，電動シャッタ，電動雨戸シャッタ，電動ゲート，電動窓，電動玄関ドア・引き戸，散水器（庭用），電気温水器，電気便座（温水洗浄便座・暖房便座など），電気錠，瞬間式給湯機，浴室暖房乾燥機，住宅用太陽光発電，冷温水熱源機，床暖房，燃料電池，蓄電池，電気自動車充放電器，エンジンコージェネレーション，電力量メータ，水流量メータ，ガスメータ，LP ガスメータ，分電盤メータリング，低圧スマート電力量メータ，スマートガスメータ，高圧スマート電力量メータ，灯油メータ，スマート灯油メータ，一般照明，単機能照明，ブザー，電気自動車充電器，Household small wind turbine power generation
調理・家事関連機器クラスグループ	電気ポット，冷凍冷蔵庫，オーブンレンジ，クッキングヒータ，炊飯器，洗濯機，業務用ショーケース，衣類乾燥機，洗濯乾燥機，業務用ショーケース向け室外機
健康関連機器クラスグループ	体重計
管理・操作関連機器クラスグループ	スイッチ（JEM-A/HA 端子対応），コントローラ，DR イベントコントローラ，並列処理併用型電力制御
AV 関連機器クラスグループ	ディスプレイ，テレビ，オーディオ，ネットワークカメラ

- 給湯器
- 電気自動車用充放電器

については，現実の製品との乖離が生じないよう，近年，クラスの追加や改訂が盛んに行われている．

一方で健康関連機器クラスでは体重計しか定義されていない．これは，ECHONET の活動の当初においては ECHONET オブジェクトとして定義する予定であったのが，その後 Continua Health Alliance のような他の団体において健康関連機器のネットワークに関する標準化が始まったため，重複を避ける意味でクラスの追加を停止したためである．また，AV 関連機器というグループにはディスプレイやテレビといったクラスがあるが，これらはエネルギーマネジメントのサービスにおいてメッセージなどをユーザに伝えるための機能について規定したものであり，テレビの視聴のための機能は有しておらず，他の AV ホームネットワーク規格との重複はない．

全ての機器オブジェクトに共通する属性について「機器オブジェクトスーパークラス」が定義されている．この機器オブジェクトスーパークラスの持つプロパティは全てのオブジェクトに共通するものであり，たとえば，ON/OFF といった最も基本的な動作状態，どのバージョンの機器オブジェクト詳細規定文書に基づいているかを示す規格 Version 情報，どのようなプロパティを持つかという情報であるプロパティマップ，といったどの機器も共通して有すべきものとなっている．

簡単なオブジェクトクラスの実例として温度センサクラス規定の定義を示した ECHONET 規格文書の内容を図 9・12 に示す．

3.1.17 温度センサクラス規定
クラスグループコード：0x00
クラスコード：0x11
インスタンスコード：0x01～0x7F（0x00：全インスタンス指定コード）

プロパティ名称	EPC	プロパティ内容	値域（10進表記）	データ型	データサイズ	単位	アクセスルール	必須	状変時アナウンス	備考
動作状態	0x80	ON/OFFの状態を示す.	ON=0x30, OFF=0x31	unsigned char	1 Byte	—	Set		○	
							Get	○		
温度計測値	0xE0	温度計測値を（0.1℃単位で）示す.	0xF554～0x7FFE (−2732～32766) (−273.2～3276.6℃)	signed short	2 Byte	0.1℃	Get	○		

（注1）状態変化時（状変時）アナウンスの○は，プロパティ実装時には処理必須を示す.

(1) 動作状態（機器オブジェクトスーパークラスのプロパティを継承）
　本クラス固有の機能が，稼働状態であるか否か（ON/OFF）を示す．なお，本クラスを搭載するノードにおいて，ノードの動作開始とともに，本クラスの機能が稼働を開始する場合は，本プロパティを固定値 0x30（動作状態ON）で実装することも可能である．
(2) 温度計測値
　温度計測値を 0.1℃ の単位で示す．プロパティの値域は 0xF554～0x7FFE（−273.2℃～3 276.6℃）とし，実機器のプロパティ値がプロパティの値域を超える場合は，オーバーフローコード 0x7FFF，実機器のプロパティ値がプロパティの値域未満の場合は，アンダーフローコード 0x8000 を用いるものとする．

図 9・12　温度センサクラスの規定

　これは，ECHONET Specification の一連の文書の中の，「Appendix ECHONET 機器オブジェクト詳細規定」という規格文書の Release H（2016 年 5 月 27 日付）という版において，3.1.17 節で規定されている内容の全てである．

　冒頭で書かれているように，クラスグループはセンサ関連機器クラスグループを示す 0x00（16 進数表記で 00）で，温度センサのクラスを表すクラスコードとして 0x11 が割り当てられている．このクラスに属する各機器はインスタンスコードとして 0x01 から 0x7F までの重ならないどれかの値をそれぞれが有し，このクラスに属する全ての機器を指定するためにはインスタンスコードとして 0x00 を指定するということを示している．

　枠で囲われた表の内容がこのクラスが有するプロパティ（属性）を列挙したものである．0x80 は動作状態であり，スーパークラスで定義されている内容を継承し，Get および状態変時アナウンス動作については必須，Set 動作についてはオプションであることを示している．この 0x80 の値は unsigned char 型の 1 Byte の情報として表現されるべきことも示されている．

　0xE0 が温度センサとしての機能を果たすためのプロパティであり，2 Byte の符号付き short 型の整数値 0x8000（十進数で −32 768）から 0x7FFF（32 767）を 0.1℃ 刻みで表しているものとし，プラス・マイナス両側の最大数は現実には使わないことからそれぞれをアンダーフローとオーバーフローの値とし，さらに，マイナス側は絶対零度が −273.15℃ であることから −273.2℃ から始まるものとすることで，このように温度を表現すると規定している．こうして表現を規定すれば，16 bit の値が何℃に相当するのかは一意に決まることになり，各種のセンサからの出力をこの表現

に合わせることで，様々なセンサとコントローラの組合せで利用が可能となるわけである．

　この規定は逆に言えば0.1℃よりも細かい刻みの温度はこのオブジェクトでは扱えないことも示している．たとえば，家庭内でも一般的に利用されている婦人体温計は小数点以下2桁の精度が必要とされるため，もしECHONETで扱おうとすれば，この温度センサオブジェクトではなく，別のオブジェクトを規定する必要がある．実際には健康関連機器である体温計を温度センサとして扱おうとするのはやや無理があり，また，前述のように健康関連機器はECHONET以外の規格が用いられているため婦人体温計ECHONETオブジェクトが規定される可能性は将来的にも高くないであろうが，家庭用のシステムを発展させて適用可能な小規模な産業用途に関しては，ECHONETの新たな適用範囲となりうることも想定され，新規のオブジェクトが制定される可能性がある．

　このような似ていても非なる目的の場合には，ECHONETでは既存のクラスへの変更ではなく，新たなクラスを定義することが多い．実際，電力の計測ということでは，センサ関連機器クラスグループに電力量センサクラスが存在しているが，住宅・設備関連機器クラスグループには電力量メータクラス，低圧スマート電力量メータクラス，高圧スマート電力量メータクラスが存在している．このように，同じ物理量が基本となるにしても使い方が異なる場合には，既存クラスにプロパティを追加していくというよりは，新規にオブジェクトクラスを追加定義するのがECHONETのやり方である．

　こうしたアプローチの背景には前述したようにECHONETでは実在する製品をモデル化して機器オブジェクトクラスを定義するという方針がある．1つの製品を，それが有する機能に論理的に分割すれば温度センサのような基本機能を組み合わせることでスマートメータも定義できるが，そのような基本機能の組合せとして製品を表現するというアプローチとは逆に，製品が先にあってそれが有する機能という方向で規格を定義しているわけである．このやり方には得失があり，新たなカテゴリの製品が出た場合には新しいクラスを定義しなければならないし，既存のクラスに全く新しい機能を有する製品が出た場合にはクラスの定義を改定する必要がある．ECHONETコンソーシアムでは，半年に一度の頻度でオブジェクトクラス規定を更新し，常に製品にクラス規定を合わせるような活動を行っている．

　これに関連し，クラス規定に盛り込むプロパティの選択についても際立った特徴がみられる．家庭用エアコンクラス規定においては，定義されているプロパティが46種類存在する．これは，世の中に出ている製品が有する全ての機能を網羅しようとする，つまり各機種の機能のOR（論理和）でクラスを定義していることに起因する．加湿機能や自動洗浄機能など，必ずしも全ての製品が有しない機能もクラスには規定し，各機種の持つ機能全てを使えるようにしようとするアプローチである．通常，標準化においてはこのようなORの定義より，全機種（あるいは多くの機種）が有している機能，つまり各機種の機能のAND（論理積）で規格を制定することが多い．この場合，規格にない固有の機能は独自に規定する形になり，相互接続性が劣ることになるが，規格を頻繁に見直す必要はなくなる．

　ECHONETのオブジェクトクラスのうち，やや特殊なものが並ぶのが管理・操作関連機器クラスである．まず，スイッチクラスはON/OFFを行うスイッチのECHONETオブジェクトを規定するクラスであるが，これは既存のJEM-A/HA端子規格をECHONETとして扱うための機器オ

ブジェクトの規定を意図している．これにより，長年使われ，また，その単純さからコスト的優位性のある JEM-A/HA 端子規格の製品を ECHONET の一部として取り込むことができる．

次に，コントローラクラス以降の規定は ECHONET 機器オブジェクトの定義の在り方を大きく変えるものとなった．ECHONET ではコントローラは機器というよりもサービスを実現するアプリケーションであり，これを ECHONET で操作するためには機器オブジェクトというよりはサービスオブジェクトを利用するのが自然であった．しかしながら，サービスオブジェクトは長年使われておらず，前述のように ECHONET Lite の規定を定める際に規格から削除されている．最近になって，あるサービスを内蔵するコントローラという機器をモデル化したものとして，コントローラクラスという機器オブジェクトが定義されるに至り，今までとは異なる機器としての定義がなされるようになった．とはいえ，「コントローラクラス規定」は，コントローラ自身の機器としての状態を取得するもので，コントロール内容に対するプロパティを持つものではない．しかし，次に規定されている「DR イベントコントローラクラス規定」は，国内で実際にサービスが行われている DR サービスのコントローラをモデル化したもので，それぞれの事業者のサービスプログラムが列挙されており，そのコントローラとしての挙動を ECHONET のプロパティとして取得できるようになっている．これにより，家の外部から来る DR 信号による制御内容が ECHONET ドメイン内でも共有でき，また，ECHONET しか対応しない機器が DR イベントコントローラに対して ECHONET で通信することで，DR システムの一部として能動的に振る舞うことが可能となる．

続く並列処理併用型電力制御クラスにおいては，制御のために互いにやり取りするメッセージを ECHONET で送信する形となっており，動作の方針を決めるコマンドのみを与えていた従来の ECHONET 機器オブジェクトへの操作という枠組みとは異なる利用の仕方に道を開いた形となっている．今後は，よりメタなレベルでの ECHONET の利用を行うオブジェクトの登場も考えられる．

● 9・4・4　その他の ECHONET オブジェクト

ECHONET の搭載された機器は，機器オブジェクトに加え，ノードプロファイルオブジェクトを持たなければならない．このオブジェクトは機器の機能に直接関するものではなく，その物理的な機器の中に論理的な ECHONET オブジェクトがどれだけ入っているかという機器の素性を示すためのオブジェクトである．

たとえば，温湿度センサが一つのチップで実現されているようなセンサの場合には，ECHONET オブジェクトとして見た際には温度センサクラスに属するオブジェクトのインスタンスと，湿度センサクラスに属するオブジェクトのインスタンスが存在することになる．同様に，複数の温度センサが 1 つの機器で実現されている場合には，温度センサクラスに属するオブジェクトのインスタンスを複数有するものとなる．こうした状況を示すためのオブジェクトがノードプロファイルオブジェクトである．この内容は機器が起動する際には ECHONET ドメイン内の全てのノードに通知され，またインスタンスの増減など内容が変化した場合にも通知する．

ECHONET Lite ではプロファイルオブジェクトはノードプロファイルオブジェクトしか規定されていないが，もともと ECHONET ではノードプロファイルオブジェクトのほかに，ルータプロファイルオブジェクト，プロトコル差異吸収処理部プロファイルオブジェクトなど 5 種類のプロ

ファイルクラスが存在していたため，これら全てのスーパークラスとしてプロファイルオブジェクトスーパークラスが規定されている．オブジェクトの規定はECHONETとECHONET Liteで共通とするため，1種類しかオブジェクトがなくてもECHONET Liteでもこのスーパークラスを用いることになる．

● 9・4・5　ECHONET Lite の伝送メディア

前述のようにECHONET Liteでは，通信媒体やその伝送方式といった通信の下位レイヤ技術は規格から外され，既存の技術を利用することになっている．しかしながら，同じ伝送技術であっても使い方が異なると相互接続性が実現できないため，実装上のガイドライン（運用規定）が必要となる．国内の有線通信規格を制定する一般社団法人情報通信技術委員会(TTC：Telecommunication Technology Committee)では，2012年にTR-1043「ホームネットワーク通信インタフェース実装ガイドライン」としてECHONET Liteの伝送メディアに用いられる各種の伝送技術に対する実装の規定を示している[6]．図9・13に記載されている伝送技術を示す．

通信専用の有線媒体であるEthernet，電力線を用いる各種のPLC，および各種の無線通信技術が列挙されており，関連する規格がネットワークの階層ごとにまとめられている．図の下に記載されている規格名あるいは団体名は，その縦の列に関わる標準に関連するものとなっている．

TR-1043は伝送技術の規格そのものを記載したものではなく，参照すべき規格文書を示すとともに，必要となるパラメータなどの取決めを記述したものとなっており，実際に機器を実装する場合にはそれぞれの規格文書を必要とする．しかしながら，このTR-1043に記載されている伝送技術のほとんどにおいては関連する技術文書が無償で入手可能なものとして提供されており，必要な規格は入手可能である．とはいえ，実際に実装を進めるうえではさらに詳細な規定が必要となる場

5–7	ECHONET Lite							Layer 2のフレーム上にECHONET Lite
4	UDP / TCP							
3	IPv4 IPv6			IPv6 6LowPAN	IPv4		IPv6 6LowPAN	
2	IEEE 802.3 ファミリー	G 9961 G 9972	IEEE 1901	ITU-T G 9903	IEEE 802.11 ファミリー	IEEE 802.15.1 ファミリー PANプロファイル	IEEE 802.15.4 IEEE 802.15.4e	
1	IEEE 802.3 ファミリー	G 9960 G 9963 G 9964 G 9972	IEEE 1901	ITU-T G 9903	IEEE 802.11 ファミリー	IEEE 802.15.1 ファミリー	IEEE 802.15.4 IEEE 802.15.4g	
媒体	UTP 光ファイバ	電力線			電波 (2.4/5 G)	電波 (2.4 G)	電波 (2.4 G/920 M)(注)	

Ethernet　　ITU-T G.hn　　IEEE 1901　　ITU-T G.hnem　　Wi-Fi　　Bluetooth　　IEEE 802.15.4/4e/4g
　　　　　　　JJ-300.20　　　JJ.300.11　　　　　　　　　　　　　　　　　　　　JJ.300-10
　　　　　　　JJ-300.21　　　G3-PLC　　　　　　　　　　　　　　　　　　　　　Wi-SUN
　　　　　　　HD-PLC　　　　　　　　　　　　　　　　　　　　　　　　　　　　ZigBee IP, 920IP

（注）2.4 Gは，ZigBee IPのみ対応．

図 9・13　TTC TR-1043に記載されている伝送技術

合もあり，たとえばスマートメータの B ルートインタフェースについては，TR-1052「HEMS-スマートメータ（B ルート）通信インタフェース実装詳細ガイドライン」という文書が発行されている．

● 9・4・6　ECHONET Lite の規格文書

　ECHONET Lite の大きな特徴の一つが，技術規格を記載した規格書が無償で Web 上に公開されていることである．当初，ECHONET 規格は，最新版は会員のみに提供され，一般への無償公開は旧バージョンのみとされていた．現在でも ECHONET Ver.4 の規格書は会員のみへの公開であり，一般には ECHONET 3.21 が公開されている．ECHONET コンソーシアムは純粋な民間団体であり，会費によって成り立っていることを考えれば会員メリットを明確にする必要があったためである．しかしながら，ECHONET Lite 制定時には経済産業省の補助金が ECHONET Lite 対応機器に対して交付されるという事情もあり，コンソーシアムとしてリスクをとる形で最初から無償公開とした結果，大幅な会員増と対応製品の増加をもたらし，現在に至っている．

　ECHONET コンソーシアムの Web サイト（http://echonet.jp）で規格書のダウンロードページに行くと，「ECHONET Lite 規格書」として日本語版，英語版，また，そのときの版に応じて訂正文書が取得できる．これらと同時に，「APPENDIX ECHONET 機器オブジェクト詳細規定」を取得する必要がある．この機器オブジェクトを定めた APPENDIX は前述のように半年に一度更新されるため，その時点で最新の Release を入手することになるが，必要に応じて過去の版も入手可能である．いずれのファイルも，連絡先の入力など，特段の手続き無しにダウンロードできるようになっている．

　執筆時点での ECHONET Lite 規格書は Ver.1.12 であり，以下のような構成となっている．

1. ECHONET Lite 規格書全体目次
   ECHONET-Lite_Ver.1.12_00.pdf　［PDF 533 KB］
2. 第 1 部　ECHONET Lite の概要
   ECHONET-Lite_Ver.1.12_01.pdf　［PDF 617 KB］
3. 第 2 部　ECHONET Lite　通信ミドルウェア仕様
   ECHONET-Lite_Ver.1.12_02.pdf　［PDF 1.23 MB］
4. 第 3 部　ECHONET Lite　通信装置仕様
   ECHONET-Lite_Ver.1.12_03.pdf　［PDF 3.43 MB］
5. 第 4 部　ECHONET Lite　ゲートウェイ仕様
   ECHONET-Lite_Ver.1.12_04.pdf　［PDF 1.11 MB］
6. 第 5 部　ECHONET Lite　システム設計指針
   ECHONET-Lite_Ver.1.12_05.pdf　［PDF 547 KB］

　規格書自体は 5 部に分かれており，1. は全 5 部を通じての目次となっている．これを手元に用意しておくことでどの部を参照すればよいか，また，それぞれがどのような関係になっているかがわかりやすくなる．10 部に分かれていた以前の ECHONET のときと比較すればその重要度は高くないかもしれないが，略語集も記載されており，慣れない間は極めて役立つものといえる．

　2. の第 1 部は最初に一読すべき内容であるが，基本コンセプトなどの確認で後から参照する対

象ともなる．また，対象読者ごとにどの文書のどの部分を読むべきかについての記述もなされている．

3.の第2部が最も中心的な内容が記述されている文書となる．この文書を一通り理解することが ECHONET Lite 規格の理解のうえでは重要である．

4.および5.は，いずれも通信機能部分に関するものであるが，やや特殊な内容となっている．4.の第3部は主に ECHONET Lite 機器の実装にあたっての選択肢の一つであるミドルウェアアダプタと呼ばれるモジュールに関する記述がなされており，5.の第4部には，ECHONET Lite 機器を UPnP アプリケーションから利用可能とするためのゲートウェイに関する記述がなされている．ECHONET Lite 機器や，通信モジュールの開発者は第3部を注意深く読む必要があるが，アプリケーションプログラマは概要を認識すればよい類のものとなる．また，第4部で扱われている UPnP ゲートウェイは，かつて ECHONET 規格の普及度合いが思わしくなく，また UPnP が DLNA をはじめとする AV 系家電およびパソコンで盛んに使われようとしていた時代に開発された規格であり，状況が変化した現在においてはあまり一般的に用いられるものとはいえない．

6.の第5部は個別の機器ではなくシステムレベルでの観点で書かれたものであり，規定というよりはガイドライン的な要素が強い．しかしながら，機器がシステム内でどのように使われるのかに関するイメージを明らかにするには有用な情報が多く，機器の設計者も一読する価値がある．

9・4・7　ECHONET Lite の現状と今後

1　標　準　化

ECHONET コンソーシアムは設立以来，ECHONET 規格の国際標準化につとめており，現在の ECHONET Lite も国際標準化が完了している．機器オブジェクトの規定については ECHONET コンソーシアムでは半年に一度という極めて高頻度の更新がなされているため全てを反映することは不可能であり，一定の期間をおいて国際標準に盛り込む形となる．現時点での国際標準化状況を図 9・14 に示す．

従来の ECHONET について行われていた国際標準を改定する形で ECHONET Lite についても ISO/IEC JTC1 SC25 WG1 および IEC TC100 TA8 において 2015 年までに必要な国際標準化が完了している．本体部分にあたる通信ミドルウェアは ECHONET の 14543-4-1，14543-4-2 に加えて ECHONET Lite が 14543-4-3 として，また機器オブジェクトの Release G に相当するアップデートは IEC 62394 として 2016 年中には完了する予定である．また，ミドルウェアアダプタも IEC 62480 として標準化が完了し，いずれも IS（International Standard）のステータスになっている．

IEC や ISO といったデジュリスタンダードを獲得することは ECHONET のような社会インフラに関連する技術にとっては重要である．以前は，主要マーケットが先進国であり，企業間の競争によるデファクトスタンダードの優位性が目立っていたが，次第に主要マーケットがアジア諸国のような新興国に移るにつれ，スマートグリッド関連など公共性のある調達においては国際調達で入札が行われる機会が増え，その仕様においてデジュリスタンダードが求められているケースが多くなっている．これは，一国一票の原則で国連組織において決議されるデジュリスタンダードが，デファクトスタンダードやフォーラムスタンダードよりも恣意的な要素を入れる余地が少なく，汚職

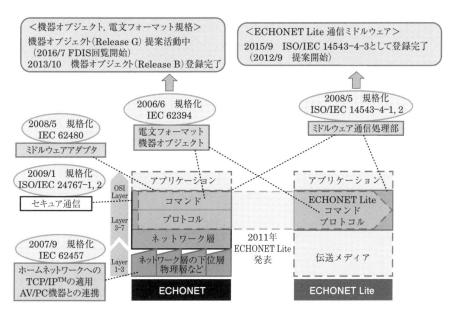

図 9・14 ECHONET Lite の標準化状況
（出典）ECHONET コンソーシアム，国際標準化 WG 資料．

につながる可能性を下げると考えられているためである．今後，インフラ輸出の一貫でスマートホームや HEMS の輸出を考える際に，ECHONET 規格がデジュリスタンダードになっていることは大きな意味がある．

2 ● 製品の規格認証

製品が ECHONET コンソーシアムの規格に準拠しているか否かについては，かつては自己認証という手段がとられていた．これは，定められた認証試験仕様書に基づいた適合試験をメーカ自身が実施し，その結果を規格認定認証機関に提出して認証を得るものである．これに対して，2015 年から製品の認証試験を ECHONET コンソーシアムが認定した認定試験機関に依頼する第三者認証の仕組みが整備されてきている．2015 年からはスマートメータが，2016 年からは 9・4・3 項で述べた重点 8 機器に HEMS コントローラを加えたものが第三者認証の対象となっており，これらの機器についてはこの第三者認定を受けた製品を使うことが今後求められることになる．

試験の項目を確認するためのツール（ソフトウェア）は ECHONET コンソーシアムが所有しており，会員はこれを利用して事前に自社内での確認を行ってから試験と認証申請にあたることができるようになっている．試験に合格した機種に付けることのできるロゴマークも従来の三次元のロゴのみならず，線画でできたシンプルロゴ，文字（英語，カタカナ）のみのロゴなど，複数の種類が制定され，表示が容易になっている．

3 ● 製品出荷の状況

ECHONET コンソーシアムによれば，ECHONET Lite 規格に基づく機器の 2015 年度 1 年間の出荷台数はおよそ 260 万台で，2016 年度は 500 万台程度が見込まれている[7]．今後，スマートメータの設置，電力小売完全自由化の進展，海外展開などを鑑みれば 2020 年頃には年間 2 000～

2 500万台の出荷を見込むことができるとされている．これは，初期のECHONET規格の製品が10年間をかけておよそ1 400万台の累積出荷台数だったのに比べ，大幅な増加になっている．特に，ここ数年の動きではECHONET Lite製品そのものを開発して販売するメーカよりもECHONET Lite対応製品の開発に用いることのできるソフトウェアやハードウェアモジュール，ツール類の充実が著しく，ECHONET Lite対応製品の開発のハードルが著しく下がりつつある傾向がうかがえる．こうした状況は，各家庭内にECHONET Liteに対応する製品がある，あるいは容易に導入できることを前提としたシステムづくりに発想を転換すべき時期にさしかかっているといえる一方，機器を提供するメーカにおいては，ECHONET Liteへの対応自体はもはや差別化要因にはなりにくくなるということも意味している．

4 今後に向けた動き

　ECHONETコンソーシアムでは，技術的な開発および普及推進に向けた方策の検討が行われている．技術的な観点で大きな変化となるのが，機器認証の導入である．これは，規格認証ではなく，通信している相手方が正しいECHONET Liteノードであるかの認証を行うもので，ECHONETドメイン内にグループマネージャと呼ばれるノードを設置し，これがグループ鍵を生成して，各ノードに配布・管理する．ノード間の通信はこの鍵を用いて暗号化され，鍵を交換していない相手は通信や通信内容の傍受ができなくなることから，設置時にユーザが指定した機器の間でのみ通信が行えるようなシステム構成が可能となる．この規格が製品で一般的に利用されるようになれば，9・3・2項で述べたようなネットワーク構成上の課題に対し，新たな解決策を与えることになる．

　ECHONET Liteでは，伝送メディアに対する規格は規定外となっていることから，伝送メディア側でECHONET Liteを支援しようとする規格づくりも別途行われている．情報通信技術委員会（TTC）では2010年に「JJ-300.00：ホームNW接続構成特定プロトコル」規格および「JJ-300.01：端末区分情報リスト」規格として，主にAV家電およびパソコンを対象としたブロードバンドホームネットワークに対し，家庭内におけるネットワークトポロジーを自動発見するための仕組みについて規格制定し，2011年には「ITU–T G.9973：Protocol for identifying home network topology」としてデジュリスタンダード機関であるITUにおいて，国際標準化も完了させていた．このJJ-300.00の仕組みは，ECHONET Liteで利用されるような6LoWPAN（IPv6 over Low power Wireless Personal Area Networks）を用いたネットワークには直接適用することができなかったため，TTCでは2015年にJJ-300.00を改定し，GREトンネリング技術を利用することでECHONET Liteで使われている全ての伝送メディア（TTC TR-1043記載の技術）で利用できるようにした．これにより，様々な伝送メディアを組み合わせて構築したECHONET Liteシステムであってもネットワークのトポロジーとその状況が容易に把握できるようになる．

　また，TTCではJJ-300.00などを利用し，ホームネットワークの障害を切り分けたり，その原因を遠隔から明らかにしたりするための手順を検討したテクニカルレポートを発行している．2014年に「TR-1053：サービスプラットフォームにおけるカスタマサポート機能」，2015年には「TR-1057：ホームネットワークにおけるカスタマサポート機能ガイドライン」，さらに2016年に「TR-1062：ホームネットワークにおけるカスタマサポートユースケース」が発行された．また，これらのテクニカルレポートと連携する形で，IEC TC100では，「IEC 62608：Multimedia home network configuration—Basic reference model」の規格化が進められている．この IEC 62608 も当初は AV 関連機器のみを考慮していたが，ECHONET Lite 機器のような制御系ホームネットワークも対象となりうるような配慮がなされている．この規格では，メンテナンスや設定を支援する事業者がインターネットなどを経由して，家庭内のネットワーク機器の設定を行い，サービスの立ち上げや障害への対応を行うことを想定している．

これらの管理運用に関する規格が整備されれば，ECHONET Lite で構成されたホームネットワークをサービス事業者などが遠隔から管理運用することが可能となり，安定したシステムの稼働と，サービスマンなどの派遣頻度を激減させることによるコストダウンが見込めるようになる．

9・5　今後の課題と展望

本章では家庭向けエネルギー管理システムとして HEMS に関し述べてきたが，HEMS が広く利用されるためには，いままで言及したもの以外にもいくつかの課題が存在する．本節では，その代表的なものを3点述べることとする．

● 9・5・1　ECHONET 以外の規格との連携

9・3 節では HEMS の抽象的な構成を述べ，具体例として我が国での規格である ECHONET について 9・4 節で述べた．しかし，具体的な実装という意味では ECHONET に類する他の規格も存在し，その代表格が ZigBee と KNX である．大まかに言えば，日本：ECHONET，米国：ZigBee，欧州：KNX と，それぞれの地域ごとに発展してきた類似規格ということもできるが，開発の経緯や背景から，必ずしも全く同列に扱えるものではない．

また，ECHONET が家庭内の HEMS 関連機器で用いられる技術であり，9・3 節で HEMS の要素5として述べた広域ネットワークの先にあるサーバと，家庭内の HEMS コントローラとの間の通信で使われる技術については ECHONET 規格には含まれない．この部分は独自規格も含め選択肢が多数存在している状況であるが，本書の7章で述べられている OpenADR も有力な選択肢となっている．それぞれについて概略を述べる．

1　ZigBee[8]

ZigBee は 2002 年に設立された ZigBee Alliance が決めている微弱無線技術を用いた通信規格および適合性認証規格であり，デジュリの国際標準規格ではなく，デファクトスタンダードを狙った民間フォーラム規格の位置付けとなる．ZigBee の下位層（物理層およびデータリンク層）規格はIEEE 802.15.4 として IEEE によるフォーラム規格として定められ，これに対応する上位層規格や運用のための規定が ZigBee 規格であるという住み分けがなされており，発足当初は IEEE 802.15.4 の推進団体が ZigBee という関係にあるセンシングおよび制御ネットワークの規格団体であり，無線 LAN における IEEE 802.11 と Wi-Fi Alliance と類似した関係にあると認識されている状況にあった．

ZigBee は，アプリケーションごとに「プロファイル」と呼ばれる上位層規格を決める典型的な組込みネットワーク技術であり，Building Automation, Home Automation, Health Care,

Smart Energy などのプロファイルを持ち，同じ下位層を使いながらも異なるプロファイル間では全く通信もできないものであった．ZigBee の下位層規格には無線メッシュネットワーク技術が含まれ，少ない電力で大規模なネットワークが構成でき，電池駆動でも年単位の稼働が見込めるような技術となっている．

しかしながら，その後，2009 年に技術的にも大きく異なる無線リモコン規格である RF4CE が ZigBee の一員として加わり，必ずしも同じ下位層を用いる規格とはいえなくなった．RF4CE は元来，全く別の団体である RF4CE コンソーシアムが，従来専ら赤外線が用いられていた家電用（主に AV 機器用）リモコンに電波による通信を導入することで，指向性の問題解決や複数機器の同時利用，リモコン同士の連携などの高機能化を行おうとしたもので，IEEE 802.15.4 規格は用いてはいるものの，ZigBee Alliance が制定してきた使い方とは大きく異なり，別ものの規格と考えた方がよいものである．

さらに，米国オバマ政権の Green New Deal 政策のもと，スマートグリッドの開発が盛んになると，家庭内ネットワーク規格として電力線通信や無線 LAN とも相互運用性を有する上位レイヤ規格としての性格が強くなるなど，IEEE 802.15.4 以外の通信規格の上でも利用可能なプロファイルの開発が求められるようになり，当初の位置付けからは大きく異なるようになってきた．スマートグリッドで用いられるプロファイルは SEP（Smart Energy Profile）であり，当初からの ZigBee 由来の通信技術を用いた Smart Energy Profile 1.0 はその後も改良を続け，市場（特に米国と英国などの欧州）で利用されている．しかし，実際のシステムにおいては IEEE 802.15.4 以外の媒体も利用可能にしたいという要請があるのに加え，情報ネットワークのアドレシングは IP（Internet Protocol）アドレスに集約させていくべきであるという考え方もあり，ZigBee IP および SEP 2（SEP 2.0）が開発されることとなった．IEEE 802.15.4 の上で 6LoWPAN（IPv6 over Low power Wireless Personal Area Networks，IETF で定められた RFC 4944）を用いることで，その上位に IPv6 プロトコルを利用可能とするための技術が ZigBee IP として標準化され，これを前提に HomePlug アライアンスと IEEE 1901 による PLC，Wi-Fi アライアンスと IEEE 802.11 による無線 LAN の 3 種類の通信規格に対応したプロファイルとして SEP 2 が定義されている．

このように，伝送規格に対する非依存性，レイヤ間の独立性などを当初から想定して設計，開発されてきた ECHONET とは異なり，特定の伝送技術に依存した規格として出発しつつも，途中から複数規格への対応を IP 化によって取り入れようとしたのが SEP 2 である．こうした違いとともに見逃してはならないのは，ECHONET が家電側からの規格であるのに対し，SEP はスマートグリッドのシステムの観点から家庭側で実現すべき機能について規定している規格である点である．この意味では，ECHONET は Smart Energy Profile というよりは，Home Automation Profile や Light Link Profile に近いといえる．こうした違いから，SEP では，外部からのデマンドレスポンス要請に対して家庭内の機器をどう動かすかというコントロールも含めた機器のモデリングを行っているのに対し，ECHONET では最近になってコントローラクラスが導入されるまでは，末端の機器側のみを対象とし，コントローラはその範囲外という扱いとなっていた．9・4・3 項に述べたように，コントローラクラスを巡っては今後の発展が想定され，ECHONET の枠組みにおいて SEP 同様の機能が実装できる道順はついたものと考えられる．

2016 年現在において，SEP2 は当初の想定のようには広まらず，むしろ ZigBee Alliance として

はIPではなくZigBeeプロトコルを用いる方向に回帰している状況にある．2015年にはZigBee 3.0として，旧来のZigBee PROプロトコルを用いながらも，異なるプロファイル間で最低限の通信が可能となるメカニズムを取り入れた規格を打ち出し，2016年にはその製品群も投入されている．また，スマートメータをはじめとするマーケットではSEP 1.0の流れを組むSEP 1.2やSEP 1.3が開発されている．こうした状況に至ったのはZigBee IPの実装が想定したほど容易ではなかったことや，IP化による共通化よりもゲートウェイにて異なる通信技術とデバイスモデルを統合する手法のほうがより現実的であったことなど，様々な要因によるものであるが，将来的にはZigBee IPが見直される可能性もある．なお，日本国向けには国内周波数である920 MHzの電波に合わせた920IPという規格が特に制定され（そのため，ZigBee Allianceでも，ZigBee IP and 920IPという呼び方をしている），ECHONETの下位レイヤとしての利用も含めて期待されたが，実際には製品の規格準拠試験を行う体制までは至っておらず，最終製品としては商用化されていない．また，SEP 2は，IEEE 2030.5-2013としてIEEE規格になっているのを受け，ZigBee 2030.5 Profileと呼ばれるようにもなっている．これはSEP 1系列がSEP 2系列で置き換わるわけではなく，両者が共存していくという方針をより明確に示している．

2 KNX[9]

日本におけるECHONET，米国におけるZigBeeと並んで持ち出されることが多いのが欧州のKNXである．KNXはZigBeeよりはECHONETに類似した性質を有している．ECHONETも1970年代から続く国内規格Home Bus System (HBS)の知見を受け継いで1997年から開発されてきたが，KNXもまさに同年，1997年に欧州各国で開発されてきた規格を統合する形で出発している．1997年当時，欧州ではフランスでBatiBus Club International (BCI)が，ドイツでEuropean Installation Bus Association (EIBA)が，また，欧州（当時EC）としてEuropean Home Systems Association (EHSA)が活動しており，その目的とするところは極めて近いものであった．この三者を統合してKonnex Associationを設立し，それが1999年にKNX Associationに改称された．

KNXのシステムはECHONETのように一般消費者が購入する家電製品の相互接続というよりは，ビルの空調や照明のような，計画的に整備されるシステムを対象にしている感が強く，ECHONETのように各製品の詳細な機能までは対応せず，対象となる機器の種類も多くはない．実際，KNXはビル管理システムの規格であるBACnetとの組合せで用いられることが多く，ANSI/ASHRAE 135-1 Annex Hにインターワーキング規定も記載されているほか，照明システムであるDigital Addressable Lighting Interface (DALI)ネットワークとの組合せもよく使われる．

KNXのシステムでは，専用のツイストペアを用いるケーブリングが基本で，システム全体を15個までのエリアに分け，各エリアには15本までのラインを配置し，各ラインに254個のまでのデバイスが接続されているような階層的な構造をとる．この上で，各ノードは物理的なデバイスを示す物理ネットワークアドレスと，機能を示す論理ネットワークアドレスを持ち，集中管理ではなくデバイス同士が通信をし合う分散処理システムの形態で動作する．伝送技術としては，専用のツイストペア以外にも，PLCやサブギガの無線（日本国内への対応はまだ），それに加えてIPを用い

るEthernetとWi-Fiも利用可能となっている．機器側の実装も，家電機器に組み込むというイメージよりは，KNX側インタフェースとエアコンなどの機器側インタフェースを有するコントローラデバイスを設置するのが一般的である．

システムの構築・設定については，明示的にコンフィグレーションモードが分かれており，PC上で稼働するコンフィグレーションツールを用いるシステムモードと，PCのような大規模な設定機器を用いないイージーモードが存在するが，イージーモードは対応する機器のみが対象となっており，KNX一般ではシステムモードによる構築が多い．ECHONETでは販売戦略上専門業者がシステム構築をして引き渡す形をとっているが，技術的にはPlug and Playを実現しており，状況は大きく異なる．

このシステム構築の際に用いられるソフトウェアがKNXの大きな特徴の一つとなっている．これは，ETS（Engineering Tool Software）と呼ばれるEIB由来のソフトウェアで，KNX規格としては，ただ一つしか存在しないものと位置付けられている．この単一のソフトウェアでシステムの設計，構築，診断を行うことになっているため，各機器やアプリケーションメーカはこのETSに対して正しく動作する必要があり，第三者認定とともに，マルチベンダの問題を解消する手段として機能している．ETSは認定をとった全ての機器の情報を有していることから，頻繁にアップデートが行われており，現状，最新バージョンは過去の上位互換としてリリースされている．

ETSの存在と並んで，製品の適合性認証にも注力しており，第三者認証が義務付けられるだけでなく，全てのメーカに対してISO 9001の認証取得が求められている．また，製品のみならず，トレーニングセンタや技術者に対する認証スキームも設けており，それぞれ各国における機関で提供されている．

国際標準の点では，ECHONET同様，ISO/IEC JTC1において14543-3として標準化されており，現状，7 000種類以上の製品が認証をとった製品として登録されている．また，各国における代表機関であるKNX協会（National Group）という制度が存在し，日本KNX協会は2014年，米国におけるNational Groupは2015年に活動を開始し，これで世界43か国において活動している状況にあり，普及体制の整備は特筆すべきものがある．

KNXの規格文書は，

 Volume 1：入門
 Volume 2：クックブック
 Volume 3：システム仕様
 Volume 4：ハードウェア仕様
 Volume 5：認証マニュアル
 Volume 6：プロファイル
 Volume 7：アプリケーション記述
 Volume 8：適合認証テスト
 Volume 9：基本およびシステムコンポーネント
 Volume 10：個別仕様

となっているが，前述のような経緯から成立してきた規格でもあるうえ，ドキュメンテーションも内容的にも細切れで参照先がわかりにくい．入門部分であるVolume 1は含まれておらず，そもそ

もダウンロードサイトにある規格書の章立てと実際の規格書（ver.2.1）との章立てが異なっているなど，整備されているとはいえず，ECHONET Liteのように規格文書で独学することは容易ではない．このドキュメントは，以前は1 000ユーロで販売していたが，現在では，KNXのWebサイトでメンバ登録すれば無償で入手できるようになっている．日本語のドキュメントや解説書など，今後の展開が期待される．

3● 広域ネットワークも含めた複数通信規格間の連携

ECHONET，ZigBee，KNXは家庭内の通信規格であったが，9・3・1項で述べたように，HEMSのコントロール機能についてはクラウド内のサーバとの連携が欠かせないものとなってくることを鑑みれば，家庭内のHEMSコントローラと，クラウドのサーバとの間の通信においても規格が必要となる．この部分はどのようなサービスを実現しようとするのかに依存するため，標準化の対象として考えるには難しさもあるが，デマンドレスポンスのようにサービスのカテゴリが定まっていれば詳細は異なっていても標準的な通信規格を作ることが可能となる．7章で解説されているOpenADRはまさにその位置付けにある通信規格となる．OpenADRで受信した需要削減要求などをHEMSコントローラが具体的な家庭内機器の運転計画に対応させ，家庭内ではECHONETで機器に制御コマンドを与えるといった利用形態となる．あるいは，より直接的に機器制御の要請（エアコンの出力抑制など）をOpenADRで受け，それをそのままECHONETの該当するコマンドとして家庭内に送信するような連携の仕方も考えられる．

一方，サービスを特定しなくても，インターネットのような広域通信網では通信の信頼性が必要とされることや，多くの制御系サービスでは比較的小さなデータやコマンドのやり取りが行われることを受け，より一般的なプロトコルを想定することも可能である．こうした位置付けで利用されている技術として，HTTP，CoAP，MQTTなどがある．これらの技術はアプリケーション情報をTCP（場合によってはUDP）上で伝送する仕組みであり，アプリケーションデータの構造については規定しないため，XMLで記述されたデータ形式を別途定義することになる．この状況はスマートグリッドのみならず，一般的なIoTシステムでも同様であるため，汎用のIoTシステムアーキテクチャの標準規格を制定している機関であるoneM2M[11]では，この3種類のプロトコルを伝送プロトコルとし，メッセージ転送の標準との間のプロトコルバインディング仕様を規定している．oneM2Mは2016年8月にはRelease 2を発行し，今後，ITU-T勧告として国際標準になることが目されているため，エネルギーマネジメントサービスと他のサービスとの連携を考えるうえでもその動向には留意が必要である．また，Web技術の標準を制定しているW3Cにおいては，WoT（Web of Things）という名称で，こうした広域網における通信用の規格を制定しており，こちらもクラウドサービスとの整合性を鑑みれば今後の動向への注視が必要である．

広域ネットワークで使われるプロトコルそのものが，家電やエネルギー関連機器のような末端の機器に直接実装されることは機器やサービスの開発やアップデートのタイミングを考えれば難しく，実際には9・3・1項で述べてきたようにサービスのためのゲートウェイとしてのHEMSコントローラが仲立ちをすることになる．その際，このHEMSコントローラ配下にある機器側の通信規格は，必ずしも1種類である必要はない点は注意が必要である．もともとHEMSコントローラでは広域網側と機器側で異なるプロトコルを利用し，HEMSコントローラ内部的では制御プログラ

ムが稼働していて両方のプロトコルとの通信を行っていることを考えれば，機器側のプロトコルが複数存在し，広域網側も含めた全てのプロトコルを同時に使って制御プログラムが稼働することもそれほど難しくない．これは，ECHONET，ZigBee，KNX が必ずしも排他的な関係にはなく，必要に応じて同時に利用する，たとえばエアコンが ECHONET で，センサが ZigBee，照明が KNX というシステムを実装することも可能であることを示している．あるいは，同じエアコンであっても，HEMS コントローラが ECHONET，ZigBee，KNX のいずれにも対応できるような設計になっていれば，そのときに使える機器に応じた稼働が可能となる．現実的には世界各国のそれぞれの地域において支配的な規格の製品が多数を占めるなか，別の規格の製品が混じるような使い方が想定されよう．

これと同様に，物理的なネットワークインタフェースも HEMS コントローラのハードウェアに USB で追加するなどの手段で構成変更は可能であり，家庭内に存在している機器に合わせて追加することができる．ECHONET Lite では 9・4・5 項で述べたように様々な伝送メディアが利用可能であるが，HEMS コントローラからみれば，複数の伝送メディアに対応しつつ，上位のプロトコルが ECHONET のみになっているケースと，伝送メディアごとに上位レイヤプロトコルとして ECHONET，ZigBee と異なっているケースとでは，複数の上位レイヤプロトコルに対応した HEMS コントローラであれば大差がないことになる．このあたりが，SEP 2 において複数メディア上で共通プロトコルが実装されることの意義があまり浸透しなかった一つの要因となっているものと考えられる．一方で，ぎりぎりにコストを詰めていくことを考えれば，上位プロトコルは 1 種類に限り，下位レイヤで様々な伝送メディアへの対応が可能な ECHONET のような実装は有利となる．こうした得失は今後の普及の度合いやデバイス価格の推移によって変化していくことになる．

●9・5・2 統合ホームネットワークシステム

本章では家庭向けエネルギー管理システムということで，エネルギー管理サービスについてのみ取り上げてきたが，9・2 節で述べたように，経済合理性をもって HEMS を導入するのは容易ではない．これに対し，ホームネットワークシステムの研究開発を行ってきたコミュニティの間では，特定のサービスではなく，様々に異なる分野のサービスを単一のシステムで提供できるようにすることでコストを下げ，ビジネスとして成り立たせる方向を 1970 年代から模索してきている．

図 9・15 に示したのは，2015 年に我が国からの提案に基づき ITU-T で国際標準となった，「Y.4409/Y.2070: Requirements and architecture of the home energy management system and home network services」[9]に記載されているシステムアーキテクチャ図である．この勧告では，9・3 節で述べたシステム構成を情報通信の観点から整理したもので，通信上の接続点を定義しているのとともに，図にあるようなサービスを実現する機能の標準的な配置などについても言及されている．留意すべき点は，サービス実現が本書での記載よりも一段多い，アプリケーションサーバとプラットフォームから成るクラウド側のサービスと，ホームゲートウェイ（HEMS コントローラを機能として含む）との間で分担して行われている点，機器側の制御がプラットフォームとホームゲートウェイとの間で分担されている点，全ての要素を横断して管理機能が明示されている点である．

この仕組みは HEMS に特化したものではなく，その他のホームネットワークサービス，たとえば，見守り，防犯，健康，エデュテイメントなどと共通で稼働させ，複数のサービスで共通な部分

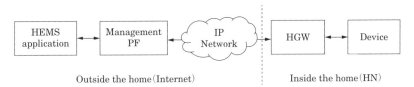

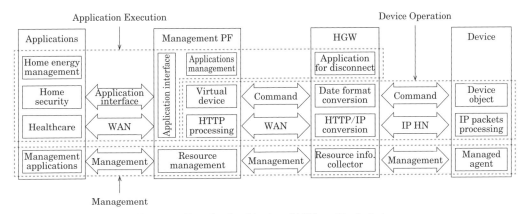

図 9・15　ITU-T Y.4409/Y.2070 サービスプラットフォーム型ホームネットワークアーキテクチャ

をプラットフォームとし，サービスごとに特化した部分をサービスサーバとして独立させることで，ホームゲートウェイをはじめとする家庭内の資源を共有化しようとするものである.

このアーキテクチャの中での広域網通信にはW3CのWoT（Web of Things）が使われることや，クラウド内のサーバ間ではoneM2M[11]のモデルが使われることが想定されており，実装も一部で進められている.

ホームゲートウェイが複数のサービスで共有できるようにするためにはホームゲートウェイ内のソフトウェアが柔軟に変更可能なことが必要であり，これを実現する技術として，1999年に設立されたOSGi AllianceのOSGiサービスプラットフォーム[12]が広く使われている．サービスの種類が少ない場合にはBroad Band Forum（BBF）のTR-069：CPE WAN Management Protocol（CWMP）[13]による遠隔ゲートウェイ管理での実現も可能である．これらの技術は国内外の通信事業者で日常的に使われており，HEMSのサービスもこうした既存の枠組みの中で実現するほうがコスト的なメリットは大きいものと考えられる．現状は，スマートメータ，デマンドレスポンス，いずれも電力網の一部として独立したネットワークの構築が想定されている面が強いが，情報通信インフラが明示的にIoTサービスをターゲットにしてきている状況を鑑みれば，他のサービスも含めたIoTインフラの中にHEMSやスマートグリッドのインフラも統合される形が将来的には見込まれる.

● 9・5・3　セキュリティ，安全性，プライバシー

HEMSに限らず，実空間とのインタラクションを必ず伴うIoTシステムにおいては，従来のICTシステムとは異なった種類のセキュリティ，安全性，プライバシーに関する配慮が必要とな

る．ここで提起する問題は短期間で解決できるようなものではなく，また純粋に技術的な問題というよりは，社会的な許容性などの観点も含めた，ELSI（Ethical, Legal, and Social Issues，倫理的・法的・社会的課題）と呼ばれる性質のものである．これらの問題は避けて通ることができないうえ，各国の制度や文化にも依存するものであり，我が国としても独自の取組みが必要である．

1 セキュリティ

情報セキュリティは，主にシステムの故障やバグ，脆弱性などの存在のもとでも，システムの以下の3つの性質，

(1) Confidentiality（機密性）：情報へのアクセスを認められた者だけが，その情報にアクセスできる状態を確保するような特性

(2) Integrity（完全性）：情報が破壊，改ざんまたは消去されていない状態を確保するような特性

(3) Availability（可用性）：情報へのアクセスを認められた者が，必要時に中断することなく，情報および関連資産にアクセスできる状態を確保するような特性

を担保しようとするものであった．これに対し，サイバーセキュリティは，必ずしもシステムに故障や脆弱性がなくても，大量の計算機資源を投入したり，対象とするユーザの行動を調べたうえで不適切な操作を誘導したりするなど，より強い悪意を持った組織的な攻撃を想定したうえでの対処を考えるものである．

こうしたセキュリティ上の問題に関して，HEMSなどのIoTシステムは大きく分けて2つの新しい問題を提起する．

(a) 従来よりもネットワークに接続される機器が大幅に増えること

スマートメータの設置は，電力を使用する世帯数と同数だけのネットワークノードが増えることを意味しており，インターネット接続として契約されている回線数を大幅に上回る．また，たとえばHEMSシステムに5個のセンサや機器類が関わるとすると，世帯の5倍の数の機器がネットワークに接続されることになる．これらの機器は一般にパソコンやスマートホンよりもソフトウェアアップデートが容易ではなく，脆弱性を抱えた機器がインターネット内に大量に増加する可能性があるということを意味している．

(b) 直接，物理的な作用をする機器がネットワークに接続されること

HEMSでの負荷制御では，エアコンの設定の変更が欠かせないものと考えられる．エアコンの不適切な使用は，夏期の熱中症や，冬期のヒートショックなど，主に高齢者のような健康の点で弱い立場にあるユーザの命を直接奪ってしまう可能性がある．自宅での熱中症は年間数十人の死亡者をもたらし，ヒートショックにいたっては年間1万人以上と，交通事故死の数倍にも及ぶ死者を出している．そうした環境が空調制御で作れてしまうことはあまり認識されておらず，十分な対処なしに空調制御を伴うHEMSを普及させれば，大きな社会問題になる可能性がある．

これらの問題は，単体の機器の動作を監視しても検出することが難しく，システム全体としての判断が必要となるなど，技術的にみても新たな問題を生じるものとなる．

スマートグリッドシステムとしてのセキュリティに関する議論は，本書の10章でも取り上げら

れているように，IoT 全般に比べると先行した状況にある．これは，システムモデルやユースケースを適切に想定し，それを対象としたセキュリティの検討がなされていることを受けたものであるが，HEMS はその範疇には含まれていない．特に，電力システムとしてだけでなく，家庭内の環境制御などの観点も有する HEMS は，直接利用者に対する安全性とも関係が深く，より広範な議論を要するものとなる．IoT 全般に対するセキュリティのガイドラインについて，我が国でも 2016 年 7 月に IoT 推進コンソーシアム，総務省，経済産業省の連名で発行されている[14]が，まだ多くの検討を要する段階にある．

2 安　全　性

2014 年度版の ISO/IEC Guide 51 によれば，安全とは，「許容不可能なリスク」がないことである．リスクとは危険なことが起きる可能性とそれが生じたときの被害の大きさを組み合わせたものであるが，連続した値で示すことは難しく，通常はいくつかのクラスにランク分けして扱う．許容可能なリスクとは，リスクに対し，その存在を排除するためにかかるコストや利便性の低下などを鑑みて，許容可能とみなすリスクのことである．たとえば，自動車事故はゼロにはならないが，自動車の存在自体を否定することは現代社会において現実的ではないため，自動車が存在することによるリスクは許容可能なリスクとみなす．これとは逆に，許容不可能なリスクとは，そのリスクによる被害とその発生確率が，それを排除するコストに対して高いものを指すことになる．

前述のセキュリティ問題での人体への悪影響は安全性の観点で議論することができ，HEMS においてはリスク分析やリスクアセスメントといった安全面での検討が必要となる．

セキュリティと安全性，それからもう一点，信頼性は互いに密接な関係を有するが，それぞれが異なったアプローチで検討されてきたこともあり，必ずしもこれらの関係が明らかになっているわけではない．信頼性と情報セキュリティを一元的に扱おうとする議論は比較的古くからあるが，サイバーセキュリティの観点が十分に含まれているとはいえない．また，セキュリティと安全性，特に機能安全との関係を一元的に扱おうとする取組みが近年始まりつつあるが，まだ一般に広まっている状況にはないのが現状である．こうした複合的な観点での検討は HEMS にとって極めて重要な今後の課題である．

3 プライバシー

HEMS はユーザが生活している環境の物理量を計測し，ユーザが利用する機器の消費電力を測定するものであるから，ユーザの普段の生活に関わる情報が 24 時間 365 日，継続的に取得できるものであることは明らかである．こうした情報を意図しない相手に取得されないようにすることはセキュリティ上の問題である．

一方で，HEMS から取得できる生活情報に基づき，一人暮らしの高齢者が普段どおりの生活をしているかの見守りを行ったり，在宅の確率が高い時間帯に宅配業者が訪問したりするような応用は，ユーザにとっても社会にとってもメリットがあり，今後積極的に進めていかなければならないものである．

このような，電力管理のためのデータを見守りにも応用するなど，当初の目的以外でデータを活用することは，データの目的外使用と呼ばれ，プライバシー侵害だとみなされるケースがある一方

で，今後のIoT社会においては積極的に推進し，新産業育成に生かさなければならないという，ジレンマに満ちた状況を引き起こしている．これがプライバシーの問題あるいはデータ利活用の問題としてセキュリティの問題とは別に扱わなければならない新たな課題である．我が国では2013年に交通系ICカードのデータをめぐる問題が社会的な関心を呼び，慎重な態度をとっている企業が多いが，米国企業を中心に，インターネット上で全世界のデータを集め，それを新たな競争力の原動力にしている企業も存在するなど，方向感が必ずしも定まっていない問題でもある．法制度的にも米国や欧州に比べ我が国ではデータに対する個人の権利を，単に情報の開示を制限するのではなく，より積極的に活用する方向で議論する取組みが遅れており，近い将来の国際競争力上の障害となる懸念も持ち上がっている．

参 考 文 献

（1）経済産業省資源エネルギー庁：省エネポータルサイト
http://www.enecho.meti.go.jp/category/saving_and_new/saving/general/［2016-10-01］
（2）丹 康雄監修，宅内情報通信・放送高度化フォーラム編：「ホームネットワークと情報家電」，オーム社（2004）
（3）丹 康雄：「ECHONET Lite時代を迎えたスマートハウス構築のためのホームネットワーク技術2013」，インプレスR＆D（2012）
（4）エネチェンジ株式会社：「一般家庭の電気代平均額，目安ってどれくらい？」，
https://enechange.jp/articles/average-of-family［2016-10-01］
（5）エコーネットコンソーシアム：「ECHONET規格書」，
https://echonet.jp/spec/［2016-10-01］
（6）情報通信技術委員会：「スマートコミュニケーションの実現に向けたTTC技術レポート TR-1043「ホームネットワーク通信インタフェース実装ガイドライン」の制定」，
http://www.ttc.or.jp/j/info/release/20121109/［2016-10-01］
（7）エコーネットコンソーシアム：「普及委員会 国内推進WG 2016年度活動計画」，
https://echonet.jp/authfilter/?f=Member/forum/2016-5th/5-4-2_DomesticPrm-WG.pdf［2016-10-01］
（8）the ZigBee Alliance：ZigBeeアライアンスWebサイト，
http://www.zigbee.org/［2016-10-01］
（9）KNX Association: "KNX specifications",
https://my.knx.org/en/shop/knx-specifications［2016-10-01］
（10）ITU-T: "Y.4409/Y.2070 Requirements and architecture of the home energy management system and home network services",
http://www.itu.int/ITU-T/recommendations/rec.aspx?rec=Y.2070［2016-10-01］
（11）oneM2M Partners："oneM2M規格文書"，
http://www.onem2m.org/technical/published-documents［2016-10-01］
（12）OSGi Alliance："OSGi規格文書"，
https://www.osgi.org/developer/specifications/［2016-10-01］
（13）Broadband Forum: "CPE WAN Management Protocol (CWMP)",
https://www.broadband-forum.org/cwmp.php［2016-10-01］
（14）IoT推進コンソーシアム，総務省，経済産業省：「IoTセキュリティガイドライン」，
http://www.iotac.jp/wg/security/（2016）［2016-10-01］

10章
サービス実現に必要なセキュリティの知識

　スマートグリッドには，地球規模の環境問題，資源問題の解決と電気エネルギーの安定供給とともに，さらに新たな付加価値を提供することで，持続的な社会の実現という大きな期待がされている．このスマートグリッド検討の前提は電力の需給に関するシステムと情報を悪意のある第三者のテロ活動などの妨害・破壊活動から守ることである．電気事業者の公益性の高い電力供給という社会インフラである発電，送配電，系統運用などの機能を維持し，需要家の社会・経済活動の円滑化を図る過程で，需要家の生命・財産を保全しなければならない．

　このようにスマートグリッドの構築にはセキュリティ性の確保は必須であり，これらが損なわれることで生じる損失と対策コストのトレードオフを評価し，システムの仕様を策定しなければならない．重要なことは損失リスクの想定である．システムに潜むハード・ソフトのバグなどの内的リスク，妨害・破壊活動および災害などの外的リスクの考慮は東日本大震災の経験を省みるまでもなく，想定外は許されるものでない．

　本書の終わりとなる本章では，スマートグリッドにおけるセキュリティ対策の必要性，対策の考え方を示した後，セキュリティに関する国際標準の解説とその使用方法を，国内のスマートグリッド実証事業の適用を通じ解説する．このセキュリティに関する国際標準は4章のシステム参照モデルの国際標準を前提にしている．さらに，日本のスマートグリッドサービスの普及に向け，考えなければならないセキュリティ対策をWebサービスの観点およびIoT機器の観点から解説する．

　以降，「セキュリティ」という用語はスマートグリッドに関するシステムへの不正侵入やウイルス感染などによる情報の改ざん，盗聴などのサイバー攻撃への対応の情報セキュリティの意味で使う．セキュリティの意味にはこれ以外に電気エネルギーの安全保障といった意味も含まれるが，本章ではその意味では使わない．

10・1 セキュリティとは

●10・1・1　スマートグリッドにおけるセキュリティの必要性

　スマートグリッドに関するセキュリティの国際標準を解説するに先立ち，スマートグリッドにおけるセキュリティの必要性と考え方を説明する．

1●スマートグリッドのサービスに対応したセキュリティ

　電気エネルギーサービスに関する情報は，社会，企業，個人などの社会，経済活動に大きな影響を与えるものである．すなわち，企業の電力使用量などの情報は企業活動を表す指標であり，企業

の業績を反映する情報である．また，一般家庭の電力使用量などの情報は家族構成，生活様式を内包した情報であり，個人情報そのものである．さらに，社会として，電力需給調整などに関する情報がテロなどにより改ざんされると社会経済活動を混乱・停止させる可能性もある．よって，スマートグリッドのサービス実現において，関係システム間の情報授受にはサービスに関わる全てのステークホルダの生命，財産，犯罪行為などの保護と対応策を考慮する必要がある．

このセキュリティには保安・警備のような物理的脅威に対するものからシステムの扱う情報の改ざん，盗聴などのような論理的脅威に対するものまで広範な検討が必要である．このため，スマートグリッドの国際標準には関係するエネルギーサービスのための情報セキュリティの機密性（Confidentiality），完全性（Integrity），可用性（Availability）の確保の要件が規定されている．ここで，機密性とは需要家の属性や電力使用量などの個人情報に分類される情報の開示範囲を守ることである．完全性とは需要家の情報が改ざんや消去されずに適切に管理されることである．可用性とはサービス提供者や需要家などの適切な利用者が必要な時に情報にアクセスできることである．

情報セキュリティ管理の国際標準では，基本方針としてセキュリティ確保のポリシーの明確化と計画，運用と評価，改善の実施が規定されている．これにそって，エネルギーサービス提供事業者は情報セキュリティポリシーとして，守るべき対象とそれに対する脅威と，その対策を明示する必要がある．このポリシーは固定的なものではなく，世の中の期待や脅威の変化，組織の成長などに合わせ更新されるべきものである．

2 需要家向けエネルギーサービスの考慮すべきセキュリティ対策

需要家向けエネルギーサービスはスマートグリッドの提供するサービスの一部であり，電気事業者の発電や送配電系統制御などの電力供給に関する情報は含むものでない．しかし，電気事業者の設備，その規模や構成に関わる情報，需要家との契約内容や使用量など，守るべき様々な情報を含んでいる．また，今後は誰でもアクセス可能なインターネット，クラウドサービスなどのコンピュータ資源の活用，これらの複数の事業者による共用など，これまでの電気事業者のシステムとは異なる展開が予想される．このため，需要家向けエネルギーサービスでは一般的に情報システムが受ける脅威を全て想定する必要がある．たとえば，悪意を持った第三者による情報の改ざんやシステムの論理的，物理的な破壊，責任の所在が明らかでないネットワークやコンピュータ資源のサービス停止，部分的誤りがシステム全般へ波及するおそれがある．よって，需要家向けエネルギーサービスの構築にあたっては，一般的な情報システムとしての特徴を踏まえた脅威への対抗すべき項目をセキュリティ要件として明らかにする必要がある．

また，需要家向けエネルギーサービスは不特定多数の需要家や事業主体が繋がったシステムの上に成立するものであるため，悪意を持って，システムの停止やデータの改ざんなどの行為が一般のインターネットサービスと同様に発生しうる．すなわち，使用するネットワークやコンピュータ資源の管理・運用に対し，必ずしも事業主体や責任の所在が明確でないため，可用性が不安となる．さらに，電気事業者のシステムとも情報交換があるため，需要家向けエネルギーサービスが踏み台となり，スマートグリッド全体に影響を与える可能性も否定できない．

需要家向けエネルギーサービスが扱う情報はスマートグリッド全体からみると比較的低いセキュリティレベルであると捉えられかねないが，漏洩が生じた場合の社会的影響は大きなものとなる可

能性がある．このような脅威への対応をセキュリティポリシーに盛り込む必要がある．

　具体的には，インターネット上の様々なサイトや事業者のインターネット接続と同様の非武装地帯の設定，ネットワークの分離や稼働状態の監視などは必須である．また，実用上の可用性を維持するため，ネットワークやコンピュータ資源が一時的に使用できなくなった場合の運用シナリオも必要になる．

　スマートグリッドの一部に生じた異常が全体に波及し，スマートグリッド全体が機能停止することは回避しなくてはならない．このため，緊急時には需要家向けエネルギーサービスをシステムから切り離すことも要件となる可能性がある．

● 10・1・2　サービス実現に必要なセキュリティマネジメント

　電力の供給に関わる電気事業者のシステムは，長い間，閉じられた空間（施設，システム）のいわゆる専用装置であった．すなわち，他のシステムとは隔離された独自のシステムの中で使われることが想定され，構築，運用されてきた．特に，日本では電力供給に関わる制御システムは，地域ごとに発電から配電まで垂直統合された電気事業者により構築されてきた．このため，電力の供給者（電気事業者）と消費者（需要家）の間の情報のやり取りは必要なかった．そのため，情報セキュリティ分野で見られるようなセキュリティ対策を電力供給に関わる制御システムに適用することはほとんど必要とされなかった．

　しかし，スマートグリッドの登場に伴って，電力供給に関わる制御システムも情報システムで見られるセキュリティリスクに脅かされるようになった．これはスマートグリッドが電力を供給する電気事業者と電力を消費する需要家の間で情報のやり取りを行うことで，電力需給を最適化し，その機能性，経済性の維持，向上を狙うものであるためである．一方，システム構築コスト削減のため，システム構成要素に汎用情報システムで使われるオペレーティングシステムの利用や保守性向上のため，オープンなネットワークとの接続がされているためでもある．このため，情報システムのセキュリティリスクがそのままスマートグリッドの脅威となってきている．さらに，スマートグリッドは家庭の電力使用量を見える化し，家電製品を自動制御するホームエネルギー管理システム（HEMS：Home Energy Management System）などと繋がるため，セキュリティ事故の発生時，市民生活に直接的影響を及ぼすなど影響範囲が従来に比べ広くなっている．電力供給などの事業運営に影響した大きなセキュリティの事件や事故（これをインシデントと呼ぶ）の事例を**表10・1**に示す．

　このように電力供給に関するシステムのセキュリティに関する事故は近年増加傾向にあり，市民生活にも影響が及ぶ可能性がでてきている．制御システムと情報システムにはセキュリティ性確保

表10・1　制御システムに対するセキュリティに関する事件・事故事例

発生時期〔年〕	インシデント事例	被害の大きさ
2010	イランの原子力施設に対するサイバー攻撃	核開発の遅延
2013	ドイツの製鉄所に対するサイバー攻撃	操業停止
2014	欧州の電気事業者に対するサイバー攻撃	内部サーバの情報漏洩
2015	ウクライナ西部で電気事業者に対するサイバー攻撃	約6時間にわたり停電，40〜70万人に影響

表10・2 制御システムと情報システムのセキュリティの考え方の違い

比較項目	制御システム	情報システム
セキュリティ優先順位	可用性＞完全性＞機密性	機密性＞完全性＞可用性
セキュリティの対象	モノ（設備，製品），サービス（連続稼働）	情報
システム更新	10～20年	3～5年
稼働時間	24時間365日	通常業務時間内
運用管理の主体	現場技術部門（必ずしもITに詳しくない）	情報システム部門（おおよそITに詳しい）

(出典) 未来工学研究所：「制御システムのオープン化が重要インフラの情報セキュリティに与える影響の調査」(2016)[1]図表2-1に加筆．

の考え方に表10・2に示す違いがある．このため，システムに想定されるリスクを組織的に管理し，損失などの回避，低減を図るリスクマネジメントを確立し，スマートグリッドに合ったセキュリティ対策が求められている．リスクマネジメントの確立にはおおよそ以下の考えに従って判断することが求められている．

(1) 制御システムにとって本当に守るべきものは何か．
(2) それに対する脅威は何か．
(3) もし，被害が起きたときの損失はどれくらいか．
(4) いくら投資して対策をするか．

たとえば，変電制御では数ミリ秒，電力取引では30分単位の処理が求められ，両者では守るべきものと対策が異なっている．対策も，情報セキュリティ，物理セキュリティそれぞれの対策あるいはそれらの組合せなど幅広い対策方法の中から選択される．また，セキュリティ対策は常に対策とコストのトレードオフが発生するため，一連のリスクマネジメントを戦略的に考えていく必要がある．さらに，システム間の連係が必須なスマートグリッドでは他システムとの協調運用が必要である．たとえば，欧州の広域送電網では国，地域に跨った電力融通が必要である．この電力融通を実現するにはセキュリティ面での協調も必要となる．電力を融通している最中，セキュリティ被害の発生またはその可能性が生じると考えられるときには，セキュリティを脅かす事象への対応（これをインシデントレスポンスと呼ぶ）に関する情報を交換，連携した対策をすることで，電力融通に支障が生じないようにしなければならない．

これらリスクマネジメントには国または地域によらずに共通的なセキュリティ要件に関する部分と，国または地域ごとに個性が出る部分がある．共通的で，主要なセキュリティ要件は表10・3に示す機密性，完全性，可用性という3つである．機密性とは情報を権限のない者に見せないこと，完全性とは情報の改ざんや破壊を防ぐこと，可用性とは必要なときに情報を利用できることである．

次節では各国のスマートグリッドのセキュリティに関わる動向を纏め，それぞれに求められるセキュリティのレベルや考え方を提供する．

10・1・3　セキュリティに関する国際標準化動向と各国の動き

スマートグリッドは電力需給の最適化を目的の一つとしており，その制御には電気事業者の電力供給能力，需要家の電力需要の関する設備状態などの情報授受が必要である．これらの情報はスマ

表10・3 共通的なセキュリティ要件

主要なセキュリティ要件	説　明
機密性（Confidentiality）	個人プライバシーや特定な情報への情報アクセス，公開を制限するもので，情報をオンラインで利用するため重要性が高まっている．機密性が失われると情報漏洩などの損失が生じる．
完全性（Integrity）	不正な情報改ざんや破壊を防ぎ，否認防止や情報真正性を確保するものである．許可のない情報修正や情報の破壊などの完全性が失われるとインシデントが発生する．
可用性（Availability）	タイムリーかつ信頼できる情報アクセスと情報の利用を確保するものであり，電力システムの信頼性で最も重要な目標であり，可用性に関わる要件はシステムやデバイスによって異なる．可用性の損失により情報システムへのアクセス障害や情報利用への妨害が生じる．

ートグリッドの関係ステークホルダの事業の実態，経営状況，生活状況などを示すセキュリティ性の高い情報である．したがって，スマートグリッド内の情報授受には十分なセキュリティ性の確保が必要である．

また，スマートグリッドは情報システムと電力システムの融合から成るため，電気事業者，需要家あるいは関連するステークホルダ全員が情報システムのセキュリティリスクが電力システムに影響しないかという"漠然とした"不安を抱いていると考えられる．

セキュリティはシステムの非機能要件の一つであるため，定義が難しい．また，スマートグリッドのような相互に繋がるシステムにおいては，個々のシステムが個別のセキュリティ対策を行うと，最も弱い箇所から攻撃者の侵入を許してしまうことになる．そのため，セキュリティ対策の標準化とその実装により，弱い箇所を作らない対応が必要となる．本項では米国と欧州の規格化の動向を，次項では日本のセキュリティ対応の動向を述べる．

1●米国におけるスマートグリッドのセキュリティ標準化

米国ではすでにスマートグリッドの構築が進められている．米国の電力分野のサイバーセキュリティ標準化に取り組む主要な政府機関には北米電力信頼度協議会（NERC：National American Electric Reliability Corporation）と米国国立標準技術研究所（NIST：National Institute of Standards and Technology）がある．

2010年にNISTはスマートグリッドのサイバーセキュリティに関するガイドライン（NISTIR 7628 Guidelines for Smart Grid Cyber Security，以下NISTIR 7628と略す）第1版を公表した[2]．本ガイドラインは欧米を含めスマートグリッド初のガイドラインとなり，その後のセキュリティ標準化に最も影響を及ぼすものとなっている．

NISTIR 7628はセキュリティ要件を具体的な事象からボトムアップで積み上げている．NISTIR 7628では，現在，米国で開発中のシステムをもとに，それらの相互運用の観点からプロトコルやインタフェースなどの下記仕様を規定している．

(1) スマートグリッドの概念参照モデル
(2) セキュリティのリスク管理に必要な技術的背景と詳細情報
(3) 双方向通信，制御機能と高度にセキュリティ性が確保された電力システムの構築に必要な通信プロトコル，インタフェース規格などの技術仕様

NISTIR 7628 は可用性，機密性，完全性の各々に不正なアクセスや公表，改ざん，必要なときのシステムへのアクセス不能などセキュリティインシデントによる組織運営や個人生活に与える影響度を3段階で定義している．具体的には高（High）は壊滅的（severe or catastrophic），中（Moderate）は重大（serious），低（Low）は限定的（limited）なレベルと規定している．これらは米国内のみを対象としているために，国を跨った影響までは考慮されていない．詳細は10・2・2項で解説する．

2 欧州におけるスマートグリッドのセキュリティ標準化

欧州では風力発電所，太陽光発電所などの建設が進んでいるが，スマートグリッドの構築は米国ほど進められていない．欧州の電力分野のサイバーセキュリティへの取組み機関には，欧州標準化委員会（CEN：Comité Européen de Normalisation）と欧州電気標準化委員会（CENELEC：Comité Européen de Normalisation Electrotechnique），欧州電気通信標準化機構（ETSI：European Telecommunications Standards Institute）がある．

2014年，欧州委員会（European Commission）と欧州自由貿易連合（European Free Trade Association）の指令でCEN/CENELEC/ETSIのもとに組織されたスマートグリッド調整グループ（SG–CG：Smart Grid Coordination Group）がスマートグリッドのサイバーセキュリティに関するガイドライン（SG–CG/M490/H_Smart Grid Information Security，以下SGISと略す）を公表した[3]．SGISは後発であるため，その作成にはNISTIR 7628が参照されている．

SGISは欧州で構築されるスマートグリッドに関するシステムに一貫性を持たせるための方針を提示している．すなわち，この文書には「本規格は欧州でスマートグリッドのサービスと機能の相互運用性を実現し，その実装を可能としあるいは今後のヨーロッパ共通のフレームワークと位置付けられる一貫性ある規格である．この規格ではスマートグリッドの情報セキュリティを開発するために，どのような機能を持たせるべきかについて，ハイレベルのガイダンスとコンセプトを提供する」と記されている．SGISはセキュリティリスクからトップダウンに規格設定を展開している点に特徴がある．

SGISはセキュリティレベルのリスク評価値をレベル1（Low）からレベル5（High Critical）までの5段階で定義している．このセキュリティレベルはインシデントが影響を与える「エリア」と「電力損失」の大きさを尺度としている．特に，レベル5は複数の国を跨いだ電力損失を定義しており，米国には見られない特徴がある．また，欧州特有の特徴として，SGISは国を跨って個人情報を安全に流通させるために，保護すべき情報の保護クラスを規定している．この詳細は10・2・1項で解説する．

10・1・4 日本のエネルギーサービスの実現のためのセキュリティ要件

スマートグリッドは電力システムと情報システムの融合である．このため，スマートグリッドを構成する需要家，電気事業者などのステークホルダは，情報システムのセキュリティに影響するインシデントが電力システムにどのような影響を及ぼすか不安を抱かざるを得ない．欧米に比べて，これからスマートグリッドの普及が図られる日本でも同様にセキュリティの標準化が重要である．ただし，欧米の規格をそのまま取り込めばよいというわけではなく，日本固有の要件を考慮し，組

み入れる必要がある．

　電力分野は日本の重要社会インフラシステムの一つに位置付けられ，サイバーセキュリティの強化が叫ばれている．たとえば，株式会社日本総合研究所は「平成25年度次世代電力システムに関する電力保安調査報告書」[4]の中で，電力システムの現状と課題および他産業での対策例に鑑み，以下の5項目を提言している．

(1) マネジメントシステムの確立
(2) 外部接続点との対策の徹底
(3) 業界横断的な情報共有
(4) セキュリティ人材の訓練・育成
(5) 電力分野のサイバーセキュリティガイドラインの策定など

　また，電力分野を含む制御セキュリティの製品およびシステムに対するセキュリティ認証の動きが制御システムセキュリティセンター（CSSC：Control System Security Center）を中心に進められている．

　東日本大震災後，日本では東北地方を中心に様々な復興事業が取り組まれている．ここでは防災・減災およびエネルギーの地産地消といった新たなエネルギーサービスが求められている．本章では以下で，国内のスマートコミュニティ事業の一事例として，東北地方で展開された経済産業省資源エネルギー庁のスマートコミュニティ導入促進事業（以下，東北スマートコミュニティ事業と略す）を対象ユースケースとし，これに国際標準を適用し，その実現に必要なセキュリティ要件抽出のフィージビリティスタディを行った結果を示し，国際標準の使い方を解説する．

10・2　セキュリティに関する国際標準と使用ガイドライン

● 10・2・1　セキュリティに関する国際標準の概要

　電力需給に関わる計測装置や情報処理装置，制御装置や通信ネットワークなどから構成される情報通信システム（以下，ICTシステムと略す）には，表10・4に示すように電気事業者側に電力の安定供給を行う系統運用や系統保護などのシステムがある．これらは高信頼性とリアルタイム性を特徴とする広域の電力用計算機制御ネットワークから構成されている．また，需要家と接続する計測・制御用ICTシステムとして，いわゆるスマートメータシステムや電力取引のための事業者間のICTシステムもある．一方，需要家側にはインターネットや通信事業者のネットワークも活用したエネルギー管理システムやデマンドレスポンスなどのシステムがある．これらICTシステムに対し，情報モデルや通信プロトコルなどに関する国際標準は4章で解説したとおりである．

　ICTシステムを保護する観点からみると，その脅威，すなわちシステムに損害を与える可能性ある事象の潜在的な原因には非意図的障害と意図的障害がある．ICTシステムに対する脅威と脅威から守るための保護目的を表10・5[5]に示す．

　これに基づき，電力需給関連のICTシステムに対して，セキュリティの3要件にリアルタイム性と動作信頼性を加えた5項目について，それぞれのセキュリティ要件と必要なレベルを表10・4の右側に示している．

　ICTシステムのセキュリティ確保の考え方のもととなる制御システム，情報システムの違いは

表10・4 電力需給に関わる情報通信システムの適用先と機能および要件レベル

適用先		目的	機能	要件とレベル				
対象	分類			リアルタイム性	動作信頼性	可用性	完全性	機密性
電気事業者側	系統運用	平常時の電力品質と経済性維持	・電力系統や電力設備の状態計測,遠隔監視制御(操作) ・自動給電(周波数調整,経済的発電量配分指令,潮流・電圧制御) ・給電指令電話	中	高	高	高	高
	系統保護	緊急時の供給信頼性維持	・送電線・母線・変圧器などの事故時遮断(事故除去) ・過負荷や周波数・電圧異常,不安定化の未然防止・制御(負荷・発電機遮断,系統分離など)(事故波及防止)	高	高	高	高	高
	設備保全	電力設備の健全性維持	・電力設備の状態監視(画像など),雷監視,故障点標定,保守・点検用現場支援通信など	低	中	中	中	中
	需要管理	需要計測・制御	・負荷計測,遠隔検針・供給制御(スマートメータ)など	低	中	中	中	高
	事業者間	電力取引,広域運用,サービス事業	・電力市場 ・広域系統運用 ・アグリゲータ,サービスプロバイダ	低	中	中	中	高
需要家側	需要側サービス	需要制御,各種サービス	・エネルギーマネジメント(見える化,省エネ,エネルギー有効利用) ・デマンドレスポンス,DER制御 ・エネルギー関連サービス	低	中	低	中	中

表10・5 ICTシステムに対する脅威と保護目的[5]

脅威		保護資産と保護の観点	
分類	内容	物質的資産 (設備,人身など)	非物質的資産 (情報,サービス,社会的イメージなど)
非意図的	天災(地震,火災,水害,落雷など)	セーフティ(機能安全) (信頼性,可用性,保守性)	
	故障(ハードウェア・ソフトウェア障害,回線故障,過負荷など)		
	過失(データ入力ミス,運用ミス,ソフトウェアバグ,誤接続など)		
意図的	第三者の不正行為(システムへの不正アクセス・操作,破壊行為など)	セキュリティ (機密性,完全性,可用性,真正性,責任追跡性,否認防止,信頼性)	
	当事者の不正行為(情報窃取・漏洩,罷業など)		

すでに述べられたとおりである.ここで,電気事業者のシステムは制御システムそのものであり,需要家のシステムは制御システムと情報システムの両者の側面がある.電気事業者の制御システムは電力設備や公衆の安全確保の観点から災害や故障,過失などの非意図的障害に対して,従前から十分に配慮されており,制御システムの稼働率や誤動作・誤不動作,動作遅延などに厳しい規定が設けられている.

電力需給関連のICTシステムは構成要素間やサブシステムの連携が増大するにつれ,セキュリティに関する配慮も重要になり,リアルタイム性や信頼性を確保しつつ,システム停止しないこと

である可用性や，監視制御情報の改ざんなどがないことである完全性の確保が重視されてきている．また，電力需給関連のICTシステムではシステム構成データなどは必要に応じて機密性も重視される．さらに，自然災害や物理的攻撃からの保護も重要になる．一方，需要家のシステムは動作の遅延や確実性に関する要求は電気事業者の制御システムに比べて相対的に小さいが，需要家の個人情報を扱うため，機密性やプライバシー確保が重要視される．

このように，電力需給関連のICTシステムのセキュリティ要件には様々な標準の検討がされ，さらに新たな脅威の出現や防護技術の発展などに伴い，既存の標準改訂や新たな標準策定もなされつつある．これらセキュリティに関する標準にはセキュリティ要件を規定するものや具体的実装方法を示すものがある．これらには，国際標準，業界標準の位置付けのもの，具体的規定でなく，脅威やリスク評価，セキュリティ対策の考え方を示したガイドライン的文書もある．さらに，標準の規定対象は構成要素（機器）レベルから通信プロトコルレベル，システムレベルや組織レベル，さらには適用するセキュリティ管理策の計画・実行・評価・改善サイクル（PDCA：Plan Do Check Act Cycle）を規定するセキュリティマネジメントに関するものなどがある．システムの運用者向け標準からシステムや構成装置の製造者や設置事業者向けの標準に分類されるものもある．

表10·6に，業界標準やガイドラインを含む電力分野の主要なセキュリティに関する標準を要件規格，実装（実施）規格，ガイドライン文書に分類して示す．また，これら標準を運用者/製造者と網羅性/詳細度により分類したものと，適用対象（組織/システム/装置，電力用/産業用）により分類したものを**図10·1**に示す[3]．

このようにセキュリティ管理策は広範囲に及ぶため，現状では単一の標準でカバーすることは困

表10・6 電力分野の主要なセキュリティに関する標準

分類番号	名称	標準分類		
		要件	実装	ガイドライン
1	ISO/IEC TR 27019:2013 Information technology — Security techniques — Information security management guidelines based on ISO/IEC 27002 for process control systems specific to the energy utility industry	○	○	
2	IEC 62443 Industrial communication networks — Network and system security—シリーズ（産業用自動化・制御システム）	○	○	
3	NERC Critical Infrastructure Protection（CIP）	○	○	
4	IEEE C37.240 IEEE Standard Cybersecurity Requirements for Substation Automation, Protection, and Control Systems	○		
5	IEEE 1686-2013 IEEE Standard for Intelligent Electronic Devices Cyber Security Capabilities		○	
6	IEC 62056-5-3:2013 Electricity metering data exchange — The DLMS/COSEM suite — Part 5-3: DLMS/COSEM application layer（一部）		○	
7	IEC 62351 Power systems management and associated information exchange — Data and communications security シリーズ		○	○
8	NISTIR 7628 Guidelines for Smart Grid Cybersecurity			○
9	CEN–CENELEC–ETSI Smart Grid Coordination Group "SG-CG/M490/H_ Smart Grid Information Security"			○

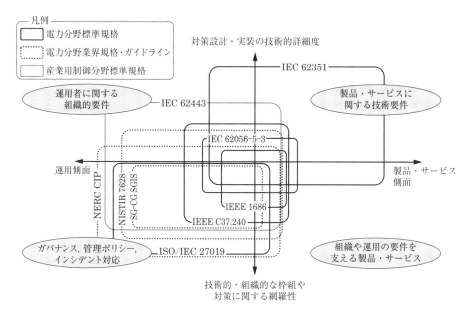

(a) 運用者/製造者と網羅性/詳細度による分類[3]

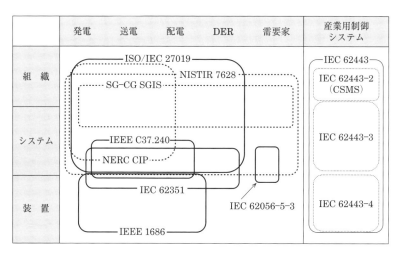

(b) 適用対象（組織/システム/装置，電力用/産業用）による分類

図 10・1 電力関連分野のセキュリティに関する規格などの分類

難な状況にある．なお，我が国では「電気事業法」の保安規制に「セキュリティの確保」を新たに盛り込み，日本電気技術規格委員会（JESC：Japan Electrotechnical Standards and Codes Committee）の民間自主規格として策定するスマートメータシステムセキュリティガイドライン（JESC Z0003（2016））と電力制御システムセキュリティガイドライン（JESC Z0004（2016））が「電気設備の技術基準の解釈」（省令）などに関連付けられる見込みである．これらのセキュリティガイドラインは国際標準化機構（ISO：International Organization for Standardization）および国際電気標準会議（IEC：International Electrotechnical Commission）の制定する情報セキュリティに関する国際規格 ISO/IEC 27001:2013 Information technology —Security techniques — Information security management systems – Requirements と ISO/IEC 27002:2013

Information technology — Security techniques — Code of practice for information security controls をベースに，技術的・専門的な分野は NISTIR 7628 なども参考にして作成されている．

以下，表 10·6 の分類番号に従い，セキュリティに関する規格などの概要を解説する．なお，IEC 62351（Part 10）や NISTIR 7628 などの主要な規格やガイドラインについては，再度，以降の節で詳細に解説する．

1● ISO/IEC TR 27019:2013 Information technology — Security techniques — Information security management guidelines based on ISO/IEC 27002 for process control systems specific to the energy utility industry

情報セキュリティマネジメントシステム（ISMS：Information Security Managament System）では，ISO/IEC 27001:2005 において，セキュリティのマネジメントプロセスである PDCA を規定し，ISO/IEC 27002:2005 に記載される管理策（実践規範）を選択する．この ISO/IEC 27002:2005 に対して，エネルギー公益事業者（電気・ガス・熱・石油事業者）分を追記したものが ISO/IEC TR 27019:2013 である．その概要を**表 10·7** に示す．これには ISO/IEC

表 10·7 ISO/IEC TR 27019:2013 の概要

記載項目	ISO/IEC 27002:2005 に対する主な追記事項
セキュリティ基本方針	（なし）
情報セキュリティのための組織	・エネルギー関連機関との連絡，災害時などの情報連携． ・第三者からのリモートアクセスなどの扱い．
資産の管理	・プロセス制御関係の資産目録，保有者． ・情報分類基準の考え方．
人的資源のセキュリティ	・運用・保全要員の扱い（採用時スクリーニングなど）． ・制御システム要員の専門知識．
物理的および環境的セキュリティ	・制御所や機械室の物理的対策，辺境事業所への対策． ・苛酷環境に置かれる装置や辺境・屋外環境にあるケーブルへの対策． ・第三者構内におけるセキュリティ：他のエネルギー事業者や需要家の構内に設置された装置の扱い，外部の第三者と接続された制御・通信システムの扱い．
通信および運用管理	・開発・試験・運用環境の分離に関する留意点． ・マルウェア対策が十分にとれない場合や代替対策をとる場合の留意点． ・需要側でのモバイルソフトウェアやセキュリティ手順のない制御通信プロトコルへの配慮． ・監査ログの要件，クロック同期の範囲と参照時刻． ・レガシーシステム：レガシーシステムの脆弱性特定と対策（ネットワーク分離，リモートアクセス回避，厳格なアクセス制御）． 安全機能：安全機能の完全性と可用性確保のための対策（通信の分離，機能安全の独立性確保，リモートアクセス回避，構成変更ログ）．
アクセス制御	・アクセス制御ポリシーやパスワード設定の留意点． ・ネットワークの分割方針． ・外部組織との通信接続時の留意点． ・制御機器に対するユニークユーザ ID の留意点． ・セッションタイムアウトなどの対策困難さ．
情報システムの取得，開発・保守	・プロセス制御システム取得支援のための参考文献． ・システム変更管理の留意点（入念な事前試験，変更データなどの保管）．
情報セキュリティインシデントの管理	（なし）
事業継続管理	・非常災害時などでの供給継続のための制御システムに対する考慮．
順守	・エネルギー分野特有の要件はエネルギー設備・システム運用，市場などに関係．

27002:2005 の記載項目に対して，電力を中心としたエネルギー事業者特有の事項および自然災害などへの対応が記載されている．新たに追加された事項は，物理的および環境的セキュリティにおける第三者構内に設置された装置などの扱いや，運用のセキュリティにおけるレガシーシステムの扱いや機能安全確保方策などである．ISO/IEC TR 27019:2013 は技術報告（TR：Technical Report）であるが，改訂版では ISO/IEC 27002:2013 に合わせて多くのセキュリティ管理策が追加・整理されるとともに，国際標準（IS：International Standard）になる予定である．

2 IEC 62443 Industrial communication networks — Network and system security — シリーズ

IEC 62443 は産業用自動制御システム（IACS：Industrial Automation and Control Systems）のネットワーク，システムのセキュリティマネジメントおよび認証に関する規格であり，Part 1 から Part 4 に分類される 13 の規格の策定が予定されている．IEC 62443 の規格構成を表 10・8 に示す．

Part 1 は総論，Part 2 は運用（PDCA サイクル，サイバーセキュリティ管理システム（CSMS：Cyber Security Management System）），Part 3 はシステムの要件，Part 4 は装置の要件が示され，それぞれに対応した認証（運用者向け認証，システム構築者向け認証 SSA：System Security Assurance），装置ベンダ向け認証（EDSA：Embedded Device Security Assurance））機構も規定されようとしている．たとえば，Part 3-3 ではシステムのセキュリティ要件（（ ）内は要件数を示す）として，ID と認証の制御（13），利用の制御（12），システムの完全性（9），データの機密性（3），制御されたデータフロー（4），イベントへの適時対応（2），リソースの可用性（8）が

表 10・8 IEC 62443 シリーズの構成

分類	Part	内容	認証制度・関連規格
総論	1-1	専門用語，概念，モデル	
	1-2	用語・略語集	
	1-3	システムセキュリティ順守指標	
	1-4	IACS セキュリティライフサイクルとユースケース	
ポリシーと手続き（運用）	2-1	IACS セキュリティマネジメントシステムに関する要件	CSMS（サイバーセキュリティマネジメントシステム）
	2-2	IACS セキュリティマネジメントシステムの実装ガイドライン	
	2-3	IACS 環境におけるパッチ管理	
	2-4	IACS サプライアに関する要件	
システム	3-1	IACS に関するセキュリティ技術	ISA Secure 認証（セキュリティ機能・開発プロセス）：SSA (System Security Assurance)
	3-2	ゾーンとコンジットに関するセキュリティレベル	
	3-3	システムセキュリティ要件とセキュリティレベル	
構成要素（装置）	4-1	製品開発要件	ISA Secure 認証（セキュリティ機能・開発プロセス）：EDSA (Embedded Device Security Assurance)
	4-2	IACS 構成要素に関する技術的セキュリティ要件	

規定されている．

3 ● NERC クリティカルインフラストラクチャプロテクション（CIP：Critical Infrastructure Protection）Ver. 5

　NERC CIP は NERC が策定した業界標準であり，NERC の規定する大規模電力システム（BES：Bulk Electric System）の信頼度標準（Reliability Standards for the Bulk Electric Systems of North America）の一部である．規格の遵守違反リスクの大きさと違反レベルの規定があり，米国の連邦エネルギー規制委員会（FERC：Federal Energy Regulatory Commission）のペナルティも含む義務的，かつ強制的な要件として承認されている．なお，BES の対象事業者としては発電事業者（発電設備の所有者と運用者），送電事業者（送電設備の所有者と運用者），需給バランス調整機関（BA：Balancing Authority），電力融通調整機関（Interchange Coordinator/Interchange Authority），信頼度コーディネータ（Reliability Coordinator），一部の配電事業者（電圧・周波数低下時の 300 MW 以上の負荷遮断や NERC 規定の系統安定化制御などを実施する事業者）である．

　表 10・9 に NERC CIP 標準の概要を纏めて示す．ここで，各内容欄の括弧内記載の数字は，要件と細目の数を表す．

　CIP-002 では BES のサイバー資産は BES サイバーシステム（BCS：BES Cyber System）と関連する PCA（Protected Cyber Assets），電子的アクセス制御・監視システム（EACMS：Electronic Access Control or Monitoring Systems），物理的アクセス制御システム（PACS：

表 10・9　NERC CIP Ver. 5 の概要

CIP 番号と名称	内容（括弧内の数字は要件/細目の数）
CIP-002-5.1：BES サイバーシステムの分類	BES サイバーシステムおよび関連する BES サイバー資産の分類と特定，最低 15 か月ごとの見直し・承認（2/5）．
CIP-003-5：セキュリティマネジメント管理策	責任と説明義務を果たし，一貫性と維持可能性を持ったセキュリティマネジメント管理策の枠組み（最低 15 か月ごとのポリシー文書のレビューと CIP 上級管理者による承認など）（4/13）．
CIP-004-5.1：要員と教育	セキュリティ認識・訓練プログラム，要員リスク評価プログラム，アクセス管理プログラム，アクセス権廃棄（5/18）．
CIP-005-5：電子的セキュリティ境界	BES サイバーシステムへの電子的なアクセスを管理するための制御された電子的セキュリティ境界と双方向型リモートアクセスの管理（2/8）．
CIP-006-5：BES サイバーシステムの物理的セキュリティ	重要サイバー資産を物理的に保護するための物理的セキュリティ確保計画，来訪者管理プログラム，物理的アクセス制御システムの保守・試験プログラム（3/13）．
CIP-007-5：システムセキュリティマネジメント	BES の誤動作や不安定性に繋がる攻撃に対処するための最良のセキュリティ技術，運用，手続き（ポートとサービスの管理，セキュリティパッチ管理，悪意あるコードの防止，セキュリティイベント監視，システムアクセス制御）（5/20）．
CIP-008-5：インシデント報告と対応計画	インシデント発生後の BES 高信頼運用リスクを緩和するためのインシデント対応計画の仕様，実装・試験，レビュー・更新・伝達（3/9）．
CIP-009-5：BES サイバーシステムの復旧計画	BES サイバーシステムに関する信頼性機能回復のための復旧計画の仕様，実装，レビュー，更新など（3/10）．
CIP-010-1：構成変更管理と脆弱性評価	BES サイバーシステムの認可されていない変更の防止・検知のためのシステム構成管理・監視と脆弱性評価（3/10）．
CIP-011-1：情報の保護	BES サイバーシステム情報への許可されないアクセスを防止するための情報保護，資産の再利用・廃棄（2/4）．

Physical Access Control Systems) に分類される．BCS はセキュリティ障害の影響の大きさ（Impact Rating）により，High/Medium/Low の3レベルに分けられている．High レベルの BCS は信頼度コーディネータの制御所や3 GW 以上を制御する BA の制御所，Medium レベルで示される設備を持つ事業者の制御所などにある資産である．Medium レベルの BCS は 1.5 GW 以上の発電所，500 kV 以上の送電設備，200 kV 以上で3以上の変電所などに接続している送電設備，300 MW 以上の自動負荷遮断システム，系統安定化システム，1.5 GW 以上の発電事業者の制御所，送電事業者の制御所などに関わる資産である．Low レベルの BCS は，上記以外の制御所，発送変電設備，系統復旧用設備，安定化制御設備，配電事業者設備などに関わる資産である．

CIP-003 では 15 か月ごとのレビューなどのマネジメントプロセスを示している．さらに，CIP-004 から CIP-0011 において，定量的かつ具体的な管理策を示している．全体では 32 の要件（110 の細目）とそれに対応した証拠となる確認内容，順守確認方法が記載されている．順守確認は，違反時のリスクの大きさ（VRF：Violation Risk Factor）と違反の深刻さ（VSL：Violation Severity Level）を4レベルで定義し，VRF と VSL に基づいて制裁を決定する．現在では Ver.6 が策定・承認され，CIP-014-2（物理的セキュリティ）も策定中である．

4 IEEE C37.240-2014 IEEE Standard Cybersecurity Requirements for Substation Automation, Protection, and Control Systems

IEEE C37.240-2014 は，変電所の自動化システムや保護・制御システムに関するセキュリティ要件を規定している．電気事業者の運用上の課題と対象設備，基本要件（アクセス制御，使用管理，データ完全性，データ機密性，データフロー制限，タイムリーな応答，ネットワークリソース），物理的セキュリティ，静止データなどについて解説した後，表10・10 に示すセキュリティ要件を記載している．

5 IEEE 1686-2013 IEEE Standard for Intelligent Electronic Devices Cyber Security Capabilities

IEEE 1686-2013 は発変電所などに設置される制御装置であるインテリジェント電子装置（IED：Intelligent Electronic Device）に関する機器レベルの実装規格である．表10・11 に示すように，電子的アクセス制御，監査証跡，セキュリティ関連動作監視制御，暗号関連技術，構成設定ソフトウェア，通信ポートアクセス，ファームウェア品質保証などを規定している．

6 IEC 62056-5-3:2013 Electricity metering data exchange — The DLMS/COSEM suite — Part 5-3: DLMS/COSEM application layer

IEC 62056-5-3:2013 はスマートメータ用情報モデルや通信に関する国際規格である DLMS（Device Language Message Specification）/COSEM（Companion Specification for Energy Metering）を用いたスマートメータシステムのセキュリティ管理方法を規定している．ここでは要求レベルに応じて，サーバ保持データへのアクセスにパスワードやチャレンジを用いた片方向認証または相互認証を行う．データ転送に関係するセキュリティ管理は，暗号化とメッセージ認証による機密性と完全性の確保を規定している．

表10・10 IEEE C37.240-2014の概要

項　目	内　容
上位レベル要件とインタフェースカテゴリの優先度	・NISTIR 7628に記載された変電所関連インタフェースの分類（10種）と可用性，完全性，機密性のレベル分け．
システム通信要素（変電所ネットワーク要素）のセキュリティ要件	・ネットワークスイッチ：ポートに接続されたデバイス・ユーザの認証機能など． ・ルータ：WANポートの暗号化トンネリング回線機能，接続ログ機能など． ・無線アクセスポイント：デバイス・ユーザの認証機能，無線データの128ビット以上の暗号化機能など． ・ファイアウォール：変電所LANへの外部接続時必須． ・IDS/IPS：変電所LANへの設置必須．
機能要件（遠隔IEDアクセス）	・オンデマンドベース，常時接続の禁止，通信経路を集中管理するアクセスゲートウェイ経由，暗号化通信． ・ダイヤルアップ接続，事前認証，不使用時の物理的切断． ・ネットワーク接続：仮想専用ネットワーク（VPN：Virtual Private Network）など．
ユーザ認証・認可	・認証管理・ログ，パスワード認証・管理，ロールベースアクセス制御（IEC 62351-8）．
通信データ保護	・セキュリティゾーン間を移動するデータの暗号化：TLS（ネットワーク接続），IEEE 1711（シリアル通信）．
構成管理	・集中的な構成管理機能：機器構成やファームウェアの保管，構成変更の検出・警報通知・ログなど． ・管理品質の保証・監査，ユーザ・ファイルサーバ認証．
イベント監査分析・インシデント対応	・サイバー攻撃のWho/What/Where/When/Whyに関する留意点など．
セキュリティ試験	・定期的なセキュリティポリシー・手順のレビュー，侵入試験，ソフトウェアバージョン・パッチレベル監査など．

表10・11 IEEE 1686-2013の概要

項　目	内　容
電子的アクセス制御	・いかなるアクセス（IED制御パネルから，通信・診断ポートに接続した端末から，通信回線による遠隔から）に対し，ユニークIDとパスワードにより保護． ・IEDにはユーザアカウントやパスワード（PW），ロールを変更するためのインタフェース． ・ユーザ設定ID/PWを無効化・回避する機構． ・IEDアクセス制御，など．
監査証跡	・IEDの環状バッファにシーケンシャルにイベント記録でき，消去・改変できないこと． ・記録内容イベント：イベント番号，日時，ユーザID，イベントタイプ，など．
セキュリティ関連動作の監視制御	・セキュリティ関連動作監視し，監視システムに監視情報を伝送． ・監査証跡記載イベント，アラーム発出条件（必要ないログインの試み，リブート，認可されない構成ソフトウェア使用の試み，構成データやファームウェアの不適格なダウンロードなど）など．
サイバーセキュリティ（暗号関連技術）	・IPネットワーク上のIEDの必要に応じた暗号化通信プロトコルの実装． ・暗号技術の指定．
構成設定ソフトウェア	・構成設定ソフトウェアに対する認証，ディジタル署名，ID/PW管理機構（ユーザやロールに応じた設定など）の実装など．
通信ポートアクセス	・IEDの診断ポート以外の全通信ポート（物理的，論理的）の有効化・無効化．
ファームウェア品質保証	・IEEE C37.231に準拠．

7 IEC 62351 Power systems management and associated information exchange — Data and communications security

IEC 62351は電力監視制御関係の既存通信プロトコルに対するセキュリティ対策の実装規格が主体となる規格シリーズである．これは下記規格と関連している．

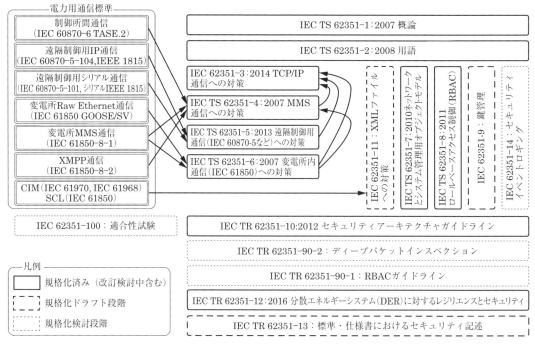

図 10・2　IEC 62351 シリーズの構成と既存通信規格の関係（2016 年 4 月）

- 遠方監視制御（テレコントロール）関連規格 IEC 60870-5（派生規格として IEEE 1815（DNP 3.0））
- 制御所間通信関連規格 IEC 60870-6（TASE.2）
- 変電所自動化関連規格 IEC 61850
- 制御所計算機システム関連規格 IEC 61970，IEC 61968

現在の IEC 62351 シリーズの規格化状況を図 10・2 に示す．IEC 62351 では制御通信用端末相互のセキュリティ対策として，End to End のセキュリティ対策を規定している．IEC 62351 で規定するセキュリティの実装対象を表 10・12 に示す．具体的には完全性確保を重視し，必要に応じた機密性確保を目的として，主にトランスポート層以上の認証・暗号化方式を規定する．ただし，ネットワークレベルの仮想専用ネットワーク（VPN：Virtual Private Network）や IPsec 方式，通信回線のみの暗号化方式などは規定せず，ガイドライン的な記載に留めている．また，可用性は周辺防護などにより確保することを述べるに留まる．このほか，セキュリティに関わるネットワーク管理やロールベースアクセス制御（RBAC：Role-Based Access Control），鍵管理などの関連事項は規定している．IEC 61850 に関する保護制御用高速通信では，3〜10 ms が伝送遅延要件であるため，Part 6 に規定されるメッセージ認証などの実装方法によっては，この要件値を満足できない場合があるので，注意が必要である．もし，これが満足できない場合は別の対策により防護することが重要である．

ネットワークレベルのセキュリティ確保策は，IEC TR 61850-90-12:2015 Wide area network engineering guidelines において一部記載されている．また，認証や暗号化（オプション）用の鍵管理方式や鍵配布センタ（KDC：Key Distribution Center）の実装法が IEC TR 61850-90-

表 10・12 IEC 62351 シリーズの主な実装セキュリティ対策

規格番号 (対象)	実装セキュリティコントロール
IEC 62351-3 (TCP/IP 通信)	・完全性(+機密性)確保のためトランスポートレイヤセキュリティ(TLS : Transport Layer Security) v1.2 以上を適用. ・TLS の暗号スイート,バージョンネゴシエーション,セッション再開時間や再ネゴシエーション方法,証明書関連事項(複数認証局設置,証明書サイズと交換,公開鍵証明書認証)など.
IEC 62351-4 (MMS 通信)	・製造メッセージ仕様(MMS : Manufacturing Message Specification)(ISO 9506)を利用する通信の対策. ・上位層(A-Profile):アプリケーション層での接続確立手続きであるアソシエーション制御サービス要素(ACSE : Association Control Service Element)の認証手続きを利用. ・下位層(TCP T-Profile):TLS(IEC 62351-3)を利用.
IEC 62351-5 (IEC 60870-5 通信)	・基本原理:アプリケーション層での認証(MAC を用いたチャレンジレスポンス認証). ・基本動作:チャレンジの起動→応答→認証,認証失敗時,アグレッシブモード,暗号鍵(対称鍵によるセッション鍵,アップデート鍵など)の管理・変更. ・メッセージ定義(チャレンジ,応答,アグレッシブモード要求,鍵変更など)と手順.
IEC 62351-6 (IEC 61850 通信)	・MMS 通信:Part 3/4 適用+変電所構内用追加暗号スイート. ・VLAN 通信:変電所構内の高速なマルチキャスト伝送には CPU 負荷を低く抑える必要があるため,暗号化無しの VLAN +メッセージ認証. ・簡易ネットワーク時刻プロトコル(SNTP : Simple Network Time Protocol),認証アルゴリズム.
IEC 62351-7 (ネットワーク管理)	・ネットワークとシステム(IED,遠方監視制御装置(RTU : Remote Terminal Unit),分散型電源(DER : Distributed Energy Resource)など)の状態監視,セキュリティ侵害検知,性能と信頼性の管理に適用される NSM データオブジェクトモデル. ・データオブジェクトモデル規定:抽象モデル(抽象タイプ,数値タイプ,共通オブジェクト),エージェント(環境,デバイス,アプリケーションプロトコル(TC57 関係),インタフェース,クロック,ネットワーク・トランスポート),シンプルネットワークマネジメントプロトコル(SNMP : Simple Network Management Protocol)セキュリティ.
IEC 62351-8 (RBAC)	・ユーザまたはソフトウェアがデータオブジェクトへアクセスする際のセキュリティ管理方式として,RBAC モデルに基づき電力システムに特化した Roll(役割)と Right(権限)の割当てを規定. ・RBAC 機構:Roll 定義に関わるクレデンシャル(信用証明,セキュリティロール付アクセストークン)のリポジトリ,システム間でのクレデンシャル情報や認可情報の伝達. ・アクセス対象オブジェクトへのアクセストークン発行手続き.

5:2012 Use of IEC 61850 to transmit synchrophasor information according to IEEE C37.118 において規定されているが,今後,関連規格に再編・収容される見込みである.

8 ● NISTIR 7628 Revision 1 Guidelines for Smart Grid Cyber Security

米国国立標準技術研究所(NIST)の NIST Interagency Report(NISTIR)7628 Revision 1 は NIST スマートグリッド相互運用性検討パネル(SGIP : Smart Grid Interoperability Panel)のサイバーセキュリティワーキンググループ(CSWG : Cybersecurity Working Group)のもとで,2014 年 9 月に取り纏められたスマートグリッド全体の上位レベルのセキュリティ要件を示したガイドラインである.本ガイドラインは以下の 3 分冊から構成されている.

(1) Vol. 1:スマートグリッドセキュリティ対策,アーキテクチャおよびハイレベル要件
(2) Vol. 2:プライバシーとスマートグリッド
(3) Vol. 3:分析方法と参考情報

Vol. 1 はハイレベルなセキュリティ要求事項を確認するための分析アプローチとリスクアセスメ

ントプロセスについて記述している．まず，7ドメイン（発電，運用，送電，配電，需要家，サービス提供者，市場），49個のアクタ（装置，システム，運用者など）から成るスマートグリッドの参照論理インタフェースモデルを規定している．これに基づき，アクタ間の情報のやり取りについて，22カテゴリの論理インタフェースを116種類規定しており，論理インタフェースのカテゴリごとに，アクセス管理や構成管理，インシデント対応など19分類181項目に及ぶ上位レベルでのセキュリティ要件を記述している．その際，可用性，機密性，完全性の各々に，低（Low），中（Moderate），高（High）の影響レベルを定義している．不正なアクセスや公表，改ざん，アクセス不能などのインシデントにより，組織運営や資産，個人に対して，高は壊滅的なレベル，中は重大なレベル，低は限定的なレベルの影響度があるものと規定される．さらに，スマートグリッドのシステムとデバイスで使用する暗号技術や鍵管理についても触れている．なお，本ガイドラインでは，実装方法に関する記述はない．

Vol. 2 は個人住宅内のプライバシーの問題について記述している．新たなスマートグリッド技術やそれに関連して新たに発生する個人情報やグループ内情報の問題や，住居内や車両内での個人の行為について議論し，プライバシー侵害のリスクやその他の課題に基づき，スマートグリッド関係者への提言を行っている．

Vol. 3 はハイレベルセキュリティ要求事項を決めるときに利用した分析方法と参考情報および Vol. 1，Vol. 2 で使用したツールとリソースを記述している．脆弱性の分類定義やガイドライン作成過程で実施したボトムアップ型セキュリティ分析の内容についての報告が含まれる．なお，本規格については別途，詳細に説明する．

表10・13 スマートグリッド情報セキュリティガイドライン SGIS のセキュリティレベル

(a) SGISセキュリティレベル SGIS–SL の内容

重大レベル		欧州グリッド安定度に基づくセキュリティレベルの例
5	極めて重大	・障害により 10 GW 以上の電力喪失となる可能性のある資産 ・全ヨーロッパ的インシデント
4	重大	・障害により 1 GW～10 GW の電力喪失となる可能性のある資産 ・ヨーロッパ・国レベルのインシデント
3	高	・障害により 100 MW～1 GW の電力喪失となる可能性のある資産 ・国・地域（Region）レベルのインシデント
2	中	・障害により 1 MW～100 MW の電力喪失となる可能性のある資産 ・地域（Region）・町レベルのインシデント
1	低	・障害により 1 MW 以下の電力喪失となる可能性のある資産 ・町・近隣一帯レベルのインシデント

(b) ドメイン/ゾーンごとのセキュリティレベル

ゾーン＼ドメイン	発電	送電	配電	DER	顧客内
市場	3～4	3～4	3～4	2～3	2～3
企業	3～4	3～4	3～4	2～3	2～3
運用	3～4	5	3～4	3	2～3
電気所	2～3	4	2	1～2	2
フィールド	2～3	3	2	1～2	1
プロセス	2～3	2	2	1～2	1

9 ● CEN-CENELEC-ETSI Smart Grid Coordination Group "SG-CG/M490/H_Smart Grid Information Security"

　スマートグリッドに関する情報セキュリティガイドライン SG–CG/M490/H_ Smart Grid Information Security（SGIS）は，欧州の3標準化団体（CEN，CENELEC，ETSI）のスマートグリッド調整グループ SG–CG が 2014 年 12 月に取り纏めた，スマートグリッドに関わる各種セキュリティ標準の使い方に関するガイドラインである．この情報セキュリティガイドラインは SGIS のセキュリティレベル（SGIS–SL：Smart Grid Information Security–Security Levels）の規定とドメイン/ゾーンに対する要求レベルを**表 10・13**のように整理している．

　次に，既存のセキュリティに関する規格とのギャップ分析の後，欧州の推奨対策（European Set of Recommendation）として，13 ドメインを提示している．これは欧州ネットワーク情報セキュリティ庁（ENISA：European Network and Information Security Agency）が 2013 年に取り纏めた 11 件の対策に状況認識と法的責任の 2 件を追加したものである．さらに，欧州勧告セットの各ドメインを SGIS セキュリティレベル（1～5）ごとに 3 段階で優先度付けしている．すなわち，リスク評価などにより，スマートグリッドアーキテクチャモデル（SGAM：Smart Grid Architecture Model）の各セルのセキュリティレベルを決定した後，セキュリティの戦略を立てる

表 10・14　欧州勧告セットのダッシュボード

欧州勧告セットのドメイン		SGIS セキュリティレベル					SGAM		
		1	2	3	4	5	ドメイン	ゾーン	レイヤ
ENISAセキュリティ対策ドメイン	セキュリティガバナンスとリスクマネジメント	***	***	***	***	***	全て	全て	B, F
	第三者マネジメント	*	*	**	**	**	全て	S, O, E, M	B, F
	スマートグリッドコンポーネントのセキュアなライフサイクルと運用手続き	**	**	***	***	***	全て	全て	B, F, Cp
	人的セキュリティ，アウェアネスおよび訓練	*	*	**	**	***	全て	全て	B, F
	インシデント対応および情報交換	*	**	**	***	***	全て	S, O, E, M	B, F
	監査およびアカウンタビリティ	*	*	**	**	**	全て	S, O, E, M	全て
	運用継続	***	***	***	***	***	全て	全て	全て
	物理セキュリティ	*	**	**	***	***	全て	P, F, S, O	B, F
	情報システムセキュリティ	**	**	***	***	***	全て	全て	全て
	ネットワークセキュリティ	**	**	***	***	***	全て	全て	B, F, Cp
	重要なコア機能およびインフラのレジリエント，ロバストな設計	***	***	***	***	***	全て	全て	全て
新規	状況認識	**	**	***	***	***	全て	全て	全て
	法的責任	*	**	**	***	***	全て	全て	B, F

（注）セキュリティレベルの優先度：*＝低，**＝中，***＝高
　　　ドメイン：G＝発電，T＝送電，D＝配電，D＝DER，C＝需要家構内
　　　ゾーン：M＝市場，E＝企業，O＝運用，S＝ステーション，F＝フィールド，P＝プロセス
　　　レイヤ：B＝ビジネス，F＝機能，I＝情報，C＝通信，Cp＝コンポーネント

際の手助けを与えている．そのため，表10・14に示すように，欧州勧告セットがSGAMのドメイン，ゾーン，レイヤのどの部分に適用可能かを対応付け，その結果をダッシュボード（指標の表）として整理している．

さらに，スマートグリッドへ適用する情報セキュリティ施策・標準について，ユースケース（送電変電所，配電制御室，需要管理，DER制御など）分析を行っている．また，プライバシー保護について，EUデータ保護規制の状況，フランス・ドイツ・オランダ・イギリス・スウェーデンの状況，プライバシー関連技術を紹介している．

● **10・2・2　セキュリティに関する国際標準の規定**

ここでは，NISTIR 7628，IEC 62351，IEC 62443の詳細について紹介する．

1　NISTIR 7628

米国国立標準技術研究所NISTが発行したNISTIR 7628「スマートグリッドのサイバーセキュリティに関するガイドライン（Guidelines for Smart Grid Cyber Security）」[(2)]は電気事業者，エネルギーサービスプロバイダなどのスマートグリッドに関係する組織が組織固有の特性，リスク，脆弱性の要件に合わせてリスクを評価し，適切なセキュリティ要求事項を特定するための上位レベルのセキュリティ要件を示したガイドラインである．

NISTIR 7628のセキュリティ要件分析は図10・3のフローで行われる．

（a）アクタ間の論理インタフェース

NISTIR 7628は同じくNISTが発行したSP 1108（4章4・1節参照）とペアをなす標準である．NISTIR 7628はNIST SP 1108と同様に，スマートグリッドを7つのドメインに分類したモデル（図4・18参照）を使用する．

それぞれのドメイン内に図10・4のようにアクタと呼ばれる機能や主体が規定される．これらはスマートグリッド内でアプリケーションを実行するときの意思決定や情報交換を行う機器やシステムである．セキュリティ分析に際し，NISTIR 7628は49個のアクタを定義している．これらアクタ間の論理参照モデルは図10・5のように定義される．図10・5に，アクタ間の参照関係である論理インタフェース（LI：Logical Interface）を実線で示している．このアクタ間の論理インタフェースに対して，リスク評価や分析が行われる．

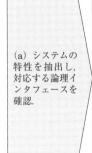

図10・3　NISTIR 7628のセキュリティ要件分析フロー

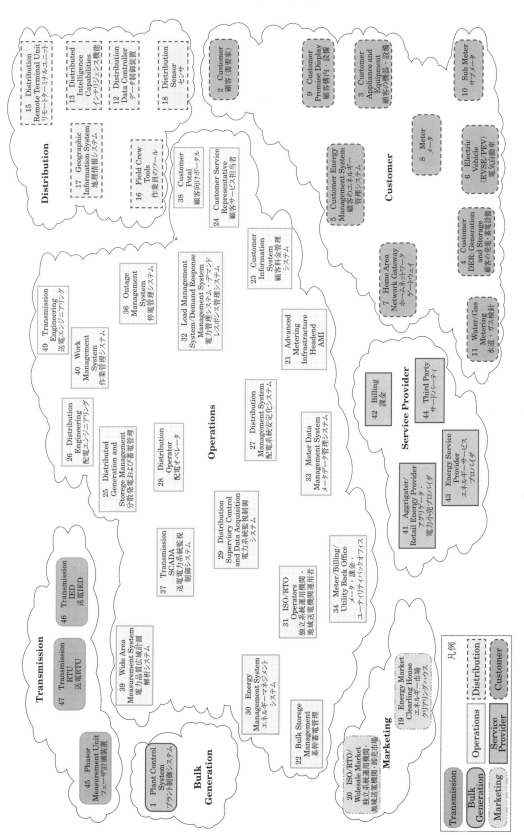

図10・4　ドメインとアクタの関係
(出典) NISTIR 7628[12] Fig 2.2.

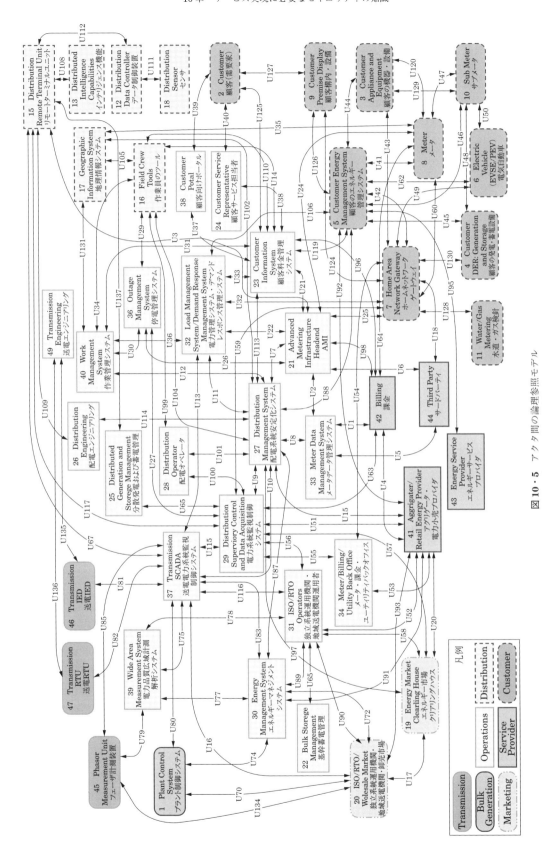

図 10・5 アクタ間の論理参照モデル
（出典）NISTIR 7628[2] Fig 2.3.

（b） セキュリティリスクの分析

NISTIR 7628 は論理参照モデルにおけるアクタ間の論理インタフェースに対し，これをセキュリティの観点から 22 個の論理インタフェースカテゴリに分類している．論理インタフェースカテゴリとはアクタ間のインタフェースの機能に応じたセキュリティ要件である．1 つの論理インタフェースが複数の論理インタフェースカテゴリに属することがある．論理インタフェースカテゴリと論理インタフェースの対応を**表 10・15** に示す．

たとえば，論理インタフェースカテゴリ 1 から 4 は制御システム（通常は電力系統監視制御シ

表 10・15 論理インタフェースの分類

	論理インタフェースカテゴリ	論理インタフェース
1	制御システムと高可用性，計算能力と帯域幅両方またはいずれか一方で制限がある設備間インタフェース	U3, U67, U79, U81, U82, U85, U102, U117, U135, U136, U137
2	制御システムと非高可用性だが，計算能力と帯域幅両方またはいずれか一方に制限がある設備間インタフェース	U3, U67, U79, U81, U82, U85, U102, U117, U135, U136, U137
3	制御システムと高可用性，計算能力や帯域幅上制限がない設備間インタフェース	U3, U67, U79, U81, U82, U85, U102, U117, U135, U136, U137
4	制御システムと非高可用性，計算能力や帯域幅上制限もない設備間インタフェース	U3, U67, U79, U81, U82, U85, U102, U117, U135, U136, U137
5	同じ組織内部の制御システム間インタフェース	U9, U27, U65, U66, U89
6	別の組織の制御システム間インタフェース	U7, U10, U13, U16, U56, U74, U80, U83, U87, U115, U116
7	共通管理機関下の情報システム（事務系）間インタフェース	U2, U22, U26, U31, U63, U96, U98, U110
8	違う管理機関下の情報システム（事務系）間インタフェース	U1, U6, U15, U55
9	B2B 関係で繋がっている金融やマーケットのシステム間インタフェース	U4, U17, U20, U51, U52, U53, U57, U58, U70, U72, U90, U93, U97
10	制御システムと非制御・情報システム（事務系）間インタフェース	U12, U30, U33, U36, U59, U75, U91, U106, U113, U114, U131
11	環境パラメータを測定するセンサとセンサネットワーク（普通はアナログ測定器付きの簡単なセンサデバイス）間インタフェース	U111
12	センサネットワークと制御システム間インタフェース	U108, U112
13	AMI ネットワーク利用システム間インタフェース	U8, U21, U25, U32, U95, U119, U130
14	可用性の高い AMI ネットワークを利用するシステム間インタフェース	U8, U21, U25, U32, U95, U119, U130
15	HAN (Home Area Network), BAN (Building Area Network) や NAN (Neighborhood Area Network) などの顧客ネットワークを利用するシステム間インタフェース	U42, U43, U44, U45, U49, U62, U120, U124, U126, U127
16	外部システムと顧客側の間のインタフェース	U18, U37, U38, U39, U40, U88, U92, U100, U101, U125
17	システムと現地スタッフのノートパソコン・設備間インタフェース	U14, U29, U34, U35, U99, U104, U105
18	測定装置間インタフェース	U24, U41, U46, U47, U48, U50, U54, U60, U64, U128, U129
19	運営決定サポートシステム間のインタフェース	U77, U78, U134
20	エンジニア・保守システムと制御設備間インタフェース	U11, U109
21	保守およびサービスのための制御システムとそのシステムを構築するベンダ間インタフェース	U5
22	セキュリティ・ネットワーク・システム管理操作コンソールと全ネットワークおよびシステム間のインタフェース	U133

表 10・16 論理インタフェースカテゴリの機密性，完全性，可用性影響度レベル

論理インタフェースカテゴリ	機密性 (C)	完全性 (I)	可用性 (A)
1	低	高	高
2	低	高	中
3	低	高	高
4	低	高	中
5	低	高	高
6	低	高	中
7	高	中	低
8	高	中	低
9	低	中	中
10	低	高	中
11	低	中	中
12	低	中	中
13	高	高	低
14	高	高	高
15	低	中	中
16	高	中	低
17	低	高	中
18	低	高	低
19	低	高	中
20	低	高	中
21	低	高	低
22	高	高	高

（出典）NISTIR 7628[(2)]Fig 5.8.

ステム（SCADA：Supervisory Control and Data Acquisition）の中央制御装置などの中央集中型システム）と個別機器間とインタフェースおよび個別機器間の通信インタフェースのカテゴリである．

また，表 10・15 の 22 個の論理インタフェースカテゴリをもとに，セキュリティ要件分析を行う基準となる機密性，完全性，可用性の影響度レベルは**表 10・16** のように示されている．

(c) セキュリティ要求事項の選定

電力システムはセキュリティの課題として，インターネットなどに対し，他の分野と異なる課題を多く抱えている．特に前述したように，電力システムでは可用性と信頼性への要求が非常に厳しい．電力システムはセキュリティの侵害があった場合，あるいは常時または非常時の送配電系統の運用を妨げるようなセキュリティ対策が必要となった場合でも，高い可用性（SCADA は 99.99％，保護継電器はそれ以上）を維持しながら 24 時間 365 日の連続運転が可能でなければならない．

NISTIR 7628 では NISTSP 800–53, DHS Catalog, NERC CIP および NRC Regulatory Guidance の文書からセキュリティ要求事項を選定し，必要に応じて修正を加え，スマートグリッドのニーズを満足できる 197 個のセキュリティ要求事項を決定している．

10・2 セキュリティに関する国際標準と使用ガイドライン

表10・17 セキュリティ要求事項の概要

要件の種類（記号）	要件の内容	規定数
アクセス管理（AC）	リソースへのアクセスに関する要求事項	21項目
気付きとトレーニング（AT）	セキュリティの意識向上に関する要求事項	7項目
監理と監査（AU）	セキュリティ状況の監理・監査に関するに要求事項	16項目
セキュリティアセスメントと認可ポリシー（CA）	スマートグリッド情報システムのモニタリングとレビューに関する要求事項	6項目
コンフィギュレーション管理（CM）	システムの構成管理に関する要求事項	11項目
運用継続性（CP）	異常時でもシステムを継続して運用できる，あるいは運転再開することに関する要求事項	11項目
アイデンティティと認証（IA）	ユーザ，プロセスまたはデバイスのアイデンティティを確認することに関する要求事項	6項目
情報と文書管理（ID）	運用記録とドキュメントの管理に関する要求事項	5項目
インシデント対応（IR）	インシデント発生時の運用継続に関する要求事項	11項目
システム開発とメンテナンス（MA）	システムメンテナンスに関する要求事項	7項目
メディアの保護（MP）	メディアの保護に関する要求事項	6項目
物理的・環境的セキュリティ（PE）	物理的財産の損傷，誤使用および盗難保護に関する要求事項	12項目
プランニング（PL）	スマートグリッドを最適な状態で運用できるような計画査定に関する要求事項	5項目
セキュリティプログラムの管理（PM）	安全を担保するためのセキュリティプログラムに関する要求事項	8項目
パーソナルセキュリティ（PS）	運用者の雇用・異動など人事業務に関する要求事項	9項目
リスクの管理とアセスメント（RA）	リスクと相互接続のアセスメントに関する要求事項	6項目
スマートグリッド情報システムおよびサービスの取得（SA）	スマートグリッド情報システムおよびサービスを，雇用者などから取得することに関する要求事項	11項目
スマートグリッド情報システムと通信の保護（SC）	スマートグリッド情報システムを構成する通信をサイバー攻撃から保護することに関する要求事項	30項目
スマートグリッド情報システムおよび情報の完全性（SI）	スマートグリッド情報システムおよび情報を監視し，完全性を担保することに関する要求事項	9項目

　このように抽出されたセキュリティ要求事項も，それ1つでスマートグリッドの論理インタフェースの1つのカテゴリをカバーできるものではないため，22個の論理インタフェースカテゴリに対して，必要となる各セキュリティ要求事項の対応を分析し，ガイドラインを規定している．

　このガイドラインではセキュリティ要求事項は「SG.xx-番号」のように表記される．セキュリティ要求事項には，アクセス管理，気付きとトレーニング，監査と管理などがある．また，xx はセキュリティ要求事項の中の番号である．セキュリティ要求事項の概要を**表10・17**に，スマートグリッドセキュリティ要求事項の論理インタフェースへの適用（抜粋）を**表10・18**に示す（なお，全体はオーム社 HP（URL　http://www.ohmsha.co.jp/）に掲載されているので併せて参照されたい）．

2　IEC 62351

　IEC 62351 シリーズ規格の各パートは，IEC TC57 で定める規格群の通信プロトコルを保護するセキュリティ管理策を提供するために規定されたものである．IEC 62351 シリーズではセキュリティを維持するための管理，手順，仕組みなどの具体的なセキュリティ管理策をセキュリティコン

表10・18 スマートグリッドセキュリティ要求事項の論理インタフェースへの適用の例（抜粋）

セキュリティ要件グループ	セキュリティ要求事項	SGサイバーセキュリティ要件名	論理インタフェース分類における適用性
			1, 2, 3, 4, 5, 6, 7, 8, 9, 10, 11, 12, 13, 14, 15, 16, 17, 18, 19, 20, 21, 22
Access Control (SG.AC)	SG.AC-5	InformationFlow Enforcement	
	SG.AC-6	Separation of Duties	Applies at moderate and high impact levels
	SG.AC-8	Unsuccessful Login Attempts	Applies at all impact levels
	SG.AC-10	Previous Logon Notification	
	SG.AC-11	Concurrent Session Control	
	SG.AC-12	Session Lock	7:H, 8:H, 17:L, 20:L, 22:H
	SG.AC-13	Remote Session Termination	17:M, 19:M
	SG.AC-14	Permitted Actions without Identification or Authentication	1:H, 2:H, 3:H, 4:H, 5:H, 6:H, 7:M, 8:M, 9:M, 10:H, 13:H, 14:H, 15:M, 16:M, 17:H, 18:H, 20:H, 21:H, 22:H
	SG.AC-16	Wireless Access Restrictions	Applies at all impact levels
	SG.AC-18	Use of External Information Control Systems	Applies at all impact levels with additional requirement enhancements at moderate and high impact levels
	SG.AC-19	Control System Access Restrictions	Applies at all impact levels
	SG.AC-20	Publicly Accessible Content	Applies at all impact levels
	SG.AC-21	Passwords	Applies at all impact levels
Awareness and Training (SG.AT)	SG.AT-5	Contact with Security Groups and Associations	
	SG.AT-6	Security Responsibility Training	Applies at all impact levels
Audit and Accountability (SG.AU)	SG.AU-4	Audit Storage Capacity	Applies at all impact levels
	SG.AU-5	Response to Audit Processing Failures	Applies at all impact levels with additional requirement enhancements at high impact level
	SG.AU-7	Audit Reduction and Report Generation	Applies at moderate and high impact levels
	SG.AU-8	Time Stamps	Applies at all impact levels with additional requirement enhancements at moderate and high
	SG.AU-11	Conduct and Frequency of Audits	Applies at all impact levels
	SG.AU-12	Auditor Qualification	Applies at all impact levels
	SG.AU-13	Audit Tools	Applies at all impact levels
	SG.AU-14	Security Policy Compliance	Applies at all impact levels
	SG.AU-15	Audit Generation	Applies at all impact levels
	SG.AU-16	Non-Repudiation	7:M, 8:M, 9:M, 13:H, 14:H, 16:M, 20:H, 21:H, 22:H
Security Assessment and Authorization (SG.CA)	SG.CA-1	Security Assessment and Authorization Policy and Procedures	Applies at all impact levels
	SG.CA-2	Security Assessments	Applies at all impact levels
	SG.CA-3	Continuous Improvement	Applies at all impact levels
	SG.CA-5	Security Authorization to Operate	Applies at all impact levels
	SG.CA-6	Continuous Monitoring	Applies at all impact levels
Configuration Management (SG.CM)	SG.CM-7	Configuration for Least Functionality	Applies at all impact levels
	SG.CM-8	Component Inventory	Applies at all impact levels
	SG.CM-11	Configuration Management Plan	Applies at all impact levels

（出典）NISTIR 7628[(2)].

10・2 セキュリティに関する国際標準と使用ガイドライン

	電力系統制御システム	オフィスITシステム
ウイルス対策・モバイルコード	一般的でない・展開し難い	一般的・広く使われる
製品寿命	10〜30年	3〜5年
アウトソーシング	まれに使用する	一般的に使用する
パッチ適用	ユースケースによる	定期的・計画的
リアルタイム性	安全性に関わるため重要	遅れが許容される
セキュリティテスト・監査	まれに実施（操作関連）	計画的に実施
物理的なセキュリティ	多様	高い
セキュリティ意識	高まっている	高い
機密性	低い〜中位	高い
完全性	高い	中位
可用性・信頼性	24時間365日	中位，遅れが許容される
否認防止	高い	中位

図10・6　オフィスITシステムと電力システムのセキュリティ要件の違い

トロールと呼んでいる．

　IEC 62351 シリーズ規格の中で，IEC TR 62351-10 Ed.1.0:2012 Security architecture guidelines はスマートグリッドを含む電力システムのセキュリティアーキテクチャのガイドラインを示すことを目的としている．ここでセキュリティアーキテクチャとはセキュリティを確保するための設計思想，設計方針およびこれを実装するために必要な仕組み，フレームワークである．この規格はセキュリティに関する完全なガイドラインを指向するものでなく，実例に対応した対策例を説明する手法をとることで，より実践的なセキュリティガイドラインとなることを目的としている．

　電力システムとオフィス IT システムのセキュリティ要件の違いを図10・6に示す．電力システムにおける情報インフラに対するセキュリティはオフィス IT システムのそれとリアルタイム性（Real Time Requirement），機密性，完全性，可用性や否認防止（Non-Repudiation）の各項目において，大きく異なっている．

　IEC 62351 で規定される電力システムのセキュリティアーキテクチャは，電力システムに必要なセキュリティに関する品質属性である機密性，完全性，可用性，責任・保証の維持を目的として，適切なセキュリティコントロールがシステムの実装，運用で実施されるためのフレームワークとガイダンスを提供するものである．

　IEC 62351-10 では電力システムのセキュリティ性に関する複雑さを管理する一手法として，物理的，あるいは仮想的なセキュリティドメインを定義している．セキュリティドメインとはセキュリティ管理を目的としたシステムのグループ化のことで，ユーザ，機能など，共通の要件に基づき設定されている．これを表10・19に示す．

　基本的な考え方は，それぞれのセキュリティドメインの境界で要求されるセキュリティレベルが維持され，同じドメイン内では同じセキュリティレベルとすることである．セキュリティレベルとはセキュリティの強度をいくつかのレベルに分け，それぞれに条件を規定したものである．

　同じドメイン内では同じセキュリティレベルとするため，ドメインを跨ぎ，他のドメインに入るにはセキュリティレベルを合わせる必要がある．他のドメインに入る際には，この許可がない限り，ユーザとしての人間を含め，境界を跨ぐシステム・設備機器間のどのような情報交換も行うこ

表10・19 セキュリティ管理のためのセキュリティドメイン

セキュリティ ドメイン	セキュリティ レベル	適用先	システム例
公共	低	公共ネットワークの通信をサポートする資産	第三者のネットワーク，インターネット
企業	中	電力システムの信頼性と可用性に必須ではない基本的なセキュリティを伴うビジネス運用をサポートする資産	事務所レベルのビジネスネットワーク
重要ビジネス	高	信頼性と可用性に重要ではない，電力システムの運用をサポートする資産	金融ネットワーク，人事システム，ERPシステム
重要システム運用	極めて高	発電や配電インフラの信頼性と可用性に直接関わる重要な資産	制御システム，SCADAネットワーク

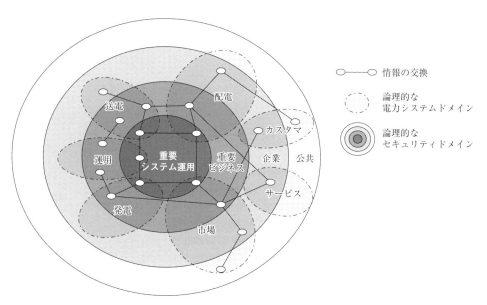

図10・7 IEC 62351とNISTIR 7628のセキュリティドメインの対応

とができない．そのため，ドメインを跨ぐ情報交換ではセキュリティレベルに求められる要件を満足することが必要となる．

　セキュリティレベルを決定するためのセキュリティモデルとして，表10・19では4つのセキュリティドメインが定義されている．各セキュリティドメインでは論理的，物理的な特性が異なることから，他のドメインとの情報授受にあたり，要求されるセキュリティレベルを達成するには論理的，物理的なセキュリティコントロールが必要となる．

　また，IEC 62351のセキュリティドメインは，NISTIR 7628で規定されるシステム概念参照モデルの7つのドメインと対応付けることができる．この対応結果を図10・7に示す．IEC 62351に規定されるセキュリティドメインごとのセキュリティコントロールを，NISTIR 7628に規定される電力システムの送配電，系統運用，需要家（カスタマ），サービス（サービスプロバイダ）などのドメイン間の情報授受においても，同様に適用することが必要となる．

　IEC 62351のセキュリティコントロールはセキュリティリスクを回避，対抗，最小化するため

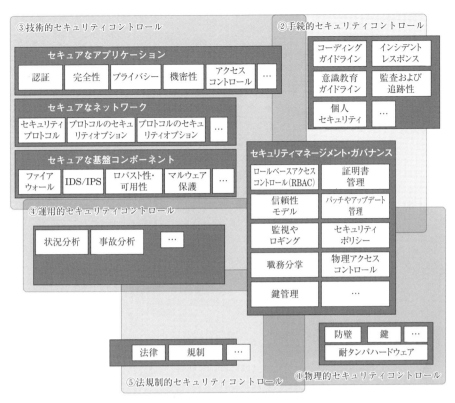

図 10・8　セキュリティコントロール概観

の対策である．セキュリティコントロールは以下に分類される．これは図 10・8 に示すように纏められる．

① 物理的コントロール（例：フェンス，ドア，ロック）
② 手続的コントロール（例：インシデント対応プロセス，経営の監督，セキュリティ意識向上やトレーニング）
③ 技術的コントロール（例：ユーザ認証と論理アクセス制御，アンチウイルスソフトウェア，セキュリティプロトコル，ファイアウォール）
④ 運用的コントロール（例：状況分析や非常事態分析）
⑤ 法規制やコンプライアンスコントロール（例：個人情報保護法，政策など）

セキュリティコントロールの選択は対象となるユースケースのセキュリティ要件に応じ，その脅威やリスクのアセスメントに依存したものとなる．IEC 62351 の対象となる電力システムのアプリケーションは複数のセキュリティドメインに跨り，公共セキュリティドメインにまで接続される．したがって，複数の防御の層を作り，一つの層が破られても別の層で守られるという多層防御など，セキュリティ対策の規範的な考え方の適用が必要である．一方，アプリケーションレベルのセキュリティコントロールには多層防御と異なるアプローチが必要とされている．一例として，アプリケーションレベルで関係アクタのアクセス権限をロール（役割）ベースで制限するなどが挙げられる．これは特定の操作が許可された職員のみによって実行できることを許可する仕組みである．IEC TS 62351-8 Ed. 1.0:2011 Role-based access control 役割に基づいたアクセスコントロー

ルは,この解決策を提供している.

多層防衛という概念を用い,各ドメインに対して必要となるセキュリティコントロールが定義されている.公共を除く3つのドメインに対する典型的なセキュリティコントロールと実施例の一部を**表10·20**に示す.

IEC 62351において,セキュリティアーキテクチャにおけるセキュリティコントロールの配置付けを決めるためには,セキュリティアセスメントを行うことが必要である.セキュリティアセス

表10·20 セキュリティコントロールと実施例

セキュリティコントロール	実施例	セキュリティドメイン		
		C	B	O
認証	強力なユーザからデバイスおよびユーザからアプリケーションの認証(ローカルおよびリモート)	×	×	×
	ユーザ認証のためのディレクトリサービスのアプリケーションおよびシングルサインオン技術(例:LDAP, Kerberos, NTLM)	×	×	
	2要素ユーザ認証技術(例:スマートトークン,OTP)のサポート		×	×
	証明書ベース機器認証(例:K509経由のClient-Server-Authentication)のデバイス		×	×
	通信プロトコルにおける国際規格 IE 62351 Part 3, 4, 5, 6 に従った相互認証(Mutual認証)の実施			×
	プラント施設での(物理的)ID検査	×	×	
アクセスコントロール	保安要員,ロック,フェンス,ビデオ監視などをとおして裏付けられる身体的なセキュリティ周囲の定義と施行			
	ファイアウォール,リモートアクセスゲートウェイなど(ローカルやリモートアクセスのため)のアプリケーションによって裏付けられる論理的セキュリティ周囲の定義	×	×	×
	最低権限の昇格の実施	×	×	×
	ロールベースのアクセスコントロール(RBAC)の定義および施行		×	×
	エンジニアリングおよび運用におけるアクセスコントロールのための国際規格 IEC 62351-8 RBAC の適用			×
	DNP3通信における安全な認証オプションの適用			×
	パスワードポリシー(例:複雑性尺度,有効期間)	×	×	×
	ネットワークのセグメント化(分離)(ファイアウォールやDMZの適用)	×	×	×
完全性の保護	セキュリティ機器を使う異なるデータネットワーク構成要素(たとえば,地理的に分散したデータネットワーク)の間の通信データの完全性保護,または通信保護のためのルータのセキュリティ機能		×	×
	SCADAおよびICSプロトコルの完全性保護オプションの適用		×	×
	IEC 62351 Part 3, 4, 5, 6 ベースの通信プロトコルの完全性保護機能の適用		×	×
	DNP3通信における安全な認証オプションの適用			×
	保存データ(例:ディスク,テープ)の完全性保護		×	×
機密性	セキュリティ機器を使っている異なるデータ・ネットワーク・コンポーネント間の通信または通信交通を保護するルータのセキュリティ機能の間の機密データの機密性保護		×	×
	SCADAおよびICSプロトコルの完全性保護オプションの適用		×	×
	格納された本番データの機密保護:エンジニアリングおよび管理システムのディスクの暗号化		×	×
	保存されたバックアップデータ(例:ディスク,テープ)の機密保護		×	×

(凡例) C:企業,B:重要ビジネス,O:重要システム運用

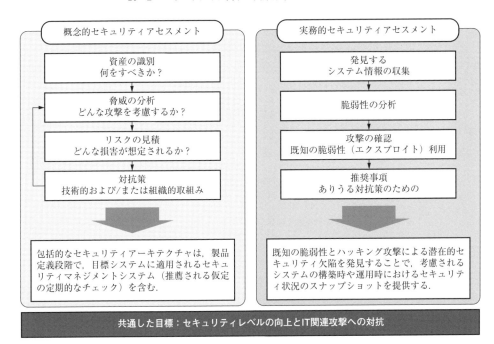

図 10・9 セキュリティアセスメント手法

メントとは，どのようなセキュリティリスクが存在するか調査，洗い出し，そのインパクトを評価し，対応策を決める一連の作業である．

このアセスメントは次の2つの事項をターゲットとしている．一つ目はユースケースのデータモデルに基づくシステムの一般設計であり，二つ目はデータ変換と，そこから誘導されるセキュリティ要件である．この分析は定期的に実行されるべきであり，これにより対象システムの機能が強化される．少なくとも，新しいコンポーネントが追加される際には実行されるべきである．一般的なセキュリティアセスメント手法を図 10・9 示す．

次に，具体的な電力システムに IEC 62351 を適用するうえで必要となるセキュリティコントロールについて説明する．

(1) ネットワークセグメンテーション　物理的・論理的にサブネットへの明示的なアクセス制御を実施するため，同じサブネットで頻繁に，かつ重要な情報の通信を行う際，この通信を行う要素をグループ化する．このアプローチにより，サブネット内部の通信に伴うセキュリティリスクは大規模なオープンネットワークでの通信に比較して低減することができる．ネットワークセグメンテーションをサポートするための検討事項を以下に挙げる．

- ファイアウォール：異なるゾーンへのインバウンド，アウトバウンドのトラフィックを制御する（単独の装置またはファイアウォール機能を持つルータなど）
- 非武装地帯（DMZ：Demilitarized Zone）：2つのゾーン間の情報の明確なアクセス制御を行う．DMZ はファイアウォールの背後に配置され，内部と外部のネットワーク間の半信頼ゾーンに跨る．DMZ は内側と外側からアクセス可能なアプリケーションが含まれる．全ての外部通信は DMZ 内の専用のプロキシアプリケーションを介して行われる．

- 仮想 LAN（VLAN：Virtual Local Area Network）：ネットワークの論理的な分離を提供し，最も共通なのは第2層 VLAN であるが，異なる層でも行われる．VLAN へのメンバーシップは一般的にネットワーク構成で決定される（たとえば，Ethernet レベルでの VLAN ID）．VLAN は暗号ベースのセキュリティを提供していないことに注意が必要である．

(2) 強力な認証とアクセス制御
- 強力な認証：たとえば，X.509 証明書に基づく認証と RBAC のためのロール情報の管理．
- RBAC（ロールベースアクセス制御）：IEC 62351-8 に基づく RBAC による制御とエンジニアリングタスクのための装置の個別のアクセス提供．
- 相互認証：IEC 62351-1,-3,-4，および-5 に基づき X.509 証明書を適用．

(3) 伝送および蓄積されたデータのセキュリティ
- エンジニアリングと制御データやバックアップデータなどの保存された情報のデータ暗号化．下層でデータベースまたはハードディスクの暗号化ツールを用い，格納されたデータへのアクセス制御と組み合わせて実現．
- 通信の暗号化．
- 使用される通信プロトコルのセキュリティプロトコルオプションの利用（IEC 62351，セキュア DNP3 などプロトコル固有の対策）．個々の接続を保護するためのセキュリティプロトコル利用（TLS，データグラムトランスポートレイヤセキュリティ（DTLS：Datagram Transport Layer Security），IPSec（Security Architecture for Internet Protocol），VPN ゲートウェイのような個別のセキュリティ装置の利用）．
- セキュリティ監視と予防対策．
- 監視ツール：通常ない通信トラフィックを検出する不正侵入検知・防御システム（IDS/IPS：Intrusion Detection System /Intrusion Prevention System）．
- マルウェア保護：ウィルスやトロイの木馬に対するウィルス保護．
- ホワイトリスト：専用のアプリケーションまたはサービスのみを実行可能．
- 品質管理：たとえば，安全なコーディングガイドラインの施行など．

IEC 62351-10 は具体例を示し，より実践的なセキュリティガイドラインの解説を行っている．このため，実作業において，システム設計者やシステムインテグレータにとって利用しやすいガイドラインになっている．

3　IEC 62443

IEC 62443 は産業用自動制御システム（IACS：Industrial Automation and Control Systems）のためのセキュリティの標準である．

IEC 62443 では産業用オートメーションおよび制御システムを「産業プロセスの安心（Safe），安全（Secure）で，信頼できる運用に直接または間接的に影響を及ぼす要因，ハードウェア，ソフトウェアの集合体」と定義しているとおり，IEC 62443 の規格で述べているセキュリティ規格は，機器やシステムのセキュリティ機能ばかりでなく管理，プロセスなど人が関係するセキュリテ

表10・21 IEC 62443のグループと各規格概要

IEC 62443-1 IEC 62443の総論		
	IEC TS 62443-1-1	用語，コンセプト，モデルの定義
	IEC TR 62443-1-2	用語・略語集
	IEC 62443-1-3	セキュリティシステム評価指標
	IEC TR 62443-1-4	IACSセキュリティライフサイクルとユースケース
IEC 62443-2 ポリシーと手続き（運用）		
	IEC 62443-2-1	IACSセキュリティマネジメントシステム（CSMS）
	IEC TR 62443-2-2	IACSマネジメントシステム実装ガイド
	IEC TR 62443-2-3	IACS環境のパッチ管理
	IEC 62443-2-4	サービスプロバイダに求められるセキュリティ能力
IEC 62443-3 システム		
	IEC TR 62443-3-1	IACSで利用可能なセキュリティ技術集
	IEC 62443-3-2	リスクを評価し必要なセキュリティレベルを設定してゾーンやコンジットの考え方を導入してシステム設計する方法
	IEC 62443-3-3	システムにおけるセキュリティ機能要求事項とセキュリティレベル
IEC 62443-4 構成要素（装置）		
	IEC 62443-4-1	セキュリティ製品やCOTSシステムのライフサイクルにおけるプロセス要求事項
	IEC 62443-4-2	IACSのコンポーネントのセキュリティ機能要求事項とセキュリティレベル

ィも含んだものである．産業用オートメーションおよび制御システムは，製造システムや化学などの処理プラント制御システム，ビル管理制御システム，電気・ガス・水・石油などのパイプラインの供給システムなどで広く用いられており，エネルギーサービスを構築する各種システムにおいても利用されているものである．

IEC 62443は国際電気標準会議（IEC：International Electrotechnical Commission）のTC65 WG10（工業プロセス計測および制御のセキュリティネットワーク，システムセキュリティ）で標準化を進めている．また，技術的内容は国際計測制御学会（ISA：International Society of Automation）の中のISA99 Committeeで検討されている．ISA99で検討された規格内容はISA99 Public Documents[6]で誰でも閲覧することができる．

IEC 62443はIEC 62443-1（総論：General），IEC 62443-2（ポリシーと手続き（運用）：Policies & Procedures），IEC 62443-3（システム：System），IEC 62443-4（構成要素（装置）：Components）の4つの規格グループから成り，それぞれのグループは，さらに2～4の規格で構成されている．それぞれのグループとIEC 62443の各規格を**表10・21**に示す．

以下，各規格に関して概要を解説する．

(a) **IEC 62443-1グループ**

このグループは4つの規格から成り，産業用オートメーションおよび制御システムのセキュリティの概念，モデルの定義，用語や略語，セキュリティの評価指標，ライフサイクルおよびユースケースというIEC 62443全体に関わる項目を記載している．

1-1. IEC TS 62443-1-1[7]

この規格はIEC 62443の産業用オートメーションおよび制御システムのセキュリティの概

念，モデルなどを定義する技術仕様書（TS：Technical Specification）である．ここで記載されている内容は以降の規格で引用されるが，特に，重要な概念として7つの基礎的要求事項（FR：Foundational Requirements）が定められている．

それぞれのFRは「Identification and Authentification Control：IAC（IDと認証の制御）」，「Use Control：UC（利用の制御）」，「System Integrity：SI（システムの完全性）」，「Data Confidentiality：DC（データの機密性）」，「Restricted Data Flow：RDF（制御されたデータフロー）」，「Timely Response to Events：TRE（イベントへの適時対応）」，「Resource Availability：RA（リソースの可用性）」であり，IACSのセキュリティ機能を検討する際の基礎的要求事項として引用されるものである．後述するIEC 62443-3-3（システムセキュリティ），IEC 62443-4-2（コンポーネントセキュリティ）ではFRに基づきセキュリティ機能の規格を決めている．

1-2. IEC TR 62443-1-2（策定中）

IEC 62443全般の用語と略語集を規定した技術報告書（TR）である．（検討中の内容はISA99 Public Documentsで閲覧可能）

1-3. IEC 62443-1-3（策定中）

システムセキュリティの定量的な評価指標をどのように定めるかを規定した規格で，リスクの評価やセキュリティ対策の有効性評価などに利用する．

1-4. IEC TR 62443-1-4（策定中）

産業用オートメーションおよび制御システムIACSのセキュリティライフサイクルとユースケースについて述べている規格である．

（b） IEC 62443-2 グループ

このグループも4つの規格から成り，制御システムを保有して運用するアセットオーナ（事業者）のために効果的なセキュリティの仕組みの構築と維持を提供する手法，手続きを記載している．

2-1. IEC 62443-2-1[8]

CSMSと呼ばれるこの規格は制御システム事業者向けのセキュアなシステム運用，組織運営，セキュリティ教育などの要求仕様を規定している．すなわち，セキュリティの確保，維持のための仕組みの構築や手法を示したセキュリティマネジメントシステムの規格である．一般の情報システムのセキュリティマネジメントシステムISO/IEC 27001（ISMS）に規定された要求事項をもとに制御システム事業者固有の環境などの条件に合うように要求事項を規定し直したものとなっている．また，産業界で制御システムが多く使われることからCSMSでは従業員や周辺コミュニティの健康および安全性を保護し，高い環境レベルを管理維持することを指標としている．

2-2. IEC TR 62443-2-2（策定中）

IACSマネジメントシステム実装ガイド（CSMSの実装ガイド）を記載した技術報告書である．上述したCSMSのベストプラクティスを記載したもので，情報セキュリティのマネジメントシステムでのISO/IEC 27001のベストプラクティスの実践規範を記載したISO/IEC 27002に相当するものである．

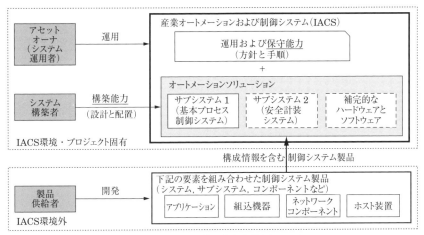

図 10・10　IACS の構築・運用に関する全体像

2-3. IEC TR 62443-2-3[9]

制御システムの運用者および制御システム供給者向けに制御システムに対しパッチを適用するための仕組みを規定した技術報告書である．

正しく適用すればシステムを改善するパッチではあるが，むやみに適用すると操作性，信頼性などいろいろな機能を損ねてしまうことになりかねない．正しいパッチの適用に関しては「正式な手続きのパッチであること」，「システムを構築するそれぞれの製品（コンポーネント）の状態（製品の名称，バージョン，ソフトウェアやファームウェアの更新履歴など）が把握され，パッチを適用すべき製品を把握できること」，「パッチの適用時期をシステム全体の整合を見て計画すること」が必要で，本規格はそれらの仕組みに関して制御システムの運用者および制御システム供給者が実施すべきことを規定している．

2-4. IEC 62443-2-4[10]

制御システムのサービスプロバイダに求められるセキュリティ能力を規定した規格である．ここで述べられている「サービスプロバイダ」はシステム運用者のためのシステム構築者またはシステムの保守サービス者が対象である．図 10・10 は IACS の構成・運用に関する全体像を示したものである．この図の「オートメーションソリューション」は運用者（アセットオーナ）の要求に応じて構築され，運用者が IACS として運用するハードウェアとソフトウェアを統合したシステムである．このオートメーションソリューションを構築する際，セキュリティも加味してシステムを構築するためにシステム構築者が持つべき能力およびオートメーションソリューションの保守サービス者のセキュリティを加味した保守能力に対する要求を示している．

(c) IEC 62443-3 グループ

このグループは 3 つの規格から成り，セキュリティを確保した制御システムを構築する際に考慮すべきセキュリティ要件を記載している．

3-1. IEC TR 62443-3-1[11]

産業用オートメーションおよび制御システム（IACS）で利用可能なセキュリティ対策技術

をカテゴリごとに分類し，それぞれの対策技術に関して解説した技術報告書である．IACS の脅威やリスクへの対応に関して，本セキュリティ対策技術集を参考として対策ができるように，また反対に本セキュリティ対策技術集の解説から IACS の脅威やリスクを特定することもできるような技術報告書となっている．

3-2. IEC 62443-3-2（策定中）

産業用オートメーションおよび制御システムを構築する際の機能やセキュリティレベルが同一のサブシステム（ゾーンと呼ぶ）の集合と，ゾーン間を結ぶコミュニケーションチャンネル（コンジットと呼ぶ）の概念のもと，セキュアな IACS を構築する手法とセキュリティ要件を規定している．ゾーンの設計にあたってはシステムのリスク評価を行い，必要なセキュリティレベル（目標）を設定し，その目標セキュリティレベルに達するようにゾーン内設計の改善と評価を実施する手順が規定されている．ゾーンとコンジットの概念をシステム構築に導入することによりシステム全体のセキュリティ状態が把握しやすくなり，適切なセキュリティレベルを持つシステムの構築を容易にすることを目指した規格である．

3-3. IEC 62443-3-3[12]

産業用オートメーションおよび制御システムのオートメーションソリューション（図 10・10 参照）やオートメーションソリューションを構築するサブシステムが満たすべきセキュリティ機能の要件を記載した規格である．

セキュリティ機能の要件はシステム要件（SR：System Requirement）と呼ばれる基本要件とその強化要件（RE：Requirement Enhancement）から構成され，それぞれの要件は IEC 62443-1-1 で定めた 7 つの基礎的要求事項（FR：Foundational Requirements）に関連したものとなっている．また，システム要件（SR）や強化要件（RE）ごとにセキュリティレベルが割り当てられており，システムが目標とするセキュリティレベルに合わせて実装すべき要件を容易に抽出できる規格となっている．各基礎的要求事項（FR）ごとのセキュリティ基本要件（システム要件（SR））の項目に関して**表 10・22** に纏めているので参照されたい．

セキュリティレベルは**表 10・23** に示すように 4 段階のレベルが定義されている．セキュリティレベルは攻撃者の「悪意性」，「攻撃の技能」，「攻撃の動機」，「攻撃手段」，「使用資源の充分さ」の項目を考慮したものとなっている．なお，要件に SL 0 が示された場合，その要件が不要であることを示すものである．

（d） **IEC 62443-4 グループ**

このグループは 2 つの規格から成り，制御システムを構築する各種構成要素（機器，コンポーネント：Component）が持つべきセキュリティの機能要件と製品の開発・設計・維持で組織が準拠すべき要求項目を記述している．

4-1. IEC 62443-4-1（策定中）

セキュリティ製品や汎用品（COTS：Commercial Off-The-Shelf）のライフサイクルにおけるプロセス要求事項を記載している．ここでのライフサイクルは開発，試験，不具合管理・パッチ管理を含む保守管理，製品廃棄を含んでいるものの，製造プロセスを含んでいない．セキュリティ製品や COTS システムの供給者が準拠すべきセキュリティプロセスの要件を規定している．

表 10・22　システムのセキュリティ基本要件（項目）

FR 1：ID と認証の制御（SR：13 件）
人の利用者の識別および認証，ソフトウェアプロセスや装置の識別および認証，アカウント管理，システム構成要素全ての識別子管理，認証子の管理，無線アクセスの管理，パスワード認証の強度，公開鍵暗号認証基盤（PKI）証明書，公開鍵認証の強度，認証子のフィードバック，不成功なログイン試行，システム使用通知，信頼できないネットワーク経由のアクセス
FR 2：利用の制御（SR：12 件）
認可の施行，無線利用制御，携帯機器の利用制御，モバイルコード，セッションロック，リモートセッション終了，同時セッション制御，監査可能イベント，監査（情報）保管容量，監査課程の障害への対応，タイムスタンプ，否認防止
FR 3：システムの完全性（SR：9 件）
通信された情報の完全性，悪意のあるコードからの保護，セキュリティ機能の確認，ソフトウェアおよび情報の完全性，入力（情報）の検証（正当性），（異常時の）あらかじめ定められた出力，エラー処理，セッションの完全性，監査情報の保護
FR 4：データの機密性（SR：3 件）
情報の機密性，情報の持続性，暗号の利用
FR 5：制御されたデータフロー（SR：4 件）
ネットワークのセグメンテーション，ゾーン境界の保護，汎用の個人対個人通信の制限，アプリケーションの分割
FR 6：イベントへの適時対応（SR：2 件）
監査ログのアクセス性，継続的な監視
FR 7：リソースの可用性（SR：8 件）
DoS 攻撃の保護，リソース管理，制御システムのバックアップ，制御システムの復旧および再構成，非常用電源，ネットワークおよびセキュリティの構成設定，最小機能，制御システムコンポーネントの資産目録

表 10・23　セキュリティレベル

SL 1	（悪意性：無）：盗聴や偶然による情報の不正開示を防止．
SL 2	（悪意性：有）：一般的な技能の持ち主が弱い動機で単純な手段と少ない資源で積極的に情報を検索している者に対して情報の不正開示を防止．
SL 3	（悪意性：有）：IACS 固有の技能の持ち主が中程度の動機で高度な洗練された手段と中程度の資源で積極的に情報を検索している者に対して情報の不正開示を防止．
SL 4	（悪意性：有）：IACS 固有の技能の持ち主が強い動機で高度な洗練された手段と拡張した資源で積極的に情報を検索している者に対して情報の不正開示を防止．

4-2．IEC 62443-4-2（策定中）

　産業用オートメーションおよび制御システムのコンポーネント（構成要素）が満たすべきセキュリティ機能についての要件を記載している．システムのコンポーネントは組込機器やネットワーク機器など各種あるが，本規格ではまずコンポーネント全般として持つべきセキュリティ要件を洗い出し，さらに，IACS で特に重要なコンポーネントである「アプリケーション（ソフトウェア）」，「組込機器」，「ネットワークコンポーネント」，「ホスト装置」の 4 つのコンポーネントに対する固有のセキュリティ要件をそれぞれ追加で規定している．

　セキュリティ要件は IEC 62443-3-3 で抽出したシステムで必要とされる各セキュリティ要件に対してコンポーネントが持つべきセキュリティ要件を記述し，また，IEC 62443-1-1 で定めた 7 つの基礎的要求事項（FR）をコンポーネントの立場で検討し，「ID と認証の制御（IAC）」と「システムの完全性（SI）」の要求事項からコンポーネントで持つべきセキュリテ

ィ要件を1件ずつ追加している．

各セキュリティ要件はIEC 62443-3-3と同様，基本要件とその強化要件から成り，それぞれの要件ごとにセキュリティレベル（4段階）が割り当てられており，製品ベンダは目標とするセキュリティレベルに合わせて実装すべき要件を容易に抽出できる規格となっている．

(e) 制御システムとIEC 62443

これまで述べてきたIEC 62443の各規格が制御システムセキュリテ構築において，どういう役割になっているかを説明する．

図10・11はIACSの構築・運用の全体像と各規格の対応を示したものである．IEC 62443-1-1，-2，-3，-4はIACSの構築・運用のコンセプト，用語，セキュリティ評価指標，ライフサイクル，ユースケースを説明している規格で，IACSの全体にわたって利用されるものである．特にIEC 62443-1-3はセキュリティ評価指標の考え方に関する規格で，セキュリティ評価のための重要な基盤となるものである．

運用者のセキュリティマネジメント，パッチマネジメントの規格であるIEC 62443-2-1，-2，-3はシステム運用者がIACSを運用するためのセキュリティに関する管理システムを構築するときに利用する．また，運用者が保守を外部の組織に委託する場合に外部組織が持っているべきセキュリティ能力をIEC 62443-2-4が規定している．システム運用者は外部委託先を選ぶ際に的確な能力を有しているかを判定するときに利用する．

また，システム運用者が求めるオートメーションソリューションの構築に関して，セキュアなシ

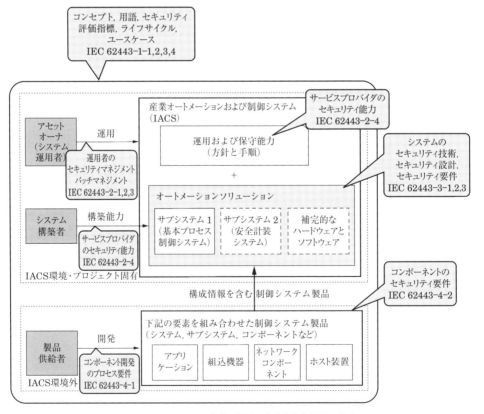

図10・11 IACSの構築・運用の全体像と各規格の対応

ステム構築が可能な能力を持つシステム構築者を選定する場合も IEC 62443-2-4 が役に立つ．逆に，オートメーションソリューションのシステム構築者は IEC 62443-2-4 に定められている能力を保有することが求められる．

IEC 62443-3-1, -2, -3 はオートメーションソリューションのシステム構築にあたり必要な技術，設計手法，セキュリティ要件を定めた規格である．システム構築者はこれらの規格に準拠するようにオートメーションソリューションを構築しセキュリティを確保する．

オートメーションソリューションを構築する際に用いられるコンポーネントのセキュリティ要件とコンポーネントを開発する際に求められる開発プロセス要件を規定しているのが IEC 62443-4-1, -2 である．製品供給者は IEC 62443-4-1 に規定されているコンポーネント開発のプロセス要件を満足する開発プロセスを構築し，そのプロセスに沿って，IEC 62443-4-2 に規定されているコンポーネントに求められるセキュリティ要件を実装してセキュアなコンポーネントを開発する．

上記のように，各規格の要件を満足すれば IACS の構築・運用のセキュリティレベルの向上が可能となるように IEC 62443 シリーズの規格は構築されている．

● **10・2・3 リスクの想定に基づくセキュリティ要件の設定**

本項では，米国 NIST のスマートグリッドに関するセキュリティガイドラインである NISTIR 7628 と，欧州 SG-CG の情報セキュリティガイドライン SGIS を使用したセキュリティ要件の設定を解説する．

1 米国における NISTIR 7628 によるセキュリティ要件の設定

NISTIR 7628 は EIS アライアンスが纏めたデマンド管理や使用電力量の検針など複数のユースケースに基づき規定されたものである．また，IEEE 2030-2011 で定義されたシステム概念参照モデルを使用している．これらに関する詳細は 3 章および 4 章を参照されたい．

（a） NISTIR 7628 のセキュリティアーキテクチャの前提条件

スマートグリッドでは多様なシステム，機器が接続され，サービスが実現される．このため，相互運用性に加え，セキュリティ性の担保が重要となる．NISTIR 7628 ではスマートグリッドをモデル化し，必要とされるセキュリティ性をどこで実現するかをセキュリティアーキテクチャとして示している．

NISTIR 7628 のセキュリティアーキテクチャには以下の前提条件がある．

(1) 論理的セキュリティアーキテクチャは新しい脅威，脆弱性，技術進歩などに対応して，修正を促すものであること．
(2) 全てのスマートグリッド関係システムを対象とすること．
(3) セキュリティの脅威に対する対策のための投資，稼働，設備などに関し，それらに対する資源とのバランスをとる必要があること．
(4) 論理的セキュリティアーキテクチャは対象とするスマートグリッドに関するビジネスの実現を目的とすること．
(5) 論理的セキュリティアーキテクチャは万全を目指すのではなく，選択肢を示すものであること．

（b） セキュリティ要件抽出の手順

NISTIR 7628 は IEEE 2030-2011 のシステム概念参照モデル上に，アクタと呼ばれる機能主体を 49 種類，アクタ間を結ぶ論理インタフェースを 130 余り定義している．

これらに基づき，セキュリティ要件が以下の手順で設定される．セキュリティ要件設定手順を図 10・12 に示す．図 10・12 のボックス中の図表番号は本書内の関連図表を示すものであり，同じくボックス中の図表番号の下の括弧内の図表番号は NISTIR 7628 の規格中の図表番号である．

① NISTIR 7628 ではセキュリティ要件を論理インタフェースカテゴリと呼ぶ．これは前項の表 10・15 に示したものである．論理インタフェースカテゴリは要件が類似する 22 個の論理インタフェースの集合に分類されている．

　前項の表 10・15 を使用し，対象とするユースケースを実現するために使用される論理インタフェースに対応する論理インタフェースカテゴリを求める．なお，NISTIR 7628 の論理インタフェースカテゴリは重ならないように纏められているわけではない．このため，ユースケースの実現のために抽出される一つの論理インタフェースが複数の論理インタフェースカテゴリに属することがある．すなわち，一つの論理インタフェースに複数のセキュリティ要件が要求されることがある．

　この論理インタフェースカテゴリ（表 10・15）の中で，特に，1 から 4 は制御システムと機器間のインタフェースに関するものである．この論理インタフェースカテゴリは可用性や計算量・帯域幅に対する要求に分かれている．可用性の要件はどのようなアプリケーションで，そのインタフェースを用いるかで変わる．また，計算量の要件は暗号化方式に，帯域幅の要件は伝送データ量にそれぞれ依存する．

② 上記①で求めた論理インタフェースカテゴリのそれぞれについて，機密性（C），完全性

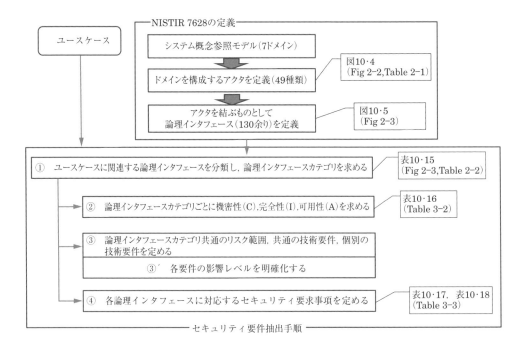

図 10・12　NISTIR 7628 のセキュリティ要件の関係

(I), 可用性 (A) を決定する. これら論理インタフェースカテゴリの機密性 (C), 完全性 (I), 可用性 (A) への影響度レベルは前項の表 10·16 に規定されているものである. この影響度レベルは以下の 2 つの観点で考えられている.

- 電力システムの信頼性：電力の安定供給が確保できること.
- 機密性とプライバシー保護：スマートグリッドが接続される需要家の情報の機密とプライバシー保護が担保できること.

この観点により, 表 10·16 に示したように影響度は高 (High) は壊滅的 (Severe or Catastrophic) なレベル, 中 (Moderate) は重大 (Serious) なレベル, 低 (Low) は限定的 (Limited) レベルの 3 段階に定義されている.

- 低 (Low)：不正なアクセスや公表, 改ざん, 必要なときのアクセス不能が組織運営や個人に対し限定 (Limited) された範囲での影響があること.
- 中 (Moderate)：不正なアクセスや公表, 改ざん, 必要なときのアクセス不能が組織運営や個人に対し重大 (Serious) な影響があること.
- 高 (High)：不正なアクセスや公表, 改ざん, 必要なときのアクセス不能が組織運営や個人に対し壊滅的 (Severe or Catastrophic) な影響があること.

③ 上記①で求めたそれぞれの論理インタフェースカテゴリに対し, 共通のリスク範囲, 共通の技術要件および個別の技術要件を定める. さらに, 各要件の影響レベルを明らかにする.

④ それぞれの論理インタフェースカテゴリに対し, 具体的なセキュリティ要件事項を求める. 対象ユースケースを実現する論理インタフェースのセキュリティへの影響を表 10·16 に, 論理インタフェースと影響度に対応するセキュリティ要件を表 10·17 に示した. これら表から必要なセキュリティ要件を求める.

表 10·18 ではセキュリティ要件が「SG.xx-番号」のように表記されている. ここで, SG はセキュリティ要件の種別であり, xx は種別を示す記号である. このセキュリティ要件の種別を表 10·17 に示した.

以上の手順を図 10·12 に示す. 上記の手順番号①から④が図 10·12 のなかの①から④の番号に対応する.

2 欧州における SG-CG の SGIS によるセキュリティ要件の設定

欧州ではスマートグリッド調整グループ SG-CG が, スマートグリッドのユースケースの実現にあたり実装すべきセキュリティ要件をスマートグリッド情報セキュリティガイドライン SGIS の中で設定している.

(a) 概　　要

欧州 SG-CG はスマートグリッド情報セキュリティガイドライン SGIS として, 情報セキュリティに関するガイドラインを纏め, 機密性 (C), 完全性 (I), 可用性 (A) の各項目の定義とセキュリティレベル SGIS-SL を具体的に定めている. このセキュリティレベルは 10·2 節の表 10·13 に示したものである.

SGIS の基本的な規定事項は情報セキュリティに対する機密性 (C), 完全性 (I), 可用性 (A) の 3 つの重要性と状況によって変化する重み付けである. SGIS の鍵となる一つの要素はスマート

グリッドアーキテクチャモデル SGAM である．この上に，スマートグリッドデータ保護クラス（SG-DPC：Smart Grid Data Protection Classes）および SGAM レイヤごとのセキュリティビューア（SV：Security Viewer）を定義するとともに，システム実装の際のセキュリティ要件と，その実装方法を勧告している．

SGIS ツールボックスはスマートグリッドのユースケースに関する利害関係者に，そのユースケースの実現のために必要なセキュリティ要件を示すための簡単で，実用的な方法を提供するものである．

(b) SGIS の鍵となる要素

SGAM は，4 章 4・1・4 項の欧州におけるシステム概念参照モデルの規格と使用ガイドラインで解説したように，欧州 SG-CG で規定されたシステム参照モデルである．4・1・4 項で解説したように，これは図 4・12 で示したドメインとゾーンの 2 軸のスマートグリッド平面から成る，ビジネス，機能，情報モデル，通信プロトコル，コンポーネントの 5 層のレイヤで構成されている．

ユースケースを実現する情報モデルから構成される情報が SGAM 上の関係する様々なシステム・設備機器を介し，場所と所有権が変わりながら伝わっていく．このため，この情報をデータ保護クラス SG-DPC で分類し，これにタグ付けすることが推奨されている．将来，情報が送信されるシステム・設備機器のセキュリティレベル SGIS-SL の能力を送信前にチェックし，そのセキュリティが管理可能かを判定するとしている．しかし，欧州のスマートグリッドは建設中であり，物理的な実体はまだない．

SGAM を分析することで，その上でやり取りされる情報のセキュリティは全ドメインとして，またはレイヤで考慮されるべきであるとされている．

スマートグリッドの基本要件である機密性（C），完全性（I），可用性（A）の重み付けはスマートグリッドが複数の異種なシステム・設備機器の複雑な組合せで構成されるため，個々のシステム構成に応じて変化する．

スマートグリッドのセキュリティの基礎を確立するため，必要な規格はすでに，利用可能な状態にある．しかし，スマートグリッドを構成するシステム・設備機器間の相互接続性を保証し，構築対象の事例を対応するにはスマートグリッドの関係規格群の連携した拡張が必要である．これには機能的な観点および実装するセキュリティ対策技術の観点の両面からの取組みが必要となる．

(c) 情報セキュリティ管理のためのツール

CEN-CENELEC-ETSI Mandate M/490 に対し，SG-CG Report working group より発行されたスマートグリッドに関する情報セキュリティガイドライン SGIS に記載されている SGIS ツールボックスについて解説する．

(ⅰ) ツールボックスの位置付け　これはスマートグリッドのセキュリティに関する規格群に対し，重複や抜けなどの検証を行うギャップ分析を目的としている．

その手順は以下のフェーズ 1 から 3 で示されている．

- フェーズ 1：既存規格の分析．
- フェーズ 2：既存規格のうち，NISTIR 7628，IEC 6235，IEC/ISO 27001，27002 を最も関連する規格として選び，関連を分析．
- フェーズ 3：ツールボックスを用い，ユースケースを評価，ツールが提供するセキュリテ

10・2 セキュリティに関する国際標準と使用ガイドライン

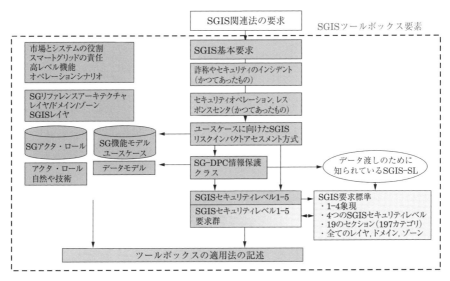

図10・13 SGISツールボックスの要素

ィ対策の特定，ツールボックスの改善，分野の特定が効率的であることの確認．

以下，フェーズ3のツールボックスについて解説する．

(ii) ツールボックスの目的 ツールボックスは特定の製品やサービス，あるいは市場を形成する組織が関係するシステム・設備機器がSGISのセキュリティレベルSGIS–SLの最新の要件に適合しているかを確認することを支援するものである．このため，SGISのセキュリティ要件をどう適用するか定義し，規定するものである．SGISセキュリティ要件が複数の規格を参照しているため，参照している規格の変更に合わせ，追従できる仕組みとしている．

(iii) ツールボックスの構成要素 ツールボックスの構成要素を**図10・13**に示す．これは関連する複数のワーキンググループの成果を関連付け，整理したものである．

(1) リスクインパクト評価法：たくさんのリスク評価法があるが，どれか一つに絞り込むのでなく，代表的な規格から抽出した要素を5段階で評価する．

(2) SGISリスクインパクトレベル（RIL：Risk Impact Level）可視化：リスクインパクト分析を**図10・14**に示す．20個のセキュリティに関し，基本要求事項（Essential Requirement）をそれぞれ5段階で定義し，レーダチャートで可視化するものである．たとえば，

- 機密性：4（最高機密）〜0（公開）
- 完全性：4（最高レベル，データ不正などによりスマートグリット内の電源喪失や死亡事故発生など）〜0（無視できる）
- 可用性：4（最高レベル，データ可用性が失われることでスマートグリッド内の電源喪失や死亡事故発生など）〜0（無視できる）

(3) リスク評価法：スマートグリッドのユースケースのリスクは脆弱性の悪用（Vulnerabilities）の容易さ（0〜7）と脅威（Threat）の可能性（0〜4）の和である計0〜11で求められる．また，セキュリティコントロールにより，脆弱性，あるいは脅威を減らすことができる．これらと機密性（C），完全性（I），可用性（A）ごとにそれぞれのレベル（0〜4）を足し合わせ，リスクマトリックス（0〜15）を作る．この計算の結果，

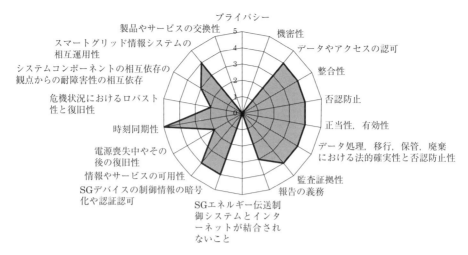

図 10・14　レーダチャートによる SGIS–RIL の可視化

脆弱性 + 脅威	CIAの結果分類				
	0	1	2	3	4
11	11	12	13	14	15
10	10	11	12	13	14
9	9	10	11	12	13
8	8	9	10	11	12
7	7	8	9	10	11
6	6	7	8	9	10
5	5	6	7	8	9
4	4	5	6	7	8
3	3	4	5	6	7
2	2	3	4	5	6
1	1	2	3	4	5
0	0	1	2	3	4

図 10・15　ユースケースのリスクとリスクレベルの対応

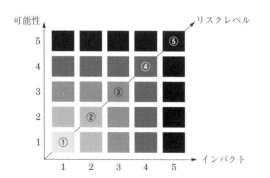

図 10・16　インパクト×可能性のマトリックスとリスクレベルの対応

Catastropic（15〜13）から Uncommon（0）までの6段階のリスクレベルを決める．このイメージを図 10・15 に示す．

（iv）**リスクインパクトからのセキュリティレベルへの対応**　　リスクインパクトレベル（SGIS–RIL）をサブシステムに分割して分析する．サブシステムで起こりうるインシデントのインパクトと可能性をそれぞれ1〜5の5段階に分ける．これらは SGAM を分析または経験から決める．図 10・16 に示すように，5段階の可能性×インパクトの25のマトリックスの対角線上にリスクレベル（1〜5）を割り当てる．この図を使い，要求するリスクレベルと現状のシステムのインシデントに差がある場合，インパクトや可能性をどのように設定すべきかが明らかになる．また，新しいシステムを設計した場合に，受容できるセキュリティレベルを決定できる．

(v) ツールボックスの使い方 　SGIS セキュリティレベルと NISTIR 7628 で規定されるセキュリティ要求事項との対応表がスプレッドシートで用意されている．SGIS では SGAM に対応し，ドメイン×ゾーンのマトリックスで要求されるセキュリティレベルが示される．セキュリティは，それを構成する製品やサービス仕様によって個別に検討されるが，セキュリティレベルが，この範囲になるよう構築されなければならない．

● 10・2・4　事例にそったセキュリティ要件の抽出手順

　セキュリティ要件は個々のユースケースおよび実装形態に対して，個別にリスク分析を行って決定する．したがって，具体的な事例がないと作業が困難である．ここではより汎用的なセキュリティ要件の抽出を説明するため，IEEE 2030-2011 と NIST NISTIR 7628 をベースとしたセキュリティ要件の抽出手順を事例を交え説明する．

　セキュリティ要件の抽出手順を図 10・17 に示す．このとき，対象とするユースケースおよびユースケースに対応するドメインエンティティモデルが与えられていることを前提とする．ここで「ドメインエンティティモデル」とは IEEE 2030-2011 ドメインエンティティモデルのサブセットであり，所定のユースケースを実現する部分を抜き出したものである．つまり，IEEE 2030-2011 ドメインエンティティモデルを日本の実態に対応して，統合・分割したものである．詳細については4章を参照されたい．

① **ユースケース**　図 10・18 はデマンド管理サービスをユースケースとしたドメインエンティティモデルである．このモデルにはインターネットを介し電気事業者，需要家，サービスプロバイダの連携がある．このサービスはサービスプロバイダが需要家にある設備や分散型電源と電気事業者を結ぶことで電力需要を抑制する制御を行うものである．このとき，サービスプロバイダと電気事業者および需要家の情報の授受はインターネットを介して行われる．図 10・18 の太線で表示するものがこれにあたる．

② **論理インタフェースの抽出**　ユースケースに対応するドメインエンティティモデルの論理

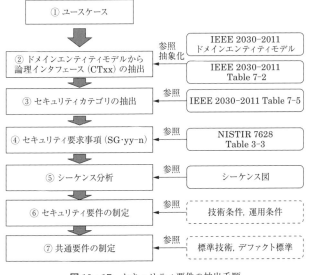

図 10・17 セキュリティ要件の抽出手順

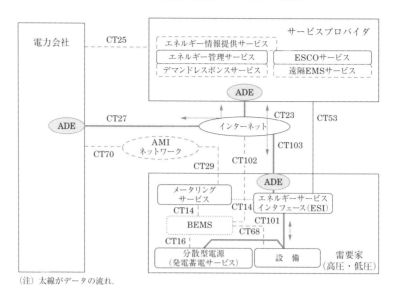

図 10・18 デマンド管理サービスのドメインエンティティモデル

インタフェースと IEEE 2030-2011 で規定される論理インタフェース（CTxx）との対応関係を明らかにする．論理インタフェース（CTxx）は IEEE 2030-2011 の Figure 7-3 および Table 7-2 にて規定されるものである*．IEEE 2030-2011 に対応する論理インタフェースが規定されていない場合は独自に定義してもよい．図 10・18 のドメインエンティティモデルに使用される論理インタフェースは以下である．ただし，CT101 および CT103 は独自に定義した論理インタフェースである．

- CT27：電気事業者によるインターネットを経由したプロバイダ向け需要家エネルギー関係サービスインタフェース
- CT23 インターネットによる設備監視：サービスプロバイダ・需要家間設備インタフェース
- CT103 サービスプロバイダのインターネットを介した需要家設備向け制御サービス（中小規模）：サービスプロバイダ・需要家間設備インタフェース
- CT53 サービスプロバイダの公衆回線を介した需要家設備向け制御サービス：サービスプロバイダ・エネルギーサービスインタフェース
- CT101 サービスプロバイダのインターネットを介した需要家設備制御向けサービス（中小規模）：サービスプロバイダ・需要家間設備インタフェース

③ 論理インタフェースに対するセキュリティカテゴリの抽出　セキュリティカテゴリ（Security related logical interface category）とはセキュリティに関する共通するセキュリティ要件を集約したものである．具体的には IEEE 2030-2011 の Table 7.5 から論理インタフェース（CTxx）に対応する NISTIR 7628 のセキュリティカテゴリを抜き出す．Table 7.5 の一部を**表 10・24** に示す．

<例>　表 10・24 で示した結果から対応するセキュリティカテゴリは以下の 7 件となる．

---

* NIST IR 7628 の論理参照モデルにおける論理インターフェース Uxx（10・2・2 項参照）とは異なる．

表 10・24 IEEE 2030-2011 Table 7.5 の抜粋

NISTIR 7628 の論理インタフェースカテゴリ番号	CTxx
1	CT1, CT2, CT4, CT5, CT6, CT9, CT11, CT20, CT28, CT30, CT31, CT32, CT33, CT34, CT36, CT39, CT40, CT42, CT43, CT45, CT46, CT49, CT54, CT60, CT67, CT69
2	CT7, CT8, CT12, CT65
3	CT1, CT2, CT4, CT5, CT6, CT8, CT9, CT11, CT20, CT28, CT30, CT31, CT32, CT33, CT34, CT36, CT39, CT40, CT42, CT43, CT45, CT46, CT49, CT54, CT60, CT67, CT69
4	CT7, CT8, CT12, CT65
5	CT31
6	CT21, CT22, CT23, CT54, CT62, CT69
7	CT31
8	CT21, CT22, CT23, CT54, CT62, CT69
9	CT21, CT22, CT23, CT24, CT26, CT27, CT31, CT61
10	CT21, CT22, CT23, CT25, CT31, CT35, CT54, CT69
11	なし
12	CT2, CT8, CT10, CT28, CT47
13	CT1, CT3, CT12, CT65, CT31, CT32
14	CT1, CT3, CT12, CT65, CT31, CT32
15	CT14, CT15, CT16, CT68
16	CT17, CT18, CT29, CT52, CT53
17	CT13, CT19, CT29, CT48, CT50, CT51, CT69, CT70, CT71
18	CT15
19	CT1, CT27, CT31, CT32, CT35, CT69
20	CT29, CT50
21	CT25
22	全て

- カテゴリ 8：同じ管理下にはないバックオフィスシステム間のセキュリティ要件
- カテゴリ 9：B2B に関するセキュリティ要件
- カテゴリ 10：制御システムと制御システム以外のセキュリティ要件
- カテゴリ 15：HAN や BAN などの顧客サイトのネットワークを用いるシステム間のセキュリティ要件
- カテゴリ 16：外部システムと顧客サイトのインタフェース
- カテゴリ 19：オペレーション決定支援システム間のセキュリティ要件
- カテゴリ 22：コンソール間のセキュリティ要件

同一の論理インタフェースに対して，複数のセキュリティカテゴリが対応することがある．たとえば，CT23 はカテゴリ 8, 9, 10, 22 に対応する．

これはこのインタフェースが，

- バックオフィス間のセキュリティ要件

表10・25 シーケンス分析のイメージ

情報名	Seq. #	C（機密性）	I（完全性）	A（可用性）	備考
計測（電力使用料）	（略）	H	H	H	経営情報
計測（PV発電量）	（略）	L			見える化の対象
省エネ制御信号	（略）		M	M	再送の機会あり

- 企業間取引のためのセキュリティ要件
- 制御システムと制御システム以外のセキュリティ要件

のいずれの意味合いを持つことを示している．また，全てのシステムに対し，運用のためのコンソールを持つことが考えられる．これはカテゴリ22に相当する．しかし，ドメインエンティティモデルに明記されていないので，以降は検討対象外とする．

④ セキュリティ要件の抽出
NISTIR 7628仕様から③で抽出したセキュリティカテゴリに対するセキュリティ要件を抽出する．

⑤ シーケンス分析　セキュリティ要件の実現可能性のアプローチの一つとして，システム構成機器間のメッセージシーケンスに着目した分析を実施する．メッセージごとに考えられるリスクを機密性（C），完全性（I），可用性（A）の観点で分析する．これらの分析結果の一部を表10・25に示す．このとき，ネットワークの特性によって以下の点を考慮する必要がある．

- 盗聴などに関する機密性の脅威は使用するネットワークに依存する．たとえば，専用線やVPNなど強固なセキュリティを持つネットワークを用いると脅威は小さくなる．
- 完全性は制御信号に対し考慮すべきである．ただし，制御を発してから実際に動作するまで時間が稼げるものは再送信などにより完全性リスクを下げることができる．
- 可用性は複数の独立な経路があるとリスクを減らすことが可能である．
- 自然故障と故意や災害などによる大規模障害などは分けて分析する必要がある．
- クラウド化されている部分は，クラウドのセキュリティに帰すと考える．

⑥ セキュリティ要件の制定　④で抽出された要件に対し，我が国で一般的に想定できる技術条件，運用条件などを考慮し，追加，削除，修正を行う．

⑦ 共通要件の制定　暗号方式，認証方式など，各要件に共通する要件を制定する．デファクトや関連する標準規定，技術動向などを考慮する必要があると考えられる．特に，暗号については，計算能力の向上により危殆化リスクが伴うが，ここでは適切なものが選ばれることを条件に検討対象外とする．

10・3　日本の実状に合わせたセキュリティ関係規格の適用事例

東北スマートコミュニティ事業を対象にして，セキュリティ関係の国際規格を適用したフィージビリティスタディ結果を紹介することで，さらに，詳細にセキュリティ国際規格の使用方法を具体的に解説する．

ここでは10・2節で説明した手順を東北スマートコミュニティ事業をもとにしたユースケースに適用し，セキュリティ要件抽出を実施した結果を示す．

具体的には，まず，東北スマートコミュニティ事業における実現機能とシステム構成機器を示すシステム構成図を作成する．次に，システム構成機器間を接続するネットワークインタフェース（IFxx）と，ドメインエンティティモデルの論理インタフェース（CTxx）との対応付けを行う．その後，抽出した論理インタフェースを対象に，NISTIR 7628で要求されるセキュリティ要件を抽出し，セキュリティ対策事項の検討を行う．最後に，このセキュリティ対策事項と実システムのセキュリティ対策実装状況との関係の考察を行う．ただし，フィージビリティスタディのわかりやすさのため，必ずしも，対象とした事業の実態が正確に反映されているわけでないことに注意して頂きたい．

10・3・1　システム構成図と通信ネットワークインタフェース

東北スマートコミュニティ事業のユースケースに基づいて，フィージビリティスタディに必要なシステム構成図を作成する．**図10・19**に東北スマートコミュニティ事業のシステム構成図とネットワークインタフェース（IFxx）を示す．システム構成図における各システム構成機器間のネットワークインタフェースにネットワークインタフェース番号IF1～IF14を割り当てる．

図10・19に示すシステム構成図は「サービスプロバイダ」，「需要家」，「電気事業者」の3つのドメインから成り立っている．

サービスプロバイダドメインには気象情報システム，地域新電力システム，小規模建物エネルギー管理システム（EMS：Energy Management System），大中規模建物EMSの4つのシステム構成機器が含まれる．小規模建物EMSと大中規模建物EMSは監視制御対象とする需要家ドメイ

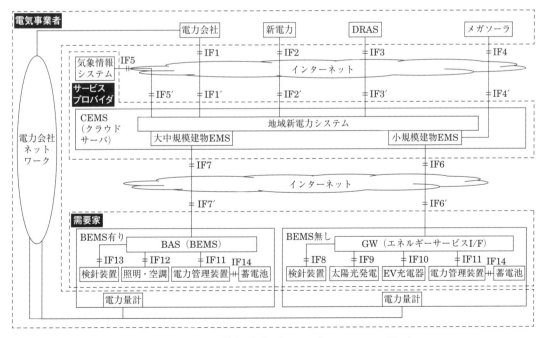

図10・19　システム構成図とネットワークインタフェース（IFxx）

ンの建物がビルエネルギー管理システム（BEMS：Building Energy Management System）を有しているか否かにより機能分担が異なっている．ただし，地域新電力システム，小規模建物EMS，大中規模建物EMSのアプリケーションは同一クラウドサーバに異なる仮想マシン（VM：Virtual Machine）として実装され，3つのシステムを合わせて，地域エネルギーマネジメントシステム（CEMS：Community Energy Management System）と呼ばれている．

ここで，小規模建物EMS，大中規模建物EMSは需要家ドメイン内の個々の建物およびその設備の状態を監視するとともに，それら建物の消費電力量を管理している．また，地域新電力システムは地域の電力需給計画，地域内エネルギーマネジメント，デマンドレスポンス管理などの機能を有している．これは対象地域の電力消費に占める再生可能エネルギー比率を目標とする値以上とするためである．このため，電気事業者からの買電量と地域の所有するメガソーラ，蓄電池などの再生可能な電力量との利用比率を小規模建物EMS，大中規模建物EMSを用いて調整を行っている．このように，CEMS全体としては，電気事業者，新電力との電力売買，地域内のメガソーラなどの管理および需要家のエネルギー管理を通し，地域全体の電力需給バランスを保つ役割を担っている．

需要家ドメインの小規模・大中規模建物には，必要に応じ，ビル管理システム（BAS：Building Automation System）の一部としてのBEMS機能，空調・照明・OAなどの設備機器，通信ゲートウェイ（GW：Gateway），需要家が設置した電力量計，関係職員などが設置・配置されている．また，地域内のコミュニティセンタなどの防災拠点には太陽光発電装置，EV充電器，蓄電池を内蔵した電力管理装置などが存在する．

電気事業者ドメインには地域を管轄する電気事業者（一般電気事業者），新電力（特定規模電気事業者），メガソーラなどの地域の分散型電源，デマンドレスポンス管理サーバ（DRAS：Demand Response Automation Server），電気事業者が需要家建物に設置した電力量計などがシステム構成機器として存在する．DRASは電気事業者とCEMSとの間でデマンドレスポンス信号の送受信を自動的に行うサーバである．

これらのドメインのシステム構成機器間を接続するネットワークインタフェース（IFxx）には，そのサービス内容や品質などに応じて，通信方式，プロトコル，伝送速度，許容遅延などが規定されている．東北スマートコミュニティ事業のドメインを跨いだ接続には基本的にインターネットが使用されており，必要に応じVPNを利用することでセキュリティ性が確保されている．ただし，電気事業者ドメインの電気事業者と需要家建物に設置された電力量計間の接続には電気事業者の独自のネットワークが使用されているため，この部分はこの検証の対象から除外した．

これらのネットワークインタフェース（IFxx）を通して，各システム構成機器間で交換される情報を**表10・26**に示す．

特に，電気事業者とサービスプロバイダ間のネットワークインタフェースのうち，IF1，IF1′では計測情報，買取計画情報，需要抑制情報など，IF2，IF2′では買取計画情報，需要抑制情報など，IF3，IF3′では需要抑制情報など，IF4，IF4′では計測情報，買取計画情報，状態監視情報などがやり取りされる．

また，サービスプロバイダ内のネットワークインタフェースIF5，IF5′では気象情報などがやり取りされる．

10・3 日本の実状に合わせたセキュリティ関係規格の適用事例

表10・26 システム構成機器間で交換される情報

情報名称	説　　明
計測情報	施設の受電電力量（30分間隔値），太陽光発電電力量，蓄電池の充電残量・充電可能量などの電力実績情報
気象情報	気象に関する情報
買取計画情報	購入電力量の情報
DR情報	CEMSに対する消費電力削減要求情報
省エネ制御情報	負荷制御（開始，停止）の情報
ディスプレイ表示情報	需要家への指示情報
状態監視情報	停電有無の確認情報
放電指令・停止情報	放電開始，停止の指令情報
電力融通情報（災害時）	電力融通を実施するための情報

　サービスプロバイダと需要家間のネットワークインタフェースIF6，IF6′，IF7，IF7′では，計測情報，省エネ制御情報，放電開始停止情報，需要抑制情報，ディスプレイ表示情報などがやり取りされる．

　一方，需要家内のネットワークインタフェースIF8～IF14では，計測情報，省エネ制御情報，放電開始停止情報などがやり取りされる．

　これらの交換情報，ネットワークインタフェース（IFxx）の接続先，交換情報の内容から論理インタフェース（CTxx）との対応付けを行う．

● **10・3・2　論理インタフェースとセキュリティカテゴリ**..........................

　論理インタフェース（CTxx）はユースケースをもとに作成したシステム構成図のネットワークインタフェース（IFxx）に，IEEE 2030-2011 Table 7-2（CT-IAP interfaces）に記載の接続システム機器およびシステム機器間の授受情報の内容から対応付けされる．**表10・27**にネットワークインタフェース（IFxx）と論理インタフェース（CTxx）との対応付けの結果を示す．ただし，CT101～CT103は該当する論理インタフェース（CTxx）がなかったため，独自に定義したものである．

　ここで，独自に定義したCT101～CT103は，東北スマートコミュニティ事業の特徴を表すインタフェースである．すなわち，需要家建物のBEMSの有無によらず，平時の分散型電源によるエネルギーの地産地消（地域内の再生可能エネルギーの利用）および災害時の減災（蓄電池を内蔵した電力管理装置による防災拠点へエネルギー供給の継続）を実現するためのインタフェースである．個々のネットワークインタフェース（IFxx）の論理インタフェース（CTxx）への対応付けは以下のように行った．

　ネットワークインタフェースIF1からIF4はインターネットを介した電気事業者ドメインとサービスプロバイダドメインとの間のインタフェースである．電気事業者ドメイン側のインタフェースにはCT27を，サービスプロバイダドメイン側のインタフェースにはCT23を割り当てた．サービスプロバイダドメインの中の気象情報システムと地域新電力システムとの間のネットワークインタフェースIF5とサービスプロバイダと需要家間のIF6，IF7はCT23を割り当てた．

表 10・27 論理インタフェース

論理インタフェース	説　　　明
CT14	検針装置を接続するためのインタフェース
CT15	EV を接続するためのインタフェース
CT23	インターネットとサービスプロバイダのサードパーティサービスとのインタフェース
CT27	ユーティリティとインターネットとのインタフェース
CT68	負荷を接続するためのインタフェース
CT101	需要家設備における分散型電源・蓄電池・負荷・電力管理装置との間のインタフェース
CT102	BEMS が搭載された需要家設備におけるインターネットと需要家との間のインタフェース
CT103	BEMS が搭載されない需要家設備におけるインターネットと需要家との間のインタフェース

（出典）IEEE 2030-2011 Table 7-2 CT-IAP interfaces から和訳抜粋.

　需要家ドメインは BEMS が搭載された需要家の建物と BEMS が搭載されない需要家の建物に分けて考え，需要家ドメイン側のインタフェースは，これらに対応して，それぞれ CT102 と CT103 としている．

　需要家の建物内のネットワークには装置に応じて CT14，CT15，CT68 などのインタフェースを割り当てている．CT101 は発電・蓄電・電力管理装置とのインタフェースである．実際には，これらの通信ネットワークは RS-485，BACnet，LONWORKS などが使用されている．以上の結果を**表 10・28** に示す．これでネットワークインタフェース（IFxx）に論理インタフェース（CTxx）を割り当てることができる．

　次に，論理インタフェース（CTxx）からセキュリティ要件を抽出する．IEEE 2030-2011 Table 7-5 は NISTIR 7628 で要求される論理インタフェース（CTxx）とセキュリティカテゴリとの対応を定義している．ここで，セキュリティカテゴリはシステム構成機器間の機能的な接続形態，インタフェースを規定するものである．

　このセキュリティカテゴリごとに，別途，セキュリティ要件が規定される．よって，ネットワークインタフェース（IFxx）のセキュリティ要件は，対応付けられた論理インタフェース（CTxx）のセキュリティカテゴリで求められるセキュリティ要件として抽出される．

　本フィージビリティスタディで設けた NISTIR 7628 に定義されていない論理インタフェース CT101～CT103 へのセキュリティカテゴリの対応付けは，NISTIR 7628 で定義されている論理インタフェース（CTxx）と同等なものを選択することで行う．すなわち，CT101 は CT14，CT15，CT68 と同等と考え，CT102 および CT103 は CT23 と同等と考える．

　関連する論理インタフェースとセキュリティカテゴリの対応を**表 10・29** に示す．そのセキュリティカテゴリの内容は**表 10・30** のとおりである．

　したがって，ネットワークインタフェース IF1 から IF14 それぞれのセキュリティカテゴリは**表 10・31** となり，ネットワークインタフェースごとのセキュリティ要件が抽出できる．

　次に，セキュリティ要件の内容を見ていくこととする．

　NISTIR 7628 にはセキュリティカテゴリに対し，ハイレベル要求事項と呼ばれるセキュリティ

表 10・28 ネットワークインタフェース (IFxx) に対応する論理インタフェース (CTxx)

ネットワークインタフェース番号 (IF)	論理インタフェース (CT)							
	CT14	CT15	CT23	CT27	CT68	CT101	CT102	CT103
IF1				○				
IF1′			○					
IF2				○				
IF2′			○					
IF3				○				
IF3′			○					
IF4				○				
IF4′			○					
IF5			○					
IF5′			○					
IF6			○					
IF6′								○
IF7			○					
IF7′							○	
IF8	○							
IF9						○		
IF10		○						
IF11							○	
IF12					○			
IF13	○							
IF14							○	

表 10・29 論理インタフェースとセキュリティカテゴリ

		セキュリティカテゴリ						
		6	8	9	10	15	19	22
論理インタフェース (CT)	14					○		○
	15					○		○
	23	○	○	○	○			○
	27			○			○	○
	68					○		○
	101					○		○
	102	○	○	○	○			○
	103	○	○	○	○			○

要件が定義されている．セキュリティ要件はセキュリティカテゴリごとに要求番号（Requirement Number）とセキュリティ影響レベルが規定されている．

要求番号は（ZZ–n）という形式で記載されている．ZZ は下記の種別を意味し，n はその種別ごとの通番である．

AC（Access Control）：アクセス管理

表10・30　セキュリティカテゴリ

セキュリティカテゴリ	説明
6	同じ組織下にない制御機器間のインタフェース
8	共通管理者の下にないバックオフィスシステム間のインタフェース
9	B2B システムのインタフェース
10	制御システムと非制御システムとの間のインタフェース
15	HAN/BAN などの需要家ネットワークを利用するシステム間のインタフェース
19	オペレーション決定支援システム間のインタフェース
22	コンソール間のインタフェース

（出典）NISTIR 7628 Revision 1 Table 2-2 Logical Interfaces by Category の和訳抜粋．

表10・31　インタフェースとセキュリティカテゴリ

ネットワークインタフェース番号	論理インタフェース	セキュリティカテゴリ
IF1	CT27	9, 19, 22
IF1′	CT23	6, 8, 9, 10, 22
IF2	CT27	9, 19, 22
IF2′	CT23	6, 8, 9, 10, 22
IF3	CT27	9, 19, 22
IF3′	CT23	6, 8, 9, 10, 22
IF4	CT27	9, 19, 22
IF4′	CT23	6, 8, 9, 10, 22
IF5	CT23	6, 8, 9, 10, 22
IF5′	CT23	6, 8, 9, 10, 22
IF6	CT23	6, 8, 9, 10, 22
IF6′	CT103	6, 8, 9, 10, 22
IF7	CT23	6, 8, 9, 10, 22
IF7′	CT102	6, 8, 9, 10, 22
IF8	CT14	15, 22
IF9	CT101	15, 22
IF10	CT15	15, 22
IF11	CT101	15, 22
IF12	CT68	15, 22
IF13	CT14	15, 22
IF14	CT101	15, 22

AU（Audit and Accountability）：監査

IA（Identification and Authentication）：ID と認証

SA（Smart Grid Information System and Services Acquisition）：サービスの取得

SC（Smart Grid Information System and Communication Protection）：通信保護

SI（Smart Grid Information System and Information Integrity）：情報の完全性

セキュリティ影響レベルはそれぞれのセキュリティカテゴリに共通または個別に，高（H），中

表10・32 セキュリティカテゴリに対するハイレベルセキュリティ要求事項

	6	8	9	10	15	19	22	タイトル
AC-12		H					H	セッションロック
AC-13						M		リモートセッションの終了
AC-14	H	M	M	H	M		H	IDと認証無しで許可されるアクション
AC-15							H	リモートアクセス
AU-16		M	M				H	非拒絶性
IA-4	H	M	M	H	M		H	ユーザのIDと認証
IA-5		M				H	H	デバイスのIDと認証
IA-6	L	H	L	L	L		H	認証装置からのフィードバック
SA-11	A	A	A	A	A	A	A	サプライチェーンの保護
SC-3		M			M		H	セキュリティの機能保護
SC-5	M		M	M	M	M	H	サービス妨害攻撃(DoS)からの保護
SC-6							H	リソースの最優先順位
SC-7	H	M	M	H	M	H	H	境界の保護
SC-8	H	M	M	H	M		H	通信の完全性
SC-9							H	通信の機密性
SC-26		H					H	静止している情報の機密性
SC-29	H			H		H	H	アプリケーションの区分け
SI-7	H	M	M	H	M	H	H	ソフトウェアとの情報の完全性

(出典) NISTIR 7628 Revision 1 Table 3-3 Allocation of Security Requirements to Logical Interface Catgories の和訳抜粋.

(M),低(L)の3段階が規定されている.また,"いずれかの段階のどれかである"という規定もある.

前項で抽出したセキュリティカテゴリに対するハイレベルセキュリティ要求事項の抜粋を**表10・32**に示す.具体的なセキュリティ要件はNISTIR 7628 3.7~3.25に記載され,この項を参照することによりセキュリティ要件を規定できる.

以上のように,東北スマートコミュニティ事業のユースケースにIEEE 2030-2011およびNISTIR 7628を適用し,セキュリティ要件を抽出する.

10・3・3 セキュリティ要件の国内実証サイトによる検証

前項では,スマートグリッドのセキュリティ要件の抽出手順の汎用化を目指し,NISTIR 7628およびIEEE 2030-2011をベースとしたセキュリティ要件抽出手順を示した.以下,この手順を用い,東北スマートコミュニティ事業を対象としたフィージビリティスタディから抽出されたセキュリティ要件を実システムで実装されているセキュリティ対策と比較し,そのセキュリティ対策の妥当性を検証した結果について解説する.

そもそも,NISTIR 7628は「スマートグリッドの企画,設計または運用を担う組織がセキュリティ要求事項を選定,修正するときのスタートポイントとして使用できるガイダンス情報」である.このため,実システムへ適用する場合は,セキュリティが侵害された場合の影響度を加味し,セキュリティ要件の規定と対策を検討する必要がある.

これまでの電力システムでは電力供給の継続性が重視されたことから可用性が最重要課題であっ

表10・33 抽出したセキュリティカテゴリのCIA

カテゴリ	説明	C：機密性	I：完全性	A：可用性
6	同じ組織下にない制御機器間のインタフェース	L	H	M
8	共通管理者の下にないバックオフィスシステム間のインタフェース	H	M	L
9	B2Bシステムのインタフェース	L	M	M
10	制御システムと非制御システムとの間のインタフェース	L	H	M
15	HAN/BANなどの需要家ネットワークを利用するシステム間のインタフェース	L	M	M
19	オペレーション決定支援システム間のインタフェース	L	H	M
22	コンソール間のインタフェース	H	H	H

（出典）NISTIR 7628 Revision 1 Table 3-3 Allocation of Security Requirements to Logical Interface Catgories の和訳抜粋．

た．しかし，スマートグリッドによる新たなサービス（需要家の分散型電源活用による需給調整サービスなど）における顧客情報の保護などの観点から，セキュリティリスクの影響度を総合的に考慮する必要が出ている．

NISTIR 7628 の表 3-2「スマートグリッド影響レベル」ではセキュリティインシデントが発生した場合の影響レベルを FIPS 199「連邦所有情報および連邦情報システムのセキュリティ分類基準」（2004年2月）に基づき，**表10・33**にように"低（L）"，"中（M）"，"高（H）"に分類している．

この CIA 分析が妥当であるか検証するため，東北スマートコミュニティ事業の各インタフェースにおけるセキュリティ侵害が起こった場合の影響レベルを3段階（高（H），中（M），低（L））で評価してみた．その結果を**表10・34**に示す．

ここでは需要家のプライバシーに関わる情報と電力の需給調整に関わる情報を高（H）とした．IF1 および IF1′ の場合，セキュリティカテゴリとしては 6, 8, 9, 10, 19, 22 が抽出される．表10・33 の CIA 分析から IF1 および IF1′ の CIA はいずれも"高（H）"となる．評価結果も"高（H）"であり一致する．一方，IF8 の場合，セキュリティカテゴリとしては 15, 22 となる．CIA は同様に"高（H）"となるが，評価としては IF8 が需要家の建物内にあることから機密性（C）を"低（L）"とした．

以上のことから，必ずしも NISTIR 7628 の CIA が実際のユースケースと一致するものでないことから，影響度に応じてセキュリティ要件を取捨選択する必要があると考えられる．

次に，セキュリティ要件の設定を試みる．実際のセキュリティ要件は，前項で示した推奨セキュリティ要求事項（NISTIR 7628 Revision 1 Table 3-3 Allocation of Security Requirements to Logical Interface Categories）から作成する．

NISTIR 7628 Table 3-3 は「スマートグリッド影響レベル」に基づき，NIST SP 800-53，DHS Catalog，NERC CIP および NRC Regulatory Guidance の情報を集約し作成されたものであり，①ガバナンス，リスク，コンプライアンス（GRC），②共通技術および③固有技術の3つのカテゴ

表10・34 東北スマートコミュニティ事業の各インタフェースにおけるCIA

インタフェース番号	NISTセキュリティカテゴリ	情報名	C：機密性	I：完全性	A：可用性
1 & 1′	6, 8, 9, 10, 19, 22	・電力使用量〔kWh〕 ・買電量〔kWh〕 ・デマンドレスポンス情報 　（対象時間，目標量〔kWh〕）	H	H	H
4 & 4′	6, 8, 9, 10, 19, 22	・発電量〔kWh〕 ・買電量〔kWh〕	H	H	H
5 & 5′	6, 8, 9, 10, 22	・気象情報	L–M	M	M
6 & 6′	6, 8, 9, 10, 22	計測情報 　・電力使用量〔kWh〕 　・太陽電池の発電量〔kWh〕 　・蓄電池残容量〔％〕 　・EV 充電器の利用状況 省エネ制御情報 　・対象時間 　・系統電力利用率〔％〕 　・EV 充電器の利用制限信号	H	H	H
7 & 7′	6, 8, 9, 10, 22	計測情報 　・電力使用量〔kWh〕 　・空調運転モード（温度，風量） 　・照明運転モード（ON/OFF・強度） 省エネ制御情報 　・空調制御信号 　・照明制御信号	H	H	H
8	15, 22	・電力量使用〔kWh〕	L	L	L
9	—	・太陽電池発電量〔kWh〕	L	L	L
10	15, 18, 22	・EV 充電器の利用状況 ・EV 充電器の利用制限信号	L	H	H
11	—	計測情報 　・蓄電池残容量〔％〕 省エネ制御情報 　・対象時間 　・系統電力利用率〔％〕	L	H	H
12	15, 22	計測情報 　・空調運転モード（温度，風量） 　・照明運転モード（ON/OFF・強度） 省エネ制御情報 　・空調制御信号 　・照明制御信号	L	H	H
13	15, 22	・電力使用量〔kWh〕	L	L	L
14	—	・蓄電池残容量〔％〕 ・充放電指令	L	H	H

リに分類されている．

　GRC 要件は組織レベルに適用されるものである．また，共通技術要件は論理インタフェースの全てのカテゴリに適用されるのに対して，固有技術要件は1つ以上のカテゴリに適用される．

　表10・35 と **表10・36** に抽出された固有技術要件の内容と対策案を示す．

　本フィージビリティスタディで抽出したセキュリティ要件を実際の東北スマートコミュニティ事業でとられているセキュリティ対策と比較評価した．その結果，VPN や HTTPS アクセスの使用，

表10・35 東北スマートコミュニティ事業の推奨セキュリティ（固有技術）要件と対策案1

セキュリティ要件	項目	概　　要	対　　策
AC-12	セッションロック	一定時間使用されなかった場合、スマートグリッド情報システムへのさらなるアクセスを禁止しなければならない.	自動ロック機能
AC-13	リモートセッションの終了	スマートグリッド情報システムはセッション終了時、または一定時間使用されなかった場合にはリモートセッションを終了しなければならない.	セッションのタイムアウト設定機能
AC-14	IDと認証無しで許可されるアクション	IDと認証がなくてもスマートグリッド情報システム上で行うことが許可されるユーザアクションの種類を規定しなければならない.	アクセス管理機能
AC-15	リモートアクセス	スマートグリッド情報システムへの全てのリモートアクセスの方法を認可し、監視し、管理する.	リモートアクセス認証 暗号化 アクセス管理
AU-16	非拒絶性	スマートグリッド情報システムは、特定の行為を実施したことを偽って否定する者に対する対抗策を講じなければならない.	ディジタル署名 ログ管理
IA-4	ユーザのIDと認証	スマートグリッド情報システムはユーザ（またはユーザを代行するプロセス）のIDと認証を確認できなければならない.	アクセス管理機能
IA-5	デバイスのIDと認証	スマートグリッド情報システムは、デバイスを接続する前に組織が定義したデバイスリストのIDと認証を確認できなければならない.	デバイス間双方向認証システム
IA-6	認証装置からのフィードバック	スマートグリッド情報システムの認証メカニズムは、無許可の者によって認証に関する情報が開発・使用されないよう保護するために、認証プロセスによってフィードバックされる認証情報を隠す.	フィードバックされる認証情報を（たとえば入力したパスワードをアスタリスクで表示するなど）秘匿する機能
SA-11	サプライチェーンの保護	組織は、組織、個人、情報およびリソースに対する脅威から製品およびサービスを保護するため、当該製品またはサービスを組織に供給するサプライチェーンに規定の保護要件を適用して脆弱性を軽減する.	サプライヤに対する適正評価審査 サプライヤのマルチベンダ化

適切なアクセス管理機能の実装, アクセスログの記録と管理目的・責任に応じた保管などを実施しており, 東北スマートコミュニティ事業は, NISTIR 7628のセキュリティ要件を満たしていると判断できる.

よって, 日本においてもNISTIR 7628のセキュリティ要件を採用することが可能であると考えることができる. ただし, NISTIR 7628はあくまでもガイドラインであり, 既存設備による制約や組織構造, 法律・規制およびコストにより, セキュリティ要件は適切に設定されるべきものである.

一方, 今回の東北スマートコミュニティ事業におけるセキュリティ要件のフィージビリティスタディを通じ, IEEE 2030-2011やNISTIR 7628に明示されていない4つの項目が「日本型スマートグリッド」に含まれることが明らかとなった. このため, この項目に対応したセキュリティ要件を新たに規定する必要がある.

(a) 地産地消型サービスのセキュリティ要件　　再生可能エネルギーの普及や電力自由化に呼応した地産地消型サービスが今後, 実現されていくものと考えられる. 東北スマートコミュニティ事業では電源供給が電気事業者のほかに需要家側の太陽光発電などの分散型電源により行われている. さらに, 大規模な発電機能が需要家側に設置される可能性がある. このようなケースにも対応できることが求められる. この場合は電力需要と供給をほぼリアルタイム

表10・36 東北スマートコミュニティ事業の推奨セキュリティ（固有技術）要件と対策案2

セキュリティ要件	項目	概要	対策
SC-5	サービス妨害攻撃（DoS）からの保護	スマートグリッド情報システムは，組織が定めたサービス妨害攻撃（DoS）リストに基づき，同攻撃の影響を減らすか，または制限しなければならない．	侵入防止システム（IPS）ファイアウォール
SC-6	リソースの優先順位	スマートグリッド情報システムはリソースの優先順位を決めなければならない．	優先度設定機能
SC-7	境界の保護	スマートグリッド情報システムは境界を規定し，境界の位置で起こる通信をモニタし，管理しなければならない．スマートグリッド情報システムは，境界保護デバイスを備えたインタフェースを経由して接続しなければならない．同インタフェースは伝送される情報の完全性と機密性の保護に適したセキュリティ対策を備えていなければならない．	プロキシ，ゲートウェイ，ルータ，ファイアウォール，ガード，暗号トンネルなどによる設定
SC-8	通信の完全性	スマートグリッド情報システムは電子通信情報の完全性を保護しなければならない．	暗号化
SC-9	通信の気密性	スマートグリッド情報システムは通信情報の機密性を保護しなければならない．	暗号化
SC-26	静止している情報の機密性	スマートグリッド情報システムは，静止している情報が不正に開示されないように，全ての重要なパラメータ（暗号鍵，パスワード，セキュリティコンフィギュレーションなど）に暗号化メカニズムを適用する．	暗号化
SC-29	アプリケーションの区分け	スマートグリッド情報システムでは，ユーザ機能（ユーザインタフェース機能を含む）とスマートグリッド情報システムの管理機能を分けておく．	ユーザ機能と管理機能の分離
SI-7	ソフトウェアと情報の完全性	スマートグリッド情報システムは，ソフトウェアおよび情報に対する無許可による変更をモニタし，検知できなければならない．	定期的に完全性検証ツールの使用

で調整する必要性が出てくるため，需要家と電気事業者間のトラヒックが増大した場合の信頼性対策が求められる．

(b) ネットワークのサービス品質（QoS：Quality of Service）　IEEE 2030-2011 などの標準化文書では汎用性を担保するため，ネットワークに関しては多様な種類を想定している．実際には移動体網やインターネットが中心に使われると考えられる．東北スマートコミュニティ事業ではサービスプロバイダと需要家間は IP-VPN を使用することが想定されており，インターネットのトラヒックに影響を受けやすい．スマートグリッドが社会インフラとして運用されるためには，通信ネットワークにおける QoS，特に動画コンテンツ伝送のような帯域確保型 QoS よりもむしろ遅延を抑制する QoS 確保が担保される必要がある．また，輻輳発生時に対しても，優先的に輻輳箇所を回避するような経路制御が必要となる．

(c) 災害時におけるユースケース　日本ではスマートグリッドの萌芽期に東日本大震災を経験している．このためユースケースに自然災害を想定した仕組みが取り入れられている．NISTIR 7628 においても，ハリケーンなどの災害に対する記載があるが，本格的な検討は不足している．今後，平常時と災害時のサービス継続性を考慮した新たなユースケースの検討が必要である．

(d) クラウドのセキュリティ要件　東北スマートコミュニティ事業では CEMS はクラウドで実現されている．このため，スマートグリッドのセキュリティ要件の一部をクラウドのセキ

ュリティ要件が担うことになる．スマートグリッドにおけるクラウドのセキュリティ要件を明らかにする必要がある．

東北スマートコミュニティ事業に対してセキュリティ要件のフィージビリティスタディを行ったが，IEEE 2030-2011 や NISTIR 7628 には記載されていない項目も数多く存在することがわかった．また，日本としてスマートグリッドのセキュリティ要件をどのように規定していくのかはまだ検討が始まったばかりである．

このため，次節では，日本型スマートグリッドのセキュリティ要件のあるべき姿について言及する．

10・4 今後のコンピュータシステム技術，ネットワーク技術動向への対応

信頼性を重要視し，閉鎖的であった電気エネルギーシステムにも日々進歩するコンピュータシステム技術，ネットワーク技術が活用されようとしている．すでに，日本では電気エネルギー分野のサービスプロバイダのサービスにクラウドサービスが使用され，電力検針のスマートメータにはモノのインターネット（IoT：Internet of Things）技術，および機械間通信（M2M：Machine-to-Machine）技術が取り入れられている．しかし，スマートグリッドの国際規格には，現在，このような技術動向への対応がされていない．日本の情報通信技術の電気エネルギーサービスへの適用実績をもって，国際規格提案を行っていく機会が訪れている．

以降の節では，電気エネルギーサービスを取り巻く制御，情報，通信システムの観点からセキュリティの課題を整理する．

●10・4・1 クラウド技術と電気エネルギーサービスのセキュリティ................

コンピュータの利用は，事業者が設備を抱えるオンプレミスといわれる形態から計算資源をサービスとして提供するクラウドサービス，さらにエンドユーザに近いところで演算を行うエッジコンピューティングを可能とする安価な計算資源まで，選択肢の幅は広がっている．図 10・20 にクラウドコンピューティングおよびエッジコンピューティングを活用したエネルギーサービスの概観を示す．

このように，当面，電気エネルギーサービス関係の情報システムにはクラウドサービスの活用が進むものと予想される．また，これ以外のスマートグリッドに関わるシステムも，クラウドサービスを前提に構築および運用の機会が増えると予想される．クラウドサービスの利用には，これまでセキュリティを不安視することも多かったが，近年，セキュリティ性が確保されたクラウドサービスを利用することで，クラウド利用者のセキュリティ性確保の負荷が軽減されるメリットも見出されるようになっている．ここでは従来のオンプレミス形態とは異なるクラウドサービスの利用の勘所を示す．

スマートグリッドに必要となるセキュリティ要件とクラウドのセキュリティ要件との関係を図 10・21 に示す．図 10・21 に示すように重なる部分とそうではない部分がある．それぞれ次のような対応が必要となる．

10・4　今後のコンピュータシステム技術，ネットワーク技術動向への対応

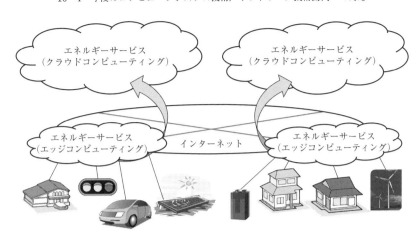

図 10・20　コンピュータシステム技術の進歩と電気エネルギーサービス

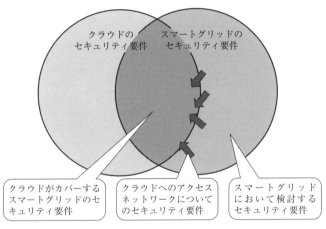

図 10・21　スマートグリッドとクラウドのセキュリティ要件の関係

(1) 重なる部分：クラウドがカバーするスマートグリッドのセキュリティ要件である．クラウドセキュリティ要件と分担することで，スマートグリッドで検討すべきセキュリティ要件の絞込みがなされる．そのためクラウドサービスでSLAとして開示される，たとえば，稼働時間，処理性能，応答性能，事故発生時の連絡の速さなどに関する項目を確認する．

(2) 重ならない部分：スマートグリッドにおいて検討するセキュリティ要件である．スマートメータの機器管理や課金のためのログ管理などが考えられる．

(3) 上記(1), (2)の境界部分：クラウドへのアクセスネットワークについてのセキュリティ要件である．VPN利用，QoS担保，輻輳対策などが考えられる．

Column　サービス品質保証（**SLA**x : Service Level Agreement）

クラウド事業者とクラウド利用者との間で契約される，サービスの品質に関わる取り決めのこと．クラウドサービスを提供する基盤に直接さわれるのはクラウド事業者であるため，クラウド利用者は，クラウド事業者を通してしかクラウド基盤にさわることができない．そのためクラウド利用者はクラウドを利用するにあたって，処理性能，応答性能，ログ収集などを取り決めの中で合意する必要がある．

また，今後の情報システムは従来のパーソナルコンピュータ（PC：Personal Computer）からのアクセスに加えて，スマートフォンやタブレットといった携帯端末からのアクセスが増加することが予想される．たとえば，家庭におけるエネルギー使用量をタブレット端末で確認したり，さらに発電所や変電所の敷地内において保守員がメガネ型のウェアラブル PC を付け，リモートから指示を受けながら作業したりする用途などが考えられる．

　携帯端末からのアクセスは無線 LAN や通信会社の携帯網などを経由すると考えられる．そのため，無線通信を前提とした盗聴，改ざん，なりすましを防ぐための対策が必要となる．また，携帯端末であるがゆえに，盗難や紛失への対応も必要となる．これらが会社貸与の端末であるのか，個人所有の端末を業務目的に使っているのかを区別するための端末管理も必要となる．さらに，携帯端末をサービスに無関係なユーザが使えないようにするために個人認証の仕組みを，従来からのパスワードの代わりに，生体認証といったユーザに負担のかからない方法で実現していくことも必要となる．

　さらに，今後の情報システムはセキュリティ対策の一つとして情報共有によるインテリジェンスの創出と活用が進むとみられる．攻撃側と防御側の構図を見た場合，近年は攻撃側のほうが有利であるといわれている．その理由の一つに攻撃者側のブラックマーケットの存在が挙げられている．そこでは攻撃手法や攻撃ターゲットなどの情報，漏洩した情報の金銭交換が行われているといわれる．防御側も，組織内に閉じたセキュリティ対策だけをやっていたのでは，こうした攻撃側の進化に遅れるばかりである．そのため，防御側もセキュリティ情報の共有，たとえば，どのようなインシデントが発生した，どのような攻撃を受けていることを観測している，有効な対策として考えられるものといった情報を他組織と共有するという基盤を確立し，業界全体あるいは社会全体でセキュリティの底上げを図っていく必要がある．

　このような情報共有の確立は，電力の情報システム分野より電力の制御システム分野のほうが，市民生活にまで影響を及ぼすことが考えられるため，むしろ電力の制御システム分野が先行して実現していくべきことかもしれない．

● 10・4・2　IoT/M2M 技術と電気エネルギーサービスのセキュリティ

　近年，通信ネットワーク技術の発展と普及により，様々なモノが通信ネットワークに接続され，モノ同士で情報交換や制御を行うことが可能となってきた．通信ネットワークは，インターネットや専用線によるプライベートネットワーク，論理的にプライベートなネットワークを実現する各種 VPN などが有線，無線のネットワーク技術に支えられて実現している．これらを背景に個々のモノが相互に通信ネットワークを介して結び付く IoT が現実のものとなってきている．

　電気エネルギーサービスにおいては，スマートメータの展開がすでに始まっており，将来的には

Column　インテリジェンス（Intelligence）

明確な定義はないが，一般にデータから価値を得るプロセスとして「データ」，「情報」，「知識」，「知恵」の階層構造をとるといわれており，インテリジェンスとはそのうち「知識」，「知恵」にあたるもの．単に観測データをグラフなどで可視化するだけでなく，そこから攻撃者の意図を読み取り，次の行動を予測するといった，高度な判断力が求められる．

全ての電力需要家の電気使用量は自動検針されることになるであろう．しかし，これはIoTの特徴の一部を活用したもので，今後，電力消費の平滑化や需要変動の予測，ガス使用量や異常消費の監視，再生可能エネルギーの優先使用の制御など，エネルギーサービスの運用を効率的に行うためにIoTの利用範囲は広がっていくことが予想される．

IoT技術は公開された仕様とインターネットに代表される高い相互接続性に支えられている．また，圧倒的な数の機器と利用者が繋がっている．したがって，エネルギーサービスにおいてIoT技術を利用する場合，従来は想定する必要がなかったリスクまで考慮する必要がある[13],[14]．

たとえば，エネルギーサービスを提供しているシステムが利用するコンピュータや通信ネットワークで使用されているプロトコルを解析可能である．また，コンピュータは通信ネットワークで繋がっているため，システムの脆弱性により情報漏洩などが発生すれば，短時間にその被害が拡散する．電力量計など需要家のエネルギー使用量を計測する機器の数値や使用料の請求書は，これまで積極的に秘匿されるものではなく，誰でも覗く機会があるものであった．しかし，IoT技術によって接続性が高まったシステムではシステムに脆弱性があれば瞬時に多数の需要家の情報が漏洩するリスクを無視することはできない．

IoT時代のエネルギーサービスでは，効率的なサービス運用が加速するものの，一方でセキュリティ上のリスクも高まることが懸念される．したがって，サービス運用の効率化と並行してセキュリティ対策の強化を進めていくことが必要である．

スマートメータの普及は電力使用量の可視化をベースとする多くのサービスを生み出すチャンスであるが，スマートメータへの複数のアクセスルートの存在はセキュリティの脅威を拡大させるものである．従来，日本の電気事業者のシステムは独立したクローズドのネットワークで構成されてきたが，スマートメータの需要家宅内機器への接続またはエネルギーサービスプロバイダを介した需要家への電力使用量の提供は，サイバー攻撃の機会発生，侵入口増加，影響範囲拡大などの要因となる．

スマートメータを含むエッジデバイスの活用は，これまでエネルギーサービスシステムを構成する通信ネットワークより上位レイヤをセキュリティ要件の検討対象としてきた国際規格の在り方に見直しを迫っている．スマートメータのようなエッジデバイスそのものの対策に留まらず，関連するサービスプロバイダなどのシステムの構成，機器，管理者教育にまで検討範囲を拡大する必要がある．

一方，エネルギーサービスは関連する複数のステークホルダのシステム，機器の相互運用性を確保するため，授受情報の情報モデル化を促進し，情報の交換にはインターネットのオープンな通信仕様の採用が提案されている．IoT技術によるエネルギーサービスの活用は必然であるが，IoTの活用によるセキュリティリスクの拡大を防ぐため，外部からの情報のアクセス，改ざんなどを防止することが必要である．また，システム全体の視点からエッジデバイス自体の健全性，情報の秘匿性を高めることが必要である．

今後のスマートグリッドのサービスにはIoT技術の適用が必須となるであろう．IoT技術を利用に対応する特有な対策が存在するわけではない．従来のコンピュータ関連機器に比べ圧倒的に数が多く，また組込み用途であることが多く保守管理が困難であることから，従来のセキュリティ対策に加え，以下の対応の検討が必要であると考えられる．

(1) デバイスとしての対策：IoT機器は小型な組込み機器として実装されることが多いと考えられるが，通常のコンピュータ関連機器と同様，立上げ時のセキュアブート・ソフトウェア認証，リソースへのアクセス制御，暗号通信，アップデート・パッチ管理などの考慮がなされ，運用されなければならない．
(2) システムアーキテクチャとしての対策：サービスを実現するシステムの構成の中で，守るべきもの，脆弱部の所在などをトポロジーから分析，設計されなければならない．センサ，メータなどの小型，組込み機器であっても，その内部構成が考慮されなければならない．
(3) 社会システムとしての対策：サービスを提供するセンタシステムと被サービス対象の需要家サイトのみに設置されるシステム機器のみでなく，社会のあらゆるところに配置されるIoT機器を設置前に監査，認証し，動作を監視する社会的な機構が必要となってくるものと考えられる．特に，提供するエネルギーサービスが金銭的なものか，人命に関するものかなどのリスクに対応して，社会的な事業継続計画（BCP：Business Continuity Plan）の仕組みを構築しなければならないと考える．エネルギーサービスが社会性の高いものであることからインシデントが発生した場合，フェイルセーフに停止または機能を縮退することの考慮が必須と考える．

また，社会システムとして，IoT機器の廃棄，災害時のIoT機器の盗難，サプライチェーンが及ぼす脅威への対策を考慮する必要がある．

(1) IoT機器の廃棄：セキュリティの脅威拡大を防ぐために廃棄機器がシステムのセキュリティに影響を及ぼさないように，廃棄の手順を明確にして実施することはセキュリティ対策としてよく知られていることであるが，IoT機器，特に需要家側に設置される機器の廃棄に関しては十分な管理ができないことが予想される．そのような機器に関しては，さらに脅威が増大する．したがって，廃棄の管理レベルによってIoT機器を区分し，十分な管理が難しいIoT機器に関しては認証の方法，アクセス権限の限定などができるかなどを考える必要がある．
(2) 災害時のIoT機器の盗難：災害時には，通常十分管理されているIoT機器でも，盗難の脅威が発生する．管理された建屋に置かれたIoT機器が災害時に建屋崩壊とともにむき出しになるなどである．この脅威に対して，十分な耐久性を持つ建屋に設置するなどの物理的な対応を考慮することが前提であるが，物理的対応が難しい機器に関しては，盗難の脅威を最小限にするように，IoT機器が保持するセキュリティ性の高いデータの最小化と暗号化などによる保護，異常システムへの接続検知によるその消去など，システム全体への脅威を及ぼさない対策を施す必要がある．また，システム側も常に正しいIoT機器がシステムに繋がっていることを監視し，正常な手続きを経ないでシステムから切り離されたIoT機器を検知・記憶し，再度システムに接続させないような仕組みが必要である．
(3) サプライチェーンが及ぼす脅威：IoT機器ベンダのサプライチェーンの信用度の評価，およびその情報の活用が必要と考えられる．具体的な評価，活用方法は今後の課題である．

●10・4・3　ネットワーク技術と電気エネルギーサービスのセキュリティ

スマートグリッドに限らず一般的な情報通信システムにおける機密性，完全性，可用性の要件の

阻害要因とリスクには以下のようなものが考えられる．

(1) 機密性の阻害要因とリスク
- 盗聴による機密情報の漏洩：ネットワークを流れる情報を傍受することで，情報を不正入手することである．この攻撃により需要家の電力使用データが漏洩すると，企業活動状況や家庭の生活パターンが類推できるというリスクがある．
- マルウェアやコードインジェクションによるデータの盗難：マルウェアの代表的な手段はデータを盗み取るプログラムを電子メール添付またはWebアクセス時に送り込む方法がある．このようなコードインジェクションはデータベースシステムの脆弱性を突く方法である．この攻撃により，顧客データや設備データの流出の危険性がある．
- 中間者攻撃による情報の奪取：偽物のアクセスサイトに誘導し，オペレータID，パスワードを盗み取る手法である．
- ソーシャルエンジニアリングによるオペレータID・パスワードの流失：オペレータの属性や個人情報などを入手してパスワードを類推したり，アクセス用カードを盗むなど，コンピュータシステムを直接操作することなく，アクセスのための情報を不正に入手する手法である．

(2) 完全性の阻害要因とリスク
- データ改ざん：売電量のデータを改ざんすることで，不当に利益を得るなどである．
- なりすまし：他人の電力使用データを過大に騙り，その需要家に対して，デマンドレスポンスを発動させるなどのリスクがある．
- データの否認：電力使用量情報を否認し，課金を逃れることなどである．

(3) 可用性の阻害要因とリスク
- 分散DoS攻撃（DDoS：Distributed Denial of Service Attack）によるサーバやネットワークへの過負荷攻撃：サーバやネットワークが過負荷状態になることで，サービスが提供できなくなるリスクがある．
- ネットワーク機器や回線の故障や輻輳：サービス停止などのリスクがある．

これらに対して，リスクと経済性を勘案して対策をたてる必要がある．たとえば，盗聴のリスクに対し，有線による専用線を用いると物理的に回線から情報を盗み取る（ワイヤータッピング）以外の方法は考え難いがコストは高くなるであろう．また，適切な運用方法の周知徹底や，システムの監視も重要となる．

新たな課題として，ネットワークや機器に求められる特性の勘案がある．これまで音声や動画の伝送など，最終的には人を対象とした通信サービス実現を主眼に置かれていたため，ランダムに発生するサービス要求に対し，帯域や伝送速度を保証することが通信の品質とされてきた．また，端末についてはPCのように性能が高いCPUが用いられ，人が管理することが前提となっている．

Column　DoS攻撃・分散DoS攻撃

ネットワークやコンピュータの攻撃手法の一つ．特定のノードやサーバに対して同時に大量の要求を行ったり，脆弱性のある点を突いたり，ネットワークやコンピュータ資源を消費させ，他者のアクセスや処理を不可能にすること．攻撃側にも多くの処理能力が求められるので，複数のコンピュータによる攻撃を分散DoS攻撃と呼ぶ．

しかし,スマートグリッドのようにセンサからのデータ取得や,機器への制御信号伝送が行われる.特に,IP ネットワークでは情報伝送に遅延や,遅延の揺らぎが起こりやすいため,遅延や揺らぎが少ない信号伝送が求められる.また,機器類の演算性能がパソコンと比べ高いとはいえ,常に人手で管理できるとは限らない.そのため,充分な暗号計算が期待できなかったり,物理的な機器の乗っ取りが行われたりするリスクがある[15]～[17].

また,スマートグリッドに関わるデータ量は,画像伝送などに使われるデータ量と比べ著しく小さい.したがって,これらがネットワークに混在すると,スマートグリッドのトラヒックが他の通信サービスのトラヒック状況の影響を受ける恐れがある.そのため,品質を維持するために,状況や要件に応じて動的に接続経路を設定する方法が有効であると考えられる.従来のルータから,接続を指示するコントローラ機能とスイッチの機能を分離し,コントローラからネットワーク全体のスイッチに接続方法を指示するネットワークをソフトウェア定義ネットワーク(SDN:Software Defined Networking)と呼ぶ.SDN のなかで,具体化が進んでいる方式が OpenFlow である.OpenFlow は主にデータセンタ内の接続制御に用いられているが,ネットワーク全体に展開する構想も進められている.また,ファイアウォールや負荷分散装置などのネットワーク機器を仮想化し必要に応じて適用する技術であるネットワーク機能仮想化技術(NFV:Network Functions Virtualization)の検討も進められている.これらの新しい技術を適用することにより,スマートグリッドのネットワークのセキュリティ要件を低コストで実現することが期待される.

10・5　日本の電気エネルギーサービスの社会的セキュリティ対策の在り方

スマートメータをはじめ,需要家に向けたエネルギーサービスの展開に伴い,様々な電気エネルギー関係の機器,システムがインターネットを介し,スマートグリッドに接続される日が来るものと考えられる.これらサービスの普及にはスマートメータ,エネルギー管理のための各種センサ,分散型電源・空調・照明などの制御装置,家庭・ビルのパソコンなどを繋ぎ,安心してエネルギーサービスが享受できるセキュリティ環境の構築が必須である.このためには国際規格の前提となっ

Column　ソフトウェア定義ネットワーク(**SDN**:Software Defined Networking)

IP ネットワークのルータやスイッチなどのネットワーク機器の制御は,それぞれの機器に配置されている制御論理やデータに基づき自律的に接続動作するが,制御部分と接続動作部分を分離し,制御部分を集約化することで集中制御するネットワーク方式.制御部分の論理をソフトウェアで実現するので,「ソフトウェア定義ネットワーク(SDN:Software Defined Networking)」と呼ぶ.ルーチング方法や接続ポリシーをサービスに応じて定義したり,ネットワークの状況に応じて動的に変更できるという利点を持つ.

Column　ネットワーク機能仮想化技術(**NFV**:Network Functions Virtualization)

汎用コンピュータ上にファイアウォールやスイッチなどネットワーク機器を実現する機能を複数動作させることで,状況に応じてネットワークサービスを実現する技術.この技術により,設備コストや運用コストが下がることが期待されている.

ているインターネットを介した電気エネルギーサービスに，Web サービス（IT サービス）で想定される様々なセキュリティの脅威が及ぼす電力の損失というリスクに見合った対策を検討することを意味している．

これらの技術的対応策は，Web サービス（IT サービス）でとられているインターネット上のサービスを提供するサーバのフロント部分へのセキュリティ対策用サーバの設置などであり，また，IoT 機器の開発設計へのセキュリティ対策指針の設定と運用管理である．

ここでは，スマートグリッドの電気エネルギーサービスの普及に向け，重要社会インフラシステムを守る観点からみた社会的セキュリティ対策の在り方を述べる．

● 10・5・1 セキュリティ確保の背景と基本的な考え方

日本では地域ごとに管轄の電気事業者が信頼性の高い電力供給システムを構築してきたため，需要家には停電がほぼ無縁な世界トップレベルの電力供給がされてきた．しかし，東日本大震災以降，電力供給不安が顕在化し，電気事業者間の連係による電力供給の継続と，災害からの柔軟な復旧能力のあるレジリエントな電力供給の構築が進められている．このため，電力システム改革などによる規制緩和，自由化では需要家の有する再生可能エネルギーなどの分散型電源の活用により，新たな電力需給調整の在り方が検討されている．

電力供給の基幹となるシステム，サービスは基本的に機能安全となる機能，構成を備えるとともに，形あるモノは壊れる，人は誤るという前提のうえで，セキュリティ性，安全性などの評価はシステムのトータルで行われるべきものである．

スマートグリッドの電気事業者と需要家の連携による電気エネルギーサービスは電力供給の基幹システムと結び付くものを持つものであるため，直接，発電・送配電系統制御は行わないまでも，スマートグリッド全体に影響し，電力供給に悪影響を与える可能性がある．したがって，発電・送配電系統制御に順ずるセキュリティ性の設計，検証がされなければならない．

スマートグリッド上の電気エネルギーサービスを実現するシステム技術は日々進歩している．このため，これまで審議，策定中のスマートグリッドのセキュリティに関する国際規格は，クラウドコンピューティング，エッジコンピューティングなどへの対策は十分ではない．しかし，スマートグリット上のエネルギーサービスを実現するために使用されるシステム技術に対する新たなセキュリティ対策技術が必要なわけではない．

エネルギーサービスを実現するシステムの機能，構成を個別に分析し，想定されるリスクを的確に把握し，リスクを具現化するインシデントが発生した際の損失に応じた最適な対策を図っていくことが必要である．それらの対策には，

（1） システム設計計画段階からの技術的な側面
（2） サービスの性格，損失の質，量的な規模を考慮したビジネス的な側面

の検討が必要であることは，スマートグリッド上のサービスに限らず，サービスシステムのセキュリティ対策を行う際の原則である．

● 10・5・2 電気エネルギーサービスの社会的セキュリティ対策

電気エネルギーサービスは電力需給の安定化，CO_2 排出低減による地球環境の保全という社会

的使命を持ちながら，サービスに関与する電気事業者，需要家およびサービスプロバイダにとって，メリットがあるものでなければならない．

このため，電気エネルギーサービスの環境は電力市場をはじめとして，監督官庁の指導のもと，自由で公平，安全なものでなければならない．国内外で社会実証事業が展開されているデマンドレスポンスのサービスの前提として，2章で解説したOpenADRと並んで，米国で提案されたOpenADEは，このサービス環境の一つである．OpenADEは自由で，安全な電力市場の実現のため，電気エネルギーサービスの授受関係の契約を結んだ電気事業者，需要家およびサービスプロバイダが，サービスのための情報授受に先立ち，相互に認証を行う仕組みを規定したものである．

詳細は2章を振り返って頂きたいが，OpenADEは電気エネルギーサービスの実施にあたり，需要家の電力使用量の検針情報を持つ電気事業者とサービスプロバイダの間で情報の授受が可能かの認証などを行うものである．3者の認証の結果，情報の授受が可能な場合，NISTIR 7628で規定されたVPNなどのセキュリティ性の確立された通信ネットワークを使用し，情報授受を行うこととなる．

日本においても，電気エネルギーサービスのステークホルダである電気事業者，需要家およびサービスプロバイダ間のサービスはOpenADEを基本とした3者の相互認証が必要と考えられる．

日本では，これまで電気事業者の電力システムはほとんどの場合，専用回線が使用されてきた．今後の日本での電気エネルギーサービスでは，この専用回線が電気事業者とサービスプロバイダとの接続に主に使用されるのではないかと考えられる．また，スマートグリッド上のサービスに関する国際規格などで前提とされているインターネットまたは電話などの公衆回線がサービスプロバイダ，需要家，電気事業者との接続に使用されるものと考えられる．

OpenADEによる3者認証は，3者間を接続する通信ネットワークの特性に合わせ，適当な方法がとられるものと考える．すなわち，インターネットの場合はVPNなどの認証，暗号の手段がとられ，専用回線，公衆回線では，その一部が割愛された認証後，情報の授受がされるものと考える．

3者認証が必要な場合は公的な認証機関の利用が検討されるべきである．さらに，電気エネルギーサービスが電力供給に関わる電力システムとインタフェースを持つことから，このサービスに関わる通信（通信量の監視や異常なアクセスなど）は公的な機関によりモニタされることも必要となる可能性がある．これらは今後の日本の電力市場の環境整備のなかで検討，策定されるものである．

● 10・5・3　情報モデルへのセキュリティ要件定義

スマートグリッドは，発電，送配電，変電，需要家などの複数のドメインが連携し，システム全体の機能を実現するものである．このため，ドメイン内の機器，システムだけでなく，ドメイン間の相互接続，運用のために，機器，システムの機能，構成を情報モデルとして抽象的に表現（クラス形式で記述）し，機器，システム間の授受情報を定義し，相互認識を可能とすることができる．

一方，セキュリティの確保の観点で，機器，システム間の授受情報の必要なセキュリティレベルをステークホルダ間で認識し，それに応じた対策を図ることが必要である．この相互認識の手段として，情報モデルが活用できるものと考える．スマートメータなどのIoT機器を含め，スマートグリッドを構成する機器，システム間で取り交わされる情報のセキュリティレベルを情報モデルのアトリビュートの一つとして定義し，ステークホルダで認識を合わせることはセキュリティ性の作

り込みに有効であると考える．

　現在，スマートグリッドを構成する各ドメインの情報モデルが IEC TC57 で審議されているが，この情報モデルの中に，授受情報のセキュリティを定義するものはない．情報モデルを構成するアトリビュートにセキュリティレベルの設定を行う仕組みを提案することが必要であると考える．

参 考 文 献

（1）未来工学研究所：「制御システムのオープン化が重要インフラの情報セキュリティに与える影響の調査」，p. 8
http://www.nisc.go.jp/inquiry/pdf/so_honbun.pdf（2016-03）
（2）NIST: NISTIR 7628 Guidelines for Smart Grid Cyber Security
http://www.nist.gov/smartgrid/upload/NISTIR 7628_total.pdf（2010）
（3）CEN–CENELEC–ETSI Smart Grid Coordination Group: SG–CG/M490/H_ Smart Grid Information Security
ftp://ftp.cencenelec.eu/EN/EuropeanStandardization/HotTopics/SmartGrids/SGCG_SGIS_Report.pdf［2016-03］
（4）経済産業省，日本総合研究所：「平成 25 年度次世代電力システムに関する電力保安調査報告書」（2014）
http://www.meti.go.jp/meti_lib/report/2014fy/E003791.pdf
（5）福澤寧子・鮫島正樹，他：「Cyber Physical System のリスク管理技術と情報セキュリティ心理学によるアプローチ」，電学論 C，Vol. 134, No. 6, pp. 756–759（2014-06）
（6）URL: http://isa99.isa.org/Public/Forms/AllItems.aspx?RootFolder=%2fPublic%2fDocuments&FolderCTID=&View=%7b476E9791-A24B-4521-9B5D-AC0B10F560B0%7d
（7）IEC TS 62443-1-1 Edition 1.0 2009-07 "Industrial communication networks—Network and system security—Part 1-1: Terminology, concepts and models"
（8）IEC 62443-2-1 Edition 1.0 2010-11 "Industrial communication networks–Network and system security—Part 2-1: Establishing an industrial automation and control system security program"
（9）IEC TR 62443-2-3 Edition 1.0 2015-06 "Security for industrial automation and control systems—Part 2-3: Patch management in the IACS environment"
（10）IEC 62443-2-4 Edition 1.0 2015-06 "Security for industrial automation and control systems—Part 2-4: Security program requirements for IACS service providers"
（11）IEC TR 62443-3-1 Edition 1.0 2009-07 "Industrial communication networks—Network and system security—Part 3-1: Security technologies for industrial automation and control systems"
（12）IEC 62443-3-3 Edition 1.0 2013-08 "Industrial communication networks—Network and system security—Part 3-3: System security requirements and security levels"
（13）佐々木弘志：「M2M/IoT 時代に登場した新たなセキュリティの脅威とその防衛策—第 1 回エッジデバイスとクラウドの相互接続によって拡大する侵入経路と影響範囲」，SmartGrid ニューズレター 9 月号，pp. 12–17（2015）
（14）佐々木弘志：「M2M/IoT 時代に登場した新たなセキュリティの脅威とその防衛策—第 1 回米国における M2M/IoT サイバーセキュリティ政策の最新動向」，SmartGrid ニューズレター 10 月号，pp. 16–22（2015）
（15）D. Boswarthick, O. Ellioumi, O. Hersent 編，山崎徳和・小林　中訳：「M2M 基本技術書」，リックテレコム（2013）
（16）E. Maiwald 著，金澤　薫，竹田義行訳：「ネットワークセキュリティ」，情報通信振興会（2015）
（17）八木　毅・秋山満昭・村山純一：「コンピュータネットワークセキュリティ」，コロナ社（2015）
（18）電気学会編：「電気工学ハンドブック（第 7 版）」，オーム社（2013）
（19）電気学会・需要設備向けスマートグリッド実用化技術調査専門委員会：「需要設備向けスマートグリッド実用化技術」，電気学会技術報告，第 1283 号（2013）
（20）J. Momoh："Smart Grid: Fundamentals of Design and Analysis", Wiley–IEEE Press（2012）
（21）OpenADR Alliance："OpenADR 2.0 Demand Response Program Implementation Guide"
http://www.openadr.org/assets/openadr_drprogramguide_v1.0.pdf［2016-02-10］
（22）野間　節：「ヨーロッパにおけるスマートグリッド・セキュリティガイドラインの調査報告」，平成 27 年電気

(23) 小林延久・野口孝史・青木裕太・佐藤好邦・田上誠二:「スマートグリッドにおける相互運用性確保の一考察」,平成26年電気学会全国大会, 4-S26-4 (2014)
(24) 小坂忠義・小林延久:「スマートグリッド—需要家間システム・インタフェースの標準化動向とユースケースに関する一考察」, 平成27年電気学会産業応用部門大会, 5-S13-6 (2015)
(25) OpenADR Alliance, OpenADR2.0 Profile Specification (2013)
(26) IEC TR 62351-10 "Power systems management and associated information exchange—Data and communications security—Part 10 Security architecture guidelines"
(27) CIGRE Report "Security Frameworks for Electric Power Utilities", WG D2.22, 2008, Electra (2008-12)
(28) IEC TR 62357 "Power system control and associated communications—Reference architecture for object models, services and protocols" (2003)
(29) NEDOセミナー:「スマートコミュニティ分野への取り組み」(2013-08-30)
http://www.nedo.go.jp/content/100540438.pdf
(30) 水野 修・小林延久・曽根高則義:「スマートグリッドサービスにおけるセキュリティ要件の抽出」, 電気学会生産設備管理研究会資料, PCF-12-004 (2012-01)
(31) 水野 修・小林延久・曽根高則義:「スマートグリッドサービスのセキュリティ要件」, 電気学会全国大会論文集, 4-S17-4 (2012-03)
(32) 水野 修・林 等・小林延久:「スマートグリッドサービスにおけるセキュリティ要件の検討」, 電気学会生産設備管理研究会資料, PFC-13-003 (2013-07)
(33) NIST SP 800-30, Risk Management Guide for Information Technology Systems (2002-06)
http://csrc.nist.gov/publications/nistpubs/800-30/sp800-30.pdf
(34) 北上市・北上オフィスプラザ・JX日鉱日石エネルギー・NTTファシリティーズ:「北上市スマートコミュニティ導入促進事業あじさい型スマートコミュニティ構想モデル事業」, 経済産業省次世代エネルギー・社会システム協議会(第15回)配布資料
http://www.meti.go.jp/committee/summary/0004633/pdf/015_04_00.pdf (2012)
(35) 今井 毅・山口順之・小林延久・野口孝史・三塚高志・水野 修・藤原正裕:「東北プロジェクトユースケース調査報告」, 電気学会生産設備管理研究会資料, PFC-14-010 (2014-01)
(36) 藤江義啓・水野 修・久保亮吾・小林延久・井口慎也・田上誠二・川崎琢磨・前川智則・杉原裕正・中川善継:「東北プロジェクトスマートグリッドセキュリティ調査報告」, 電気学会スマートファシリティ研究会資料, SMF-14-034 (2014-04)
(37) 水野 修・藤江義啓・久保亮吾・小林延久・井口慎也・田上誠二・川崎琢磨・前川智則・杉原裕征・中川善継:「東北プロジェクトスマートグリッドセキュリティ調査報告」, 電気学会産業応用部門大会講演論文集, Vol. 5, pp. 81-86 (2014-08)
(38) 三塚高志・山口順之・小林延久・今井 毅:「東北スマートコミュニティ事業のユースケース調査・分析」, 電気学会スマートファシリティ研究会資料, SMF-14-050 (2014-11)
(39) 久保亮吾・水野 修・藤江義啓・小林延久・井口慎也・田上誠二・横山健児・前川智則・杉原裕征・中川善継:「東北スマートコミュニティプロジェクトにおけるスマートグリッドセキュリティ要件のフィージビリティ検証」, 電気学会スマートファシリティ研究会資料, SMF-14-052 (2014-11)
(40) 需要設備向けスマートグリッド実用化技術調査専門委員会編:「需要設備向けスマートグリッド実用化技術」, 電気学会技術報告, Vol. 1283 (2013)
(41) スマートグリッドにおける需要家施設サービス・インフラ調査専門委員会編:「スマートグリッドにおける需要家施設サービス・インフラ」, 電気学会技術報告, Vol. 1332 (2015)
(42) IEEE Std 2030-2011 "Guide for Smart Grid Interoperability of Energy Technology and Information Technology Operation with the Electric Power System (EPS), End-Use Applications, and Loads" (2011-09)
http://grouper.ieee.org/groups/scc21/2030/2030_index.html [2010]
(43) H. Hayashi, O. Mizuno, and N. Kobayashi : "Security Requirements for Smart Grid Services in Japan", Proc. IEEE PES Asia–Pacific Power and Energy Engineering Conference (APPEEC), pp. 1-4 (2013-12)
(44) 宮崎祐行・小林延久:「日本におけるスマートグリッドのシステム概念参照モデルとシステム要件」, 電気学会生産設備管理研究会資料, PFC-12-001 (2012-01)
(45) 日本セキュリティ監査協会:「クラウドサービスを安全に活用するための情報セキュリティ監査の利用促進に

参考文献

　　　向けた取り組みについて」
　　　http://www.jasa.jp/jcispa/downloadf/pdf2012/2012_cloud_doc01.ppd［2012］
(46) 小林延久・田中立夫・山口順之・三井博隆・水野　修：「電気学会SGTECにおける需要家に向けたスマートグリッドサービス実用化検討状況」，平成24年産業応用部門大会，5-S7-1（2012-08）．
(47) 林　等・水野　修・小林延久：「スマートグリッドシステムのセキュリティ要件」，電気学会産業応用部門大会（2013-08）
(48) EIS Alliance, "Energy Information Standards (EIS) Alliance Customer Domain Use Cases"
　　　http://www.eisalliance.org/documents.html［2010］
(49) 伊藤　聡・島田　毅・神田　充：「スマートグリッドにおける情報セキュリティ技術」，東芝レビュー，Vol. 66 No. 11，（2011-11）
(50) 戸部　晃・荒井典大・水野　修：「スマートグリッドにおける情報分散のためのデータ分割伝送方式」，2013電子情報通信学会総合大会，B-18-9（2013-03）
(51) 情報処理推進機構：「情報セキュリティ教本改訂版」，実教出版（2007）
(52) 金融情報システムセンター，https://www.fisc.or.jp/

おわりに

　電力需給最適化による電力安定供給および温室効果ガス削減による地球環境保全を狙いとして，スマートグリッドの開発，標準化，実証試験が世界規模で展開されて久しい．しかし，このスマート社会を実現する一要素として重要な社会インフラである電力需給システムの一大改革は未だ途上にあると言わざるを得ない．

　日本では，東日本大震災によるエネルギー需給環境の劇的変化に伴い，エネルギー安全保障と防災・減災を目的とする実証事業，電力の完全自由化に向けた電力システム改革および再生可能エネルギーを含む需要家の分散型電源の活用などの検討がなされている．これら技術の必要性は継続的に叫ばれているものの，電気事業者と需要家の連携による電力需給最適化のための技術は未だ実用化に向けた課題が多い．

　スマートグリッドの構築には，電力の供給，需要双方にメリットがあり，かつ，社会の持続的な発展など総合的な視点から，関係するシステムの全体最適化を目指すことが肝要である．また，スマートグリッドの提案，開発に先行する欧米の動向を取り込み，国際標準への適合を図り，技術的ガラパゴス化を防止することが重要である．しかし，これらと並行し，日本固有の社会経済状況，文化風土などを踏まえたニーズを実現する技術の開発を進め，足元を固めるなかから，日本の強みとなる技術を海外に発信し，その事業展開を図らなければならない．

　海外では国際電気標準会議（IEC：International Electrotechnical Commission），米国国立標準技術研究所（NIST：National Institute of Standards and Technology）を中心に，スマートグリッドに関する標準化，実証試験による技術蓄積が進んでいる．これらの技術は，単に技術としてのみでなく，関係する各国，地域の政策，経済戦略を背景とするものである．よって，これらを技術として理解するだけでは，日本の実情に合うものとすることができないばかりか，海外における競争において，日本の強みとならない．

　スマートグリッドは電力インフラという国，地域の根幹をなす基盤の一つであり，独自に保持せねばならない技術であるとともに，海外展開を図り得る技術でもある．日本の電力供給は電気事業者の努力によって，世界に冠たる信頼性を誇っている．安心，安全が当たり前の日本の文化風土のなか，確実で強靭なシステムの上に，電気事業者と需要家が有機的に連携した付加価値の高いサービスを創造することができれば，日本の海外展開において，大きな競争力となるものと考える．

　まず，国際標準を理解し，その流儀にそって，システム開発を行うことが前提となるが，関係設備，システムの連携により，いかに付加価値を創造するかを考えることが重要である．日本で進行する電力システム改革により創設される電力市場などの動向を見据え，そのなかで国際的に通用するサービスを生み出さねばならない．スマートグリッドの開発者が関係する全てのステークホルダに経済性，環境性，快適性などにわたる有益なサービスを提供する夢を持ち，これに向けた課題の克服に取組むことを期待する．

　また，電力分野の技術者のみでなく，情報通信，交通，医療，水道など，様々な社会システム分野の技術者が衆知を集め，連携，協調することで，電力エネルギーを基軸とした新たなサービスが

産み出される可能性がある．スマートグリッドの情報モデルによるシステム連携技術は電力分野のみでなく，複数の社会システムの連携に共通な技術と言える．日本では安心・安全，便利で，強靭で効率的な社会の実現を目指す超スマート社会（「Society 5.0」）の構築の動きがある．このためには複数のインフラが連携する必要があり，本書で解説した技術が充分に活用できるものと信じている．日本の多くの分野のシステム技術者に，本書を利用して頂きたいと願っている．

2016 年 12 月

電気学会産業応用部門スマートファシリティ技術委員会
スマートグリッドに関する電気事業者・需要家間サービス基盤技術調査専門委員会

委員長　柳原　隆司
幹　事　小林　延久

索　　引

●あ●

アーキテクチャ相互運用性視点 …………… 109
アキュムレータオブジェクト ……………… 305
アクセス権限 ……………………………… 405
アクセスコントロール ……………………… 406
アクタ ………………… 52, 98, 107, 260, 396
アクティブ期間 …………………………… 170
アグリゲーション ……………………… 319, 321
アグリゲーションビジネス …………………… 9
アグリゲータ ……… 4, 260, 281, 306, 319, 324, 329
アトリビュート …………………………… 229
アブストラクトコンポーネント ……………… 216
アプリケーション ………………………… 329
アプリケーションアーキテクチャ …………… 40
アプリケーションインタフェース …………… 298
アプリケーションエンティティ ……………… 150
アプリケーションシステム ………………… 351
アプリケーション対応プロトコル …………… 151
アプリケーション統合 ……………………… 217
アメリカ暖房冷凍空調学会 ………………… 56
暗号化 ……………………………………… 408
アンシラリーサービス …………… 13, 19, 170
安全性 ……………………………………… 375
安定供給 …………………………………… 286

●い●

一般電気事業者 ……………………………… 2
イニシエート ……………………………… 301
違反の深刻さ ……………………………… 390
イベント ……………………………… 170, 332
イベント期間 ……………………………… 170
イベントシグナル ………………………… 170
イベントタイプ …………………………… 171
イベントターゲット ……………………… 170
イベント通知期間 ………………………… 170
イベントプラン …………………………… 302
イベントポリシー ………………………… 302
インシデント ……………………………… 379
インシデントレスポンス ………………… 380
インスタンス ……………………………… 357
インセンティブ ………………… 320, 323, 324
インセンティブ型 …………………………… 4
インセンティブ型デマンドレスポンス実証 …… 278
インセンティブ単価 ……………………… 326
インターオペラビリティ ………………… 297
インターネット …………………………… 262

インターネット技術タスクフォース ………… 149, 151
インターネットを使用したプログラム制御
　プロトコル ……………………………… 134
インテリジェンス ………………………… 438
インテリジェント電子装置 ………………… 390
インバランス料金 …………………………… 3
インベント ………………………………… 329

●う●

運転制約 …………………………………… 221
運転予備力 ………………………………… 20
運輸部門 …………………………………… 313
運用者向け認証 …………………………… 388
運用的コントロール ……………………… 405

●え●

エグゼキュート …………………………… 302
エッジコンピューティング ………………… 436
エネルギー・リソース・アグリゲーション・
　ビジネス検討会 ……………………… 9, 283
エネルギー管理 ……………………… 158, 162
エネルギー管理ゲートウェイ ……………… 30
エネルギー管理サービスインタフェース
　エネルギーマネジャ …………………… 135
エネルギー管理システム ……… 8, 133, 258, 425
エネルギー供給者 ………………………… 175
エネルギー協調利用 ……………………… 170
エネルギー削減 …………………………… 313
エネルギーサービスインタフェース
　………………………… 57, 109, 287, 299
エネルギーサービス会社 …………………… 60
エネルギーサービスプロバイダインタフェース …… 134
エネルギー市場取引 ……………………… 170
エネルギー使用情報モデル ………………… 32
エネルギー使用情報モデルおよびその標準 …… 76
エネルギー使用情報利用 ………………… 32
エネルギー相互運用技術協会 ……………… 261
エネルギー取引 …………………………… 170
エネルギーマネジメントシステム …………… 97
エネルギーメータ利用ポイント …………… 168
エネルギー融通 …………………………… 93
エネルギー抑制制御 ……………………… 322
エネルギー利用情報モデル ………………… 134
エネルギールータ ……………………… 169, 179
エリア ……………………………………… 382
エレメント ………………………………… 122
遠隔監視サービス ………………………… 98

451

索　引

遠隔空調省エネサービス ································ 322
エンティティ ·· 109
遠方監視制御 ··· 392

● お ●

欧州委員会 ·· 382
欧州自由貿易連合 ·· 382
欧州通信標準協会 ·· 148
欧州電気通信標準化機構 ······················· 106, 382
欧州電気標準化委員会 ··························· 106, 382
欧州ネットワーク情報セキュリティ庁 ·············· 395
欧州標準化委員会 ································· 106, 382
欧州連合 ··· 106
オートメーションソリューション ············ 411, 415
オブジェクト ····································· 295, 308
オブジェクトクラス ····································· 358
オブジェクト指向 ·· 130
オブジェクトマネージメントグループ ·············· 130
オプション ·· 278
オープン自動デマンド応答 ···························· 298
オープンソースインスタントメッセンジャ ········ 151
オープンデマンドレスポンスアライアンス ········ 134
オープンネットワーク基盤 ···························· 149
オペレーション ·· 130
卸電力 DR 通信プロトコル ······························ 23
卸電力取引所 ··· 17
オントロジー ···································· 127, 138

● か ●

改ざん ··· 441
回復期間 ··· 170
開閉器 ··· 169
回路クラス ·· 170
価　格 ··· 171
鍵配布センタ ··· 392
拡張可能なマークアップ言語 ·················· 134, 262
拡張可能なメッセージ・表示通信プロトコル
　　　　　　　　　　　　　　　　　　　 147, 262
可視性 ··· 131
仮想 LAN ··· 408
仮想専用ネットワーク ·································· 392
仮想ネットワーク機能 ·································· 148
仮想マシン ·· 426
型 ·· 131
家庭内 IP ネットワーク ································· 351
家庭内ネットワーク ····································· 347
家庭内表示器 ··· 37
家庭部門 ··· 313
家電機器通信規格 ·· 134
可用性 ··· 378
カリフォルニア ISO ······································ 20

カレンダオブジェクト ·································· 304
管轄範囲 ··· 220
監　視 ··· 220
監視制御システム ·· 214
監視ツール ·· 408
完全性 ··· 378
関　連 ··· 131
関連性 ··· 122
関連端 ··· 131

● き ●

機械間通信技術 ·· 436
規格適合単位 ··· 173
規格の更新手順 ·· 106
規格のリスト ··· 106
基幹オープン化ネットワーク ························· 288
機　器 ··· 353
機器オブジェクトスーパークラス ··················· 358
機器間通信プロトコル ·································· 151
機器の立ち上がり期間 ·································· 170
技術仕様書 ·· 410
技術的コントロール ····································· 405
技術報告 ··· 388
基準電力量 ·· 319
基礎的要求事項 ··································· 410, 412
既存 CIM 拡張 ·· 154
北九州市実証プロジェクト ······························ 61
機能領域 ··· 107
規範的情報モデル ·· 148
規模の経済性 ··· 14
機密性 ··· 378
強化要件 ··· 412
供給可能発電機クラス ·································· 168
供給集計 ·· 165, 182
共通サービスエンティティ ···························· 150
共通情報モデル ····················· 23, 157, 209, 237, 281
業務部門 ··· 313
強力な認証 ·· 408
緊急ピーク時課金 ·· 326
金融取引 ·· 16

● く ●

クラウド型のエネルギー管理支援サービス ········ 320
クラウドコンピューティング ························· 436
クラウドサービス ································ 320, 436
クラス ··· 357
クラスグループ ·· 357
クラス図 ··· 130
クラスパッケージ ·· 130
クラス名 ··· 131
グループマネージャ ····································· 366

け

計画・実行・評価・改善サイクル	385
計画値同時同量	3
計画停電	257
継承	131
計測	221
系統設備	220
系統トポロジー	220
系統利用者	25
けいはんな実証プロジェクト	61
契約電力	314
計量	158
ゲートウェイ	239, 329, 426
ゲートクローズ	16
現在集計データ	187
検針パッケージ	224
現物取引	16

こ

コア	220
コアパッケージ	212
高圧需要家	285
広域ネットワーク	347
交換可能なエネルギー	281
構成要素	163
交通信号コンセプト	25, 95
小売事業者	3, 260
国際規格	388
国際計測制御学会	409
国際電気標準会議	10, 104, 281, 386, 409
国際標準化機構	135, 386
国立標準技術研究所	381
技術ユースケース	28
故障	441
個人情報	441
固定価格買取制度	6, 344
コードインジェクション	441
コミット型リベート	326
コンジット	412
コンテキストプロファイル	210
コンテキストモデル	210
コントローラ	351
コントローラクラス規定	361
コンフォーマンスルール	278
コンポーネントインタフェース	215
コンポーネントクラス	130

さ

再エネ賦課金	345
再生可能エネルギー	6, 87, 97, 238, 289, 342
再生可能エネルギー発電促進賦課金	345
サイバーセキュリティ	106
サイバーセキュリティ管理システム	388
サイバーセキュリティに関するガイドライン	382
サイバーセキュリティワーキンググループ	393
先物取引	16
先渡取引	16
削減可能負荷	167
削減可能負荷クラス	191
サードパーティ	36
サーバ Push	329
サービスインタフェース	287, 297
サービス品質	435
サービス品質保証	437
サービス品質保証契約	56
サービスプロバイダ	245, 286, 298, 306, 311, 329, 411
サービス要素	295
サブクラス	132
サプライチェーン	440
産業用自動制御システム	388, 409

し

時間間隔	172
時間帯別料金	4, 326
時間前市場	8
事業継続計画	159, 440
シグナル	170
時系列データ	174, 187
シーケンス	52, 187
シーケンス図	53
市場取引	260
システム概念参照モデル	102, 117
システム構築者向け認証	388
システムユースケース	52
システム要件	412
次世代エネルギー・社会システム実証マスタープラン	60
次世代エネルギー・社会システム実証事業	323
施設向けスマートグリッド情報モデル	135
自然エネルギー	342
実行	176
自動検針システム	234
自動データ交換	35
自動デマンドレスポンス	261
自動発電機制御	20
シナリオ	52
遮断器	221
主アクタ	52
周期的 Pull 読出し	332
集計	158, 163, 182

集計クラス	163
集合	158, 163
集合クラス	163
収集	305
集積	305
周波数調整	21
集約	131
従量型リベート	326
需給調整	3, 90, 257, 310
需給調整契約	4
需給調整力	14
需給バランス調整機関	389
需要家	41, 285, 306
需要家エネルギー管理システム	78, 248
需要家側設備	98
需要家側マネージャ	98
需要家サービスインタフェース	98
需要家施設情報モデル	157
需要家電気設備	285
需要家電力管理システム	124
需要家ドメイン	286, 289, 297
需要家ドメインモデル	287
需要削減	343
需要集計	165, 174, 182
需要設備	309
需要のスマート化	3
需要反応	3
需要抑制	189, 317
需要予測	313, 317
需要予測法	317
純需要集計	165, 182
瞬動予備力	20
省エネビル推進協議会	288
小規模ビル需要家	288
状態変化アナウンス	354
状態変数	220
使用場所クラス	212
商品	171
状変時アナウンス	354
情報セキュリティポリシー	378
情報セキュリティマネジメントシステム	387
情報通信技術	258
情報通信技術委員会	362
情報モデルの対応付け	148
情報モデルの調和	148
情報ルート	317
商用ユースケース	28
シングルプライスオークション	326
シングルボックスゲートウェイ	300
信頼度コーディネータ	389
信頼度標準	389

● す ●

垂直統合体制	14
推定負荷曲線	249
スキーマ	231
スコープ	52
ステークホルダ	380
ストラクチャビューオブジェクト	298
ストレージ	329
スーパークラス	132, 357
スマコミ	68
スマート BEMS	324
スマートグリッド	1, 96, 286, 297, 310
スマートグリッドアーキテクチャモデル	106, 120, 395
スマートグリッド構築ガイドライン	105
スマートグリッド情報セキュリティガイドライン	417
スマートグリッド接続点	29, 53, 245
スマートグリッド相互運用性検討パネル	22, 56, 261
スマートグリッド相互運用性参照モデル	109
スマートグリッド調整グループ	24, 106, 119, 247, 382, 395, 417
スマートグリッドデータ保護クラス	418
スマートグリッドのサイバーセキュリティに関するガイドライン	381
スマートグリッド平面	120
スマートコミュニティ	1
スマートコミュニティ導入事業	68
スマートハウス・ビル標準・事業促進検討会	258
スマートメータ	313, 439
スマートメータゲートウェイ	30
スマートメータシステムセキュリティガイドライン	386

● せ ●

制御システムセキュリティセンター	383
制御所間通信	392
制御所計算機システム	392
整合性ブロック	159
セキュリティ	374, 377, 424, 436
セキュリティアーキテクチャ	406, 415
セキュリティインシデント	432
セキュリティ影響レベル	430
セキュリティカテゴリ	422, 427
セキュリティ監視	408
セキュリティコントロール	406
セキュリティ対策	431
セキュリティドメイン	403
セキュリティビューア	418
セキュリティマネジメントシステム	410
セキュリティ要求事項	401

セキュリティ要求分析 …………………………… 396
セキュリティ要件 ………………………………… 428
セキュリティレベル ……………………………… 395
節減可能負荷 ……………………………………… 301
節減制御 …………………………………………… 301
接続線パッケージ ………………………………… 212
ゼロコンフィグ …………………………………… 340
先進構造化情報標準化機構 …………… 105, 151, 261
先進メータリング基盤 …………………… 114, 289

● そ ●

相互運用階層 ……………………………………… 120
相互運用性 ……………………………… 125, 258, 295
相互作用 …………………………………………… 122
相互認証 …………………………………………… 408
操　作 ……………………………………………… 130
相対取引 …………………………………………… 15
装　置 ……………………………………………… 165
装置クラス ……………………………… 163, 165, 212
装置ベンダ向け認証 ……………………………… 388
送電系統運用者 …………………………………… 18
送電事業者 ………………………………… 218, 389
送電使用権の取引 ………………………………… 14
送配電事業者 ……………………………………… 3
送配電システム向け共通情報モデル拡張 ……… 211
双方向接続装置 …………………………… 169, 180, 182
属　性 ……………………………………… 130, 229
属性名称 …………………………………………… 131
ソーシャルエンジニアリング …………………… 441
ソフトウェア定義ネットワーク ………………… 442
ソフトウェア定義ネットワーク技術 …………… 149
ゾーン ……………………………………… 121, 412

● た ●

ダイアグラムレイアウト ………………………… 221
大規模需要家 ……………………………………… 314
大規模電力システム ……………………………… 389
待機予備力 ………………………………………… 20
太陽光発電 …………………………… 6, 159, 169, 313
多重度 ……………………………………… 131, 225
ダックカーブ ……………………………………… 20
奪　取 ……………………………………………… 441
単方向接続装置 …………………………………… 169

● ち ●

地域エネルギーマネジメントシステム
　　　…………… 61, 68, 124, 198, 238, 248, 262, 426
地域再生可能エネルギー由来電気事業者 ……… 87
地域サービスプロバイダエネルギー管理システム … 84
地域省エネルギーサービス事業者 ……………… 87
地域送電機関 ……………………………………… 14
地域送配電事業者 ………………………………… 17
地域電力制御システム …………………………… 123
地域ビル群エネルギー管理モデル ……………… 84
蓄電・蓄熱設備 …………………………………… 309
中間者攻撃 ………………………………………… 441
中小規模需要家 …………………………………… 288
中小需要家 ………………………………………… 314
中大規模ビル需要家 ……………………………… 287
直接負荷制御 ……………………………………… 75
直　流 ……………………………………………… 221

● つ ●

ツイストペア ……………………………………… 369
通信仕様 …………………………………………… 109
通信プロトコル …………………………………… 10

● て ●

低圧需要家 ………………………………………… 286
適合性規定 ………………………………………… 278
デジュリスタンダード …………………………… 364
データ ……………………………………………… 130
データアーキテクチャ …………………………… 41
データ保管者 ……………………………………… 41
データマイニング ………………………… 313, 319
データモデル ……………………………………… 312
手続的コントロール ……………………………… 405
デバイス …………………………………………… 150
デマコン …………………………………………… 305
デマンド …………………………………………… 3
デマンド管理 ……………………………………… 316
デマンド管理装置 ………………………… 313, 317
デマンドコントロール …………………………… 305
デマンド時限 ……………………………………… 314
デマンド制御 ……………………………… 313, 317
デマンドの手動制御 ……………………………… 314
デマンド抑制法 …………………………………… 315
デマンドレスポンス ………………… 3, 21, 27, 174
　　191, 237, 242, 257, 289, 298, 300, 306, 314, 319, 329
デマンドレスポンス・インターフェース仕様書
　　　……………………………………… 278, 307
デマンドレスポンス管理サーバ ……… 243, 330, 426
デマンドレスポンスタスクフォース ……… 74, 259
デリバティブ取引 ………………………………… 16
テレコントロール ………………………………… 392
電圧調整力 ………………………………………… 14
電気エネルギーサービスインタフェース ……… 257
電気エネルギーシステム ………………………… 2
電気回路接続点クラス …………………………… 170
電気事業者 ………………………………………… 285
電気事業者主導 DR モデル ……………… 78, 87
電気自動車 ………………………………………… 238

455

索　引

電気メータ･････････････････････････････ 168
電気料金型･････････････････････････････ 4
電源切換装置･･････････････････ 169, 180, 182
天候気象情報･･･････････････････････････ 172
伝送遅延時間･･･････････････････････････ 334
伝送メディア･･･････････････････････････ 353
電力アクセス制御・監視システム･･･････････ 389
電力供給サービス･･･････････････････････ 170
電力供給網･････････････････････････････ 287
電力系統監視制御システム･･･････････････ 399
電力系統切換装置･･･････････････････････ 169
電力現物取引所･････････････････････････ 17
電力削減モデル･････････････････････････ 312
電力削減量･････････････････････････････ 319
電力市場･･･････････････････････････････ 14
電力市場運用パッケージ･････････････････ 226
電力市場管理パッケージ･････････････････ 226
電力市場共通パッケージ･････････････････ 226
電力市場取引･･･････････････････････････ 171
電力市場向け共通情報モデル拡張･････････ 211
電力需給情報･･････････････････････ 32, 313
電力需給逼迫･･･････････････････････････ 257
電力需要予測･･･････････････････････････ 317
電力消費量･････････････････････････････ 3
電力制御システムセキュリティガイドライン･･･ 386
電力損失･･･････････････････････････････ 382
電力データ制御システム･････････････････ 123
電力デマンド監視オブジェクト･････････････ 305
電力デマンド制御オブジェクト･････････････ 305
電力デリバティブ市場･･･････････････････ 17
電力デリバティブ取引･･･････････････････ 18
電力取引･･･････････････････････････････ 14
電力取引業者･･･････････････････････････ 218
電力取引市場･･･････････････････････････ 8
電力取引所･････････････････････････ 14, 17
電力取引情報･･･････････････････････････ 170
電力負荷制御･･･････････････････････････ 310
電力融通･･･････････････････････････････ 2
電力融通調整機関･･･････････････････････ 389
電力量取引･････････････････････････････ 14

● と ●

ドイツ連邦水道・エネルギー連合会･･･････ 25
統一モデリング言語･････････････････････ 130
統合 BEMS･･････････････････ 61, 319, 324
統合ホームネットワークシステム･････････ 372
東大グリーン ICT プロジェクト･･･････････ 328
盗　聴･････････････････････････････････ 441
動的価格シグナル･･･････････････････････ 170
盗　難･････････････････････････････････ 441
東北スマートコミュニティ事業･･････ 197, 237, 383, 425

特性カーブクラス･･･････････････････････ 190
特定小電力無線･････････････････････････ 314
特別高圧（特高）需要家･････････････････ 285
独立系統運用者････････････････････ 17, 218
ドメイン･･････････････････････ 107, 121, 221
ドメインエンティティモデル･････････････ 421
豊田市実証プロジェクト･････････････････ 61
トリガイベント･････････････････････････ 54
取引所取引･････････････････････････････ 15
取引単位･･･････････････････････････････ 15

● な ●

なりすまし･････････････････････････････ 441

● に ●

日負荷曲線･････････････････････････････ 315
日本型スマートグリッド･････････････････ 434
日本スマートコミュニティアライアンス･･･ 74
日本電気技術規格委員会･････････････････ 386
日本版 ADR 実証･･･････････････････････ 279
認証機関･･･････････････････････････････ 37
認証サードパーティ･････････････････････ 41

● ね ●

ネガワット･･･････････････････････ 4, 319, 326
ネガワットアグリゲーション･････････････ 326
ネガワット型デマンドレスポンス･････････ 200
ネガワット取引･･･････････････････ 4, 75, 326
ネガワット取引市場･････････････････････ 9
ネットワークインタフェース･････････････ 425
ネットワーク機器･･･････････････････････ 150
ネットワーク機能仮想化･････････････････ 148
ネットワーク機能仮想化技術･････････････ 442
ネットワークサービスエンティティ･･･････ 150
ネットワークセグメンテーション･････････ 407
ネームスペース･････････････････････････ 131

● の ●

ノードプロファイルオブジェクト･････････ 361

● は ●

廃棄物質メータ･････････････････････････ 168
配　線･････････････････････････････････ 221
配電管理システム･･･････････････････････ 133
配電業者･･･････････････････････････････ 218
配電系統運用者･････････････････････････ 18
配電事業者･････････････････････････････ 389
ハイパーテキストトランスファープロトコル･･･ 262
バーチャルエンドノード･････････････････ 147
バーチャルトップノード･････････････････ 147
パッケージ･････････････････････････ 130, 210

索　引

発　電 …………………………………… 158, 219
発電機 …………………………………… 167, 221
発電機クラス ………………………………… 167
発電機構成要素 ……………………………… 167
発電業者 ……………………………………… 218
発電事業者 ………………………………3, 18, 389
発電設備 ……………………………………… 309
発　動 ………………………………………… 175
パート ………………………………………… 210
パブリック …………………………………… 132
パブリックデータ …………………………… 215
パラダイム転換 ………………………………… 1
汎　化 ………………………………………… 131
汎用品 ………………………………………… 412

● ひ ●

ピークカット ……………… 243, 311, 317, 323, 325
ピーク削減 …………………………………… 343
ピークシフト …………… 242, 310, 317, 323, 325, 343
ピーク時リベート …………………………… 326
ビジネスサブファンクション ……………… 216
ビジネスファンクション …………………… 216
ビジネスユースケース ……………………… 52
必須事項 ……………………………………… 278
否　認 ………………………………………… 441
否認防止 ……………………………………… 403
非武装地帯 …………………………………… 407
標準オブジェクト …………………………… 295
標準開発組織 ………………………………… 32
標準化指令 M/490 …………………………… 106
標準規格一覧 ………………………………… 41
ビルエネルギー管理システム ……… 61, 248, 330, 426
ビルエネルギー管理モデル ………………… 81
ビル管理システム ……………………… 70, 239, 426
ビル群（街区）エネルギー管理システム …… 84
ビルコントローラ …………………………… 288
品質管理 ……………………………………… 408

● ふ ●

ファイアウォール …………………………… 407
フィージビリティスタディ ………………… 425
フェイルセーフ ……………………………… 440
負　荷 ……………………………… 158, 167, 169, 221
負荷管理 ……………………………………… 27
負荷クラス …………………………………… 167
負荷構成要素 ………………………………… 167
負荷削減要請 ………………………………… 301
負荷制御 ……………………………………… 190
負荷節減制御 ………………………………… 302
負荷モデル ……………………………… 212, 219
負荷モデルパッケージ ……………………… 212

輻　輳 ………………………………………… 441
符号化データユニット ……………………… 295
不測事態 ……………………………………… 221
物理アクセス制御システム ………………… 389
物理的コントロール ………………………… 405
プライバシー ………………………………… 375
ブリッジ ……………………………………… 210
プロジェクトコミッティ118 ………………… 153
ブロードキャスト型 ………………………… 261
プロトコル階層 ……………………………… 308
プロパティ ……………………………… 130, 295, 357
プロパティマップ …………………………… 358
プロファイリング …………………………… 132
プロファイル ………………………………… 210
分散 DoS 攻撃 ………………………………… 441
分散型エネルギー …………………………… 8
分散型システム ……………………………… 3
分散型電源 ……………………………… 258, 313

● へ ●

米国エネルギー情報標準団体 ……………… 55
米国エネルギー相互運用技術協会 ………… 154
米国国立標準技術研究所 …… 22, 105, 261, 286, 393, 396
米国国立ローレンスバークレー研究所 …… 257
米国暖房冷凍空調学会 ………………… 134, 292
米国電機工業会 ……………………………… 134
米国電気電子学会 …………………………… 105
米国電力研究所 ………………………… 55, 136
米国農業電力協同組合 ………………… 23, 136
米国連邦エネルギー規制委員会 …………… 389
ペイロード ……………………………… 232, 262
ベースカット ………………………………… 310
ベースライン ……………………… 5, 281, 319, 326
ヘッダ ………………………………………… 232
変圧器 ………………………………………… 222
変換装置 GW ………………………………… 321
変電所自動化 ………………………………… 392

● ほ ●

法規制やコンプライアンスコントロール …… 405
北米エネルギー規格委員会 ……… 76, 105, 134, 261
北米電力信頼度協議会 ……………………… 381
保　護 ………………………………………… 219
補助機器 ……………………………………… 221
母　線 ………………………………………… 221
ホームエネルギー管理システム ……… 248, 379
ホームゲートウェイ ………………………… 372
ホームネットワーク ………………………… 340
ホームネットワーク通信インタフェース
　実装ガイドライン ………………………… 362
ホワイトリスト ……………………………… 408

457

索　引

● ま ●

マーケットカップリング ……………………… 17
マルウェア ……………………………………… 441
マルウェア保護 ………………………………… 408

● み ●

見える化 ………………………………………… 43
見える化サービス ……………………………… 321
みなし Ethernet ………………………………… 356
民生部門 ………………………………………… 313

● め ●

メソッド ………………………………………… 130
メータ …………………………………………… 168
メータクラス …………………………………… 168
メータ構成要素 ………………………………… 168
メータデータ管理システム …………………… 234
メータリングチャネル ………………………… 30
メータリングパッケージ ……………………… 212
メッセージ交換手順 …………………………… 134
メッセージコンテンツモデル ………………… 211
メッセージ指向通信プロトコル ……………… 152

● も ●

モニタリングシステム ………………………… 98
モノのインターネット技術 …………………… 436

● ゆ ●

優先行動計画 …………………………… 22, 56, 261
優先順序 ………………………………………… 249
ユースケース ………………… 51, 60, 98, 260, 299
ユースケース図 ………………………………… 53
ユースケーステンプレート …………………… 53
ユーティリティ ………………………………… 36
ユビキタスグリーンコミュニティ制御ネットワーク
　………………………………………………… 328

● よ ●

要求番号 ………………………………………… 429
横浜スマートシティプロジェクト ……… 61, 319, 323
予防対策 ………………………………………… 408

● り ●

リアルタイム市場 ………………………………… 8, 21
リアルタイム性能 ……………………………… 331
リスクの大きさ ………………………………… 390
リスクマネジメント …………………………… 380
利用可能な標準 ………………………………… 281
利用期間 ………………………………………… 168
料金誘導 ………………………………………… 74

利用集計 ………………………………………… 168
履歴データ ……………………………………… 187
倫理的・法的・社会的課題 …………………… 374

● る ●

類型 1 …………………………………………… 5
類型 2 …………………………………………… 5
ルータ接続点 …………………………………… 169
ルール集合 ………………………………… 163, 182
ルール集合クラス ……………………………… 163

● れ ●

レガシーアプリケーション …………………… 215
レガシーラッパ ………………………………… 215
レジストリー …………………………………… 329
連系線 …………………………………………… 261
連邦エネルギー規制委員会 …………………… 17, 19

● ろ ●

ロール …………………………………………… 405
ロールベースアクセス制御 ……………… 392, 408
ロール名 ………………………………………… 131
論理インタフェース ………………… 396, 422, 427
論理インタフェースカテゴリ ……………… 399, 416
論理コンポーネント …………………………… 40
論理的脅威 ……………………………………… 378
論理ビュー ……………………………………… 220

● A ●

A ルート ………………………………………… 317
Abstract Component …………………………… 216
ACC オブジェクト ……………………………… 305
Active Stage …………………………………… 302
Addendum 135-2012am ………………………… 309
ADE ……………………………………………… 35
ADR ……………………………………………… 261
AE ………………………………………………… 150
AGC ……………………………………………… 20
AI オブジェクト ………………………………… 305
AMI ……………………… 37, 114, 234, 289, 313, 317
AMI インタフェース …………………………… 316
AMI ネットワーク ……………………………… 316
AMQP …………………………………………… 152
Analog Output Object ………………………… 305
ANSI ASHRAE 規格 135-1995 ………………… 294
ANSI/ASHRAE/NEMA Standard 201-2016 …… 298
API ……………………………………………… 298
APP ……………………………………………… 329
ASHRAE ………………………… 56, 134, 292, 298
ASHRAE/NEMA SPC201P ……………………… 309
ASHRAE SPC201 ………………………………… 56

458

B

Bルート ……………………………………… 317
Bルートインタフェース ……………………… 362
BA ………………………………………………… 389
BACnet ………………………… 10, 159, 287, 294, 307
BACnetオブジェクト ………………………… 295
BACnetサービス ……………………………… 295
BACnet通信プロトコル ……………………… 297
BACnet負荷制御オブジェクト ……………… 298
BACnet 135-2012 ……………………………… 308
BACnet 1995 …………………………………… 294
BACnet 2001 …………………………………… 294
BACnet 2004 …………………………………… 294
BACnet 2008 …………………………………… 294
BACnet 2010 …………………………………… 294
BACnet 2012 …………………………………… 294
BACnet/IP ………………………………… 289, 297
BACnet MS/TP …………………………… 289, 297
BACnet/WS ……………… 289, 297, 309, 312, 321
BACS ……………………………………………… 291
BAS …………………………………… 70, 239, 426
B-BC ……………………………………… 288, 297
BCP ………………………………………… 159, 440
BCS ……………………………………………… 389
BDEW ……………………………………… 25, 27
BEMS …………………………………………… 61, 98
　　239, 248, 287, 296, 306, 309, 319, 321, 323, 330, 426
BES ……………………………………………… 389
BESサイバーシステム ……………………… 389
B-OWS ………………………………… 288, 297, 305
BVLL …………………………………………… 308

C

Cルート ………………………………………… 317
CAISO …………………………………………… 20
CDM ……………………………………………… 148
CEM …………………………………… 27, 78, 124, 248
CEMS ………… 61, 68, 124, 198, 238, 248, 262, 323, 426
CEN ………………………………………… 106, 382
CENELEC ………………………………… 106, 382
CEP ……………………………………………… 87
CES ……………………………………………… 87
CFM ……………………………………………… 191
CIA分析 ……………………………………… 432
CIM ………………………… 23, 33, 157, 209, 237, 281
CIMプロファイル ……………………… 229, 231
CIP ……………………………………………… 389
CoAP …………………………………………… 151
Communication Services …………………… 217
Complete Stage ……………………………… 302
Component Adapter ………………………… 217
Control型 ………………………………………… 75
Cool Earth ………………………………………… 1
CORBA ………………………………………… 215
Correlation関係 ……………………………… 137
CoS ……………………………………………… 41
COSEM ………………………………………… 390
COTS …………………………………………… 412
CPP ……………………………………………… 326
CSE ……………………………………………… 150
CSMS …………………………………………… 388
CSP ……………………………………………… 22
CSSC …………………………………………… 383
CSWG …………………………………………… 393
CT ……………………………………………… 109
Customer ……………………………………… 306
CWMP ………………………………………… 373

D

DC ……………………………………………… 221
DCIM …………………………………… 211, 223
DCOM ………………………………………… 215
DDoS …………………………………………… 441
DEM ……………………………………… 123, 248
DistributeEvent ……………………………… 301
DLMS …………………………………………… 390
DMS …………………………………………… 133
DM-WG ………………………………………… 293
DMZ …………………………………………… 407
DoS攻撃 ……………………………………… 441
DR ………………………… 21, 191, 237, 257, 329
DRイベント ……………………………… 175, 300
DRイベントコントローラクラス規定 …… 361
DR制御 ………………………………………… 330
DR要求 ………………………………………… 161
DR National Action Plan …………………… 22
DRAS ……………………………… 46, 243, 330, 426
DRP ……………………………………………… 22
DR-TF ……………………………………… 74, 259
DSM ……………………………………………… 27
DSO ……………………………………………… 18
D-SPEM ………………………………………… 84

E

EACMS ………………………………………… 389
ebXML …………………………………… 19, 218
ECHONET ……………………………………… 351
ECHONETアドレス ………………………… 353
ECHONET規格 …………………………… 353, 355
ECHONET機器オブジェクト ……………… 357
ECHONETコンソーシアム ………………… 363

ECHONET Lite	10, 258
ECHONET Lite 規格	353, 355
ECHONET Lite 規格書	363
EDI	19
EDM	123
EDSA	388
EI	22, 45, 154, 170, 261
EI 1.0	261
EiEvent	307
EiOpt	307
EiReport	305, 307
EIS	55
EIS アライアンス	134, 299
EIS アライアンスユースケース	55
EIS Alliance	134, 158
EJB	215
ELSI	374
EM	158, 299
EM クラス	162
EMIX	32, 45, 48, 159, 171
EMIX 1.0	261
EMS	8, 10, 133, 258, 323, 425
EMS 新宿実証センター	259
ENISA	395
EPRI	55, 136
ERAB	9
ESCO	60
ESI	57, 109
ESI EM	135, 159, 175, 195, 299, 300
ESPI	32, 41, 134
ESPI 1.0	41
Ethernet	289
ETS	370
ETSI	106, 148, 382
EU	106
EUI	32, 76, 134
EUI モデル	33
EV	238

● F ●

Far Stage	302
Fast ADR	329
Fast DR	311
FERC	17, 19, 389
FETCH	329
FIAP	328
FIT	6
Flexibility	24
Flexibility 運用者	31
Flexibility 事業者	31
Flexibility 取引	95

FR	410, 412
FSGIM	76, 125, 135, 157, 177, 194, 244, 292, 298, 309

● G ●

Gap 関係	137
G–CEM	84
GRC 要件	433
Green Button	43
Green Button Initiative	41, 44
GUTP	328
GW	239, 329, 426

● H ●

HA	340
HEMS	248, 323, 339, 341, 379
HEMS コントローラ	348, 371
HTTP	262, 328, 330

● I ●

IACS	388, 409
IAP	109
iCalendar	47
ICT	258
ICT システム	383
IEC	10, 104, 281, 386, 409
IEC 60870-5	392
IEC 60870-6(TASE.2)	392
IEC 61850	76, 133, 159, 162, 168, 392
IEC 61968	33, 76, 131, 133, 137, 210, 216, 218, 229, 240, 392
IEC 61968-9	234
IEC 61968-11	234
IEC 61970	76, 133, 210, 218, 223, 231, 241, 392
IEC 62056-5-3:2013	390
IEC 62195	19
IEC 62210	218
IEC 62325	76, 133, 210, 217, 225, 230
IEC 62325-301	251
IEC 62351	391, 392, 401
IEC 62357	106
IEC 62357-1	121
IEC 62357-1 Ed.2	106
IEC 62443	388, 408
IEC 62541	214
IEC 62559	53
IEC 62746-3	147
IEC–CIM	154, 209, 229, 239
IEC DTR 62746-2	27
IEC SC65	214
IEC TC8 AHG4	53

IEC TC57	23, 157, 209, 219
IEC TC57 WG21	76, 104, 245, 247
IEC TR 62325	19
IEC TR 62351-10 Ed.1.0：2012	403
IEC TR 62746-2 Ed.1.0	77
IEC TR 62746-2 Ed.1.0：2015	95
IEC TS 62351-8 Ed. 1.0：2011	405
IED	390
IEEE	105
IEEE 802.15.4	367
IEEE 1686-2013	390
IEEE 1815（DNP 3.0）	392
IEEE 1888	328, 330
IEEE 1888 TRAP Push 通知	332
IEEE 2030	289, 306
IEEE 2030-2011	105, 109, 133, 421
IEEE C37.240-2014	390
IETF	149, 151
IHD	37
IMIP	47
IoT	150, 436
IPsec	392
IP ネットワーク	308
IRC	22
IS	388
ISA	409
ISA99 Committee	409
ISMS	387, 410
ISO	17, 135, 386
ISO 16484 シリーズ	291
ISO 16484-5	307
ISO 17800	309
ISO/IEC 27001	410
ISO/IEC 27001:2013	386
ISO/IEC 27002	411
ISO/IEC 27002:2013	386
ISO/IEC TR 27019:2013	387
ISO TC205	290
ISO TC205 WG3	291
IT-WG	293

● J ●

JESC	386
JESC Z0003（2016）	386
JESC Z0004（2016）	386
JJ-300.00	366
JMS	134, 231
JSCA	74

● K ●

KDC	392
KNX	369
KNX 協会	370
KNX Association	369
KNXnet/IP	292

● L ●

LC オブジェクト	303
LCO	298
LI	396
Load Control Object	303
Local EM	161, 175, 299
LONWORKS	289, 292, 297
L-PTR	326

● M ●

M2M	150, 436
M/490	23
Mandate 490	23
MDM	234
MEMS	324
Middleware Services	217
Model 1	78
Model 2	81
Model 3	84
Model 4	87
Model 4-1	87
Model 4-2	90
Model 4-3	93
MQTT	151
MS/TP	308
MultiSpeak	23, 137

● N ●

NAESB	76, 105, 134, 261
NAESB EUI	33, 159
Near State	302
Negawatt 型	75
Negawatt 型 DR	200
NEMA	134, 294, 298
NERC	381
NERC クリティカルインフラストラクチャプロテクション	389
NERC CIP	389
NFV	148, 442
NIST	22, 105, 261, 286, 381, 393, 396
NISTIR	393
NISTIR 7628	381, 393, 396, 415, 421, 425, 432
NRECA	23, 136
NSE	150

O

OASIS	19, 105, 151, 261
OASIS EI	22, 159
OMG	130
oneM2M	150, 371
ONF	149
OpenADE	32, 35, 444
OpenADE タスクフォース	41
OpenADR	10, 22, 46, 76, 159, 177, 257, 261, 298, 300, 330, 332, 444
OpenADR 1.0	46, 261
OpenADR 2.0	22, 46, 262, 331
OpenADR 2.0a	22, 261, 265
OpenADR 2.0b	22, 161, 261, 265, 289, 306, 312
OpenADR Alliance	22, 134, 261, 307
Open–edi	218
OpenFlow	442
OpenFMB	33
Opt–In	176, 301
Opt–Out	301
Orange Button	33
OSGi	373
OSI 7 階層モデル	308
OWL	138

P

PACS	389
PAP	22, 56, 261
PAP10	41, 56
PAP17	56
PAS	281
PC 118	153
PCA	389
PDCA	385
PDP	300
PDU	295
Platform Environment	217
PLC	314
PLC プロトコル	289
PMV	322
PMV 空調制御	322
PMV 値	322
Pricing 型	74
PTR	326
PULL 型	262
PV	159

Q

QoS	435

R

R10008	41
RBAC	392, 408
RDF	211
RE	412
Read Property	303
Release H	357
REST	309
RESTful	309
RF4CE	368
RFC 5545	47
RFC 5546	47
RIL	419
RPC	328, 330
RTO	14, 17
RTP	335

S

SBC	194, 288
SBC モデル	194, 288
SCADA	214, 220, 400
Schedule Object	304
SDN	149, 442
SDO	32
SEP 2	368
SEP 2.0	76
SG CP	29, 53, 245, 249
SGAM	106, 120, 394
SG–CG	23, 106, 118, 247, 382, 394, 417
SG–CG/M490	394
SG–CG/M490/H	382
SG–DPC	418
SGIP	22, 32, 56, 261, 393
SGIRM	109
SGIS	106, 382, 395, 417
SGIS ツールボックス	418
SGIS リスクインパクトレベル	419
SGIS RIL	420
SGIS–SL	395, 418
SGTCC	45
SG–WG	293
SLA	56, 437
Smart Energy Profile	368
SOAP	134, 231
SP 1108	107
SPC201	135
SPC201P	298
SPC201P 委員会	292
SR	412
SSA	388

索 引

SSPC 135 委員会 292
Structure View Object 305
SV 418
SVO 298
SyC Smart Energy WG6 95

T

TC65/WG10 409
TLC 25
TOU 4, 326
TR 388
TR-069 373
TR-1043 362
TR-1052 363
Transactive Energy 33, 281
Transformation 関係 137
TRAP 329
TRAP 条件 332
TRAP 通信手順 332
TS 410
TSO 18
TTC 362

U

UCAIug OpenSG 技術委員会 35
UDP/IP 308
UGCCNet 328
UML 46, 130, 159, 299
UML クラス図 46
UMM 218
UN/CEFACT 19
US CTO 41
UTC 時刻 189

V

VEN 45, 147, 262, 307, 330
VLAN 408
VM 426
VNF 148
VPN 392

VRF 390
VSL 390
VTN 45, 147, 262, 307, 330

W

W3C 19, 231
WDRCP 23
Web サービス 329, 330
WebSocket 333
Wi-SUN 76
WoT 371
WRITE 329
Write Property 303
WS-Calendar 45, 47, 159, 170, 172
WXXM 159

X

XML 134, 211, 236, 262, 328, 330
XML スキーマ定義言語 263
XMPP 147, 151, 231, 262, 330
XSD 231, 263
XSD インプリメントモデル 211

Y

Y.2070 372
Y.4409 372
YSCP 61, 319, 323

Z

Zigbee 76, 367
ZigBee 3.0 369
ZigBee Alliance 367
ZigBee IP 368
ZigBee SEP 134

数字

1 時間前市場 21
20-20-20 24
6LoWPAN 368

463

- 本書の内容に関する質問は，オーム社書籍編集局「(書名を明記)」係宛に，書状またはFAX (03-3293-2824)，E-mail (shoseki@ohmsha.co.jp) にてお願いします．お受けできる質問は本書で紹介した内容に限らせていただきます．なお，電話での質問にはお答えできませんので，あらかじめご了承ください．
- 万一，落丁・乱丁の場合は，送料当社負担でお取替えいたします．当社販売課宛にお送りください．
- 本書の一部の複写複製を希望される場合は，本書扉裏を参照してください．

国際標準に基づく
エネルギーサービス構築の必須知識
―電気事業者・需要家のための―

平成 28 年 12 月 25 日　　　第 1 版第 1 刷発行

編　　者　電気学会・スマートグリッドに関する電気事業者・
　　　　　需要家間サービス基盤技術調査専門委員会
発 行 者　村 上 和 夫
発 行 所　株式会社 オ ー ム 社
　　　　　郵便番号　101-8460
　　　　　東京都千代田区神田錦町 3-1
　　　　　電　話　03(3233)0641(代表)
　　　　　URL　http://www.ohmsha.co.jp/

© 電気学会 2016

印刷　美研プリンティング　　製本　関川製本所
ISBN978-4-274-22005-0　Printed in Japan

関連書籍のご案内

電気工学分野の金字塔、充実の改訂!

1951年にはじめて出版されて以来、電気工学分野の拡大とともに改訂され、長い間にわたって電気工学にたずさわる広い範囲の方々の座右の書として役立てられてきたハンドブックの第7版。すべての工学分野の基礎として、幅広く広がる電気工学の内容を網羅し収録しています。

編集・改訂の骨子

■ 基礎・基盤技術を固めるとともに、新しい技術革新成果を取り込み、拡大発展する関連分野を充実させた。

■ 「自動車」「モーションコントロール」などの編を新設、「センサ・マイクロマシン」「産業エレクトロニクス」の編の内容を再構成するなど、次世代社会において貢献できる技術の取り込みを積極的に行った。

■ 改版委員会、編主任、執筆者は、その分野の第一人者を選任し、新しい時代を先取りする内容となった。

■ 目次・和英索引と連動して項目検索できる本文PDFを収録したDVD-ROMを付属した。

電気工学ハンドブック 第7版
一般社団法人 電気学会 [編]

- B5判・2706頁・上製函入
- 本文PDF収録DVD-ROM付
- 定価(本体45000円(税別)

主要目次
数学／基礎物理／電気・電子物性／電気回路／電気・電子材料／計測技術／制御・システム／電子デバイス／電子回路／センサ・マイクロマシン／高電圧・大電流／電線・ケーブル／回転機一般・直流機／永久磁石回転機・特殊回転機／同期機・誘導機／リニアモータ・磁気浮上／変圧器・リアクトル・コンデンサ／電力開閉装置・避雷装置／保護リレーと監視制御装置／パワーエレクトロニクス／ドライブシステム／超電導および超電導機器／電気事業と関係法規／電力系統／水力発電／火力発電／原子力発電／送電／変電／配電／エネルギー新技術／計算機システム／情報処理ハードウェア／情報処理ソフトウェア／通信・ネットワーク／システム・ソフトウェア／情報システム・監視制御／交通／自動車／産業ドライブシステム／産業エレクトロニクス／モーションコントロール／電気加熱・電気化学・電池／照明・家電／静電気・医用電子・一般／環境と電気工学／関連工学

もっと詳しい情報をお届けできます。
※書店に商品がない場合または直接ご注文の場合も右記宛にご連絡ください。

ホームページ http://www.ohmsha.co.jp/
TEL/FAX TEL.03-3233-0643 FAX.03-3233-3440

(定価は変更される場合があります)

A-1403-125